现代岩溶学

袁道先　蒋勇军　沈立成　蒲俊兵　肖　琼 等　编著

科学出版社
北　京

内 容 简 介

本书在简要介绍岩溶发育、岩溶形态、岩溶动力系统基本知识的基础上，概括了世界岩溶的形态组合特征，揭示了其形成环境和机理，论述了现代岩溶学研究的科学目标以及在全球变化中的重要意义；同时揭示岩溶地区丰富矿产和水土资源的形成过程与机理，以及资源与较低环境容量之间的矛盾，并提出相应的防治对策。本书的特点是采用地球系统科学的认识论和方法论指导岩溶研究，实现岩溶地区人与环境相和谐。

本书既可作为高校地质学和地理学专业基础教材使用，还可供环境、生态等有关科研、教学人员阅读。

图书在版编目(CIP)数据

现代岩溶学／袁道先等编著．—北京：科学出版社，2016.2

ISBN 978-7-03-047178-9

Ⅰ.①现…　Ⅱ.①袁…　Ⅲ.①岩溶-研究　Ⅳ.①P642.25

中国版本图书馆 CIP 数据核字（2016）第 012800 号

责任编辑：文　杨／责任校对：何艳萍

责任印制：吴兆东／封面设计：迷底书装

科学出版社 出版

北京东黄城根北街 16 号

邮政编码：100717

http://www.sciencep.com

北京九州迅驰传媒文化有限公司印刷

科学出版社发行　各地新华书店经销

*

2016 年 3 月第　一　版　　开本：787×1092　1/16

2024 年12月第十一次印刷　　印张：22 1/2

字数：551 000

定价：128.00 元

（如有印装质量问题，我社负责调换）

前言

自20世纪70年代逐步发展起来的现代岩溶学有两个重要特点：一是引入了地球系统科学；二是从全球角度研究岩溶。中国岩溶不但以其344万km^2的总面积、约占国土面积的1/3为世界瞩目；而且由于中国大陆碳酸盐岩古老坚硬、新生代以来大幅度抬升、未受末次冰期大陆冰盖的刨蚀破坏；以及季风气候水热配套（夏湿冬干）影响下岩溶发育完好、类型多样，使其成为国际范例。但要把这种地域上的优势变为学科上的优势，则需要有新的学术思想，充分利用地域优势，持之以恒地进行调查研究，进行国际合作对比，使用新技术方法，不断提高研究水平，并探索把对自然规律或现象的新认识用于可持续发展战略。随着人口的持续增长和社会经济的快速发展，人类以空前的速度和规模利用自然资源，并引发一系列生态环境问题。岩溶环境因其"脆弱性"和"敏感性"与人类社会、经济发展息息相关，目前，正受到研究人员的广泛关注。

与此同时，广大从事岩溶研究的专家与学者纷纷就岩溶及其环境问题展开探讨，各大专院校也加强了岩溶相关专业的人才培养力度。但在这一过程中，遇到了专业教材建设落后的问题。在这种背景下，根据人才培养目标，按照"厚理论、重实践"的写作思路，吸收国内外最新研究成果，从构建岩溶学学科体系的角度上，编著了《现代岩溶学》一书，以期满足高校相关专业教学与广大岩溶研究工作者的急需。

本书以地球系统科学理论和相应的研究方法为指导，引用近十年来国内外最新研究成果，根据袁道先院士的学术思想编写而成。本书共四篇，分为十三章。其中第一章为绪论，第一篇普通岩溶学（第二至第五章），第二篇区域岩溶学（第六至第七章），第三篇全球变化岩溶学（第八至第九章），第四篇专门岩溶学（第十至第十三章）。

本书在编写过程中，得到了西南大学地理科学学院、中国地质科学院岩溶地质研究所、国土资源部/广西壮族自治区岩溶动力学重点实验室、联合国教育、科学及文化组织国际岩溶研究中心、广西院士工作站的大力支持；是国家自然科学基金项目（4860145、49070155、49472170、49632100、40231008、40672165、41072192、41172331、41202185、41302213、41472321、41572234、41202184）、国际地质对比计划项目（IGCP299、IGCP379、IGCP 448、IGCP513、IGCP598）、中国地质调查局项目（1212011087119、12120113006700）以及重庆市科学技术委员会项目（CSTC2010BC7004、CSTC2013JCYJYS20001）历年来研究成果的结晶。除编著者外，杨琰、李廷勇、刘子琦、孙玉川、李林立、吴月霞、杨平恒、魏兴萍、贺秋芳、何多兴、杨勋林、胡宁、张强、张治伟、高彦芳、朱章雄、袁文昊、伍坤宇等为本书的编写做了大量工作；余琴、张媚、谢正兰、廖昱、梁作兵、王尊波等为本书绘制插图，对他们表示衷心的感谢。

作者

2015年8月

目录

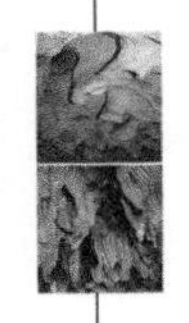

第二篇　区域岩溶学（全球岩溶对比）

第三篇　全球变化岩溶学

第四篇　专门岩溶学

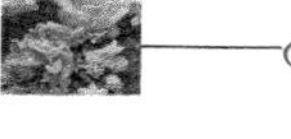
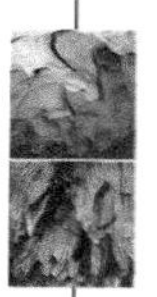

第一章 绪　论

中华人民共和国政府与联合国教育、科学及文化组织（以下简称联合国教科文组织）于2008年2月11日签订的《关于在中国桂林建立联合国教科文组织国际岩溶研究中心的协定》中，明确提出该中心的第一个目标是促进“岩溶动力学”的发展。此后，2008年2月23日国土资源部副部长、中国地质调查局局长汪民同志在全国地质工作会议的报告中指出，地质科学要大发展，需要通过实施一批巨大工程继续保持我国在岩溶动力学等领域的世界领先地位。因此，有必要说明什么是岩溶动力学？它有什么特点？它是在什么背景下发展起来的，它的基本方法和理论成果，以及与社会经济发展的关系。

自20世纪70年代逐步发展起来的现代岩溶学有两个重要特点，一是引入了地球系统科学；二是从全球角度研究岩溶（袁道先，2006）。中国岩溶不但以344万km^2的总面积（约占我国国土面积的1/3）为世界瞩目；而且由于中国大陆碳酸盐岩古老坚硬、新生代以来大幅度抬升、未受末次冰期大陆冰盖的刨蚀破坏以及季风气候水热配套（夏湿冬干）四个有利条件，岩溶发育完好，类型多样，使其在国际上具有范例性。但要把这种地域上的优势变为学科上的优势，则需要有新的学术思想，充分利用我们的地域优势，持之以恒地进行调查研究，进行国际合作对比，使用新技术新方法，不断提高研究水平，并探索将对自然规律或现象的新认识用于可持续发展战略。岩溶学采用地球系统科学的认识论和方法论，比地学中研究其他表生地质作用的领域要晚。它长期处于对纷繁的岩溶形态进行描述、分类，以及对其成因进行思辨的过程中。虽然岩溶学者在100多年前就已认识到化学溶蚀作用对岩溶形成的重要性，但是指导岩溶研究的学术思想，从地壳升降与水动力条件的相互作用开始，然后是水文地球化学（水–岩相互作用）到地球系统科学，经历了数十年。水–岩相互作用的学术思想把岩溶作用作为一种发生在岩石圈和水圈界面上的地质作用来研究。它在揭示岩性、地质构造和水文地球化学条件如何控制岩溶发育的规律上起到重要作用。1962年苏联学者Соколов提出岩溶发育有四个基本条件，即可溶岩、可溶岩能透水、有侵蚀性的水和不断运动的水，就是这种学术思想的很好概括。它曾被我国岩溶学术界广泛接受。其中“有侵蚀性的水”这一条件，可以被理解为具有大气圈、生物圈的内涵，但并不明确，而且也可以作其他的理解。这样完成的许多有关岩溶发育规律的研究成果，常以岩性、地质构造和水文地质条件如何控制岩溶发育的论述而告终。但是，与碳、水、钙循环共存的岩溶作用，如果不紧扣在岩石圈、大气圈、水圈和生物圈界面上的物质能量运动规律，即以地球系统科学为指导，就很难论述清楚。

1. 由地球系统科学的引入到建立岩溶动力学基本理论

1987～1990年执行的国家自然科学基金项目“中国东部岩溶地球化学研究”（编号：

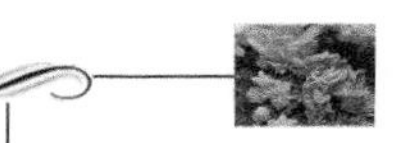

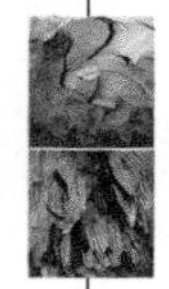

4860145），为将地球系统科学理论引入岩溶学研究作了理论上和方法上的准备。岩溶作用是在 $CO_2-H_2O-CaCO_3$ 体系中进行，而这个系统对环境变化的反应是很敏感的。该项目采用了一系列便携式仪器（pH 计、CO_2 测定仪、电导仪、碱度计等），采用现场系统监测的方法，以实际数据揭示了 $CO_2-H_2O-CaCO_3$ 系统中碳、水、钙在四圈层间循环的规律及其与岩溶作用方向（溶蚀或沉积）和强度的关系。例如，当有较多 CO_2 进入系统中，则水的 pH 降低，溶蚀作用加强；反之则发生沉淀。同时，通过分布在不同地质、气候、水文、植被条件下的 1931 个岩溶水化学资料，结合溶蚀试验，揭示了不同环境下岩溶作用的规律和差别以及许多溶蚀形态和次生碳酸钙沉积形态的成因。这些科学思路和方法也为我们申请联合国教科文组织国际地质对比计划（IGCP299、IGCP379、IGCP448、IGCP513、IGCP598）并连续执行这些项目打下了基础。

由此发展起来的岩溶地球化学及其一系列捕捉碳、水、钙循环行踪的野外工作方法，也为地球系统科学的学术思想引入岩溶学研究中起到了桥梁作用（袁道先，1990）。按地球系统科学观点，地球不同于任何其他已知星球之处，在于它具有一个由岩石圈、大气圈、水圈和生物圈构成的表层系统（林海，1988；Mackenzie et al.，1995）。生物圈在这个表层系统中具有特殊作用，因为它能够通过以碳循环为主的作用过程捕获、赋存、转化太阳能，驱动表层物质、能量循环，引发各种表层地质作用（张昀，1995），其中也包括岩溶作用。

碳循环是一个“二氧化碳-有机碳-碳酸盐”的系统，与 $CO_2-H_2O-CaCO_3$ 三相不平衡开放系统相耦联，构成了岩溶动力系统。在这个系统中，物质、能量以不同方向、方式和强度不断地运动，产生了各种各样的地表、地下岩溶形态。它们或保存于碳酸盐岩的表面，或保存于碳酸盐岩及其衍生物的内部结构或成分中。这些岩溶形态既是各种资源储存、转移和各种环境问题发生、发展的场所，成为解决岩溶地区各种实际问题的基础，又保存着岩溶作用系统的大气圈、水圈和生物圈变化的大量信息，能够被人们用来研究、预测地球表层环境的变化。

从地球系统科学来看，岩溶作用是在碳循环以及与其相耦联的水循环、钙循环系统中碳酸盐的溶蚀或沉积，而各种岩溶形态就是这个复杂的循环系统的运动在碳酸盐岩上留下的轨迹。因此，岩溶动力系统可定义为控制岩溶形成演化，并常受制于已有岩溶形态的，在岩石圈、水圈、大气圈、生物圈界面上的，以碳、水、钙循环为主的物质、能量传输、转换系统（袁道先等，2002）。其结构可用图 1-1 所示的概念模型来描述。

图 1-1 概念模型表明，岩溶动力系统由固相、液相、气相三部分构成，固相部分为各种以碳酸盐岩为主的岩石及其中的裂隙网络构成；液相部分为含有 Ca^{2+}（Mg^{2+}）、HCO_3^-、CO_3^{2-}、H^+ 和溶解 CO_2 为主要成分的水流；气相部分则以 CO_2 为主的各种参与岩溶作用的气体。由于岩溶动力系统是一个开放系统，其边界既受制于已有的地表地下岩溶形态，又与地球四圈层有着密切联系。在其固相部分，不但通过碳酸盐岩其中的裂隙网络而与整个岩石圈联系，而且还通过现代活动深大断裂与地幔联系，使深源 CO_2 得以积极参与岩溶动力系统的运行并向大气释放。液相部分，实际上是全球水圈的一部分，它不但是岩溶动力系统的枢纽，而且通过它与生物圈、人类活动、大气圈联系（如光合作用吸收水分和碳、水工建筑改变水的运动），使它们积极参与岩溶作用（溶蚀或沉淀）。气相部分属于大气圈的组成部分，也通过气体的 CO_2 交换和生物圈、岩石圈及人类活动密切联系（光合作

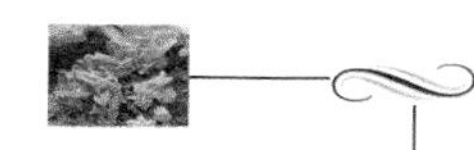

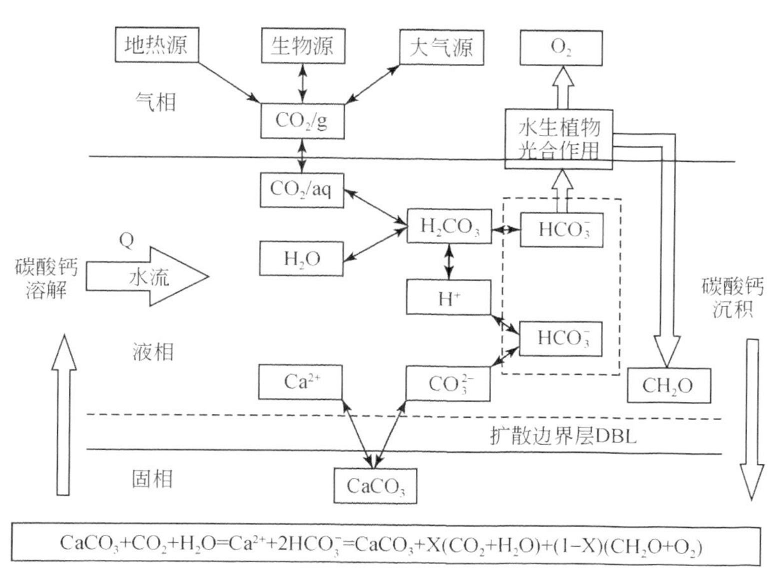

图 1-1 岩溶动力系统

用、石灰的烧制、水泥的固化等），使它们积极参与岩溶动力系统的运行。

岩溶动力系统概念模型的提出为研究碳酸盐岩在全球碳循环中的地位和作用提供了理论依据和方法。它是一个开放的三相不平衡系统，与地球的“四圈层”密切联系。其基本特征是对环境反应敏感。通过前期的研究，已掌握岩溶动力系统有四大功能：①驱动各种岩溶形态的产生，并通过其所造成的地表地下双层岩溶空间结构和碱性地球化学背景导致一系列环境问题，如旱、涝、石漠化、水土流失、地面塌陷、生物多样性受限等；②通过岩溶作用由大气回收或向大气释放 CO_2，调节大气温室气体浓度，缓解环境酸化；③驱动元素迁移、富集、沉淀，形成有用矿产资源，影响生命；④记录全球环境变化过程，由于岩溶动力系统与全球四圈层的密切关系，它可以敏感的反应并忠实的记录各种环境因子，包括降雨量、气温、植被、地下水位与海平面升降、酸碱度等变化，为研究全球变化提供依据。可见，岩溶动力学对于岩溶地区一切资源、环境问题（水资源、土地资源、矿产资源、岩溶旅游资源、岩溶塌陷、水污染和石漠化等）都有触一发而动千钧之功能，是地球系统科学引入岩溶学后发展起来的现代岩溶学的核心理论，与全球变化、第四纪地质、全球水循环、全球生态系统、矿床与油气地质有广泛的学科交叉前景，可吸引地学界不同学科的广大学者参与研究，需要持之以恒地建设发展。对岩溶动力系统结构、功能、运行机制的正确认识，是科学合理地解决岩溶地区乃至某些全球性资源环境问题的关键。

2. 定位自动监测揭示的岩溶动力系统运行机制和规律

在岩溶动力学基本理论的指导下，通过国际合作研究带动的技术方法不断改进，研究群体在岩溶动力系统运行机制和规律方面获得了大量新认识。如通过高分辨率自动化监测（pH、电导率、水温、水位等）了解不同时间尺度下，岩溶系统水化学对降雨补给的响应过程，表层岩溶环境的控制因子和生物地球化学过程。证实了西南岩溶区典型表层岩溶泉水化学的季节变化、日变化与暴雨动态（Zhang et al.，2005；Liu et al.，2007）。这些变化说明对于东亚季风气候控制下的岩溶地区（即温度、降雨和植被方面存在明显的季节性

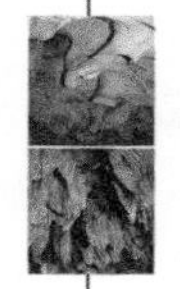

变化），表层岩溶泉水化学取样的频率需要重新审定，而且水化学的连续监测对于岩溶作用强度和岩溶作用碳循环的高精度评价是十分必要的。同时，研究结果对利用岩溶记录进行高分辨率古气候环境重建具有重要的启示意义。

要了解岩溶系统水化学的变化，仅考虑水-岩相互作用是不够的，还必须重视 CO_2 对岩溶系统中水化学变化的影响（刘再华等，2003，2007），即岩溶系统水化学动态的变化是 CO_2-H_2O-$CaCO_3$ 三者相互作用引起的。如发现岩溶裂隙水在洪水期间 pH 呈降低趋势，而电导率呈升高的不寻常变化。与此相反，对于岩溶管道水，同样是在洪水期间，它的 pH 是升高的，而电导率呈正常的降低。此外，发现洪水时裂隙水的二氧化碳分压（P_{CO_2}）高于正常情况的 P_{CO_2}，而它的方解石饱和指数（SIc）值比正常情况低。与此相对，对于管道水，尽管同一洪水期间其 SIc 降低，但 P_{CO_2} 也降低。从这些结果可以推断，至少有两个关键的过程控制着洪水期间的水化学变化。一个是雨水的稀释作用，另一个是水-岩-气的相互作用。然而，对于裂隙水来说，后者的作用可能更重要，即在洪水期间，高浓度的土壤 CO_2 溶解于水中，则更具侵蚀性的水能溶解更多的石灰岩，从而增强水的电导率。而对于管道水，雨水的稀释作用更重要。总之，水-岩-气相互作用的概念必须引入岩溶水化学的研究中。地下河在西南岩溶区的水资源中占据重要的位置，是西南岩溶区重要的饮用水源。地下河因对人类活动敏感，地下河水质问题越来越受关注。典型地下河水水化学的监测结果表明，SO_4^{2-}、NO_3^- 离子含量在雨季出现峰值，Na^+、Ca^{2+}、Mg^{2+}、HCO_3^- 等离子含量则降低，主要受季节变化控制；K^+、Cl^- 季节变化较为复杂（Guo et al.，2007）。暴雨过程地下河主要离子含量并不完全受流量控制，这有助于我们更好地认识岩溶区相应的环境问题。

3. 全球岩溶对比的收获——“岩溶形态组合”方法的应用和全球视野的中国岩溶

20 世纪 90 年代初，由中国科学家提出的国际地质对比计划 IGCP299 项目“地质、气候、水文与岩溶形成”获得批准，并于 1990～1994 年执行，由联合国教科文组织和国际地质科学联合会联合资助，由中国负责组织实施（Yuan et al.，1998）。这为我们从全球视野研究岩溶提供了很好的机遇。通过全球不同物理、化学、生物学条件下的岩溶形态组合的对比，更深刻地揭示了岩溶形成机理。作为一个 IGCP 项目的建议国和组织国，首要的任务是充分利用中国岩溶的地域优势，带头做好国内对比，以推动全球岩溶对比研究。这一时期，国家自然科学基金项目“中国典型地区岩溶的形成及其与环境的相互影响”（49070155）及时启动（1990～1994 年），原地质矿产部也在 1992 年启动了相应项目（8502218）。通过定位观测和对比，确定了中国大陆三种主要类型岩溶的形态组合特征，揭示了其各自的形成环境和机理（Yuan et al.，1998；袁道先等，1999；袁道先，1999a，1999b）。以此为基础，组织 8 个国家的 40 多位岩溶学者进行了行程 6700km，跨越中国三种类型岩溶（南方亚热带潮湿型岩溶、西南高山与高原型岩溶和北方干旱半干旱型岩溶）的对比。通过现场讨论，统一了 IGCP299 项目的学术思路和方法，同意采用由我们提出的“岩溶形态组合”（即在相同环境下形成的宏观和微观的、地表和地下的、溶蚀和沉积的岩溶形态的配套组合）作为全球岩溶对比的基础，推动了全球岩溶对比的顺利进行（Yuan et al.，1998）。根据不同的地质、气候、水文、生态条件对岩溶动力系统进行了分类，以此作为在全国区别对待不同的资源、环境和生态问题的依据。从我国岩溶形成的背景条件和基本特征出发，用“岩溶形态组合”的概念对中国大陆的三种优势岩溶类型的基本特征做出了总结，划分出6个类型的表层岩溶动力系统和深部岩溶动力系统亚类，提出了它们的分界线。这是我国区域岩溶研究成果的一次全面、系统的总结。在全球对比的基础上，指出了我国大陆岩溶的特点，以及造成这些特点的四大优势背景条件，即坚硬古老碳酸盐岩、新生代大幅度抬升、季风区水热配套、未受末次冰期大陆冰盖刨蚀。

由多边国际对比活动所引出的一些双边合作研究，也得到了相关项目的支持。为发展中国岩溶研究，培养青年岩溶学者提供了新的条件。这个阶段有几个重要发现：①通过对 $CO_2-H_2O-CaCO_3$ 系统（岩溶动力系统）的定位观测，发现全球最大的碳库——碳酸盐岩体在全球碳循环中仍十分活跃（Yuan et al.，1998；袁道先，1999a，1999b；袁道先等，2000）；②发现四川黄龙及西藏至法国东南部特提斯地区（Tethys）的大批大型钙华是由于地球深部 CO_2 释放所造成（袁道先等，2000）；③由于 $CO_2-H_2O-CaCO_3$ 系统对环境变化的敏感性，岩溶沉积物可以为全球变化研究提供高分辨率的环境变化信息。1993年我们把桂林盘龙洞一个高1.22m的石笋切面的微层照片及初步测年结果给国家自然科学基金委汇报时，引起地球科学部负责同志的高度重视，立即决定追加经费，并组织北京大学技术物理系使用加速器 ^{14}C 技术联合攻关，通过稳定同位素和地球化学综合研究，建立了中国南方3.6万年以来第一个古环境变化的连续石笋剖面。不但重建了末次冰期以来环境变化的全过程，而且揭示了新仙女木事件等几个气候跃变的过程（袁道先等，1999）。其分辨率在暖湿期可达100年，在干冷期可达500年。这些新进展，为现代岩溶学进入全球变化研究和申请新的IGCP项目提供了科学依据。

4. 现代岩溶学和全球变化研究

1995年初，由中国提出新的国际地质对比计划IGCP379项目“岩溶作用与碳循环”获得批准，并于1995～1999年实施。它有两个科学目标：①评价岩溶作用（含表生及深部岩溶作用）对大气 CO_2 源汇的影响；②从岩溶沉积物提取高分辨率的古环境变化信息，着重于那些缺乏其他古环境变化替代指标的地区（Yuan，1998）。这个项目的实施，标志着现代岩溶学的进一步发展完善，并在全球变化研究中发挥其应有的作用。国家自然科学基金委以两个重点项目：“中国典型岩溶动力系统与环境的相互作用和演变项目”（编号：49632100）和“中国南方碳酸盐岩风化成土地球化学过程与环境变化项目”（编号：49833020），以及10多个资助额度较高的面上项目加强了对这个领域的资助，形成了由10多个在岩溶研究方面各具特色的单位构成的国家级研究队伍。国土资源部也实施了相应的重点基础研究项目（编号：9501104）。取得了重要成果：①在表生岩溶系统碳循环与大气 CO_2 源汇关系方面，通过长期定位观测从多方面揭示了岩溶动力系统中碳循环的运行机制，用多种方法估算了溶蚀作用回收大气 CO_2 的量，中国为1774万t C/a，而全球为6.08亿t C/a。后者占当前全球碳循环模型中的遗漏汇（Missing Sink）的1/3，成为全球变化研究中需要认真注意的问题（Yuan et al.，1998；袁道先等，2000；Yuan et al.，2002）；②深部 CO_2 释放问题，发现沿中国28条主要活动断裂带，有大量 CO_2 释放点，在碳酸盐岩地区，常伴随大量钙华沉淀，通过同位素示踪，揭示其来源为幔源 CO_2 和壳源变质 CO_2 不同比例的混合，并用1370个地热点的历史资料，估算西藏及其邻近地区年 CO_2 释碳量为26.8万t C。过去的观测方法，可能已是释气之后的数据，如果改善观测方法，可能达到

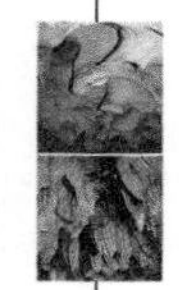

4000 万 tC/a（Yuan et al.，2002b）；③以岩溶记录重建环境变化过程，使用新技术方法，高分辨率及古环境信息提取等方面都取得了许多进展（袁道先等，1999a，1999b；Yuan et al.，2004）。自 2000 年以来，研究群体已在黔、滇、桂（或湘）、渝等省（市）的广阔岩溶区进行了千余个洞穴的详细调查，取石笋样近百件，并以大型石笋为主，在详细沉积学研究的基础上，采用 $AMS^{14}C$、TIMS-U 系或 ICP-$MS^{230}Th$、α 计数 U 系等方法测年，并以碳、氧同位素为主，配合微层发光及微量元素等手段提取古气候记录，取得多个石笋高分辨率气候变化的平行记录。在地域上包括了东亚季风或印度季风为主的两个气候区，在时间跨度上则包括了最后两次冰期—间冰期旋回。例如对贵州与广西交界处的荔波县董哥洞的两根石笋（分别高 210cm、304cm）的氧同位素和 Th-230 测年研究，揭示了过去 0.16Ma 来亚洲季风和低纬度地区降雨变化的特征（Yuan et al.，2004）（图 1-2）。在此期间内，由太阳辐射强度和千年尺度大气环流波动所驱动的热带—亚热带降雨的变化，导致了多次氧同位素比值的突变。本项研究揭示：前一个间冰期季风经历了（9.7±1.1）ka，从距今（129.3±0.9）ka 前开始，表现为在不到 200 年的时间里，氧同位素比值突然变轻了 3‰，而在距今（119.6±0.6）ka 前结束，表现为在不到 300 年的时间里，氧同位素比值突然变重了 3‰。其起始时间与太阳辐射强度增高及相应的盛间冰期环境的出现时间一致。说明太阳辐射强度增高，驱动了盛间冰期的出现。董哥洞石笋提供了低纬度、低海拔地区，可较好定年，更接近水汽来源区的古气候变化的替代指标。根据董哥洞石笋的 $\delta^{18}O$ 和 $\delta^{13}C$ 记录，重建了荔波地区 2.3ka 以来古气候环境的演变历史，揭示了石笋中记录的百年尺度的温暖期、温凉期、寒冷期等的气候事件，同时，也揭示出石笋记录的 10 年尺度的气候波动与全球的气候变化具有明显的一致性（张美良等，2006）。在洞穴石笋的古气候环境研究中，发现末次冰期以来的弱暖阶段中存在有多次冷事件——Heinrich 冷事件 H1～H5，在石笋记录中均有明显的反映，桂林响水洞石笋在末次冰期记录的 5 次冷事件，与北大西洋 Heinrich 冷事件 H1～H5 具有较好的对应关系，显示与北极地区存在着古气候的遥相关。通过对贵州七星洞 4 号和 6 号石笋的深入研究，进一步证实了 Heinrich 冷事件在石笋记录中的反映（张美良等，2003），可以与格陵兰冰芯 Dansgaard-Oeschger 旋回中突出的干冷事件或北大西洋的冰伐事件进行对比。研究表明末次冰期以来石笋记录冷暖事件所反映出的古季风环流变化，明显受北大西洋气候振荡的影响。

石笋记录的跃变事件表明，新仙女木事件在我国南方的洞穴沉积物中具有显著的反映（Qin et al.，2005）。利用荔波、都匀和桂林等地的 4 个石笋的精确测年，揭示在 12.5～11.0kaBP 期间存在有一冷事件，并证实了末次冰期在荔波、都匀地区和桂林地区均存在有与新仙女木事件对应的冷事件。石笋记录末次冰期终止点 I 的年龄，得到了明确的定位，其时限为 11.3～12.5kaBP。

通过对桂林响水洞的石笋进行高精度的 TIMS-U 系测年和碳、氧同位素分析，建立了中全新世 6000aBP 以来桂林地区高分辨率的古气候变化时间序列。石笋剖面的碳、氧同位素记录揭示，桂林地区中全新世（6000aBP）以来的季风气候变化，大致可分为两个气候期：6000～3568aBP 为气候适宜期，显示东亚夏季风由强盛逐渐变为减弱的趋势，气候温暖湿润期；3568～373aBP 为降温期，显示东亚夏季风减弱，东亚冬季风增强以及气候的大幅度波动。碳同位素记录表明，从 6000～784aBP，$\delta^{13}C$ 均趋向于偏负或偏轻，表明森林植被茂盛。从 3800～784aBP，$\delta^{13}C$ 记录曲线揭示出为 5 个干旱和潮湿亚阶段，并以

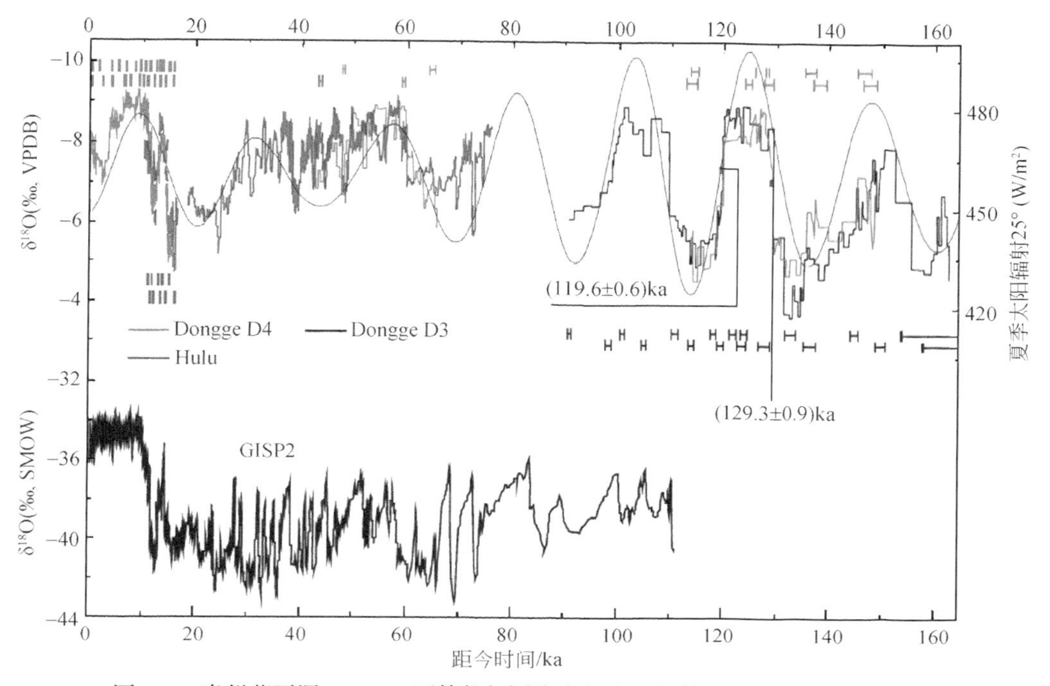

图 1-2 贵州董哥洞 D3、D4 石笋的氧同位素与太阳辐射强度（袁道先，2004）

500～650年为一周期，其中，每一干旱亚期持续时间为 200～250 年，每一潮湿亚期持续时间为 300～400 年。从 784aBP 开始（即相当于金朝，公元 1166 年）到 373aBP（即相当于元朝末至明朝末，公元 1343～1577 年），$\delta^{13}C$ 从 –9.02‰ 突然增大到 –6.75‰～–3.81‰，$\delta^{13}C$ 值突然偏重，是由于人类活动的影响造成的，反映当时人口的增多，森林被大量砍伐，大量垦荒耕植，反映此阶段以 C4 植物为主。石笋记录所揭示的气候旋回的周期及其变化，以及终止点的特征等，可以与海洋同位素记录以及冰芯记录进行对比。而石笋剖面则是环境地层学与洞穴沉积学很重要的研究对象，研究纹层、纹层组、沉积结构构造及韵律特性，区分沉积间断及灾害性突变，这些都展示了现代岩溶学在全球变化研究中的可喜前景，并将为中国季风形成和演变的研究提供新的信息。与此同时，通过研究发现云南白水台和四川黄龙钙华属于内生成因类钙华，证实四川黄龙沟钙华沉积的地表溪流水质基本上受到两种水混合的制约，即断层泉水和山区的融雪（冰）水；高分辨率的监测也揭示了水生植物根呼吸作用对云南白水台钙华水池中水化学日动态变化的控制（Liu et al.，2003，2006）。通过前述研究，以揭示岩溶动力系统中碳、水、钙循环规律及其应用为目标的岩溶动力学理论也逐步发展完善。

5. 现代岩溶学与可持续发展

2000 年年初，由中国科学家提出的新的国际地质对比计划 IGCP448 项目“全球岩溶生态系统对比”在巴黎获得批准，并于 2000～2004 年实施（Yuan，2000b）。中国自然科学基金委又以重点项目“中国典型地区地质作用与碳循环研究”（编号：40231008）给予支持。国土资源部也以一个重点项目（编号：2000208）支持。它标志现代岩溶学与生态科学的结合登上了国际舞台。这种结合为中国岩溶地区的可持续发展提出了许多新思路，有的已发展成有应用前景的新技术。例如在20世纪80年代后期，用岩溶地球化学研究提出的新思路，以高精度水文地球化学场的新技术分析整理了济南岩溶泉域历年的水化学资料，揭示了中寒武统张夏灰岩含水层通过断裂带穿透上寒武统崮山组相对隔水层向奥陶系灰岩含水层补给的途径，并因地制宜设计了新的示踪剂，用一次长20余km，水循环深达700m的大型示踪试验所证明。这一重要发现，为济南岩溶地下水的科学管理提供了新思路。20世纪90年代初，贵州乌江渡水电站在运行仅数年后即在廊道中出现大量钙华，为解决其是否与防渗帷幕老化有关的问题及防治对策，运用岩溶动力学理论和同位素示踪技术，区分了钙华的来源和成因，提出了科学合理的防治措施。

岩溶生态系统是受岩溶环境制约的生态系统。近年来，对中国西南岩溶生态系统典型研究表明地质地貌条件对岩溶区资源、环境和社会经济具有制约作用，例如，通过GIS技术平台对广西壮族自治区以县为信息单元，系统统计和计算了碳酸盐岩出露面积及占土地面积的比例，森林、灌丛、草地覆盖率，土地垦殖率，地表、地下水径流模数，人口密度，人均国内生产总值及农民纯收入等数据，其结果显示：①森林覆盖率与碳酸盐岩出露面积的比例呈负相关，灌丛、草地覆盖率与碳酸盐岩出露面积的比例呈正相关；②岩溶地貌类型对水土资源的数量和有效开发利用存在明显的制约性，峰丛洼地县的人口密度、人均国内生产总值及农民纯收入等社会经济指标低于峰林平原县。从而揭示广西岩溶生态系统的脆弱性，并阐述其机理（曹建华等，2006）。此外对广西岩溶区发展营养体农业问题进行了初步探索（杨慧等，2006），通过适当调整农业结构，发展营养体农业以适应建设社会主义新农村发展的要求。以草地为主要特色的营养体农作物在生长期内对于水热时间性要求不严格，能在全部生长季节内充分地利用水热资源，生产较多的有机物质（农产品），而且以其丰富的种质资源和众多的生活类型，较易达到优质、稳产、高产的目的，并且不仅可以为家畜提供丰富的饲料，而且在防止水土流失、培植土壤肥力等方面也有重要作用，从而达到经济效益和生态效益“双赢”的目的。

典型岩溶区营养元素的生物地球化学循环机理研究，为石灰土的改良和土壤资源的可持续利用提供科学依据。桂林毛村岩溶生态试验场石灰土、红壤对比分析，揭示富钙、偏碱的岩溶地球化学环境对土壤、植物中营养元素丰度的影响：①石灰土中营养元素的全量，除B外，其他元素均大于红壤的。其中石灰土中Ca、Mg、Zn的含量是红壤的3.68倍、4.64倍、3.96倍；Mn、Cu、Co、Fe则分别是红壤的1.68倍、1.64倍、1.39倍和1.25倍；②石灰土中营养元素有效态含量，除了Ca、Mg、Cu的有效态含量高于红壤，其他营养元素有效态含量均小于红壤，其中Mn、Zn有效态含量仅为红壤的60%；Fe、P、Mo的有效态含量仅为红壤的30%~40%；B的有效态含量仅为红壤的10%；③石灰土上的植物叶片中Ca、Mg、Mo的含量高于红壤，P、Cu、Fe含量两者几乎相同，而Mn、Zn、B、Co的含量低于红壤，其中Co含量仅为红壤的1/2，Mn的含量仅为红壤的1/3。进一步发现岩溶区土壤中Zn元素主要以残渣态（占总量68.5%~85.0%）存在；岩溶区农田、林地石灰土中Zn元素相对活泼态：离子交换态（包括水溶态）、碳酸盐结合态、腐殖酸结合态（松结有机结合态）的含量均比非岩溶区对应的要低，而相对稳定态：铁锰氧化物结合态、强有机结合态（包括部分硫化物态）的含量均比非岩溶区相对应的要高，包括残渣态含量也存在相同的趋势。这意味着岩溶土壤地球化学环境对土壤Zn的迁移、富集、形态转换具有明显的影响。长期耕种下，岩溶区和非岩溶区土壤均会出现缺Zn状况，岩溶

区情况更为严重。而适宜的土壤改良措施，可望提高土壤有效 Zn 形态的含量。

典型峰丛谷地生态系统中两种不同的生境（岩溶区和非岩溶区）中的黄荆、枫香叶片形态解剖特征比较分析表明：①两种不同生境下的黄荆、枫香，其叶片形态解剖特征差异显著，岩溶区黄荆、枫香叶片无论是表皮结构还是横切面结构都趋向旱化，两者在单位视野内上下表皮细胞数目、下表皮气孔数目、气孔指数、气孔大小、叶片厚度、上表皮厚度、栅栏组织厚度存在着显著性差异；②在同一生境中，与枫香比较，黄荆形态解剖结构更趋于旱生，两者叶片下表皮均有星状绒毛，而枫香无表皮毛且无角质层。而表皮毛和角质层能更好地减少植物叶片的蒸腾失水，是旱生植物的基本形态解剖特征，是植物适应干旱环境的表现，可见黄荆能更好地适应岩溶石山干旱的环境，是岩溶石山地区植被生态恢复的好树种。

近年来的观测试验还获得了许多新发现，如石山地区岩溶动力系统运行规律与元素迁移，以及一些名特优产品，如金银花、苦丁茶的分布、引种、繁衍、退化的关系；碳酸盐岩地区对环境酸化的缓解作用及人体健康的影响；峰丛山区岩溶洼地中大气 CO_2浓度的倍增现象；地衣、藻类在碳酸盐岩表面繁衍的水文效应及对植被演替的影响；以及生物酶对岩溶动力系统运行的催化作用等（Yuan，2000a，2001，2002a，2002b；袁道先，2000；袁道先等，2000a；Liu et al.，2005）。溶解实验表明，对灰岩而言，加入自然界普遍存在的碳酸酐酶（CA）后，其溶解速率在高 CO_2分压时增加可达 10 倍，而对白云岩，其溶解速率增加主要在低 CO_2分压时，可达 3 倍左右。毫无疑问，已往的研究由于未认识到碳酸酐酶（CA）在风化中的催化作用，因此低估了风化作用的速率，同样也低估了风化作用对大气 CO_2沉降的贡献。

“十五”国土资源部重点项目“中国西南岩溶生态系统研究”的实施，对西南八省区市岩溶县、石漠化严重县进行了统计和空间分布特征的分析（图 1-3），使我们对西南岩溶生态系统特征有了较为正确和全面的认识（曹建华等，2005），西南岩溶区石漠化综合治理首先要在岩溶地质条件的基础上，结合气候、水文和社会经济状况，才能深入分析岩溶区石漠化的成因、危害和类型。同时结合该地区的国家重点扶贫县、少数民族自治县、生态区位等为综合治理工程实施过程中轻重缓急、试点县的确定提供了重要依据，据此划分出岩溶区石漠化综合治理区域八大区对国家发展和改革委员会《岩溶地区石漠化综合治理规划大纲（2008～2015）》的编写起到了重要的参考作用。这些新发现和研究成果，都为依靠科技防治中国岩溶地区严重的石漠化问题打开了新思路。尽管还有待不断的艰苦探索，但可预见其具有广阔的应用前景。

6. 对地球科学发展的启示

从三十多年来岩溶动力学在中国由萌芽到逐渐形成理论和方法体系，由全球对比到介入全球变化的大领域，进而探索解决资源环境和可持续发展难题的途径的不断发展过程，为我国地学的发展提出了以下启示。

（1）在地学方面，抓住那些在中国具有地域优势而又有重大国家需求的问题，提出地学前缘的新的科学问题，持之以恒地开展研究，比较容易取得重要进展。

（2）在今后地学的发展中，地球系统科学理论的运用将发挥更加重要的作用。但要做到这一点，地学各领域都要尽快找到适合本身需要的，掌握各圈层间物质能量运动的工作

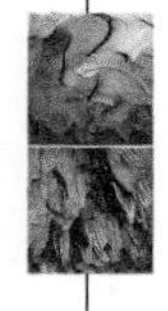

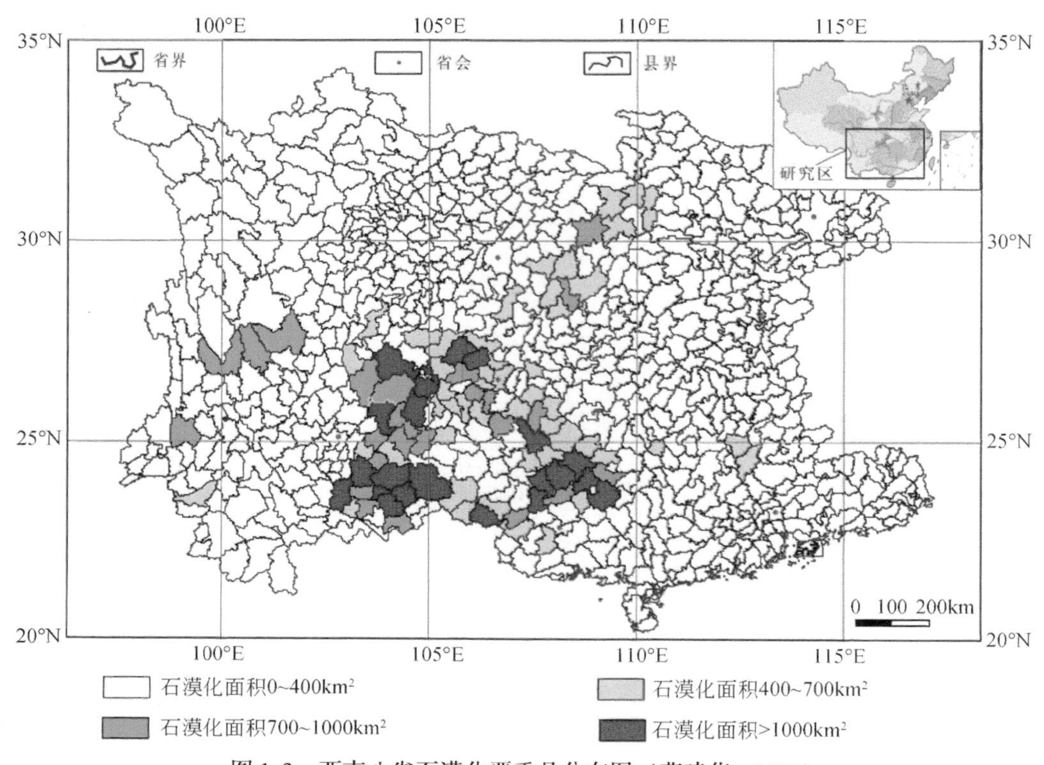

图 1-3 西南八省石漠化严重县分布图（曹建华，2008）

方法。岩溶学发展中以岩溶地球化学一系列捕捉碳、水、钙循环的技术方法为突破口，可能是一个好的例子。

（3）在重大科学研究计划的实施中，执行者和管理者对新出现的苗头都要十分敏感。以便及时调动科研资源取得突破。两者之间及时的信息交流十分重要。对重要领域通过重大重点项目和面上项目相结合的办法给予持续资助，组成既有协作又有竞争的国家研究队伍，建设研究基地，培养研究梯队是该领域在中国不断发展的保证。

（4）在科学研究计划实施过程中，加强国际合作、交流，吸取新思路，引入新技术，是提高研究水平的重要途径（Yuan，2002；Yuan et al.，2004）。有条件时，发挥中国地域或学科优势，组织由中国牵头的多边合作项目，则更为有利。

（5）要保持对新发现的自然规律或现象及其可能的应用价值的敏感性。它既是基础研究不断创新的源泉，也是经济建设技术创新的需要。

第一篇

普通岩溶学

岩溶学采用地球系统科学的认识论和方法论，比地学中研究其他表层地质作用的领域较晚。它长期处于对纷繁的岩溶形态进行描述、分类，及对其成因进行思辨的过程中。虽然岩溶学研究者在100多年前就已经认识到化学溶蚀作用对岩溶形成的重要性，但是指导岩溶研究的学术思想，从地壳升降与水动力条件的相互作用开始，然后是水文地球化学（水-岩相互作用），到地球系统科学，经历了数十年。地球系统科学理论的创立为岩溶学的研究开辟了新思路。从地球系统科学来看，岩溶作用是在碳循环及与其相耦联的水循环、钙循环系统中碳酸盐的被溶蚀或沉积，而各种岩溶形态就是这个复杂的循环系统的运动在碳酸盐岩上留下的轨迹。岩溶地球化学及其一系列捕捉碳、水、钙循环的行踪的野外工作方法，为把地球系统科学的学术思想引入岩溶研究起了桥梁作用。岩溶形态组合方法的建立，克服了异质同像的混淆，成功开展广泛的国际岩溶对比，揭示了岩溶形态组合与环境及其变化的密切关系，为地球系统科学引入岩溶学提供了科学依据，也为岩溶研究在全球变化中做出贡献，打下了基础。

第二章 地质、气候、水文、植被与岩溶形成

第一节 岩溶发育的地质条件

地质条件是岩溶发育的基础。岩溶发育的地质条件，包括可溶岩的性质（物理、化学性质）、地层组合和构造，地壳运动和地质历史等方面。它们主要随着空间的变化而有所不同。例如我国南方三叠纪以前形成的致密坚硬的碳酸盐岩，和美国东南部成岩程度差、孔隙度较大的古近系碳酸盐岩就具有明显不同的地质条件。但是与岩溶作用的过程相比，岩溶发育的这些地质条件，可以看做是比较固定的、不可恢复的且主要随空间而发生改变的环境因素。因此，认识岩溶发育的地质条件，可以把具有共性的岩石、构造等因素作为一类进行岩溶发育环境的划分。

一、岩性

岩石是在各种地质作用下，按一定方式结合而成的矿物或岩石碎屑集合体，是构成地壳及岩石圈的物质单元。一些岩石主要由一种矿物组成，但更多的岩石是由几种矿物组成。岩溶形成、发育的基本地质条件之一就是要有可溶性的岩石，这是岩溶发育的基础。可溶岩主要有碳酸盐岩和蒸发岩（包括各类硫酸盐岩和卤化物岩类），这些岩石能够在CO_2和运动性的水的参与下被溶蚀，进而发育成各种岩溶形态。在相同的水溶液性质和温度条件下，影响化学溶解量的主要因素是岩石成分，影响物理破坏的主要因素是岩石结构，而岩石结构又决定了岩石的物理力学性质，因此岩石的物理破坏量与物理力学性质具有较好的对应关系。

在岩溶发育的不同阶段，化学溶解和物理破坏所起的作用程度不同。初期以化学作用为主，早期两者兼而有之，中、晚期则以物理破坏作用为主。化学溶解往往是渐变过程，而物理破坏往往是突变过程。一次瞬间的崩塌就可胜过数千年化学作用的结果，从这一点出发，岩石的结构和物理力学性质是影响岩溶发育的主要因素。

（一）物理性质

1. 孔隙度和渗透率

物理性质主要是岩石的孔隙度和渗透率。岩样中所有孔隙空间体积之和与该岩样体积

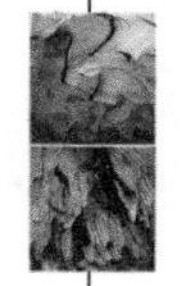

的比值，称为该岩石的总孔隙度，以百分数表示。渗透率是岩石渗透性的数量表示，是指在一定压力差（压力梯度）下，岩石让流体透过岩石自身的性能。首先，碳酸盐岩孔隙度和渗透率在不同地区、不同地质时代是不一样的。例如，前文提到的我国南方多是三叠纪以前形成的致密、坚硬的碳酸盐岩，孔隙度和渗透率都很小；而美国东南部古近系的碳酸盐岩，成岩程度差，孔隙度可达到30%~40%。其次，不同的碳酸盐岩类型其孔隙度和渗透率也是不一样的。如石灰岩和白云岩即使是在同一地区，两者的孔隙度和渗透率相差也是很大的。中国绝大部分地区石灰岩孔隙度都小于2%，渗透率接近于零，白云岩孔隙度小于4%，但一般比石灰岩高，其渗透率也比石灰岩高（表2-1）。经研究，凡是孔隙度>2%，孔隙喉道>0.1mm的孔隙结构，都具有流体快动的渗流特征；孔隙度<2%，孔隙喉道在0.2μm~0.1mm的孔隙结构，具有流体慢动的渗流特征；孔隙度<2%，孔隙喉道<0.2μm的孔隙，属于流体不动的部分，是无效的孔隙。由此可见，中国的白云岩，大部分具有孔隙含水的特征，含水性比较均一。而石灰岩的孔隙大部分是无效的，主要是裂隙和溶洞含水，含水性极不均一，这也为研究岩溶含水层增加了很多难度。

表2-1 中国碳酸盐岩物性参数统计表

时代	产地	孔隙度平均值/%		渗透率平均值/md	
		石灰岩类	白云岩类	石灰岩类	白云岩类
T	四川	0.754	3.478		
P	云南东部	1.787	3.750		
C	广西桂林	0.730	2.627	0.22	1.367
D	广西桂林	0.640	2.584	0.006	0.024
O	河南焦作	0.980	2.029	0.271	0.113
Є	河南焦作	1.180	3.600	0.080	0.100
Pt	河北任丘	1.670	3.351		2.960

2. 力学强度

力学强度包括抗压强度和抗拉强度，是岩石抗压性和抗拉性的表征量。不同的碳酸盐岩力学强度是不一样的（表2-2）。在相同压力下，抗压小的碳酸盐岩很快就会破碎，导致孔隙度和渗透率加大，从而有利于水的进入，加快岩溶作用的进程。以碳酸盐岩为例，泥晶灰岩抗压性强，石膏抗压性弱，在同等压力情况下，石膏易破碎，导致孔隙度和渗透率增大，有利于岩溶形态的发育。

表2-2 不同可溶盐岩的力学强度

岩性	平均抗压强度/(kg/cm²)	平均抗拉强度/MPa
泥晶灰岩	1331	34
亮晶灰岩	1127	36
白云岩	1139	32
石膏	220~880	

（二）化学性质及矿物

岩溶区的主要可溶岩包括碳酸盐岩、硫酸盐岩和卤化物岩类，碳酸盐岩在世界上分布最多、最广，仅在中国分布的碳酸盐岩就达 344 万 km^2，占国土面积的 1/3，其中裸露的碳酸盐岩面积约 91 万 km^2，主要包括石灰岩、白云质灰岩、白云岩以及其间的过渡性岩石，均由方解石和白云石以不同的百分比组合而成。我国一些主要岩溶区不同时代的碳酸盐岩的平均成分见表 2-3。方解石和白云岩所含比例不同，岩石的比溶解度就有所差异，从而导致溶蚀作用的强弱的不同。白云岩比溶解度大，方解石比溶解度小，当岩石中含有白云岩较多时，水岩作用强烈，岩溶形态发育；而以方解石为主要成分的岩石，水岩作用较弱，岩溶形态往往不发育。

表 2-3　我国主要岩溶区不同时代碳酸盐岩的平均分布（据《中国岩溶研究》，1979）

地区	地质时代	$CaCO_3$/%	$CaMg(CO_3)_2$/%	不溶物/%
河北、山西、辽宁	O_2	68.43	24.10	6.93
	O_1	7.07	82.33	10.63
	ϵ_{2+3}	86.96	12.14	1.40
贵州	T	46.90	47.07	4.26
	P	89.62	7.47	2.12
	C	4.54	92.65	1.28
	D_3	2.04	87.75	7.00
云南东部	T	48.78	48.12	2.05
	P	85.02	13.57	4.17
	C	88.60	9.55	1.81
	D_3	38.50	61.75	1.15
广西	T	61.62	29.80	8.58
	P	87.86	10.21	1.45
	C	70.08	28.71	1.06
	D	72.06	25.29	1.42

不同地区，特别不同地质时代的碳酸盐岩的化学成分有很大的差别（表 2-3）。但有两个共同特点，一是钙、镁含量很高，方解石、白云石等可溶性矿物含量占其矿物总成分到 90% 以上，甚至达到 99%。该特点就决定了岩溶地区是富钙的环境。它不但对地下水的化学成分有影响，使其具有较高的硬度，而且对大气降水的成分也有影响，因为雨点总是围绕着尘粒而凝结，而富钙地区的大气尘粒常是钙质的，导致雨水中含有较高的钙。另一个特点就是不溶物含量都比较低，一般在 10% 以下，甚至不到 1%，这就给岩溶地区的水土流失问题带来特殊性和严重性，碳酸盐岩在风化搬运作用中，90% 以上的物质都溶解于水中被带走，而能够残留下来变成土壤部分的比例是很低的，所以岩溶地区的土层一般

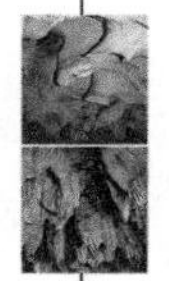

都很薄而且分布零星，厚度一般不超过10～20cm，许多地区只有1～2cm厚，而且是经过漫长时间逐渐积累起来的，一旦流失就很难恢复。

矿物是在各种地质作用下形成的具有相对固定均一的化学组分和物理性质的均质物体（大多数是化合物，少部分是单质元素），是组成岩石的基本单位，在不同的水环境条件下，它的溶解于水的能力差异很大，岩石中各矿物溶解度较大的是NaCl、$Na_2SO_4 \cdot 10H_2O$、KCl、$CaSO_4 \cdot 2H_2O$；而SiO_2、$CaCO_3$溶解度较小（表2-4）。所以碳酸盐岩在风化过程中往往形成方解石脉或石英脉。

表2-4　25℃、10万Pa压力下各种矿物的溶解度

矿物名称	化学式	溶解度/（g/100g水）
三水铝石	$Al_2O_3 \cdot 3H_2O$	0.001
石英	SiO_2	12
非晶硅	SiO_2	120
方解石	$CaCO_3$	100（$P_{CO_2}=10^{-3}$bar）
白云石	$CaMg(CO_3)_2$	90（$P_{CO_2}=10^{-3}$bar）
石膏	$CaSO_4 \cdot 2H_2O$	2400
钾盐	KCl	26.4
芒硝	$Na_2SO_4 \cdot 10H_2O$	28
石盐	NaCl	36

二、构造

（一）地壳运动与板块构造

全球岩石圈主要划分成6大板块，即太平洋板块、亚欧板块、印度洋板块、非洲板块、美洲板块和南极洲板块。板块与板块之间强烈的构造运动造成了地表形态的多样化，影响到岩溶的发育，所以也就有了不同的岩溶发育，例如亚欧板块特殊的青藏高原岩溶，东欧地台岩溶，北美板块岩溶等；板块相互活动并围绕着一个旋转扩张轴活动，且以水平运动占主导地位，可以发生几千公里的大规模水平位移；在漂移过程中，板块或拉张裂开，或碰撞压缩焊接，或平移错位，促使深部CO_2得以释放，可形成大规模钙华堆积相（照片2-1）和产生CO_2井喷现象（照片2-2）。同时（古）纬度与（古）气候是现代岩溶发育的基础，影响岩溶的分布，比如冰川岩溶，地中海式岩溶，亚热带岩溶，温带岩溶等。

在全球岩石圈的六大板块中，中国属于亚欧板块的一部分，根据李春昱（1982）等编制的亚洲大地构造图中，中国分属于塔里木—中朝板块、华南—东南亚板块以及土耳其—中伊朗—冈底斯中间板块的一部分。这些板块的进一步划分就分为了若干的地块（地台）和褶皱带（地槽）。地台区的碳酸盐岩主要分布于盖层中，而且面积大、岩相和厚度都比较稳定、产状比较平缓，大部分属于浅海相碳酸盐岩沉积。例如中国华北地块中上元古界

有巨厚的富含叠层石的硅质白云岩沉积，其上有以浅海相石灰岩和白云岩为主的寒武–奥陶系；又如中国扬子地块的碳酸盐岩主要出露在盖层中，从震旦系开始至整个古生界均有石灰岩出露。地槽区碳酸盐岩沉积的特点是总厚度大，但是范围小不稳定，常以夹层或区域透镜体形式出现，成分不纯，颜色较深，受褶皱和断裂破坏，分布零乱，产状较陡，并遭受不同程度的变质作用而成为大理岩或者结晶灰岩。印支运动后，中国大陆基本上结束了海相沉积，只有在西藏特提斯海沉积了侏罗–白垩系的地槽型碳酸盐岩。

照片 2-1　土耳其 pamukkale 钙华梯田

照片 2-2　CO_2 井喷现象

由板块构造运动所带来地壳的抬升或沉降也强烈影响着岩溶的发育，并由此形成三种类型：裸露型、覆盖型和埋藏型（图 2-1）。裸露型岩溶是碳酸盐岩出露地表，直接和地面环境接触，物质和能量可以直接输入、输出，并和人类活动产生各种直接影响。出露于地表的碳酸盐岩被其自身物质所形成的风化残留物、崩塌物，或是一些外源水流带来的物质所构成的土壤覆盖，并成为 CO_2 的储存库，造就丰富多彩的岩溶形态，这就是覆盖型岩溶。其下伏的可溶性岩石因为上覆松散堆积物的厚度和岩性不同，环境特征有所差异，但依然对人类环境产生直接影响。埋藏型岩溶是深埋于非可溶性岩石之下的碳酸盐岩地区。这些地区的物质和能量的输入和输出是通过其他的途径间接地进行，而不是直接和大气圈、生物圈等进行交换，主要的岩溶作用是由来源于深部的 CO_2 影响产生。

（二）层组与不同类型构造的组合

碳酸盐与非碳酸盐的层组组合，结合一定的地质构造，形成各式各样的可溶岩的空间配置格局，控制了岩溶地区地表水和地下水的运动，对岩溶发育有着很重要的控制作用。这在我国贵州、云南、广西、华北等地的岩溶区非常普遍（图 2-2），岩溶水文系统往往呈多层状、线性展布（图 2-3）。以贵州东北部为例，贵州东北部碳酸盐岩层组类型属于互层和间层型，褶皱为紧密褶皱，使得可溶岩被分割成许多长几公里至数十公里，宽几百米至几公里的北东向狭长地带，地表水、地下水受两侧非可溶岩限制，只在狭长地带中运动。所以导致如洼地、地下河等岩溶形态呈北东向展布。同时，由于岩层倾角较陡，各种

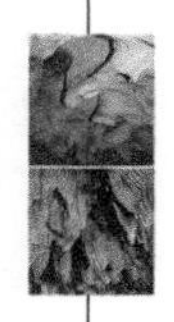

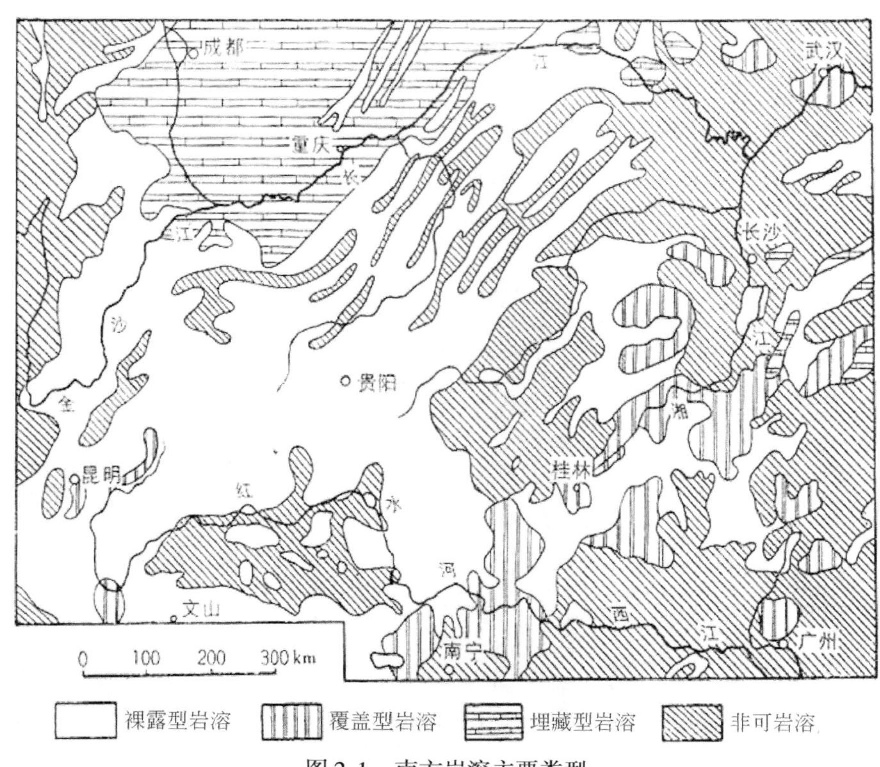

图 2-1 南方岩溶主要类型

非碳酸盐岩无法起到悬托作用。因而，可溶岩地区地下水位一般比较深，其岩溶地貌都以峰丛洼地为主，但第二个岩溶化层位，则可成为承压或自流含水层。而平缓型褶皱又有不同，如贵州中部长江与珠江分水岭地带，由于岩层平缓，非可溶岩可以起到悬托作用，地下水位较浅，利于水流的侧向溶蚀，因此发育峰林平原地貌。

（三）岩体内部结构特征

地质构造是地壳运动的结果，是在不同历史时期地质作用下形成的。从地球表面的宏观地质作用过程来考虑，岩溶发育的地质环境随着时间而变化，而且是可以恢复的，如碳酸盐岩在不同地质时期的相变，它们在陆地上遭受溶蚀，而通过在海洋中的沉积得到恢复。但是从岩溶作用过程的总体上来看，并且与岩溶作用的速度相比，岩溶发育的这些地质因素，还是可以被当做比较固定的、不可恢复的、主要随着空间变化的环境因素，因此岩溶过程是一种生态系统条件控制下的表层地质作用，它的发育受到地质构造所控制，也是岩体内部结构特征对可溶岩裂隙发育条件的控制。岩体内部特征是一个三维实体，在一片完整的基岩中，存在各式各样的岩溶通道（图 2-4），这些岩溶通道在水平面上主要沿着 X 轴方向发育，因此，在 Y 轴方向上的岩溶通道富水性极不均匀；同理，在垂直方向上，岩溶通道的富水带主要沿着 XY 轴面附近，在这个轴面以上，主要发育着一些竖井式的通道，地下水通过它向深部做垂直运动，而在 XY 轴面以下，富水性则逐渐减弱。

在被溶蚀的漫长地质年代中，岩溶通道主要表现为裂隙、管道、洞穴的复杂组合，可

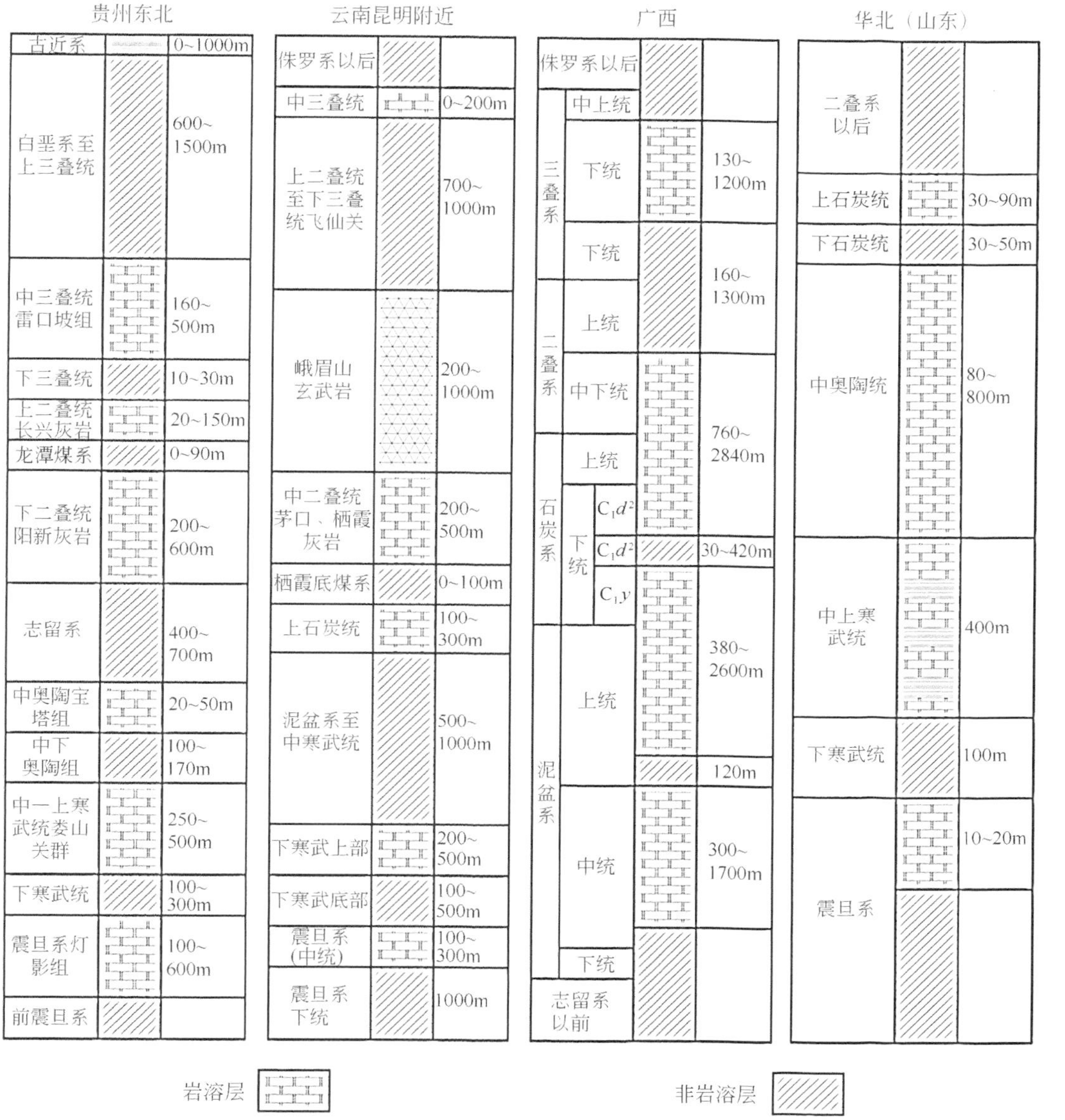

贵州东北

地层	厚度
古近系	0~1000m
白垩系至上三叠统	600~1500m
中三叠统雷口坡组	160~500m
下三叠统	10~30m
上二叠统长兴灰岩	20~150m
龙潭煤系	0~90m
下二叠统阳新灰岩	200~600m
志留系	400~700m
中奥陶宝塔组	20~50m
中下奥陶组	100~170m
中—上寒武统娄山关群	250~500m
下寒武统	100~300m
震旦系灯影组	100~600m
前震旦系	

云南昆明附近

地层	厚度
侏罗系以后	
中三叠统	0~200m
上二叠统至下三叠统飞仙关	700~1000m
峨眉山玄武岩	200~1000m
中二叠统茅口、栖霞灰岩	200~500m
栖霞底煤系	0~100m
上石炭统	100~300m
泥盆系至中寒武统	500~1000m
下寒武上部	200~500m
下寒武底部	100~500m
震旦系(中统)	100~300m
震旦系下统	1000m

广西

地层	厚度
侏罗系以后	
三叠系 中上统	
三叠系 下统	130~1200m
三叠系 下统	160~1300m
二叠系 上统	
二叠系 中下统	760~2840m
石炭系 上统	
石炭系 下统 C_1d^2	
石炭系 下统 C_1d^2	30~420m
石炭系 下统 C_1y	380~2600m
泥盆系 上统	
	120m
泥盆系 中统	300~1700m
泥盆系 下统	
志留系以前	

华北（山东）

地层	厚度
二叠系以后	
上石炭统	30~90m
下石炭统	30~50m
中奥陶统	80~800m
中上寒武统	400m
下寒武统	100m
震旦系	10~20m

岩溶层　非岩溶层

图 2-2 我国各地沉积顺序中岩溶与非岩溶相（据各省区域地质志总结修改）

以分为以单一管道、平行管道与网状管道与洞穴组合等内部结构形式（图 2-5）。

不同的岩体内部结构特征代表着岩溶作用逐步扩展的不同阶段，也是岩溶作用对岩体结构面由适应到改造的过程。在溶蚀作用开始的时候，一般都是沿着岩体中最薄弱的环节进行的。一些导水的结构面，如张性断层、压性断层附近的未胶结的挤压破碎带、张扭性裂隙或层面裂隙等都是溶蚀作用最容易发展的部位，所以，最初的单一管道延伸方向受主导结构面的控制，富水性具有强烈的不均一性，水力联系也具有明显的各向异性。以后溶蚀作用进一步发展，与主导结构面相通的次要结构面也逐渐遭受溶蚀，使岩体的构造各向异性特征逐渐被改造，岩溶管道的组合形式由平行管道过渡到网络状管道。岩溶水的不均一性也逐步转化为相对均匀。

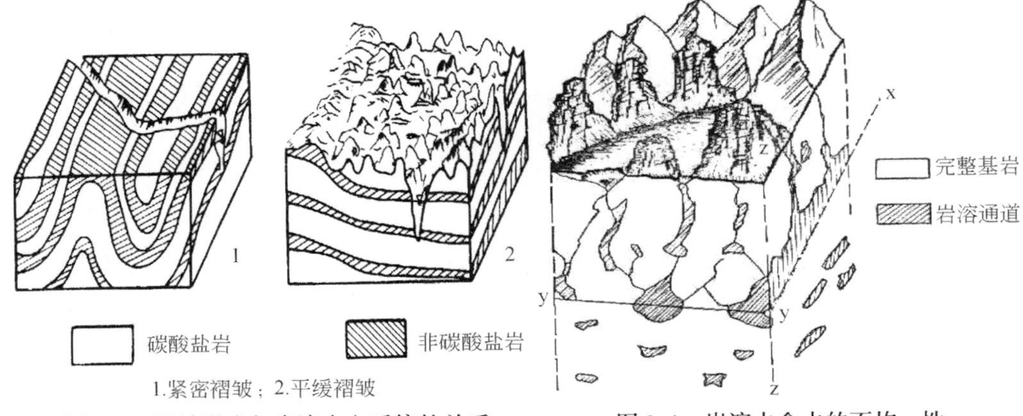

图 2-3　褶皱形式与岩溶水文系统的关系

图 2-4　岩溶水含水的不均一性

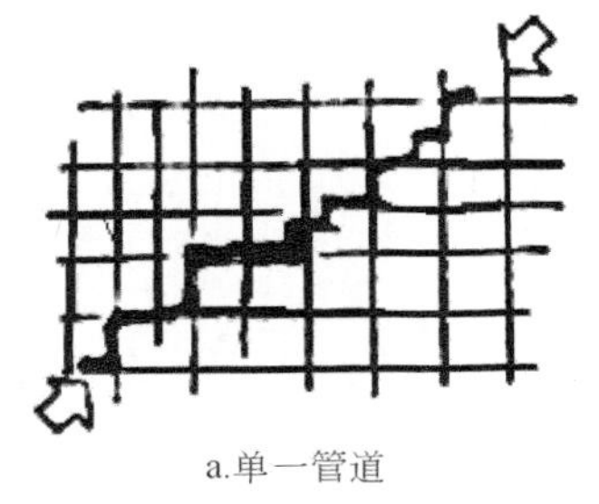

a.单一管道

b.平行管道

c.网状管道

图 2-5　岩体结构面与岩溶通道发展关系图

第二节　岩溶发育的气候条件

气候对岩溶的发育也至关重要，不同气候条件下岩溶的速度和强度是不同的。但气候受到太阳系的运动、地球自转、距海洋远近、纬度、地形标高、洋流、大气环流等多种因素影响而随着时间、空间变化，而且各种气候因子对岩溶作用影响程度又有所不同。那么，气候是如何通过与其有密切关系的因素，例如水文、植被、土壤、水文地球化学等条件影响岩溶发育？气候的影响又将如何反应在岩溶形态组合特征上？本节将从宏观气候和微观气候上介绍岩溶发育的气候条件。

为了取得各种气候因子，包括降水量、蒸发量、气温、土壤和空气中CO_2含量等对碳酸盐岩溶蚀速率综合影响的实际数据，在13个位于不同气候条件下的观测点进行定位观测以作对比。13个观测点分布在不同的气候区，其中，分布在亚热带湿润气候区的有桂林、广州、柳州和环江；温带半干旱、干旱地区的观测站有北京、济南、彬县和格尔木；昆明和贵阳代表了高原湿润区，伊春、长春和日本的秋吉台代表了温带湿润区。从监测的大量资料可以表明各种气候因子中降雨量对石灰岩的剥蚀速度有很大影响，虽然各观测站的溶蚀速率也大致对应其平均气温的降低而减弱。但其相关性远不如降水量密切。图2-6表明，由南到北，或由东到西，石灰岩溶蚀速率的峰谷起伏情况与各地降水量的峰谷对应的很好，而各站年平均气温则只有由南向北，或由东向西的平缓下降，并无相对应的峰

谷。可见，降水是造成石灰岩试片溶蚀的最直接和最活跃的因素，而气温主要是通过其他条件如植被、土壤等来影响岩溶作用的。

土壤对石灰岩的溶蚀速率也有重要的影响（图2-6）。该影响分正、负影响。从全国各点的观测资料可以看到，有的观测点土下溶蚀比地面及空中的高得多，也有一些观测点的土下溶蚀反而比地面及空中的低得多。产生此种现象的原因很复杂，但有一点不可否认，土壤对各地的岩溶作用是一个十分重要的功能。由观测资料可以区分为以下三种情况。

（1）干燥度较低的地方，如桂林、昆明、长春等，由于降水渗入到地下，与土层空气中浓度较高的CO_2结合生成碳酸，故对石灰岩的溶蚀非常强烈，从而导致干燥度较低的地区土下溶蚀比地面以及空中的溶蚀高1倍以上。

（2）较干燥的地区，如北京、济南、格尔木等地，土下溶蚀速率极低。虽然这些地区土层中的CO_2在夏季可以高达0.5%～0.7%，即比大气中要高15～20倍，但由于太干，降水难以向土层中渗透，无法形成对石灰岩具有侵蚀性的碳酸，所以，在这些地区，土下溶蚀速率反而比较低，一般只有空中溶蚀度的1/20。

（3）土壤黏性高的地区，土下溶蚀速率也偏低。出现这种现象的原因是由于这些地区的土壤多为黏性土，不利于水和CO_2渗透，例如中国的广州、柳州等地。

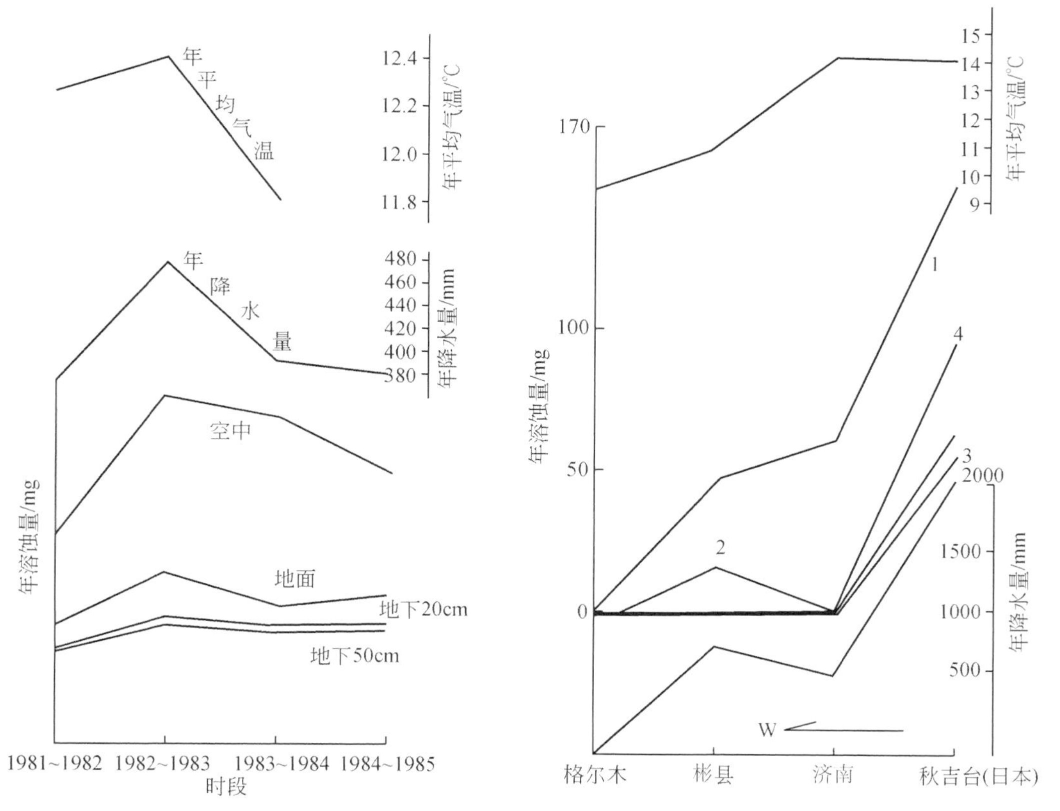

1. 空中（地面以上1.5m）溶蚀速率；2. 地面溶蚀速率；3. 土下20cm溶蚀速率；4. 土下50cm

图2-6　北纬35°～36°东西向剖面上各观测点溶蚀速率观测成果曲线（右）、北京观测站1981～1985年石灰岩溶蚀石灰岩溶蚀速率观测结果（左）

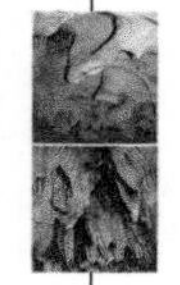

不同的气候条件下土壤溶蚀程度不同，从而导致在不同气候下形成不同的岩溶形态。所以，在研究气候条件与形成的岩溶形态组合中的关系时，要首先从与现在气候条件相匹配的主要形态开始，建立岩溶形态的区域和时间尺度，然后再细化各种微观气候条件下的不同岩溶形态组合。由此，通过对岩溶发育的气候条件的了解，对岩溶作用又有了新的认识：

（1）岩溶作用是一种发育比较快的地质作用或地貌作用。

（2）岩溶发育的环境可分为地质环境和气候环境两类。按照人类活动历史考虑，前者为变化较小的基础环境，后者为变化较大的动力环境。

（3）按照岩溶作用同现代气候环境的关系又可分古岩溶作用和现代岩溶作用两类。古岩溶作用是指现已变化了的古代的气候环境条件下发育的岩溶作用；现代岩溶作用是指在现今还存在的气候条件下继续进行的岩溶作用。

（4）由于岩溶作用是较快的地质作用，各种岩溶形态通常是在现代气候条件下形成的。因此，人类的岩溶环境，往往就是由现代岩溶作用的气候环境、地质环境、生态环境和各种岩溶形态构成的岩溶环境系统。它们在全球各地因气候条件的不同而构成了宏观分带，并且由地质条件的不同而形成了地区性差别。

第三节　岩溶发育的水文条件

根据岩溶动力系统理论，水是岩溶作用发生的物质基础之一，也是岩溶作用发生的介质。水不但是对可溶岩进行溶蚀的最直接最活跃的因素，而且是太阳能、生物能的载体，起着双重作用。水对岩溶发育的重要性体现在两点：一是水的溶蚀性；二是水的流动性。溶蚀性是水对周围岩石的溶解能力，而流动性是指水的流动强度和速度，包括水流量大小、流速等。当地处于湿热的气候带，植被发育良好的情况下，土壤中由植被呼吸作用会产生更多的CO_2气体，溶解于水而形成碳酸，从而对碳酸盐岩具有溶蚀能力，有利于岩溶的发育。此外，植物枯枝落叶受微生物的分解作用，释放各种有机酸类，也能加强土壤水的溶蚀能力。而基岩中的裂隙和孔隙发育，则可使这种具有溶蚀能力的水向下运移，对岩石进行深层溶蚀。

一、水在岩溶发育过程中的两个作用

水在岩溶发育过程中的两个作用分别是水作为CO_2载体的化学作用和水本身的机械能作用。水作为CO_2载体的化学作用主要体现在CO_2的三相变化上。空气中的CO_2参与水岩反应，溶蚀碳酸盐岩，转化为水中的HCO_3^-，形成各种各样的岩溶形态；而当水中HCO_3^-达到饱和，CO_2脱气作用使其以碳酸钙沉淀，形成各种不同的岩溶形态。水在岩溶发育过程中的第二个作用是岩溶水在运动过程中，本身的机械能作用。岩溶水在运动过程中，各种作用力在复杂水（洞）道影响下，彼此相互转化。例如，起主导作用的侵蚀力的转变除了取决于本身的流速流量外，还受水所携带的机械能、势能和热能的影响。以重力作用为例，重力作用除了赋予水自身的势能外，在裂点和滴水点以下，由于只有落体的加速作用，势能大大增强，甚至转为以势能为主的重力作用。此时，侵蚀力的表现为冲磨蚀力和

漓蚀力。在这种情况下形成一些岩溶形态，例如裂点下的溶潭，其壁陡立，壁面连地面布满雪花状撞击和磨蚀斑痕，且底部有磨圆极好的砾卵石或沙屑，往下游变细，呈粒级分布。

岩溶地区的水，整体而言可以区分为外源水和内源水（图2-7）。内源水是在一个完全由可溶岩构成的岩溶系统中所产生的水流，一般有较高的硬度，pH偏碱性，侵蚀性较低，不利于岩溶的发育。而外源水是来自非碳酸盐岩地区而进入岩溶区的水流，它对岩溶发育的作用有两个方面，一方面是单纯从水量上增加的作用，另一方面是来自非碳酸盐岩地区的水，由于其硬度和pH较低，因而对碳酸盐岩具有更强的侵蚀性，从而加强岩溶作用。我们经常见到一些强烈的岩溶地区，如峰林平原分布区，以及一些地下河和洞穴系统，都与外源水的作用紧密相关。正因为如此，外源水在岩溶地貌，特别是峰林峰丛等岩溶的发育过程中起着重要的作用（图2-7、图2-8、照片2-3）。例如，外源水(主要是漓江河水和来自砂岩区的泉水)对地貌形成所起的作用具有很高的研究价值。将外源水和各类岩溶水的方解石饱和指数做对比，SIc<0表示方解石具有可侵蚀性。由表2-5和图2-8可以看出，来自越城岭的非碳酸盐地区的漓江水的侵蚀性大大高于其他碳酸盐地区岩溶水，这种情况对于桂林岩溶的发育，特别是对峰林地形形态的形成具有不可忽视的作用。

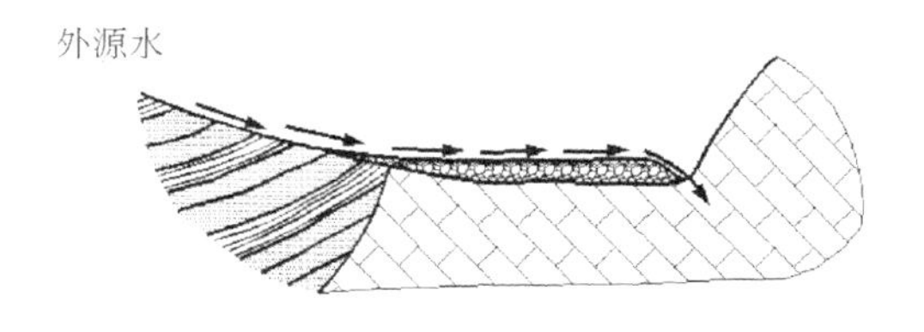

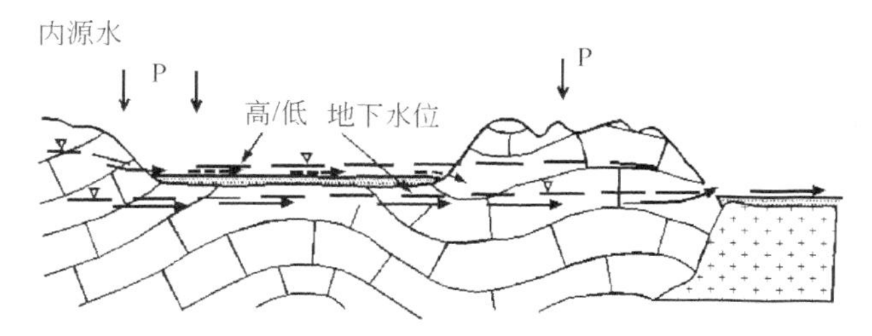

图2-7　岩溶地区内源水与外源水的区别

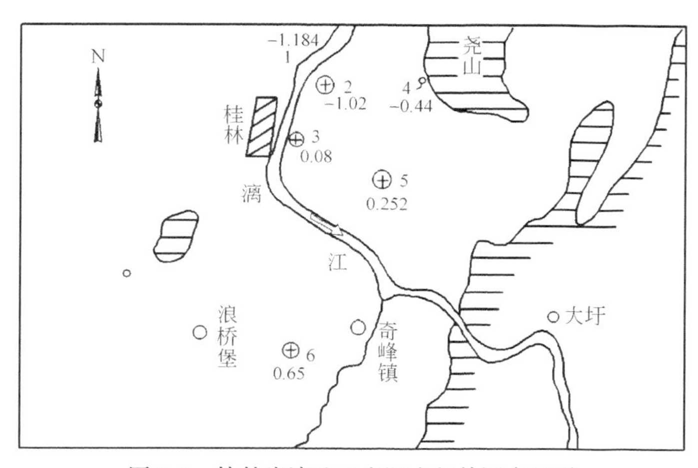

图2-8　桂林岩溶地区内源水与外源水区别

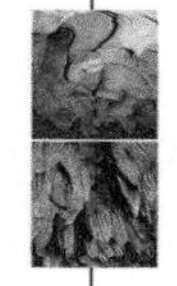

另一种在云贵高原上常出现的有趣现象是由于岩溶区地表水的扰动作用体现在这些地区大大小小的瀑布上面。这些地区巨大的水力梯度有利于机械侵蚀作用，但许多瀑布上下游的现场测定表明，水的 pH 常常发生明显的变化，有时竟可以由瀑布上部的 7 上升到底部的 9 左右。瀑布上水的强烈扰动导致 CO_2的大量逸出，以至于在瀑布上反而沉积了大量钙华，如在高达 57m 的贵州黄果树瀑布上，钙华厚达 8m；在珠江上有天生桥附近的落差集中段，河床钙华沉积段长达 20km。

表 2-5　桂林市附近不同类型水的方解石饱和指数（外源水和内源水的比较）

编号	取样点	水的类型	SIC	$\log P_{CO_2}$
1	漓江	地表河水	−1. 184	−3. 08
2	电科所井	冲积层水	−1. 02	−1. 43
3	七星岩	地下河水	0. 08	−2. 17
4	皎霞	砂岩泉水	−0. 44	−2. 59
5	岩溶研究所	石灰岩钻孔水	0. 252	−2. 46
6	潭南	石灰岩钻孔水	0. 65	−2. 00

二、岩溶发育的水文条件

宏观岩溶地貌的形成与外源水直接相关，以我国岩溶区为例，一些强烈的岩溶化的地区，如峰林平原地区都与外源水的作用息息相关。

我国南方的峰林地形主要分为峰丛和狭义峰林两大类。它们的形成都与外源水相关，以桂林为例，来自越城岭、海洋山和架桥岭的外源水，其汇水面积比桂林复式向斜盆地中心部位的碳酸盐岩分布区大一倍以上。因此，峰林地形的形成，除了一些必备的先决条件以外，强大的外源水的侧蚀作用也是不容忽视的。外源水侧蚀作用往往形成一些特殊的岩溶形态，如边槽、流痕等。

岩溶洞穴的发育也与水文条件紧密相关。以美国猛犸洞为例，猛玛洞位于肯塔基州，在 100 多平方公里范围内，有 650 多公里洞穴。至今保持着世界最长洞穴系统的记录，该地区的年降水量 1200mm，年平均气温 14℃。优越的水文条件对猛玛洞洞穴系统的发育起了关键作用。外源水的冲刷作用使得猛犸洞形成了自盖层到底层的竖井（照片 2-4）。

另外，水循环的深度直接反映岩溶作用的深度，也可以通过岩溶形态表现形式研究水循环过程，例如通过对洞穴中不同尺寸的波痕研究古水流方向和速度，然后可以通过洞穴中的波痕（贝窝），计算波痕形成时水流的速度。

地下水和地表水受到地质构造、非可溶岩与可溶岩地层组合关系、地形条件三位一体构成的各式各样的空间配置格局的控制，对岩溶发育也有着重要的作用。以云贵高原为例，碳酸盐岩层组类型属于互层、间层型，这种褶皱形式对非可溶岩层的水文作用有着重要的影响，主要有两种情况。即紧密褶皱形和平缓褶皱形。它们分别代表了不同的水文条件和不同的岩溶特征。

另外，特殊的海拔和地形也将导致水文条件的特殊性。例如我国南方的珠江和长江的分水岭都在高原区，那些地区碳酸盐岩为连续地层，或因为构造影响，非可溶岩层无法起

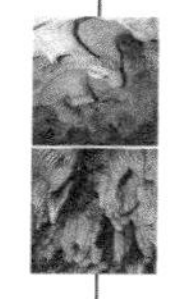

到悬托作用，则短距离内巨大的地形高差常常导致梯度很大的水动力条件，从而有利于岩溶作用的产生和岩溶发育，特别是大型的竖井、溶洞、地下河的发育。我国南方的地下河大部分发育在这种地区，如云南蒙自、开远一带的南盘江与红河峡谷之间的高原面上，在约50km距离内，高差达1000多米，发育了南洞地下河系统，并有大量的竖井。

照片2-3　桂林峰林地貌

照片2-4　自盖层流下的外源水的冲刷作用造成深竖井（猛犸洞）

降水是气候条件的重要因素，雨水降到地面后，转化为地表水或地下水，继续释放其能量产生更多的岩溶形态。如果单从补给角度出发，可以认为水文条件是气候条件的派生因素。但是通过本节的论述，地表水和地下水在岩溶发育过程中发挥着巨大的作用，并不能用气候条件的派生因素可以概括。因为降水落达地面以后，受到地形、地质、植被等诸多条件的综合影响，还要进行能量的重新调配和聚集，更发挥着巨大的溶蚀作用。

第四节　岩溶发育的生物条件

一、生物岩溶学的研究进展

我国大陆碳酸盐岩多为三叠纪以前的地层，岩性坚硬、致密，灰岩孔隙度<1%，白云岩孔隙度<5%，岩石本身持水性差。国外一些古近系碳酸盐岩，孔隙度可达16%~44%，岩石本身有一定持水性。但在岩溶区，在坚硬的碳酸盐岩表面，由于地衣、藻类的作用，可增大孔隙度和持水性，支持植被生长，发挥土壤的作用。这些就是岩溶发育的生物作用的体现。

目前，研究生物在岩溶形成、演化过程中的作用，已经成为一门新兴的交叉边缘学科——生物岩溶学。从生物学角度讲，生物岩溶包括了生物岩溶作用方式和作用效果；而从岩溶学角度讲，包括了生物岩溶沉积和溶蚀作用过程及其产物（形态）。生物条件是岩溶发育过程中的重要环节。自从20世纪90年代，生物岩溶学在我国岩溶学界兴起以来，已经取得了很大的成就。

岩溶发育的生物条件包括植被和微生物。随着岩溶学的发展，人们越来越多地发现生物在岩溶形成、演化过程中发挥着巨大的作用。植被在岩溶区扮演十分重要的角色，是岩溶生态系统第一性生产者的角色，起着能量运输站的作用，在岩溶生态环境中起着调节平衡作用。一方面对水文系统的运行起着调节作用，另一方面与土壤微生物一起决定着土壤CO_2浓度，影响岩溶的发育（图2-9）。微生物作用可以加快水岩作用，改变岩溶水中的化学成分，影响岩溶作用。通常把生物对岩溶发育的作用主要分为直接作用和间接作用。

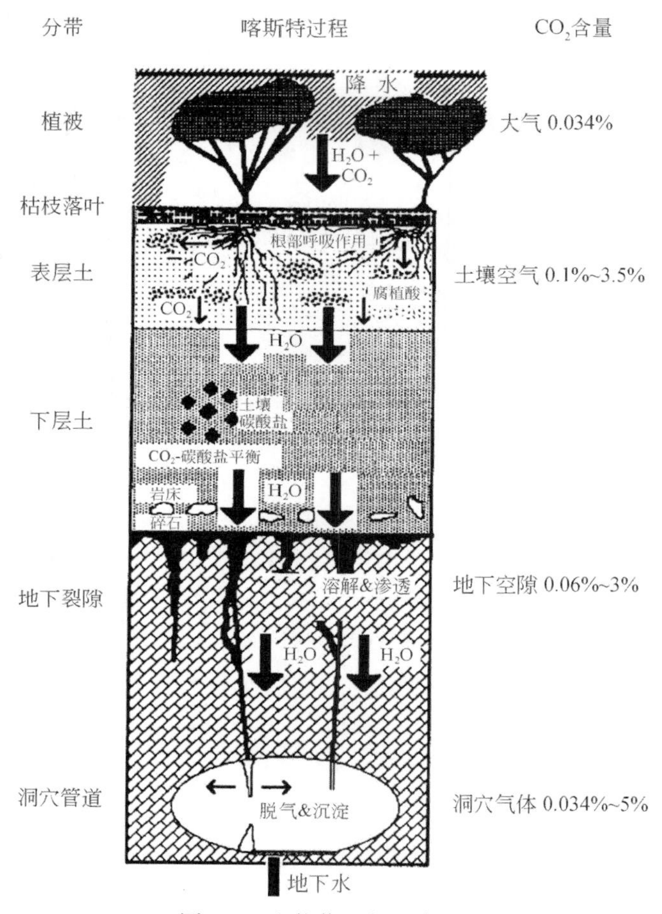

图2-9　生物作用与岩溶发育

直接作用是指生物体直接接触在碳酸盐上，并留下特征性产物。如藻类（照片2-5）、地衣、苔藓等对碳酸盐岩的钻孔溶蚀，并形成微型组合；这些生物对水溶液中钙质颗粒的黏结、结壳作用或生物体直接作用产生钙质颗粒。因此，在石漠化治理中，要特别注意防止损害地衣、藻类、苔藓的行为，如山火活动、大气污染。

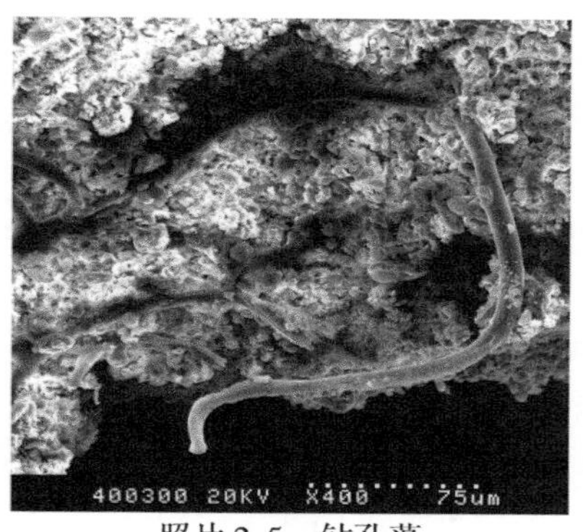

照片2-5　钻孔藻

间接作用是指生物通过改变周围环境中的物理、化学性质，形成生物微环境，以达到对碳酸盐岩作用

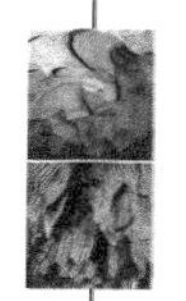

的目的。如土壤环境中，土壤生物（尤其是微生物）的呼吸作用、分泌作用产生大量的代谢产物对下伏岩石产生溶蚀作用；水生绿色植物的光合作用，消耗水中的CO_2，引起一定范围内碳酸盐岩过饱和而沉淀。

二、岩溶区生态环境特征

岩溶区很多生态环境特征都是由地质历史时期生物作用的产物——碳酸盐岩下垫层的性质决定的。

（1）岩溶地区大气降水中含钙量2.9～6.0mg/L；而非岩溶地区钙含量均不超过0.1mg/L。

（2）岩溶地区水质相对简单。含钙量从35.3～200.0mg/L，袁道先等（1991）的研究表明：从秦岭到柳州、桂林一带，岩溶水的几个主要指标（Ca^{2+}、Mg^{2+}、HCO_3^-、P_{CO_2}）随纬度的升高、气温的降低而降低，而pH则相反。

（3）岩溶区碳酸盐岩的溶蚀风化消耗大气中大量的CO_2。具有侵蚀性的水同时作用于碳酸盐岩地区和硅酸岩盐地区，则因溶蚀而吸收大气CO_2的量，岩溶区为非岩溶区的10倍（李彬，1995）。

（4）岩溶区生物圈的特征主要表现在以下几个方面：

由于碳酸盐岩的特殊性，使得岩溶环境区的植被同非岩溶区相比，又有着自己特殊的特点。由于基岩裸露，土少石多，仅基岩裂隙中充填有一些土壤，或是在溶蚀低洼处有轻薄的土层堆积，土壤的保水性差，雨后即处于干旱缺水的状况，因此植被需要有发达的根系，才能维持其生长；其次岩溶区由母质岩形成的土壤，多为含钙质成分较高的石灰土，土质贫瘠，所以岩溶区生长发育的植被，是经过长期的环境适应，不断演化的结果，使得岩溶区植被具有岩生性、旱生性和喜钙性。

亚热带森林岩溶区，植物灰分含量平均为8.71%～9.77%，其CaO含量达到2.41%～2.52%，而SiO_2含量为0.66%～0.74%；在区外岩溶区，植物灰分平均含量较低为5.96%，CaO含量也低为1.49%，而SiO_2含量上升到1.70%。

热带岩溶区与海南尖峰岭花岗岩相比。岩溶区植物的灰分组成达到7.47%，其中CaO含量为2.88%，而SiO_2仅为0.57%；尖峰花岗岩区，植物的灰分组成为3.94%，CaO为0.34%，而SiO_2含量上升1.32%。

岩溶区的森林群落为低生物量的森林。以贵州茂兰为例，其生物量既低于水热条件相似的原生亚热带中山常绿阔叶林，又低于较高纬度寒温带针、阔混交林和亚高山针叶林。

岩溶区的土壤微生物含量比非岩溶区土壤要高1～10倍，且具有更强的活力，可释放出更多的CO_2。

岩溶地区，直接殖居在碳酸盐岩浅表层的生物丰富，有藻类、地衣、苔藓等，它们使岩石浅表层0～2mm范围内发育为疏松多孔层，不仅对土壤孕育、高等植物的发育有着重要的意义，同时对岩溶作用的进行也会产生重要的影响。

三、生物在岩溶过程中的作用

地表植被在岩溶作用中有着很重要的地位。森林区不仅可以吸收太阳能、固定大气

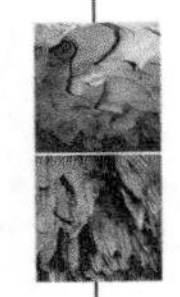

CO_2、还是驱动岩溶地质作用过程的主要发生区。所以，森林岩溶区碳循环和岩溶发育更为强烈、更为活跃。例如，澳洲东南部南纬40°的森林岩溶区的洞穴中发育大量的钟乳石，反映出生物碳循环对岩溶作用的巨大促进作用。又如Viles（1988）通过对波兰、牙买加、澳大利亚、美国、前南斯拉夫等17个国家和地区的31个石灰岩点的溶蚀速率结果的统计表明，在具有相同岩溶水年径流量的地区，有植被、土壤覆盖的岩溶区，石灰岩溶蚀更强烈。对于殖居有壳状内生地衣的生物岩溶样品与具有相同成分结构的下伏新鲜岩石样品在相同条件下进行溶蚀，其结果表明有生物殖居石灰岩样品的溶蚀量比无生物殖居的新鲜岩石样品高26.1%～64.6%。

在洞穴中，经常发现洞口存在向光性生长的石钟乳。经浸解制片和岩石薄片观察，生活于洞口附近的向光性钟乳石上的生物体主要是藻类、苔藓。一方面光合作用吸收CO_2，使得$CaCO_3$因同化作用而发生沉淀；同时生物吸收光能，合成有机质，使无机碳转化为有机碳，成为生物体的一部分，生物体又通过其自身的生理生化过程将溶液$CaCO_3$颗粒粘结在体表，进而形成结壳。另外，生物体可以通过钙化作用，形成钙质生物体而成为石钟乳的一部分。某些生物的钙化作用使石钟乳的向光侧直接长出瘤突。

在中国南方岩溶地区的洞穴弱光带，往往可见形似鳞片的生物沉积构造。其结构构造特征与叠层石十分类似，又叫洞穴叠层石。其背面致密、光滑，向光面疏松多孔、粗糙，表面可见生物体。经鉴定发现主要为蓝藻门中的分子。从深层中还浸解出钙化的结壳丝状藻体，这显示了在洞穴弱光带，滴水沉积形成石笋、钙华时，其向光部位由于藻类等生物生长，导致向光侧与背光测沉积速率存在差异（照片2-6）。生物沉积快于无机沉积，从而形成洞穴叠层石片体。

照片2-6　洞口向光生长的石笋

生物岩溶溶蚀过程中最具有代表性的生物之一是壳状内生地衣。壳状内生地衣在岩溶区，尤其是森林岩溶区分布极为广泛。通过光合作用累积有机质的能力很低、生长缓慢，但在单位面积上具有与高等植物匹敌的呼吸速率，这暗示着壳状内生地衣具有较高的光合作用合成速率，即具有较高的初级生产能力，所以与大气之间存在较大的CO_2交换量。

生命与水息息相关，而水是岩溶作用的必要条件。低等植物壳状内生地衣影响岩石的持水性。水分的多少，也直接影响植物分泌物与CO_2的交换，进而影响其对岩石的溶蚀作用。

由旱生植物群落的演替过程和岩溶区植被生长的特点可知，岩溶区的植被生长发育是比较缓慢的，任何外界干扰因素，都可以影响植被的演替和植物的生长。旱生植物演替系列中，岩石表面最先出现的是地衣植物群落阶段和苔藓植物群落阶段，这两个阶段的延续时间较长，所以在石漠化治理中，要特别注意防止破坏地衣、藻类、苔藓的行为。当岩石

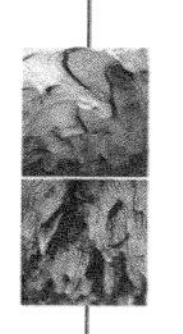

生境已有较大的变化，即土壤层在岩石表面形成并增厚后，草本植物迅速发展。木本植物因为生长期长，所以其演替速度非常缓慢。

岩溶区生物的特殊性又导致岩溶发育及其岩溶环境的特殊性。所以，生物与碳酸盐岩是相互作用、相互影响，共同组成了不同的岩溶形态。

由于岩溶区面积在世界范围内分布很大，所以在各地岩溶发育程度及其岩溶形态组合特征上差异也很大。造成这些差异的根源是因为各地岩溶发育条件具有很大的不同，首先是地质条件和气候条件的不同，同时也包括地形、水文以及植被条件的不同，还包括这些条件综合起来产生的直接影响岩溶作用的方式甚至是地球化学背景也有差别。这一章系统地阐述了岩溶发育的地质条件、气候条件、水文条件、植被条件以及不同条件下岩溶发育程度。研究表明：岩溶发育的速度和进程受到地质、气候、水文、植被等各方面因素的影响，因此我们在实际分析时，要以岩溶动力系统理论和地球系统科学为指导，综合分析。

第三章 岩溶形成与碳、水、钙循环

第一节 全球碳、水、钙循环与岩溶形成

一、岩溶动力系统

现代岩溶学有两个特点：一是从全球角度研究岩溶；二是引入了地球系统科学思想。实际上，由于CO_2的积极参与，如不把岩石圈、水圈同大气圈、生物圈联系起来，即以地球系统科学为指导，就很难说清楚与全球碳、水、钙循环共存的岩溶作用。

（一）定义

岩溶动力系统（karst dynamic system，KDS）是指控制岩溶形成演化，并常受控于已有岩溶形态的，在岩石圈、水圈、大气圈、生物圈界面上，以碳、水、钙循环为主的物质、能量传输、转换系统。它是由固相、液相、气相三部分构成的开放系统。

（二）功能

岩溶动力系统的基本功能是驱动岩溶作用（溶蚀或沉积）。基本运行机制如图1-1所示。简单地说，当CO_2由气相进入岩溶动力系统时，就会发生溶蚀作用，产生各种溶蚀岩溶形态，进入的CO_2越多，溶蚀作用越强。反之，当CO_2由岩溶动力系统逸出时，就发生沉积作用，产生各种沉积岩溶形态，CO_2逸出越快，沉积作用也越快。岩溶动力系统的功能可概括为以下4个方面。

（1）驱动各种岩溶形态的产生，并通过其所造成的地表地下双层岩溶空间结构和碱性地球化学背景导致一系列的环境问题；

（2）通过岩溶作用由大气回收或向大气释放CO_2，调节大气温室气体浓度，缓解环境酸化；

（3）驱动元素迁移、富集、沉淀、形成有用矿产资源，影响生命；

（4）记录环境变化过程，由于岩溶动力系统与全球四圈层的密切关系，它可以敏感地反应并忠实记录各种环境因子，包括降雨量、气温、植被、酸碱度、地下水位和海平面升降等变化，为全球变化研究提供依据。

可见，对岩溶动力系统结构、功能、运行机制的正确认识，是科学合理地解决岩溶地区乃至某些全球性资源环境问题的关键。

（三）特征

岩溶动力系统最突出的特点是对环境变化反应灵敏，许多环境因素，如降雨、气温、植被、大气中的 P_{CO_2}（与生物作用过程有密切关系），水流状态、深度、温度、扰动程度和系统的开放度等，都可以改变 CO_2 的运移方向，继而改变岩溶作用的强度、方式甚至方向（指溶蚀或沉积）。这种敏感反应的时间尺度，不但有季节变化，还有昼夜、小时甚至分钟的变化。根据岩溶动力系统的这个特点，对其研究需要特殊的工作方法。首先是现场测定和定位观测的重要性。同时，由于系统中的物质、能量在地球四圈层间穿梭运动的复杂情况，这就使同位素示踪和实验室模拟技术，对于真正掌握 KDS 的运动机制具有重要意义。

岩溶动力系统的定义、功能和特征，要求我们从全球碳、水、钙循环来掌握其运行规律。

二、全球水循环与岩溶形成

（一）地球上的水的起源和分布

据沉积岩石测定地球最古老岩石为 38 亿年，然而据同期陨石推算地球历史有 46 亿年，那么在 46 亿～38 亿年间地球上有没有水，我们目前还不知道，有待进一步研究。

现在地球上的水量为 14.087 亿 km^3，具体分布如表 3-1，这个总水量在已知地质历史上，保持不变，不会向太空逸走，因为水在 15km 高空会凝结返回大气中。

表 3-1　地球表层各种水体的水量分配

储蓄库	体积/万 km^3	占总量百分比/%
海洋	137000	97.25
冰川	2900	2.05
深层地下水（750～4000m）	530	0.38
浅层地下水（<750m）	420	0.30
湖泊	12.5	0.01
土壤	6.5	0.005
大气	1.3	0.001
河流	0.17	0.0001
生物	0.06	0.00004
总量	140870	100

虽然地球上水的总量不会发生变化，但是水会以固、液、气三种状态在地球系统中持续循环运动。水循环模式如图 3-1。地球上水循环能持续不断地进行下去的前提是水量平衡。一旦水量平衡失控，水循环中某一环节就要发生断裂，整个水循环亦将不复存在。

全球水平衡方程为：年降水量（陆地+海面）= 年蒸发量（陆地+海面）

0.496（0.110 + 0.386）= 0.496（0.073+0.423）

从水平衡方程上来看，全球水的收入与支出相等，这就成为水循环的前提，但是必须指出，虽然全球总水量不变，不等于各个水体之间的相对数量亦恒定不变。

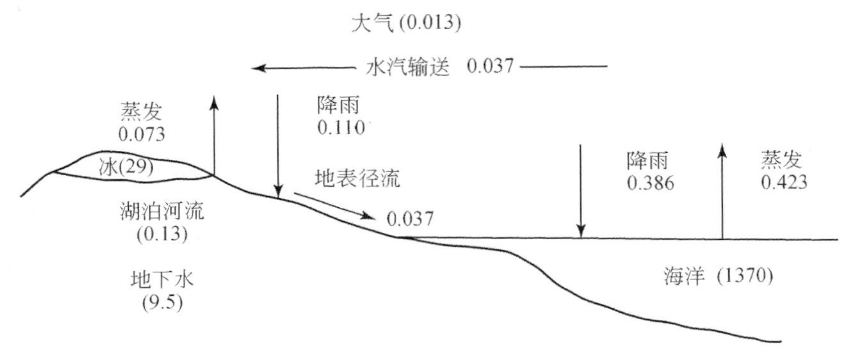

图 3-1 水循环模式图（单位：10^6km^3）

（二）全球水循环对岩溶作用的影响

在陆地上，每年 11 万 km^2的陆地区降水分布很不均匀（图 3-2），由图上可看出，赤道附近净降水量最大，而南、北纬 20°附近净降水为负值。这对岩溶发育有很大影响。

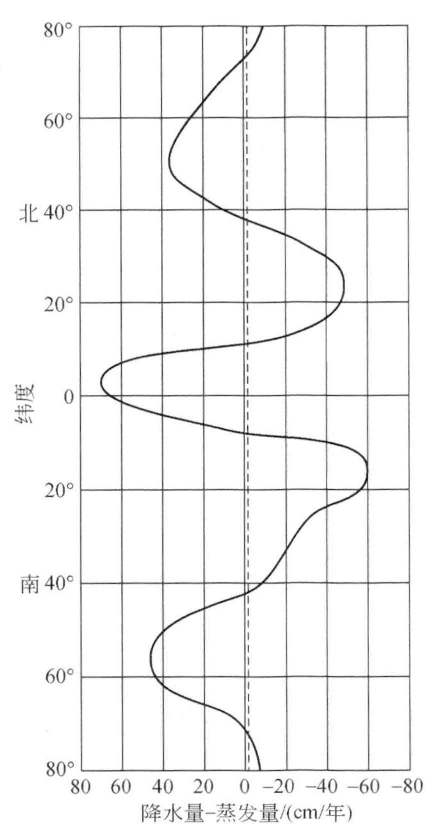

图 3-2 全球净降水量（降水量-蒸发量）与纬度的关系（Peixoto，1973）

降水量差别直接造成了岩溶作用强度和岩溶形态的差别。我国桂林地区年降水约 1500mm，水热配套条件好，溶蚀能力强，形成高大挺拔的峰林、峰丛形态（照片 3-1），而美国内华达州地区年降水约 200mm 左右，地表岩溶形态缺乏，主要发育一些地下洞穴（照片 3-2）。土耳其地区地中海气候区内，年降水约 500～700mm，地表岩溶形态总体较热带地区差，主要形态以坡立谷、斗淋为主，山地林线也较低（照片 3-3）。我国黄龙地区，海拔 3400m 左右，年降水量 800mm 左右，气温较低，降水量也不多，因此地表岩溶形态主要以冻蚀灰岩石峰及灰岩屑堆为主（照片 3-4）。

在海底由于温度低，水压加大，pH 降低，溶蚀强度加大，以致在 4000～5000m 深度以下方解石不再沉积，称为碳酸盐补偿面（CCD），也称为“海底雪线”（图 3-3）。因为其上有方解石，为白色，其下为红黏土。

但海洋水也是不断地运动的。例如在海下 3000m 深处，海水的年龄在北大西洋为 250 岁，而北太平洋为 1750 岁，由于各处海洋海水年龄不一样，这就提出了一个大洋水传递带使得上述“海底雪线”也被扰动。

在陆地上的循环也会造成一些局部和微观岩溶现象，如第二章讲过的波、边槽等。

照片 3-1　热带岩溶（广西桂林）

照片 3-2　干旱区岩溶（美国内华达州）

照片 3-3　地中海岩溶（土耳其）

照片 3-4　高山岩溶（四川黄龙）

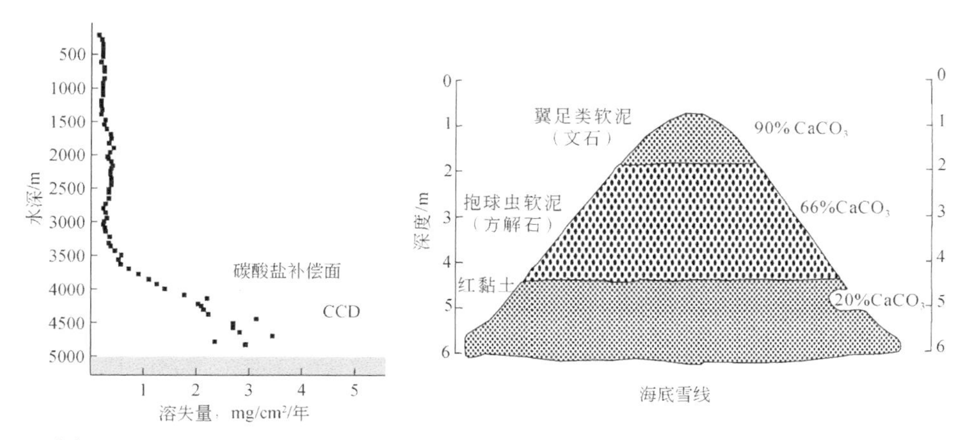

图 3-3　CCD（Carbonate Compensation Depth）与海底雪线（据 Murry，1912 修改）

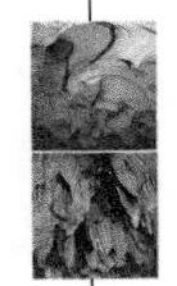

三、全球碳循环与岩溶作用

（一）定义

地球系统的碳循环，是指碳在岩石圈、水圈、气圈和生物圈之间以 CO_3^{2-}（以 $CaCO_3$、$MgCO_3$为主）、HCO_3^-、CO_2、CH_4、CH_2O_n（有机碳）等形式相互转换和运移的过程。在大气圈中主要是以 CO_2、CH_4、CO 等形式转移和运动，水圈中主要是以 HCO_3^-形式转移和运动，生物圈中主要是以 CH_2O_n（有机碳）形式及岩石圈中 CO_3^{2-}（以 $CaCO_3$、$MgCO_3$为主）。

（二）碳循环模型

全球碳循环是指碳在岩石圈、水圈、大气圈和生物圈之间，以 CO_3^{2-}（$CaCO_3$、$MgCO_3$为主）、HCO_3^-、CO_2、CH_4、有机碳等形式相互转换和运移的过程。大气中的碳主要以 CO_2、CH_4和 CO 等气体形式存在，在水中主要为 CO_3^{2-}，在岩石圈中是主要是以碳酸盐岩存在，在陆地生态系统中则以各种有机物或无机物的形式存在于土壤和植被中。全球碳循环模型见图 3-4，地球系统中碳库可以划分 5 个，分别是：①全球陆地碳酸盐岩体碳库容量估计近 1 亿 Gt，占全球总碳量的 99.55%，分布面积为 2200 万 km^2。在岩溶作用中，一方面由碳酸盐岩的溶蚀通过水从大气圈吸收 CO_2；另一方面由碳酸盐岩的沉积向大气圈释放 CO_2，这构成了全球碳循环系统中源汇关系不可忽视的一部分。碳酸盐岩的产生与地质历史上的大气、气候、水热和生物环境条件密切相关，是过去全球碳循环的方向和强度变化过程中被固化的部分。大气 CO_2浓度上升将导致全球碳酸盐岩溶蚀量增加，并通过水从大气中回收更多的 CO_2。②陆地生态系统蓄积的碳量约为 2100～2400Gt。其中土壤和碎屑有机碳库贮量约是植被碳库的 2 倍左右。从全球不同植被类型的碳贮量来看，陆地碳贮量主要发生在森林地区。③海洋具有贮存和吸收大气 CO_2的能力，影响着大气 CO_2的收支平衡，有可能成为人类活动产生的 CO_2的最重要的汇。海洋可溶性无机碳含量约为 34900Gt，有机碳含量大约为 1275Gt，是大气含碳量的 50 余倍，在全球碳循环中起着十分重要的作用。④全球的化石燃料估计为 6000GtC，比起大气碳库和陆地植物碳库大得多。⑤大气碳库约为 720GtC，是碳库中最小的，但是大气碳库是联系海洋与陆地生态系统碳库的纽带和桥梁，大气含碳量的多少直接影响整个地球系统的物质循环和能量流动。

（三）地球系统碳循环与岩溶作用

人们提出了如下问题：①占碳库 99.55% 的碳酸盐岩是否积极参与全球碳循环？一般认为碳酸盐岩的溶蚀作用是长时间尺度的缓慢过程，实际上如何？②土壤圈中的碳转换过程（图 3-5），决定碳酸盐岩库是否积极参与全球碳循环。

陕西旬阳鱼洞岩溶动力系统观测结果显示：①碳酸盐岩库积极参与全球碳循环；②土中 CO_2不能单独促进溶蚀作用；③它必须与雨水结合，才能促进溶蚀作用（图 3-6）。

广州至伊春各观测站溶蚀速率观测成果曲线显示（图 3-7）：土下溶蚀比地面溶蚀多。CO_2与水相结合才能加强溶蚀作用，成为一个汇（sink）。

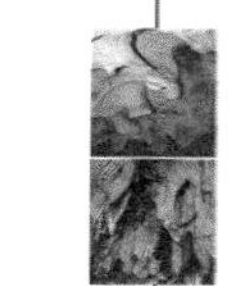

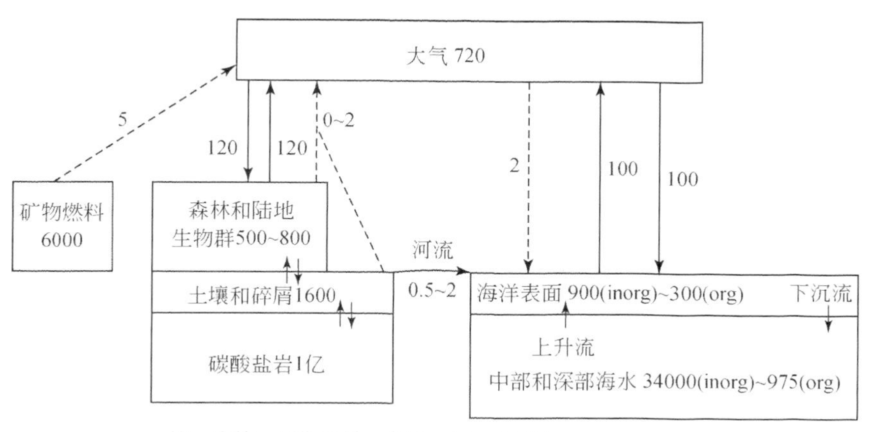

图 3-4　全球碳循环模型（单位：Gt C）（Tans，1990）

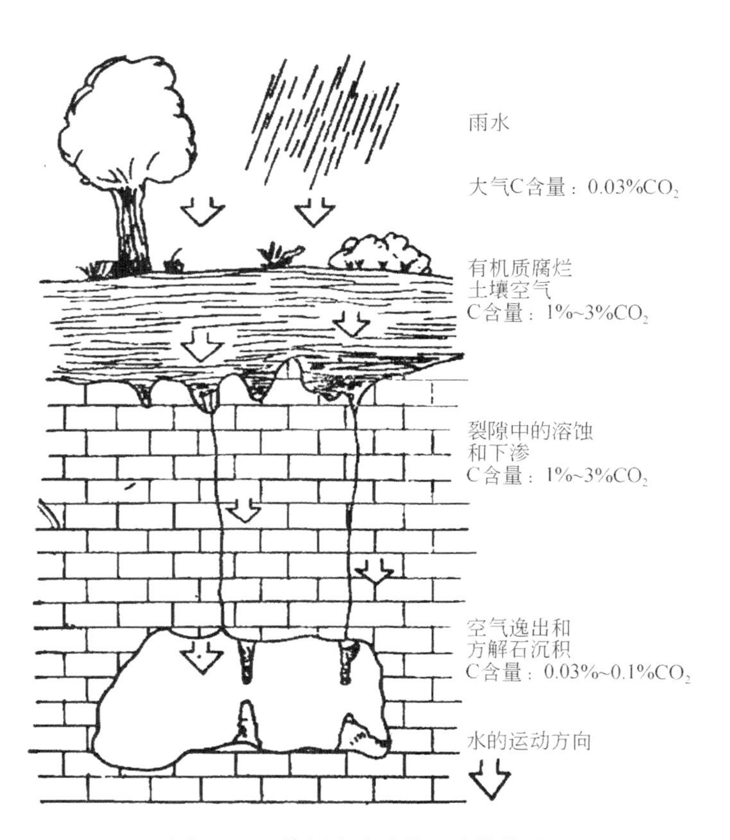

图 3-5　土壤圈在岩溶作用中的作用

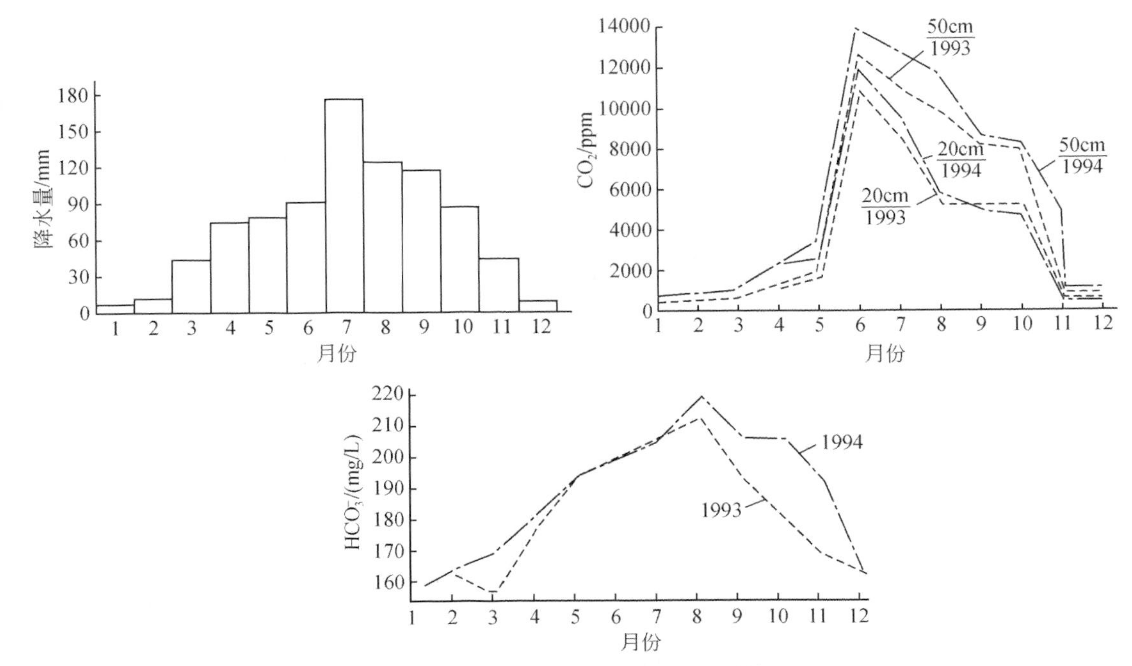

图 3-6 旬阳鱼洞岩溶动力系统观测结果

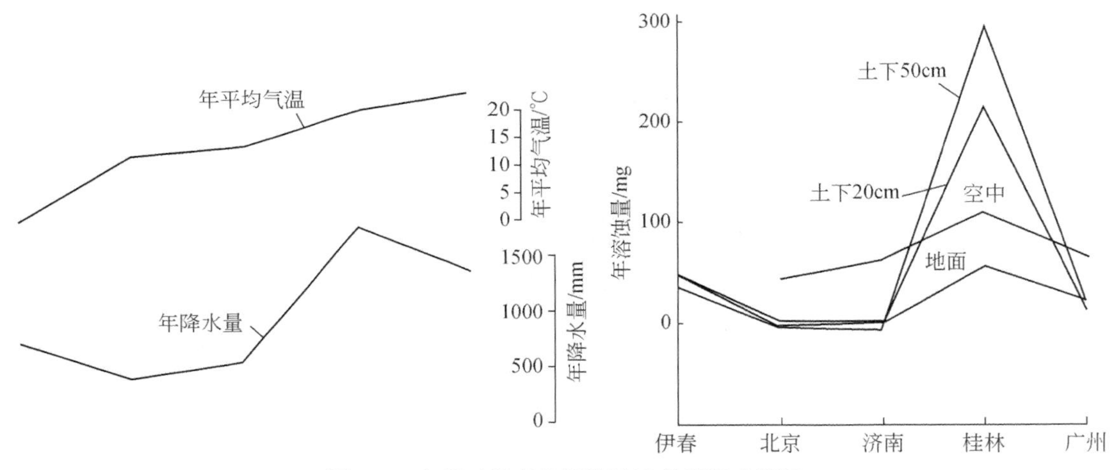

图 3-7 广州至伊春各站溶蚀速率观测成果图

四、全球钙（镁）循环与岩溶作用

由岩溶动力系统结构图可以看出，该系统由固相、液相、气相三部分构成，固相部分为各种以碳酸盐岩为主的岩石及其裂隙网络构成；液相部分为含有以 Ca^{2+}、Mg^{2+}、HCO_3^-、CO_3^{2-}、H^+和溶解 CO_2 为主要成分的水流。因此钙（镁）循环常与碳循环伴生，而在岩石圈、水圈之间转移，一方面成为碳循环的载体，同时也成为岩溶作用的表现之一，主要有以下三种过程（图 3-8）。

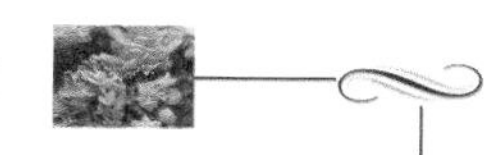

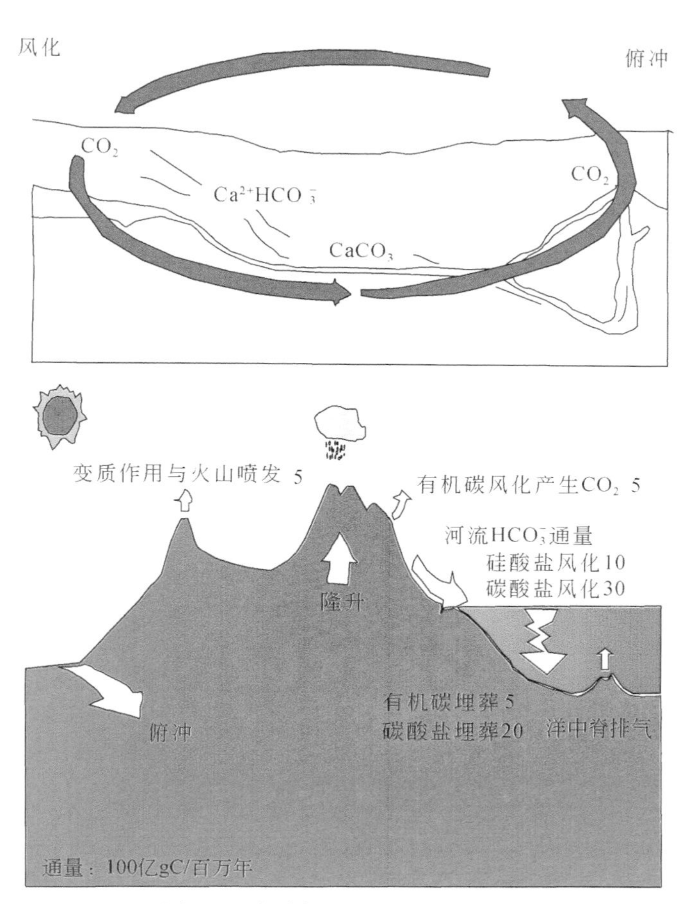

图 3-8　全球钙（镁）循环示意图

1. 硅酸盐风化

硅酸盐风化，回收大气 CO_2，将碳存于碳酸盐岩中，为岩溶作用提供物质基础。这在地球历史的早期，使其适合生命发展，起了重要作用（图 3-9）。

$$CaSiO_3 + CO_2 \rightarrow CaCO_3 + SiO_2$$

2. 碳酸盐溶蚀

碳酸盐溶蚀，回收大气 CO_2，将钙和碳一起转入水圈，同时形成岩溶。

$$CaCO_3 + CO_2 \rightarrow Ca^{2+} + 2HCO_3^-$$

3. 碳酸盐岩变质

板块构造俯冲，碳酸盐岩变质产生硅酸钙盐，释放 CO_2。

$$CaCO_3 + SiO_2 \rightarrow CaSiO_3 + CO_2$$

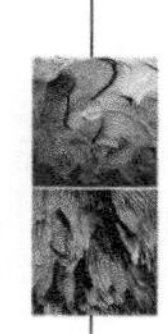

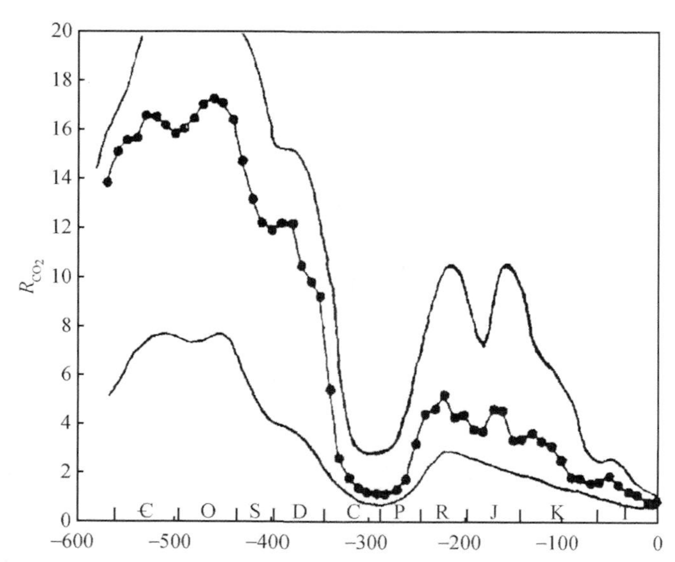

图 3-9 地质历史时期大气 CO_2 浓度变化曲线（Berner，1997）

第二节 岩溶动力系统运行特征的经验判别

用地球系统的碳、水、钙循环的运行规律研究岩溶作用，需要有一种方法去揭示三者对岩溶作用的综合影响——即掌握岩溶动力系统的运行规律。

一、判别指标的选择

岩溶动力系统最突出的特点是其对环境反应的敏感性，据岩溶动力系统特点，以下列指标及其相互关系，确定 KDS 的运行特征。

（1）气相指标：CO_2浓度升高以溶蚀作用为主，而其降低以沉积作用为主。

（2）液相指标：HCO_3^-浓度升高以溶蚀作用为主，HCO_3^-浓度降低以沉积作用为主。液相中的结论用以下反应式解释。

$$CaCO_3+CO_2+H_2O \leftrightarrow Ca^{2+}+2HCO_3^-$$

（3）pH 指标：pH 降低 CO_2溶入水中以溶蚀作用为主，pH 升高，CO_2由水中逸出以沉积作用为主。

（4）Ca^{2+}指标：Ca^{2+}浓度升高以溶蚀作用为主，Ca^{2+}浓度降低以沉积作用为主。

（5）固相指标：观察 $CaCO_3$（$MgCO_3$或其他碳酸盐）是沉积（钙华），还是溶蚀（溶沟、溶痕等）。

（6）生物作用（植被生长）。

二、监测注意事项

（1）强调现场监测：使用便携仪器，如用于 CO_2测定的 Gastec 红外仪等。

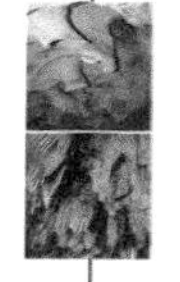

（2）强调系统性：除上述掌握气相、液相指标外，还注意固相的变化，如溶蚀（溶痕）、沉积（有钙华）、生物作用、植被等。

（3）注意掌握界面及环境的变化：液-气界面，生物-钙华界面；土-岩界面等。

（4）环境条件：久旱或雨后；日光；生物作用；水体扰动（瀑布）；冷水侵入，系统封闭或开放条件等。

（5）人为条件：人群附近或自然森林中，水泥使用等。

三、应用实例

（一）光合作用与CO_2浓度

生物的光合作用吸收CO_2，合成生物有机体，这是生物对于大气CO_2浓度的主要控制手段。但是，除此之外，光合作用还具有吸收CO_2，沉积碳酸盐岩，改变微环境的CO_2的作用。通常称之为“光合同化作用”。生物的光合同化作用中pH的升高，将加速碳酸盐岩的沉淀。反应式为：

$$Ca^{2+}+2HCO_3^- \rightarrow CaCO_3+H_2O+CO_2$$

光合作用

↓

$$(CH_2O)_n$$

（二）地形与CO_2浓度

地形对CO_2的浓度有很大影响，以岩溶洼地为例，对CO_2日动态观测结果（图3-10，图3-11）表明：在距地面3m高度内，随着观测点距地面高度的增加，CO_2浓度逐步降低；并且不同观测位置的CO_2浓度以垭口、坡地、洼地的顺序而增加，洼地底CO_2浓度高（600～700ppm[①]），洼地顶部垭口低（300ppm）。这表明岩溶洼地具有积聚大气CO_2的能力，同时洼地能够获得更多的降雨，岩溶洼地可望成为岩溶作用最为活跃的地貌部位。

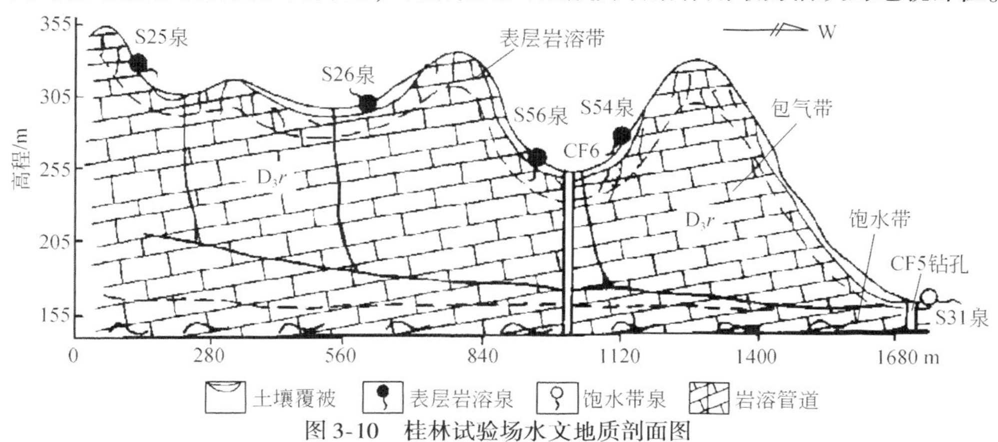

图3-10　桂林试验场水文地质剖面图

① 1ppm＝1mg/L

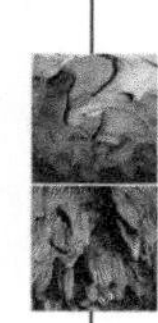

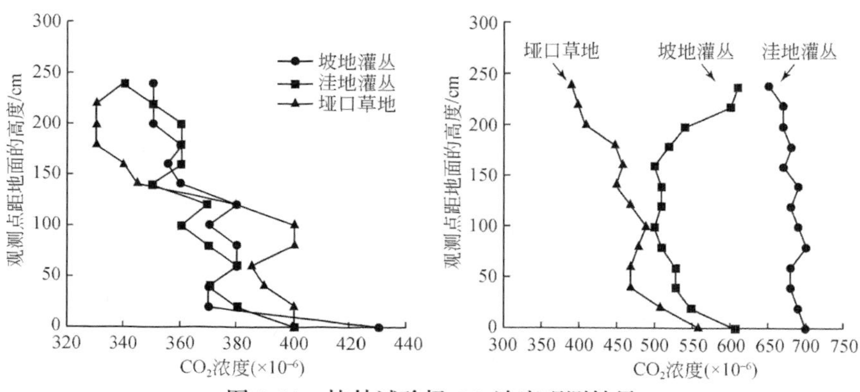

图 3-11　桂林试验场 CO_2 浓度观测结果

（三）水体扰动与 CO_2 脱气

一些监测结果也表明：即使不在瀑布部位水流速度与岩溶作用也有密切关系。在同一水体流速快的部位溶蚀作用或沉积作用都较快。如图 3-12 中，对于同一水潭不同深度的水进行水化学分析表明，潭表面和潭下 1m 深处水温和 pH 都有所变化，pH 的变化与 CO_2 脱气作用直接相关。潭表面由于水流速度快，CO_2 脱气作用剧烈，所以 pH 略高，而潭下 1m 处水流速度相对缓慢，pH 略低，表明此处 CO_2 脱气作用不如表面剧烈。黄果树瀑布上中下游水化学分析显示（图 3-13，表 3-2），中游最陡峭即坡度最大，流速最大的点 pH 最高，相应的水中的 Ca^{2+}、HCO_3^-、P_{CO_2} 等最小，表明此处 CO_2 脱气作用比上游和下游的点强烈，碳酸盐沉淀较多。由此说明，水体扰动越大，越有利于 CO_2 的脱气作用。

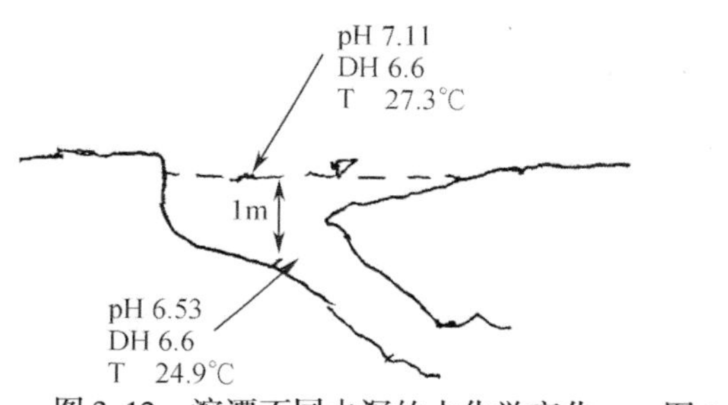

图 3-12　溶潭不同水深的水化学变化

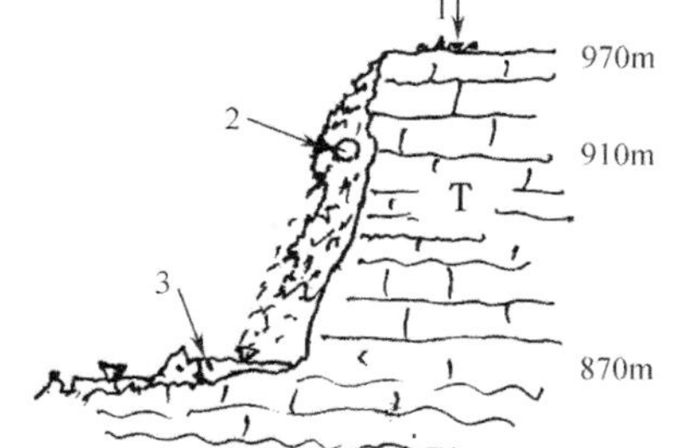

图 3-13　黄果树瀑布水化学监测点分布示意图

表 3-2　黄果树瀑布上、下游水化学特征变化

采样点	T/℃	pH	Ca^{2+}/（mg/L）	Mg^{2+}/（mg/L）	HCO_3^-/（mg/L）	P_{CO_2}/Pa
1	21.9	8.33	65.04	18.69	179.42	66.07
2	20.7	8.55	57.89	18.09	158.41	38.02
3	20.4	8.37	60.03	18.69	174.57	64.57

（四）雨水对土壤 CO_2 的活塞式驱动

通过对桂林岩溶试验场地下水在暴雨前后电导率、pH、水深和温度的监测，发现在暴雨后出现 pH 降低，电导上升的反常现象（图 3-14）。出现这种现象的原因主要是雨水对土壤 CO_2 的活塞式驱动。暴雨到来时，大量溶解土壤 CO_2 和土壤中的各种离子，使得水中 pH 降低，电导率增加。暴雨过后，随着时间的推移，气体 CO_2 和各种离子又在土壤中储存起来，地下水中 pH 升高，电导率降低。这种由于暴雨而导致流经土壤的地下水的 pH 降低、电导率升高的现象称之为雨水对土壤 CO_2 的活塞式驱动。

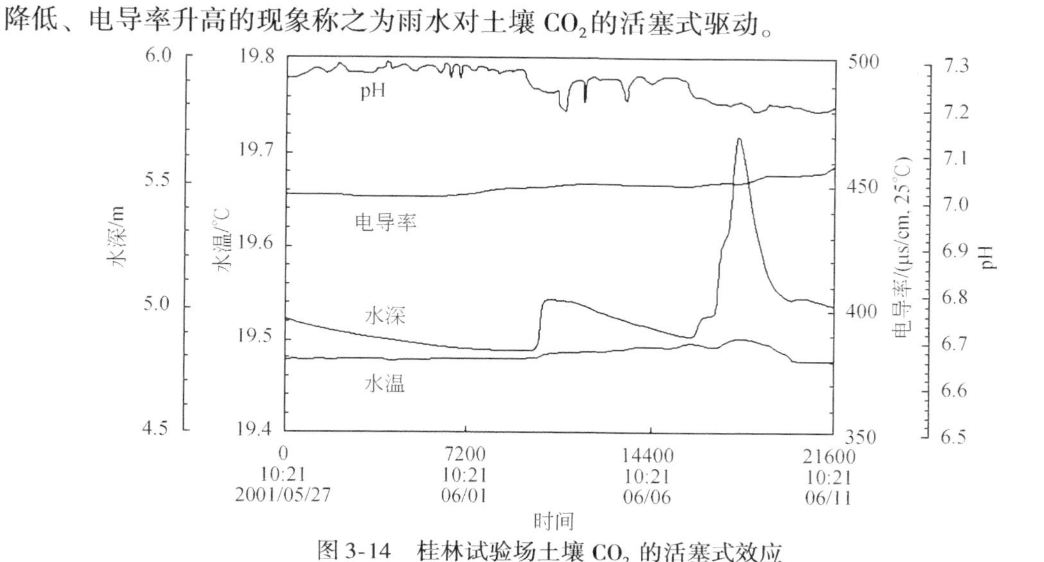

图 3-14　桂林试验场土壤 CO_2 的活塞式效应

（五）岩溶动力系统开放度变化对水化学特征的影响

岩溶动力系统的开放程度决定了其水化学特征的变化，在一封闭的岩溶环境中，岩溶水体的水化学特征基本保持不变。但一旦系统发生改变，外界物质的介入，就会导致整个岩溶系统活跃起来，水化学特征发生明显变化。如图 3-15 所示，黄龙地热泉（转花池）由深部封闭系统溢出后，在黄龙沟沿线的水化学变化。当地热泉由封闭系统溢出后，pH 升高，相应的水中 HCO_3^-、P_{CO_2} 降低，这表明，当热泉水溢出后 CO_2 脱气作用增强，伴随着大量的钙华沉积。而沿线的研究表明，当水流到达一定程度时 CO_2 脱气作用保持稳定，pH 和相应的水中 HCO_3^-、P_{CO_2} 都处于一个稳定的状态。这就表明热泉水由原来的封闭系统溢出到达开放系统时，水化学特征发生变化，到一定程度后，又达到新的平衡状态。相同的情况也发生在土耳其，Pamukale 钙华台地沿线水化学变化显示热水由深部溢出后，CO_2 脱气，pH 升高，HCO_3^- 下降（图 3-16）。

（六）人类活动对岩溶动力系统运行规律的影响

钙华往往可见于许多天然的洞穴中，或者是某些泉口。其形成原因主要是由于环境中的 P_{CO_2} 低于与水溶液化学组成相匹配的 P_{CO_2}，造成水中的 CO_2 逸出，水的 pH 升高，溶液相对于方解石为过饱和，从而产生碳酸钙沉积。此外，钙华还往往形成于水工建筑中，且形成速率高于天然条件下钙华的形成速率。人类活动破坏了原有的形成机制，对岩溶动力系统运行规律产生严重的影响。以贵州乌江渡水电站为例，此水电站为我国岩溶地区修建的大型水电工程之一，最大坝高 165m，总装机容量 63 万 kW，年发电量 33.4 亿 kWh。

为了防止发生大规模的岩溶渗漏，在坝基及乌江两岸采用高压水泥灌浆形成巨大的防渗帷幕。实践证明，防渗帷幕效果良好，但在灌浆廊道中出现了大量的钙华沉积（图 3-17）。通过研究发现，这些钙华分为两大类，一类为天然条件下正常岩溶地下水由于 CO_2 脱气作用的逸出形成的，另一类是由于人类活动条件下水化学异常的地下水吸收空气中的

CO_2形成的钙华的沉积。自然形成的沉积慢，水为弱酸性，而人为条件下的沉积速度为自然条件下的40倍，且水环境为强碱性［$Ca(OH)_2$］。

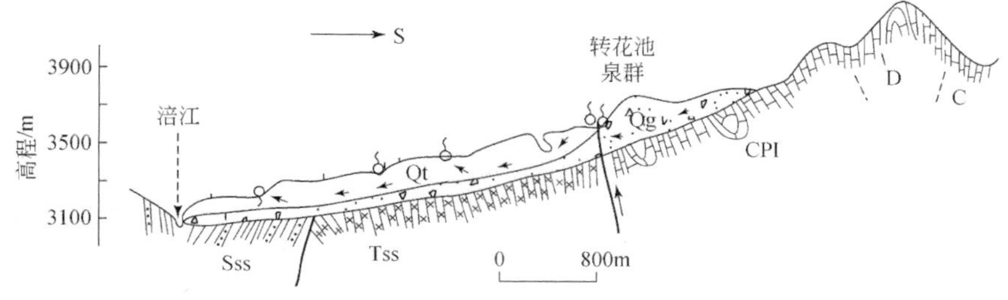

Qt/Qg. 第四系钙华/冰碛砂及砾石；Tss. 三叠系凝灰质砂岩、板岩和千枚岩；CPI. 石炭–二叠系灰岩；C. 石炭系灰岩；D. 泥盆系板岩夹灰岩；Sss. 志留系硅质板岩夹砂岩

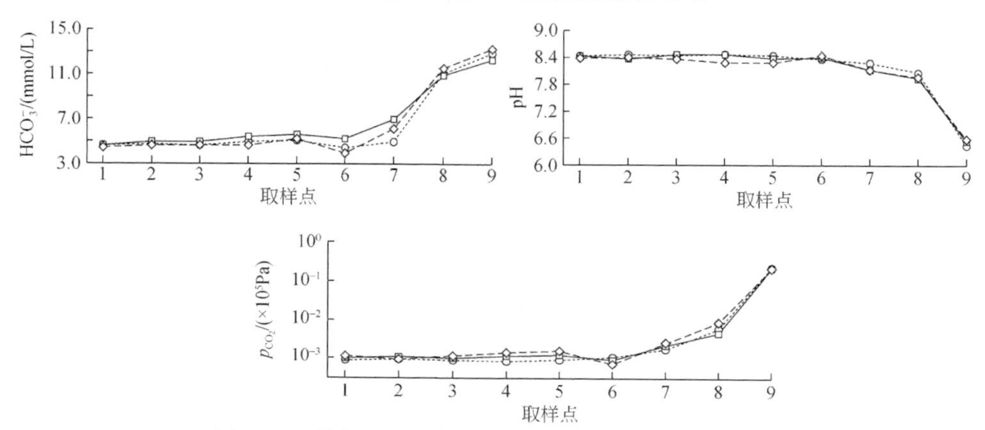

图 3-15　黄龙地热泉（转花池）CO_2 脱气与钙华沉积

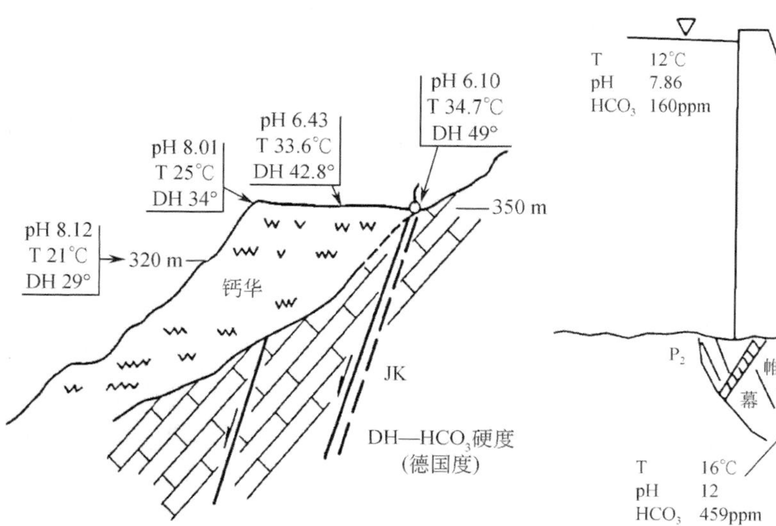

图 3-16　土耳其 Pamukale 钙华台地沿线水化学变化示意图

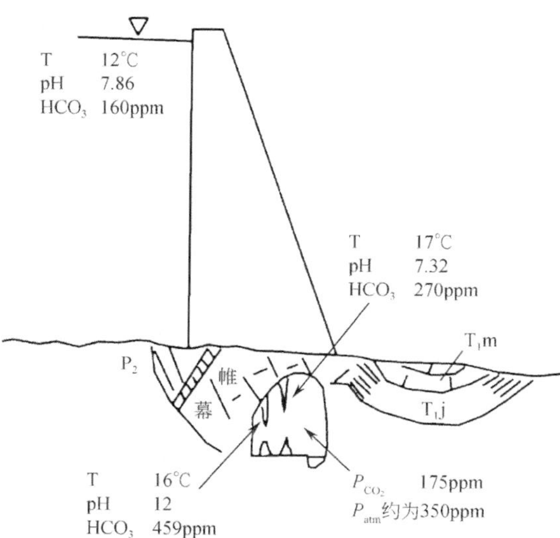

图 3-17　乌江渡水电站大坝附近水化学剖面示意图

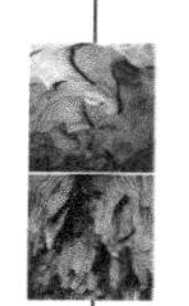

第三节　岩溶动力系统运行特征的定量判别

一、简单定量判别

根据实验、建立溶液中温度、P_{CO_2}、pH、$CaCO_3$饱和浓度的相互关系，用表格或曲线图对岩溶作用方向强度作简单定量评价。

在封闭条件下，由于各种条件都比较固定，其岩溶地球化学作用比开放条件下要简单一些，也比较容易达到平衡。但由于它是一个三相系统，仍然比一般化学作用要复杂。如CO_2在水中的溶解量，既受到气相中CO_2浓度的影响，也受到温度的控制。由表3-3表明，在同一P_{CO_2}条件下，温度越低，水中溶解CO_2浓度越高；在同一温度下，P_{CO_2}越高，水中溶解CO_2浓度越高。表3-4表明，当pH升高时，饱和$CaCO_3$和Ca^{2+}浓度都在降低。正是由于pH是受CO_2控制的，所以，在任何岩溶系统中，CO_2升高，饱和$CaCO_3$浓度也随之升高。可见，在封闭系统中，岩溶地球化学作用仍然比较复杂，如温度的升高，既可以导致方解石溶解量的增加，也可以使CO_2在水中的溶解量减少而降低对方解石的溶解量。但不能根据这种对封闭条件下的方解石溶解量的理论形态探讨得出的结论而认为寒冷条件下溶蚀速率更快。因为天然的岩溶地球化学系统大部分是开放型的，它的实际情况要比封闭系统复杂得多。

在一个开放岩溶动力系统中，气相和液相、液相和固相互相接触而处于动态平衡状态，因此，当方解石由固相溶解于水中时，CO_2也可同时由气相溶于水而得到补充，但对于一个封闭系统，当方解石溶于水中时，气相的CO_2并不能相应地连续不断地向水中补充，因此，在气相CO_2浓度相同的情况下，开放系统溶液中的$CaCO_3$平衡浓度比封闭系统高50～150mg/L（图3-18）。

表3-3　不同温度和P_{CO_2}条件下水平衡CO_2含量（ppm）

P_{CO_2} \ 温度/℃	0	5	10	15	20	25	30	35
0.01	0.34	0.28	0.23	0.20	0.17	0.15	0.13	0.11
0.03	1.03	0.85	0.70	0.60	0.51	0.44	0.39	0.34
0.1	3.44	2.83	2.34	2.00	1.71	1.47	1.28	1.13
0.25	8.60	7.07	5.86	5.00	4.23	3.68	3.21	2.81
0.5	17.2	14.2	11.72	10.00	8.54	7.37	6.42	5.63
0.75	25.8	21.2	17.6	14.98	12.83	11.05	9.63	8.44
1	34.4	28.3	23.4	20.0	17.1	14.73	12.84	11.25
5	172	141.5	117	100	85.5	73.7	64.3	56.3
10	344	283	234	200	171	147	128	112.5

表 3-4 溶液的 pH（受 CO_2 控制）和饱和 $CaCO_3$ 浓度的关系

pH	饱和 $CaCO_3$/(mg/L)	饱和 Ca^{2+}/(mg/L)
6.48	577.3	231.2
6.58	528.2	211.5
6.62	422.1	177.0
6.71	410.1	164.2
6.80	406.4	162.7
6.82	370.8	148.5
6.87	342.8	137.3
6.92	316.2	126.6
7.18	241.5	96.7
7.27	212.9	85.2
7.83	92.9	37.2
7.95	76.9	30.8
8.27	52.2	20.9

图 3-19 是综合许多试验数据编制的 CO_2 与 $CaCO_3$ 平衡关系的一组曲线，反映了两个基本情况。一是在溶液中 CO_2 有三种不同的状态：即与 $CaCO_3$ 结合的固定 CO_2；为维持 $CaCO_3$ 溶解所需的平衡 CO_2；以及超过以上两种状态，即可以导致水继续溶解 $CaCO_3$ 的侵蚀性 CO_2。同时在一定的 $CaCO_3$ 浓度下随着温度的改变，平衡 CO_2 和侵蚀性 CO_2 之间的比例是会改变。第二种情况是：在一定的 CO_2 浓度下，随着温度的改变，其能够溶解 $CaCO_3$ 也会改变。例如：在 A_1 点，如果天然水中的 CO_2 总含量单位 250mg/L，当其对应的 $CaCO_3$ 浓度为 450mg/L 时，则已饱和，将沉淀方解石。如果相应的 $CaCO_3$ 浓度仅为 250mg/L 时，则有侵蚀性，说明水可以溶解更多的石灰岩。应当说明：在自然界的 $CO_2-H_2O-CaCO_3$ 平衡系统中，不可能存在既无平衡 CO_2，又无侵蚀性 CO_2，而仅有固定 CO_2 的水（如图 3-19 中 B 点）。但此图还是过于理想化的简单方法，虽然考虑了 $CO_2-H_2O-CaCO_3$ 系统的三相平衡及温度的影响，但是影响天然岩溶水的平衡状况的因素远比它所包含的条件复杂。例如，溶液中的 H^+ 浓度不是都来自碳酸，有可能来自各种有机酸，甚至酸雨；又如其中的 Ca^{2+} 离子既可以 $CaCO_3$ 形式存在，也可以 $CaSO_4$、$CaOH^+$ 及 $CaHCO_3^+$ 的形式存在（离子对问题）；再如在溶液中各种离子并不是全部都参加到平衡反应中，而是只有其中一部分（即离子的活度）同溶液的平衡有关。

岩溶水的混合溶蚀现象，是指两种方解石浓度不等的水混合后，会降低其方解石饱和度或重新对方解石具有侵蚀性。混合溶蚀作用可用方解石溶液的平衡曲线表示。

图 3-20 中曲线的凸出侧，为方解石已过饱和的水，而在其凹侧则为有过量 CO_2 说明为具有侵蚀性的水。显然，在平衡曲线上的任意两个点 W_1、W_2 之间做连线，都将在侵蚀区内。W_1 和 W_2 两种水混合后导致 CO_2 过剩量可由图解来确定。如在 15℃的平衡曲线上，W_1 水的 $CaCO_3$ 浓度为 100ppm，与其相平衡溶于水的 CO_2 为 0.1ppm；W_2 水的 $CaCO_3$ 浓度为 350ppm，相应溶于水的 CO_2 为 174ppm。水化学特征悬殊的两种岩溶水混合后，在自然界只有在少数条件下，如裸露的石灰岩与土壤植被覆盖较好的石灰岩相邻的地区才会发生。

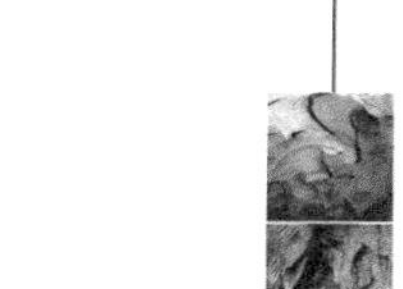

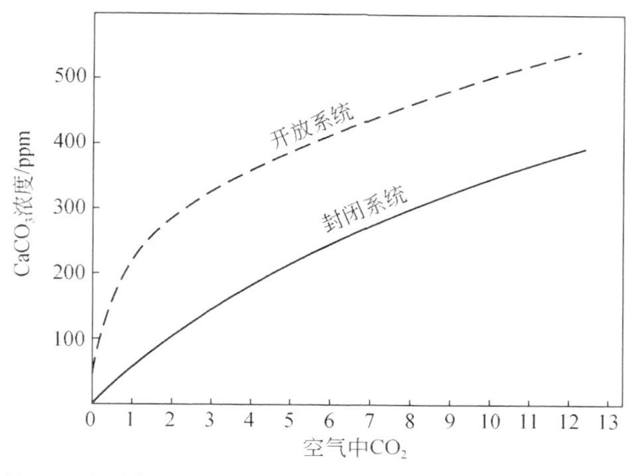

图 3-18 封闭系统和开放系统中 CO_2 浓度和饱和 $CaCO_3$ 浓度关系的差别（Picknett，1976）

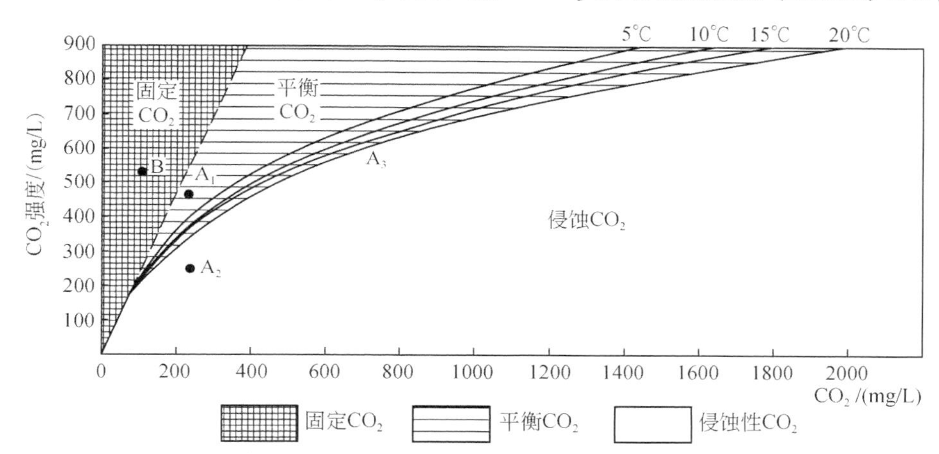

图 3-19 不同温度下方解石溶液达平衡时溶液中不同状态的 CO_2 浓度（Jakuss，1977）

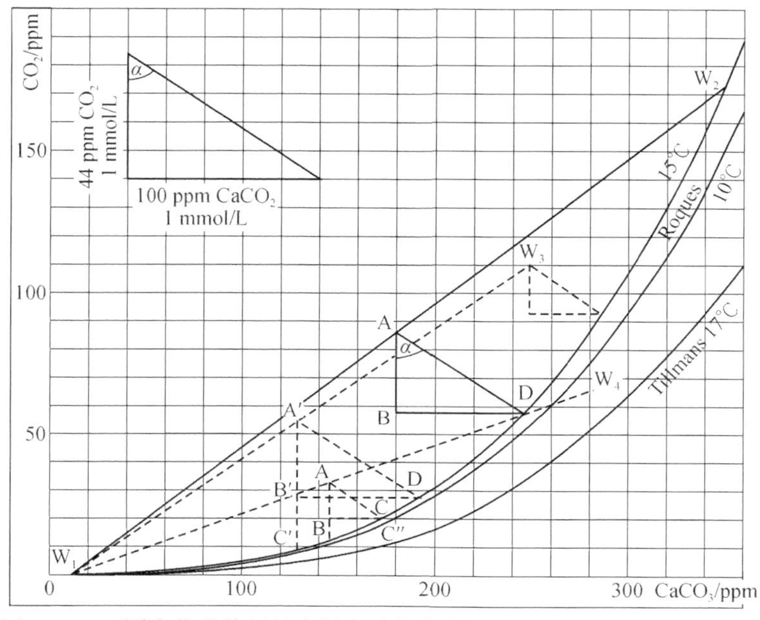

图 3-20 不同水化学特征的水混合后的岩溶作用方向判别（Bögli，1964）

这两种如按照1∶1的比例混合，所产生的水的$CaCO_3$浓度为180 ppm（图上A点），但180 ppm的$CaCO_3$只需要23ppm的CO_2即可平衡（C点），亦即有64ppm的CO_2盈余（图上AC线）。但是在AC所代表的CO_2含量中，AB部分才是溶解更多的$CaCO_3$（BD）所需，而BC部分是多余的溶于水中的CO_2。BD量可根据$CaCO_3$与CO_2的平衡比例确定。由左上图可知，溶解1mmol的$CaCO_3$（100ppm）需要1mmol的CO_2（44ppm）。在A点与15℃的平衡曲线之间，用左上图的2角，作其相似三角形ABD，即可求得BD，即W_1水和W_2水混合后，可增加的溶解量为65ppm。用上述同样的步骤也可确定原来具有侵蚀性的水和原为过饱和的水混合后，引起其方解石饱和程度的变化。如平衡水W_1与侵蚀性水W_3混合后。可溶解的$CaCO_3$为62ppm，但W_3水原可溶解38ppm的$CaCO_3$，因此混合后实际增加的对方解石的侵蚀性为24ppm。又如W_1水与过饱和的W_4水混合后可补充溶解$CaCO_3$ 28ppm。对于一些$CaCO_3$含量很高的水，混合后有可能根本不产生侵蚀性，而仅仅降低其方解石的饱和度。在同一岩溶区的不同类型岩溶水，其$CaCO_3$浓度之差常常不是很大的，因而混合后增加的侵蚀性也不是很多。此外，Mg^{2+}浓度不等的岩溶水混合后，也会增加对$MgCO_3$的侵蚀性（Picknett，1977）。

二、模型定量判别（热力学方法：矿物饱和指数计算）

我们从前面所举野外观测实例可以看到，岩溶动力系统的运行规律是相当复杂的。上述各种图表，基本上是以静态的岩溶水化学特征为基础的。它们虽然考虑了温度、P_{CO_2}、系统开放程度、溶液的混合等多种因素，但实际条件还要复杂，它还未考虑：①H^+不一定来自CO_2，还有其他酸类；②Ca^{2+}可以是$CaCO_3$，也可以是$CaSO_4$、$Ca(OH)_2$（离子对问题）；③溶液中的各种离子并不全部参加反应（离子强度问题）。

为此，要用热力学模型，综合反映各种条件，通过各种矿物的饱和指数来判别岩溶动力系统的运行特征。现以岩溶动力系统中最基本的矿物——方解石及CO_2分压的计算为例，说明此种定量判别方法。

（一）方解石饱和指数的计算

方解石饱和指数（Saturation Index of Calcite，SIc）的计算公式为

$$SIc = \log \frac{IAP}{K_{eq}} \tag{3-1}$$

式中，SIc为溶液的方解石饱和指数；IAP为方解石溶液中各离子的活度积；K_{eq}为方解石溶解于水的平衡常数，可写成Kc。

当SIc=0时，表示溶液中的方解石呈平衡状态；

当SIc>0时，表示溶液中的方解石浓度已超过饱和，可能沉淀方解石（沉淀）；

当SIc<0时，表示溶液对方解石尚未饱和，可以溶解更多的方解石（溶蚀）。

因此，为计算溶液的方解石的饱和指数，首先要计算其平衡常数和离子活度积。

1. 平衡常数（K_{eq}）

平衡常数是化学反应进行程度的一个定量指标，它是质量作用定律表达式中的一个常数。质量作用定律的简单表述为：在一定温度下，可逆反应达平衡时，生成物浓度的幂乘

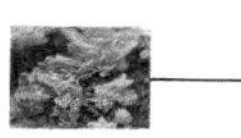

积与反应物浓度的幂乘积的比值为一个常数。即平衡常数。其中，每个物质浓度的乘幂数就是反应式中该物质分子式前的系数。如任何一种可逆反应

$$mA + nB \rightleftharpoons pC + qD \tag{3-2}$$

A、B 为反应物，C、D 为生成物，m、n、p、q 为反应式中分子式前的系数。在一定温度下，它们的平衡浓度［A］、［B］、［C］、［D］之间都有如下的关系：

$$\frac{[C]^p[D]^q}{[A]^m[B]^n} = K_{eq} \tag{3-3}$$

式中以［］表示浓度，是平衡浓度，或称离子的活度，是一种热力学作用的浓度，亦即参加反应的那一部分浓度。质量作用定律只适用于稀溶液或压力不大的气体。当参加的反应物有液体 H_2O 及固体物质时，平衡关系式中不写 H_2O 的浓度及固体物质的浓度。

应当指出，平衡常数是温度的函数，它随着化学反应的温度及反应物和生成物在相应温度下的熵和焓而变化，与反应物或生成物的起始浓度无关。因此，不能用公式（3-3）来计算平衡常数，而需要用实验的方法或化学热力学公式来计算。岩溶地球化学作用是一种地质作用，用实验方法来测定其不同温度下的平衡常数比较困难。可根据已有的熵、焓和自由能的实验数据，用化学热力学的原理计算。根据吉布斯自由能理论

$$\Delta_r G_m = -RT\ln K_{eq} = -2.303RT\lg K_{eq} \tag{3-4}$$

$$\lg K_{eq} = -\frac{\Delta_r G_m}{2.303RT} \tag{3-5}$$

式中，$\Delta_r G$ 为自由能；R 为气体常数，等于 8.314 J/(mol·K)；T 为反应时的温度，以绝对温度(K)计。在25℃、1个大气压的标准状态下，自由能和反应物及生成物的焓、熵有以下关系

$$\Delta_r G_m = \Delta_r H_m - T\Delta_r S_m \tag{3-6}$$

将式（3-6）代入式（3-5）得

$$\lg K_{eq} = \frac{-(\Delta_r H_m - T\Delta_r S_m)}{2.303RT} \tag{3-7}$$

$$\Delta_r H_m = \sum V_B \Delta_f H_m \tag{3-8}$$

$$\Delta_r S_m = \sum V_B S_m \tag{3-9}$$

式中，V_B 为反应式中分子前系数；$\Delta_f H_m$ 为反应物、产物的标准摩尔生成焓；S_m 为反应物、产物的标准摩尔熵。

各种反应物和生成物的标准焓、标准熵和自由能均可由物理化学手册查得，代入式（3-7）、（3-8）、（3-9）即可算出平衡常数。

如果要考虑物质的熵随着温度而变化，则不能用其25℃下的标准熵由式（3-7）计算平衡常数，而可用范特霍夫方程计算。表3-5列出用式（3-7）求得的方解石在不同温度下的平衡常数，并与实验测定的数值作了一比较。

表 3-5　方解石在不同温度下的平衡常数

平衡常数 \ 温度	0℃	5℃	10℃	15℃	20℃	25℃
实验测定 $-\lg K_{eq}$	8.340	8.345	8.355	8.370	8.385	8.40
公式计算 $-\lg K_{eq}$	8.150	8.192	8.233	8.273	8.311	8.348

2. 计算离子活度积（IAP）

式（3-1）中的离子活度积是以天然水的化学分析资料为基础求得的，它的计算需要经过离子浓度、离子强度、离子活度系数、离子活度等步骤，现分述如后

（1）计算物质的量浓度 m_i

$$m_i = \frac{浓度(mg/L)}{原子量 \times 1000} \tag{3-10}$$

（2）计算离子强度 I：先求溶液中所存在的每种离子的浓度乘以其所带电荷的平方的总和，这个总和的一半就是该溶液的离子强度，即：

$$I = \frac{1}{2}\sum_i Z_i^2 m_i \tag{3-11}$$

式中，m_i为第 i 种离子的物质的量浓度；Z_i为第 i 种离子的电荷。

由于离子对的存在，对难溶盐的溶解度有很大的影响，在计算离子强度时要考虑带电荷离子对的影响贡献。地下水中常量组分的主要离子对有以下 10 种

$CaSO_4$、$MgSO_4$、$NaSO_4^-$、KSO_4^-、$CaHCO_3^+$、$MgHCO_3^+$、$NaHCO_3$、$CaCO_3$、$MgCO_3$、$NaCO_3^-$。

$$I=\frac{1}{2}\ [2^2\ (m_{Ca^{2+}}+m_{Mg^{2+}}+m_{SO_4^{2-}}+m_{CO_3^{2-}})\ +1^2\ (m_{Na^+}+m_{K^+}+m_{Cl^-}+m_{HCO_3^-}$$
$$+m_{NaSO_4^-}+m_{KSO_4^-}+m_{NaCO_3^-}+m_{CaHCO_3^+}+m_{MgHCO_3^+})\ ]$$

（3）计算离子的活度系数：当离子强度在 0.1 以下时，离子活度系数可用 Debye-Huckel 公式计算

$$\log r_i = \frac{-AZ_i^2\sqrt{I}}{1 + D_i B\sqrt{I}} \tag{3-12}$$

式中，r_i为 i 离子的活度系数；I 为离子强度；Z_i为 i 离子的电荷；D_i为与 i 离子大小有关的常数，可由物理化学手册查得；A、B 为与温度有关的常数，称为德拜–休克尔常数（表 3-6）

表 3-6　德拜–休克尔常数表

常数 \ 温度	0℃	5℃	10℃	15℃	20℃	25℃
A	0.4883	0.4921	0.4960	0.5000	0.5042	0.5085
$B\times10^{-6}$	0.3241	0.3249	0.3258	0.3262	0.3273	0.3281

（4）计算活度 a_i：即某一离子的浓度 m_i与其活度系数 r_i之乘积，即

$$a_i = r_i \cdot m_i \tag{3-13}$$

上式中的离子浓度应是某离子的简单离子浓度，即从天然水化学分析所得的该离子总浓度中扣除离子对那部分后所余的浓度。以 Ca^{2+}为例，其总离子浓度 $m_{Ca^{2+}}$（T）为

$$m_{Ca^{2+}}(T) = m_{Ca^{2+}} + m_{CaSO_4} + m_{CaCO_3} + m_{CaHCO_3^+} \tag{3-14}$$

其中的离子对活度与自由离子活度的关系如下。

$$K_{CaCO_3} = \frac{r_{Ca^{2+}} \cdot m_{Ca^{2+}} \cdot r_{CO_3^{2-}} \cdot m_{CO_3^{2-}}}{r_{CaCO_3} \cdot m_{CaCO_3}} \tag{3-15}$$

$$K_{CaHCO_3^+} = \frac{r_{Ca^{2+}} \cdot m_{Ca^{2+}} \cdot r_{HCO_3^-} \cdot m_{HCO_3^-}}{r_{CaHCO_3^+} \cdot m_{CaHCO_3^+}} \tag{3-16}$$

$$K_{CaSO_4} = \frac{r_{Ca^{2+}} \cdot m_{Ca^{2+}} \cdot r_{SO_4^{2-}} \cdot m_{SO_4^{2-}}}{r_{CaSO_4} \cdot m_{CaSO_4}} \tag{3-17}$$

因此，Ca^{2+}离子的实际浓度可以通过下式计算

$$m_{Ca^{2+}} = m_{Ca^{2+}}(T) \Big/ \left(1 + \frac{r_{Ca^{2+}} \cdot r_{SO_4^{2-}} \cdot m_{SO_4^{2-}}}{r_{CaSO_4} \cdot K_{CaSO_4}} + \frac{r_{Ca^{2+}} \cdot r_{CO_3^{2-}} \cdot m_{CO_3^{2-}}}{r_{CaCO_3} \cdot K_{CaCO_3}} + \frac{r_{Ca^{2+}} \cdot r_{HCO_3^-} \cdot m_{HCO_3^-}}{r_{CaHCO_3^+} \cdot K_{CaHCO_3^+}}\right) \tag{3-18}$$

由式（3-18）算出的离子浓度与式（3-10）算出的不一致，还应将式（3-18）算出的离子浓度，再代入式（3-11）计算离子强度。

计算CO_3^{2-}的活度时，由于岩溶水中一般CO_3^{2-}离子浓度太低而不能直接测出，需要通过从碳酸的第二次离解常数求出。

$$m_{CO_3^{2-}} = \frac{K_2 r_{HCO_3^-} \cdot m_{HCO_3^-}}{r_{CO_3^{2-}} \cdot 10^{-pH}} \tag{3-19}$$

由式（3-13）及式（3-19）分别求得Ca^{2+}、CO_3^{2-}的活度，即可代入下式求方解石的离子活度积IAP

$$IAP = a_{Ca^{2+}} a_{CO_3^{2-}} \tag{3-20}$$

最后将由式（3-20）算出的离子活度积及由式（3-7）算出的平衡常数K_{eq}代入式（3-1），即可求得该岩溶水的方解石饱和指数SIc。

（二）CO_2分压（P_{CO_2}）的计算

用热力学方法，也可以计算出与水接触时产生的平衡二氧化碳分压（P_{CO_2}）。空气中的CO_2溶于水有两个化学反应，即

$$CO_2 + H_2O \rightleftharpoons H_2CO_3 \tag{3-21}$$

$$H_2CO_3 \rightleftharpoons H^+ + HCO_3^- (\text{碳酸的一次离解}) \tag{3-22}$$

综合以上两式得

$$CO_2(aq) + H_2O \rightleftharpoons H^+ + HCO_3^- \tag{3-23}$$

由式（3-23）可得

$$K_a = \frac{a_{H^+} \cdot a_{HCO_3^-}}{a_{CO_2(aq)}} \tag{3-24}$$

在式（3-24）中，$a_{CO_2(aq)}$代表未离解的溶于水的CO_2活度，在水文地球化学的实际应用中，溶解气体的活度系数接近于1。根据亨利定律

$$a_{CO_2(aq)} = p_{CO_2} \cdot S \tag{3-25}$$

式中，S为亨利定律常数，将式（3-25）代入式（3-24）得

$$p_{CO_2} = \frac{a_{H^+} \cdot a_{HCO_3^-}}{K_a \cdot S} \tag{3-26}$$

式中，a_{H^+}为水中H^+活度，可根据其pH换算；$a_{HCO_3^-}$为HCO_3^-活度，由式（3-13）计算；K_a为式（3-24）的平衡常数，可由物理化学手册查得；S为亨利常数，可由物理化学手册查得。

常用的K_a及S值列于表3-7。

表3-7 不同温度下的K_a及S值

温度	0℃	5℃	10℃	15℃	20℃	25℃
$-\log K_a$	6.5773	6.5171	6.4647	6.4200	6.3825	6.3514
$-\log S$	1.1144	1.1938	1.2695	1.3412	1.4060	1.4635

（三）利用计算机方法计算方解石的饱和指数和P_{CO_2}

用热力学方法计算某个岩溶动力系统中方解石的饱和指数和P_{CO_2}，步骤复杂，使用起来有一定的难度，并且容易出错。所以目前我们都是用计算机软件来进行计算，既简单又精确。目前，计算方解石饱和指数和P_{CO_2}的软件数不胜数，主要经历了这样一些过程。

WATEQ 1974

WATSPEC 1977

PHREEQE 1982

WATEQF 1984

SOLMINEQ 1988

目前比较常用的为WATSPEC程序，使用该程序可计算40种矿物的饱和指数（碳酸盐矿物、硅酸盐矿物、硫酸盐矿物、卤类盐矿物），但要求全分析水化学资料。

如输入常规分析资料，也可计算除硅酸盐以外的13种矿物饱和指数。

不论哪种方法，都必须在现场测pH、温度、HCO_3^-，室内分析其他的水化学数据。具体操作步骤如下

（1）打开CF1数据，参照其中的数据格式输入

TEMP	PH	K	NA	CA	MG	CL	SO4	HCO3	SIC	SID	SIG	PCO2	TIME	PLACE
20.29	7.49	0.04	0.07	77.89	1.17	5.21	10.38	211.64	0.00	0.00	0.00	0.00	8	CF1

（2）选择另存为（格式选*.csv格式）；

（3）用word打开刚才存的csv文件，去掉开始的格式说明部分（即第一行），然后选择存盘为*.txt文件；

（4）运行Wat15程序，按程序提示输入要计算的文件名，然后输入输出要存的文件名。回车即可自动运行。

（5）打开刚才存的文件名即可看到计算的结果。

复习思考题

1. 为什么要从全球碳、水、钙循环的高度来研究岩溶作用？怎样实现这种研究思路？

2. 岩溶动力系统的结构、功能和特点是什么？

3. 判别岩溶动力系统的运动特征和方向有哪些基本方法？要掌握哪些基本指标？

4. 试算一个实际的岩溶动力系统的方解石饱和指数和P_{CO_2}（由野外观测、测试到WATSPEC程序使用，以及成果的地质地理解释）。

第四章 岩溶形态组合及其形成环境与特征

第一节 岩溶形态——岩溶学研究的基础

岩溶形态是岩溶学研究的基础，各种地表、地下岩溶形态的存在，是区别岩溶环境与非岩溶环境的基本依据。同时，岩溶形态及其组合又往往是岩溶发育环境的标志，如果能够把岩溶形态及其组合与其形成环境恰当地联系起来，就可以对岩溶环境的特征、发展历史和趋向获得一定的认识。

研究各种岩溶形态，需要由地表到地下，由宏观到微观，由溶蚀形态到堆积形态进行系统观察，并且根据形态的组合分析其形成环境。

一、岩溶形态是岩溶学研究的基础

岩溶学是研究岩溶形成、演化、分布及其应用的科学，岩溶学与岩溶环境学的研究首先要从岩溶形态的描述和分析入手。同时，由于岩溶动力系统通过岩溶作用的强度、方式甚至方向影响岩溶形态及其组合，因而岩溶形态及其组合也是岩溶动力系统的重要研究内容。

（一）研究岩溶形成及其发育必须从岩溶形态的分析过程入手

研究岩溶形成和发育时，需要分析岩溶形态与岩性、气候、生物作用和水动力条件的关系。岩性与岩溶形态的关系极为密切，我国的岩溶以三叠系以前的坚硬碳酸盐岩为主，南方常形成高大的地表峰林地貌和巨大的地下洞穴；北美东南部古近系—新近系灰岩岩性较软，主要形成低矮的灰岩溶丘。气候对岩溶形态及其组合的影响明显，气候带是岩溶形态组合宏观分异的基础。我国北方半干旱-干旱条件下的岩溶形态组合与南方半湿润-湿润条件下的岩溶形态组合差异明显，主要是不同气候作用下的产物。例如，华北干旱岩溶区形成较多的浅溶痕，南方湿润地区多形成深尖溶痕，且溶痕比较密集，有时还可见石林式岩溶。生物对岩溶作用及岩溶形态也有较大的影响，最常见的是灰岩表面藻类生长后，分泌物加速溶蚀作用形成的溶孔；洞口向光石钟乳主要是藻类、苔藓等生长吸收CO_2导致石钟乳向洞口方向倾斜生长的结果；土下溶蚀量一般大于空中溶蚀量则与土壤微生物的贡献有关；洞外钟乳石和洞外钙华的形成也常与植物生长对CO_2的吸收有关。“生物岩溶”这一术语即体现了生物作用的影响。水流或水动力条件也是塑造岩溶形态和影响岩溶发育的重要因素，活跃的水动力条件有利于溶蚀成分运移出系统从而促进岩溶作用的进行。洞穴中不同尺寸的波痕、外源水冲蚀下形成的边槽和流痕都可反映水流条件，甚至可以恢复古岩溶环境；地下管道扩大后，地下河水流的机械侵蚀通常成为塑造地下岩溶形态的重要营力。

（二）岩溶形态及其组合研究也是岩溶地貌发育及演化研究的重要内容

地质及气候条件基本稳定时，碳酸盐岩地层上升为高地后，一般经历岩溶发育的幼年期、青年期、壮年期和老年期阶段，其间伴随岩溶形态的发育和演化，也伴随岩溶形态组合的演化发展（图4-1）。幼年期阶段（a），可溶性岩石裸露，地表流水开始对可溶性岩石进行溶蚀作用，地面常出现石牙和溶沟，以及少数漏斗；青年期阶段（b），河流进一步下切，河流纵剖面逐渐趋于均衡剖面，地表水绝大部分转为地下水。这时，漏斗、落水洞、干谷、盲谷、溶蚀洼地广泛发育，地下溶洞和地下河也很发育；壮年期阶段（c），地表河流受下部不透水岩层的阻挡，或者地表河下切侵蚀停止，溶洞进一步扩大，洞顶发生塌陷，许多地下河又转为地面河，同时发育许多溶蚀洼地、溶蚀盆地和峰林；老年期阶段（d），当不透水岩层出露地面时，地面高度接近地方侵蚀基准面，地表水文网发育，形成宽广的平原，平原上残留着一些孤峰和残丘。在我国贵州高原上可以看到大面积的青年期岩溶地貌。桂林、阳朔一带为中年期岩溶地貌，贵县、黎塘一带为老年期岩溶地貌。即岩溶地貌发育的阶段不同，岩溶形态及其组合不同。

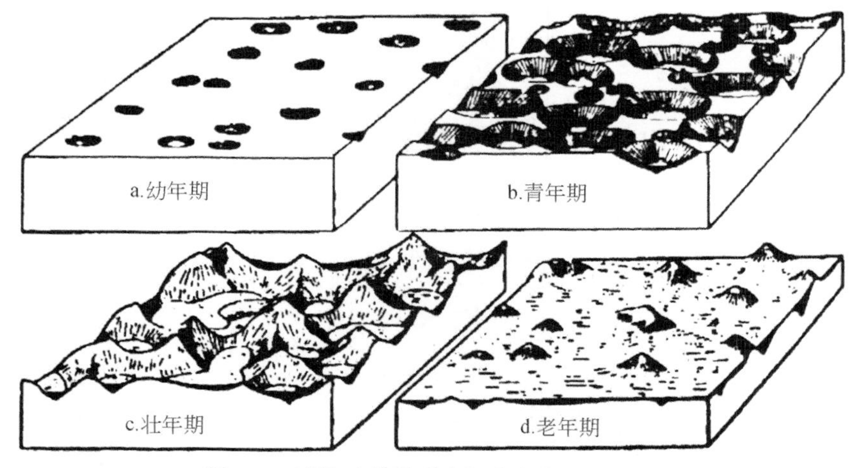

图4-1　岩溶地貌及形态组合发育的阶段性

二、岩溶形态学研究在生产实践中的应用

（一）资源多以岩溶形态为赋存空间

在碳酸盐岩区，除了石灰岩本身就是一种资源外，有的岩溶形态自身也是资源，如孔雀石、钟乳石等。地表地下丰富多彩的岩溶形态是岩溶区重要的旅游资源，是岩溶地区发展旅游业的基础。

在岩溶区，许多资源以岩溶形态为储存空间。岩溶地区存在的地下管道和裂隙等地下空间是岩溶地下水资源的赋存和运移空间。在我国南方，按可溶岩地层出露面积为78.3

万 km^2，可溶岩出露的面积为 46.9 万 km^2，其范围内共有 2836 条地下河系，总长度 13919km，其总流量达 1482m^3/s，流量相当于一条黄河。

在岩溶作用过程中，有用组分常被搬运到岩溶空间中沉淀、堆积或与可溶岩交代而形成矿床。岩溶作用虽然不是主要的成矿作用，但矿体的分布和形态常受岩溶空间控制。岩溶矿床包括自然元素矿床、氧化物矿床、硫化物矿床和油气矿床等（如华北平原下古近系—新近系古潜山型油田等）。

（二）环境问题多以岩溶形态为物质能量的运动空间所致

地面塌陷是浅覆盖型岩溶地区常见的一种环境灾害，从物质迁移和能量转换的角度来看，要有一定的通道才能完成物质的迁移。而可溶岩中裂隙和洞穴的发育正好能成为物质迁移的通道。基岩中的洞穴可以成为容纳上覆土层陷落体的场所，大的裂隙可以通过水流将物质迁移至他处，使土层中逐渐形成土洞，最终使上部覆盖层因失去支撑而陷落。

岩溶洼地的旱涝灾害与地下岩溶形态的发育状况关系密切，这与非岩溶地区旱涝灾害的发生有所不同。岩溶洼地的洪涝可以由地下管道排水不畅渍水而产生内涝，也可以由地下水位上升淹没洼地甚至田地和房屋，还可以由盆地边缘洞穴（地下河）在雨后大量排水蓄积于低洼处而形成内涝。岩溶地区雨季的涝灾在峰丛洼地常受地下河走向的控制而呈线状分布，而旱灾则常呈面状分布。

（三）岩溶形态保留了大量的古环境信息

洞穴壁上的流痕不但可以指示其形成时水流的方向，而且还可以反映当时的流速及流量大小。洞穴石笋在沉积过程中保留了大量的古环境信息，通过对洞穴石笋同位素组成、成分变化和石笋的结构等进行分析，可以提取古环境的信息，恢复古环境。另外，洞穴系统常成为野生动物和古人类的居住场所，由于有顶板和钙华板的封存，洞穴系统碎屑和生物堆积形态中常保存了大量的石器、骨器、古人类以及哺乳动物的化石，这就为古遗址和古地理环境的研究提供了大量的信息和证据。

综上所述，从事岩溶地区资源调查与开发、环境问题调查与治理等生产实践工作和古环境恢复都要以岩溶形态研究为基础。因此，掌握基本的观察、识别岩溶形态的能力，是从事岩溶学研究的重要基本功。

三、我国岩溶形态组合在世界岩溶研究中的重要地位

在世界上，我国南方岩溶区的峰林地形以“中国式岩溶”而闻名，主要表现为地表和地下、宏观和微观以及溶蚀和沉积形态齐全，而且地表宏观岩溶形态规模大，正负岩溶形态反差强烈，是进行岩溶形态组合研究、岩溶环境学和岩溶动力系统研究的理想场所。

新生代以来，我国大陆尤其是西部的大幅度抬升，加上岩性坚硬，使得各个时代形成的岩溶形态得以较好的保存。因此，我国保存了世界上时间跨度最长、连续性最好的岩溶形态及其组合。在昆仑山、云贵高原以及山西高原均有古岩溶形态及其形态组合。这些岩溶形态及其组合是研究和恢复古地理环境的重要资源，这是世界其他主要岩溶区难以比拟的。

我国岩溶发育环境跨度大，由于各地纬度、海拔和距海远近的不同，气候差异大，岩溶发育特征和岩溶形态组合差异较大。我国岩溶发育环境的复杂性以及岩溶形态组合的多样性在世界上也是罕见的，堪称世界最大的岩溶档案馆，在全球岩溶形态组合、岩溶环境学、岩溶古环境研究和岩溶动力系统研究中具有不可替代的重要地位。

第二节　岩溶基本形态

一、岩溶形态的分类

岩溶形态丰富多彩，可以按其分布的空间位置及其形成过程的不同特征进行归类，这样对野外观测、描述更为方便，也有利于对岩溶形态形成环境的分析和认识，更有利于对岩溶单体形态和岩溶形态组合的发展演化作出更好的解释和理解。图 4-2 为岩溶形态分类图。

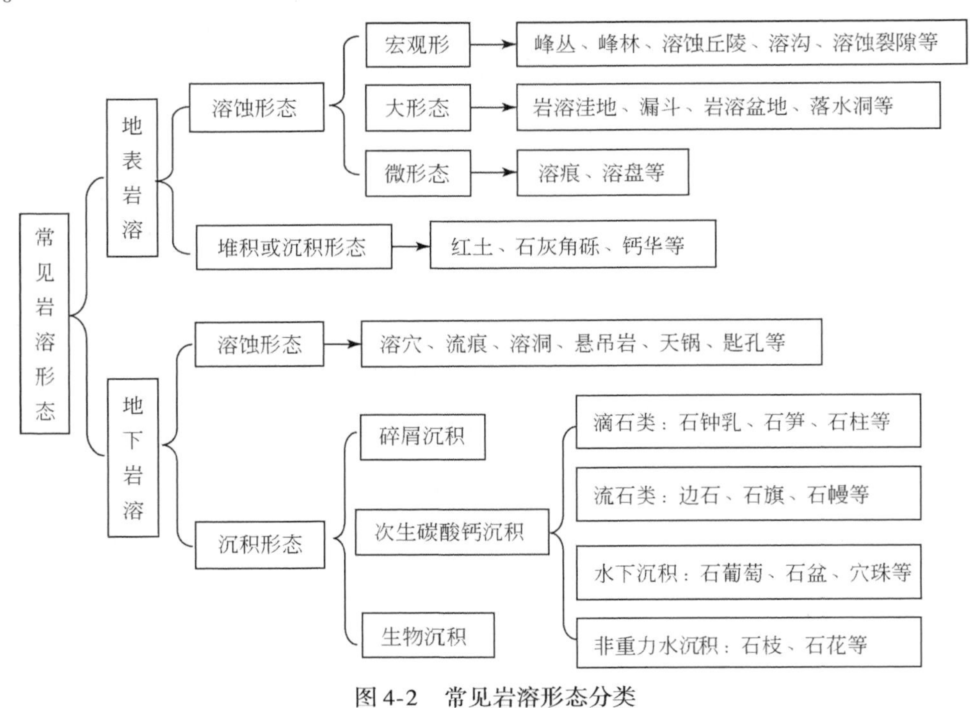

图 4-2　常见岩溶形态分类

二、常见的岩溶形态

（一）地表形态

1. 溶蚀形态

1）宏观的溶蚀形态

峰林（peak forest），热带、亚热带岩溶地貌，没有连续的山脊，也没有完整的地表排

水网，但地下排水网很发达。如广西、云南、贵州、湖南南部和广东的岩溶地貌，大多属于这一类。它们是在热带亚热带潮湿条件下，岩溶强烈发育的产物。又可以分为峰丛地形和峰林地形（狭义的）两类。

峰丛（peak cluster）地形指具有共同石座的一些石峰，其间常有封闭洼地，因此其组合形态也可称为峰丛洼地。狭义的峰林地形是指被一片平地所分割的一些石峰，其组合形态按石峰间平地的大小可以分为峰林平原、峰林谷地、峰林盆地等。

峰丛和峰林两类地形的成因有各种不同意见，但从我国南方很多实例分析，狭义峰林地形多受来自非岩溶区的外源水的影响，且分布在地表流水作用较强烈的地区；而峰丛地形则分布在没有外源水影响，岩溶作用主要受本地降水及其产生的坡流而影响的地区。因此，它们是在相同气候条件下，由于地质背景不同而造成的不同水文条件下的产物。关于峰林形态，则明显受岩性、地质构造的影响。例如，坚硬的灰岩且岩层倾角平缓者可形成独秀峰式的柱状石峰，坚硬石灰岩而层面倾角中等者则形成单面山式石峰；孔隙度较大的较软弱白云岩则发育馒头状石峰。

对岩溶峰林地貌的发育演化规律存在着不同的观点，主要有以下四种：

（1）以戴维斯的地貌循环理论为基础，认为岩溶峰林地貌发育有幼年期、壮年期和老年期之分，并把中国岩溶的明显分带看做是这一演化过程的证明。

（2）根据新构造运动的性质，用上升速率和地形剥蚀速率的均衡对比关系来解释现阶段各种峰林地貌的分布和成因。

（3）以岩溶峰林发育的整体系统观为理论基础，对我国岩溶峰林的空间分布，各类地形分布与发育间的关系及演化问题均作了新的解释和分析，并提出了峰林的“同时态系统演化思想”。

（4）把上述思想和方法综合起来，但仍以戴维斯循环理论为理论基础。

我们认为峰林地貌是一个不断适应外部环境并在自组织律支配下发展演化的系统，峰丛和峰林是该系统中的子系统，并非不同发育阶段的自然产物，而可能是峰林岩溶系统的两个同时态亚型。

岩溶丘陵（karst hill），形成气候背景同峰林、峰丛，但岩性较软。山脉有一定连续性，但有时发育成丘峰。洼地较多，说明地下排水网比较发育，常见于长江两侧的亚热带湿润岩溶区。有些地区山脉的连续性是由于碳酸盐岩与非碳酸盐岩互层和紧密褶皱所造成。

溶沟（lapie）、石牙（stone teeth）（照片4-1），地表水沿可溶性岩石的节理裂隙流动，不断进行溶蚀和冲蚀，开始是微小的溶痕，溶痕进一步加深形成沟槽形态，称为溶沟。沟槽之间突起的牙状岩体称为石牙，许多石牙首先在土下溶蚀而形成，后期还受到地表水的溶蚀和侵蚀，仍埋藏于土下的叫埋藏石牙。由溶沟形成的组合形态即是溶沟田（karren field），沿石灰岩表面发育。

溶蚀裂隙（grike），地表水沿石灰岩表面的节理裂隙流动，不断地进行溶蚀和侵蚀，使岩石表面形成槽形，即形成溶蚀裂隙。宽十余厘米至2m，深几厘米至3m，底部常为土及碎石所填充。

2）大形态

岩溶洼地（karst depression），四周环山或丘陵，没有地表排水口、直径几米到几百米

照片4-1　溶沟与石牙

的小型负地形，是岩溶地区特有的地表个体形态。它既可在热带、亚热带发育，也可在温带或更寒冷的条件下发育，但必须是在有足够的雨水或雪水，比较潮湿的环境下才能形成。在干旱条件下或以暴雨形式出现的半干旱条件下，水分没有足够的时间向下渗透，所以很难发育封闭洼地。封闭洼地的出现，标志着有地下排水网的存在，但它们不一定是地下河。按照洼地及其有关的地下排水网的不同情况，可以分为溶蚀洼地、覆盖层洼地、塌陷洼地、地下河天窗洼地四类。前两种洼地中的集水通过溶蚀裂隙排泄，形态呈浅碟状，周边近圆形；后两种洼地通过溶洞或地下河排水，呈深筒状。在热带或亚热带湿润气候下发育的封闭洼地，其周边常成为多边形。此外，洼地形状还常受到褶皱、断裂等地质构造条件控制而成长条形。

斗淋（doline），为漏斗形状或碟形的封闭洼地，直径在100m以内，是地表水沿节理裂隙不断溶蚀，并伴有塌陷、沉陷、渗透及溶滤作用发育而成的。此外尚有雪蚀作用等参与，地震活动亦可加速斗淋的发育。在岩溶区，最主要的斗淋是由裂隙溶蚀而形成的溶蚀斗淋和洞穴顶板塌陷而形成的塌陷斗淋。在重庆奉节等地区，群众把塌陷斗淋称为“天坑”。斗淋底部常有落水洞通往地下，起消水作用，底部往往被溶蚀残余物所充填。

岩溶盆地（karst basin，polje），四周为山或丘陵环绕，没有地表排水口，长宽几公里至数十公里的大型负地形。南斯拉夫学者司威治最早把这种地形称为坡立谷（polje），意为可耕种的平地。岩溶盆地地表集水通过落水洞排泄，常与地下河联系，当地下河宣泄不畅时，其局部地区会被淹没。此种地形只有在潮湿条件下才能发育，主要见于热带、亚热带及温带。常为长方形或长条形，其长轴方向与主要地质构造线一致。在我国南方的云南、贵州、广西和湖南，此种地形甚多。岩溶盆地一般地面平坦，并有较厚土层，因此成为岩溶山区主要的农业区及人口集中的地区。

岩溶槽谷（karst valley），有流水作用参与而形成的长条状的岩溶洼地。其发育主要受构造和岩性控制，在川东地区较典型。

落水洞（sinkhole），是地表水流向地下河的主要通道。它是流水沿裂隙进行溶蚀、机械侵蚀作用及其坍塌而成的。开始裂隙扩大，引入大量的地表水，由于管道狭窄，当流速

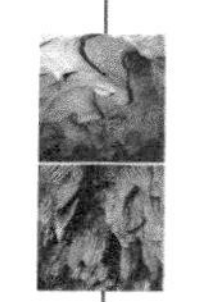

较大时，水中挟带的岩屑，就对管壁进行强烈的磨蚀，使地下通道不断扩大，顶板发生崩塌，形成落水洞。它主要分布于岩溶洼地和岩溶沟谷的底部，也分布在斜坡上。其形态不一，深度可达100m以上，宽度很少超过10m。按形态可分为圆形、井形和裂隙状落水洞，我国有些地方称之为无底洞、消水洞等。

竖井（shaft，karst pit），一种垂向深井状的通道。深度由数十米到数百米。因地下水位下降，渗流带增厚，由落水洞进一步向下发育或洞穴顶板塌陷而成。底部有水的，叫天然井、岩溶井、溶井等。

干谷（dry valley），是以前的地表排水道，后因地壳上升或气候变化，侵蚀基准面下降，发育了更深的地下排水系统，使原来的地表河道成为干谷。干旱、半干旱岩溶山区的沟谷，虽然有地表排水网，但只在暴雨时偶尔有水，而且常常是流了一段就消失，大部分时间是干的，沟底堆满砾石，砾石成分常含有许多碳酸盐岩块。在我国华北半干旱岩溶山区，地表干谷很多，它们在岩溶水文系统中的作用，同南方的洼地一样重要。国外干旱、半干旱岩溶区，如美国内华达州南部，新墨西哥州的卡尔斯伯特地区，干谷也很普遍。干谷的出现，标志着已有地下排水系统形成，但由于雨量少，加上多集中暴雨，不利于向地下渗透，因而地下排水系统发育不完善，以流水作用形成的地表排水网为主。

盲谷（blind vally），岩溶地区没有出口的地表河谷。地表有常流河或间歇河，其水流消失在河谷末端陡壁下的落水洞中而转为地下河。

断头河（reculee），从陡壁下流出的地下河或岩溶泉所形成的地表河流。

天生桥（natural bridge），暗河与溶洞顶板崩塌后的残留部分，其两端连接地面，中间悬空而成桥状。

穿洞（through cave），抬升脱离地下水或大部分已脱离地下水位的地下河、地下廊道、伏流或洞穴，其两端成开口状，并透光者。以广西桂林月亮山、穿山、象鼻山等处为典型。

边槽（notches），脚洞壁上或可溶岩壁上近于水平的溶沟。边槽常有上下数层，系地表水或地下水溶蚀的结果。是历史水位的记录。另外，形态类似边槽而延伸短，中部深入侧壁，两端沿洞壁尖灭的弧形槽，称为蚀龛，系曲流作用造成。

脚洞（foot cave），沿地下水面发育的水平洞穴。它是在峰林平原、岩溶盆地、谷地中的石峰脚下由经常泛滥的洪水侵蚀、溶蚀发育的溶洞。其成因分为流入型的进水洞和流出型的出水洞两种。洞壁常有边槽、流痕、贝窝等形态，洞体呈通道式，是流水岩溶的一种标志性形态。其中以桂林、独山一带最为典型。

3）微形态

溶痕（karren）（照片4-2），地表水沿可溶岩石表面进行溶蚀所形成的微小形态。

溶盘（kamenitza）（照片4-3），在碳酸盐岩表面的小型封闭状溶坑，直径几厘米至1m，深几厘米至20cm。底平，壁陡，中间常留有一层藻类、苔藓等构成的腐殖质。值得注意的是它们常呈圆形，可见其发育并不受岩石的微小裂痕，或流经岩石表面的水流所控制。其形成明显受腐殖质土所产生的生物CO_2及有机酸的影响。既可以见于热带、亚热带地区，也可见于位于54°N比较寒冷的英国中部，但必须是比较湿润利于植物生长的环境。

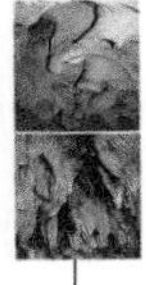

照片 4-2　溶痕

照片 4-3　溶盘

2. 堆积形态

红土（red soil），为湿热条件下的碳酸盐岩风化残余的土壤。在我国云南、贵州、广西、广东、湖南、湖北和江西等地以及国外的东南亚、中美洲、地中海等地的岩溶区广泛分布。它是潮湿的热带、亚热带环境的产物，含 Fe_2O_3和 Al_2O_3。

石灰角砾（limestone scree），物理风化的产物。主要分布于高寒高山岩溶区，在我国西部青藏高原及其周边高山碳酸盐岩区常有沿顺坡分布的石灰岩角砾。

钙华（tufa），主要由生物作用和 CO_2脱气而形成。是地表次生碳酸钙沉积物，一般都具有较高的孔隙性，这是与洞内次生碳酸钙沉积物不同，造成这种差异的原因是由于钙华都是依附于植物而生长。可分为两类，一类是在陡崖壁上生长的钟乳石状钙华，有时称为“洞外钟乳石”；另一类在河床中或泉口沉积，如钙华坝及其上方池水中的各种沉积。由于陡崖上钙华的形成同植物光合作用对水中 CO_2的吸收有关，因此其分布明显受气候控制，在温暖潮湿的环境下更有利于其形成。河床或泉口钙华的形成也与植物作用有关，因此，一般也多见于温暖潮湿的环境中。四川黄龙、九寨沟和云南香格里拉白水台都发育有较好的钙华及灰华坝，其形成也与生物因素相关。通常流速较快的地段更易形成河床钙华，在黄龙沟的野外沉积试验表明，流速较快的边石坝附近方解石沉积速率更快。黄果树瀑布钙华的形成也与瀑水地段强烈的水动力条件有关。

（二）地下形态

1. 溶蚀形态

溶穴（solutional cavity），直径一般小于 50cm 的穴孔。常因岩石组成物质不均一，经溶蚀而成。如“太湖石” 就是土下溶蚀的溶穴。

流痕（scallop，flute）（照片 4-4），由紊流水的溶蚀和侵蚀作用，在洞壁（或洞外岩壁）上形成的一种波状凹入的形态，常成群出现。其剖面不对称，迎水面缓而长，背水面陡而短，故可用以确定形成时的水流流向，其坡长由 1 ~ 2cm 至大于 1m。其大小与水流的流速成反比。

溶洞（cave，cavern），岩溶作用所形成空洞的通称。国外洞穴工作者则专指人可进入者。

溶洞按成因可分为包气带洞、饱水带洞、深部承压带洞等。

包气带洞，从裂隙、落水洞和竖井下渗的水，在包气带内，沿着各种构造不断向下流动，同时扩大空间，从而形成大小不一，形态各异的洞穴。起初这些下渗的水造成的溶洞彼此是孤立的，随着溶洞的不断扩大，水流不断集中，岩溶作用不断进行，孤立洞穴逐渐沟通，使许多小洞穴合并成为溶洞系统。

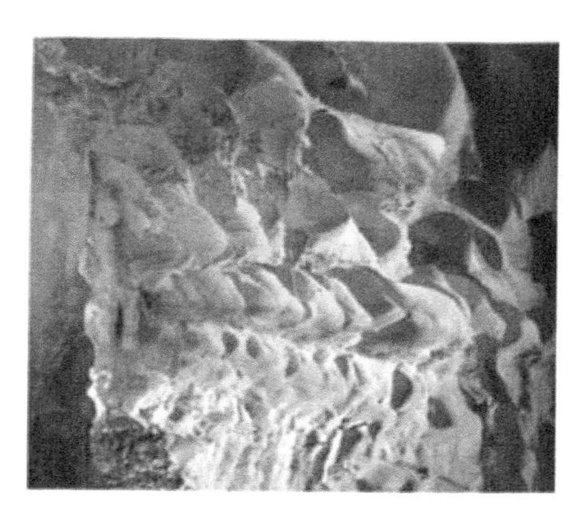

照片 4-4　流痕

饱水带洞，在饱水带内地下水面附近发育的溶洞，有学者指出此类洞穴有迷宫式展布、层面网络溶沟、洞顶悬吊岩和溶痕等特征。如果地壳上升，河流下切，地下水面下降，洞穴抬升到地下水位以上，就形成干溶洞。这时洞内可发育各种碳酸钙的次生化学沉积物。

深部承压水洞，分布较局限，并受裂隙、节理、层理等构造形迹控制为特征。

悬吊岩（rock pendant)，洞穴内位于洞顶或洞壁溶蚀残留的基岩突出物。有的状如钟乳，可以称其为钟乳状悬吊岩。洞顶悬吊岩多形成于洞穴发育的饱水带阶段。而洞壁悬吊岩，则形成于包气带阶段。

地下河（subterranean river）与暗河，常发育于岩溶区地下水面附近，是近于水平的洞穴系统，因常年有水向邻近的地表河排泄而称为地下河。由地下河及其支流组成的管道系统称为地下河系统。

伏流（swallet stream)，有时地表河流入地下一段后又从地下流出地表，在地下的一段即称为伏流。其与地下河的主要区别在于伏流有明显进出口，且进口水量为出口水量的主要来源。而地下河则无明显进口。

天锅（ceiling pothole）（照片 4-5)，洞顶呈倒锅底状的溶蚀形态。为洞穴充水时的水汽联合作用的产物，不受基岩节理或层面裂隙的影响。

钥孔（keyhole）（照片 4-6)，洞内水位下降的产物。

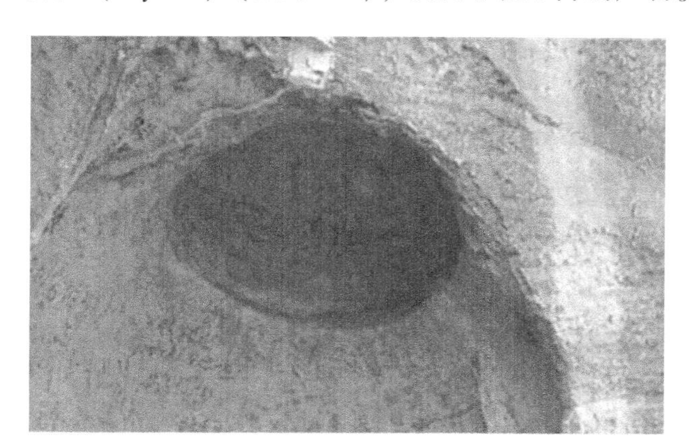

照片 4-5　天锅

照片 4-6　钥孔

2. 沉积与堆积形态

洞穴堆积物按物质来源和成因可以分为三类：洞穴次生碳酸盐沉积、碎屑堆积和生物堆积。

1）洞穴次生碳酸钙沉积形态

可分为滴石（dripstone）、流石（flowstone）、水下沉积及非重力水沉积四大类。

（1）滴石类，由洞内滴水形成，滴水可形成多种形态，主要有钟乳石、石笋和石柱等。

钟乳石（stalactite），又称石钟乳。自岩溶洞顶向下生长的一种以碳酸钙为主的沉积形态。开始只成为一小突起附在洞顶，以后逐渐增长。具有同心圆状结构，因中心部分有一空管，形状如钟乳而得名。

石笋（stalagmite）（照片4-7），洞顶的水滴落到底板后，形成由下而上生长的碳酸钙沉淀，形如笋状，故名。通常在洞穴较高，滴水飞溅的条件下有利于石笋的发育生长。

石柱（column），相对应的钟乳石和石笋连接后的形态。

鹅管（soda straw），上下直径变化不大，自洞顶向下生长的细长条钟乳石，是长期均匀滴水作用下的产物。一般滴水较慢的条件利于鹅管的发育。

（2）流石类（flowstone），洞内流水形成的方解石及其他矿物沉积。

边石（rimstone），水流过洞内积水塘时，在其边缘形成的碳酸钙沉积小边石群，状如梯田，称为石田。有时边石横切地下河或地表河或围绕泉水形成拦河坝状边石即为边石坝（rimstone dam）。

照片4-7　洞穴内石笋及钟乳石

石旗（cave flag），由洞顶或洞壁上连续性水流形成的一种薄而透亮的旗帜状次生碳酸钙沉积物。

石幔（curtain drapery，bacon），又称石帷幕、石帘。为饱含碳酸钙的薄层水由洞顶或洞壁流出，沉积成为波状或褶状的流石，形如布幔。

钙板（calcareous plate），由洞底片状薄层水流动时析出碳酸钙所形成的状似薄板的沉积物。

石盾（cave shield），一种由上下两块平行的板组成的外形似盾状的洞穴次生碳酸钙沉积物。多出现于洞壁及洞顶，有时可见数盾连生。石盾是由略具承压性质的裂隙水从裂口流出来时形成的。从裂口开始，形成上下两个板面，并向外呈环形逐层生长。若流量较大，从石盾周缘裂口流出的水向下形成石钟乳或石幔，并与盾面形成一种“圆顶蚊帐”的形态。石盾盾面可有各种产状，但受供水裂隙产状和渗透水压力大小控制。常见石盾的直径多在2m以内。

（3）水下沉积：

云盆（lily pad，lotus basin），圆形或浑圆形盘状的水下碳酸钙沉积物。分布在平底的开阔溶洞中。盘顶面大致位于一个水平面上。常和边石、边石坝相伴出现。

石筏（cave raft），浮在地下湖或洞内水面上的，受表面张力支撑的薄片状结晶方解石。此种沉积现象是池水强烈蒸发的反映，因而石筏常见于干旱地区或池面水能较快地达到过饱和的洞穴。

穴珠（cave pearl），直径0.1～10cm的球状碳酸钙沉积物。具同心圆状结构，核心常

为小粒的燧石、砂或黏土。是碳酸钙在动荡的水下环境围绕某种核心不断沉淀而成的。

石葡萄（spherical stalactites），由毛管水渗出而形成状如葡萄的碳酸钙或石膏沉积。

（4）非重力水沉积（nongravitational water deposits）：

石枝或卷曲石（helictite），又叫螺旋状钟乳石，由饱含碳酸钙的水从洞壁或钟乳石的毛细管状细孔渗出而沉淀的，可向水平方向或向上弯曲。

石花（cave flower），呈丛花状散布在洞壁或其他洞穴堆积物表面的雾滴水沉积。亦可因气温、湿度变化，产生密集的成簇状的凝结水所析出的碳酸钙沉淀而形成。

2）洞内碎屑堆积

如河流冲积砾石层在洞内出现，可以证明洞穴中曾经有地下河通过，根据砾石的主要岩石成分，还可以判断该地下河的补给来源。有些地区洞穴中常有很厚的黏土层，可能是过去洪水泛滥的沉积物，也可能是地表残积土层通过溶蚀裂隙在洞内沉积而成的。这可以由层理的倾角而加以区别，前者产状较平缓，后者较陡。洞穴中次生黏土矿物种类及其所占比重也是恢复古环境的重要依据。有的洞穴中还保留了过去冰川的纹泥。对碎屑沉积物中石英颗粒表面结构采用扫描电镜研究（如用于研究洞内沉积层），还可以提供更多的古环境信息。有的洞内还堆积大量崩塌岩块，而在有的孤石上又沉积了各式各样的次生碳酸盐沉积物（石笋等），它们反映了洞穴本身以至洞外区域稳定性的更替变化。由此可见，洞内的各种类型的碎屑沉积物，都可以从不同的方面说明地表地下环境的变化。

3）洞内生物堆积

包括在洞内堆积的动植物化石（如孢粉组合等）和动物粪便，它们可以反映在一定历史时期洞内外的生物群落以及其生活环境，可以记录一些重要的地质事件，常成为区域第四纪研究的重要或标准剖面。洞内各种哺乳类动物化石、古人类化石和石器等还是确定角砾层堆积时代的重要依据。例如在我国南方洞穴中，普遍有大熊猫–剑齿象动物群化石，说明在大约 1 万年以前，我国南方各地的森林比现在茂密得多。又如，在广西许多洞穴中有貘的化石，但貘已不再在广西出现了，而迁移到马来西亚等更为往南的地方，这可以说明过去某个时期广西的气候比现在更热。对桂林甑皮岩洞穴沉积中的孢粉研究说明，大约 1 万年前，桂林附近的植物比现在多几十种，这一事实从另一个方面说明桂林过去植被比现在更为茂密。

岩溶洞穴堆积形态中还保留了大量的古人类化石及古人类活动遗迹，也是研究古地理和恢复古环境的重要证据。

第三节　岩溶形态组合

一、岩溶形态组合及其研究意义

岩溶形态组合（karst feature complex）是指一组在大致相同环境里形成的，由地表形态和地下形态、宏观形态和微观形态、溶蚀形态和沉积形态组成的岩溶形态。

岩溶动力系统的基本功能是驱动岩溶作用，当有较多的 CO_2 进入该系统时，就发生溶蚀作用，形成各种溶蚀形态；当有较多的 CO_2 逸出该系统时就可能发生沉淀作用，形成各

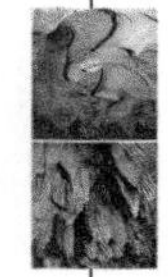

种沉积岩溶形态。岩溶动力系统对环境反应敏感，水动力条件和CO_2动态是影响岩溶动力系统运行的主要因素，而这两大因素与生物气候条件关系密切，生物气候条件通过水动力条件和CO_2动态影响岩溶形态及其组合的形成和演化。所以岩溶形态及其组合能够从不同侧面反映岩溶发育的环境状况，是岩溶发育环境的标志。岩溶形态组合是岩溶环境系统分类的重要依据，是岩溶环境学和现代岩溶学研究的重要内容。

20世纪60年代初，中国学者首先提出“岩溶形态组合”这一研究思路和方法。“岩溶形态组合”研究思路和方法是针对于传统概念的“岩溶地貌组合形态”而提出的。岩溶地貌组合形态，如峰林—平原、峰丛—洼地、丘丛—洼地等，只是考虑了地表宏观溶蚀地貌组合，而没有考虑与微观形态、沉积形态和地下形态综合起来研究。区别于岩溶地貌组合形态，岩溶形态组合不仅考虑了地表的宏观溶蚀形态，而且考虑了地下的、微观的和沉积的岩溶形态，更考虑了岩溶发育环境对岩溶形态组合的综合作用，从而使得对岩溶形态的研究更具系统性，对岩溶环境系统和岩溶发育过程的理解更加全面和透彻。

“岩溶形态组合”研究方法和思路的提出与运用有利于克服岩溶学研究中由于单形态对比造成的“异质同相”现象的混乱。例如，峰林地貌可以由风力作用形成而出现在干旱和半干旱地区，但这种峰林无溶痕、无溶洞，与湿热岩溶区的峰林地貌存在本质区别；张家界在砂岩条件下也形成峰林峰丛地貌，但无岩溶峰林地貌的洼地和溶痕；另外，高寒条件下形成的霜冻蚀余石林的形成条件与形成过程也有其特殊的一面，与南方的高大石林在形成过程上有本质区别。可见，以地球系统科学理论为指导，以“岩溶形态组合”方法为研究思路，不仅注重现象，更加注重本质；不仅注重局部，更加注重整体；不仅注重单体形态，更加注重其形态组合，并对比区域岩溶发育和分布规律是克服由“异质同相”引起的混乱的根本方法，也是现代岩溶学研究的重要特征之一。“岩溶形态组合”研究方法和思路的提出与运用推动了由联合国教科文组织和国际地科联组织的国际岩溶对比计划的顺利进行。

二、我国不同环境下的岩溶形态组合及其特征

从人类活动的历史考虑，影响岩溶发育的地质环境和生物气候环境两大环境中，地质环境是相对变化较小的基础环境，而生物气候环境则是变化较大的动力环境。由于岩溶作用是一种较快的地质作用，而中更新世后我国气候格局基本形成，因此与现代气候条件相匹配的主导岩溶形态是现代气候条件影响下，岩溶动力系统对岩溶环境作用的产物。

我国岩溶区面积广大，可溶岩分布面积344万km^2，占全国面积的1/3还多，裸露岩溶区面积也达90.7万km^2。我国岩溶的分布，南起3°S的南海岛礁，北到48°N的小兴安岭地区；西起74°E的帕米尔高原，东到122°E的台湾岛。由于岩溶发育环境的跨度大，水热条件的组合差异显著，加上地势高差大，地形多种多样，使我国岩溶发育的环境具有多样性，从而造就了我国丰富多彩的岩溶形态和多样的岩溶形态组合类型。

依据我国岩溶发育环境的不同、单体岩溶形态及岩溶形态组合的差异，我国岩溶形态组合可划分为南方湿润热带亚热带岩溶形态组合（Ⅰ）、北方半干旱-干旱岩溶形态组合（Ⅱ）、西部高原高山高寒岩溶形态组合（Ⅲ）、温带湿润岩溶形态组合（Ⅳ）四大类。

（一）南方湿润热带亚热带岩溶形态组合

该岩溶形态组合类型北界是秦岭—淮河一线，西界沿四川盆地西部山地的东缘向南至云南的昭通、楚雄和芒市。我国南方湿润热带和亚热带岩溶形态组合区的年平均降水量在800mm以上，年平均气温在0°C以上，南部热带岩溶区的年均降水更高达1200mm以上，年均气温高达15°C以上，区内水热条件配合较好，植被茂盛，岩溶发育，岩溶形态多样，单体岩溶形态规模大。

湿润热带亚热带岩溶形态组合在地表是以峰林地形为标志的一套形态组合，地面常见的大型岩溶形态及其组合有峰林、峰林平原、峰丛、峰丛洼地，其中峰丛洼地和峰林平原为正负地形组合形式，通常峰林平原在偏南的热带岩溶区更明显，而峰丛洼地为湿润亚热带岩溶形态的标志。在同一地区，石灰岩形成的石峰通常比白云岩形成的石峰更典型。岩溶洼地中常见有漏斗和落水洞等岩溶形态。

湿润热带亚热带岩溶区地下排水系统发育，地下常发育大型溶洞和地下河，我国南方有岩溶地下河2800多条，洼地部分地段可见地下河天窗，局部地段发育地下河的明流段（盲谷）。溶洞中碳酸钙次生沉积形态（包括滴石类、流石类、水下沉积和非重力水沉积物）多样，洞穴碎屑和生物沉积也发育。

（二）北方半干旱–干旱岩溶形态组合

本区包括华北的山西、河北、北京、河南西部和山东的中部，西北地区的陕西渭北、甘肃大部分、青海北部和新疆维吾尔自治区。华北地区年降水量400～800mm，西北地区年降水量低于400mm。虽然本区气温并不是最低，土壤CO_2浓度也较高，但由于水热条件不配套，岩溶作用发育较弱。常态山和干谷是华北地区主要的地表岩溶形态。由于在地质构造上多为产状平缓的大型褶皱，容易形成面积较大的岩溶水盆地，从而形成较多的岩溶大泉，岩溶大泉的形成是本区岩溶形态组合中的重要水文特征。本区中奥陶纪地层普遍含有石膏夹层，对岩溶发育有重要的影响，形成了特殊的岩石类型——膏溶角砾岩和特殊的岩溶现象——古岩溶陷落柱。根据岩溶发育环境的不同和岩溶形态组合的差异，该岩溶形态组合又可以分为半干旱岩溶形态组合、半干旱–半湿润岩溶形态组合和西北干旱地区岩溶形态组合3个亚类，各岩溶形态组合亚类的主要岩溶形态及其组合特征见表4-1。

表4-1　半干旱–干旱岩溶形态及其组合特征

岩溶形态组合亚类	地表形态			地下形态			岩溶水文地质	岩溶物理现象
	大形态	小形态	堆积物	大形态	小形态	堆积物		
半干旱（山西、渭北）	常态山、干谷	浅溶痕	石灰岩角砾、钙质结核、泉华	古洞穴	溶隙、溶穴	洞内崩塌堆积	多岩溶大泉，岩溶含水层属溶隙型，岩溶泉流量稳定	基本无现代岩溶崩塌

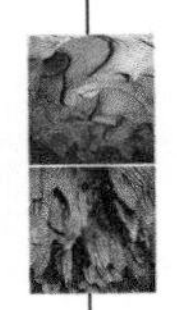

岩溶形态组合亚类	地表形态			地下形态			岩溶水文地质	岩溶物理现象
	大形态	小形态	堆积物	大形态	小形态	堆积物		
半干旱-半湿润（鲁中、太行山东南侧、豫西）	常态山-溶丘、干谷-洼地	石牙、溶沟、溶槽	泉华、局部红土	古洞穴现代洞穴	较宽溶隙	洞内崩塌堆积、洞内化学堆积	岩溶泉也较多，流量不稳定系数比山西高原要大	山东、冀东出现岩溶塌陷
西北干旱区（西北广大地区）	地质史上的沉积间断期，成为古岩溶发育期。塔里木盆地古岩溶成为油气储藏层。古近纪—新近纪及更新世早期气候暖湿，岩溶较发育，不少地区发育了典型的古岩溶地貌。地下岩溶一般发育较弱，碳酸盐岩富水性差，很难见到像华北区那样的岩溶大泉。岩溶形态及组合见本表 察尔汗盐湖等发育有溶孔、溶坑、溶洞和岩溶泉等岩溶形态							

半干旱岩溶形态组合亚类分布于山西高原和渭北地区，年平均降水量400～600mm，地表多有黄土覆盖。地表岩溶形态以常态山、干谷为主。有连续的山脊和完整的地表排水网，干谷是地表水入渗地下水的主要通道。岩溶大泉是本区重要的岩溶水文特征，很多岩溶大泉泉口分布有泉华。干谷和干沟两侧常分布有石灰岩角砾，钙质结核也是一种常见的地表岩溶形态。膏溶角砾岩在本区中奥陶统地层分布较多，膏溶角砾岩由石膏遇水溶解形成洞穴后，残留的石膏与塌落的灰岩角砾形成，或硬石膏遇水转化为石膏时体积膨胀，压碎顶板岩石形成膏溶角砾岩。古岩溶陷落柱在中奥陶统及其上覆的石炭系—二叠系地层中发育，首先是盐丘状聚集的硬石膏水化膨胀挤碎上覆岩层，继而大量石膏和周围岩石溶解形成空洞，最终导致上覆破碎的顶板岩石崩塌和陷落。山西高原主要岩溶层组为寒武系—奥陶系可溶岩，中生代以后一直处于裸露岩溶状态，经历了古近纪—新近纪和中生代的强岩溶化作用，保留有古岩溶的洼地、溶洞和溶丘等形态。而现代岩溶形态是在半干旱气候主导下发育的一套裂隙岩溶系统。

半干旱-半湿润岩溶形态组合亚类分布于太行山东南侧、豫西和山东中部岩溶区，年均降水量600～800mm。本岩溶形态组合亚类兼有北方半干旱岩溶和南方湿润区岩溶的过渡特征。地表岩溶大形态有常态山、溶丘、溶岗、干谷和干沟，同时出现少量的洼地。地表普遍见有石牙、溶沟和坡积灰岩角砾等，也发育较多的岩溶泉。地下有宽溶隙和少量的泉口小溶洞，鲁中南地区还有洞内流纹、天锅等。

（三）西部高原高山高寒岩溶形态组合

高山岩溶指森林线以上发育的岩溶，岩溶发育的环境条件低温且降水较多。在我国，由于青藏高原的强烈抬升而使这类岩溶主要发育在高原主体及其外围的山地。青藏高原平均海拔在4000m以上，高和寒为其主要的气候特征，对岩溶作用也造成强烈的影响，形成高寒条件下的岩溶形态及其组合。通常把青藏高原及邻近山地以及海拔3500m以上的高山区所发育的岩溶称为高山和高原岩溶。高寒岩溶形态组合可分为高原岩溶和高山岩溶两个亚类。

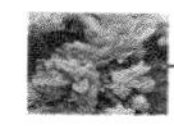

1. 高原岩溶形态组合亚类

以西藏北部和中部最典型，海拔高、气温低、年降水量少是本岩溶组合亚类的主要环境特征。西藏碳酸盐岩分布广泛，碳酸盐岩出露面积11.5万km^2，含碳酸盐岩地层的出露面积达46.3万km^2。由于寒冷干燥，物理风化作用强烈，从而形成石墙、石林式石牙、残峰、小型洞穴、穿洞和灰华堆积等多种形态。石墙常分布于厚层灰岩与砂页岩互层接触地带，由于石灰岩抵抗风化的能力强于砂页岩而形成墙状突出的正地形，其下常见大量的风化堆积岩块。石墙多顺山脊延伸，宛如城墙。石墙上可见数量较多的大小不同的洞穴和穿洞，墙顶常呈锯齿状。由寒冻风化和崩塌作用形成的穿洞和天生桥也是西藏地区常见的岩溶形态。

2. 高山岩溶形态组合亚类

高山岩溶一般由位于森林线以上的山地高寒岩溶和森林线以下的峡谷温带岩溶两个子系统所组成。两者的联系非常紧密，上部的山地高寒岩溶系统不仅具有独特的高寒岩溶形态及其组合特征，而且为下部的峡谷温带岩溶子系统提供物质基础和特定的发育环境。山地高寒岩溶子系统物理风化和冰蚀作用的强度远大于溶蚀作用，地表形态难以长期保存。峡谷温带岩溶子系统温度较高，但降水较少，生物作用活跃，灰岩的物理风化作用减弱，地表常见大量的钙华堆积形态。

我国高山岩溶系统及其组合以岷山岩溶研究较为深入，岷山位于四川省北缘，出露大面积的泥盆系、石炭系和二叠系碳酸盐岩地层。在空间上，存在明显的上部高寒岩溶和下部的温带峡谷岩溶两个子系统。上部高寒岩溶子系统发育的岩溶形态有峰林式残林、残柱、天生桥、陡壁上的岩屋式洞穴和直径小于0.5m的小型洞穴。上部高寒岩溶子系统的主要功能是为下部峡谷温带岩溶子系统补给岩溶水，是下部温带岩溶子系统岩溶泉钙华的物质来源。

下部峡谷温带岩溶子系统地处峡谷地形之中，是岩溶水的排泄带及其所溶解物质的沉积区，岩溶水主要以泉的形式排出，主要岩溶形态是多种多样的钙华沉积物。岷山九寨沟和黄龙沟以美丽的灰华坝及湖水中的彩池群等而闻名于世。

（四）温带湿润岩溶形态组合

温带湿润岩溶形态组合分布于东北太子河流域、小兴安岭地区、山东南部、江苏及安徽北部，年均降水量800～1000mm。东北太子河流域为一东西向河谷，两侧为太古界变质岩，中部河谷分布寒武系、奥陶系碳酸盐岩，外源水补给充足，地质构造复杂，岩溶发育与其他温带地区有很大不同。地表有典型的洼地、落水洞和竖井等岩溶形态，地下发育较多的洞穴、地下河和地下湖等。

小兴安岭伊春林区分布着大片火成岩（花岗岩等），局部出露碳酸盐岩岩石，森林茂盛，外源水补给充足，土壤中含有大量CO_2和有机酸，利于岩溶发育，有溶洞、落水洞和地下河等岩溶形态。在小西林和大西林大理岩区岩溶发育强烈。

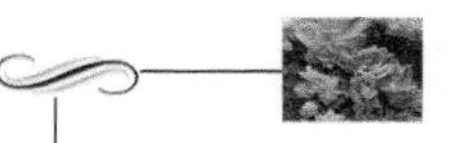

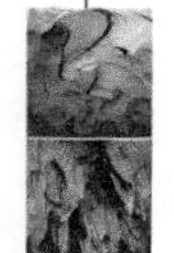

（五）其他岩溶形态组合类型

1. 滨海岩溶形态组合

以辽宁大连地区为代表，海拔低于300m，年均降水量700～800mm。由于半岛狭窄、河流短小，起不到排水基准的作用；海平面成为排水基准面，海岸形成海蚀洞、海蚀柱和海蚀阶地等形态，海平面以下形成溶蚀–海蚀洞，并有许多海底泉出现，且海底泉一般受构造断裂控制。第四纪以来，受海平面的升降运动的影响在海平面以下形成多层洞穴。

2. 珊瑚礁岩溶形态组合

我国南海诸岛除少数岛屿为火山岛外，大部分属于珊瑚岛礁，珊瑚岛礁和水下礁滩发育在东沙、西沙、中沙和南沙等大陆坡台阶上。在珊瑚礁坪上有溶塘、石牙、天生桥和溶沟等，水下珊瑚礁中有洞穴发育。海蚀崖、溶沟和洞穴在少数较大的生物粒屑灰岩岛屿较发育（如西沙群岛的石岛）。

三、影响我国岩溶形态组合特征的主要因素

岩溶发育环境包括岩石圈环境和由水–大气–生物组成的生物气候环境，岩溶发育程度及岩溶形态组合的差异是由岩溶发育的环境及条件不同引起的，主要是地质（包括地形）和生物气候条件的差异所造成。在地球系统科学引入岩溶学研究之前，岩溶研究的主要指导思想是把岩溶作为水岩界面上的一种地质作用，岩溶学术界广泛接受的岩溶发育的四个基本条件是可溶岩、可溶岩能透水、有侵蚀性的水和水的运动性。而这几个条件主要与岩性、气候、生物、构造等因素有关。

（一）主导气候对岩溶形态组合的影响

有侵蚀性的水和水的运动性对岩溶发育影响很大，这两个因素显然与生物气候条件关系密切。

由于中国南北所跨纬度大和东西所跨经度，使之南北跨越从热带到寒温带的五大温度带，自东南向西北拥有湿润、半湿润、半干旱和干旱四大干湿区，还有一个面积广大的青藏高原高寒气候区。再加上我国地势高差大，地形复杂多样，局地小气候和小生境类型多样，使我国岩溶发育的环境及发育条件复杂多样。从而使我国岩溶类型及岩溶形态组合具有多样性的特点，拥有热带湿润、亚热带湿润、温带湿润、温带半干旱和干旱以及高山和高原岩溶形态组合类型及其相应的岩溶形态组合（表4-2），岩溶形态组合的多样性是世界多数国家不能相比的。

地球系统科学理论的引入，把碳、水、钙循环共存的岩溶作用与地球四大圈层界面上的物理、化学和生物作用相联系，使岩溶作用成为全球碳循环的组成部分，使岩溶研究与生物气候因素的联系更加紧密，在岩溶学研究中更加注意生物气候条件对岩溶作用的影响。当然，也只有以地球系统科学思想为指导，才能使岩溶研究突破原有的约束，才能对岩溶形态及其组合形成的环境条件、形成机理和分布规律作出更深刻的解释。

表 4-2 中国主要气候环境的岩溶形态组合

形态标志 / 形态组合 / 气候环境		与现代气候匹配的岩溶形态							已发现的反映古环境的形态
		地表形态				地下形态			
		宏观	大形态	小形态	堆积物	大形态	小形态	堆积物	
干旱	低山盆地	常态山	干谷戈壁滩	单个溶痕	石灰岩角砾钙壳钙质结核	风蚀岩屋、穿洞、山底部少量洞穴	雪山底部洞穴中可见贝窝和涡穴	雪山底部洞穴中可见各种小型次生化学沉积	戈壁滩石灰岩砾石上的脑纹状溶痕
	高原	冰蚀山	石墙	石柱岩溶泉	石灰岩质角砾、泉华	冻蚀穿洞、天生桥			红壤土水平溶洞三趾马动物群化石
半干旱		常态山	干谷大泉	微小溶痕	石灰岩角砾钙壳钙质结核	有利汇水条件下的少量现代大洞穴	少量贝窝、边槽	少量小型钟乳石	高原面洼地红壤土、泉华高原溶洞中外源砾石，大量钟乳石、贝窝
湿润	高寒山区	冰蚀山	冰蚀峰岩溶湖	小溶痕石柱岩溶泉	石灰岩角砾，瀑水钙华泉华	冻蚀穿洞天生桥雪山冰川溶洞	少量涡穴贝窝、边槽	崩塌堆积、少量钟乳石	洞内冰川纹泥
	温带	丘陵地区常态山、丘峰洼地	多边形洼地溶湖	小溶痕土下溶痕溶盆	少量洞外钟乳石，有的地区见石灰岩角砾	大型洞穴、地下河	涡穴、贝窝边槽、悬吊岩	较多钟乳石、崩塌堆积冲积层	高原洞穴及相应溶蚀堆积形态
	热带亚热带	峰林地形	多边形洼地石林溶盆	尖深溶痕土下溶痕溶盆	红壤土、大量生物钙华、流水钙华	大洞穴地下河	丰富多彩的小型溶蚀形态	大量钟乳石、崩塌堆积冲积层	干冷气候的石英颗粒。大熊猫、剑齿象化石及相应植物孢粉

岩溶动力系统理论认为岩溶作用发生在三相不平衡的开放系统中，在自然界，这种作用必然通过 CO_2-有机碳（CH_2O）$_n$-碳酸盐系统与碳循环相耦联。显然，CO_2-有机碳（CH_2O）$_n$-碳酸盐系统是易受生物气候环境影响的因子。在自然界，降水、蒸发和气温等气候因子都可以通过水文、植被、土壤和水文地球化学等影响岩溶作用的强度和方式，甚至改变岩溶作用的方向。降水量的多少直接影响地表与地下岩溶的发育，蒸发量高时则会减弱地表水向地下的渗透，减弱对可溶岩的溶蚀。温度对岩溶作用的影响较复杂，温度高时，水对 CO_2 的溶解力降低，溶蚀力降低。但温度高时水的电离度增大，溶蚀力增强；另一方面，气温偏低时，物理风化作用将加强，我国西部高原高山的高寒岩溶形态组合即与低温下的强物理风化有关。更为重要的是温度对植被状况、土壤微生物活性和土壤 CO_2 浓

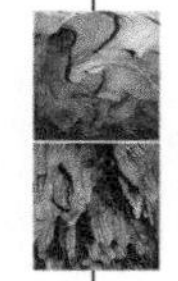

度的影响，在水分条件适当的条件下，气温对岩溶作用表现为正影响。不同的气候带有不同的水热组合及相应的生物植被条件，从而导致岩溶作用的强度和方式不同，这是导致岩溶形态组合宏观分带的主要原因。

石灰岩试片溶蚀试验的观测结果表明，气候条件对石灰岩的溶蚀速率有很大影响，从日本秋吉台、济南、陕西彬县到青海格尔木的溶蚀速率曲线和从广州经桂林、济南、北京到东北伊春的溶蚀速率观测曲线可以看出这种影响（图2-7、图2-8）。我国济南向西到格尔木的年降水量不断降低，溶蚀速率也大大降低，而降水量达1950mm的秋吉台地区溶蚀速率又大大高于我国处于同纬度地区的几个观测点。广州到东北伊春的溶蚀速率并不完全随着纬度的升高而简单降低，存在两个峰值（桂林和伊春）、一个溶蚀低谷（济南和北京），溶蚀速率与降水量有很好的对应关系。因此我们常说的北方的岩溶发育较弱而南方的岩溶发育较强烈，主要是南方热带亚热带湿润区岩溶与北方半干旱岩溶的对比。溶蚀速率与降水和年平均气温的对比发现，溶蚀速率与降水量的相关性比溶蚀速率与年平均气温的相关性要高，这也说明降水对溶蚀速率的影响比气温的影响更显著。

溶蚀试片的观测结果还表明，土壤对岩溶作用有重要影响。这种影响有时是促进溶蚀作用的发生，有时表现为阻碍溶蚀作用的进行。土壤是CO_2的调蓄库，并把大气圈、水圈和生物圈联系起来对碳酸盐岩进行溶蚀。需要强调的是，土壤性质只有与当地大气圈特点（或称为气候特点）相联系才能判断土下岩溶作用进行的方向和程度。研究发现，干燥度较低的地区才有利于土壤CO_2与水分的结合并促进溶蚀作用的进行，而干燥度较高的地区，则不利于土壤水分的下渗和土下溶蚀作用的发生。

第四纪以后，特别是中更新世后，我国大陆现代气候的基本格局已形成。根据我国石灰岩溶蚀速率观测成果以及各种岩溶形态形成的时间尺度推算，我国岩溶区主要岩溶形态类型及其组合均在该时期形成。与现代气候相匹配的岩溶形态大多在第四纪形成，而反映古环境的岩溶形态大多在古近纪—新近纪形成。岩溶作用是一种比较快的地质作用，可以认为，我们所见到的不同岩溶形态组合下的主导岩溶形态仍然是与现代气候条件相匹配的。

这里需要指出的是，我国南方自第四纪以来一直为湿润环境，岩溶形态是持续发育的；而北方自中更新世以来气候变干冷，一些大型溶洞和岩溶洼地等反映湿热环境的岩溶形态是古近纪—新近纪的产物，第四纪特别是中更新世以来的岩溶形态，除一些有利的汇水条件下形成的大溶洞和地下河外，一般都属于半干旱环境的岩溶形态组合。

以上分析可见，岩溶形态及其组合是在主导气候影响下，岩溶动力系统作用于岩溶环境的产物。在地球表面，由于生物气候条件的分带性而造成全球岩溶形态组合的宏观分带，地质条件的不同又形成了地区性差别。在考虑气候与岩溶形态组合关系时，要抓住该地岩溶形态组合中的主导岩溶形态，即从分析与当今气候相匹配的主要岩溶形态入手，建立气候与岩溶形态组合的关系，而那些与现代气候不匹配的岩溶形态则可考虑是古岩溶的作用并可用其进行古环境研究。

（二）岩性与构造对我国岩溶形态组合特征的影响

影响岩溶发育的可溶岩及其透水性是与地质有关的因素，主要体现在岩性与构造两方面。

1. 岩性对我国岩溶形态组合特征的影响

从全球范围来看，我国岩溶区除西藏地区有较多的侏罗系和白垩系碳酸盐岩地层外，其余大多是三叠系以前的古老坚硬的碳酸盐岩，孔隙度小，各时代石灰岩孔隙度都在2%以下，白云岩孔隙度一般也不到4%，岩性坚硬，抗压强度大，都在1000kg/cm^{2}以上。而世界上其他主要岩溶地区以较年轻的碳酸盐岩为主，多属中生界和古近系—新近系碳酸盐岩地层，成岩程度较差，孔隙度大。如美国东南部佛罗里达古近系—新近系碳酸盐岩最高孔隙度可达40%左右。同时世界上其他主要岩溶区的碳酸盐岩力学强度较低，抗压强度小，前苏联克里木地区上侏罗统和下白垩统灰岩抗压强度一般为720～930kg/cm^2。同时，中国大陆岩溶区新生代上升幅度较大，世界其他主要岩溶区上升幅度较小。另外，我国南方岩溶区未受到第四纪冰期大冰盖的刨蚀破坏，而英国等岩溶区明显受到冰期大冰盖的刨蚀作用，英国约克郡冰溜面上的溶沟、溶痕和溶盘等形态是最后一次冰期，即1万多年来发育而成的。

由于我国碳酸盐岩石力学强度大，上升幅度较大，同时未受到第四纪大冰盖的破坏作用，使我国岩溶区单体岩溶形态和岩溶形态组合与世界其他地区相比有较大的差异，并具有自身特点。我国碳酸盐岩孔隙度小、强度大的特点造就了我国南方平地拔起的峰林地形、地下巨大的溶洞和上千条地下河。与我国南方气候条件类似的东南亚和加勒比海地区因岩性软弱，其峰林地形远不如中国南方那样挺拔秀丽，仅表现为低矮的馒头状峰林。气候条件大致相同的美国东南部佛罗里达岩溶区，由于其成岩条件差，岩性较软弱，多为岩溶丘陵地形，只发育碟形浅洼地，地下水埋深较浅。岩性坚硬的特点也易于保存溶痕、溶盘、边槽和贝窝等岩溶微形态，从而使我国岩溶形态丰富多彩、个性鲜明。

2. 构造格局对岩溶形态组合发育的影响

从宏观上来说，新华夏构造体系在我国东部造成隆起带与沉降带相间分布的构造格局也是影响我国东部岩溶形态组合发育的重要因素之一，在宏观上对岩溶形态及其组合的分布影响较大，主要表现为裸露型岩溶环境与覆盖型岩溶环境和埋藏型岩溶环境的交替分布。隆起区的贵州高原和山西高原是两片裸露岩溶区，沉降区的四川盆地为埋藏型岩溶盆地，华北平原也发育埋藏型深部岩溶形态，而且是油气资源的富集区，湖南也分布有埋藏型和覆盖性型岩溶环境。在四川盆地东南部裸露岩溶区，北东向的紧密褶皱和间层型或夹层型的碳酸盐岩分布格局使岩溶形态及其组合呈北东向延伸或分布。

复习思考题

1. 为什么要研究岩溶形态？写出30种岩溶形态的特征及成因（宏观、微观、地表、地下、溶蚀、沉积各5种）。

2. 什么是“岩溶形态组合”？为什么要用“岩溶形态组合”的方法研究岩溶地貌。

3. 在学校附近选一个地区进行岩溶地貌野外观察，识别尽可能多的岩溶形态，作一岩溶形态组合分析：组合特征和形成环境。如有可能作一地区差异分析，如重庆金佛山下和山顶岩溶形态有何差别？思考为什么会产生这些差别。

第五章 碳酸盐岩洞穴

第一节 概　　述

国际洞穴学协会把洞穴定义为人类能进出的天然地下空间。但洞穴研究者认为在必要时，把一些较小的孔洞也可称为洞穴；两个或两个以上通过通道组合起来的洞穴，一般称为洞穴系统。洞穴的类型多样，按成因类型可以分为熔岩洞（图5-1，照片5-1）、黄土潜蚀洞（照片5-2）、冰洞（照片5-3）、砂岩洞、碳酸盐岩洞等。其中碳酸盐岩洞穴分布最普遍、是洞穴学研究的主要对象。

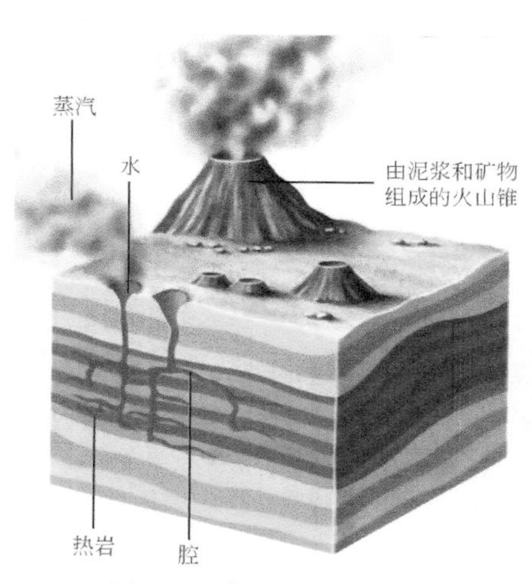

图5-1　熔岩洞形成机理

照片5-1　St. Helens 火山 Ape 洞

照片5-2　黄土潜蚀洞

照片5-3　加拿大 Castleguard 冰洞

一、碳酸盐岩洞穴定义

根据《岩溶学词典》的定义，洞穴学是探查、研究人可进入的洞穴的科学。碳酸盐岩洞穴是指岩溶作用在碳酸盐岩层内所形成的空洞的通称，碳酸盐岩洞穴是分布最普遍的洞穴类型。因为碳酸盐岩的可溶性，其形成的洞穴又可称为溶洞。溶洞按成因可分为包气带洞、饱水带洞和深部承压带洞等。

二、洞穴研究意义

洞穴是天然的地下空间，对人类具有重要意义。人类的祖先曾将洞穴作为自己的栖息地和活动场所，因此洞穴研究在考古、古人类、古生物等方面具有重要价值。一些岩溶洞穴中还有丰富的次生化学沉积物，记录了外界的气候环境变化信息，是全球变化研究中重要的研究对象。同时洞穴中具有各种各样的矿产资源，如雄黄等（照片 5-4）。岩溶洞穴和地下河是岩溶地区主要的储水空间，大量的地表水都汇集到地下河以及地下洞穴中，因此岩溶洞穴是这些地区重要的水源地（照片 5-5）。此外，一些岩溶洞穴发育了众多的次生化学沉积物，如石笋、钟乳石、鹅管、石花、石幔、石筏等，千奇百怪，形态万千，是重要的旅游资源。进行洞穴研究，不仅有利于合理开发利用这些资源，还能对这些洞穴景观进行保护。

国际洞穴组织于 1953 年在法国召开了第一次国际洞穴大会，专门讨论与洞穴有关的各种科学问题，包括对洞穴的开发利用、对洞穴的探险勘察、对洞穴的保护以及与洞穴相关的其他科技进展。国际洞穴大会每四年举办一次，1993 年 8 月 2 日，第十一届国际洞穴学大会在北京召开。

照片 5-4　慈利界牌峪雄黄矿

照片 5-5　地下水资源

三、洞穴学研究内容

1965 年国际洞穴学大会第 4 次会议（南斯拉夫）成立了国际洞穴联合会（International

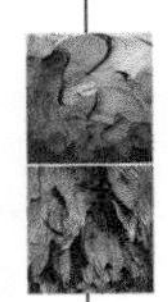

Union of Speleology，简称UIS），领导世界各国进行洞穴科学研究，共有55个成员国（欧洲28个，美洲13个，亚洲10个、大洋洲2个，非洲2个）。

洞穴学的主要研究方向有：洞穴地貌地质；洞穴物理化学；水文气象；洞穴生物；洞穴古生物和考古；洞穴文化艺术；洞穴勘测技术；洞穴制图与摄影；洞穴生态环境和保护。随着洞穴学的发展，越来越多的新兴研究方向在不断出现，如洞穴医疗等。

第二节 碳酸盐岩洞穴的形成条件、机理、形态和分布

一、形成条件和机理

碳酸盐洞穴是可溶性的碳酸盐岩在一定条件下受流水溶蚀、侵蚀、崩塌而形成的地下空间，其发生具有一定的规律性，并受一些条件因子的控制和制约，主要有以下几方面。

1. 岩性

岩石是岩溶洞穴发育的物质基础，在其他条件相同的情形下，纯净的石灰岩以$CaCO_3$为主要成分，有利于岩溶洞穴的发育，因为$CaCO_3$比$MgCO_3$具有更高的溶解度；而白云岩因为含有较多的$MgCO_3$，一般被溶蚀的强度不如纯净的石灰岩地区。在不纯的碳酸盐岩地区和硅质岩地区，不利于洞穴的发育。当然，当其他条件改变时，洞穴发育程度受岩性的控制并不严格遵照上述规律，例如在重庆武隆的芙蓉洞，发育在寒武系和奥陶系的白云质灰岩中，也形成了巨大的洞穴厅堂。

2. 构造运动

在构造运动比较强烈的地区，岩层受挤压断裂等构造活动的影响而变得破碎，增加了岩层的裂隙，而基岩中的裂隙和孔隙发育，不仅有利于具有溶蚀能力的水向下运移，也增加了岩石与水的接触面积，易于对基岩进行深层溶蚀，在后期结合水的物理侵蚀以及岩石重力崩塌作用加强了洞穴发育。

3. 气候条件

气候对洞穴发育的影响是多方面的。首先，在降水充沛的地区，丰富的降水有利于岩溶洞穴的发育。因为降水为岩溶洞穴的发育提供了介质，而且水本身具有侵蚀能力。此外，充沛的降水配合温暖的热量条件，有利于植被、微生物等的发育，从而增加了土壤中的有机酸以及CO_2浓度，提高了岩溶水的溶蚀能力，促进了洞穴发育。

同理，在物理风化作用强烈的高寒、干旱地区，不利于岩溶洞穴的发育。但是在一些特殊地区，例如冰川发育的地区，由于冰川的季节性融化或者冰体沿地下裂隙的运动侵蚀，也可以发育成较大的洞穴，如加拿大落基山地区哥伦比亚冰盖下就发育有大型洞穴（照片5-6）。

4. 生物

生物的发育受到气候、土壤等条件的影响，又对岩溶洞穴的发育产生直接的影响。生

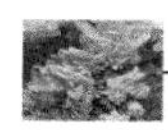

照片 5-6　加拿大落基山地区哥伦比亚冰盖下发育的洞穴

照片 5-7　云南路南石林岩溶溶蚀差异

物的发育程度，包括植物和微生物活动，决定了土壤中 CO_2浓度的含量。土壤中 CO_2浓度比大气中 CO_2浓度高 1～2 个数量级，它与土壤水以及地下水结合，产生酸性溶液，加大了土壤水的溶蚀强度，促进岩溶发育。此外，植物枯枝落叶受微生物的分解作用，也会释放各种有机酸类，也能加强土壤水的溶解能力。例如云南路南石林中，土下碳酸盐的溶蚀速率比暴露在大气中的部分快得多，因此出现上部较宽下部窄的形态（照片 5-7）。

5. 水文条件

水是岩溶作用发生的物质基础之一，也是岩溶作用发生的介质。水对岩溶洞穴发育的重要性体现在两点，一是水的溶解性，在湿热气候，植被发育良好的情况下，土壤中由植被呼吸作用会产生更多的 CO_2气体，溶解于水而形成碳酸，从而对碳酸盐岩具有溶解能力，有利于岩溶的发育；二是水的流动性，微观方面表现为，基岩中的裂隙和孔隙发育，有利于这种具有溶蚀能力的水向下运移，对基岩进行深层溶蚀加强洞穴发育；宏观方面表现为水流落差导致水流速度的增加，以及水流状况也控制了洞穴发育的走向等。

总之，洞穴的发育是受岩石、构造、气候、生物、水文状况综合作用的结果，各种条件之间相互制约，共同影响洞穴的发育，如图 5-2 所示。

二、外源水的作用

岩溶地区的水整体而言可分为外源水和内源水。外源水是指来自非碳酸盐岩地区而进入碳酸盐岩区的水流，由于其硬度和 pH 较低，因而对碳酸盐岩具有更强的侵蚀性，所以它在岩溶地貌，特别是峰林岩溶的发育中起着重要的作用。而内源水则是在一个完全由可

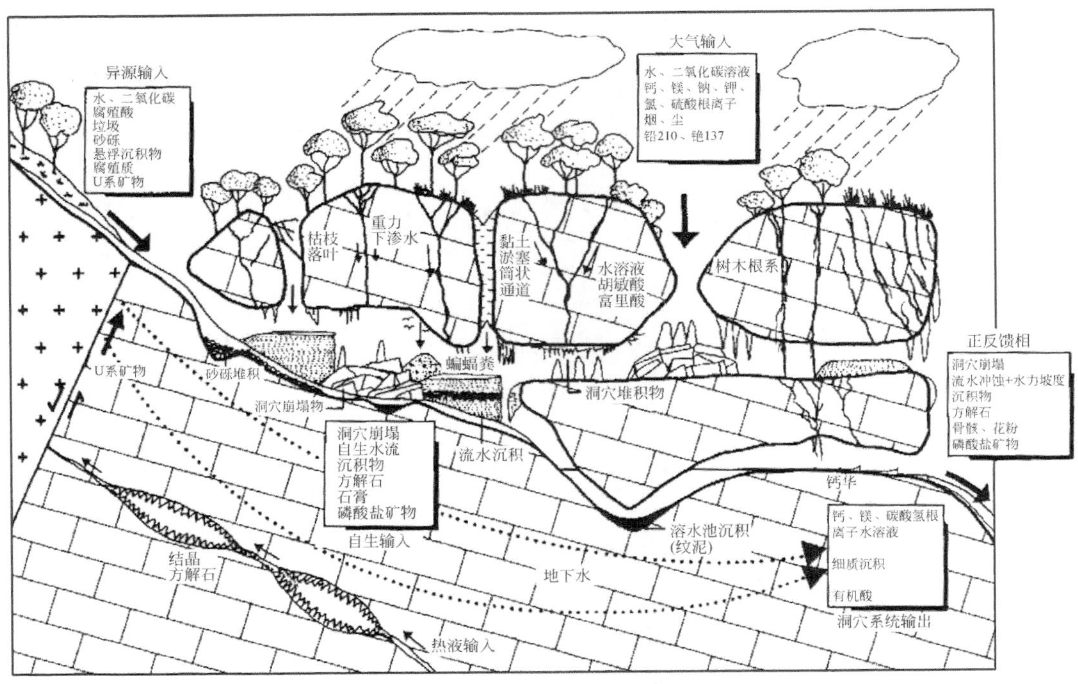

图 5-2 洞穴发育的综合模式（岩石、降水、生物、水文、热水溶蚀、沉积综合作用）

溶性岩构成的岩溶系统中产生的水流，这种水硬度较高，pH 偏碱性，因此这种水的侵蚀能力较弱，不利于岩溶的发育。

辽宁太子河上游流经非岩溶地区的震旦系地层，相对于下游方向的寒武系—奥陶系灰岩地层是外源水，具有较强的溶蚀能力，因此在水热条件不算很理想的温带地区，发育了大型的地下河以及地下洞穴系统（图 5-3，照片 5-8）。

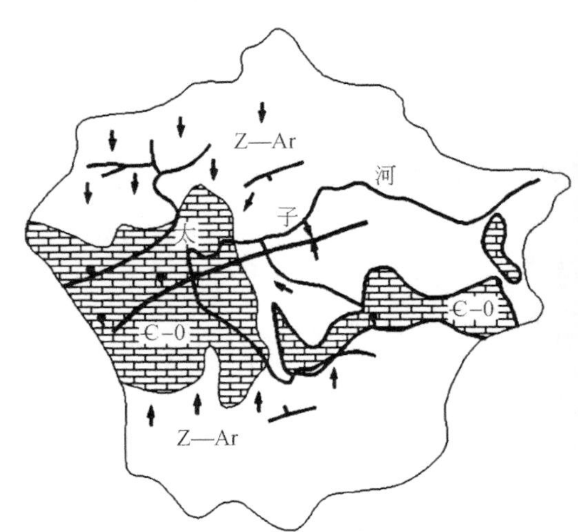

图 5-3 辽宁本溪太子河水洞形成的水文条件示意图

照片 5-8 辽宁本溪太子河水洞谢家崴子地下河

三、水动力作用

地下水和地表水的运动深刻地影响着地下岩溶洞穴的发育。除了水化学特征本身的差异造成水的溶蚀性的差异外，水的运移以及水动力条件的不同也会引起不同的洞穴发育模式和规模。Davis 和 Swinnerton 分别在 1930 年和 1932 年提出了岩溶地下水运移的两种概念模型。如图 5-4 所示，在 Davis 模型中，地下水从各个方向和深度向着同一个出口运移和排泄，在这样的水动力条件下水平走向以及垂直走向的洞穴都可以发育，并可能发育成复杂的洞穴系统。在 Swinnerton 的模型中，地下水以近似水平的方式运移，这种水动力条件下容易发育成水平状的洞穴。

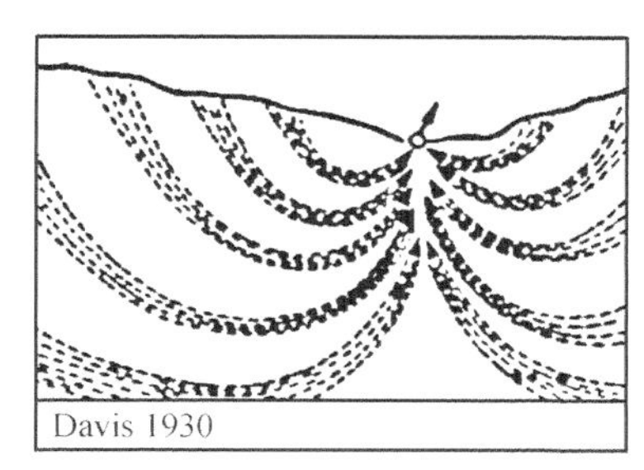

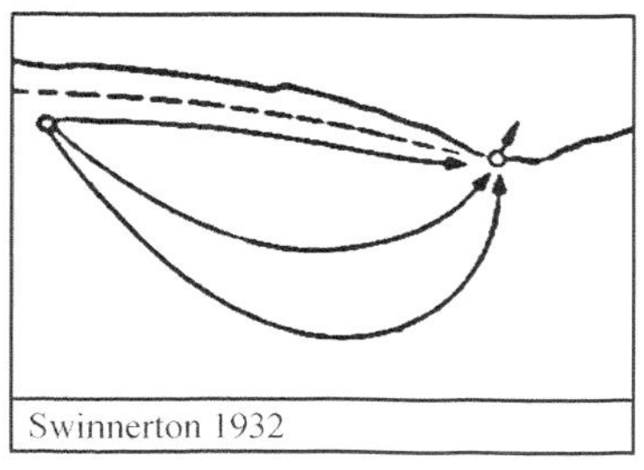

图 5-4　Davis（1930）和 Swinnerton（1932）理论中关于地下水运移的比较

岩溶区地下水根据其与地表水位及流动性质，可以大致分为渗流带（vadose zone）、季节变动带（seasonal fluctuation zone）、浅潜流带（phreatic zone）和深潜流带（深饱水带）。渗流带高于地表的洪水水位，地下水常年以向下运动为主；季节变动带在洪水期以水平运动为主，而在其他季节以向下运动为主。浅潜流带的地下水位一般低于地表枯水期水位，地下水补给地表河流；而深潜流带的水位则低于地表水水位，长年近水平流动为主，与地表河之间不发生直接联系（图 5-5）。

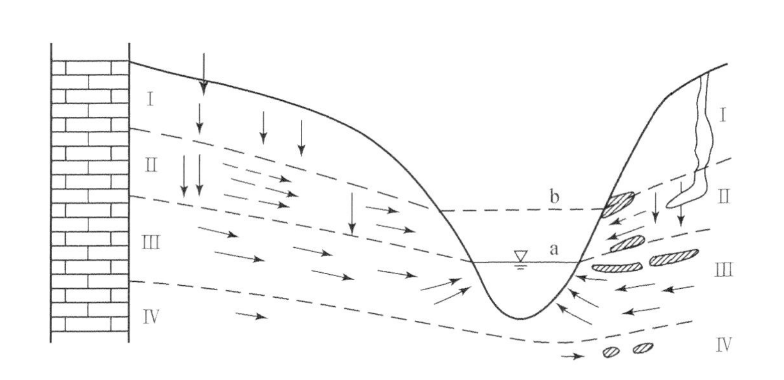

图 5-5　地下水分带示意图

照片 5-9　竖井图

在不同的地下水带由于水的运动及其与岩层的相互作用，可以形成不同的洞穴形态，例如在渗流带，由于地下水以向下运动为主，则易形成垂直性的竖井（照片5-9）。竖井是一种垂向深井状的通道。深度由数十米至数百米。因地下水位下降，渗流带增厚，由落水洞进一步向下发育或洞穴顶板塌陷而成。底部有水的，叫天然井、岩溶井、溶井或天坑等。

季节变动带的水位随季节不同而发生上下变动，形成的主要溶蚀形态有边槽（notch）(照片5-10）和贝窝（scallop）。边槽是在洞壁上或可溶岩岩壁上近于水平的溶沟。边槽常有上下数层，系地表水或地下水溶蚀的结果。反映了过去和目前的水位。另外，形态类似边槽而延伸短，中部深入侧壁，两端沿洞壁尖灭的弧形槽，称为蚀龛，系曲流作用造成。

照片5-10　边槽

贝窝是由紊流水的溶蚀和侵蚀作用，在洞壁（或洞外岩壁）上形成的一种波状凹入的形态。流痕常成群出现。其剖面不对称，迎水面缓而较长，背水面陡而较短，故可用以确定形成时水流流向，流痕的波长由1～2cm至大于1m。其大小与水的流速成反比。英国洞穴工作者称流痕为贝窝。目前国内有人按波长由小到大把流痕分为流纹、波痕、贝窝几种类型，只把发育比较成熟的波痕才称为贝窝，但国外却通常使用flute，scallop等词，没有更详细的分类。根据贝窝波长，可计算洞穴古流速

$$V = \mathrm{Re} \cdot K/L$$

式中，Re为雷诺指数，据洞穴直径（D）和贝窝波长（L）关系查图5-6曲线可得。

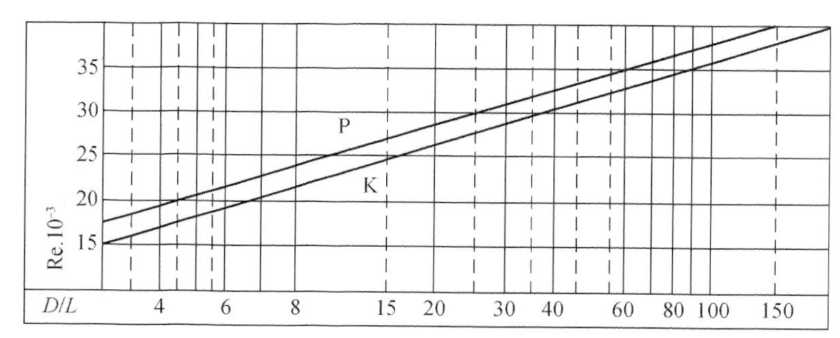

图5-6　Re同D/L关系曲线（据Curl，1974）（曲线P适用于矩形断面洞穴，曲线K适用于圆形断面洞穴）

K为水的黏滞系数，与温度有关，见表5-1。

表5-1　水的黏滞系数K与温度关系表

温度	0℃	5℃	10℃	15℃	20℃	25℃	30℃
K	0.0179	0.0152	0.0131	0.0114	0.01	0.009	0.008

潜流带洞（照片5-11）：饱水带内地下水面附近发育的溶洞，有的学者指出了此类洞穴有迷宫式展布，层面网状溶沟，洞顶悬吊岩和溶痕等特征。当地壳上升，河流下切，地

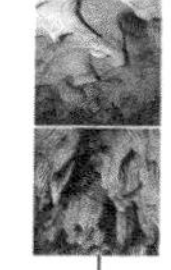

下水面下降，洞穴脱离地下水位，就形成了干溶洞。这时洞内有各种碳酸钙的化学沉积物。

照片 5-11　潜流带洞

悬吊岩（rock pendant）（照片 5-12）：洞穴内位于洞顶或洞壁的母岩突出物。有的状如钟乳，可称其为钟乳状吊岩。洞顶悬吊岩多形成于洞穴发育的饱水带阶段。而洞壁悬吊岩，则常在洞穴的包气带阶段形成。

照片 5-12　饱水带洞穴发育的洞顶悬吊岩

在潜流带内，由于地下水位的上下波动，有时会在地下洞穴顶部形成空隙，由于空气受地下水位波动的挤压作用而具有侵蚀能力，形成天锅（照片 4-5）。同时，地下水位的下降还可以形成钥孔（key hole）（照片 4-6）等洞穴形态。

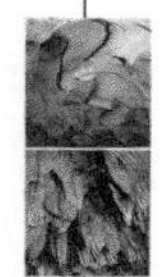

四、洞穴沉积物

洞穴内可以形成各种各样的沉积物或堆积物，整体而言可以概括为三大类，分别是冲积物、崩塌堆积物以及洞穴次生碳酸钙（speleothem）。

1. 冲积物

冲积物是由于地下河流冲积形成的河流相沉积物或者由于洞外河流、洪水等带入洞穴中而沉积下来的物质。在洞穴中经常可以看见淤泥质沉积物或砾石沉积，都属于洪水性质的沉积或河流相的沉积。

2. 崩塌堆积物

洞穴的发育具有阶段性，在洞穴发育的初期以溶蚀作用为主，而在后期，以地下河的流水冲蚀和岩层的重力崩塌作用为主要营力。在许多较老的洞穴中，大型的崩塌岩石在洞内随处可见，形成巨大的砾石堆积，直径可达数米（照片5-13）。

照片5-13　崩塌堆积物

3. 洞穴次生碳酸钙

洞穴次生碳酸钙包括滴石、流石和非重力水沉积，是洞穴水通过CO_2脱气形成，沉淀出$CaCO_3$而形成的各种堆积物，是岩溶洞穴旅游资源的最重要景观资源。

滴石（dripstone）：由洞中滴水形成的方解石及其他矿物沉积。滴石可以形成各种形态，具有代表性的有钟乳石、石笋 、石柱（照片5-14）、蝴蝶石（照片5-15）等。

流石是由洞内流水（包括间歇性流水）所形成的方解石及其他矿物沉积（照片5-16）。由于基底形态、水流状态不同，可形成各种形态，其具代表性的有边石、石幔、石旗、钙板等。

照片5-14　洞穴石柱

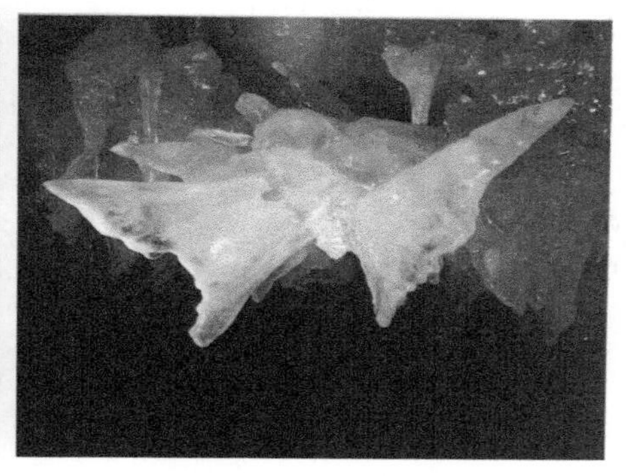

照片5-15　洞穴蝴蝶石

非重力水沉积是由于洞穴水的毛细作用或蒸发作用的而形成的各种沉积物。这些沉积物通常形态万千，精致异常。如照片5-17所示。

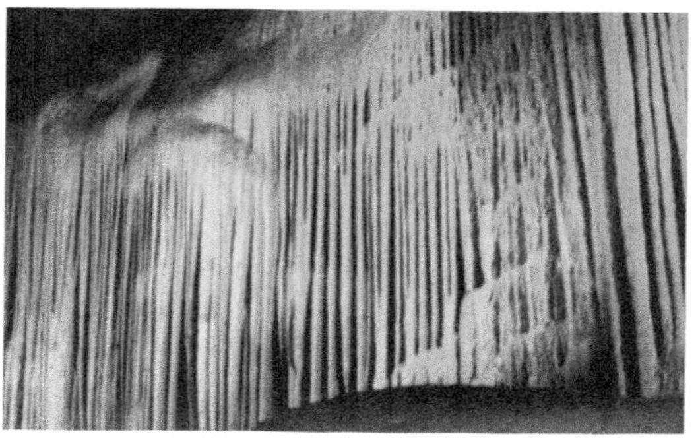

照片 5-16 洞穴流石类沉积物（左为边石坝，右为石幔）

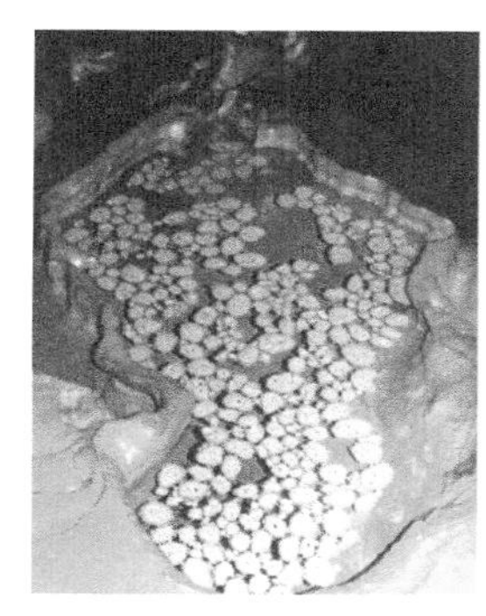

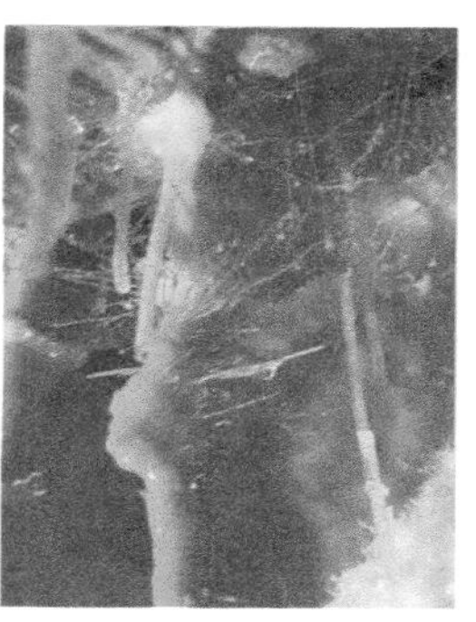

照片 5-17 洞穴非重力沉积［从左至右：筏（Floating calcite raft，巴西 Angelica 洞穴），美国 Montana Big Horn 洞的石膏花，奥地利 Carinthia 洞的孔雀石，法国 d'Ornac 洞的丝状石枝］

五、世界上最长和最深的洞穴

岩溶地区在世界各地广泛分布，各个地区由于不同的岩层特征、不同的气候条件以及不同的构造运动，塑造了不同规模的岩溶洞穴系统。本书初步统计了世界上最深和最长的洞穴（表 5-2，表 5-3）和中国的一些大型洞穴系统（表 5-4）。

表 5-2 世界上最深的洞穴（前 20 名）

序号	洞穴名称	国家	深度/m	长度/m
1	Krubera（Voronja）Cave	格鲁吉亚	2197.0	16058
2	Sarma	格鲁吉亚	1830.0	6370
3	Illyuzia-Mezhonnogo-Snezhnaya	格鲁吉亚	1753.0	24080
4	Lamprechtsofen Vogelschacht Weg Schacht	奥地利	1632.0	51000
5	Gouffre Mirolda / Lucien Bouclier	法国	1626.0	13000
6	Reseau Jean Bernard	法国	1602.0	20536
7	Torca del Cerro del Cuevon（T. 33）-Torca de las Saxifragas	西班牙	1589.0	7060
8	Sistema Huautla	墨西哥	1554.0	71412
9	Shakta Vjacheslav Pantjukhina	格鲁吉亚	1508.0	5530
10	Sima de la Cornisa -Torca Magali	西班牙	1507.0	6445
11	Cehi 2	斯洛文尼亚	1502.0	5536

续表

序号	洞穴名称	国家	深度/m	长度/m
12	Sistema Cheve (Cuicateco)	墨西哥	1484.0	26194
13	Sima de las Puertas de Illaminako Ateeneko Leizea (BU. 56)	西班牙	1448.0	14500
14	Sistema del Trave	西班牙	1441.0	9167
15	Sustav Lukina jama -Trojama (Manual II)	克罗地亚	1431.0	1078
16	Evren Gunay Dudeni (Mehmet Ali Ozel Sinkhole) Peynirlikonu EGMA	土耳其	1429.0	3118
17	Boj-Bulok	乌兹别克斯坦	1415.0	14270
18	Gouffre de la Pierre Saint Martin -gouffre des Partages	法国/西班牙	1408.0	80200
19	Kuzgun Cave (Ravens Sinkhole)	土耳其	1400.0	3187
20	Hochscharten-Hohlensystem	奥地利	1394.0	14668

(数据来源：http：//www.caverbob.com，截止日期2015年10月)

表5-3　世界上最长的洞穴（前20名）

序号	洞穴名称	国家	长度/m	深度/m
1	Mammoth Cave System (N. P.) *	美国	651784	124.1
2	Sistema Sac Actun (Nohoch Nah Chich, Aktun Hu) (Underwater+Dry)	墨西哥	335230	101.2
3	Jewel Cave (N. M.)	美国	281635	203.8
4	Sistema Ox Bel Ha (Under Water)	墨西哥	257146	34.7
5	Optymistychna	乌克兰	236000	15.0
6	Wind Cave (N. P.)	美国	229734	193.9
7	Lechuguilla Cave (C. C. N. P.)	美国	222572	488.9
8	The Clearwater System (Gua Air Jernih)	马来西亚	207064	355.1
9	Fisher Ridge Cave System	美国	200482	108.5
10	Hoelloch	瑞士	200421	938.6
11	ShuangheDongqun (双河洞群)	中国	161788	584.0
12	Siebenhengste–hohgantHoehlensystem	瑞士	157000	1340.0
13	Schoenberg–Hohlensystem (RaucherkarHoehle–Feuertal–hoehlensystem)	奥地利	143000	1061.0
14	Sistema del Mortillano	西班牙	137000	950.0
15	Ozerna (Gypsum)	乌克兰	127779	35.0
16	Sistema del Alto Tejuelo	西班牙	127089	611.0
17	Bullita Cave System (Burke′s Back Yard)	澳大利亚	120400	23.0
18	Systeme de OjoGuarena	西班牙	110000	193.0
19	Sistema del Gandara	西班牙	108670	814.0
20	Toca da Boa Vista	巴西	107000	50.0

(数据来源：http：//www.caverbob.com，截止日期2015年10月；*数据来源于Mammoth Cave National Park)

表5-4　中国洞穴系统长度前12位

序号	洞穴名称	位置	长度/m
1	双河洞群	贵州绥阳	161788
2	三王洞	重庆武隆	67825
3	腾龙洞	湖北利川	52800
4	二王洞	重庆武隆	42139

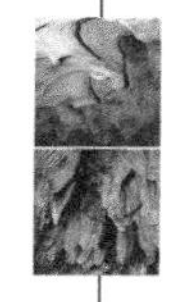

续表

序号	洞穴名称	位置	长度/m
5	江洲洞穴系统	广西凤山	38500
6	天星洞穴系统	重庆武隆	35479
7	麻湾洞	贵州正安	34657
8	白水洞系统	贵州江口	22450
9	灵山洞	贵州正安	19301
10	飞虎洞	湖南龙山	19000
11	犀牛洞	贵州安龙	17600
12	多缤洞	贵州修文/息烽	17210

（数据来源：http：//www. caverbob. com，截止日期2015年10月）

第三节　洞穴资源

洞穴既是岩溶环境系统的重要组成部分，又是一种重要的自然资源。在岩溶地区，水资源和矿产资源往往在岩溶洞穴中富集，地下洞穴环境又存在大量特殊的生物群落，同时洞穴中的一些次生沉积物也蕴含了丰富的古环境信息，它们都具有极高的科学研究价值。此外，美丽而奇特的岩溶洞穴系统也是岩溶地区独特的旅游资源，合理的利用开发有利于促进当地经济发展，改善人民生活。

一、洞穴水资源

岩溶地下水的一个最突出的特征就是以管道流为主，而洞穴本身也是岩溶管道，因此岩溶区的各种洞穴成为岩溶地下水资源重要的赋存场所。据初步统计，岩溶水天然资源2039. 67m^3/a，占地下水资源量的1/4，因此中国岩溶水在城市和工业基地供水中占有重要地位。

中国北方岩溶含水介质系统是在质纯碳酸盐岩连续巨厚沉积并以构造断块为主要形式的稳定地台区形成的大型岩溶裂隙网络介质系统，仅在一些岩溶大泉的排泄口附近存在溶洞及岩溶管道。中国南方系多层组合结构的碳酸盐岩，受褶皱和断裂作用形成以中、小型为主的裂隙-溶隙、溶隙-管道多重介质组合的岩溶含水介质系统。中国南、北方典型岩溶含水介质模式如图5-7所示。中国南、北方岩溶含水介质系统的结构差异及不同的地质、气候特征决定了其岩溶水文系统的结构、功能有着截然不同的特点。

南方洞穴水资源赋存形式主要以地下河为主。地下河的规模不一，长度几百米到数十公里。汇水面积几平方公里到1000km^2以上。地下河的形成发育的过程和洞穴的发育过程往往一致，受构造抬升影响，洞穴可在不同的海拔上分布，多有化石洞穴分布，且洞穴内部多成层性。而北方洞穴水资源量不大，主要以一些岩溶泉的形式出露，但地下也多发育岩溶管道。

数据表明，岩溶区洞穴蕴藏着丰富的水资源，对解决岩溶区人民生活缺水改善人民生活有着极其重要的意义。但是，由于岩溶区经济水平以及岩溶水资源开发技术的限制，洞穴水资源的开发利用量相当有限。所以，发展适宜的资源开发技术，合理开发利用洞穴水资源是解决岩溶区生产生活用水的重要途径。

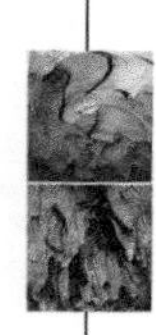

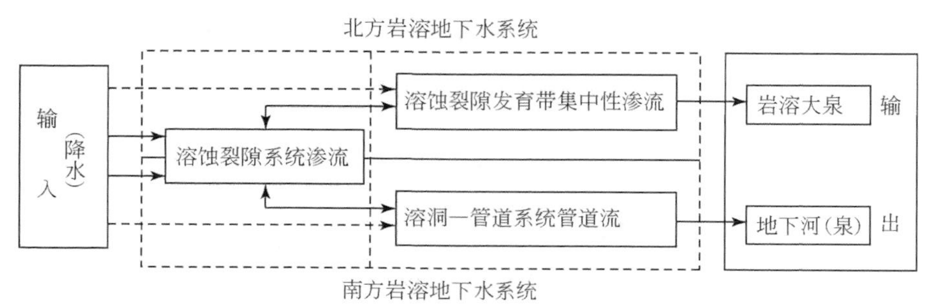

图 5-7　中国南北方岩溶地下水系统含水介质概念模型与地下水循环模式

二、洞穴矿产资源

洞穴发育的基础——可溶岩（碳酸盐岩、石膏、岩盐、芒硝等）本身就是一种重要的矿产资源，同时还有与岩溶作用有关的一些金属、非金属矿床。它们有以岩溶作用为主导成矿的，也有的只是由岩溶作用提供储矿空间，与岩溶作用并无直接的成因关系。已经描述的岩溶矿产有 157 种，包括各种盐类：碳酸盐矿物 10 种、卤素盐矿物 4 种、硝酸盐矿物 6 种、氧化/氢氧化物 16 种、磷酸盐矿物 36 种、硅酸盐矿物 11 种、硫酸盐矿物 10 种、其他（与矿产有关矿物）58 种以及有机物矿物 6 种。其中主要矿产种类有铅、锌、锑、汞、铁、铝、锡、锰、金、铀、铜、雄黄、高岭石、耐火黏土、磷、水晶、重晶石、萤石、冰洲石、滑石及石油、天然气等。主要分布在岩溶发育地区，如广西、云南、贵州、

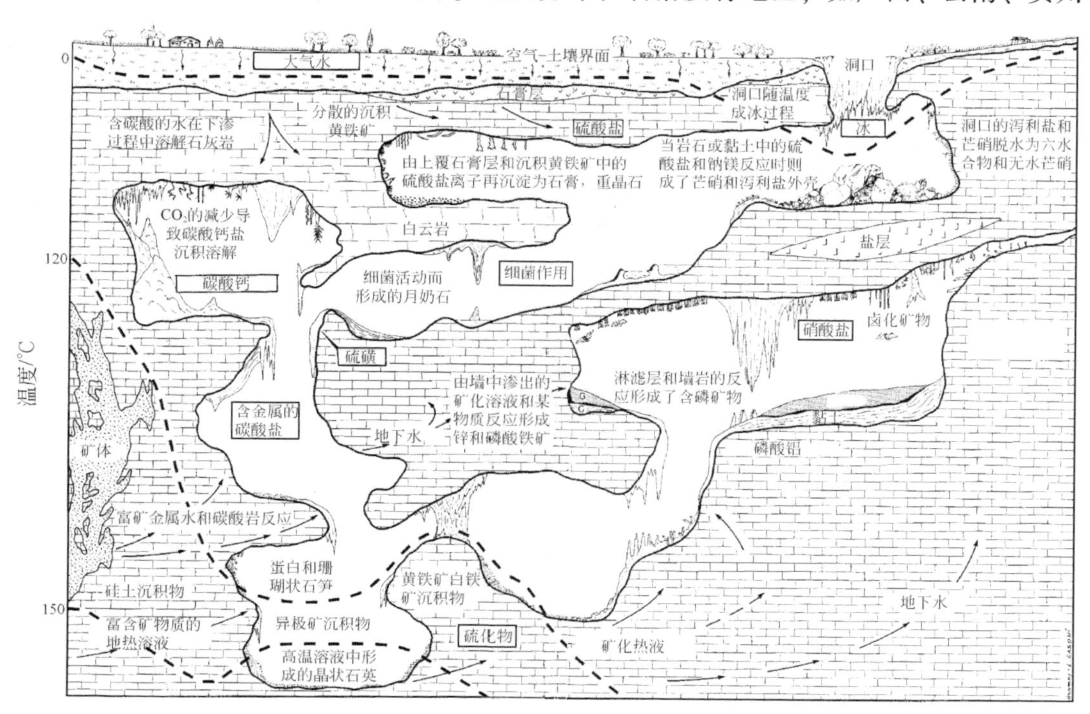

图 5-8　各类洞穴矿物成因模式

四川、湖南、湖北、河南、山东、广东、山西、陕西、安徽、江苏等省区。大地构造位置主要分布在相对稳定的地块，如华南准地块、扬子地块、华北地块。矿床产出的层位以古生代的碳酸盐岩为主，其次是产出于元古代及中生代的碳酸盐岩。

照片 5-18　贵州铜仁某洞穴中热液方解石晶簇

岩溶洞穴在不同的部位生成的矿物具有不同的生成模式（图 5-8）。在浅部低温并且干燥条件下，生成硫酸盐、硝酸盐、卤素盐等矿物如石膏、芒硝等；洞穴中含碳酸盐的地下水 CO_2脱气作用可形成不溶的如方解石一类的碳酸盐矿物；当洞穴中生活有大量鸟类或蝙蝠时，鸟粪与洞穴围岩作用可形成磷酸盐矿物；洞穴中的微生物作用也会形成氧化锰、月奶石以及结晶硫等矿物；此外洞穴热液也能形成水晶、硫化矿物、方解石（120 ~ 150℃，照片 5-18）等多种矿物，甚至能形成石笋等沉积物（照片 5-19）。有些矿物也以洞穴空间作为储存空间。如我国华北平原下的一些古潜山油气矿产。油气主要来源于上覆厚达数千米的古近系—新近系湖相生油岩层。油气因受上覆岩层静压力的作用而向下运移，储集于下伏的下古生界碳酸盐岩层中古潜山岩溶洞穴，形成“新生古储”与岩溶有关的洞穴储集矿床。

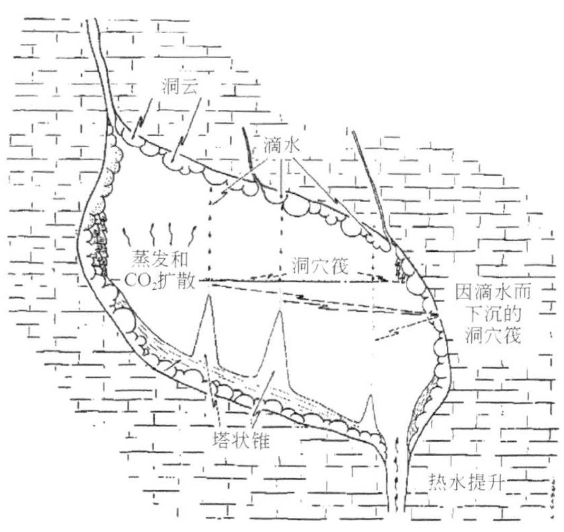

照片 5-19　热液形成的洞穴石笋及成因图（意大利 Guisti 洞）

三、旅游资源

由于岩溶区发育的洞穴类型众多，景观造型丰富，结构复杂，洞穴规模差别大、水旱洞穴兼备而且洞穴沉积物种类多样、形态丰富，因此在洞穴中开展科学研究、猎奇探险、旅游观赏以及特殊的医疗保健和科普教育等多种活动都具有优越的条件。

中国具有丰富的洞穴旅游资源和历史传统，中国以洞穴作旅游已有1000多年历史，已开发旅游洞穴217个。《山海经》、《楚辞》、《庄子》等著作中就有古人对洞穴的探险和研究的记载。汉代司马迁探测过洞穴；公元3世纪三国时期吴国就有探测太湖地区洞穴的记载；而吴人顾启期《娄地记》中详细记载了洞穴水文以及钙华等沉积现象，并提出了“鹅管”的名称和成因；晋人张勃《吴录·地理志》中记载了广西安始（今桂林）的许多洞穴。而最为系统的研究记载为明代徐霞客所著的《徐霞客游记》，其中记载了包括岩溶洞穴在内的众多岩溶地貌，并实地调查了众多洞穴。

从以上资料中可以看出，自古以来中国人都很重视岩溶洞穴的旅游资源。近现代以来特别是改革开放以来，全国各地洞穴旅游资源的开发方兴未艾，全国共有大大小小的旅游洞穴217个，遍布全国各个省市，尤其以西南八省区市为最。而洞穴中千姿百态、鬼斧神工的自然景观也各有特色，不同的洞穴有不同的开发看点吸引眼球。如重庆雪玉洞以白、沉积快而闻名，美国卡尔斯巴德洞以硫酸盐岩溶蚀和沉积而闻名，而举世闻名的美国猛犸洞因其为世界上最长的洞穴吸引着世界各地的游客。总体来看，对于洞穴旅游资源大体可以分为以下3个类型。

（1）考古陈列型：如周口店猿人洞遗址，把发掘的成果向公众展示，进行科普宣传和交流。这类洞穴还有柳州白莲洞、广东马坝人遗址等。

（2）美学观赏型：各类洞穴沉积物丰富多彩。如贵州织金洞，重庆芙蓉洞、雪玉洞，北京石花洞等。

（3）水洞型：许多洞穴地下河被辟为水上泛舟游览场所，如辽宁本溪水洞、云南泸西阿庐古洞等。

四、洞穴古生物以及洞穴壁画

洞穴是天然的庇护所，从远古开始，原始人类和史前动物都栖身于天然洞穴中以躲避寒冷和天敌捕食，因此古老的洞穴中留下了大量的洞穴古生物化石和原始人类活动的痕迹如壁画、骨器、石器等。

在一些洞穴中也发现了第四纪大熊猫—剑齿象动物群化石，包括大熊猫、剑齿象、鬣羚、鹿、猪等（图5-9）。在北京周口店的猿人洞中发现了北京人的头盖骨（照片5-20），在南非一个洞穴中发现了南方古猿的化石，在广东韶关狮子岩发现了马坝人化石，而在广西柳州巨猿洞则发现了巨猿的化石。一些洞穴中也有早期人类的壁画、火堆等文明遗迹（照片5-21）。洞穴中保留的大量远古时代的动物生命遗迹和原始人类文明遗迹，对于研究地球气候和生命演化，人类文明发展历程有着不可忽视的重要意义。

五、洞穴古环境信息

由于近现代以来化石燃料能源的大量开采利用，以及人类活动对自然环境的破坏，大气中温室气体升高，地球气候环境急剧变化，全球变化已经成当前科学研究的前沿和热点。在岩溶学领域，通过解读如石笋、钙华、鹅管、洞穴堆积物等洞穴沉积物中蕴含的古环境信息，掌握过去气候变化的过程和机制，为现代以及将来气候环境的变迁提供基础是

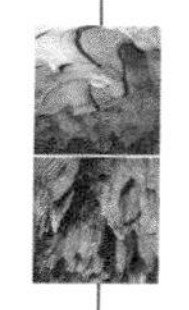

当前国际岩溶科学的研究热点。例如，取自贵州茂兰董哥洞一根 2.1m 高的石笋，利用 U 系法测年和以氧同位素作为气候变化代用指标，以 620 年的分辨率记录了倒数第二次冰期-间冰期的变化过程（图 5-10）。在一些洞穴形成后，又受到后期的各种自然活动，如地震、火山爆发、洪水等以及后期的矿物沉积过程的破坏和改造后又形成新的洞穴形态或沉积物，这也可作为古环境恢复的一种信息。如澳大利亚 Gorringe 洞的次生沉积物就受到后期石膏沉积的破坏，而形成了新的洞穴沉积物形态（照片 5-22）。关于洞穴沉积物在全球变化研究中的成果将在第八章作详细介绍。

图 5-9　大熊猫—剑齿象动物群化石

照片 5-20　北京周口店猿人洞

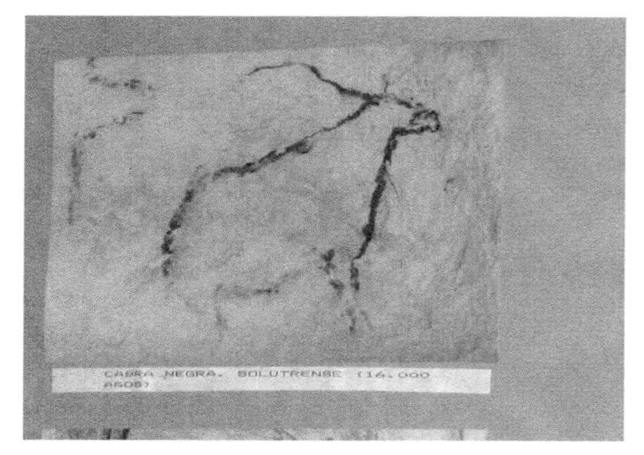

照片 5-21　洞穴壁画

照片 5-22　澳大利亚 Gorringe 洞的次生沉积物受到后期石膏沉积破坏

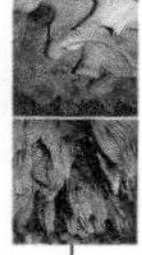

洞穴的这些资源是经历了相当长时间形成的不可再生资源，如今面临着被大量破坏的尴尬境地。不合理的洞穴旅游开发、不科学的研究采样以及当地人的滥采乱挖都造成了大量洞穴沉积物的毁坏，这些行为需要得到高度重视，并采取必要的措施加以保护。

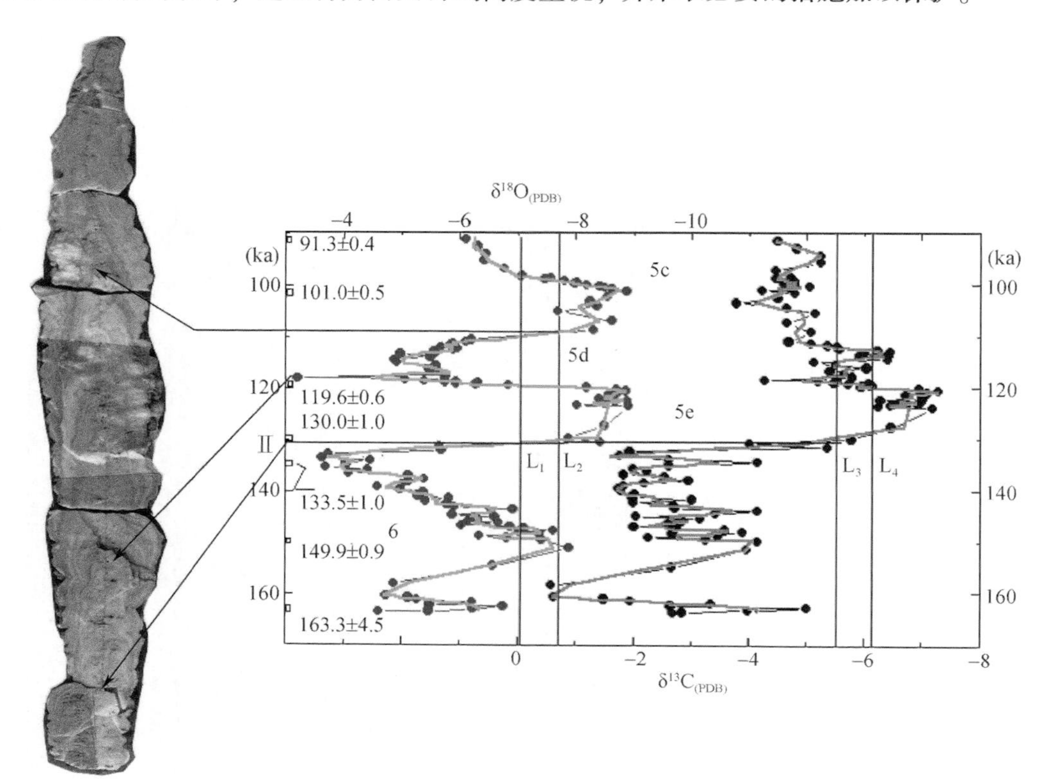

图 5-10　贵州荔波董哥洞石笋记录的倒数第二次冰期–间冰期的变化过程

第四节　洞穴环境与生态系统

一、洞穴环境与生态系统

（一）洞穴环境

洞穴是一种开放的脆弱的环境系统，洞穴环境受到洞内、洞外多种自然和人类活动因素影响（图 5-11）。洞外的降水、土壤、植被、大气、耕作以及其他人类活动，如采矿等都会对洞穴环境产生影响。

洞穴本身的 CO_2 含量、空气流通状况和洞穴中生活的鸟类、蝙蝠或其他动物以及微生物的活动也会对洞穴环境产生不同程度的影响。以法国南部圣克沙林洞为例（图 5-12），洞中的 CO_2 含量随洞穴深度增加而迅速提高，洞口 50m 以下 CO_2 含量为洞口的几十倍。而对于多洞口的洞穴，由于存在烟囱效应，洞穴中不同部位通风状况不同，洞穴环境有很大差异。在图 5-13 所示的洞穴中，

$$P_{外} = P_U + d_{外} \times g \times h$$
$$P_{内} = P_U + d_{内} \times g \times h$$

式中，P_U 为 U 处空气压力；d 为空气密度；g 为重力加速度。

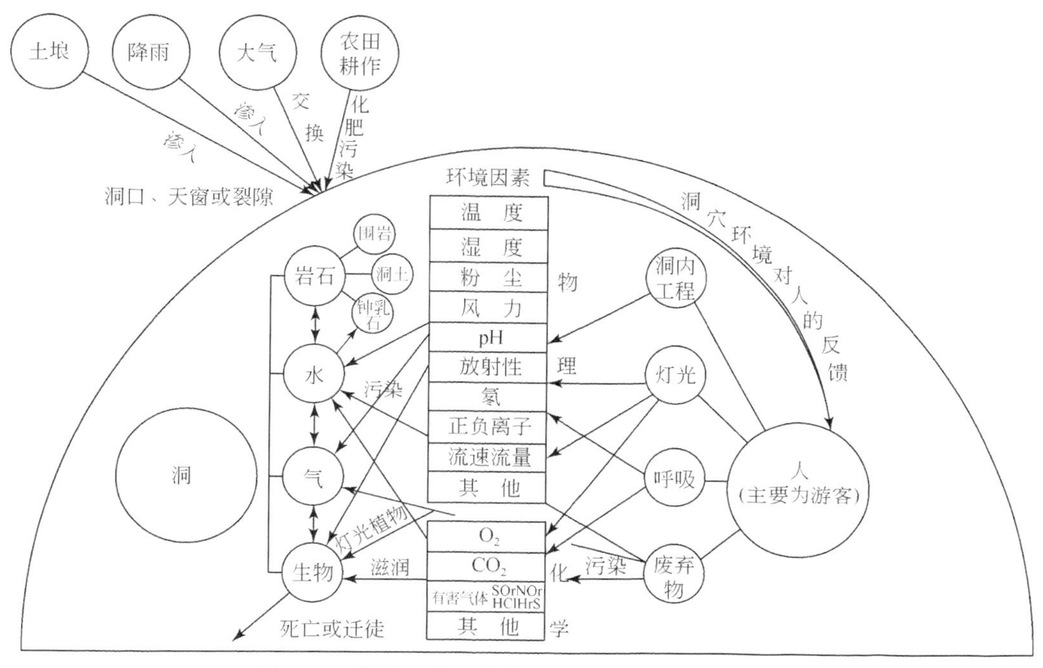

图 5-11　洞穴环境系统结构框图（汪训一，1988）

因此，冬天时 $d_{内}<d_{外}$，洞穴中的空气从低口流向高口；夏天时 $d_{内}>d_{外}$，洞穴中的空气高口流向低口。

而洞内的人类活动——包括设置的灯光、游客呼吸以及遗弃的废弃物对洞穴环境产生的影响更为严重。对于旅游洞穴而言，每一位旅游者进洞，可产生 70W/h 能量，50g/h 蒸汽，20L/h CO_2。此外，洞穴开发过程中设置的照明设施还会改变洞内的光照条件，改变洞内动植物的种类和数量，生长大量灯光植物（照片 5-23）。

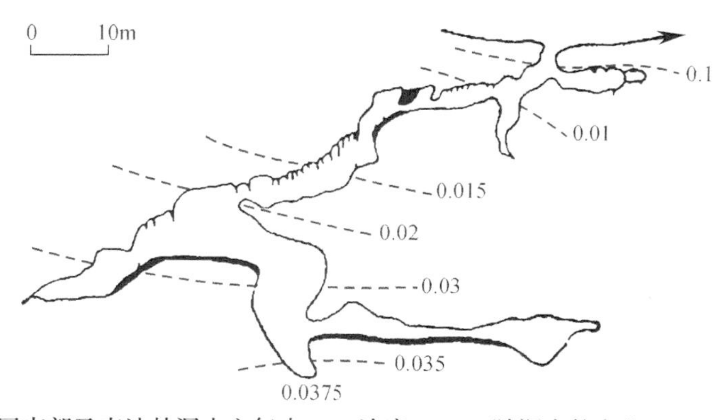

图 5-12　法国南部圣克沙林洞内空气中 CO_2 浓度（%）随深度的变化（Bakalowicz，1979）

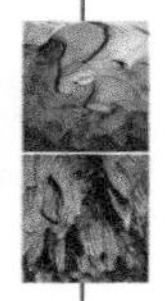

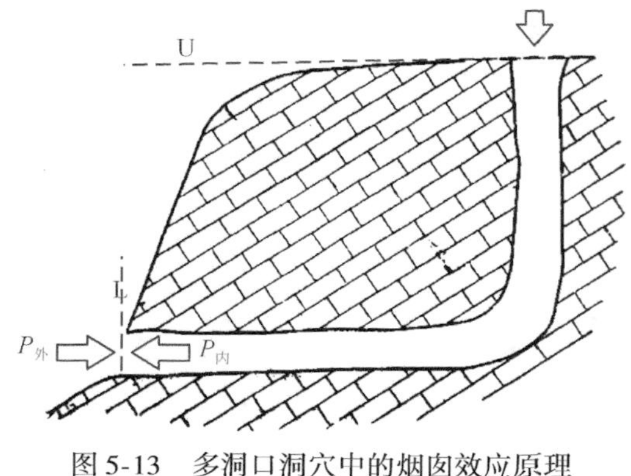

图 5-13　多洞口洞穴中的烟囱效应原理

照片 5-23　洞内灯光植物

（二）洞穴生态系统特征

洞穴是一个相对贫瘠、无阳光、相对恒温并且具有较高湿度的开放环境。洞穴中的生物在适应洞穴环境的过程中形成了独特的洞穴生态系统，而生活于其中的生物也进化出了独特的生物特征。同时它也是环境急剧变化时某些动物的临时避难所，很多动物就在那里完成了生命进化的整个过程，并可形成一些特殊的生理现象。按照光照洞穴可以分为强光带、弱光带和无光带，而生活在洞穴深部无光带的生物由于缺乏光照就出现了色素退化、眼睛退化而触角变长的生理特征（照片 5-24）。大部分喀斯特洞穴有不断从洞顶或洞壁下渗的水，使得洞穴内具有较高的湿度，一般都大于 85%。洞穴内大部分动物的外壳很薄，如果把它们放在一个干燥的环境里，它们的外壳很快就会干皱并死亡。洞穴地下河或伏流为鱼类等水生动物提供了生存环境。

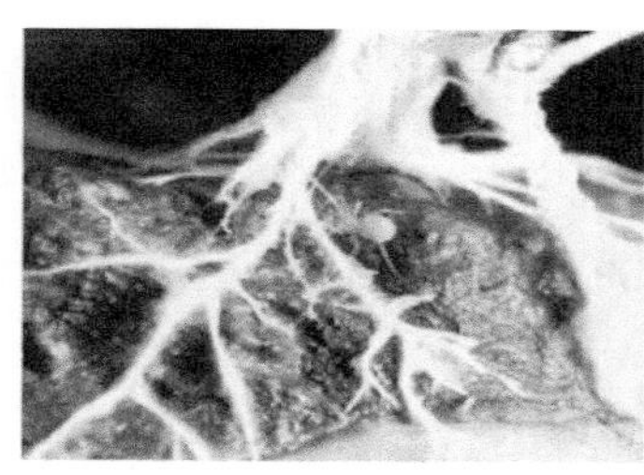
色素退化

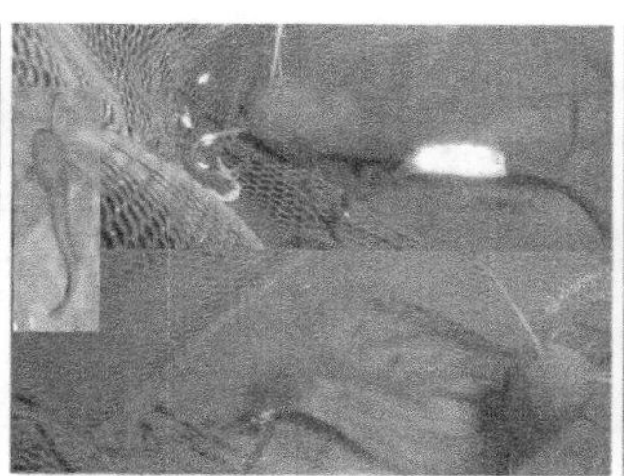
眼睛退化

长触角

照片 5-24　洞穴生物特征

洞穴内的温度较为恒定，变化幅度较小，对动物来说是一个有利因素。因此它们节约了通过改变体温来适应环境的能量。另外，洞内无光使洞内的绿色植物匮乏，水体溶解氧低于地表，因此洞穴中的水生生物的进食量和消化速度都不及地表同类生物，其寿命也比地表生物长。而洞穴生物的生命过程使它们在有机质较少的情况下也能生存下去。

洞穴是一个相对贫瘠的环境，对于洞穴中的生物而言可以利用的有机质相当少，而又由于缺乏阳光，不能进行光合作用，因此能够提供能量的微生物是洞穴中生态系统的基础。在无阳光条件下，以化学自养细菌为基础，为其他异养生物提供能量来源，形成生命循环；而在洞口强光和弱光带，通常有鸟类、蝙蝠等动物的存在，其粪便中生活大量的微生物，他们分解粪便中的有机质为其他生物提供能量来源构成生态链。

二、洞穴动物

洞穴中的动物根据其在洞穴中生活的时间可以分为全穴居动物（troglobites）、半穴居动物（troglophiles）和洞栖动物（trogloxenes）。全穴居动物仅在洞穴或类似地下环境中生存，生活在洞穴的黑暗地带，并在洞穴内完成其生命周期，它们的体色透明，眼睛退化，如洞穴中的盲鱼、蟋蟀、洞穴摇蚊等。半穴居动物一般居住在全黑带，能在洞内完成生命循环，但相同的种也可在洞外生存，如蚯蚓、蝾螈，这些动物的体色没有多大改变。洞栖动物不在洞穴内完成其生命周期，偶尔进洞生活一段时间，利用洞穴作为越冬、避灾的良好场所，如蝙蝠、蛇、熊、鱼等，这些动物往往栖息在洞穴入口的弱光带。

喀斯特洞穴生物群中的每一种生物都不是孤立的，它们彼此之间存在着直接或间接的食物关系。这种联系构成了食物链，多条食物链构成了食物网，每一种生物都是这个网上的一个结（图5-14）。除洞口及弱光带外，洞穴内均得不到阳光，不能进行光合作用，来自洞外的有机质数量也相当少，而洞内本身存在的自养型微生物数量和种类都很有限，因此洞穴生态系统处于一个低水平的平衡状态下。同地表生态系统相比，洞穴内的物质能量循环近于封闭，在这个系统中每一有机体以其他有机体为食，同时又成为其他有机体的食物。根据生态系统中物质和能量的金字塔递减规律，食物链中能量传递不完全有效，由于具有恒温性和封闭性，洞穴环境显示了比其他环境要高的能量传递效率。

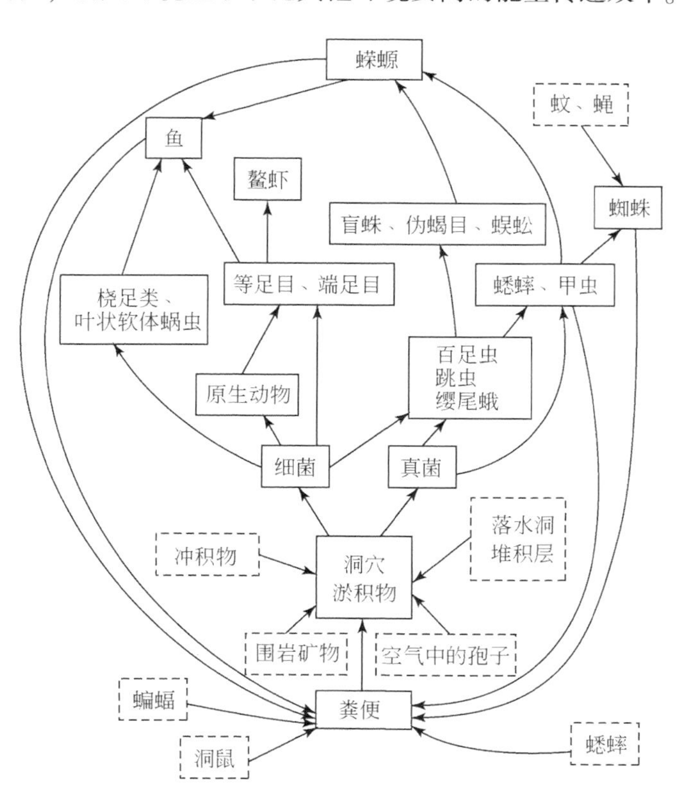

图5-14　洞穴食物链（Moore，1978）虚框中为来自洞外的成分，箭头表示能量转移方向

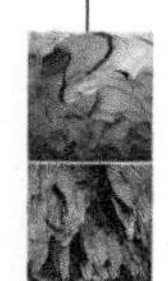

第五节 洞穴研究、探测与保护

一、洞穴研究

从前面几节所讲内容可看出，洞穴研究内容十分广泛。从历届国际洞穴学大会所提交的论文看，大致有以下 8 个主要方面：洞穴成因和形态、区域洞穴学、洞穴水文学和气象学、洞穴矿物学和矿床学、洞穴生物学、洞穴古生物学和考古学、应用洞穴学、洞穴探查技术。

其中区域洞穴学又包括不同自然条件下洞穴（热带、高山、滨海、极地等）发育特征和探查；应用洞穴学包括洞穴旅游开发、洞穴知识的普及教育、洞穴矿业、洞穴医疗以及洞穴保护等；而洞穴探查技术包括探洞、测绘制图、摄影、急救、心理。

二、洞穴探查技术

洞穴探查是洞穴研究的基础。古代徐霞客在其书中记载的洞穴探险技术包括梯、木、绳、树组合、手攀足蹬石、反攀倒跻、手撑足支、木筏、赤身伏水、伏地蛇行（管道）、臂绷足撑（深井）、撑隙支空等洞穴探险和攀登的方法。现代洞穴探险中业余爱好者和洞穴学家结合，组建洞穴探险俱乐部，获得了许多新发现，也促使洞穴探查技术有了很大的发展。

首先，进行洞穴探险必须保证探险者的安全，因此洞穴安全技术——包括探险器材和探险者的个人技术都有进展。现代探险不再是火把麻绳，而发明出了安全照明、攀登锚定、潜水吸氧等方便可靠的设备（图 5-15）。标准化的单绳技术（SRT——single rope technique）和软梯上下的应用（图 5-16），也使得探险者可以更安全地进入洞穴的最深处，获得第一手资料。

此外，洞穴测量制图也有标准化的方法。应用现代罗盘和量角器对洞穴中的各个空间逐点测量（图 5-17），最后应用数学方法和计算机软件进行计算获得洞穴三相图，即平面、侧面和剖面图（图 5-18）。

三、洞穴保护

风景奇异的洞穴是岩溶地区主要的旅游资源之一，合理开发利用旅游洞穴对于改善岩溶区人民生活水平，促进岩溶区社会和谐发展十分有利。但是，岩溶区尤其是岩溶洞穴是十分脆弱的生态环境，因此，洞穴地区的旅游开发需要进行系统科学的规划。将洞穴资源及附近地区矿产、土地、水、森林资源作为一个相互关联的整体进行全面考查、评价、规划。从而最大限度的保护洞穴的地质地貌和生态环境。

（一）旅游洞穴科学开发设计

洞穴内的美学、生物资源是在特定的无光、相对恒温、较高湿度、低噪声、低粉尘、

空气流动较慢的条件下形成。因此，在进行旅游开发时需要综合考虑道路、灯光、洞穴CO_2、温度和湿度等管理，把旅游对洞穴的影响降到最低。

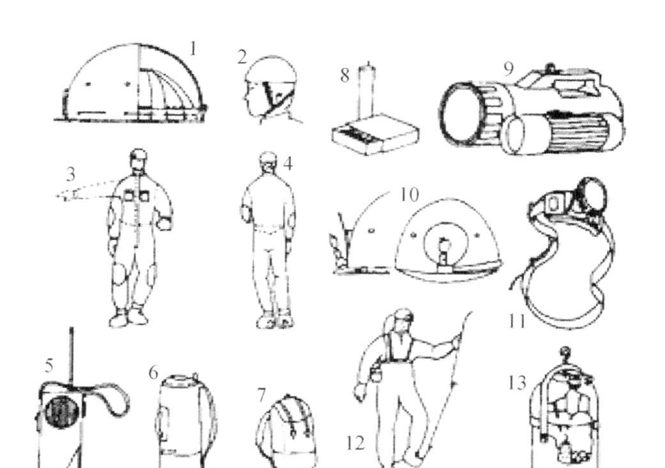

个人装备及照明设备

(引自《洞穴探险》一书)

1、2.头盔；3、4.探洞服；5.对讲机(联络用)；6.绳袋；7.背包；8.火柴与蜡烛；9.手电筒；10.头盔上的电石灯；11.用于头盔上的电池灯；12.带电石罐的安装；13.电石罐(乙炔发生器)

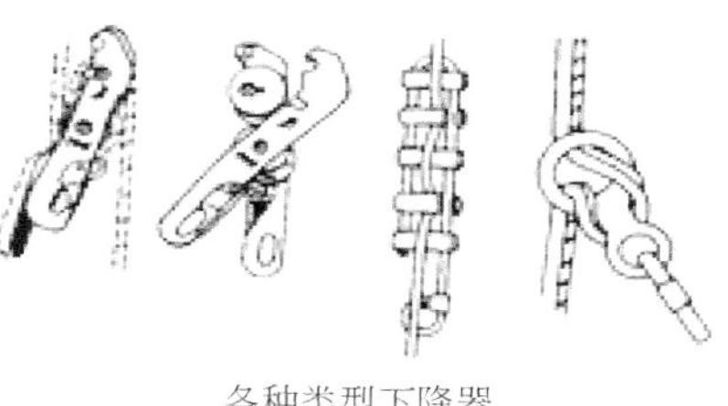

各种类型下降器

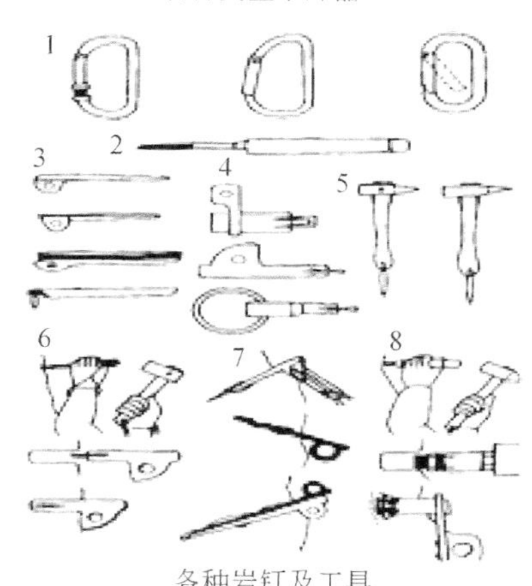

各种岩钉及工具

1.各种形状的卡拉宾(环扣)；2.凿子；3、4.各种岩钉；5.铁锤；6、7、8.岩钉安装

图5-15　现代洞穴探险设备（汪训一，1999）

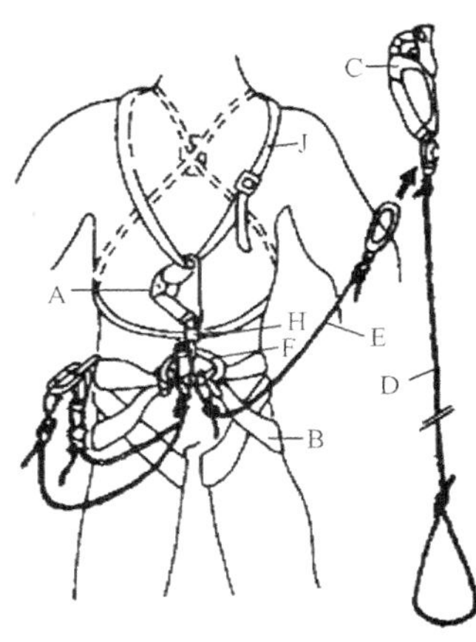

个人捆扎方法

A.胸卡；B.臀带；C.脚卡；D.脚蹬；E.安全绳；F.镇扣；G.牛尾；H.环扣；J.胸带；

图5-16　单绳技术和软梯（汪训一，1999）

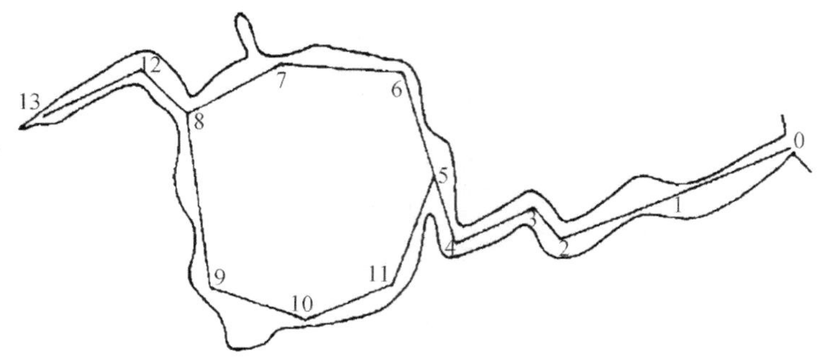

图 5-17　大厅的测量方法（汪训一，1999）

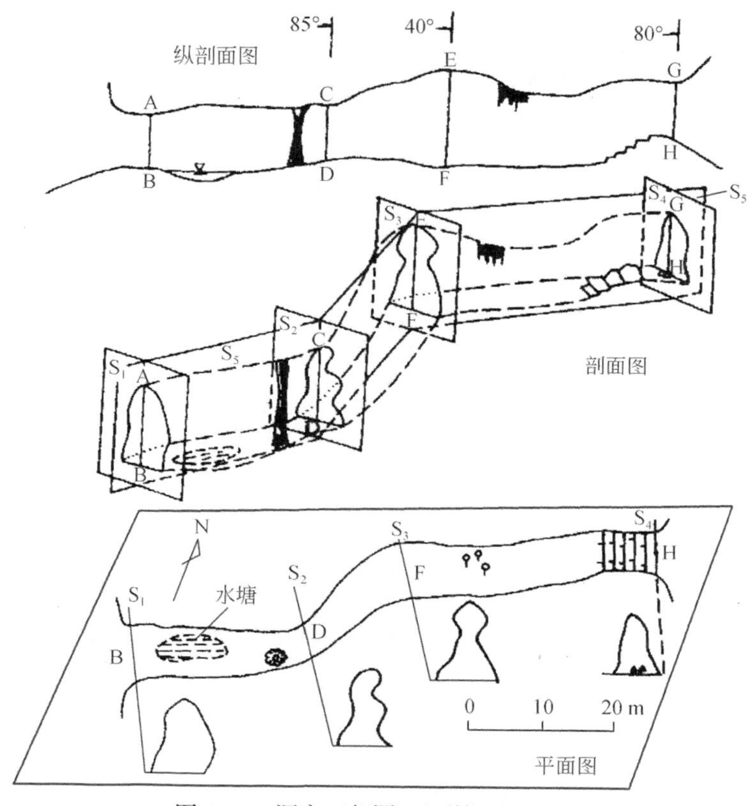

图 5-18　洞穴三相图（汪训一，1999）

具体而言，道路应布置在无景观部位，尽量减少对洞穴原生地貌的改变；灯光应设置在低位，使用低热高亮的隔热灯、卤气灯、LED 灯等，做到随用随开、人离灯灭；CO_2是洞穴沉积景观形成的重要条件，洞穴 CO_2控制也很重要，最好能使用 CO_2化学回收技术，减少由人产生的 CO_2；应用通道双重门交替开关以维持洞内温度的稳定；洞内加湿，洞外植树，洞内注水以保持洞内湿度。

（二）科学研究、科普、法律

洞穴资源的破坏，很多是对旅游景观的产生机理、价值无知而产生的。因此，强调洞

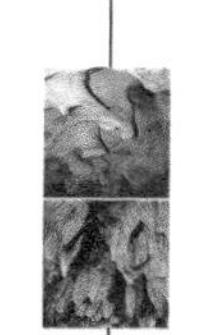

穴相关的科学研究，对游客和当地居民以及旅游洞穴管理人员进行必要的科普知识培训，并制定相关法律对野蛮开发破坏洞穴的行为予以惩罚，都是保护洞穴的必要措施。

现阶段，在洞穴保护方面有些旅游景区已经做出了行动。如云南石林景区，将门票收入的0.5%用于支持岩溶科学研究；重庆雪玉洞对导游员进行培训，增加解说词中的科学内容，并在洞穴沉积物旁放置沉积物形成原理及保护的警示牌；中国地质科学院岩溶地质研究所建立岩溶博物馆，对岩溶地区的各种资源、地质地貌以及岩溶生态环境等进行全面的介绍。在立法方面，《中华人民共和国环境保护法》第20条规定不得向溶洞中排放污水。但是，总体来讲，对岩溶洞穴以及岩溶生态环境的保护还处在起步阶段，需要国家和社会给予更多关注，需要我们每个人的努力。

（三）洞穴景观修复

中国洞穴旅游已有上千年历史，尤其现代改革开放以来，全国各地的旅游洞穴如雨后春笋一般纷纷出现，但开发的同时保护力度不足对洞穴景观和环境的破坏在所难免。使用洞穴景观修复技术，恢复被破坏的景观，保护人类共有的财产应当是所有人共同努力的目标。

对于旅游洞穴中由于游客过多带来的CO_2浓度升高，有学者使用了CaO吸收固定洞穴中过多的CO_2，减少CO_2对洞穴沉积物的侵蚀。对于洞穴中的濒危动物，如大鲵等，由于它们生活在相对封闭平静的环境中，人类的进入和惊扰会带来毁灭性的伤害，因此划定旅游线路，将这些动物易地保护或人工繁殖是应当采取的措施。对于已破坏的洞内次生沉积物，有的洞穴采用了白水泥修补等技术。

复习思考题

1. 洞穴的调查和研究对发展岩溶学和岩溶地区的可持续发展有什么意义？

2. 简述洞穴发育的条件和机理。考察重庆市附近一个洞穴，试根据其贝窝形态研究其发育时的水文条件（水流方向、流速等）。

3. 洞穴环境和地下生态有哪些基本特点，它们同洞穴的开发、保护有什么关系？

第二篇

区域岩溶学
（全球岩溶对比）

从全球角度研究岩溶是现代岩溶学的一个显著特点。IGCP299 项目的实施，为我们从全球视野研究岩溶提供了很好的机遇。我们通过全球不同的物理、化学、生物学条件下的岩溶形态组合的对比，更深刻地揭示岩溶形成机理。作为一个 IGCP 项目的建议国和组织国，我们充分利用中国岩溶的地域优势，通过定位观测和深入的现场对比，确定了中国大陆三种主要类型岩溶的形态组合特征，揭示了其各自的形成环境和机理。以此为基础，我们组织 8 个国家的 40 多位岩溶学者进行了行程 6700km 跨越中国三大类型岩溶（南方亚热带湿润型岩溶，西南高山和高原型岩溶和北方干旱半干旱型岩溶）的对比。通过现场讨论，统一了 IGCP299 的学术思路和方法，同意采用由我们提出的“岩溶形态组合”作为全球岩溶对比的基础，推动了全球岩溶对比的顺利进行。通过对比分析，揭示了不同类型的岩溶的形成机理，阐明其不同的岩溶环境问题发生发展的原因和治理对策，获得了一系列的重大科学成果。

第六章 全球岩溶的基本类型

第一节 全球岩溶分布及研究区域岩溶的意义

全球岩溶分布面积达2200万km^2，其中裸露于地表的有510万km^2。世界上一条引人注目的碳酸盐岩带是从中国向西，经中东到地中海，并与大西洋西岸美国东部的碳酸盐岩分布区相望。在这条全球碳酸盐岩带上，分布着三大集中的岩溶区，即东亚岩溶区、欧洲地中海周边岩溶区和美国东部岩溶区。具体的地域包括中国西南地区、越南北部地区、中南欧的阿尔卑斯山地区、法国中央高原地区、俄罗斯乌拉尔地区、北美洲东部地区和中美洲的古巴、牙买加等地区。它们也是全球主要的生态脆弱地区。在全球五大洲中，岩溶分布的主要国家有欧洲的法国、德国、英国、爱尔兰、意大利、奥地利、俄罗斯、立陶宛、乌克兰、挪威、西班牙、塞尔维亚、黑山、斯洛文尼亚、克罗地亚、马其顿、波黑、阿尔巴尼亚、希腊、土耳其、瑞士、瑞典、匈牙利、捷克、波兰、罗马尼亚等；美洲的美国、加拿大、巴西、古巴、墨西哥、牙买加、波多黎各、阿根廷等地；亚洲的中国、越南、日本、印度尼西亚、泰国、缅甸、新加坡、马来西亚、柬埔寨、韩国、朝鲜、菲律宾、沙特阿拉伯、伊拉克、黎巴嫩等；非洲的埃塞俄比亚、南非、津巴布韦、赞比亚、埃及、马达加斯加等以及大洋洲的澳大利亚、巴布亚新几内亚、新西兰等，都有岩溶发育并各具特色。为了便于研究，我们需要从区域上划分岩溶类型，这样有利于我们在科学研究中扩大视野，加深对岩溶发育规律的认识，有利于加强国际交流合作，有利于因地制宜地解决岩溶地区资源及环境问题，有利于推动区域经济发展、土地利用规划。

一、扩大视野，加深对岩溶发育规律的认识

研究岩溶发育规律有三个基本的途径，即：背景条件分析、地球系统的物质与能量交换、岩溶形态观察分析对比。

区域对比是地学各领域都要采用的一种基本方法。不同地区有不同的地质、地貌、水文、气候背景条件等，植被类型也千差万别，因此各地区岩溶发育规律和特征不相同，可以见到不同的岩溶地貌。例如，在爱尔兰能见到岩溶冰溜面（照片6-1），在桂林能见到峰林（照片6-2），在波多黎各可以见到馒头状山峰（照片6-3），在华北地区可以见到常态山（照片6-4）。由此可见，通过区域对比可见到因背景条件，如地质状况、气候条件

等不同带来岩溶发育的差别。如果只在一个小区域里作研究就很难获得深入的认识。因此，采用区域对比的方法，能使我们对研究区的认识更加深入。

照片 6-1　爱尔兰伯伦（Burren）地区的石灰岩冰溜面

照片 6-2　中国桂林地区的岩溶峰林

照片 6-3　波多黎各地区的馒头状山峰

照片 6-4　中国北方地区的岩溶常态山

二、国际交流合作的需要

各地区岩溶发育的特征，是在各自不同的自然地理条件下综合作用的产物，同时也由此产生一些独特的或者共性的资源环境问题。加强国内外学术交流、合作，对发展岩溶学科、揭示各地区岩溶发育的特色和探索解决岩溶区资源环境问题的途径意义重大。以岩溶含水层研究为例，我国三叠系以前形成的坚硬碳酸盐岩，孔隙度在 2%~4%，岩溶含水层发育不均匀，成井率低（图 6-1a），岩溶地下水开发利用难度较大；而美国东南部古近系—新近系孔隙性碳酸盐岩，其孔隙度可达 30%~50%（图 6-1b），含水层相对均匀。然而这些又同巴黎盆地、伦敦盆地以上白垩统到古近系—新近系碳酸钙沉积（又称白垩，chalk）的岩溶含水层以及日本琉球群岛滨海礁灰岩含水层的地质特征存在很大差异（图 6-1c）。

此外，不同地区气候条件不同，岩溶发育状况也有差异。例如地中海气候条件下的岩溶（照片 6-5）和东亚热带、亚热带季风气候下发育的岩溶（照片 6-2）也不同。地中海地区夏季干热，冬季温暖多雨，地表地下岩溶普遍发育，但地表呈现一种干旱荒凉的景

观。我国热带、亚热带季风气候条件下，水热条件配套，岩溶作用非常强烈，形态类型多样，突出的特点就是锥状、塔状峰林和成层的溶洞。

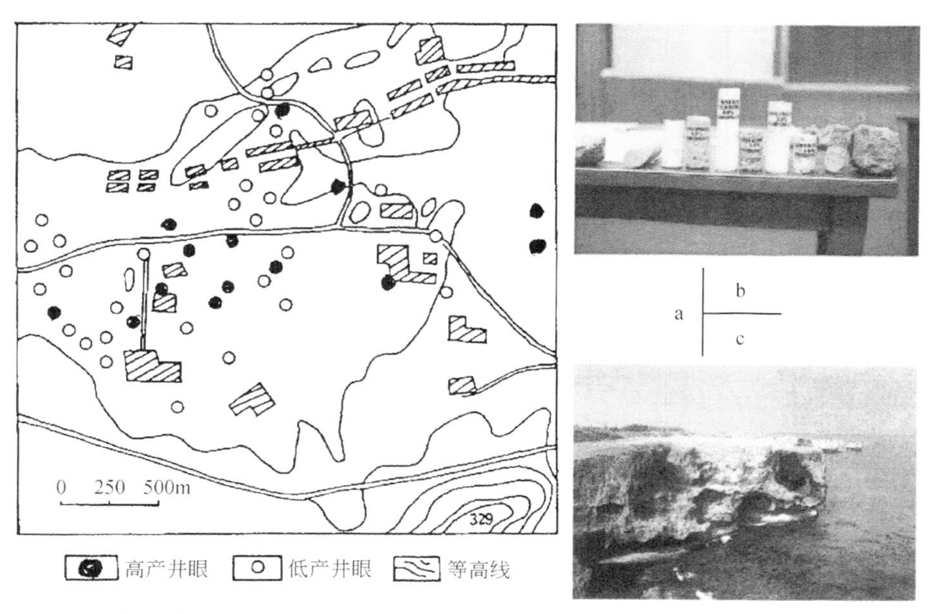

a. 桂林五里圩泥盆系致密坚硬石灰岩中岩溶水分布的不均匀性，成井率仅33%；
b. 美国佛罗里达，古近系一新近系的孔隙性碳酸盐岩，孔隙度可达30%~50%；
c. 日本琉球群岛第四系的孔隙性珊瑚礁灰岩

图6-1　不同区域的岩溶含水介质及特征

照片6-5　地中海气候条件下的岩溶形态

三、因地制宜解决岩溶地区资源及环境问题的基础

在经济社会不断发展的今天，岩溶环境面临一些如水污染、洪涝、干旱、石漠化、塌

陷等资源环境问题，而各国各地区岩溶环境的差异使得面临的问题和解决方法千差万别。以岩溶含水层为对象，在城镇地区面临城市生活污水、垃圾的污染，而在农业活动区，主要是化肥、农药的污染，在一些滨海地区，则主要面临岩溶水过度开采所引起的海水入侵问题。对这些问题的解决，均需要综合研究区域的地质环境条件，提出合理的解决方案。然而从全球对比来看，不同的地区岩溶发育对环境的影响又有利有弊，例如，我国南方岩溶地区地下岩溶广泛发育，从而导致这些地区水资源流失以及石漠化程度加重（照片6-6）；但在西伯利亚针叶林地区，地下岩溶的发育可以排去土壤中过多的水分，有利于当地农业的发展，促进农业生产（照片6-7）。在热带季风岩溶区，地壳抬升风化强烈，土层贫瘠，而在冈瓦纳古陆地区，地壳长期稳定，土层一般较厚，土壤肥沃（照片6-8），有利于农业生产。通常情况下，森林可涵养水分，保持水土，但在澳大利亚，桉树树冠蒸发强烈，促使发达的根系不断吸收地下水分，使地下水位上升，导致土地沙化、盐碱化。对于这些问题的认识和解决，需要加强国际合作与交流，因地制宜地开展治理和研究工作。

照片6-6　中国贵州六盘水地区的岩溶石漠化（曹建华摄）

照片6-7　左为俄罗斯中乌拉尔地区 Berezniki 附近针叶林中含酸性水的沼泽地，不利于农业生产，右为俄罗斯 Perm 东南 Kungur 的土豆耕地，地下岩溶排水系统排走地表酸性水有利于农业生产

四、区域经济发展、土地利用规划的依据

不同的土地利用方式对岩溶环境的影响存在明显差异，如过度毁林开荒引起水土流失、石漠化对岩溶生态环境造成毁灭性的破坏，大面积农业土地的增加和城市的扩张易引起岩溶地下水污染。所以，在全球背景条件下了解各种岩溶类型的特征及各国的开发利用经验，采取生态、社会、经济兼顾的发展方式有利于我国区域土地利用规划的制定和经济社会发展，促进岩溶环境的良性发展。在我国西南岩溶地区，根据当地不同的情况，采取不同的发展方式促进经济发展。有的地区土层较厚海拔较高，可发展高山草地畜牧业（照片6-9）；有的地区地下河发育，可解决当地的水源问题。总之，岩溶区域的发展都需要有区域岩溶的资料作为经济发展规划的依据。

照片6-8　冈瓦纳大陆岩溶区肥沃的土壤

照片6-9　种草发展畜牧业

第二节　研究区域岩溶的基本方法

从地球系统科学的理论出发，岩溶作用是在碳循环及其相耦联的水循环、钙循环系统中碳酸盐岩的被溶蚀或沉积，而各种岩溶形态就是这个复杂的循环系统的运动在碳酸盐岩上留下的轨迹。因此在进行区域岩溶学研究时，要综合考虑岩石圈、大气圈、水圈和生物圈在区域岩溶形成、发育、分布和演化中的作用，揭示区域岩溶发育规律。具体来看就是要分析区域地质、气候、水文、植被等条件，用对比方法研究不同岩溶形态组合的特征，总结区域岩溶发育规律，进行岩溶区划，同时注意有关的资源环境问题。

一、分析控制岩溶发育的背景条件

岩溶发育的背景条件主要有地质、气候、水文、植被等。在地质方面，构造、岩性、地层组合关系等都是进行岩溶形态比较的基础。中国南方岩溶区的碳酸盐岩古老坚硬，孔隙度为1%～4%，这同加勒比海地区古近系—新近系碳酸盐岩存在很大差异，如美国佛罗里达州，地下100m深处新鲜的古近系—新近系碳酸盐岩岩芯的孔隙度，石灰岩达16%，白云岩为31%～44%。从全球来看，同板块内的岩溶区比较起来，板块接触地带的岩溶区往往是深部幔源CO_2的释放区，碳酸盐岩也常以推覆体中构造窗的形式出露。中国南方新

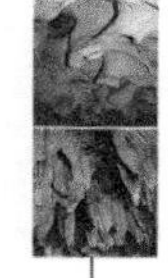

生代以来的大幅度的强烈抬升使得各种岩溶形态分布在不同的海拔高度上，这同墨西哥尤卡坦（Yucatan）岩溶区新生代的小幅度抬升和多孔石灰岩基岩所形成的较为平坦的岩溶台地存在明显差别。在一些碳酸盐岩和非碳酸盐岩相间分布的陡倾角紧密褶皱地区，岩溶形态常常呈狭长的条带状分布，但在缓倾角的褶皱地区，岩溶形态又可以呈面状展布。同构造条件比起来，岩性也是影响岩溶形态的一种重要的因素。中国南方古生代坚硬致密的碳酸盐岩常常形成巍然挺拔的峰林、峰丛，同中美洲波多黎各地区新生代碳酸盐岩上发育的浑圆低矮的岩溶形态差别十分明显，但气候条件的差别也是导致这种差异的一种重要影响因素。水、热、CO_2和生物作用等岩溶动力系统运行驱动力常常受到气候条件的综合影响，因此气候是全球岩溶对比的一种重要研究要素。根据一些监测数据显示，降水可能是岩溶动力系统运行过程最活跃的因素，然而在一些特定区域冰雪、蒸发、温度等也是必须重视的要素。在青藏高原一些地区，昼夜温差大，物理风化作用强，导致花岗岩风化剥蚀强烈，而石灰岩往往成为区域的高山，形成“花岗岩成谷，石灰岩成山”的地貌格局。但在同纬度的我国南方广大季风气候区，溶蚀作用强烈，常形成“碳酸盐岩成谷，非碳酸盐岩成山”的地貌格局。水文条件常常被认为是气候条件的一个伴生因素，但在区域地质条件和气候条件的配合下对岩溶发育往往起到十分重要的作用。有丰富外源水补给的岩溶地区，岩溶发育十分强烈，岩溶地貌形态多样。如桂林地区的峰林平原，外源水的补给起了重要的作用。所以，在全球岩溶对比中水文条件和气候条件常被认为是同等重要的因素。植被的分布也常同气候相关，但是它又常常影响到土壤和土壤层CO_2的分布，因此在全球岩溶对比中常常是一个重要的因素。本书第一章中对各种条件对岩溶发育的影响作了详细的阐述，在这里就不再展开。

二、以岩溶形态组合为主要研究方法

在区域岩溶学的研究中，利用岩溶形态组合的理论和方法可以克服“异质同相”或“异相同位”对于形态对比分析的干扰。各种各样的岩溶形态都是在不同环境条件下不同岩溶作用的结果，然而在进行单个岩溶形态对比时，“异质同相”的干扰常常对我们进一步认识区域岩溶发育、分布规律产生疑惑。例如，平原地区一些形态相似的孤立石峰的形成原因，可能是湿润热带、亚热带地区岩溶作用的结果，或者是石英砂岩风化作用的结果，也可能是风蚀作用的结果，在进行对比研究时常常产生混乱。然而，如果在对比研究时配合微观溶蚀形态，如溶沟、溶盘；或者沉积形态，如红土、灰岩岩屑堆；甚至配合地下形态，如溶洞、石笋等就可以准确的区分出岩溶地貌与非岩溶地貌。因此采用岩溶形态组合的方法，能够有效地克服“异质同相”或“异相同位”的混乱，为全球岩溶对比提供了良好的理论和方法支撑。关于岩溶形态组合的理论和方法可以参看第三章第三节。

三、注意有关资源环境问题

岩溶区有着丰富的能源、矿产、地下水、旅游资源。岩溶发育的物质基础之一——石灰岩本身就是一种重要的建筑材料。我国的山西岩溶高原蕴藏了丰富的煤炭资源，并同其

两侧的华北古潜山油田和鄂尔多斯碳酸盐岩古风化壳气田，以及黄河的水力资源一起成为我国重要的能源基地。美国宾夕法尼亚州（Pennsylvania）岩溶区是美国主要的无烟煤产区。我国岩溶地下水资源约2039.67亿m^3/a，占全国地下水资源的1/4。从全球来看，约有1/4的人口依靠岩溶水作为水源。世界上很多著名的大泉都是岩溶泉。如我国山西的娘子关泉，平均流量10.4m^3/s；美国的银泉（Silver spring），其最枯流量为15.3 m^3/s；法国的伏流克斯泉，最枯流量为4.0 m^3/s；前南斯拉夫的欧姆勃拉泉，最枯流量达4 m^3/s。岩溶地区独特的地表、地下岩溶形态，特殊的岩溶水文现象，形成了岩溶地区丰富的旅游资源。我国的桂林山水、路南石林、武隆天坑三桥；美国肯塔基州的猛犸洞，内华达州沙漠内的莱曼（Lehman）洞；土耳其帕木克（Pamukale）钙华梯田；越南的下龙湾等都是世界著名的风景区。特别是一些岩溶洞穴还可能是古人类生活居住的场所，如我国周口店北京猿人洞，广西柳州的巨猿洞等，以及法国南部一些存有史前人壁画的洞穴，都是十分宝贵的自然资源。

经济社会的发展和各种资源的开发利用，也给岩溶地区带来一系列的环境问题，如水污染、地下水枯竭、石漠化、塌陷、洪涝、干旱灾害等。岩溶地区农业、工业等人类活动以及污染物的随意排放，可导致当地岩溶地下水中总硬度、NO_3^-、SO_4^{2-}等浓度升高并出现持久性有机污染物（POPs）等污染物质。20世纪80年代，美国肯塔基州鲍灵格林市（Bowling Green）市内各种污水、垃圾，甚至是汽油等物质通过落水洞进入地下，造成岩溶地下水系统严重污染。我国岩溶区一些城镇、矿山将污水直接通过落水洞排放，岩溶地下水文系统俨然成为一条排污“下水道”。在我国西南地区，20世纪50年代大量的毁林开荒引发严重的水土流失，石漠化面积达到13万km^2，造成严重的生态灾害。同时岩溶地区过量开采地下水和地下采矿活动，易引发岩溶塌陷，2004年我国就发生岩溶塌陷1400多例。旱涝问题也是岩溶区常见的环境问题。拉丁美洲的牙买加国土面积65%为岩溶区，特殊的岩溶地貌经常造成季节性干旱，引发城市和农村供水水源短缺。前南斯拉夫特列比西尼察流域的波波夫坡立谷，约有4500hm^2耕地，在未开发治理前，夏季干旱时期水资源短缺严重，连生活用水都靠蓄存的雨水解决，而在冬季则洪水泛滥，毁坏庄稼。美国肯塔基州由于岩溶洪涝灾害及引发的岩溶塌陷，每年的经济损失50万~200万美元。我国云南省西畴县有370个岩溶洼地，总共有3.8万亩①耕地，旱季干裂，雨季积涝成湖，颗粒无收。我国广西岩溶区共有洪涝面积6万余公顷，约占岩溶区耕地面积的6.2%。岩溶区的这些资源环境问题具有全球性，解决这些环境问题需要在全球背景下广泛开展国际合作与交流，充分借鉴各国经验，因地制宜的采取措施。

四、总结区域岩溶发育规律，进行岩溶区划

全球岩溶区划是全面认识世界岩溶及其特点的重要方法之一。世界岩溶从寒冷的极地到炎热的赤道，从海岸到内陆，从大洋岛屿到世界屋脊都有分布，总面积可达2200多万km^2。岩溶的形成发育都是在一定的地质背景条件下，受到气候、水文、植被等条件的综合影响而形成的，由于所处自然地理环境条件不同而各具特色，因此自然地理条件是岩溶

① 1亩≈0.067hm^2

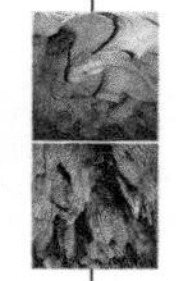

分区的基础。在进行岩溶区划时，既要考虑区域共有的自然地理特征，也要考虑一些特殊条件，特别是那些对区域岩溶发育起主导作用的自然地理条件。世界岩溶分区主要是根据各岩溶区所处的自然地理背景，以岩溶形态特征作为区划依据将世界岩溶区初步划分为4个大区，11个亚区和2个小区。4个大区中，Ⅰ区是冰川岩溶区，Ⅱ、Ⅲ、Ⅳ区是根据大地构造条件的不同进行划分的，依次为欧亚板块岩溶区、北美板块岩溶区、冈瓦纳大陆岩溶区。在4个大区中，根据气候条件、地形、区域构造、岩性的差异，又划分出11个亚区。其中Ⅱ1、Ⅱ2区主要依据气候条件划分，分别为热带亚热带岩溶区、干旱半干旱岩溶区；Ⅱ3青藏高原岩溶区是根据地形和气候两个因素的综合影响来划分的；Ⅱ4以气候条件为主要因素，划分为温带湿润半湿润区岩溶区；Ⅱ5以地质构造条件为主，划分为欧洲地台岩溶区；Ⅱ6是以气候和地质构造两个因素为主，划分为地中海气候特提斯构造岩溶区；Ⅲ1以气候和岩性特征为依据，划为热带亚热带新生代孔隙碳酸盐岩岩溶区；Ⅲ2和Ⅲ3以气候因素为依据，划分为温带湿润半湿润岩溶区和北美西部干旱区岩溶区；IV1和IV2也是以气候因素为依据，划分为湿润半湿润区岩溶区和干旱区岩溶区。在一些亚区中根据岩性条件的不同进一步划分出次一级小区。根据岩性的不同，把Ⅱ1热带亚热带岩溶区划分为2个小区，分别是：Ⅱ1-1新生代孔隙性碳酸盐岩岩溶区和II1-2古生代坚硬碳酸盐岩岩溶区。除了进行岩溶区划外，另一项工作就是建立全球岩溶GIS数据库。在这个数据库中包括了岩溶背景条件、KDS特征、岩溶形态特征以及典型地区查询等内容和功能。

第三节　全球岩溶的基本类型和典型实例

进行全球岩溶区划的目的是为了深入揭示岩溶环境的区域分异规律和各区域岩溶环境特征，这样不仅可以深化对岩溶研究理论和方法的理解，而且可以全面分析评价区域岩溶环境特征和资源。在对各岩溶区进行分析研究时，既要考虑各岩溶区所处的全球背景，又要考虑其自身的特殊条件，深入开展广泛的全球岩溶对比研究。这对于因地制宜的解决岩溶区面临的资源环境问题和促进岩溶区的社会经济可持续发展非常有益。

一、冰川岩溶区（Ⅰ区）

冰川岩溶区是指岩溶发育过程受到1.2万~1.5万年前末次冰期大陆冰盖覆盖影响而形成的特殊的气候、地形及水文条件的地区，包括现欧亚大陆的北部、西北部地区，如俄罗斯西北部地区，北欧斯堪的纳维亚半岛、爱尔兰、英国北部等以及北美大陆的加拿大境内、美国西北部、格陵兰岛和阿拉斯加等地的岩溶区。从分布地区来看，冰川岩溶地区主要存在于欧亚大陆和北美大陆地区，也可归入欧亚板块岩溶和北美板块岩溶区划。但冰川岩溶区受到末次冰期大陆冰盖的刨蚀作用影响，之前发育的岩溶地貌被刨蚀殆尽，因而该地区地表岩溶形态单一（照片6-10），现存的主要岩溶形态是在冰期之后发育而成，较年轻。

照片6-10　地表形态单一的石灰岩冰溜面（limestone pavement）

在加拿大境内这种类型的岩溶比较常见（图6-2）。如加拿大东南部的休伦湖（Huron Lake）和尼亚加拉瀑布（Niagara Fall）之间的地区。该地区现代属于中温带湿润气候，多年平均气温6.5℃，平均降雨850~1000mm。区域内广泛分布有约50m厚的上志留统白云岩，其间夹有页岩和燧石层，其下为约100m厚的下志留统到上奥陶统红、绿色页岩。白云岩和下伏页岩风化条件的差异和末次冰期大陆冰盖的刨蚀影响在该区形成了一个从尼亚加拉瀑布（照片6-11）到布鲁斯半岛北末端的北西方向延伸的近百米高，200多公里长的陡崖。这一地区主要的岩溶形态是一些受冰川破坏作用而形成的白云岩冰溜面（glaciated

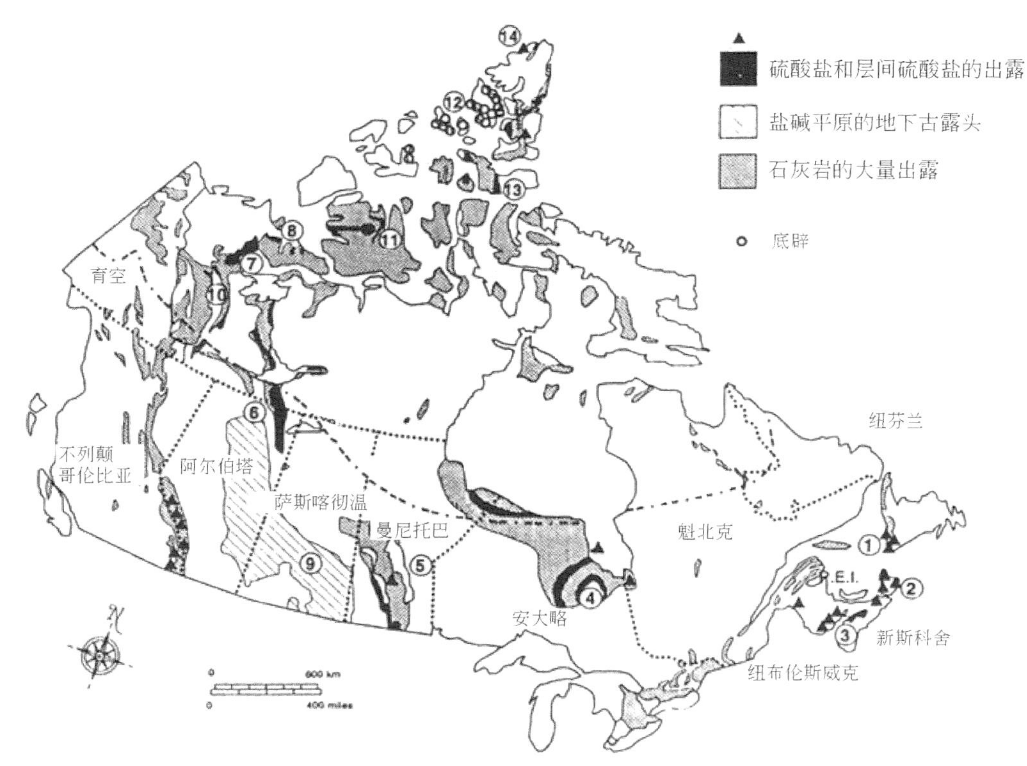

图6-2　加拿大岩溶分布图（Ford，1997）

pavement）和有明显冰川擦痕的含白云岩的羊背石（roches moutonnees ）上的溶沟（grike）。这些溶沟深10~30cm，宽约几厘米，但在一些湖岸地带，由于波浪的侵蚀和溶蚀作用，有的可达半米深，几十厘米宽。在白云岩冰溜面上也有一些不同类型的溶痕，如锅状溶痕或槽状溶痕，但其并不像湿亚热带地区石灰岩上面的那样尖深。布鲁斯半岛也存在一些落水洞、漏斗和盲谷等岩溶形态，意味着存在地下岩溶形态，但在该地区很少发现一些大的洞穴。在湖岸地带存在一些由于波浪作用形成的小洞穴。布鲁斯半岛封山育林已有70多年历史，因此在冰溜面上一些地区存在有20~30cm厚的腐殖质层。该区的岩溶形态组合表明，在温度较低但是湿润的气候条件下，岩溶作用也是比较明显的。该地区在1850~1900年，大量砍伐森林用作耕地，导致了严重的水土流失，基岩裸露形成石漠化。自1930年以来，该地区的居民被逐步迁出并实行封山育林政策，到现在60%~70%的裸露基岩地区已经被由雪松、冷杉、铁杉等树种形成的次生林所覆盖，生态恢复良好（照片6-12）。加拿大西部的落基山地区的喀萨加尔德山（Castleguard Mountain），其西北侧为海拔2200m以上的冰盖，东南侧为海拔1500~2000m的草原及河谷，构成了融冰水在地下积极运动的条件，发育了长达18km以上的洞穴系统（图6-3），并有鹅管等沉积物（照片6-13）。冰碛物填入洞内，并受到后期地下河水的分选而在洞的深部沉积了纹泥。位于80°24′N，22°22′W的格陵兰岛东北角的格罗特达灵河谷两岸的奥陶系—志留系灰岩中发育了11个溶洞。溶洞主要分布在三个不同的海拔上：530~570m，670~680m和730m左右。洞径一般为5~14m，长度10~70m。在海拔530~570m的洞中有冰碛层充填，但上层洞没有，因此说明末次冰期的顶面可能在海拔570m以下。在海拔680m的溶洞中，发现了2m厚的橘黄色及红色粉砂土，土层上有10cm厚的钙板，钙板上有直径2.5cm，高4cm的石笋。钙板和石笋的形成需要有流水及滴水的作用，但目前该地区为永久冻土带，夏季洞外气温为4~6℃，而洞内气温为0~4℃，加上橘黄色、红色粉砂土的存在，说明这些洞穴有可能是在末次冰期（威斯康星冰期）之前比较温暖的气候条件下形成的。挪威的斯瓦尔巴德群岛的斯匹兹卑尔根地区（Spitsbergen）（78.5°N，17°E）海拔1000m的高原上，在石炭系杯珊瑚灰岩中，发育了一些类似石林的形态，并有穿洞等岩溶形态发育。

照片6-11　尼亚加拉大瀑布

照片6-12　尼亚加拉瀑布附近冰溜面上的植被

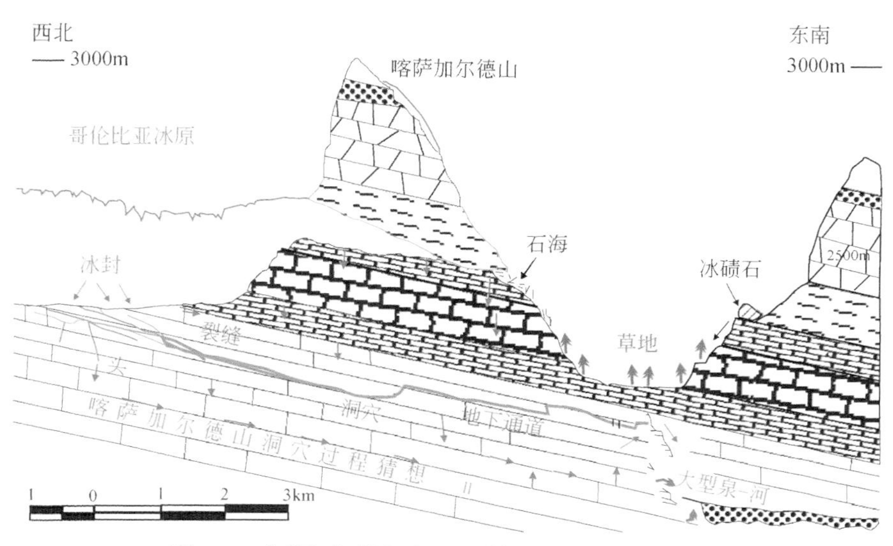

图6-3　喀萨加尔德山地区地质剖面图（Ford，2009）

照片6-13　喀萨加尔德山冰川下的大溶洞和少量鹅管（Ford，2009）

英国的北部岩溶区也属于Ⅰ区（冰川岩溶区）（图6-4），包括约克郡和奔宁山脉北部地区。该地区分布有广泛的早石炭世狄南统灰岩，由于末次冰期的破坏，该地区的地表岩溶形态也主要是石灰岩冰溜面（limestone pavement）、溶沟（grike）和溶痕（karren）为主，地下岩溶也较为发育，据统计该区有大小洞穴1400多个，已探明的洞穴总长度达300km。该地区主要存在两个环境问题：一是由于该地区有石炭系、二叠系灰岩的存在，形成大规模的采石场（照片6-14），从而带来如水量改变以及粉尘污染等许多问题；二是由于畜牧业的大规模发展，在补给区的灰岩冰溜面上及其周围多作为牧场，牲畜粪便及污水等造成地下水的污染，加上大规模的放牧引起草地退化，引发石漠化。

爱尔兰岩溶分布面积占国土面积的50%，岩溶发育地层主要为石炭系灰色、灰黑色坚硬碳酸盐岩和白垩系白色、灰白色多孔碳酸盐岩（图6-5）。它几乎全部位于冰川岩溶区（Ⅰ区）内，其中最著名的地区是伯伦（Burren）地区（图6-6）。伯伦地区位于爱尔兰岛西部，总面积约350km^2，它以独特的岩溶地貌（石灰岩冰溜面）、独特的植物群落和丰富的考古遗迹而闻名于世。伯伦（Burren）在盖尔语中的意思就是石头的地方（stony place）。整个地区向南边倾斜，北部海拔平均200～300m，南部海拔100m左右，岩溶发育的地层主要为石炭系碳酸盐岩。由于受到末次冰期大陆冰盖的破坏作用，该区地表岩溶形态以石灰岩冰溜面和溶沟为主，但地下发育有洞穴、溶孔等形态。整个区域的景观较为单一，虽然地形略有起伏，但都以裸露石灰岩面为主，仅在和砂岩交界地区，由于地表水的侵蚀作用形成峡谷景观，但都比较短小。石灰岩冰溜面区域内没有明显地表水系，从砂岩地区汇入的溪流均渗入地下，区域供水主要是依靠抽取地下水。在一些低地和溶沟内，堆积有土壤，生长有大量的牧草，因此该地区也成为重要的牧场。正因为放牧，该区域面临的主要环境问题就是草场退化、地下水污染。目前该区域划为国家公园，景观开始得到保护。

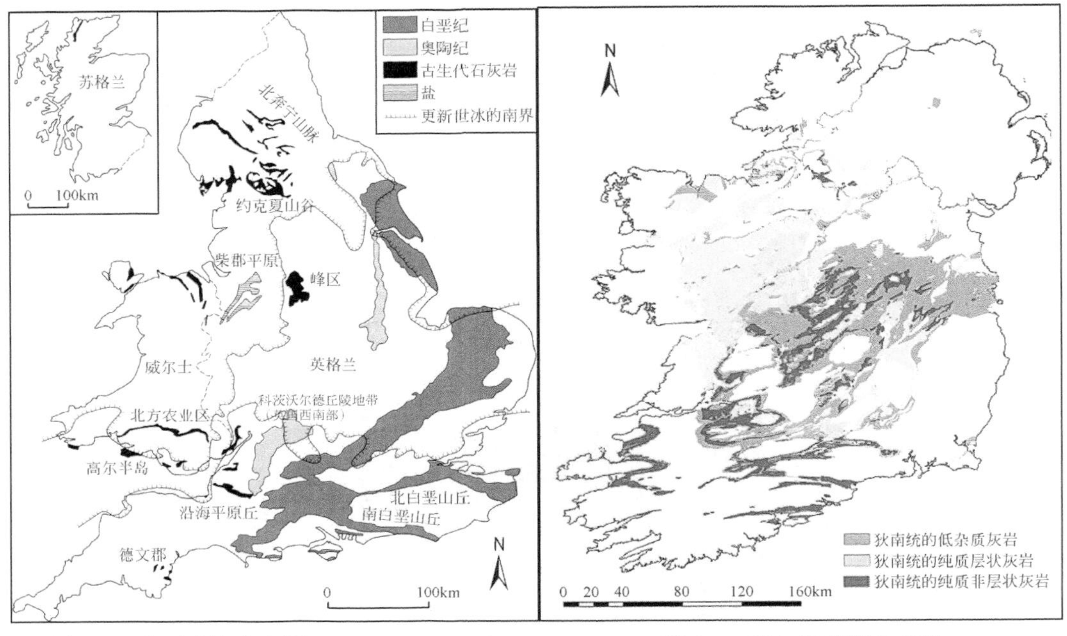

图6-4 英国岩溶分布图（Waltham，1997）

图6-5 爱尔兰岩溶分布图（爱尔兰地质调查局，1998）

照片6-14 英国石灰岩地区的采石场

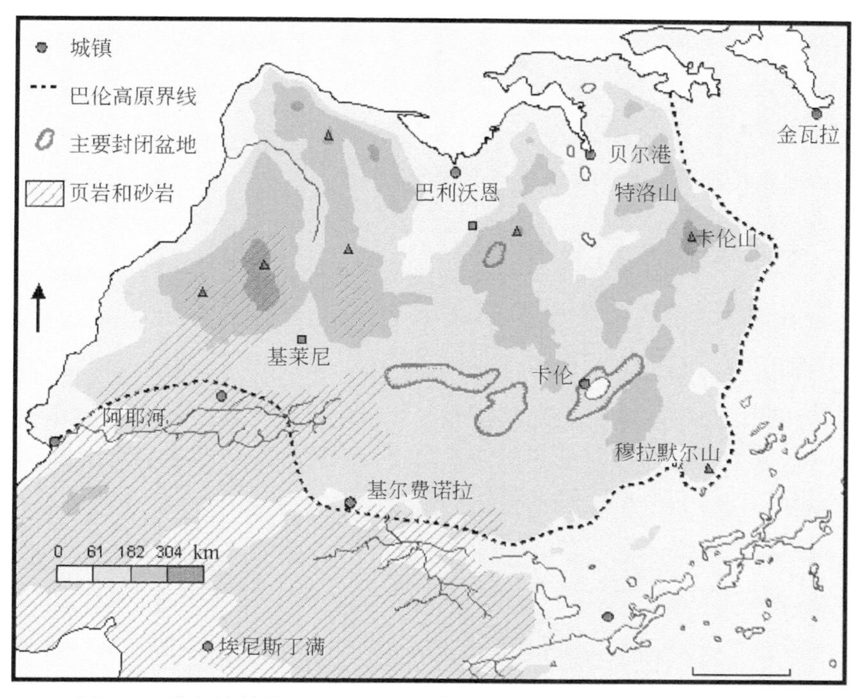

图6-6 爱尔兰伯伦（Bureen）区域图（爱尔兰地质调查局，1998）

二、欧亚板块岩溶区（Ⅱ区）

欧亚板块地区（Eurasian Plate）可溶岩的沉积厚度巨大，岩溶区面积广大。另一方面，该地区频繁地壳运动改变和破坏了已有的古老岩溶形态，但同时又形成年轻的岩溶形态。板块南部与冈瓦纳大陆碰撞形成的特提斯带在新生代以来大幅度抬升，形成了辽阔的青藏高原，改变了区域的地质、气候、水文等条件，进而改变了岩溶发育的条件。同时，在碰撞带地区，频繁的构造活动形成了一系列的深部脱气点，并堆积有大量的钙华等岩溶形态。欧亚板块地区地貌种类丰富多样，地貌熵（entropy）值高，加上气候种类丰富多样，形成丰富多彩的岩溶形态。在东南部地区受到湿润季风气候的影响，水热条件充沛，植被茂盛，地表地下岩溶十分发育，地表宏观岩溶形态组合以峰林平原、峰丛洼地为特色，地下多发育有多层溶洞、地下河等形态多样，并受地形影响而分布在不同的海拔高度上。地中海沿岸受到地中海气候的影响，夏季炎热干燥、高温少雨，冬季温和多雨，岩溶形态不如季风气候区那么瑰丽多彩，地表宏观岩溶形态组合以丘峰洼地、溶丘、干谷、坡立谷等为特色，地下发育有岩溶泉、洞穴等。欧亚板块西部受到温带海洋性气候影响，气候温和，降水分配较均匀，地表岩溶类型以溶丘、浅洼地、干谷为主，地下发育有岩溶泉、洞穴系统等，多隐伏型岩溶。欧亚板块北部为温带湿润半湿润气候，发育有浅洼地、浅溶痕，落水洞、岩溶泉等形态。欧亚板块中部及北部部分地区为温带干旱半干旱气候，地表岩溶形态主要有常态山、干谷等，地下发育有岩溶泉、洞穴等形态。欧亚板块地区也是世界人口密度较高的地区，人类活动对地球环境的干扰强烈，常引起地下水污染、生态退化、石漠化等环境问题。

由于该地区面积广大，气候和地形条件复杂多样，因此可将其又划分为6个亚区和2个次一级小区。

（一）热带亚热带岩溶区（Ⅱ1区）

该区主要分布在欧亚板块0～35°N左右的地区。该区气候湿润，降水充沛，植被繁茂，碳酸盐岩分布广泛，地表地下岩溶十分发育。但由于碳酸盐岩性及地质构造条件的差异，该区还可以进一步分为以下两个小区。

1. 新生代孔隙性碳酸盐岩岩溶区（Ⅱ1-1区）

该类型岩溶主要分布在东南亚菲律宾、印度尼西亚、马来西亚东部、新几内亚岛、琉球群岛一带。该区水热条件好，适宜于岩溶发育，地表地下岩溶形态十分发育，但主要发育在古近系—新近系孔隙性灰岩或礁灰岩基础上，因此地表宏观岩溶形态以锥状峰丛洼地为主，山峰浑圆，发育有溶痕、落水洞、溶洞、地下河等岩溶形态，洼地中堆积的土壤也往往含有火山灰。

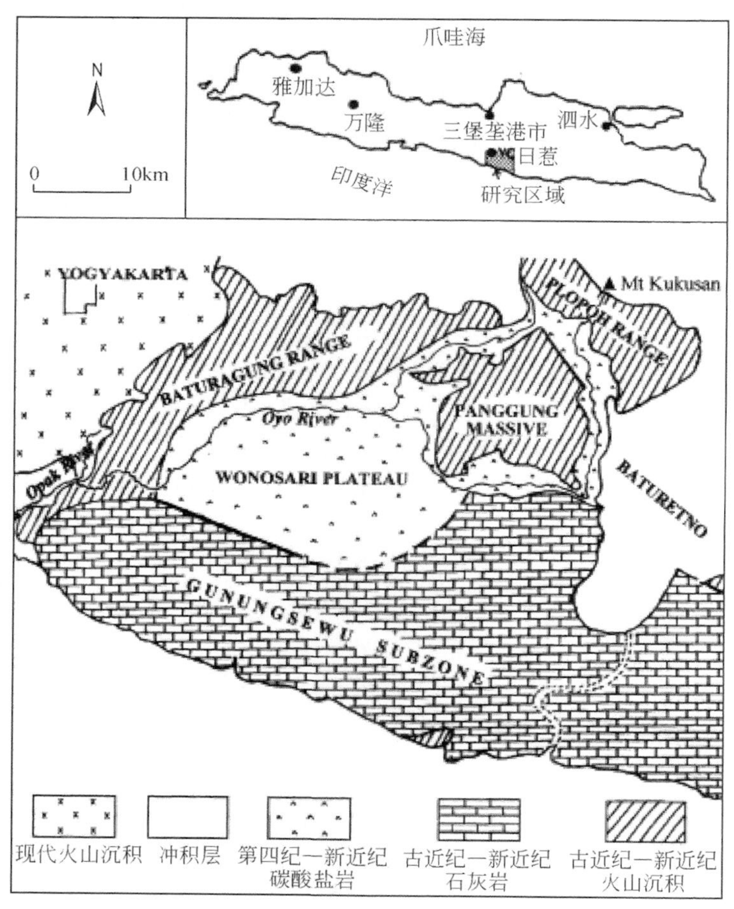

图6-7　印度尼西亚爪哇岛岩溶区位置图（Kusumayudha，2000）

印度尼西亚爪哇岛（Java Island）南部的贡努瑟屋（Gunung Sewu）岩溶区（又称千丘区“Thousand Mountains”）（图6-7），总面积约1300km²，分布约1万个锥状石峰。区域南部岩溶发育地层为中新世Wonosari组含大量礁灰岩的碳酸盐岩地层，北部为白垩系碳酸盐岩。整个地层厚度约650m。区域内锥状峰丛相对高度50～100m，整个石峰成圆形或半球形，石峰间被较窄的垭口所分隔。与锥状峰丛相配套的岩溶洼地、岩溶谷地等堆积有厚约10m含有一些火山灰的红色土壤层。在坡地上土壤层较薄，不成片的分布有一些黑色石灰土或变性土。整个区域内生活了约25万人且主要是农村人口，人口密度达200人/km²。区域内遍布农田，农业活动强度较大。该区一个最突出的环境问题是缺水干旱。虽然该地区处于湿润的热带，年降水量大，但是时间分布极度不均匀，主要集中在10月到次年4月。降雨直接通过地表岩溶裂隙、落水洞等排向海边（图6-8）。在岩溶洼地中有一种当地人叫“塔拉嘎”（telaga）的水塘，但是由于缺少补给，虽然在该区域一共修建了450个这样的水塘，但是每天还有很多居民跋涉几公里去取水，生活十分艰难。

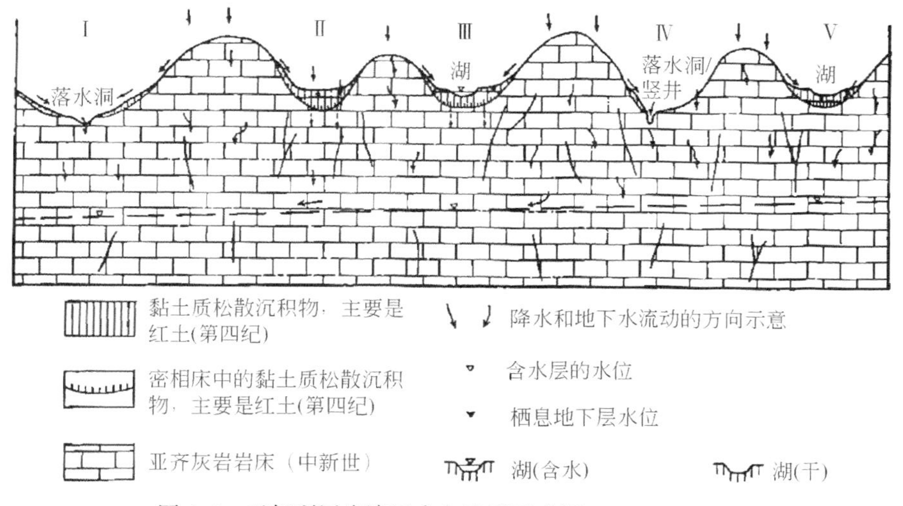

图6-8　贡努瑟屋岩溶区水文地质示意图（Uhlig，1980）

琉球群岛地区发育的岩溶形态主要是在第四系孔隙性珊瑚礁灰岩上（照片6-15），因此地表岩溶形态以封闭的浅洼地、低矮的溶丘等大形态为主，缺少宏观形态，由于长期受海水影响，地下岩溶主要以溶孔、洞穴、溶管等为主，发育有岩溶泉。该区面临的一个最大的环境问题就是淡水缺乏，而海水入侵。雨季时降水大部分通过岩溶孔隙等流入海洋中，而在旱季的时候又面临海水入侵的威胁。因此该区采用地下筑坝抬高地下淡水水位的方式阻挡海水的侵入（图6-9）。琉球群岛中部的尤融岛（Yoron island）属于亚热带湿润气候，全岛总面积21km²，其中岩溶面积约15km²，常住居民约6000人。岩溶出露地层主要是第四系的礁灰岩（图6-10）。岛上地表岩溶形态以一系列的浅洼地为主。从全岛来看，除南部地区以外，岩溶洼地广泛分布，但是空间分布不均匀，东西部洼地形态差别较大。西部地区71个岩溶洼地的统计结果显示，该区洼地分布集中，呈浅碟形，封闭性较好，但形态小，洼地长轴平均值为76m，平均面积为2320m²，深度一般小于4m。而东部、中部、北部地区的48个岩溶洼地的统计结果显示，该区洼地分布较为零散，封闭性较西部差，但洼地形态较大，长轴平均值为103m，平均面积为4060m²，深度可达10m。东西部洼地形态差异主要是由于碳酸盐岩岩性差异引起的。东部地区碳酸盐岩是含红藻的生物灰岩，其孔隙度比西部地区的珊瑚礁灰岩要大得多，所以洼地形态较大。

照片6-15 琉球群岛第四系的孔隙性珊瑚礁灰岩

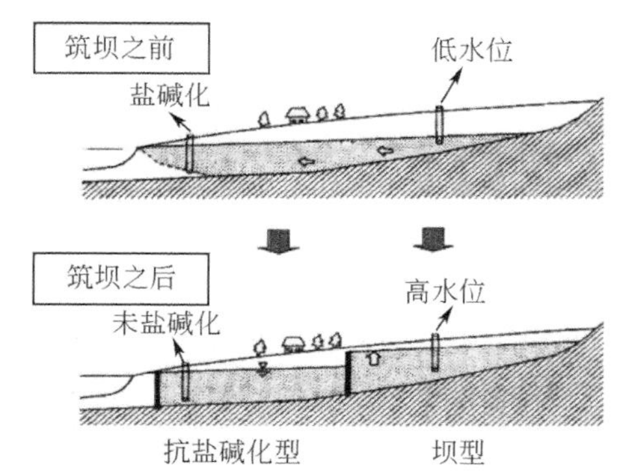

图6-9 琉球群岛岩溶下水的渗漏和治理

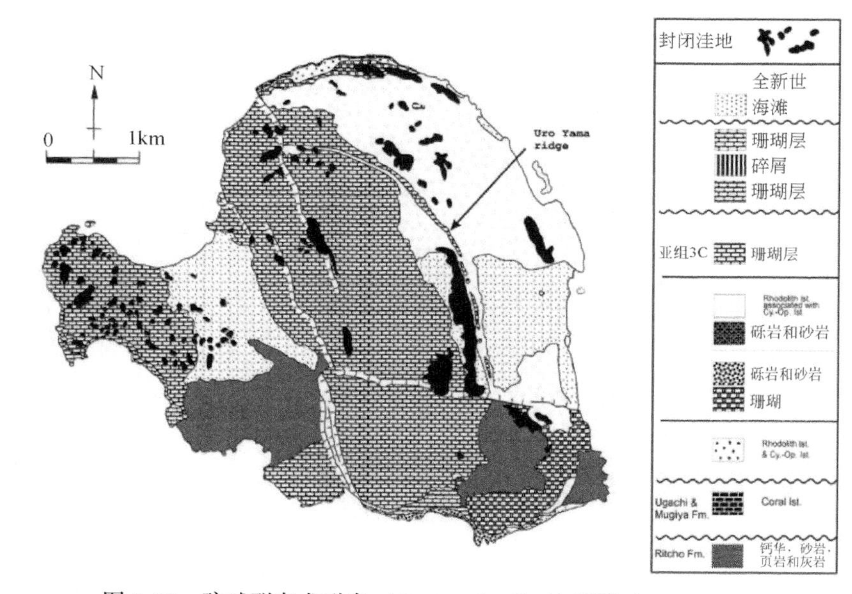

图6-10 琉球群岛尤融岛（Yoron island）地质图（Terry，2005）

从整个岛屿来看，虽然年降水量在2200mm左右，但没有明显的地表径流，降雨全部渗入地下岩溶含水层。岩溶含水层直接将大量淡水排向海洋，造成该区淡水短缺并引发海水入侵。

巴布亚新几内亚境内岩溶分布面积广，占国土面积的15%（图6-11）。岩溶发育的地层主要是古近系—新近系孔隙性石灰岩。由于该区构造活动强烈，石灰岩从海岸到境内海拔4000多米的星山（Star Mountain）均有分布，且岩溶形态也显示出明显的垂直地带性。据Jennings的实地调查，在新几内亚岛上岩溶形态显示出明显的垂直分带。海拔200m以下的基科里地区（Kikori area）岩溶形态为大致近半球形的锥丘式峰丛，洼地呈多边形，封闭性较好，洼地中多堆积有河流沉积物；海拔2000m左右的塔拉马（Tualamara）、苏谷（Sugu）、内木比（Nembi）、帕如（Paru）、卡木比（Kambi）的金字塔式峰丛、锥状峰丛和斗淋分布广泛，地下发育有大型洞穴，岩溶泉等；海拔3000m左右的塔瑞盆地（Tari basin）南侧和凯靖德山（Mt. Kaijende）出现剑状石林，但这种形态分布的面积很小。主要出现的岩溶形态还是锥形峰丛和斗淋，但是形态要小得多。

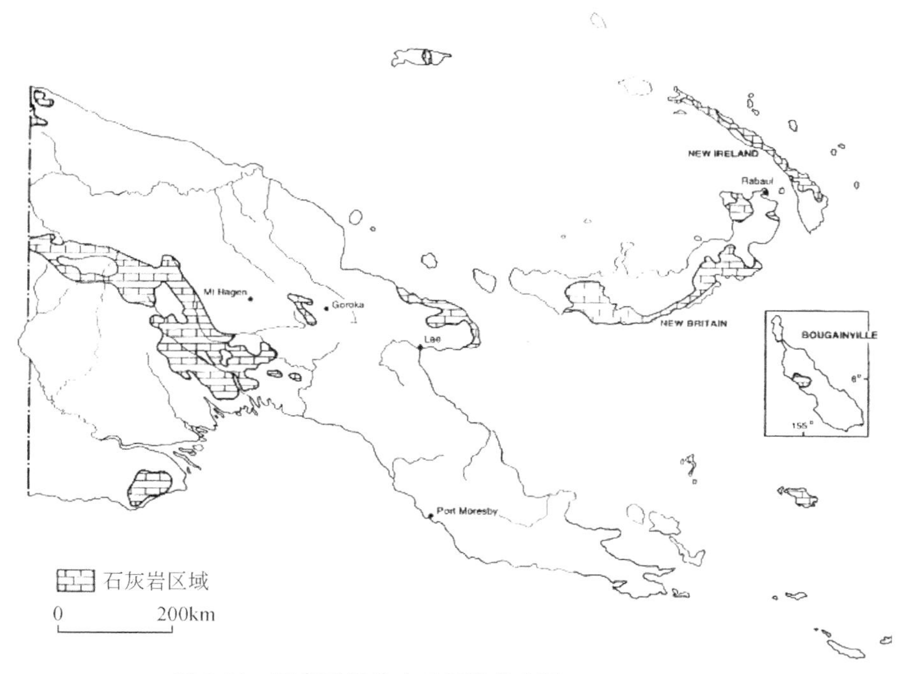

图6-11　巴布亚新几内亚岩溶分布图（Loffler，1977）

菲律宾岩溶分布面积有3.5万km^2，约占其国土面积的11%，主要分布在吕宋岛（Luzon island）、维萨斯群岛（Visayas island）、棉兰老岛（Mindanao island）（图6-12）。岩溶形态主要发育在古近系—新近系和第四系的孔隙性碳酸盐岩上。滨海地区的岩溶地层主要是第四系的礁灰岩。

菲律宾的地表岩溶形态主要是以锥峰洼地（照片6-16）、溶丘洼地为主（照片6-17），并分布有洼地、干谷、坡立谷的等形态，地下洞穴、地下河、岩溶泉等也较为发育。其最著名的岩溶形态是分布在薄荷岛（Bohol）的锥峰洼地、溶丘洼地，当地又称作“巧克力山丘”（chocolate hills）。据调查，在薄荷岛50km^2面积内分有1776个溶丘（图6-13），其相配套的岩溶形态为洼地、谷地或坡立谷。溶丘形态近乎对称，底部直径一般在30～50m之间，最大的达120m。区域内溶丘发育的地层为晚上新统到早更新统的石灰岩，并夹有砂岩层分布。整个区域地貌是自晚更新世抬升到海平面上以来，在雨水、地表水、地下水沿裂隙、孔隙的溶蚀作用和机械侵蚀作用下所形成的，因此也称为溶蚀残丘。整个丘体被底平的洼地、坡立谷或小型岩溶盆地所分割，地下发育有洞穴、岩溶泉等形态。但形成这种溶丘形态的主控因素还是岩性，由于灰岩多孔隙且夹有砂岩层，对岩溶的进一步发育和溶蚀起到限制作用，因此形成溶丘形态。

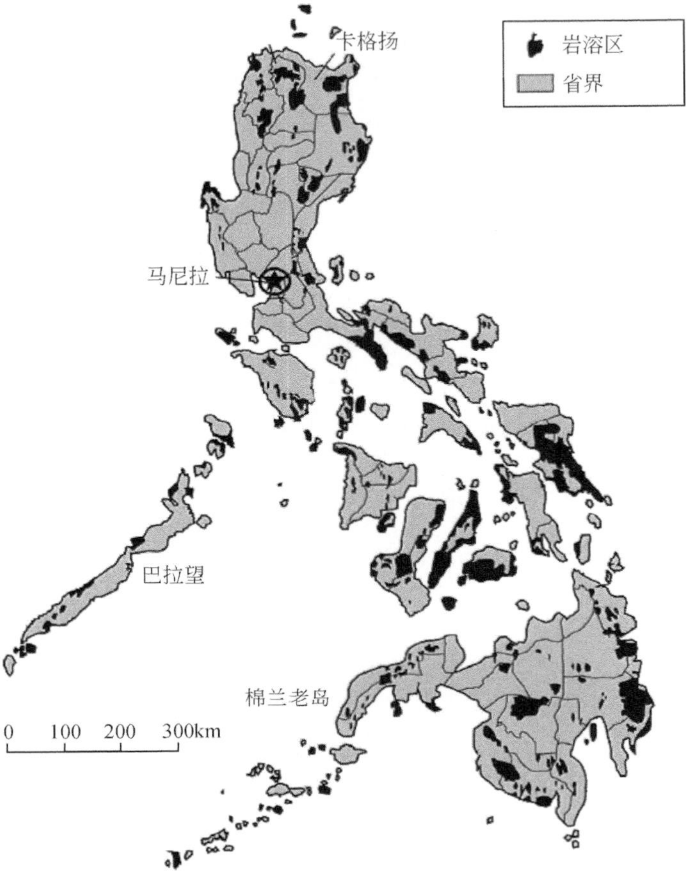

图6-12　菲律宾岩溶分布图（Restificar，2006）

照片6-16　菲律宾薄荷岛锥峰洼地

照片6-17　菲律宾薄荷岛溶丘洼地

从20世纪20年代以来建立的采石场，对当地的生态造成了严重破坏。在20世纪70

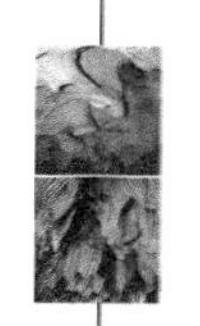

图 6-13　菲律宾薄荷岛溶丘分布图

到 80 年代，由于森林的砍伐，人口的快速增加，农业活动的不断扩张，导致地下水水位下降，水量减少约 40%。化肥农药的无节制使用，使得当地水污染严重，各种水体严重富营养化。渔民甚至直接将一些农药倒入河中、洞穴中用于捕鱼，造成了水体和洞穴生态的严重破坏。当地的白鹭从约 1 万只在 10 年内减少到了 181 只。不过，随着 20 世纪 80 年代末期，该地被划为菲律宾国家地质公园保护区以来，生态环境得到很大的改善。

马来西亚沙捞越州的姆鲁国家公园，总面积约 0.5 km^2，以其剑状石林而闻名于世，被联合国教科文组织于 2000 年评为世界自然遗产。石林发育的地层主要为晚始新世到中新世的孔隙性石灰岩，总厚度约 1000m，由于该区上新世到更新世期间的强烈的构造抬升活动，在海拔 1700m 的地方都有石灰岩出露，同时造成灰岩构造节理、裂隙发育。该区属于热带季风气候，终年高温，低地可为 26℃，年降水量可达 5000mm，植被覆盖率达 80%。湿热多雨，植被繁茂的条件，十分有利于岩溶发育。剑状石林为其典型代表，剑峰成簇状聚集，一般高度 30 ~ 40m，最高可达 45m，这主要是雨水沿垂直节理、裂隙直接溶蚀形成。强烈的构造抬升以及丰富的降水使得地下洞穴发育，多发育有大型溶洞。但总体来看，该区域地表虽有剑状石峰分布，但是景观单一，缺少岩溶洼地、斗淋等与之配套；地表虽有溶洞等发育，但缺乏洞穴沉积物等形态。

2. 古生代坚硬碳酸盐岩岩溶区（Ⅱ1–2 区）

该区岩溶主要分布在中国南方、越南北方、泰国和马来半岛一带，以中国南方岩溶分布面积最广，最为集中。可溶岩主要以三叠系以前的古老碳酸盐岩为主，受季风气候影响，该区域降水充沛，水热配套，地表地下岩溶十分发育，加之该地区的地形抬升幅度由东南到西北增强，因此在不同的海拔高度上均有岩溶发育。该地区的岩溶形态类型丰富多彩，宏观岩溶形态有峰林–平原、峰丛–洼地，地下发育有大型洞穴、地下河等，洞穴沉积物形态多样，构成了世界岩溶发育的典型地区。其中中国南方喀斯特、越南下龙湾等成为世界遗产地。中国的岩溶形态及其特征在第七章将会详细介绍，这里只介绍国外其他地区的岩溶类型及特征。

越南岩溶分布面积有 6 万 km^2，占国土面积的 20%，主要分布在越南的北部、中部地区。从地理上来看，主要可以分成如下 4 个地区：西北（Tay Bac）、东北（Dong Bac）、越北（Viet Bac）和越中（centre of the country）（图 6-14）。越南地区碳酸盐岩地层时代跨度大，从前寒武纪到全新世都有发育，累计厚度达 2000m。岩溶主要发育在中三叠统地层中，其中：①T_{2dg}（Dong Giao Formation）主要为质纯薄层石灰岩，厚度在 1200 ~ 1800m，是主要的岩溶发育层位。因受构造活动影响，岩层多呈 30° ~ 90°倾角产出，裂隙非常发育。

其分布范围自中越边境沿东南方向延伸至东部海岸，长400km，宽5～40km；②T_{2mt}（Muong Trai Formation）主要由硅质碎屑岩和少量石灰岩、泥岩及下部火山岩组成，为区域性的隔水层，对岩溶发育具有重要意义。受湿润的东南季风影响，越南年降雨量充沛，平均为1100～3000mm，年平均气温21℃，年平均湿度80%。良好的气候条件利于植被生长，许多地区分布有直径达2～4m，高60～80m的大树（照片6-18）这使其下土壤层能保持较高CO_2浓度，对促进岩溶发育是非常有利的。在岩溶形态方面，越南北部与中国南方非常相似。既有丰富多彩的地表形态，如岩溶溶蚀高原、峰丛洼地（照片6-19）和深尖溶痕等微观形态，又有大型岩溶洞穴和地下河系统。在次生岩溶沉积形态方面，地表钙华和洞穴沉积物广泛发育，并均具有多期性特征。在岩溶地貌上呈如下完整的变化序列，即岩溶高原（山萝省Moc Chau一带，海拔620～940m）→峰丛洼地（Moc Chau到Muong Khen之间或Son La城到沱河之间，海拔650～1100m）→峰林谷地（Muong Khen到Ngo Quan之间，海拔160～70m）→孤峰平原（Ngo Quan北，海拔100m以下）。这一序列与我国自贵州高原到广西盆地的岩溶地貌演变非常相似。

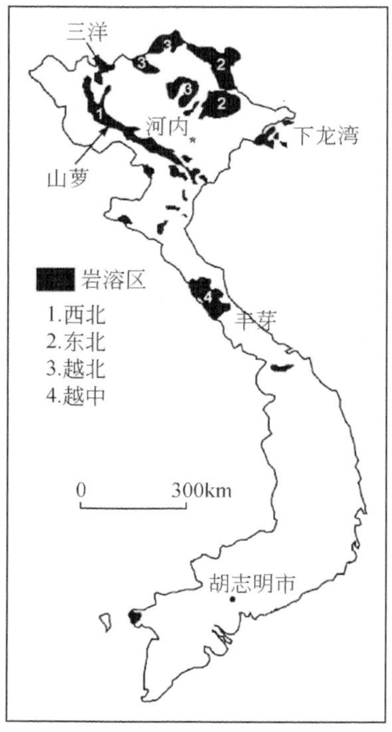

图6-14　越南岩溶分布图（Nguyet，2006）

照片6-18　越南北部岩溶区内的大树

照片6-19　越南北部岩溶区的峰丛洼地（Tran，2009）

不同的是越南北部大量碳酸盐岩分布于其滨海地区，形成更为广阔的滨海孤峰平原（照片6-20）及海上峰林（照片6-21）。除上述主要岩溶地貌类型外，其他一些与环境配套的岩溶形态类型也非常发育，主要包括：①溶痕，几乎在所有岩溶区均有发育，以Mai Chau地区最为典型，多沿近乎垂直的碳酸盐岩层面或裂隙发育。而在东北部的下龙湾，主要发育岩石表面雨水淋溶溶痕和海蚀溶痕两种类型，后者是由于海水的混合溶蚀作用和侵蚀作用而形成；②“石海”，发育于相对开阔，土壤层较薄的谷地中；③穿谷和盲谷；④坡立谷，广泛发育于岩溶地区，面积大都在100km^2以下，一般在3～5km^2到40～50km^2，在海拔10m的滨海地区到1500m的岩溶山区均有发育。坡立谷的成因类型主要有边缘型坡立谷、构造坡立谷和侵蚀基准面坡立谷等。此外，越南西北岩溶高原面

上岩溶土壤发育，可利用土地面积广，是重要的经济作物生产区；而在峰丛地区土地较少，这同我国西南岩溶区的土地格局类似。其次，在最近10多年来，其社会经济发展越来越依赖岩溶地区的资源开发和利用，不合理的土地耕作方式引起的水土流失、森林退化和土地石漠化问题已出现（照片6-22），但相对我国南方石山地区来说，其面积和石漠化程度均小得多。

另外不合理的土地利用以及森林退化，造成水土流失，地下洞穴排水系统堵塞。在雨季，一些岩溶洼地、坡立谷和岩溶谷地常因排水不畅，引起洪涝灾害，遇大暴雨时问题则更为严重。例如，1991年7月21日在Son La坡立谷的一次洪灾中，数人丧生，人民生命财产遭受严重损失。而在旱季，地表水渗漏进入地下岩溶系统，造成地表水源缺乏，严重干旱的情况也时有发生。岩溶地下水的污染问题在越南北部已有发生。例如位于Son La附近的一个糖厂直接将废水排入岩溶含水层，造成水质变坏，含水层受到严重污染。大量的采石场也对越南岩溶环境造成极大破坏，为满足道路建设和房屋修建等需求，在岩溶地区大量的开采石灰岩，从1996~2000年，石灰岩的开采量就从600万t增加到1000万t，严重破坏了当地的岩溶环境。对于这些环境问题，如不及时采取措施，会严重影响当地的环境与经济社会发展。

照片6-20　越南北部滨海峰林平原

照片6-21　越南下龙湾的海上峰林（Tran，2009）

照片6-22　越南北部地区的石漠化现象

泰国岩溶分布面积约5万km^2，占其国土面积的15%左右（图6-15）。其主要分布在泰国的西部，具体范围为沿马来半岛西岸泰国-马来西亚边界一直向北延伸到泰国-缅甸交界的掸邦高原（Shan states plateau）境内，另有少量分布在中部一些地区。泰国受湿润季风气候影响，多年平均降水量1550mm，年均温25℃左右，水热配套条件好，植被发育，这给岩溶发育创造了良好的条件。岩溶发育的主要地层为古生代以来的石灰岩，主要发育层位为奥陶系、二叠系和三叠系石灰岩，其中二叠系地层分布最为广泛，厚度超过1000m，岩性较纯，为岩溶发育优势层位。泰国地表地下岩溶十分发育。地表宏观岩溶形态有峰林平原、峰丛洼地等，坡立谷、斗淋、深尖溶痕等形态也分布广泛，地下发育有大

型洞穴、岩溶泉、地下河系统等，洞穴沉积物形态丰富。泰国普吉岛以位于海边发育在二叠系地层中峰林著称。

缅甸岩溶主要分布在东部海拔超过1000m的掸邦高原上，面积约3万km^2，少量分布在北部和东部地区（图6-15）。缅甸属于热带季风气候，湿热多雨，年均温度为27℃左右，年平均降水地区差异较大，可达500~5000mm。岩溶发育的地层主要为古生代到中生代的石灰岩、白云岩。岩溶发育主要层位为泥盆系碳酸盐岩，其次是三叠系的白云质灰岩。在石灰岩地区的主要地表岩溶形态有塔状峰丛、斗淋等，而在白云岩地区的地表岩溶形态主要是锥状峰丛等。在高原上的一些陡崖地带常有瀑布分布，并伴随有大量的钙华沉积。地下岩溶洞穴发育，已开发的最长的洞穴是为东枝地区（Taunggyi）附近的Mundewa Guh洞，长达1.7km。

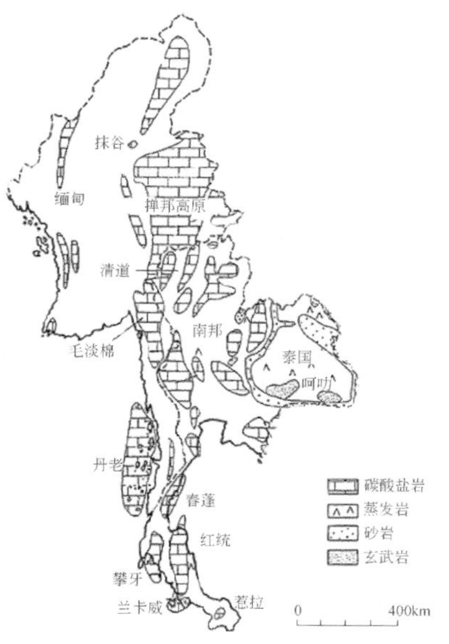

图6-15　泰国和缅甸岩溶分布图（Gunn，2006）

（二）干旱半干旱区岩溶区（Ⅱ2区）

欧亚板块内干旱半干旱岩溶区主要分布在我国北方的山西、河南、陕西、河北、山东一带，西北的新疆、甘肃、宁夏以及内蒙古广大地区。年均降水量不足500mm，植被以比较稀疏的耐旱植物为特征。水源、植被和土壤CO_2不足，导致干旱、半干旱地区岩溶发育程度较弱，地表岩溶形态以常态山（照片6-4）、常态丘陵为主，比较普遍的岩溶形态是干谷。地表的小形态与地下形态也比热带、亚热带气候条件下差得多（照片6-23）。由于地表植被覆盖度低，机械风化强烈，降水可迅速渗入地下，溶解地层中的石膏层，增强了地下水溶蚀能力，导致地下岩溶形态比较发育，形成岩溶大泉等形态，如山西娘子关泉、柳林泉、神头泉等，在泉口也多有钙华沉积。在该区内的山地，由于降水条件较好，岩溶发育条件也较好。如年降水量达500mm以上的晋东南太行山东部，山东及河南焦作等地的岩溶区，仍有较为密集的溶沟、溶槽，地下也有600~1000m的洞穴发育。该地区煤矿资源丰富，许多大泉的干枯和污染都与该地区煤矿资源的开采不当有关。如晋祠泉、兰村泉均已断流，娘子关泉流量比20世纪60年代减少了48.4%，柳林泉减少了67.8%。娘子关泉、柳林泉的水质都为Ⅳ类水，有时竟是Ⅴ类水，水资源的保护形势非常严峻。

照片6-23　天津蓟县发育在前寒武系灰岩上的浅溶痕

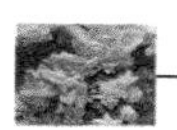

（三）青藏高原岩溶区（Ⅱ3 区）

该区主要分布在青藏高原及其东部、东南部的高海拔山地地区，以及周边的伊朗高原东部、帕米尔高原地区，即我国的西藏、川西、滇西和尼泊尔北部、不丹、阿富汗东北部、巴基斯坦北部、伊朗东北部以及吉尔吉斯斯坦和塔吉克斯坦的东部、东南部地区。区域平均海拔一般在3500m以上，气温和降水量都远较热带亚热带地区低。区域内岩溶形态主要发育在中生代以来的碳酸盐岩上。在青藏高原面上，碳酸盐岩面积约有11.5万km^2，但纯度较不高，多与其他岩石如页岩、砂岩等互层或为夹层，并常在构造活动的影响下，构成山脊或墙垣式条脊。在现代气候条件下，高原面上大气CO_2浓度低，因此降水溶蚀能力较弱，现代岩溶溶蚀速率低，在一些生物作用下可形成溶盘等形态。但在青藏高原地区，由于寒冻风化作用强烈，石灰岩常受到机械风化作用破坏，形成冻蚀山峰和石灰岩角砾的组合形态（照片6-24，照片6-25）以及灰岩残柱（照片6-26），灰岩尖塔，窗洞（照片6-27）等形态，区域地下洞穴不发育。该地区位于特提斯（Tethys）构造带，构造活动频繁，在活动断裂处有大量CO_2气体冒出，形成CO_2冒气点，在冒气点附近沉积大量钙华，黄龙钙华的形成就是典型的例子。图6-16显示了黄龙地热泉（转花池泉）由深部封闭系统溢出后，在黄龙沟沿线的水化学变化，揭示CO_2脱气和钙华沉积过程。

照片6-24　黄龙地区冻蚀灰岩山峰及角砾

照片6-25　昆仑山地区石灰岩剥蚀山地

照片6-26　西藏地区冻蚀作用的灰岩残柱

照片6-27　西藏地区冻蚀作用形成的窗洞

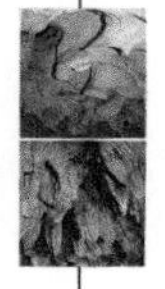

在该区域内的北部及西部的一些高原地区，如我国的柴达木盆地、伊朗高原西部等地分布有大量的蒸发盐岩，往往形成蒸发盐岩岩溶。主要的岩溶形态可有盐溶洞、盐丘（图6-17）、盐溶孔、盐溶坑等。

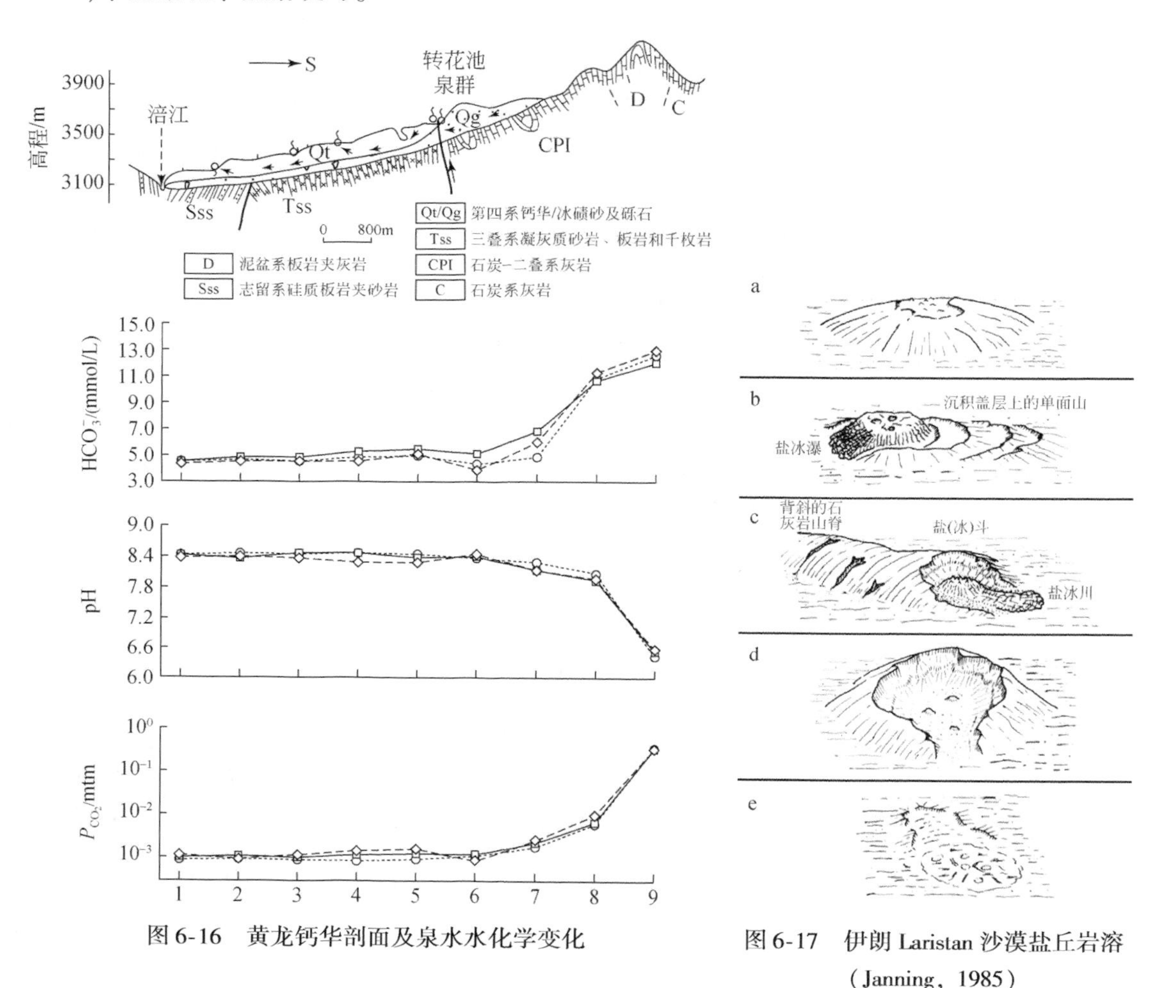

图6-16 黄龙钙华剖面及泉水水化学变化

图6-17 伊朗 Laristan 沙漠盐丘岩溶（Janning，1985）

（四）温带湿润半湿润岩溶区（Ⅱ4 区）

该区岩溶主要分布在中国东北地区、朝鲜半岛、日本列岛和俄罗斯的东西伯利亚地区。地区之间降水差异较大，如在东西伯利亚地区降水只有700mm，而在日本降水可以达到2000mm。该地区主要以地台构造为主，比较稳定，但在地台边缘地带，也是构造活跃地区，包含了诸如贝加尔湖裂谷、日本岛弧等构造区。区域内沉积了由寒武系到石炭系厚度达到几公里的碳酸盐岩，给岩溶发育创造了良好的地质条件。我国东北地区的情况将在第七章介绍，这里主要介绍国外的情况。

朝鲜半岛属温带季风气候，但南部海洋性气候特点明显，北部向大陆性气候过渡。夏季高温多雨，冬季寒冷干燥。年平均气温8～12℃，年平均降水量1120mm。整个半岛山地和高原占半岛总面积的80%。该区碳酸盐岩主要形成于早古生代，并受到半岛两条主要断裂带的影响而成带状分布，主要分布在朝鲜境内平壤—熙川—文川略呈三角形的地区，以及韩国境内三陟—忠州—平海一带，也略成三角形分布（图6-18）。整体来看，朝鲜半岛岩溶分布面积较少，但岩溶形态发育。地表岩溶形态主要以峰丛（照片6-28）、洼地、落水洞为主，地下岩溶形态主要有洞穴、岩溶泉、地下河等。半岛北部岩溶区在朝鲜境内的妙香山一带，发育有动龙窟（Dongryong-gul cave）和万年大窟等洞穴，而在韩国境内的太白山一带的岩溶区据统计分布有约1000个洞穴，最长的是长约10km的幻仙洞（Hwanseon cave）（图6-19），最深的洞穴有200m（Yumundong cave）。洞穴内也多有鹅管（照片6-29）、钟乳石、石笋、卷曲石、地盾等沉积物。韩国的游览洞穴尚缺少科学研究，70%的自然洞穴已遭破坏，汉城展览馆竟有石笋销往国外。洞内的灯光设备没有进行较好的规划，对每日进洞游客人数也没有任何限制，灯光植物已成为韩国溶洞中的一个主要环境问题。韩国开放的洞穴几乎没有导游（幻仙洞有一名中文导游），实行的是自由式游览，因此可能因溶洞景观的专业性较强而收不到预期的旅游效果和达不到科普教育的目的。此外，管理人员也比较缺乏相关知识。

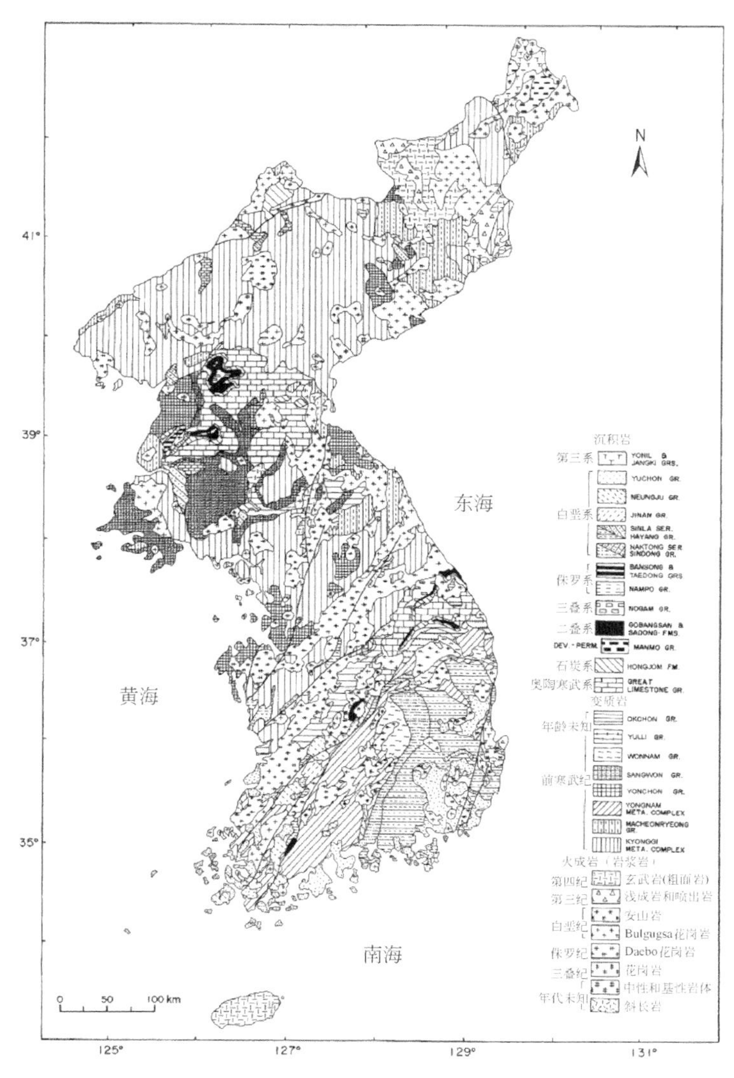

图6-18　朝鲜半岛地质图（Chough，2000）

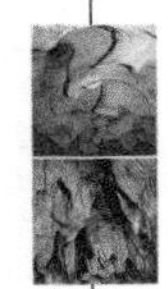

日本岩溶分布面积较小，且不连续，总面积约1654km^2，占国土面积的0.44%，主要集中分布在东南部，约占岩溶总面积的1/3（图6-20）。碳酸盐岩从前寒武系到第四系均有出露，主要包括石灰岩、白云岩。东南部一些岛屿上，如冲绳等地主要是第四系的礁灰岩。古生代碳酸盐岩分布也较为广泛，如本州岛内的岩手县分布有200km^2，冈山县分布有87 km^2，岐阜县分布有85 km^2，江口县分布有75 km^2。

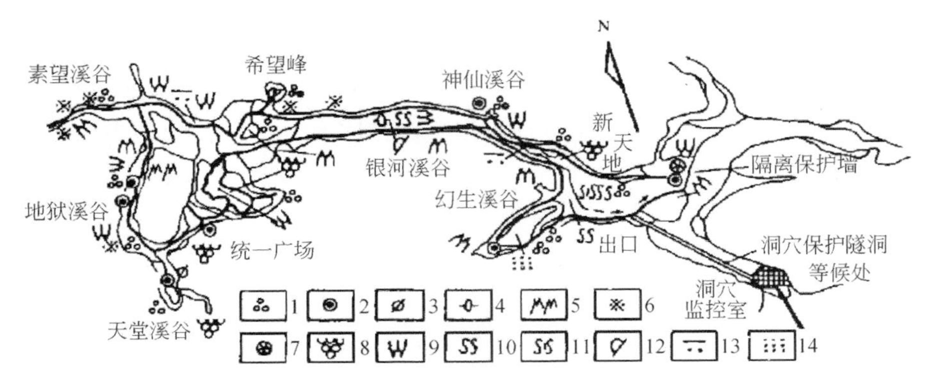

图6-19　韩国幻仙洞洞穴平面图（据三陟市大耳洞穴管理事务所；谢运球，2001）

照片6-28　韩国三陟市前寒武纪灰岩石峰

照片6-29　韩国三陟市幻仙洞内鹅管沉积

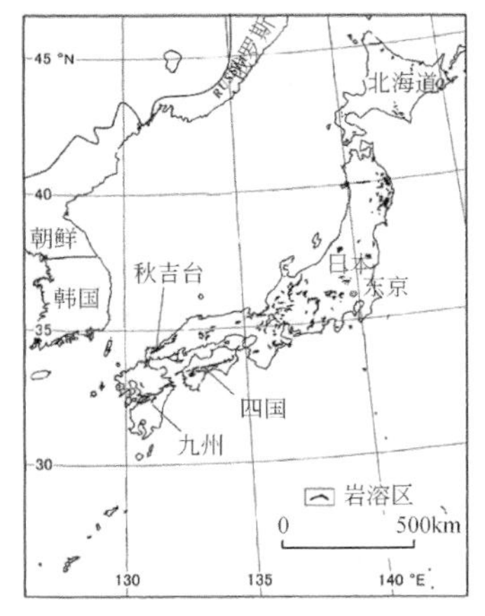

图6-20　日本岩溶分布图（Matsushi，2010）

照片6-30　日本秋吉台地区的浅碟性岩溶漏斗

日本东南部的一些岛屿属于Ⅱ1-1 岩溶区，九州岛以北的岩溶区则属于Ⅱ4 区，而北海道地区的岩溶区又处于寒温带。日本纵跨 25 个纬度，气候的南北差异较大，但总体来看属于海洋性温带季风气候区，气候温和湿润，年降水量约 1800mm，这为岩溶发育提供了良好的条件。日本地表岩溶形态以溶痕、石牙、浅碟形漏斗（照片 6-30）、坡立谷为主，地下发育有大型洞穴、地下河等形态，洞穴中有石笋等次生沉积物。日本江口县西北部的秋吉台高原（Akiyoshi plateau），是日本岩溶发育最典型的地区。整个高原海拔 100 ~ 400m，年降水约 1970mm，被科托河（Koto river）分为东西两部分，岩溶面积约 130km^2，岩溶发育地层主要为石炭系到二叠系的厚约 700m 的碳酸盐岩。高原地表岩溶形态主要为浅碟形漏斗、坡立谷、石牙等，地下岩溶形态有地下河、岩溶泉、洞穴及石笋、边石坝（照片 6-31）等。在高原面地表分布有 2200 多个浅碟形漏斗，平均漏斗密度达 20 个/km^2，特别是在中部地区，达到 140 ~ 160 个/km^2。高原面上漏斗均沿区域构造线、断层展布，而一些坡立谷的也沿碳酸盐岩与非碳酸盐岩界线发育。整个高原上分布有 81 个岩溶泉和 429 个洞穴。洞穴发育大致能够分成三个高度：较高海拔（海拔超过 250m），中等海拔（海拔在 250 ~ 130m），低海拔（海拔低于 130m）。在高海拔地区，如 Choujagamori 台地（320 ~ 380m）分布有一些竖井状洞穴，中等海拔的洞穴主要位于 Wakatakebara 台地，多集中在 180 ~ 160m 的海拔，低海拔洞穴主要位于高原的边缘地带。整个高原上最长的洞穴当属秋芳洞（Akiyoshi-do Cave），属于典型的低海拔洞穴，洞穴入口约 20m 高，8m 宽，位于一个 50m 高的石灰岩陡崖下（照片 6-32），洞穴内发育有一条长约 7.5km 的地下河，通过地下河和 Kuzuga-ana 洞相连接，估计长度会超过 8.5km，流域面积约 15.4 ~ 18.5km^2。洞穴内如边石坝（照片 6-31）、石笋等沉积物丰富，景观多样，于 20 世纪 60 年代开发为旅游地。整个秋吉台地区面临的主要环境问题是石漠化（照片 6-33）、采石场和地下水污染。除了 45km^{2}的国家公园特别保护区外，其他地区被用公共牧场，大量的放牧导致草场退化，石牙裸露形成石漠化，同时牲畜粪便等也顺着各种岩溶形态进入地下水中，污染含水层。自

照片 6-31　秋芳洞内边石坝

照片 6-32　秋芳洞入口即地下河出口

20世纪初以来，日本工矿业飞速发展，开设了大量的采石场，导致地表形态破坏，水源枯竭，但自从该地区划为公园保护区以来，采石活动有所禁止，环境得到一定程度的保护。

照片6-33　日本秋吉台地区的石漠化现象

俄罗斯东西伯利亚岩溶区主要位于西伯利亚地台区，范围大致在叶尼塞河（Yenisei River）以东到远东的广大地区。该地区南北纬度跨度大，主要位于寒温带和温带区域，北部一些岛屿位于极地圈，其西北部地区属于Ⅰ区。植被类型主要是泰加林、苔原等为主。降水时空差异明显，北冰洋沿岸年降水量100～250mm，针叶林地带500～600mm，阿尔泰山地达1000～2000mm，75%～80%的降水主要集中在夏季。东西伯利亚地台区可溶岩形成时代分布广泛，从震旦纪到中生代都有沉积，厚度超过3000m，其中还含有厚约150m的蒸发岩。该区多以覆盖型或埋藏型岩溶为主（图6-21），许多岩溶形态的发育常受到多年冻土带的影响。受地质、气候、水文、植被等的影响，该地区各地岩溶形态差异较大。西北部的图鲁汉斯克地区（Turukhansk）地区，岩溶形态主要发育在寒武系、奥陶系的碳酸盐岩中，在分水岭地带地表主要形态是漏斗，而在河畔平原地区多形成一些塌陷漏斗。

在叶尼塞低山地区，岩溶形态主要是在新生代以来地壳抬升后形成的，地表形态主要有洼地、落水洞和岩溶盆地等，通过钻孔发现前寒武系碳酸盐岩中古岩溶形态也比较发育，多存在一些洞穴等。在叶尼塞低山地区的边缘地带，也存在一些盲谷、坡立谷等形态，同时也有石膏岩溶。在伊尔库茨克地区（Irkutsk），山麓地带广泛分布有寒武系的碳酸盐岩，地表岩溶形态也主要以漏斗为主。总体来看，在东西伯利亚地区地表岩溶形态缺乏，但是地下岩溶形态发育。地下岩溶形态主要是以一些洞穴、竖井等。目前在西伯利亚地区共发现了约1000个洞穴，其中Bol′shaya Oreshnaya洞长度超过47km。该区域存在的主要环境问题是岩溶塌陷，有的塌陷深达100～200m。这主要是受该地区覆盖型或埋藏型岩溶类型，以及存在石膏地层的影响。在覆盖型岩溶区，地下岩溶发育时，在地下水水位波动情况下，往往容易诱发塌陷。另一种原因就是有石膏层存在时，石膏的溶蚀速率比石灰岩、白云岩等快，因此当石膏层遭受溶蚀形成洞穴、孔洞时，往往诱发上部的碳酸盐岩或覆盖层塌陷。

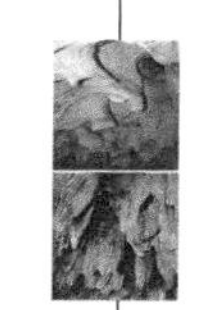

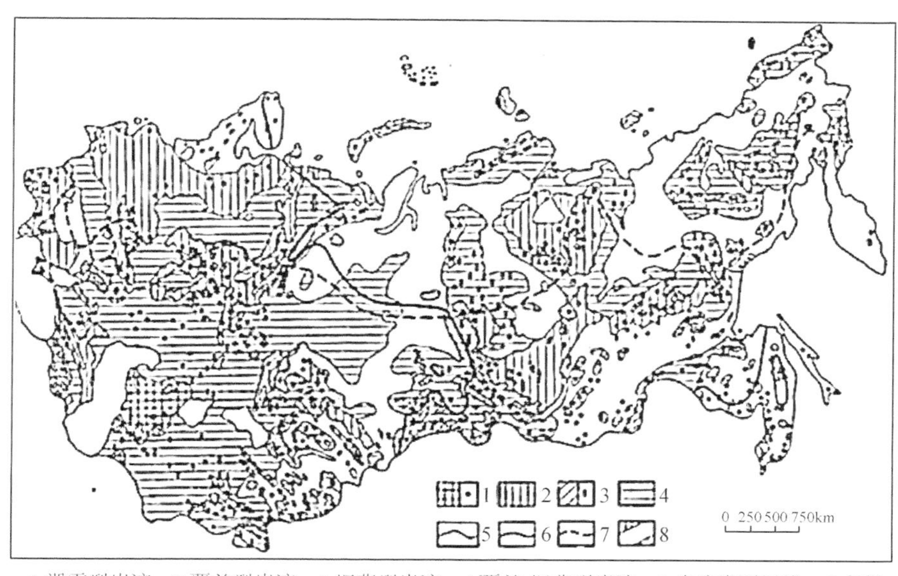

1.裸露型岩溶；2.覆盖型岩溶；3.埋藏型岩溶；4.覆盖-埋藏型岩溶；5.岩溶类型界线；6.多年冻土界线；7.最厚的第四系沉积物界线；8.非可溶岩

图 6-21　前苏联岩溶类型图（Dyblyanskaya and Dyblyansky，1998）

（五）欧洲地台岩溶区（Ⅱ5 区）

该类型岩溶区地域辽阔，西起大西洋东岸，东抵到乌拉尔山、里海；北至波罗的海、白海，南达阿尔卑斯山北部的广大地区，包括东欧西部、中欧、南欧北部的部分地区和波罗的海东岸地区。主要的国家或地区有俄罗斯西部、白俄罗斯、乌克兰西部、德国、波兰、捷克、奥地利、匈牙利、立陶宛、爱沙利亚、拉脱维亚、法国北部和东北部、比利时、荷兰、卢森堡、英国南部等。整个地区地貌以平原丘陵为主，如波德平原，波罗的垄岗，法兰西平原-丘陵区等。区内不同地区气候差异较大，西部属于温带海洋性气候，冬季温和、夏季凉爽，年降水量大致在 600～1000mm，英国的南部地区可达 1000mm 以上；中欧东部、东欧中部属于温带大陆性湿润气候区，年降水量在大致在 500～600mm 左右；东欧南部属于温带大陆性干旱半干旱气候，年降水量大致在 300～500mm，东南部甚至只有 200mm，蒸发量大于降水量；该区靠北一些地区还属于寒温带气候区。区内可溶岩以古生代、中生代碳酸盐岩为主，此外还发育有古生代、中生代的蒸发岩，多以覆盖型岩溶为主。地表岩溶形态总体不如其南部的Ⅱ6 区发育和典型，同Ⅱ1 区比起来更差异悬殊，主要以落水洞、漏斗、干谷、洼地为主，地下也发育有洞穴、岩溶泉等。

俄罗斯乌拉尔地区位于东欧平原的东部边缘，是一个由许多条南北走向互相平行的山脉组成的狭窄带状山系，南北绵延 2000km，东西宽只有 40～60km，很像一条镶嵌在东欧平原与西伯利亚平原之间的彩带，“乌拉尔”也由此得名。区域地貌类型属于中低山，东坡陡，西坡平缓。区域平均气温南北差异较大，夏季南北相差 10℃，而冬季南北相差 4℃。山区西坡降水量为 600～700mm，而东坡 450～550mm 左右，在北乌拉尔降水可达 800～1000mm。山区植被类型主要为针叶林、草地。该地区分布可溶岩类型多样，既有碳酸盐岩，也有硫酸盐岩、盐岩等，面积大约 30 万 km^2。可溶岩地层从前寒武系地层到第四系

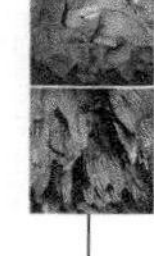

地层均有出露，其最大特点是展布方向与区域构造线方向一致，成南北延伸东西更替的带状展布（图6-22，图6-23）。碳酸盐岩岩溶形态主要发育在古生代地层中，而蒸发盐岩岩溶形态主要发育在二叠系地层中。该地区内岩溶发育的区域差异较大。在俄罗斯地台和前乌拉尔地槽的边缘地区，蒸发岩岩溶主要发育在100～200m深的河谷边缘的地下水积极活动带，该带内蒸发岩地层裸露或被厚约0～15m的第四系松散沉积物覆盖，形成的主要岩溶形态是发育在蒸发岩上的溶痕、漏斗或者洞穴。地区内碳酸盐岩岩溶形态分布最典型的区域是在Ufimskoje高原，高原面积大约12000km^2，外围为河谷环绕，覆盖有厚约10～100m的钙质黏土胶结岩溶角砾岩，下伏二叠系碳酸盐岩，由于地下水的潜蚀作用，造成地下岩溶发育，因此地表形成的主要的岩溶形态是塌陷漏斗，塌陷漏斗的密度10～15个/km^2，有些地区可以达到305个/km^2。在高原边缘河谷地带，发育有很多的岩溶泉，泉水流量在50～500L/s，其中红泉（Krasny Kljuch，Red spring）的流量最大，年平均可达12.6 m^3/s。在前乌拉尔地槽区，主要的岩溶形态是由下部一系列Kungurian组蒸发盐岩溶蚀后沉陷形成的洼地，洼地表面覆盖有Ufimian组的钙质黏土陆源岩。下伏的一些蒸发盐岩以盐丘形式在地表出露。区域内一些泉水或湖水的矿化度可达5～34g/L。在乌拉尔褶皱轴部，岩溶作用主要发生在厚约2000m的奥陶系到二叠系的碳酸盐岩中，该区域碳酸盐岩与非碳酸盐岩间隔并呈南北条带状展布，受到河流横向切割形成深50～200m的横向河谷。在特殊的水文地质结构控制下，区域地下水成纵向向河谷排泄，发育有岩溶泉、地下河、洞穴的等地下岩溶形态，地表发育有干谷、洼地等形态。在整个乌拉尔地区，迄今为止发育有洞穴约1784个，其中1525个发育在碳酸盐岩地层中，218个发育在硫酸盐岩地层中，总长度约180km，洞穴以短、小为主要特征，10～100m长的洞穴占了54%。在乌拉尔地区的洞穴中，一个非常典型的现象是形成冰洞（照片6-34），有超过50个洞穴常年存在冰层，一些洞穴内冰层厚约6～10m，体积可达2000～10000m^3。该地区的主要环境问题采矿、水污染、塌陷。乌拉尔地区矿产资源丰富，包括有金矿、钻石、石油、天然气等，而岩溶发育的基础碳酸盐岩、盐岩、石膏等本身也是矿产，因此各种各样的采矿场遍布，破坏了岩溶区的原有地表形态，造成生态环境恶化。在一些矿区过量抽取地下水，导致淡水侵入盐矿层溶解盐岩引发地表塌陷。1986年Berezniki镇附近世界上最大的钾盐矿，由于淡水沿盐岩层古裂隙、溶隙渗透溶蚀，在盐岩层中形成体积超过100万m^{3}的地下储水空间，形成巨大的地下水库，最终诱发塌陷，形成直径约100m，深约140m（到达盐矿层底部深度超过400m）的塌陷坑（图6-24）。另外，在一些地区由于下伏石膏层的溶解，也往往容易诱发地表塌陷（照片6-35），这对当地的道路、管线、建筑物等造成极大的破坏。一些矿区内，随处可见的废矿堆，其渗出液矿化度（TDS）可达到6～120g/L，易引起水体污染，有些地区地下水受其影响而盐化，导致喜盐植物的生长（照片6-36）。

俄罗斯首都莫斯科市位于埋藏型岩溶地区，石炭系碳酸盐岩位于厚约20～100m的侏罗系、白垩系的黏土岩、砂岩下，地表覆盖有厚约20～40m第四系沙质、黏土质的冰川沉积物和河流沉积物（图6-25）。整个地质构造呈现明显的二元结构，也形成两个特殊的水文地质单元——上部砂岩、黏土岩水文地质单元和下部岩溶水文地质单元，莫斯科河的很多古河道也形成典型的含水单元，并起着沟通几个含水层的作用。随着莫斯科城市的扩展，人口的增多，对地下环境的破坏越来越强烈。到2006年，莫斯科市15%的地区都面临地下水位下降所导致的岩溶塌陷的威胁。在莫斯科市的西北地区，该问题尤为严重，过

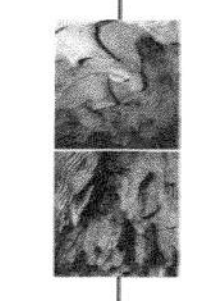

去40年来，共产生了42个岩溶塌陷。在地下工程建设中，切开古河道旁可溶岩岩层时，往往诱发大型突水事故。莫斯科市面临的另一个问题就是岩溶内涝，大约28%的地区面临常年内涝，而38%的地区面临季节性的内涝问题，据俄罗斯国家建设委员会估算，莫斯科市每公顷内涝将带来1.5万~20万美元的经济损失。

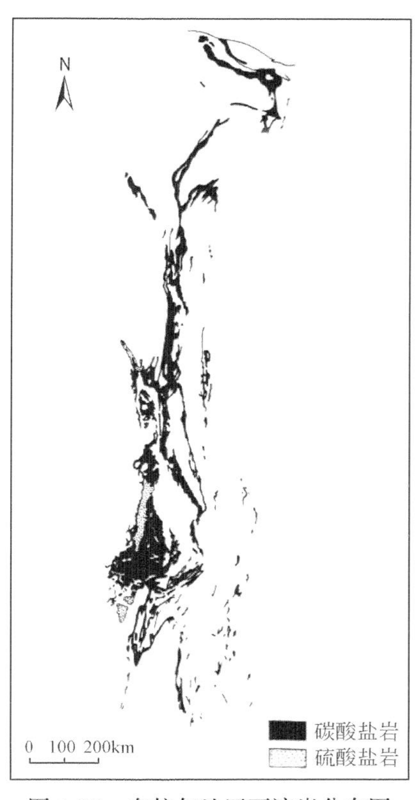

图6-22　乌拉尔地区可溶岩分布图（Andreichunk，1998）

系	统	层(阶)	代号	典型岩石
第四系		更新统	Q	钙华
新近系	上新统	喀斯特角砾岩层位	N_2	角砾岩
新近系			N	泥岩
二叠系	上统	Tatarian阶 Kazanian阶 Ufimian阶 Sesminsky阶 Solikamsky阶	P_2t P_2kz P_2u $P_2t\check{s}$ P_2si	砂岩 砾岩 泥岩 粉砂岩 泥灰岩
	下统	Kungurian阶 Irensky阶 Filippovsky阶 Artinskian阶 Sakmarian阶 Accelian阶	P_1k P_1i P_1f P_1ar P_1a	石膏 硬石膏 盐岩 灰岩 白云岩
石炭系	上统		C_3	
	中统		C_2	
	下统	Serpukhovian阶 Visean阶 Tournasian阶	C_1s C_1v C_1t	
泥盆系	上统		D_3	
	中统		D_2	
	下统		D_1	
志留系	上统		S_2	
	下统		S_1	
奥陶系	上统		O_3	大理岩
	中统		O_2	
	下统		O_1	
元古宇	vendian riphean		V R	

图6-23　乌拉尔地区地层柱状图（Andreichuk，1998）

波兰地区岩溶分布面积约8000km²，占国土面积的2.6%左右，主要分布在东部、南部等地区（图6-26），与末次冰期的边缘地带重叠，因此许多岩溶现象的产生都与此有关。整个波兰地区的岩溶主要可以分为4个部分：苏台德山脉岩溶区（Sudety mountain），西里西亚—克拉科夫丘陵地区（Silesia-Krakow upland），圣洁十字山地区（Holy Cross mountain）和卢布林丘陵地区（Lublin upland）。苏台德山脉岩溶区主要出露的是元古代结晶石灰岩、大理石和上古生界石炭系石灰岩，在其西部卡恰瓦地区由于碳酸盐岩以穹隆形式出露，因此该区岩溶地层多形成峻拔的山峰（孤峰），而周围的变质岩多形成低地或谷地，如Polom峰（海拔667m）、Milkel峰（海拔565m）（图6-27），在这些山峰下发育有洞穴、岩溶泉等形态，并有钙华等沉积物。在其东南部的克沃兹科（Klodzko）盆周山地地区，主要的地表岩溶形态有干谷、落水洞等。西里西亚—克拉科夫岩溶区主要出露上古生界泥盆系、石炭系和中生界三叠系、侏罗系碳酸盐岩，这也是波兰岩溶最为发育的地区，岩溶形态也没有受到末次冰期冰川的破坏。在古新世准平原化作用下，该区侏罗系灰

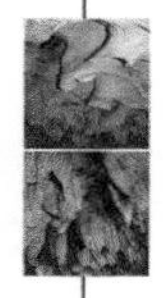

照片 6-34　俄罗斯乌拉尔地区 Kungurskaja Ledjanaja 洞穴中的冰

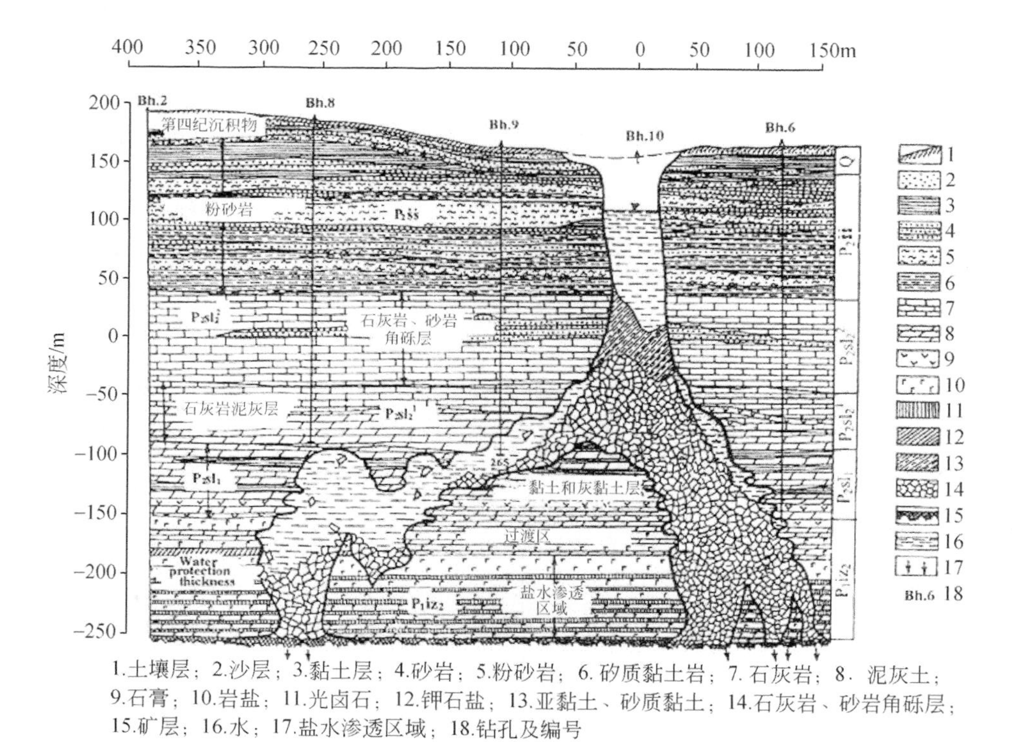

图 6-24　Berezniki 镇附近钾岩矿的巨大塌陷坑（Andreichuk，1998）

岩形成的带状岩溶区内的主要地表岩溶形态是灰岩残山、被沉积物填充的洼地、切入准平原的干谷等，也发育有竖井状洞穴，但往往被方解石所填充，在平原边缘地区形成有大量的岩溶泉。

圣洁十字山岩溶区出露上古生界中、上泥盆系和中生界三叠系、上侏罗系的碳酸盐岩，和苏台德山脉地区一样，该区的碳酸盐岩也主要是以穹隆形式出露，主要的岩溶形态也是相

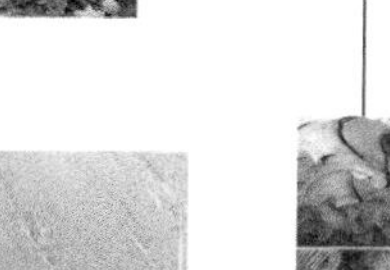

照片 6-35　俄罗斯乌拉尔地区的岩溶塌陷

照片 6-36　盐矿废石堆上淋滤水引起地下水盐化，导致喜盐植物生长

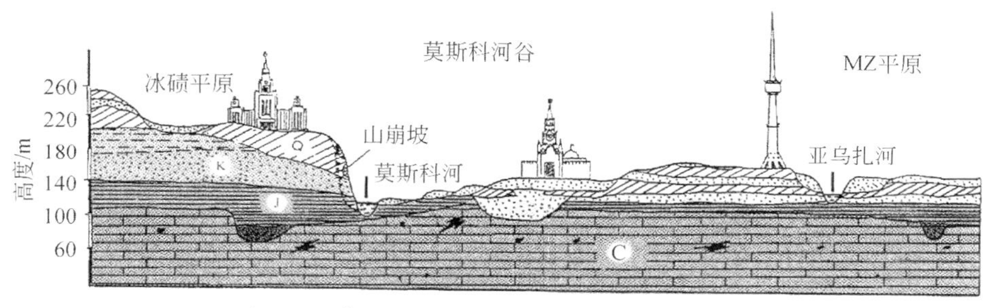

图 6-25　莫斯科地质剖面示意图（Osipov，2006）

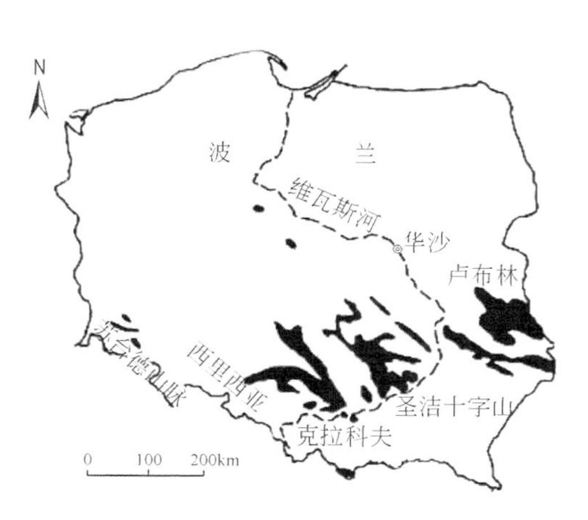

图 6-26　波兰岩溶分布图（Tyc，2006）

同的。区域内也发育有大量的洞穴、岩溶泉等。卢布林丘陵地区主要出露白垩系碳酸盐岩（chalk），地表岩溶形态主要是浅洼地、漏斗、干谷和坡立谷等形态，地下岩溶形态缺乏。在波兰另外一个比较集中的岩溶区是靠近西喀尔巴阡山脉（Western Carpathian Mountain）塔特拉山区（Tatra Mountain），波兰境内岩溶面积约 50km²，面积虽然不大，但这是波兰境内唯一的高山型（Alpine type）岩溶区，主要出露三叠系碳酸盐岩，地表的岩溶形态发育，主要有溶沟、漏斗等，碳酸盐岩在海拔 2000m 的高度还形成高峻的山峰（照片 6-

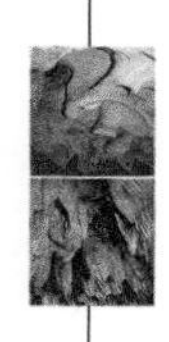

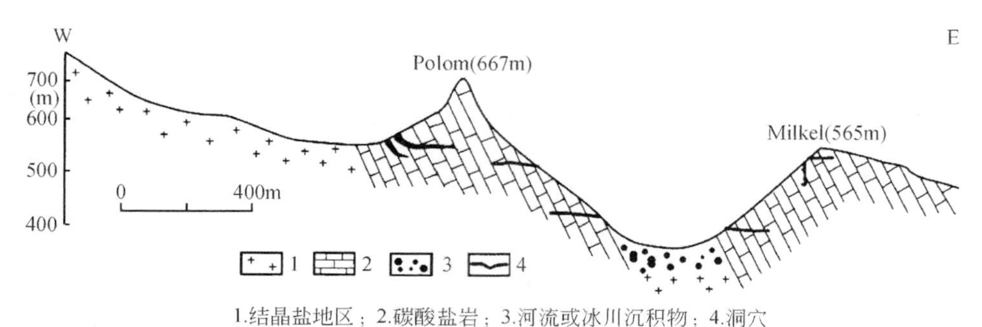

1.结晶盐地区；2.碳酸盐岩；3.河流或冰川沉积物；4.洞穴

图 6-27　苏台德山脉 Kaczawa 地区地质剖面图（Pulina，1997）

37），主要的岩溶泉多位于 1000m 的高程。地下洞穴相当发育，估计超过 200 个，总长度超过 100km，甚至有长达 6km 的洞，最深的竖井状洞穴深度可达 770m。该区地下岩溶形态如此发育主要是冰雪融水溶蚀的结果。塔特拉山区海拔较高，冬季常被厚厚的冰雪覆盖，随着春、夏季的来临，冰雪大量融化形成的低饱和度的融水沿地表裂隙、孔隙向下渗透，发生强烈的化学溶蚀作用和机械破坏作用，导致地下岩溶发育。

波兰岩溶区面临的主要环境问题是采石场、过度开采地下水及水污染。如西里西亚—克拉科夫地区，近年来城市化和工矿业化大量扩张，其中奥尔库兹（Olkusz）东部地区上西里西亚工业园是重要的铅锌矿开采和冶炼区，大量开采三叠系地层中的岩溶地下水，导致地下形成一个 350km^{2}的漏斗，同时造成 20 个大的岩溶泉和几条河流干枯或者改变水文状态，引起各种有毒有害物质渗进含水层。在西里西亚—克拉科夫地区西部由于化肥使用不当等造成污染，导致地下水中 NO_3^-、SO_4^{2-}、Cl^-浓度升高。另外，地下采矿活动也常常导致地表沉陷，在奥尔库兹采矿地区目前就发现 12 个沉陷洼地。

波罗的海三国（爱沙尼亚、拉脱维亚、立陶宛）总面积约 17.5 万 km^2，位于波罗的海东岸。在大地构造上看，整个地区位于波罗的海地盾区，构造较稳定，沉积层厚度大，但由于受末次冰期冰川作用影响，大部分地区为冰川夷平的低平原，其上有冰碛岗丘。波罗的海沿岸有绵长的沙丘，中部为低地，东南端地势最高，海拔 292m。沿海岸狭窄地带属于温带海洋性气候，内地为大陆性气候。整个地区岩溶地层为古生代可溶岩地层。爱沙尼亚地区岩溶面积约 3 万 km^2，岩溶地层为奥陶系到志留系碳酸盐岩，主要集中分布在中部和北部地区（图 6-28），但一些地区被第四系沉积物所覆盖，形成覆盖型岩溶，其地表岩溶形态不发育，分布稀疏，主要是一些落水洞、浅小洼地、溶痕、干谷等，地下岩溶形态主要是洞穴、地下河等。拉脱维亚南部和立陶宛北部主要是上泥盆系的可溶岩，包括白云岩和石膏，上部也覆盖有第四系沉积物，其地表岩溶形态发育密集，主要形态是落水洞、竖井、塌陷漏斗等。在拉脱维亚地表落水洞密度达到 140 个/km^2，而在立陶宛甚至达到 200 个/km^2。这一地区的地下岩溶形态调查研究较少，但目前也发现了一些洞穴、竖井，如拉脱维亚就发现了深约 9.5m 的竖井和其底部 45m 长的洞穴。波罗的海地区，岩溶水文地质的一个最大特色就是形成广阔的岩溶自流盆地（图 6-29）。在拉脱维亚和立陶宛交界地区的自流盆地，其地层由中、上泥盆系可溶岩、非可溶岩交替组成，构成 3 个承压含水层和 1 个非承压含水层的水文地质系统（图 6-30）。

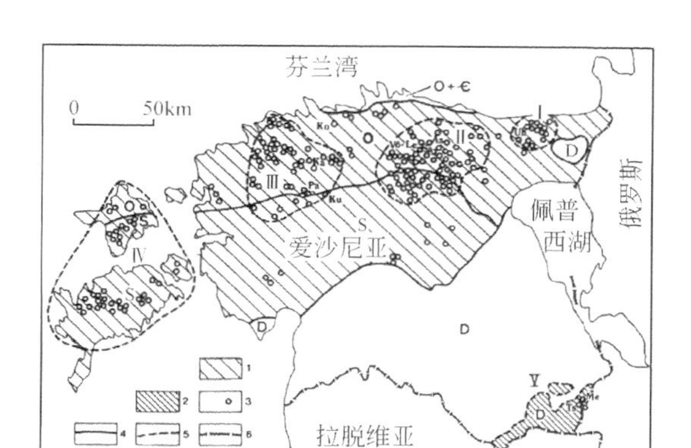

1.北部岩溶；2.东南部岩溶区；3.落水洞；4.地层边界；5.裸露岩溶区边界；6.末次冰期前缘

Ⅰ.Johvi 丘陵岩溶区，Uh-Uhaku 岩溶区　Ⅱ.Pandivere 丘陵岩溶区，As-Assamalla 岩溶区，Sa-Savalduma 岩溶区，Vô-Le-Vôhmetu -Lemküla 岩溶区　Ⅲ.Kohila 岩溶区，Ka-kata 岩溶区，Ku-Kuimetsa 岩溶区，Pa-Pae 岩溶区，Ko-Kostivere 岩溶区（单独分离）　Ⅳ.西部岛屿岩溶区　Ⅴ.东南部岩溶区，Ts-Tsiistre 岩溶区，Me-Merem äesink 洞

图 6-28　爱沙利亚岩溶分布图
（Bernarsdas，1998）

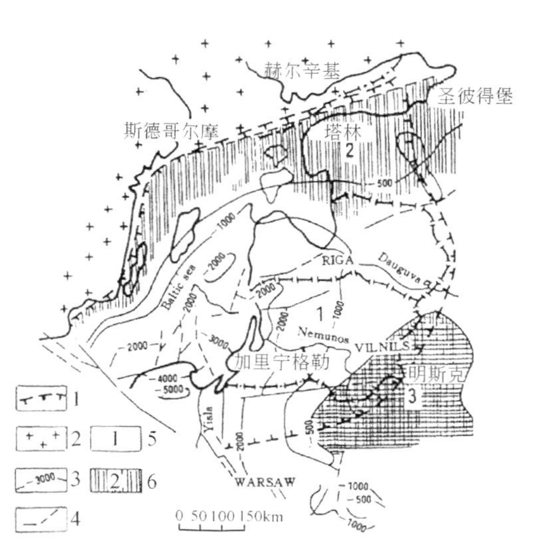

1.盆地界线；2.结晶岩露头；3.距基底等深线；4.断层和裂隙；5.含水层中部；6.含水层北坡

图 6-29　波罗的海诸国自流盆地示意图
（Bernarsdas，1998）

含水层主要是下部陆源沙层、砂岩层及中部白云岩地层，隔水层主要是黏土、黏土质泥灰岩等，几乎每一个含水层的水资源都被开发用于居民生活或工农业生产。在地下水开发利用过程中，岩溶环境也面临一些问题，主要是地下水过量开采和农业活动的影响。截至 1998 年在区域内不同含水层共钻取约 600 个取水井，单井日出水量约 10 ~50m^3。除了这些分散的水井外，在立陶宛伯寨（Birzai）和帕斯瓦里斯（Pasvalys）镇，还分别建设了大型集中抽水/供水水厂，原计划 1991 年到 2010 年年底每天供水分别 9000m^3 和 1.4 万 m^3，但是由于城市经济社会的快速发展，在 2000 年年初的时候，地下水早已经过量开采并导致地下水水位下降。帕斯瓦里斯主要含水层水位比 1970 年下降了 7.5m，伯寨主要含水层水位比 1961 年下降了 8m。由于地下水水位下降，各个含水层之间的水文状态变得越来越复杂，如地下水的越流速度增加，地下水水力梯度改变等，也造成了地表污染物随雨水快速渗透。随着区域内农业的发展，地下水也遭受到了化肥、农药的污染，伯寨和帕斯瓦里斯地区农药使用量从 1971 年的大约 6 万 t 分别增加到了 9.4 万 t 和 16 万 t，导致部分区域内地下水中 NO_3^-浓度可达到 400mg/L，污染严重。不过目前各国都采取了有效措施保护地下水，如禁止在白云岩-石膏含水层中抽水而改抽上泥盆系砂岩含水层中的水，根据各个地区脆弱性标准来调整农业活动规模和方式，从而保护了自流盆地。

法国岩溶面积约 12 万 km^2，占国土面积的 25% 左右，分布范围广泛。法国可溶岩以古生界、中生界碳酸盐岩为主，但也分布有一些新生界的碳酸盐岩，甚至第四系的钙华等碳酸盐沉积物。在有些地区也含有一些蒸发岩，如马赛东面的普罗旺斯地区，比利牛斯山北部地区三叠系地层中含有石膏、岩盐。

法国最主要的岩溶层位是由总厚度达 3000m 的碳酸盐岩及碎屑岩组成的中生界地层，其

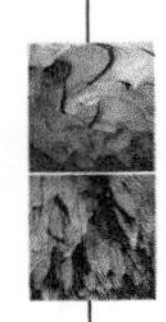

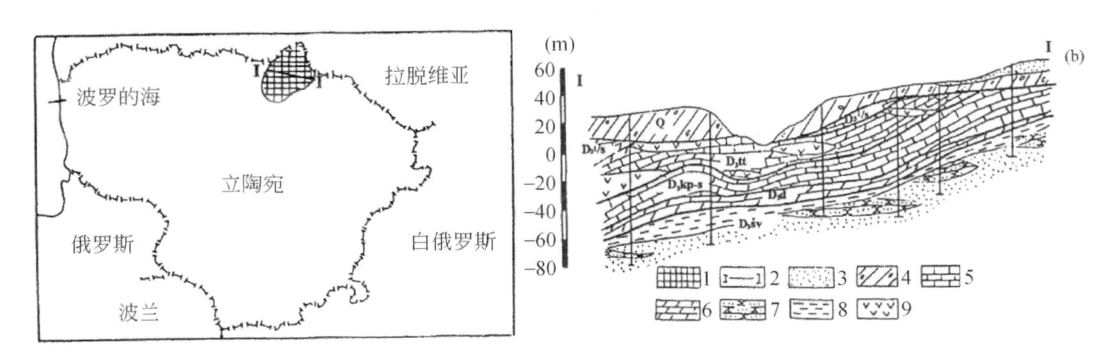

1.岩溶区；2.剖面线；3.沙；4.冰碛物；5.石灰岩；6.泥灰岩；7.砂岩；8.黏土；9.石膏

图6-30 拉脱维亚和立陶宛交界地区自流盆地区位图（左）及地质剖面图（右）（Bernarsdas，1998）

中尤以侏罗白垩系最重要。法国北部属于温带气候区，而南部地区属于地中海气候区，因此法国北部、东部的岩溶区属于Ⅱ5区，大致包括巴黎盆地（Paris basin）及其周边地区，巴罗斯（Barrois）—贝里（Berry）—勃艮第（Bourgogne）地区，洛林高原（Lorraine plateau）及中部的普瓦图（Poitou）地区，而南部、东南部的岩溶区属于Ⅱ6区（图6-31）。整体来看，法国的地表岩溶形态以小型坡立谷、洼地、干谷、落水洞等为主，地下形态以洞穴、竖井等为主。法国北部的巴黎盆地总面积约14万km^2，地势地平，属于温带海洋性气候。盆地中部为面积约2.5万km^2的古近系—新近系碳酸盐岩，而周边为约7.7万km^2的上中生界白垩碳酸盐岩。整个地区的地表岩溶形态不发育，分布有一些浅蝶形的洼地、塌陷漏斗、盲谷、落水洞等，地下形态有岩溶泉、洞穴。由于岩性差异，地表受到剥蚀强度不一致，环绕盆地周边的一些石灰岩地区往往形成单面山式丘陵。

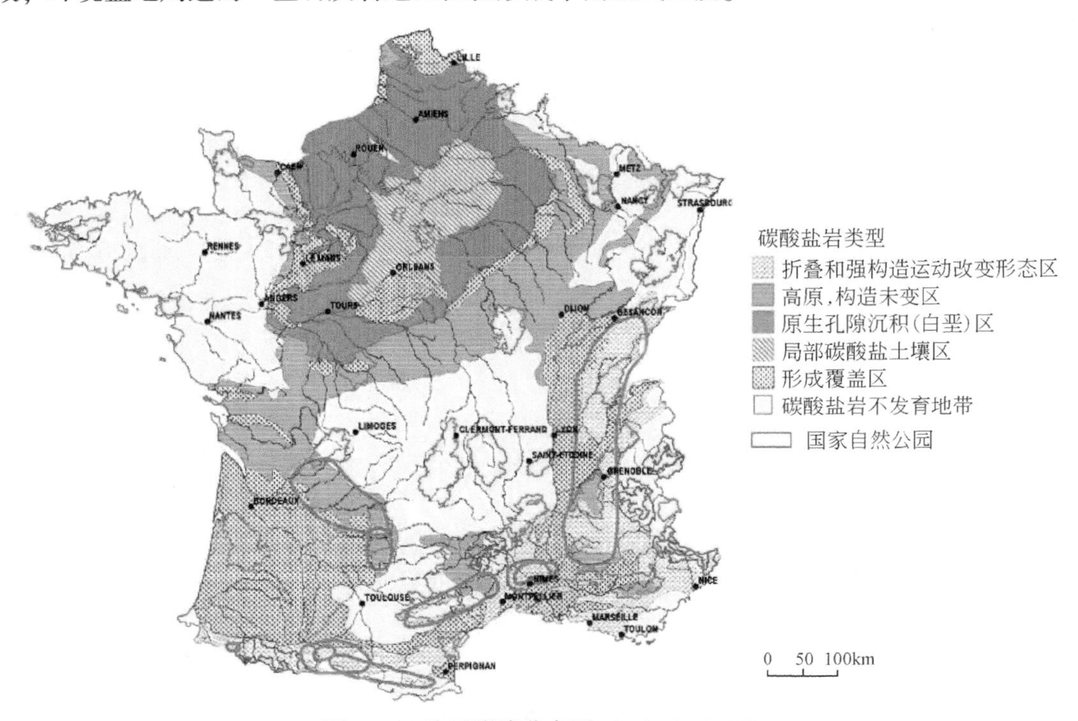

图6-31 法国岩溶分布图（Cabrol，2008）

（六）地中海气候特提斯构造带岩溶区（Ⅱ6 区）

该类型岩溶区大致在比利牛斯山—阿尔卑斯山脉—南喀尔巴阡山脉—高加索山脉以南的受地中海气候控制的包括伊比利亚半岛、亚平宁半岛、巴尔干半岛、小亚细亚半岛在内的广大区域。该区域是一个非常特殊的岩溶区，它位于欧亚板块与冈瓦纳大陆碰撞带，构造活动非常强烈，形成许多的大型推覆体构造，可溶岩的形成分布常受到构造运动的影响，许多岩溶现象也与此有关。区域气候以夏干冬湿的地中海气候为主，但由于短距离内地势高差很大（从地中海到阿尔卑斯山可达4000多米的高差），区域气候差异很明显，因此形成的岩溶形态多样。区域碳酸盐岩主要以中生界地层为主，多裸露型岩溶，但总体来看，地表岩溶形态发育差，主要以坡立谷、洼地、斗淋为主，也发育有溶沟、溶痕等形态，地下岩溶发育很好，形成大规模的洞穴、地下河、岩溶泉，洞内也有很多丰富的沉积物等。该区域的另一个重要特征是深部CO_2释放活动强烈，形成了许多钙华沉积。该类型岩溶区主要分布在西班牙、意大利、土耳其、斯洛文尼亚、克罗地亚、罗马尼亚、前南斯拉夫、保加利亚、希腊等国。

西班牙岩溶分布面积约14.5万km^2（其中包括3.5万km^2的蒸发岩岩溶），占国土面积的1/3，主要分布在北部和东部地区（图6-32）。碳酸盐岩地层从石炭系到上新世均有出露，岩性有灰岩、白云岩及大理岩，但以中生界碳酸盐岩分布最为广泛。由于强烈的构造抬升，使得整个国家以高原、山地地貌为主，平均海拔超过600m，24%的国土海拔超过1000m。气候以地中海型气候为主，但北部、西北部也受海洋性气候影响，在短距离内降水差别很大，西部Pyrenees地区降水量高达3000mm/a，而东南海岸Almeria地区仅有200 mm/a，为欧洲最低。

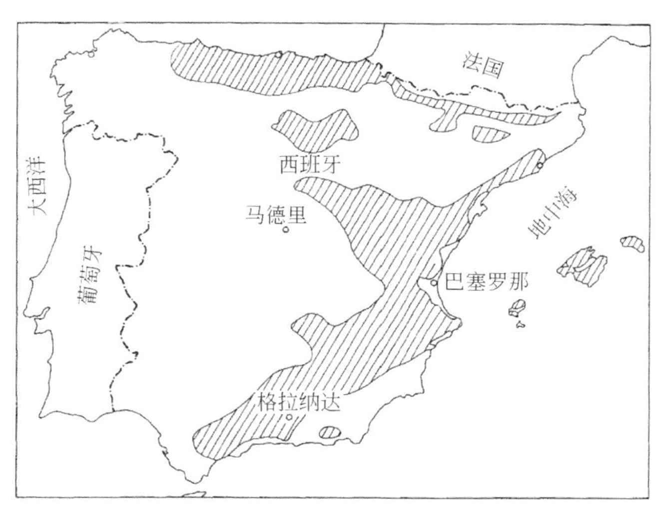

图6-32　西班牙岩溶分布图（Obarti，1988）

在西班牙南部推覆构造和倒转褶皱发育，碳酸盐岩常常与蛇绿岩（橄榄岩）、复理石相间出现（图6-33），这种地质和气候条件导致其水文地质特点十分复杂。总体来看，地表岩溶形态不发育，主要以坡立谷、干谷、洼地等为主，也有溶痕等形态（照片6-37）；地下岩溶形态发育，发育有大规模的竖井、洞穴（照片6-38）、地下河（照片6-39）等，

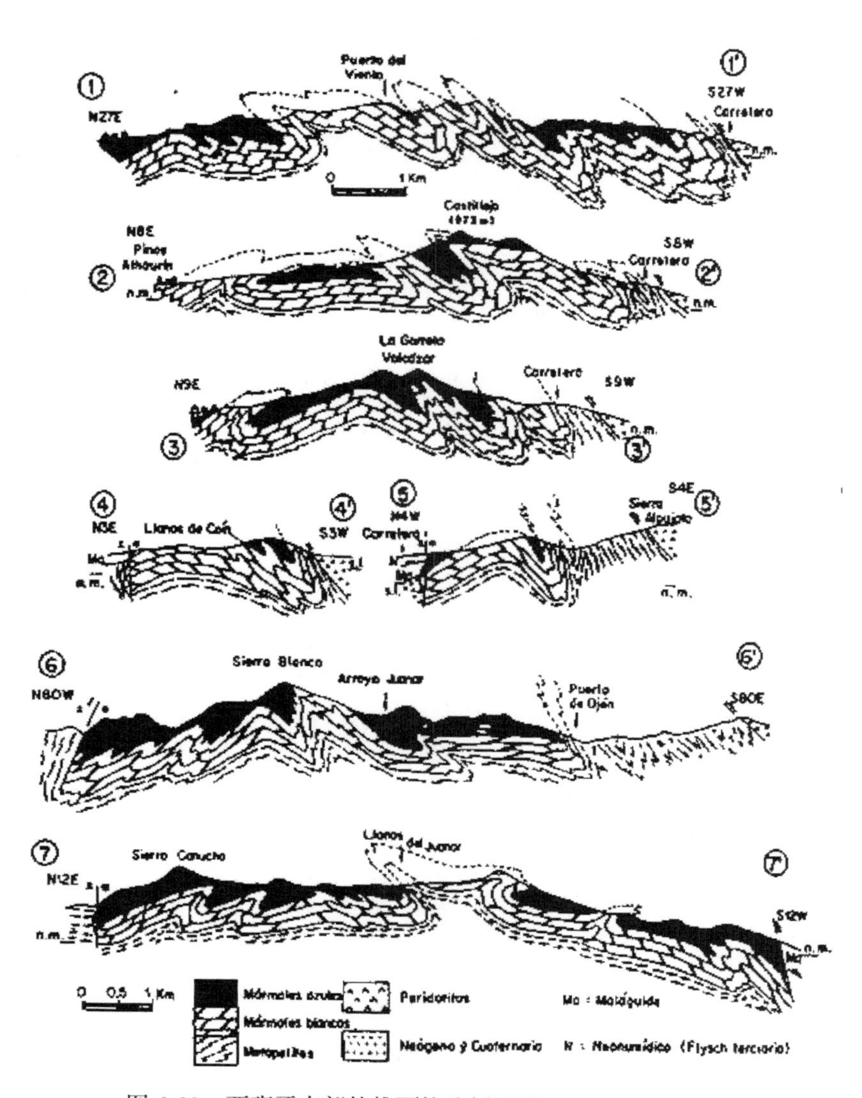

图 6-33　西班牙南部的推覆构造剖面图（Plattetal，1984）

洞穴中沉积物较为丰富。地下河、泉水沿垂直岩层产状流动，在碳酸盐岩与非碳酸盐岩交界处出露，是该地区岩溶地下水系统的主要特征。岩溶地下水开发利用程度较高，每年约20亿m^3，占全国地下水开采总量的40%，灌溉土地面积达30万hm^2。区域植被具有石生、旱生特点，以油橄榄、栓皮栎（栎属，果可作猪饲料）（照片6-40）、仙人掌（结果实）、板栗、橘、桉树、松树等为主。坡立谷或盆地多为耕地，缓坡上种植油橄榄、栓皮栎等，山顶则多为石漠化地，构成了特色比较鲜明的土地利用格局。

该区目前面临的主要的环境问题为地面沉陷、污染、海水入侵、石漠化、水库渗漏等。如塞维利亚（Sevilla）的康斯坦丁娜（Constantina）的Sima洞，发育在寒武系灰岩中，但由于受到农业废水灌入地下的影响，造成地下河的污染，使得地下河电导率达到439～750μs/cm，Na^+、K^+、Cl^-等离子具有较高浓度。西班牙南部岩溶区也出现明显的生态退化现象，石漠化也有一定的分布范围（照片6-41）。海水入侵也是西班牙岩溶地下水

面临的一个重要威胁，大量的抽取岩溶地下水，导致目前约有60%的含水层受到海水侵入的影响。西班牙东海岸奥罗佩萨平原（Oropesa plain）是一个面积约90km²的濒海平原，主要由中三叠系石灰岩、白云岩，侏罗系砂岩和上覆第四系沉积物构成含水层（图6-34），由于城镇居民过量抽取地下水，导致海水入侵，地下水咸化，部分地区地下水水化学由$Ca-HCO_3$型变成了Ca-Cl型，Ca（Na）-HCO_3型甚至Na-Cl型，地下含水层遭到严重破坏。目前，西班牙的岩溶生态退化、岩溶含水层遭受破坏的问题，引起了该国政府和科技界的重视，在一些洞穴和地下河实施了动态监测工程，制定了区域用水规划和海水入侵防护工程等，这对于岩溶生态环境的保护十分有益。

照片6-37　西班牙岩溶区的溶痕

照片6-38　西班牙岩溶区的洞穴（寒武系灰岩）

照片6-39　西班牙岩溶区的地下河出口

照片6-40　西班牙岩溶区的栎树

意大利岩溶分布面积占国土面积的1/4，主要分布在北部的阿尔卑斯山南部地区，纵贯南北的亚平宁山脉的北部、中部地区，东南部地区及西西里岛、撒丁岛等区域（图6-35），碳酸盐岩从寒武纪到更新世都有出露，但主要以中生界地层为主。区域大部分地区属地中海气候，年平均降水量空间差异较大但具有从北到南减少，从西向东减少的趋势。意大利北部阿尔卑斯山地区推覆体构造和逆掩断层发育，而中部亚平宁山脉地区也发育有大量的逆断

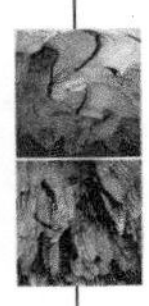

照片 6-41　西班牙南部岩溶区的地貌和石漠化

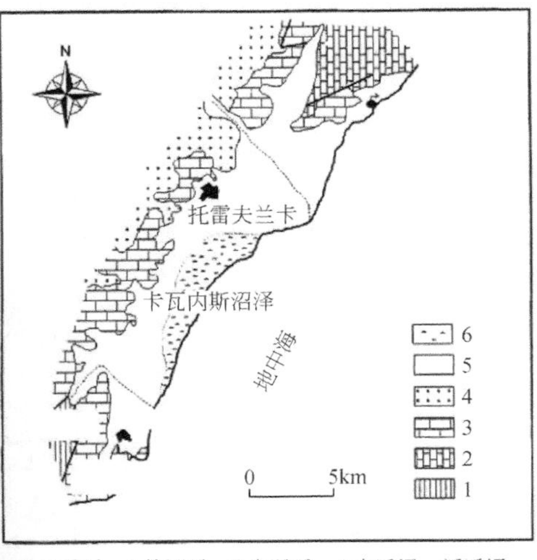

1.三叠系；2.侏罗系；3.白垩系；4.古近纪—新近纪；5.第四系；6.第四系湿地

图 6-34　西班牙东部奥罗佩萨地区地质图（Gimen Z and Morell，1997）

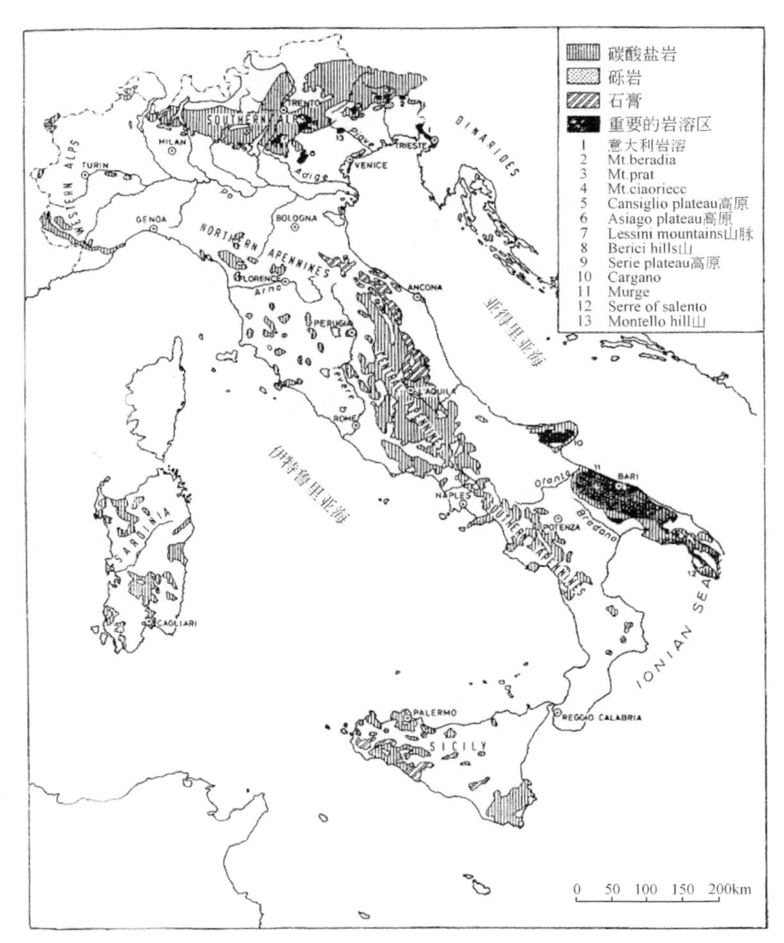

图 6-35　意大利岩溶分布图（Herak，1972）

层、逆掩断层，这种构造条件严格控制了碳酸盐岩的展布和岩溶形态的分布。意大利北部阿尔卑斯地区的地表宏观岩溶形态主要以冻蚀山峰为主（照片6-42），分布有斗淋、干谷、洼地、溶沟等地表形态，地下洞穴、竖井等也较为发育。在中部亚平宁山脉地区，中生代灰岩受到构造活动影响而高高耸起，峰峦叠嶂，岩石裸露，在山峦之间也分布着许多岩溶构造盆地，地表岩溶形态也主要以岩溶盆地、坡立谷、洼地、斗淋为主，地下岩溶形态主要以洞穴、地下河、岩溶泉为主。在该区域内构造活动形成大量的CO_2脱气点，地表沉积有大量钙华，据不完全统计，目前该地区明显的CO_2脱气点有43处，形成的第四纪以来的钙华总面积约350km^2（表6-1，照片6-43）。除了碳酸盐岩岩溶以外，意大利地区还分布有蒸发岩岩溶，主要分布在亚平宁半岛中段东北坡地区，大致位于博洛尼亚—佛罗伦萨—阿奎拉以东的地区，主要出露中新世石膏，发育的岩溶形态地表主要以洼地、斗淋为主，地下发育有洞穴，如Spipola-Acquafredda洞长度就达5.7km（照片6-44）并有洞穴沉积物。意大利也具有丰富的岩溶地下水资源，很多地区都开发利用岩溶地下水（照片6-45）满足生产生活需要，很多城市如罗马、托斯卡纳等都依靠岩溶水供给，在Campania、Puglia、Sicily等地区80%的灌溉用水都依靠岩溶地下水。该地区面临的主要环境问题是生态退化、水污染、采石场、海水入侵、岩溶塌陷等。

表6-1 意大利第四纪以来沉积的钙华分布表（据Pentecost，1995整理）

序号	地名	纬度	经度	厚度/m	面积/km^2	成因	备注
1	AdranoSicily	37.39°N	14.52°E	4	4	地热	形成年代约为22～5.5ka
2	Anagni	41.44°N	13.10°E	—	29	地热	更新世到全新世沉积
3	Bagni di Tivoli	42.00°N	12.47°E	85	19	地热	更新世到现代，现在仍在沉积
4	Bagni di Vignoni	43.02°N	11.37°E	>15	1	地热	现在仍在沉积
5	Bagnisan Fillipo	45.54°N	11.43°E	>20	1	地热	现在仍在沉积
6	Bormio	46.28°N	10.22°E	—	—	地热-表层	现在仍在沉积
7	Canio	42.26°N	11.42°E	>15	65	地热	更新世沉积，意大利面积最大的钙华
8	Carbonia Sardina	39.11°N	8.31°E	—	—		—
9	Casalvieri	41.38°N	13.43°E	10	6	地热	更新世沉积
10	Cascina Terme	43.41°N	10.33°E	—	面积较小	地热	—
11	Cerdomare	42.12°N	12.53°E	>10	3	地热	更新世
12	Cisterna di Latina	41.35°N	12.52°E	50	25	地热-表层	年代大于0.2Ma，含有丰富的动物化石
13	Civita Castellana	41.17°N	12.27°E	—	7	地热	0.82～0.22Ma，富含高岭土和Mn沉积
14	Civitavecchia	42.06°N	11.50°E	—	10	地热	更新世到现代
15	Ennasicily	37.32°N	14.15°E	—	—		—
16	Ferentino	41.40°N	13.14°E	—	22	地热	中到晚更新世
17	Fiano Romao	42.08°N	12.36°E	—	15	地热	更新世沉积，含有丰富的动物化石，富含高岭土

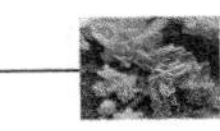

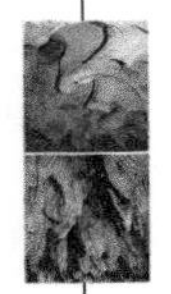

续表

序号	地名	纬度	经度	厚度/m	面积/km²	成因	备注
18	Funatana Maore	39.51°N	9.03°E	—	—	—	现在仍在沉积
19	Isola del Liri	41.39°N	13.24°E	20	18	地热-表层	含有更新世植物和动物化石
20	Liri valley	41.27°N	13.46°E	—	40	地热-表层	368ka，湖沼沉积层中含有钙华层，含有 18m 厚的动物化石层
21	Marmore cascatelle	42.34°N	12.41°E	—	—	—	更新世到现代
22	Nicosicily	36.53°N	15.05°E	—	—	—	更新世沉积，夹有湖沼相沉积
23	Orte	42.28°N	12.23°E	15	34	地热	1.35Ma 到现代，现代活动较少
24	Paestum	40.24°N	15.00°E	—	儿		夹有碎屑物和湖沼物沉积
25	Palidoro	41.56°N	12.11°E	10	2	地热	Eemian 间冰期沉积，含丰富的动物和植物化石
26	Polcevara valley	42.28°N	8.51°E	—	—	—	—
27	Pontecagnano	40.38°N	14.53°E	—	—	地热-表层	—
28	Pozzo Foglinao	41.25°N	12.51°E	—	—	地热-表层	现在仍在沉积
29	Rapolano Terme	43.17°N	11.37°E	50	7		更新世到现代，现在仍在沉积
30	Rome	41.55°N	12.31°E	8	1	地热	间冰期沉积
31	Santa severa	42.02°N	12.01°E	—	18	地热	更新世—全新世，含 Mn 沉积
32	Sarda sardinia	39.37°N	8.39°E	—	—	地热-表层	现在仍在沉积
33	Sarteano	42.59°N	11.52°E	—	—	地热	—
34	Saturnia	42.37°N	11.32°E	—	11	地热	现在仍在沉积
35	Suio Terme	41.19°N	13.53°E	—	—	地热	现在仍在沉积
36	Tanagro vallley	40.34°N	15.25°E	60	儿	地热-表层	0.19~0.25Ma
37	Taranto	40.28°N	17.14°E	—	—	—	上新世—更新世沉积
38	Tivoli cascatelle	41.57°N	12.48°E	—	—	—	—
39	Tronto valley	42.46°N	13.25°E	20	2	地热	晚上新世—更新世沉积
40	Valley velina	42.25°N	12.52°E	—	10	地热	更新世沉积
41	Valteverina	42.30°N	12.14°E	—	13	地热	更新世—全新世沉积
42	Viterbo	42.25°N	12.06°E	—	15	地热	全新世到现代，现在仍在沉积
43	Volturno valley	41.36°N	14.05°E	170	7	地热	更新世沉积

照片 6-42　意大利北部阿尔卑斯山区冻蚀地形

照片 6-43　意大利高浓度 CO_2 热泉及形成的钙华

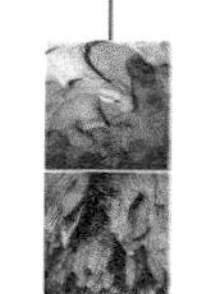

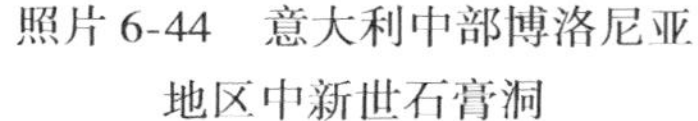

照片6-44　意大利中部博洛尼亚地区中新世石膏洞

照片6-45　罗马东部岩溶大泉的引水渠

从19世纪以来，意大利北部地区的过度放牧、森林砍伐造成森林的严重退化，水土流失严重，引发石漠化。意大利北部也是第一次世界大战的战场，地表土壤层中残留的炸药、金属粉末等严重破坏了当地的岩溶水水质，造成当地岩溶地下水中Cu、Zn浓度非常高。而二次世界大战以后的快速城市化过程，使得很多地区直接将污水排入地下，同时水厂又在另一个地区抽水供给，如此就造成了污水的循环，严重影响了公众的健康。快速的城市化也造成对资源的过度利用，一些地区地下水过量开采，导致海水入侵，如普吉利亚（Puglia）地区目前岩溶地下水矿化度达到0.5～3g/L，水质严重变差。地下水开采过量，也容易诱发地面塌陷（照片6-46）。城市化的另一个影响是采石场的大量兴起，仅在威尼斯地区采石量就从1959年的60万t增加到1973年的130万t，严重破坏了地表形态，甚至对一些钙华沉积景观也开采利用（照片6-47）。

照片6-46　意大利抽水引发的地面塌陷

照片6-47　意大利钙华堆积区的采石场

土耳其岩溶分布面积约25万km^2，占其国土面积的1/3左右，主要分布在南部托罗斯山脉（Taurus mountain）地区，中部安纳托尼亚高原（Anatolia plateau）的西部和东部地区（图6-36）。整个土耳其位于亚欧板块、非洲板块与印度洋板块的接合地带，强烈的构造活动形成了境内多山地、高原的地形格局，2/3土地平均海拔超过800m。地形的强烈起伏，也带来较大的气候空间差异，短距离内气候从沿海地区的亚热带地中海气候，变为内陆高原的热带草原和沙漠型气候。年平均降水量也从黑海沿岸的700～2500mm和地中海沿岸的500～700mm变成内陆地区的250～400mm。

土耳其境内碳酸盐岩从前寒武系到新生界都有分布，但主要以中生界碳酸盐岩地层为主。地表的岩溶形态以坡立谷、斗淋、干谷为主，地中海沿岸也分布有岩溶盆地，地下岩溶形态主要以洞穴、岩溶泉、岩溶热泉、地下河为主，洞穴内也有次生沉积物分布。强烈的构造活动也形成大量的推覆体构造，使得碳酸盐岩往往和蛇绿岩、复理石等相间分布，形成独特的岩溶水文地质结构（图6-37），如一些岩溶泉在推覆体构造的蛇绿岩岩层中碳酸盐构造窗地区出露，形态特殊的岩溶水文地质现象（照片6-48）。同时特殊的地形结构和岩溶形态组合也形成独特岩溶水文地质特征，如托罗斯山脉西部地区的岩溶含水层可以明显的分为两个部分。一部分是含水层的补给区位于高原边缘地区的坡立谷、斗淋等，因此水位波动大、水温（高于17℃）和硬度较高（达到22°德国度），具有大量的钙华沉积，另一部分是位于冰雪覆盖的高山地区，补给源稳定，因此水位稳定，水温（低于13℃）和硬度较低（低于19°德国度），钙华沉积少。土耳其境内岩溶热泉分布广，形成大量的CO_2脱气点（图6-36），分布有大量的钙华，其中最著名的就是帕木克（Pamukkale）钙华田（照片6-49）。

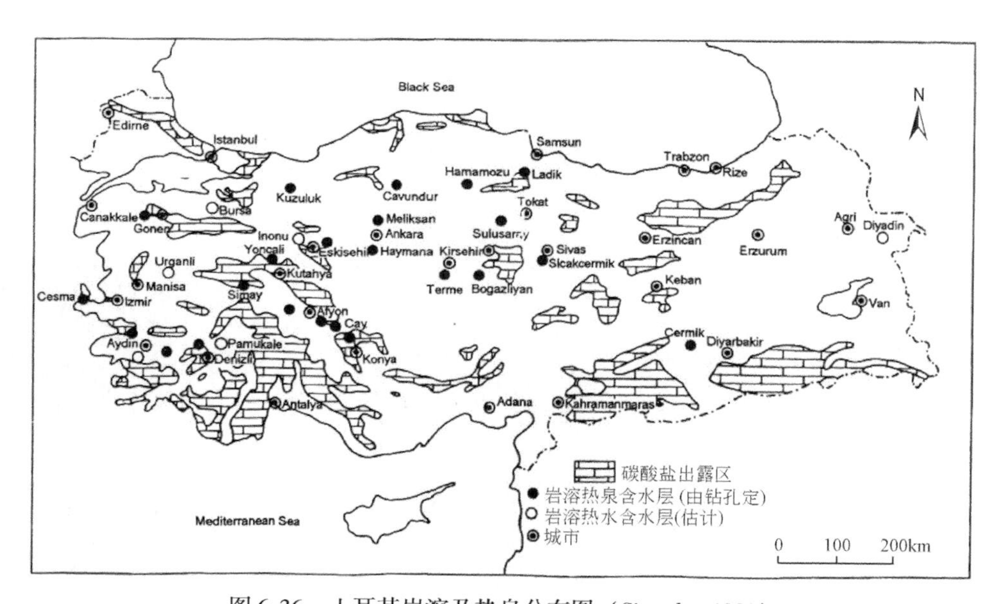

图6-36 土耳其岩溶及热泉分布图（Şimşek，1993）

土耳其岩溶区面临的主要环境问题是水污染、生态退化等。帕木克热泉地区是世界自然遗产地，沉积的钙华洁白如玉，风景优美，其形成钙华的热泉群补给面积约102km^2，在补给区内构造复杂，断裂和裂隙普遍发育也分布着很多的城镇。土耳其哈西佩德大学

(Hacettepe University）岩溶水资源研究与应用中心调查发现区域内很多城镇都直接利用洼地、漏斗等堆放固体废物和排放废水，帕木克热泉地区的水化学分析也发现了重金属和NO_3^-、PO_4^{3-}等指标浓度升高，热泉受到了污染。在土耳其的其他一些地区岩溶地下水也受到了诸如农业、工业等的污染，如安塔利亚（Antalya）岩溶地下水就受到了农业活动的污染。土耳其的石漠化也比较严重，有的地区甚至超过了季风气候区，这种现象不仅和岩溶地质结构和人类活动有关，而且也由于一些地区常年被冰雪覆盖，林线常常低于海拔2000m，致使山地逐渐成为荒山（照片6-50）。

照片6-48　岩溶泉从推覆体构造中蛇绿岩上部流出

照片6-49　土耳其帕木克（Pamukkale）钙华梯田

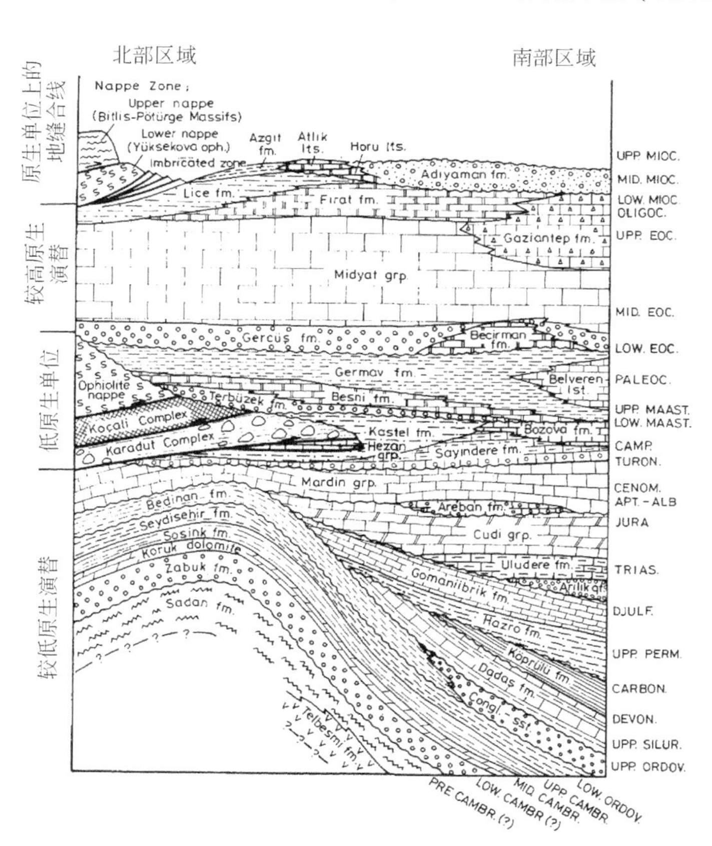

图6-37　安纳托利亚高原东南部推覆体构造地质剖面图（Yilmaz，1993；Okay，2009）

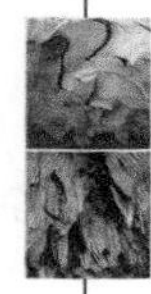

照片 6-50　石灰岩山地因常年积雪而成荒山

三、北美板块岩溶区（Ⅲ区）

从构造上看北美板块所指地区大致包括北美洲和北大西洋的西部，其东界为大西洋中脊北段，西界为东太平洋海隆，南部以开曼左行转换断层和加勒比板块分界，大陆区域大致包括美加大陆及其北部的岛屿，中美地峡和西印度群岛等地。该地区主体是前寒武纪地台，在地台的北、东、南边缘为古生代加里东和海西褶皱带，地台西缘为中、新生代阿尔卑斯褶皱带，主要大地构造单元布列对称，略具同心圆式分布。由于受到构造条件的影响，北美大陆东、西高，中部低，山地南北延伸，形成以三大纵列带为特征的地形结构。大陆西部为科迪勒拉山系，东部为阿巴拉契亚山脉，介于两山之间的中部地区，展现着起伏平缓的加拿大平原、大平原和中央平原。在板块中，加拿大绝大部分地区及其以北的岛屿，美国阿拉斯加等被划分到冰川岩溶区（Ⅰ区），因此Ⅲ区所指的地区，主要包括美国五大湖—萨卡卡维亚湖以南的地区、中美地峡、西印度群岛等。受制于北美板块整体构造条件，Ⅲ区地势也是东、西高，中部低，密西西比河纵贯美国南北。Ⅲ区也拥有从热带到温带的多种气候类型，大致在100°W以东地区，从北向南依次为温带湿润气候、亚热带湿润气候和热带海洋气候，总体为东西延伸，南北更替。在100°W以西地区包括科迪勒拉山系和大平原之间地区，因居内陆，降水量呈经相变异，气候类型成经相排列，南北延伸的非纬向地带性，从西到东依次为温带海洋性气候、亚热带夏干气候、热带干旱半干旱气候和热带干湿季气候。从碳酸盐岩的分布来看，美国本土主要分布古生界坚硬碳酸盐岩，而在美国东南部（大西洋沿岸平原和墨西哥湾沿岸平原）和加勒比海地区主要分布古近系—新近系孔隙性碳酸盐岩。因此根据该区地质、气候条件等进一步的划分为：热带亚热带新生代孔隙碳酸盐岩岩溶区（Ⅲ1区），温带湿润半湿润岩溶区（Ⅲ2区）和北美西部干旱区岩溶区（Ⅲ3区）等三个亚区。

（一）热带亚热带新生代孔隙碳酸盐岩岩溶区（Ⅲ1区）

该类型岩溶区主要分布在美国东南部（大西洋沿岸平原和墨西哥湾沿岸平原），墨西哥和加勒比海区域的古巴、牙买加、波多黎各等地区。该区域属于热带亚热带气候，降水

丰富，植被类型多样，覆盖度高，主要分布新生界碳酸盐岩地层，孔隙度高，佛罗里达地区碳酸盐岩其孔隙度可达16%~44%（图6-1b），该区地表宏观岩溶形态主要以峰丛洼地为主，分布在加勒比海区域的一些岛国上，但是由于受到岩性的影响，山峰浑圆低矮（照片6-3），并不像我国热带岩溶区的峰丛那样挺拔高大。该区另外一些地表岩溶形态主要是岩溶漏斗、落水洞、干谷为主，地下岩溶形态主要是洞穴、竖井、岩溶泉等，洞穴中次生沉积物也较为丰富。该类型岩溶发育的典型地区有波多黎各、牙买加、墨西哥尤卡坦半岛和美国的佛罗里达半岛等地区。

波多黎各岩溶分布面积约2443km^2，占国土面积的27.5%左右，主要分布在岛屿的北部和南部（图6-38）。岩溶地层主要是渐新统到上新统的碳酸盐岩，占了岩溶总面积的98%，在另外一些地区零星分布有白垩系碳酸盐岩。波多黎各属于热带湿润气候区，年降水量约2000mm，年均气温25℃，植被繁茂，为岩溶发育创造了良好的条件。地表宏观岩溶形态主要以峰丛洼地为主，但石峰成馒头状（照片6-51），浑圆低矮，这主要受到古近系—新近系孔隙性碳酸盐岩的控制，在北部海岸地带还分布有灰岩残丘，一些地区分布有坡立谷、干谷、漏斗等形态。地下岩溶形态主要以洞穴、地下河为主，洞穴中也有丰富的沉积物（照片6-52）。该区面临主要岩溶环境问题是崩塌、地面塌陷等。在一些石灰岩分布地区，由于孔隙度较大，裂隙发育，多危岩分布，加之经常性的暴雨、飓风等天气，往往诱发岩崩。如第111号高速公路和第10号高速公路就因经常性的岩崩而遭到长时间的关闭。岩溶塌陷也是一个突出的问题，如在北部一些被沙层和冲积土覆盖的石灰岩分布地区，经常发生岩溶塌陷（照片6-53），破坏农田和耕地。

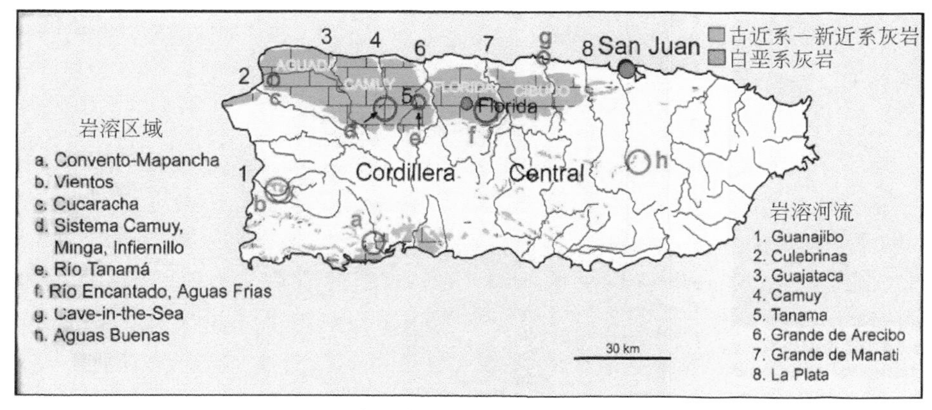

图6-38　波多黎各岩溶分布图（Miller，2009）

位于墨西哥湾与加勒比海之间的尤卡坦半岛，岩溶分布面积约11.5万km^2，整个半岛岛由古近系—新近系孔隙性碳酸盐岩构成，碳酸盐岩孔隙度可达14%~23%，在海岸地带分布有第四系礁灰岩。半岛为一南高北低的古近纪—新近纪岩溶台地（照片6-54），海拔多低于150m，向南地势逐渐升高。半岛属于热带海洋性气候，年降水量约1500mm，但整个区域几乎没有地表水流，降水快速进入地下，形成地下径流。该地区地势平坦，岩溶形态单一，地表主要以溶潭、漏斗为主，地下岩溶形态发育，分布有洞穴、竖井、岩溶泉等。

地表溶潭（cenote）是尤卡坦半岛一种特殊的岩溶形态，它垂直剖面往往呈竖井状，口部被四周陡立的岩壁圈闭，底部连接有洞穴、地下河等（照片6-55）。它主要是由于底部

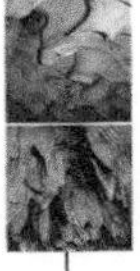

照片 6-51　波多黎各的馒头状峰丛

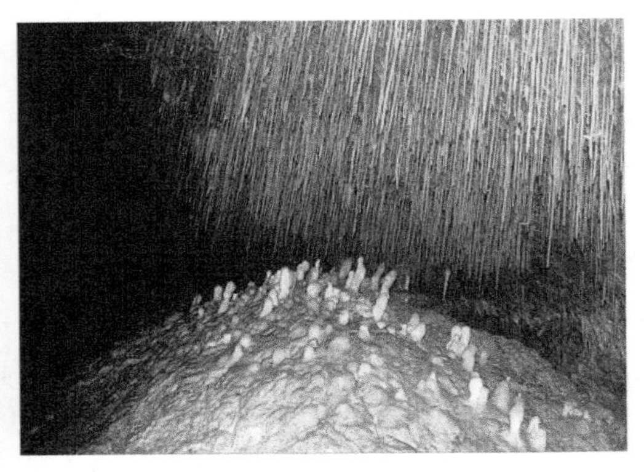

照片 6-52　波多黎各洞中的鹅管

照片 6-53　波多黎各甘蔗地中的岩溶塌陷

照片 6-54　墨西哥尤卡坦半岛地貌俯瞰

碳酸盐岩被溶蚀以及过去海平面波动引起地表塌陷而形成的。在尤卡坦地区很多地下洞穴都被海水填充，但同时又有丰富的洞穴沉积物，这主要是由于洞穴沉积物都是在海平面较低的时候形成的，后期海平面上升后被海水所填充。如尤卡坦半岛东部的 Quintana Roo 地区的 Ox Bel Há 洞是墨西哥最长的洞穴，含有丰富的次生沉积物，但整个洞穴充满海水，据潜水调查洞穴长达 180km，在内陆地区有 13 个地表溶潭和它相连。海平面的上升也造成尤卡坦地区岩溶地下含水层中含有高盐度的海水，而淡水水体在含水层中往往呈透镜体形式的分布，在海水淡水接触面形成混合带（盐跃层）（图 6-39），并且混合带随着淡水补给条件的变化而前进后退或上升下降，产生很强的混合溶蚀作用，形成复杂洞穴系统。Beddows（2003）就发现在东部海岸地区，低潮时沿海岸洞穴有大量的淡水流出，而高潮时大量的海水涌进洞穴，在离海岸 5km 的地方都可以监测到潮汐的影响。由此 Smart（2006）就指出半岛 Quintana Roo 地区的沿海洞穴发育都具有同海平面变化相一致的发育阶段。该地区目前面临的最大威胁是沿海岸带大量宾馆的建设，非法的采石场等，旅游业的发展带来宾馆数量的大幅度增加以及不适当的污水和废物处理方式，引起了地下含水层的污染。一些非法的采石场破坏地表景观，引起生态退化（照片 6-56）。

佛罗里达半岛位于美国东南部，介于大西洋与墨西哥湾之间，属于美国的大西洋—墨西哥湾海岸平原区。岛内主要分布古近系—新近系孔隙性碳酸盐岩，其孔隙度可达 16%~44%（图 6-1b），半岛内主要以覆盖型岩溶为主，在西部和北部部分地区有裸露型岩溶（图 6-40）。整个半岛地势平缓，其岩溶形态主要以塌陷漏斗，岩溶泉为特色，地下发育

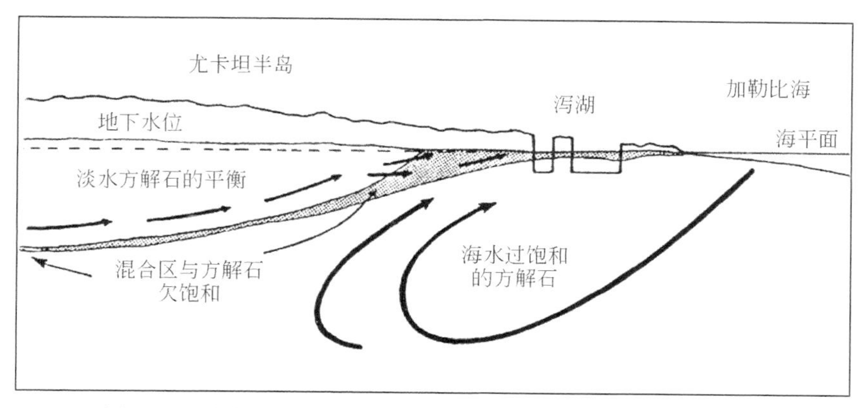

图 6-39　尤卡坦半岛淡水–海水混合溶蚀剖面图（Back，1984）

照片 6-55　尤卡坦半岛上的溶潭

照片 6-56　尤卡坦半岛上的第四系灰岩上的采石场（主要运往美国）

有大型洞穴。塌陷漏斗在佛罗里达州分布相当普遍，有的地区密度可达 7.94 个/km^2（照片 6-57），它的形成往往具有突发性、致灾性，造成重大的人员伤亡和财产损失。1981 年奥兰多市（Orlando）附近 Winter 公园发生塌陷，形成一个 107m 宽，27m 深的漏斗状深坑（照片 6-58），破坏了几座房屋和一个游泳池。1997 年佛罗里达州因塌陷造成的经济损失就高达 1 亿美元。佛罗里达州另一个重要的岩溶形态是岩溶泉，如银泉（Silver spring）其最枯流量可达 15.3m^3/s（照片 6-59），全州岩溶水的开采量占全部供水量的 51%，如中部地区岩溶水供水每天达 110 亿 L。

照片 6-57　佛罗里达州的岩溶塌陷群

照片 6-58　1981 年佛罗里达州 Winter 公园塌陷漏斗

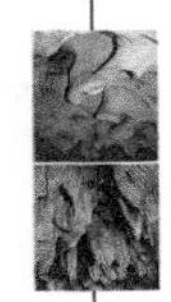

（二）温带湿润半湿润岩溶区（Ⅲ2 区）

该岩溶区位于美国大陆东部和西部沿海地区，以美国东部地区为主，西部沿海地区面积较少（图6-41）。整体来看，该类型岩溶所在地区以地台构造为主，除东侧阿巴拉契亚褶皱带和西部落基山褶皱带外，其余地区产状较平缓。碳酸盐岩主要以古生界碳酸盐岩为主。

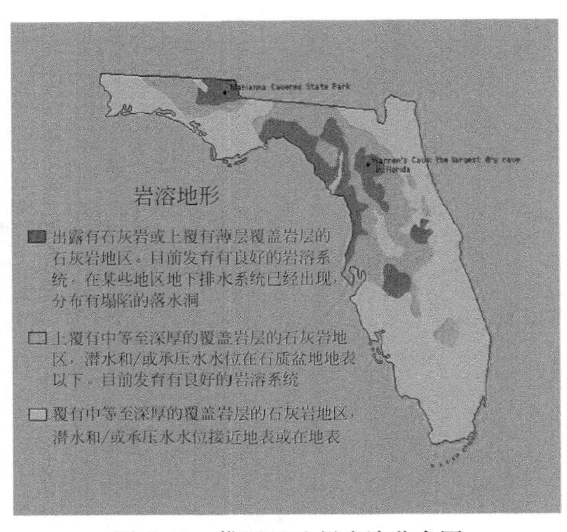

图6-40　佛罗里达州岩溶分布图

区域总体气候条件为湿润半湿润气候，年降水量在700mm～1000mm，岩溶发育的典型地区为美国肯塔基州、印第安纳州南部和田纳西州中部的平原地区，阿巴拉契亚山脉地区和阿巴拉契亚高原地区。区域内从西向东地势逐渐增高，可从肯塔基州的海拔300～400m向东升高到近2000m的高程，引起岩溶形态在地貌、地质和气候条件下较大空间变化。阿巴拉契亚山脉呈北东向延伸长达近3000km，一般宽度约100km，受制于地质条件，整个地区的山脊和峡谷也成北东向延伸，山脊部分海拔在1000～2000m，峡谷为300～500m。由于强烈的褶皱和抬升，出露有很多古生界的非可溶岩，因此整个地貌以常态山为主，在一些碳酸盐岩分布地区常见的可见的伏流、洞穴等形态。

阿巴拉契亚山脉东部大峡谷地区，出露有寒武系和奥陶系的石灰岩和白云岩，岩溶形态主要是浅小的斗淋，地下发育有洞穴。阿巴拉契亚高原地区位于西弗吉尼亚州的西部地区，海拔约700～1000m，地层倾角较缓，下石炭统密西西比组灰岩上覆盖有宾夕法尼亚组砂岩，灰岩主要出露在深切谷地地区，典型的岩溶形态有深斗淋、干谷、落水洞等。平原地区地区海拔约300～400m，地质构造同阿巴拉契亚高原地区相似，地表起伏平缓，但由于长期的侵蚀作用使上覆宾夕法尼亚组砂岩的厚度变薄，而使密西西比组灰岩在很多地方都有出露，主要的岩溶形态是地下河天窗、落水洞、浅碟形洼地、垂直竖井、洞穴等。

平原地区最具特色的地表岩溶形态以浅碟形洼地为主，当地称作落水洞平原（sinkhole plain）（照片6-60）。在一些有利的水文、地质条件下，地下也形成一些较大规模的洞穴系统，如世界上最长的洞穴——猛犸洞（图6-42），其总长度超过600km，洞内廊道宽阔，并在

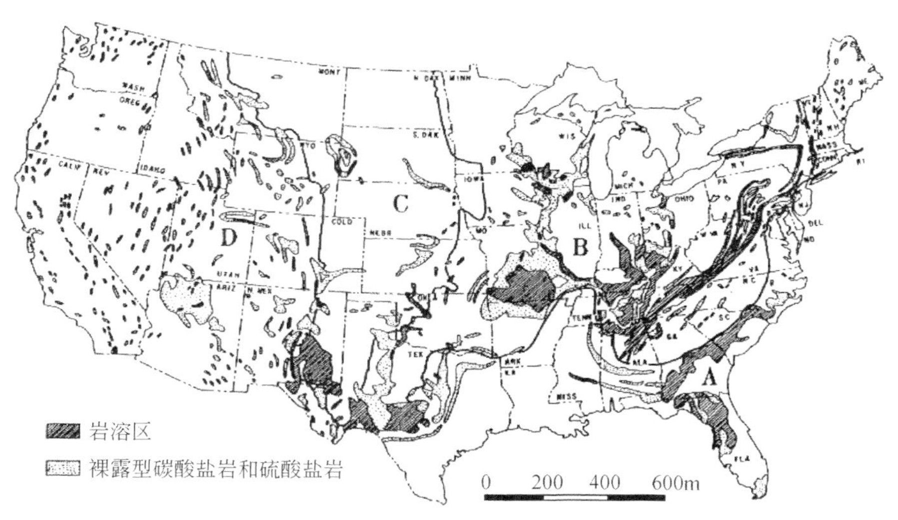

A.大西洋和墨西哥湾沿海平原；B.东、中部古生代碳酸盐岩区；C.大平原地区；D.西部山区

图 6-41　美国本土岩溶分布图（Herak and Stringfield，1972）

照片 6-59　美国银泉（Silver spring）

照片 6-60　美国肯塔基州的落水洞平原

上部盖层流入的外源水冲刷作用下形成深竖井，洞内还有部分石膏沉积物（照片 6-61）。平原地区面临的一个环境问题是洼地排水，由于该地区分布有大量的浅碟形洼地，当地下排水通道受到堵塞时容易积水，为此当地在洼地底部修建了许多的排水孔（照片 6-62），解决排水问题。此外，该地区也面临一些地下水污染问题。如 1981 年一辆载有 10t 剧毒氰化钾的卡车在肯塔基州发生侧翻，氰化钾泄漏灌入了路边的落水洞，不知去向，引发了当地 1000km^2范围内居民的严重恐慌，美国总统不得不下达疏散令，并在该地区做了近 400 次示踪实验查明了地下水的来龙去脉，开展了治理恢复工作。又如在 20 世纪 80 年代，肯塔基州的白马洞（White house cave）由于当地居民排废而成了臭气熏天的“下水道”，经过 20 多年的艰苦治理才于 21 世纪初恢复原貌。为了保护猛犸洞的环境，在洞穴流域内进行了大量的示踪实验，并将示踪成果在图上表示出来，供当地进行土地利用开发时参考。

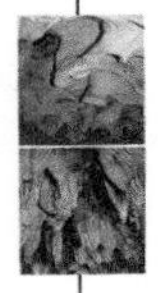

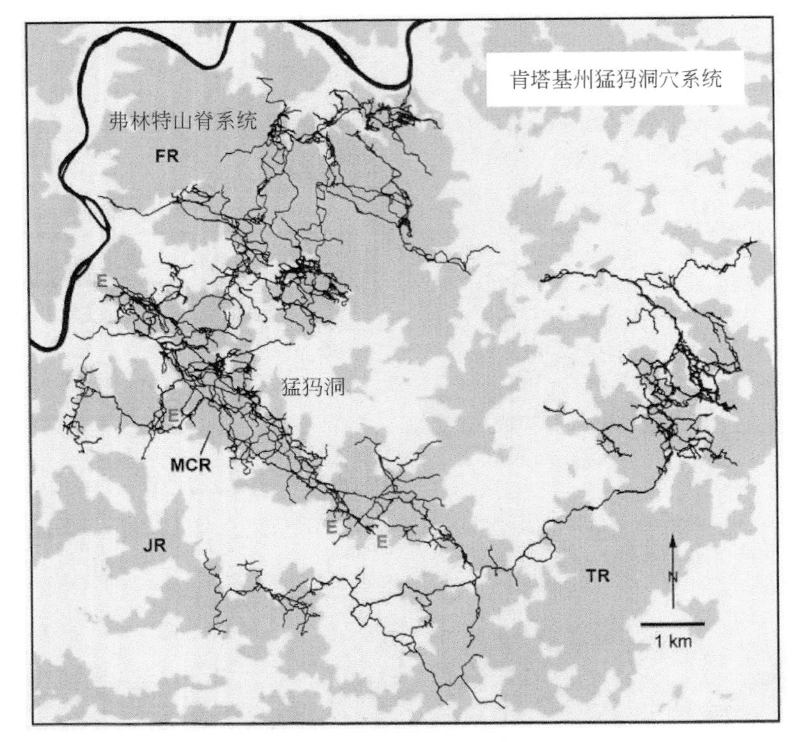

图 6-42　猛犸洞洞穴平面图（Palmer，2009）

照片 6-61　猛犸洞内石膏沉积物

照片 6-62　洼地底部排水孔

（三）北美西部干旱岩溶区（Ⅲ3 区）

该类型岩溶主要分布在美国哥伦比亚高原、大平原中部地区、科罗拉多高原等区，大致包括美国内华达州、犹他州、亚利桑那州、新墨西哥州一带。该区域属于温带干旱气候区，年降水量仅 100～200mm，主要的地貌景观为荒原、沙漠。碳酸盐岩地层以石炭系、二叠系为主，但地表出露较少。地表岩溶形态不发育，但可见岩溶干谷形态，地下发育有大型洞穴、竖井、岩溶泉等形态，洞穴中次生沉积物丰富。该地区还分布有相当面积的蒸发岩盐地层，往往也发育洞穴等形态。区域洞穴以内华达州的利曼洞（Lehman cave）和

新墨西哥州的卡尔斯巴德洞（Carlsbad cave）比较典型。

利曼洞位于内华达州的Baker市西部的大盆地国家公园内，海拔约2100m，是美国海拔最高的洞穴之一（图6-43）。利曼洞整体发育于蛇山（Snake range）山麓的碳酸盐岩和浅变质大理岩中，总长约1km。由于海拔较高洞外高山常年被冰雪覆盖（照片6-63），在春夏季节形成大量的冰雪融水，快速渗入地下，这或许是形成如此大规模洞穴的原因。洞穴内次生沉积物丰富，质地如玉，是国家公园内著名的景观，分布有石柱、石笋、钟乳石、石枝（照片6-64）等形态，其中最著名的是地盾。

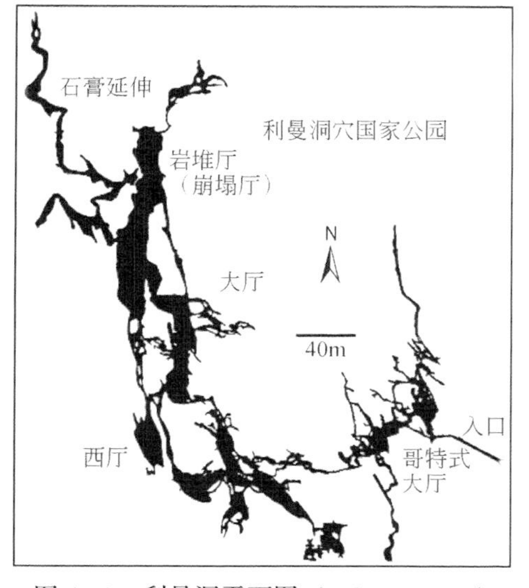

图6-43 利曼洞平面图（Palmer，2009）

照片6-63 利曼洞外雪山

卡尔斯巴德洞（Carlsbad cave）穴群国家公园位于新墨西哥州和德克萨斯州交界的赤瓦瓦沙漠（Chihuahuan desert）的瓜达卢普（Guadalupe）山区，它于1995年被批准为世界自然遗产地。卡尔斯巴德洞整体发育于二叠系碳酸盐岩中，整个洞穴成网络状（图6-44），发育有美国最大的洞穴大厅（照片6-65），洞穴共有5层，目前调查总长度约49.7km，距洞口最深316m，大致接近目前的地下水位。洞穴内生活着大约30万只蝙蝠。洞穴沉积物丰富多样，如石笋、石柱、石幔等，同时还含有丰富的硫酸盐岩沉积，如石膏、自然硫（照片6-66）等。

与很多岩溶洞穴有所不同的是，卡尔斯巴德洞不单单是由岩溶水的溶蚀作用形成，还包括了硫酸的强烈溶蚀作用，其根源在于洞穴靠近油气层。油气层中H_2S气体逸出后顺裂隙、孔隙等溶于岩溶水中，增强了岩溶水的溶蚀能力，同时形成丰富的硫酸盐沉积物，在一些廊道中基岩上硫酸盐沉积可达0.5m厚（照片6-67）。到目前为止，卡尔斯巴德洞穴尚未完全探明，但成为国家公园后每年接待约65万参观者，洞穴空气成分有一定的改变，蝙蝠从20世纪20年代的约800万只，减少到目前的约30万只。美国国家公园管理处目前采取限制进洞人数限制开放时间的措施对洞穴实施保护，不再进一步的开发洞穴游览范围。

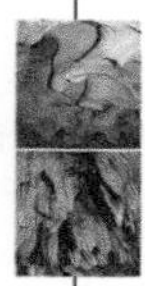

照片 6-64　利曼洞中的石枝

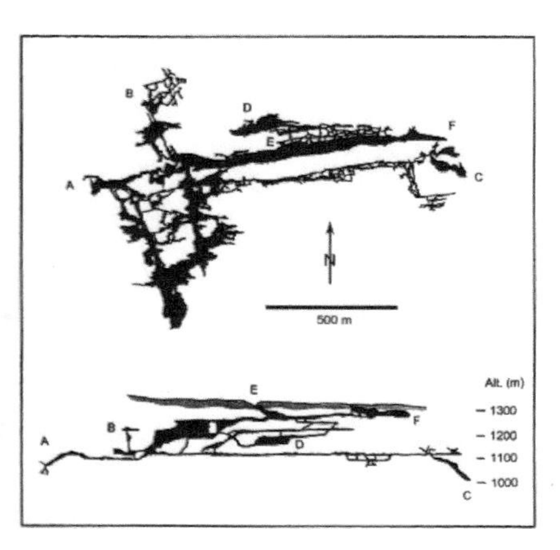

图 6-44　卡尔斯巴德洞穴平面图和立面图（Palmer，2009）

照片 6-65　卡尔斯巴德洞洞穴大厅

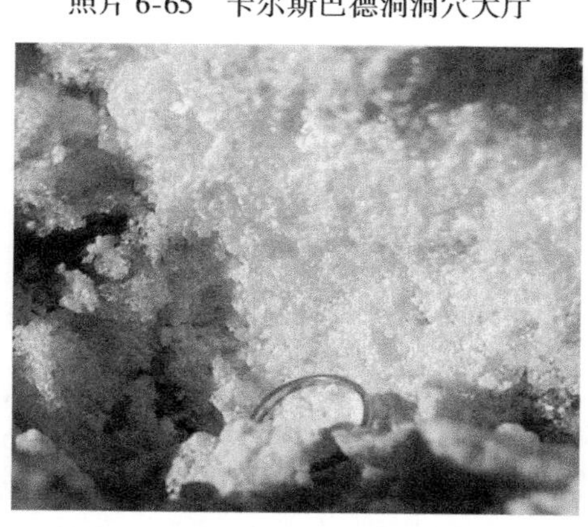

照片 6-66　卡尔斯巴德洞洞穴自然硫

照片 6-67　卡尔斯巴德洞洞穴廊道硫酸盐沉积（白色的为硫酸盐沉积物）（Palmer，2009）

四、冈瓦纳大陆岩溶区（Ⅳ区）

冈瓦纳大陆包括今南美洲、非洲、澳大利亚、南极洲以及印度半岛和阿拉伯半岛在内的广大地区，总体来看冈瓦纳大陆是一块长期稳定的大陆，地壳运动不强烈；地壳抬升较小，剥蚀不强烈，地貌熵也较小。冈瓦纳大陆经历了几亿年的风化，土层较厚，硅酸盐岩

也能被溶蚀，从而可以发育形成几公里长的洞穴。冈瓦纳大陆岩溶区可以根据气候条件划分出2个亚区，分别是湿润半湿润区岩溶（Ⅳ1区）和干旱区岩溶（Ⅳ2区）。

（一）湿润半湿润区岩溶（Ⅳ1区）

该类型岩溶区较为典型的地区有澳大利亚的昆士兰州和新南威尔士州的东部、塔斯马尼亚岛，南非和巴西东部、东南部的岩溶地区。

澳大利亚岩溶面积占国土总面积的4%左右，主要分布在南部、北部和东部地区（图6-45）。除中生界地层外，碳酸盐岩从前寒武纪到更新世都有出露，时代广泛。澳大利亚的整个气候带呈半环状分布，降水由北、东、南向内陆减少。其湿润半湿润气候区主要分布在东部、南部和北部的部分地区，年降水量约500～1000mm，植被主要是桉树和木麻属的植物。区域碳酸盐岩以古生界志留系、泥盆系地层为主。如堪培拉附近就分布有100m厚的志留系地层，维多利亚巴肯（Buchan）地区分布有40～190m厚的下泥盆系碳酸盐岩地层。在该地区新生代以来的火山活动形成大量的火成岩（如玄武岩）对岩溶发育具有重要意义。如在降雨条件下，火成岩地区的大量外源水进入碳酸盐岩地区，产生很强的溶蚀能力，促进了岩溶形态的发育，澳大利亚科学家成这种岩溶为“集水岩溶”（Impounded karst）。岩溶形态主要有溶蚀漏斗、塌陷漏斗、伏流、天生桥、大的洞穴及洞穴次生沉积物，在一些洞穴中还充填有古近系—新近系的玄武岩等等，但地表的一些微观形态如尖深溶痕等很少见，这可能与该地区茂密的森林阻挡了雨水的直接溶蚀有关。该区总体生态环境较好，天然林和野生动物得到了较好的保护，但也面临土地盐碱化的问题。在一些地区，森林区被改变为牧场，地表覆盖度降低，由于强烈的蒸发作用导致地下水位的上升和盐碱化。目前的补救措施主要是通过在牧场周边的山丘上植树来降低水位，同时在流域内建立一些排水系统。

南非岩溶面积约5万km^2，占国土面积的1.9%，主要分布在中部和东北部（图6-46）。碳酸盐岩主要为元古代白云质灰岩，分布在内陆高原地区，岩性坚硬。另外是一些古近系—新近系孔隙性灰岩，主要分布萨尔达尼亚湾（Saldanha）到祖鲁兰（Zululand）的沿海地带。区域气候属于亚热带湿润气候区，年降水约600～1000mm，在德兰士瓦（Transvaal）东部的一些山区降水可达2000mm，植被类型属于稀树草原（照片6-68）。高原面上的岩溶形态在经历了晚白垩世到中新生代的夷平作用后，现在地表岩溶形态主要是落水洞、坡立谷等，地表多堆积有钙质红土。如德兰士瓦岩溶高原上的一个坡立谷低于周边山地10～30m，坡立谷中堆积有几米厚的钙质红土，并有明显的由一组岩溶泉群形成的地表溪流，在雨季坡立谷会被洪水淹没，整个坡立谷的形态和前南斯拉夫地区的坡立谷颇有几分相似。高原面上洞穴也比较发育，多具有潜水带洞穴特征，但目前大部分洞穴都是干洞（照片6-69）。一些洞穴还曾经是古人类的栖息场所，如南方古猿（Australopithecus）就是发现于一个洞穴中（照片6-70）。在岩溶高原面上，岩溶泉数量也较多，这些岩溶泉的一个特点就是在动态变化比较稳定，雨季时间和流量峰值的滞后时间较长，有些可达6个月，甚至2年。这或许是和高原面上较厚的钙质红土覆盖层以及均匀的白云岩含水层有关。另一个特点就是岩溶泉的流量和流域面积比较起来，显得不匹配，如德兰士瓦高原面上的最大的岩溶泉Oog van Schoonspruit流量为0.8m^3/s，但其流域面积接近1000km^2，这和欧洲一些同样面积的岩溶泉比较起来流量是相当小的，这种原因主要是和高原面上降水量总体较少而蒸发量较大有关，据测量一些地区只有5%～15%的雨水渗透入地下。由于南非有金矿的开

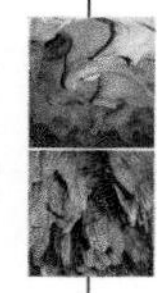
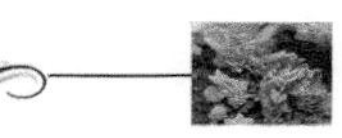

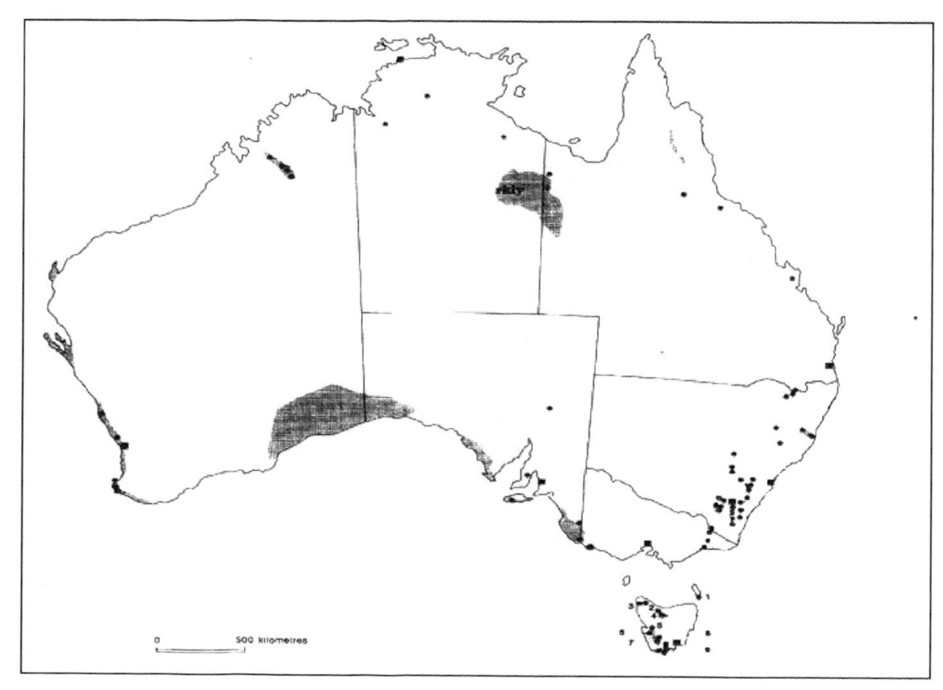

图 6-45　澳大利亚岩溶分布图（Gillieson，1998）

采，从而造成大量的岩溶塌陷，这也是当地面临的主要环境问题。

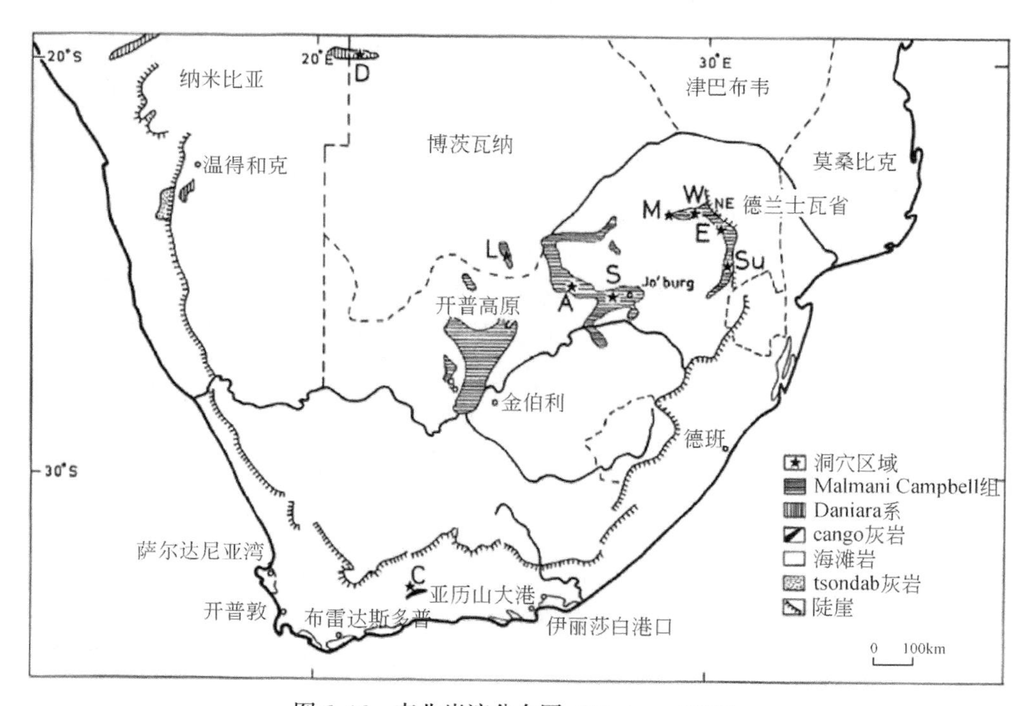

图 6-46　南非岩溶分布图（Marker，1987）

照片 6-68 南非草原及犀牛

照片 6-69 南非元古代灰岩洞穴

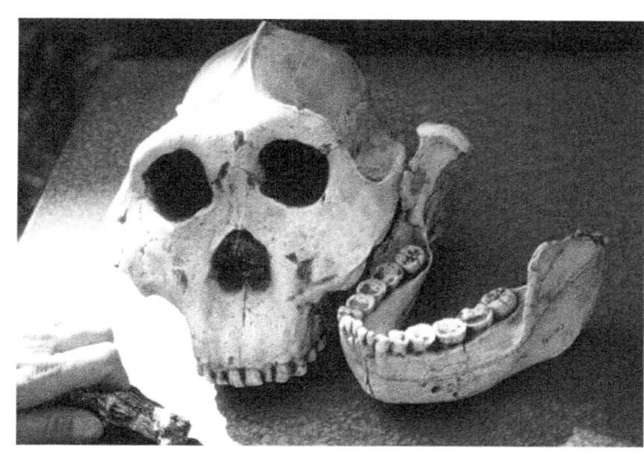

照片 6-70 南方古猿（Australopithecus）骨骼及洞穴中含骨化石堆积

巴西岩溶面积约占国土面积的5%~7%，主要分布在巴西高原的东部、东南部（图 6-47），多为前寒武系碳酸盐岩。区域年降水量在 500 ~ 2000mm，大部分地区属于热带亚热带地区。整个地区属于巴西地台，构造相对稳定，自新生代以来处于长期的稳定夷平阶段，因此高原内部地势总体平坦，并没有起伏较大的山脉（照片 6-71）。岩溶发育也深受夷平作用的影响，地表岩溶形态不发育，多为落水洞、漏斗、坡立谷等形态，整个地区以覆盖型岩溶为主，地表多堆积厚约十几米的剥蚀红土层，但在西部两级夷平面之间的斜坡地带分布有岩溶孤峰，如西部博里托（Bonito）地区位于珀迪多河（Perdido river）流域所在的高一级夷平面和米兰达河流域（Miranda river）所在的低一级夷平面之间的斜坡地带就分布有岩溶孤峰，高度可达 100m，这可能是区域夷平作用形成的残余山峰（图 6-48）。虽然区域地表岩溶形态不发育，但由于降水量大且多暴雨，十分有利于地下岩溶形态的发育。地下岩溶形态主要以洞穴、岩溶泉、地下河（照片 6-72）为主。如在巴西最大的岩溶区——Bambuí 岩溶区就分布有近 3700 个洞穴，在 Una 岩溶区甚至有长达 97km 的大洞穴。在一些洞穴内也分布有各种丰富的如贝窝（照片 6-73）等的溶蚀形态和石笋、钟乳石等沉积形态。一些采石场也揭露了元古代的古岩溶形态（照片 6-74）。这里的主要环境问题是由于采石场的开发对地表形态的破坏，以及工程建设破坏当地的地下河的水文状况，同时地下河的洪涝也经常发生，淹没地表农田，影响当地居民的生产生活。

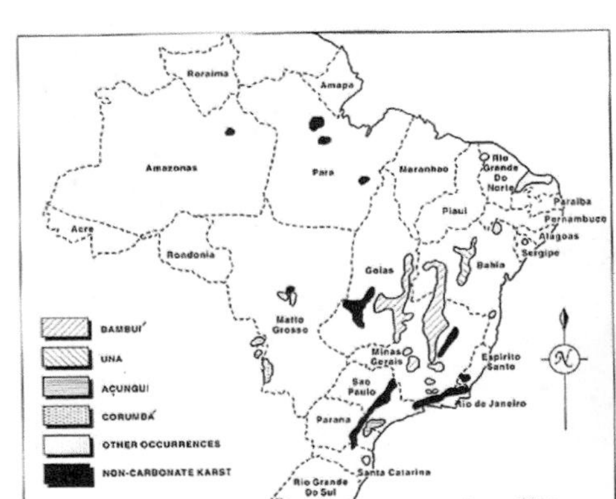

图 6-47 巴西岩溶分布图（Auler，1996）

照片 6-71 巴西岩溶区平坦的地势

照片 6-72 巴西一地下河出口

照片 6-73 巴西一洞穴中的贝窝

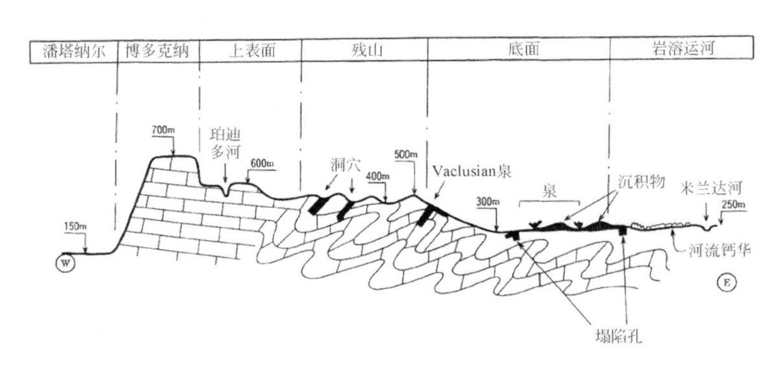

图 6-48 博里托地区珀迪多河与米兰达河之间横剖面图（Auler，1996）

照片 6-74 巴西中元古界地层中的古岩溶

（二）干旱区岩溶（Ⅳ2 区）

该类型岩溶主要分布在澳大利亚西南部、北非埃及、利比亚至毛里塔尼亚一带。该地区的岩石主要是新生界的碳酸盐岩。由于位于干旱区，沙漠较常见，这些地区的岩溶地貌也常与沙漠相连。

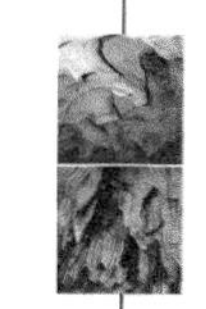

澳大利亚西部、西南部地区属于典型的干旱半干旱气候，年降水量约150～250mm。这类型岩溶主要分布在西南部的纳勒博（Nullarbor）平原、沙克湾（Shark bay）等地区。纳勒博岩溶平原是澳大利亚最大的岩溶区，面积约20万km^2，地势低平，年降水量约200mm，植被主要是旱生植物。整个地区主要是白垩系到古近系—新近系的多孔隙性碳酸盐岩，并且直接覆盖在前寒武系的变质岩上（图6-49）。

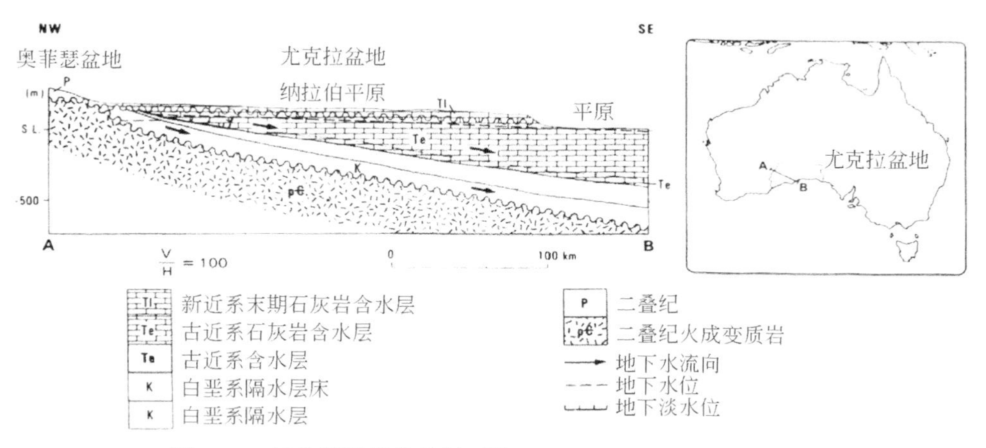

图6-49 纳勒博平原地质剖面图（Gillieson and Spate，1998）

虽然该区年降水只有200mm左右，但在集中降水和多暴雨的情况下，快速渗透，在地下形成较大的水力梯度，有利于地下洞穴的发育。整个地区地下岩溶形态发育，有竖井（照片6-75）、洞穴（照片6-76）、地下河等，洞穴内有次生沉积物（照片6-77）等分布，在地表分布有一些连接地下洞穴的排水孔（blowhole），随着地下岩溶的进一步发育，地表的排水孔逐渐形成一些浅小漏斗，成为地表的排洪通道，但在有的时候也能被洪水淹没，如Thampana洞12km^2流域范围内，在洪水期距地下40m深的洞穴被洪水充满，洪水溢出，而将流域内的漏斗淹没。该地区最突出的岩溶形态主要是海边的古近系—新近系灰岩孤峰（照片6-78）和悬崖，它主要是海水波浪侵蚀古近系—新近系碳酸盐岩后的原来海岸的残留。

照片6-75 纳勒博平原上的竖井

照片6-76 纳勒博平原地下第四系中的洞穴（Madura洞）

毛里塔尼亚地处撒哈拉沙漠西部，2/3的国土属于热带沙漠气候，高温少雨，年均温约25℃，年降水量100mm以下。碳酸盐岩主要以新生界地层为主，且分布面积小。受地质、气候等条件限制，地表地下岩溶形态不发育。现有的一些岩溶形态多发育在第四纪海滩岩上，在老海滩岩和新海滩岩上有海蚀龛（照片6-79）等形态分布，并有一些微溶蚀现象（照片6-80），在一些沙丘之间也能看见溶洞等现象（照片6-81）。

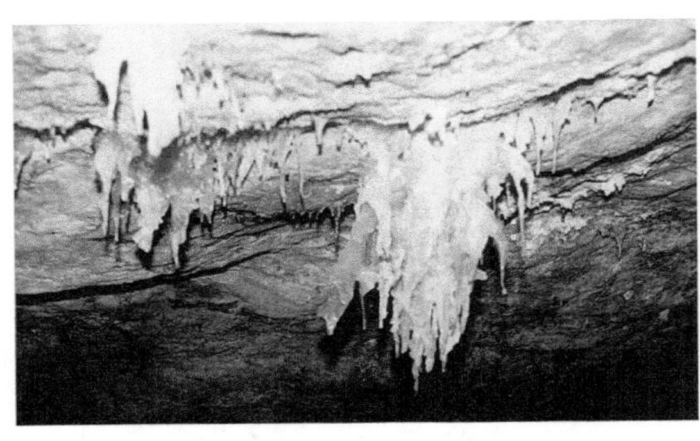

照片6-77 澳大利亚纳勒博平原地下Thampana洞内沉积物

照片6-78 澳大利亚纳勒博平原海边古近系—新近系灰岩孤峰

照片6-79 毛里塔尼亚海边的海滩岩及海蚀龛（左为新海滩岩，右为老海滩岩）

照片6-80 海滩岩上的微溶蚀现象

照片6-81 固定沙丘上的溶洞

埃及国土面积的50%都出露有晚白垩系到古近系—新近系石灰岩或白垩，主要集中分布在北部和东北部，主要以古近系—新近系灰岩为主，埃及一些著名的金字塔的基座就是用古近系—新近系灰岩砌成（照片6-82）。尼罗河三角洲和北部沿海地区属亚热带地中海气候，年均降水量 50～200mm。其余大部地区属热带沙漠气候，炎热干燥，气温可达 40℃。年平均降水量不足 50mm。区域整体以干旱气候为主，在严酷的气候条件下，地表岩溶不发育。

照片 6-82　埃及古近系—新近系灰岩砌成的金字塔

在西部沙漠到尼罗河河谷地区再到苏伊士湾的低高原区主要分布晚白垩系到古近系—新近系的灰岩，地表岩溶形态缺乏，地下发育有一些岩溶泉和洞穴，岩溶泉成为当地的重要水源，而洞穴就成为重要沙漠中遮蔽地。如开罗东部的圣安东尼寺院（StAntony's monistery）部分修在一个洞穴中，主要靠一个岩溶泉供水。又如尼罗河河谷西部的 Djara 洞发育在始新世灰岩中，洞穴中还有钟乳石、石笋等沉积物。在红海沿岸地区，古近系—新近系灰岩中发育有海蚀龛等形态（照片 6-83）。在西部沙漠的法拉夫拉绿洲（Farafra-oasis）以著名的"白漠"（White desert）而闻名于世，主要是该区分布有广泛的岩层产状平缓的白垩碳酸盐岩，在 100km^{2}的范围内分布着几千个石灰岩孤峰（照片 6-84），孤峰高约 2～4m，有的甚至高达 10～15m，而周围地表堆满白色的碳酸盐岩砾石、粉末。它们主要形成于新近纪湿热气候条件下，后期又受到热裂作用（thermal shatter）和风蚀作用的破坏。法拉夫拉绿洲的另外一个区域是 Obeid 和 Ain el Khadra 两个洞穴区。Obeid 洞区由 4 个洞穴组成，主要发育在古近系—新近系的白云质灰岩中，洞穴不大并均匀分布在一些山丘的底部。Ain el Khadra 洞区主要发育在上白垩统的白垩中，洞穴也不大。两个洞区洞穴没有常见的次生沉积物，但洞顶分布有一些锅穴，洞壁有一些波痕，表明曾经存在地下水流作用。

照片 6-83　西奈半岛红海变的古近系—新近系灰岩海蚀龛

照片 6-84　法拉夫拉绿洲"白漠"中的孤峰

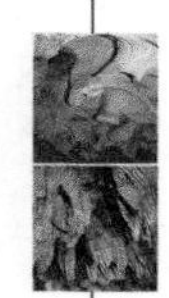

复习思考题

1. 为什么要进行区域岩溶学的研究？
2. 研究区域岩溶要掌握哪些基本方法？
3. 进行全球岩溶的区划，做出分区图有什么意义？
4. 从全球视野分析，中国岩溶有何特色？
5. 你觉得本章把全球岩溶分为四大区，12 个亚区和 2 个小区有什么要改进的地方？

第七章 中国岩溶的基本类型及与全球岩溶的对比

第一节 中国岩溶的分布特点及发育的自然地理条件

一、中国岩溶的分布和基本特点

（一）中国岩溶分布

从世界岩溶分布来看，中国岩溶属于欧亚板块岩溶。中国的岩溶分布有广阔的地理环境跨度（图4-3），由3°N的南海礁岛到48°N的小兴安岭地区，由74°E的帕米尔高原到122°E的台湾岛；由海拔8844.43m的珠穆朗玛峰到东部海滨均有分布。其中以北方山西岩溶高原及邻近省区的岩溶（47万km^2），以及西南部以云、贵、桂为主体，包括川、鄂、湘部分地区的岩溶高原（50万km^2）为连片大面积分布。我国最北边的岩溶，是位于48°N附近的黑龙江省伊春的十二林场地下河，还有干谷、地面塌陷、溶洞、贝窝等岩溶形态；最南边的岩溶位于4°~12°N南沙群岛上百个珊瑚礁坪上的溶塘、石牙、溶沟、天生桥；最东边的岩溶位于121°E附近，台湾岛南部垦丁自然保护区的峰林和洞穴；最西端的岩溶位于80°E附近，西藏狮泉河、班公错附近的溶洞、穿洞、冻蚀石林等岩溶形态。

（二）中国岩溶特点及其在全球岩溶中的特色

中国岩溶以其分布面积辽阔，发育充分，形态多样，保存完好，堪称世界之冠，成为“世界岩溶的立典之地”。从全球角度来看，中国岩溶由于碳酸盐岩古老坚硬，新生代大幅度抬升，未受末次冰期大陆冰盖刨蚀和季风气候的水热配套等有利条件而特色鲜明。

（1）古老坚硬的碳酸盐岩。中国大陆的碳酸盐岩，除西藏地区有较多的侏罗系、白垩系碳酸盐岩外，大多数是三叠系以前的古老坚硬的碳酸盐岩，尤以古生界的碳酸盐岩分布最广，其成岩程度较好，孔隙度较小，力学强度较高，各时代的石灰岩类的孔隙度都在2%以下，白云岩孔隙度一般都不到4%，而抗压强度都在1000kg/cm^2以上。而国外主要岩溶区，如澳大利亚南部、伦敦盆地、巴黎盆地、中美洲等地，其分布最广的是中新生界的碳酸盐岩，石灰岩的孔隙度一般为16%左右，而白云岩的孔隙度达31%~44%。我国大陆主要岩溶区碳酸盐岩力学性质特点，对岩溶发育和岩溶形态造成重大影响。在地表形成了南方平地拔起的峰林地形（照片6-2），在地下，则为上千条地下河和巨大的地下洞室

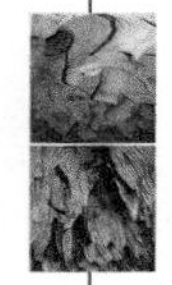

提供了坚硬的支撑骨架。而在气候相近的东南亚、加勒比海地区，虽然也有类似的峰林地形，但其形态终因岩性较为松软而远不如我国南方岩溶那样巍然挺拔，通常表现为低矮、圆缓的馒头状峰林（照片6-3）。同时，岩性坚硬也为我国岩溶地区发育和保存丰富多样的微观岩溶形态（如溶痕、溶盘、边槽、贝窝等）提供了良好基础。

（2）新生代以来的大幅度抬升。在中国大陆，尤其是其西部由于新生代以来的大幅度上升，不但造成了雄伟的岩溶地形，而且使得各个时代发生的岩溶形态被陆续抬升到不同的高度上，加上岩石坚硬，因此保存了世界上历史跨度最长、连续性最好的岩溶系列，这是在世界上其他岩溶区难以比拟的。以加勒比海地区为例，其东部波多黎各、多米尼加一带，在新生代约有1000～3000m的上升，因而出现一些馒头状峰林地形。但由于其碳酸盐岩比较年轻，上升幅度也远不如中国大陆，因而其形态远较我国南方的逊色，所记录的岩溶发育史和古环境资料也短暂得多。在欧洲南部、阿尔卑斯山以及地中海沿岸南斯拉夫的狄纳尔岩溶高原、意大利的亚平宁山脉、法国南部的高斯岩溶高原、比利牛斯山和前苏联的克里米亚，新生代也有较大幅度的上升，它们也保存着许多有意义的古环境的岩溶记录。但总体来说，同中国大陆岩溶区相比，一是其主要碳酸盐岩较年轻，二是新生代上升幅度较小，其所记录的岩溶发育过程的历史跨度远不如中国大陆悠久。

中国大陆东部北北东向的新华夏系构造隆起带与沉降带相间分布的基本格局，也对中国岩溶有重要影响。它造成了中国东部裸露型岩溶与埋藏型岩溶和覆盖型岩溶交替分布的特点，并对碳酸盐岩油气田分布有重要影响。中国东部新华夏系隆起带，包括南方的贵州高原东部和邻近地区，以及北方山西高原，成为两片面积最大的裸露型岩溶，两侧都是埋藏型或覆盖型岩溶。在贵州高原西北的四川盆地是我国最大的一片埋藏型岩溶地区，也是主要的碳酸盐岩气田之一，天然气的勘探井在数千米深处也揭露了大量的溶洞。山西高原西北的鄂尔多斯盆地和东南的华北平原，油气勘探都揭示在数千米厚的非可溶岩下有溶洞、古潜山等深部岩溶形态，后者被认为是一种埋藏的古近纪—新近纪古峰林地形。值得注意的是，贵州高原东北部及四川盆地东南部的裸露型岩溶地区，由于北东向的紧密褶皱，加上当地碳酸盐岩以间层型和夹层型为主，使得碳酸盐岩的分布都成为北东延伸的狭长条带，以致各种岩溶形态，包括峰林、洼地、落水洞、地下河、洞穴等，都呈北东向展布，成为我国一个独具特色的岩溶区。

（3）未受末次冰期的刨蚀。中国大陆的冰盖问题，除对青藏高原还有不同看法以外，一般认为在东部主要岩溶地区均未遭受到第四纪大冰盖的影响。加上新生代的大幅度抬升，岩石坚硬，形成巍然挺拔的岩溶形态，使其堪称世界上最大的岩溶档案馆。而在欧洲和美洲北部岩溶区大多遭受过末次冰期大陆冰盖的刨蚀。如英国中部的约克郡（54°N附近），有大片石炭系灰岩，但地表岩溶形态，仅有末次冰期以后，即1万多年来发育在冰溜面上的溶沟、溶痕和浅碟形洼地。冰期以前的岩溶形态均被刨蚀无遗（照片6-1）。

（4）季风气候的水热配套。我国大陆由于受季风气候控制，水热配套很好（夏湿冬干），夏季雨水既能在地表，也能在地下进行强烈的化学溶蚀作用，特别是在南方，造就了地表峰林地形和地下河系统配套的亚热带岩溶。地中海周边是世界上的最重要的岩溶区之一。但那里的气候水热配套不好（夏干冬湿），虽然夏季融雪水有利于地下巨大洞穴的发育，但物理化学风化作用使地表岩溶形态大为逊色。

从岩溶发育的历史来看，中国岩溶由于受到大地构造演化和古地理环境的影响具有多

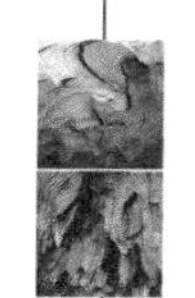

期次的特点，从元古代到新生代都有岩溶发育。元古代岩溶是目前已知最早的古岩溶时期，主要发生在华北地块，该区三次地壳上升运动，形成一系列的古溶蚀面。如长城系高于庄组碳酸盐岩沉积后的滦县上升运动，在太行山中段和北段的长城系顶部硅质白云岩遭受溶蚀形成起伏不平的古溶蚀面。早古生代岩溶是中国主要的古岩溶发育期，波及整个古中国地块，尤其以华北地块中奥陶统中的古岩溶最为典型。华北地块自中奥陶世至中石炭世，受加里东运动的影响而整体均衡抬升，开始了150Ma的剥蚀期。在古剥蚀面上形成了正负岩溶地貌，如溶蚀残丘、溶蚀洼地、漏斗、落水洞等。晚古生代时期的古岩溶主要发育于扬子地块及华南准地块的西南部，由于受到海西运动的影响，使下二叠统与上二叠统之间出现沉积间断及间断面之下岩层厚度的变化和缺失，有古漏斗及堆积于其中的高岭土矿。中生代岩溶由于受到印支运动和燕山运动造成的广大地区三叠纪末和白垩纪末的两次沉积间断的影响，发育了面积广大的古岩溶。如湘南和桂北中生代至少发生两次岩溶作用，普遍发育有溶蚀洼地和洞穴，分布堆积了灰色和红色的岩溶角砾岩，并伴随有铅、锌、铜及铀矿的矿化作用。白垩世末是我国北方地质历史上岩溶化最强烈的一个时期，发育了大量的暗河、溶洞、溶丘-溶洼等岩溶地貌景观。华北平原下的“古潜山”即为该时代岩溶作用所形成的地貌。新生代以来，特别是中更新世以后，我国现代气候的基本格局已形成，根据现代溶蚀速率观测成果和各种岩溶形态形成的时间尺度推算，我国主要岩溶类型及其组合在这个时期已经形成，同时由于喜马拉雅运动的影响，我国的各种岩溶形态被抬升到不同的高度上，使岩溶形态从平原到高原，从河谷到峰顶均有分布。

中国北方以山西为中心的岩溶区是我国重要的能源基地，密集的人口分布及强烈的人类活动给脆弱的岩溶环境带来诸如岩溶水污染、塌陷、矿区突水等一系列严重问题。中国西南以贵州为中心的岩溶区是我国西部大开发的重点地区，也是我国主要的贫困人口聚集区，至今还有127个贫困县，2000多万贫困人口。“土在楼上，水在楼下”的水土资源配置格局，使得水资源开发利用问题成为制约区域经济社会发展的瓶颈，同时各级高原面上（岩溶水补给区）的人类活动又对岩溶地下水造成污染。该区强烈的水土流失造成的石漠化面积达13.64万km^2，涉及478个县，使得生态环境不断退化。因此中国岩溶同世界其他地区岩溶相比的另外一个突出特点就是人口资源问题与脆弱的生态环境相重叠，这也是我国岩溶问题持续受到国内外广泛关注的原因。

（三）中国岩溶主要类型

中国大陆有3个最主要的岩溶类型，即：南方的亚热带热带湿润地区岩溶、北方的半干旱温带岩溶以及高山高原岩溶。它们都具有与其所在区域第四纪以来的主导气候相适应各不相同的岩溶形态组合特征。

南方热带及亚热带岩溶的形态组合，是由高大的峰林地形、大量的洼地、尖深的溶痕、红壤土、洞外钙华，以及许多大型洞穴、地下河系流、洞内许多流水溶蚀小形态、高大的次生碳酸钙沉积等岩溶形态构成。

北方干旱、半干旱地区岩溶，以常态山、干谷、微小溶痕、石灰质角砾、黄土覆盖、岩溶大泉及较少的洞穴和洞内溶蚀堆积形态等为主。

西部高山岩溶则以各种冰川或冰缘霜冻溶蚀形态，如冻蚀石柱、天生桥、石墙、石灰岩质岩锥，以及岩溶泉和泉华为主。

除了以上3种我国主要的岩溶类型外，在我国东部、东北部地区还有温带湿润区岩溶，滨海岩溶以及蒸发岩岩溶。

二、中国岩溶发育的自然地理条件

（一）地质条件

在全球岩石圈的六大板块中，中国属于欧亚板块的一部分。中国大陆上的古板块，可进一步划分为若干地块（地台）和褶皱带（地槽）。中国地台区主要包括华北地块（中朝地块）、塔里木地块、扬子地块等；中国地槽区主要包括天山—大兴安岭褶皱带、祁连褶皱带、昆仑褶皱带、秦岭—甘孜—三江褶皱带、西藏—滇西褶皱带、喜马拉雅褶皱带及台湾褶皱带。华南褶皱带属于过渡类型，有人称为华南准地台，根据碳酸盐岩沉积建造的特点，我们将其归为地台区，称华南准地块。以古中国地块为核心，褶皱带环绕着古地块依次形成，并镶接于地块边缘，使大陆逐渐增生和扩展。中国大地构造的基本格局控制了碳酸盐岩的分布。

地台区的碳酸盐岩主要分布于盖层中，面积大、岩相和厚度都比较稳定，产状比较平缓、岩性较纯、颜色较浅，大部分属于浅海碳酸盐台地沉积，而且大多处于中国东部热带-亚热带及温带地区，有利于岩溶发育，所以中国地台区在中国岩溶中占主要地位，岩溶地貌类型多、洞穴发育，岩溶资源丰富，环境问题突出。地槽区碳酸盐岩沉积厚度虽大，但范围小且不稳定，常以夹层或区域透镜体形式出现，成分不纯、颜色较深，受褶皱和断裂破坏，分布零乱，产状较陡，并遭受不同程度的变质作用而成为各种大理石或结晶灰岩，且处于中国西部干旱或高寒地区，不利于岩溶发育，在中国岩溶占次要地位。岩溶类型虽然较多，但岩溶形态单一、洞穴不发育，岩溶资源和环境问题不很突出。

中国可溶岩可划分为三大类：碳酸盐岩类、硫酸盐岩类、氯化物盐类。碳酸盐岩类包括石灰岩、白云岩及其过渡类型和变质产物，其分布总面积达344万km^2，占国土面积的1/3，其中裸露的碳酸盐岩面积约90.7万km^2。硫酸盐岩类包括石膏和硬石膏，产地遍布全国各地。自寒武纪至第四纪都有产出，但主要产于古近纪—新近纪、三叠纪、白垩纪、石炭纪和奥陶纪。氯化物类主要有岩盐、光卤石等。中国岩盐主要形成于中-新生代，其中新生代岩盐产地占3/4以上，主要分布于西北地区，中生代岩盐产地主要分布于西南地区。

中国碳酸盐岩的主要特点是分布集中、厚度大、时代老，主要集中分布于华南、华北和扬子三大地块，厚度都在1000m以上，除了西藏地区出露侏罗系—白垩系碳酸盐岩及南海诸岛有现代沉积的碳酸盐岩以外，大部分地区都是三叠纪以前的碳酸盐岩。由于碳酸盐岩集中分布地区都属于地台型沉积，故岩石成分较纯、连续厚度大、分布稳定；时代老，岩石受到成岩后作用的强烈改造，具有孔隙度低、力学强度大的特点。

（二）气候条件

降水量、蒸发量和气温都对岩溶发育有重要影响。

降水量的多少，直接影响地表及地下岩溶的发育，而较高的蒸发量，则会减弱降水对可溶岩的溶蚀，特别是减弱向地下渗透和地下岩溶的发育。气温对岩溶作用有正影响，同时偏低的气温对物理风化作用的出现，以及某些高寒地区岩溶形态的产生，也很重要。我

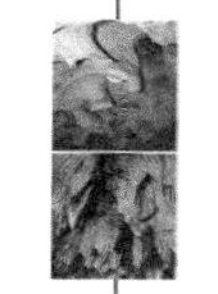

国降水量分布的总趋势是东南高而西北低，大致在青岛—秦岭—成都一线的东南侧，年平均降水量在800mm以上，而其西北侧在800mm以下。但主要岩溶区的降水量还有一些局部变化，这些局部变化对当地岩溶发育均有影响，并反映在其岩溶形态组合特征上。

我国蒸发量对岩溶发育的影响，可用干燥度来说明。根据干燥度的高低分为湿润区（干燥度<1.0）、半湿润区（干燥度1.0～1.5）、半干旱区（干燥度1.5～4.0）和干旱区（干燥度≥4.0）。我国南方岩溶区、东北部的东部地区都属于湿润地区。这样的气候既利于地表岩溶，也利于地下岩溶发育。山西高原及藏北高原的干燥度均在1.5～4属半干旱气候，而包头—银川一线西北则为干旱地区。

我国年平均气温也表现为东南高、西北低的总趋势。但受地形影响，其局部变化较降水量更复杂。我国年平均气温最高出现在南海西沙群岛，达26.4℃，而年平均气温最低出现在青藏高原上的五道梁，达-5.8℃。长江中下游一线以南，四川盆地、云贵高原边缘一线之东南，年平均气温都在16℃以上。黄河中下游、淮河流域、云贵高原的年平均气温为12～16℃。我国年平均气温低于0℃的地区，分布在黑龙江省北部，藏北高原及长江、黄河源头地区，祁连山、天山和阿尔泰山一带。此种基本情况与我国主要岩溶分布格局的关系是十分清楚的。

通过定位观测，已揭示了在不同气候条件下溶蚀速率的差别，以及地球表层系统影响溶蚀速率的机理。溶蚀速率与个体岩溶形态及计量指标之间的关系，似乎是显而易见的，即在相同时间里，溶蚀速率越快，则岩溶形态的规模也越大。具有某种气候标志的岩溶形态，特别是规模较大的岩溶形态，如洼地、峰林，需要该种气候条件持续一个相当长的时间。但是我们知道，气候是一种随时间变化的因素，不但冷热、干湿有季节的变化，而且存在着几十年、几百年、几千年以及几万年周期的变化。因此，在建立气候条件与岩溶形态组合的关系时，必须掌握两点，一是抓住该地区岩溶形态组合中的主导形态，从与现代气候条件匹配的主要形态开始，建立气候与岩溶形态的对应组合关系；二是区分各种岩溶形态的时间尺度，重点抓那些代表较长时间尺度的大形态。由于岩溶作用是一种比较快的地质作用，我国大陆岩溶区的多数岩溶形态可在第四纪形成，而我国大陆各主要岩溶区的现代气候格局在第四纪均已大致形成。因此，以现代石灰岩溶蚀速率观测数据所得到的认识为基础，建立气候与岩溶形态组合的关系，虽然还要考虑很多复杂的因素，但只要抓住上述两点，还是可以作出一个初步的归纳（表4-2）。

（三）水文条件

岩溶发育虽受到地质、气候、植被等的综合作用，然而水不但是对可溶岩进行溶蚀的最直接最活跃的因素，而且是太阳能、生物能的载体，起着双重的作用。水不但从降落到地表开始就对可溶岩进行溶蚀，而且在其转化为地表水或地下水后，还继续释放其能量而产生更多更大的岩溶形态。在我国主要岩溶区，对岩溶发育影响最明显几种水文条件是：外源型、褶皱及夹层控制型和高原型。

1. 外源型

外源水是指从非岩溶地区流入岩溶地区的水流。它对岩溶发育的作用有两个方面：一是从水量上增强降水的作用；二是来自非岩溶区的水常具有较低的碳酸盐饱和度，因而具

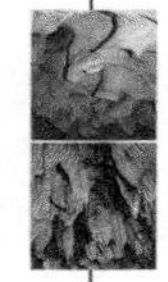

有更强的侵蚀性，从而加强溶蚀作用。中国大陆一些强烈岩溶化的地区，如峰林平原分布区，以及一些大的地下河及洞穴系统，常常与外源水的作用有关。

2. 褶皱及夹层控制型

地质构造、非可溶岩与可溶岩的地层组合关系、地形条件三位一体构成的各式各样的可溶岩的空间配置格局，控制了岩溶地区地表水和地下水的运动，无疑也对岩溶发育有着重要的控制作用。有两种情况，即紧密褶皱和平缓褶皱，它们导致了不同的水文条件，形成了不同的岩溶形态特征。紧密褶皱主要分布在贵州东北，湘西鄂西、川东一带，那里的可溶岩被分割成许多长几公里至数十公里，宽几百米至几公里的北东向狭长条带，地表水、地下水也受两侧非可溶岩限制而在其中运动，因此，如洼地、漏斗、地下河等各种岩溶形态都呈北东向展布。同时由于岩层倾角较陡，各种非可溶岩无法起到悬托作用。因而可溶岩地区地下水位一般均较深，其岩溶地貌都以峰丛洼地为主，但第二个岩溶化层位，则可成为承压或自流含水层。平缓褶皱主要分布在贵州中部长江与珠江分水岭地带的贵阳、安顺、水城一带，由于岩层产状平缓非可溶岩起到悬托作用，虽然这些地区都是在高于当地主要河流峡谷侵蚀基准面以上100余米的高原面上，但地下水位都较浅，利于水流的侧向溶蚀，因而发育了峰林平原地貌。第二个岩溶化层位也可成为承压自流含水层。

3. 高原型

我国南方在珠江与长江分水岭的高原地区，或珠江和红河分水岭的高原地区，当碳酸盐岩连续分布，或因构造影响，非可溶岩层不起悬托作用，则短距离内巨大的地形高差常常导致梯度很大的水动力条件，从而有利于岩溶发育，特别是大型竖井、溶洞的发育。我国南方地下河大部分发育在该类型区域。在此种岩溶水文系统的近峡谷地段，由于流网受到巨大水力梯度的影响，可向侵蚀基准面以下一定深处循环，造成了峡谷两侧深部岩溶发育的有利条件。如贵州乌江渡水电站的大量钻孔揭示，在侵蚀基准面以下100～200m深处还有溶洞，但它们多分布在峡谷两侧的山体内，很少见于河床中心部位。

第二节　中国岩溶的基本类型及特点

一、热带及亚热带岩溶

（一）热带亚热带岩溶的分布

1. 分布

中国热带亚热带岩溶区的北界为秦岭、淮河一线，西界沿四川盆地西部山地的东缘向南至云南省的昭通、楚雄直至潞西。热带岩溶和亚热带岩溶之间的分界线从东面的南岭北麓向西至贵阳、罗平，然后向南至个旧，再向西至西双版纳。由于地貌形态具过渡特点，表现出的是连续的和渐变的状态，所以这一界线呈现出不分明和重叠的特征。我们以峰林平原作为热带岩溶的标志形态，而以峰丛洼地（有封闭洼地）为亚热带岩溶

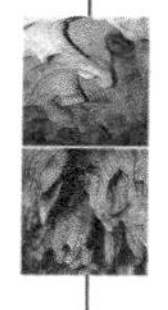

的标志形态。

2. 特征

从气候地貌观点来看，热带岩溶是指在湿润的热带气候条件下发育的岩溶，其发育的必要气候条件是年平均降水量和年平均气温分别在1200mm和15℃以上。亚热带岩溶广泛分布于典型季风气候区，气候特点是干湿季分明，夏季多雨，年平均降水量在800mm以上。热带岩溶区，地表、地下岩溶以发育完好的峰林地貌、大量的洞外钟乳石和具有丰富的洞穴次生碳酸钙沉积物为特征。亚热带岩溶的特征地貌形态为地表的封闭洼地和坡立谷，地下洞穴发育。

（二）热带亚热带岩溶的基本形态

岩溶地貌的发育受制于多种因素，但其中以可溶岩和气候因素最为重要。在同样的气候条件下，由于碳酸盐岩的岩性、厚度和地质构造等的差异，所发育的岩溶形态有很大的差别。例如，在广西桂林，质纯、厚层、产状平缓的融县组（D_3r）灰岩形成典型岩溶石峰，而白云岩则可能形成馒头状圆丘。因此，在研究某一特定气候条件下的岩溶地貌时，应以该地区最具特征的岩溶形态作为该气候区的“标志形态”予以重点讨论。

热带亚热带岩溶形态，从规模大小出发可分为三个等级。第一级为宏观的大型形态，如岩溶峰林地貌；第二级为组合形态，正负地形的组合形式为其重要的特点，主要有峰丛洼地和峰林平原；第三级为个体形态和小形态。中国热带亚热带岩溶区的主要“标志岩溶”形态（表7-1）。以峰林地形最为典型。

表7-1 热带亚热带岩溶区的典型形态

宏观大形态	组合形态	个体和小形态
峰林地貌	峰丛洼地	锥状石峰、封闭洼地、坡立谷、尖溶痕、地下河、落水洞、钙化表层
	峰林平原	塔状石峰、脚洞、石海、尖溶痕、洞外钟乳石

中国的峰林由形态上差异鲜明、空间上分布有序的峰丛洼地和峰林平原（含孤峰和残丘）两个子系统组成。

峰丛洼地是由连座的正向石峰和其间的封闭洼地组成，因石峰以锥状为主，也被称为锥状岩溶。洼地底部多为石质裸露或薄的土层，有落水洞或竖井发育。中国的峰丛地区峰洼高差为几十米至500m以上。峰丛洼地的重要地形特征之一是无完整的河流网，通常是地表水渗入地下，地下岩溶空间发育与深部的地下水位协调。我国峰丛地区可见到分布位置较高的巨大的洞穴和最长的洞穴系统。地下河系的总长度可达200～300km。根据广西的研究成果，峰丛洼地有以下几个主要的形态特征：①洼地呈多边形，平面形态近似于六边形网格；②洼地在平面上倾向于均匀分布；③洼地的面积，底部高程，峰洼间高差之间的关系是：洼地面积越小，底部高程越高；面积越大，底部高程越低。也说明洼地面积越小，峰洼高差越小；面积越大，高差越大。也就意味着在峰丛洼地发育过程中，峰顶降低速度较洼地底部为小。

峰林平原是在基本平坦的地面上，散布着平地拔起、疏密有致的分离石峰。石峰多为塔状，故又被称为塔状岩溶。峰林平原可以分成三种地貌形态，即峰林平原、孤峰平原和残丘平原。峰林平原的平原面宽广而平坦，或基岩裸露，呈现一片“石海”，或为土层和外源冲积物覆盖。平原地面下的洞穴规模较小，地下河不发育，地下水位浅埋且常常接近地面。“桂林型”峰林平原的重要特征是石峰脚洞普遍发育和峰体洞穴化。

在中国热带亚热带岩溶区石灰岩表面还广泛分布有尖深溶痕。它是由地表水沿可溶岩表面进行溶蚀形成的微小形态。在该区内降水丰富，年均气温高，CO_2活跃，溶蚀作用强，雨水一降落到石灰岩的表面即开始对石灰岩进行溶蚀。如云南路南石林石牙表面的尖深溶痕，就是雨水沿石灰岩表面溶蚀形成。

二、干旱和半干旱区岩溶

（一）干旱和半干旱区岩溶的分布

干旱区岩溶主要分布在中国西北部的新疆、甘肃、宁夏以及内蒙古广大地区，年平均降水量100～300mm，其中塔里木盆地、罗布泊和阿拉善地区只有20～50mm，年均气温2～6℃，盆地中为8～10℃。地貌上多为高原、高山、内陆盆地、沙漠等。本区出露的碳酸盐岩大多含有非可溶岩夹层，在本区一些地带出现沉积间断，成为古岩溶发育时期。在塔里木盆地，埋藏古岩溶成为油气贮集层。本区地下岩溶发育一般较弱，碳酸盐岩含水层富水性弱，岩溶泉流量通常小于$10m^3/h$。

半干旱区岩溶主要分布在中国华北地区的山西、河北、河南西部、陕西渭北及山东中部地区，该区年降水量400～800mm。本区可以分为两个亚区，即半干旱区岩溶，半干旱–半湿润区岩溶。岩溶形态组合见表7-2。

表7-2 北方岩溶形态组合特征表

气候环境 \ 形态与现象	地表形态			地下形态			岩溶水文地质	岩溶物理现象
	大形态	小形态	堆积物	大形态	小形态	堆积物		
半干旱区（山西、渭北）	常态山 干谷	浅溶痕	石灰岩角砾 钙质结核泉华	古洞穴	溶隙 溶穴	洞内崩塌堆积	岩溶泉流量不稳定系数为1.5～3	基本不存在现在岩溶塌陷
半干旱–半湿润区（山东、太行山东及南侧、豫西）	常态山 溶丘 干谷 洼地	石牙 溶沟 溶槽	泉华局部红土	古洞穴 现代洞穴	较宽 溶隙	洞内崩堆积洞内化学堆积	岩溶泉流量不稳定系数为2～5	山东、冀东出现岩溶塌陷

（二）干旱和半干旱区岩溶的主要形态

1. 半干旱区岩溶

山西高原和陕西渭北地区，年降水量400～600mm，地表多有黄土覆盖，形成典型的半干旱岩溶区。地表岩溶形态以常态山、干谷为主，有连续的山脊和完整的地表排水网，干谷极为普遍，成为地表水渗入地下的主要通道，在某些干谷中，沿断裂带溶蚀形成落水洞和漏水深槽，可以大量吸收洪水。干谷地下排水系统较发育，尽管不能形成像中国南方

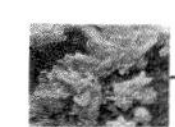

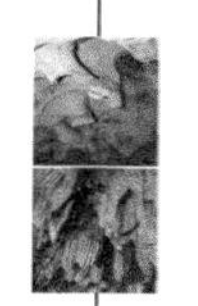

那样的地下河，但可以形成导水性较强的地下径流带，导水系数可达 $n\times1000\sim n\times10000m^2/d$。本区地表还普遍分布石灰岩角砾、钙质结核、泉华等堆积物。石灰岩角砾多分布在干谷、干沟两侧，在黄土层中（Q_3）也可见到石灰岩角砾层。在很多岩溶大泉的出口分布有泉华，有时组成阶地。如娘子关泉的泉华厚40m，组成两级阶地。

2. 半干旱–半湿润区岩溶

太行山东南侧，河南西部，山东中部岩溶区，年降水量600～800mm，属半干旱–半湿润气候带。地表大形态，除了常态山以外，可见到很多溶丘、溶岗，后者为浑圆状的溶蚀–剥蚀丘陵地貌，负地形以干谷、干沟为主，同时出现少量洼地。这些洼地中有时可见到小漏斗和落水洞，很可能是在古近纪—新近纪古洼地基础上继承发育而成。地表普遍发育石牙、溶沟，地下形态以宽溶隙为主，在某些泉口也发育了小型溶洞。在现代侵蚀基准面以上，见有很多大型洞穴，如著名的北京房山县云水洞、石花洞，河南巩县的雪花洞等。

中国半干旱岩溶区的重要水文特征是形成很多的岩溶大泉。据统计流量在 $1m^3/s$ 以上的大泉有50余个，其中娘子关泉，辛安村泉多年平均流量均在 $10m^3/s$ 以上，不仅是我国最大的泉，也属世界上半干旱岩溶区较大岩溶泉。这些岩溶泉水文动态相当稳定，反映了本区岩溶含水层属于溶隙型介质。另一方面，中国华北地区在地质构造上多为产状平缓的大型褶皱和断块构造，形成面积较大的岩溶水盆地，可以获得大面积降雨及地表水入渗补给，从而形成稳定的流量，这些泉水成为中国北方城市及能源基地的重要供水水源。

3. 干旱区岩溶

在我国干旱地区，降水量远远小于蒸发量，蒸发作用强烈。在沙漠地区，长年的蒸发作用在那里沉积了大量石膏、岩盐、光卤石等蒸发岩类，它们在一定条件下又被溶蚀，产生了蒸发岩岩溶。如我国柴达木盆地的察尔汗盐湖区，其多年平均降水量仅28.1mm，而多年平均蒸发量达3456mm，多年平均相对湿度仅20%～35%，多年平均气温为2.5～5.1℃。从上更新世到全新世，共沉积了厚达15～70cm的含石膏、岩盐、光卤石等蒸发矿物的粉细砂、亚砂土和黏土层。湖水为矿化度300g/L以上的高矿化卤水，因而只能由浪蚀作用在湖边形成一些盐坎，但在雨水侧面补给淡水和浅层承压水（矿化度16～197g/L）作用下，发育了溶孔、溶沟和溶洞等蒸发岩岩溶。溶洞直径一般为0.3～0.8m，最大为8.2m，深0.5～4.0m，最深17.24m。在干旱沙漠环境里，蒸发岩岩溶形态往往比潮湿环境更加丰富多彩，这是因为蒸发岩溶解度较高，其溶蚀形态在潮湿环境里很难保存。

三、温带湿润区岩溶

中国温带湿润区岩溶主要分布在东北的太子河流域、小兴安岭地区、山东南部、江苏及安徽北部、这些地区年降水量一般为800～1000mm，年平均气温0～15℃。

（一）太子河流域岩溶

位于东北辽宁太子河流域。裸露碳酸盐岩面积1535km²。地质构造上为一复式向斜，

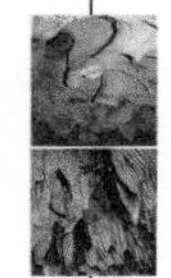

地貌上为东西向河谷（图5-3），南北两侧分水岭由太古界变质岩组成，中部河谷区分布寒武–奥陶系碳酸盐岩，大量的外源水补给岩溶区，使岩溶区地下水径流模数达到15～30L/(s·km^2）远大于北方干旱区而接近南方湿润的亚热带地区。此外，本区地质构造复杂、褶皱紧密、断裂发育，也促使地下岩溶发育并显示出明显的不均一性。在上述条件下，本区岩溶发育与我国温带其他地区相比有很大的不同。

（1）地表有典型的洼地、落水洞、竖井等，地下发育较多的洞穴、地下河、地下湖等，如谢家崴子地下河。该地下河出口高出太子河枯水面13.15m。平均流量达14428m^3/d，游船可通至洞内2132m处。地下河中有阶地，有很多大厅，断面最大处为30m×30m，洞内水深2～3m。

（2）岩溶化灰岩含水介质为极不均一的管道——溶隙型介质，其导水性强，但调蓄能力差，以致岩溶地下水动态变化大，地下河及泉水动态不稳定，其不稳定系数一般大于10。

（3）根据古气候研究，我国东北地区自古近纪以来，一直处于湿润气候带，因此其岩溶形态及景观的形成是长期继承性发育的结果，这一点与北方其他地区不同，和我国南方亚热带岩溶区相似。

（4）由于自古近纪以来岩溶发育的继承性，使本区岩溶具有多层性特征。

（5）沿太子河谷纵向水力坡降大，可以产生顺谷地发育的强径流带，有时形成伏流。

（6）本区岩溶水循环，交替迅速，地下水中的碳酸盐多处于非饱和状态，这也说明本区岩溶作用相当活跃，这一点与半干旱区显著不同。

（二）小兴安岭岩溶

本区位于中国最北部的黑龙江省小兴安岭伊春林区，处于47.5°N附近，年平均气温0.3℃，多年平均降水量850～900mm左右。该区大片分布火成岩，如花岗岩、安山岩等，局部分布碳酸盐岩，岩溶相当发育。发育了溶洞，落水洞，地下河等。如小西林河水流量16935m^3/d可以全部进入地下，伏流6km后，于断层交汇处涌出，出口处总流量达42441m^3/d。

本区虽处于中国最北部，气温较低，每年冰冻期6～7个月，但岩溶相当发育，其主要原因为：①降水量较大，特别是处于森林地区，在森林涵养下，蒸发量小，湿度大；②该区的可溶岩面积较小，周围为大片花岗岩区，可供给大量外源水；③森林地区土壤中含大量CO_2及生物有机酸，有利于岩溶发育。

四、高山高原岩溶

高山高原岩溶系指森林线以上发育的岩溶，其发育的自然条件为温度低而降水较多。在我国，主要发育在青藏高原主体及其外缘的山地之中。青藏高原海拔一般在4000～5000m，面积达192万km^2，高寒少雨，其内部在地形和气候方面都有巨大的差异，高原南部是以雅鲁藏布江为主的一系列纵谷，为湿润的高原亚热带山地气候；藏东、川西为有名的高原峡谷区，高原被切割得十分破碎，主要为湿润和半湿润的温带气候。在这两个区域中，由于河流切割达1000～2000km，因此，气候、植被和岩溶现象都表现出明显的垂直分带，但总体上仍表现为高寒岩溶特征。鉴于这种情况，我们将青藏高原及邻近山地以及海拔3500m以上的高山区所发育的岩溶称之为高山和高原岩溶。主要分布在西藏以及四川和云南的西部。另外，昆仑山中段及天山和祁连山也有零星分布。

高山高原岩溶又分为两个亚类：①面积广大的高原岩溶；②深切峡谷区的高山岩溶。高原岩溶以西藏中部和北部最为典型，该处干燥寒冷，物理风化作用十分强烈，从而在特定的地质构造条件下，形成石墙、石林或石牙、残峰、小型洞穴、穿洞、灰华堆积等多种形态，它们绝大多数出现在海拔4500m以上的地区，海拔最高的岩溶形态当属珠穆朗玛峰（海拔8844.43m），系由奥陶系石灰岩组成。高山岩溶是由几个岩溶子系统所组成，一般来说，在当地森林线以上的属山地高寒岩溶，森林线以下属峡谷温带岩溶，但两者间往往存在非常紧密的联系。上部碳酸盐岩组成的高山区既发育有独特的高寒山区岩溶，又为下部的峡谷温带岩溶的发育提供了物质基础和特定的环境条件（如在较陡的河谷比降、较低的水温）。在空间上，两者更是有序地呈上下关系。山地高寒岩溶区域气候的基本特点是低温（年均温低于0℃）多雨，降水以冰雪为主，但夏季的冰雪融水对岩溶发育有重要作用，物理风化和冰蚀作用的强度远超过溶蚀作用，地表岩溶形态难以长久保留。与山地高寒岩溶区气候相比，峡谷温带岩溶区的气温较高而降水较少，植被较发育，生物岩溶作用较为活跃，而灰岩的物理化学风化作用则相对较弱，该带岩溶堆积作用的重要特点是地表有大量灰华堆积。

五、其他非地带性岩溶

（一）热水岩溶

热水岩溶涉及与热液矿床有关的岩溶及与温泉有关的岩溶两个方面。热水岩溶成矿实际上是热水溶液在对可溶性岩石进行溶蚀、侵蚀、沉淀或溶蚀交代作用成矿的过程，也是本身的物理化学性质不断发生变换或转变的过程。热水溶液不仅是搬运矿质的介质，而且还是矿质的有效溶剂，其从流经的可溶性围岩中溶滤出造矿元素，从而发生组分变化形成了含矿溶液。随着岩溶作用的不断进行，成矿热液与围岩持续相互作用，不同成分与不同成因的水溶液相混合，或是成因相同，但运移道路不同而导致成分不同的溶液相混合，以及运移中储集空间环境的不同等，均可使得成矿热液中的pH和Eh发生改变，或引起温度、压力的变化，导致矿物在溶蚀空间填充、交代形成矿床。例如辽宁关门山铅锌矿即属于典型的岩溶沉积矿床（图7-1）。

热液岩溶的另一个方面就是地热泉。西藏温泉CO_2含量超过500mg/L的温泉主要分布在西藏的中部和川西两个地方，在西藏沿着NE向从堆龙德庆县经羊八井到那曲，在川西沿着NW向从康定到石渠。CO_2含量大于1000 mg/L的温泉，相对集中在康定一带，其次是那曲地区，其余地区少而分散，川西有多达40余个CO_2含量超过1000 mg/L的温泉，它们均出露于碳酸岩地层，说明这种分布特点除受到区域构造控制外，与这些地区分布有较多的碳酸盐岩是分不开的。

富含钙华的深部CO_2释放点主要分布在西藏及其临近地区，著名的有云南白水台、四川黄龙等地。白水台位于云南省香格里拉县城以南100 km，属亚热带季风气候，4～9月雨季的降水量占全年的75 %以上。面积约0.5km^2，是我国迄今所发现的规模最大的冷泉

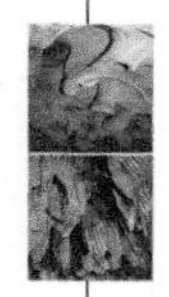

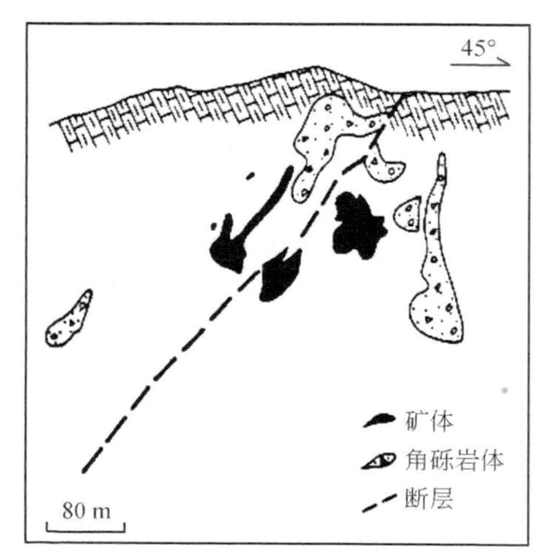

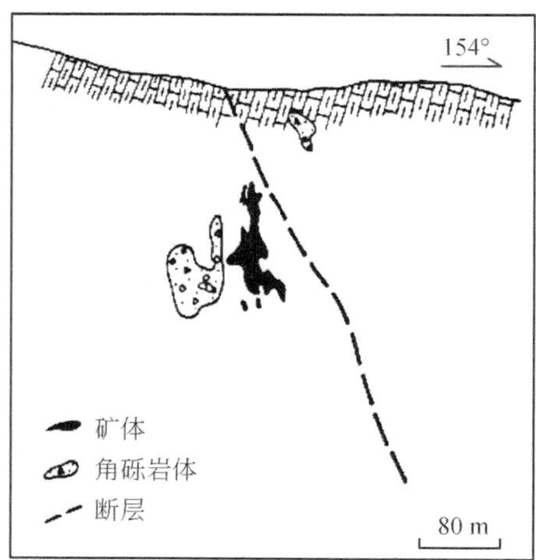

图 7-1　辽宁关门山铅锌矿关门山小西构造角砾岩与矿体关系

型淡水碳酸盐泉华台地，其成因主要是雪水沿裂隙下渗接受深部的 CO_2 并溶解其周围的碳酸盐岩后再出露地表释放 CO_2，从而产生碳酸钙沉积（照片 7-1）。黄龙沟位于川西高原西北部，海拔约 3400m。由于其自然风景美丽，并有大量钙华景观（照片 7-2），1992 年被联合国教科文组织列为世界自然遗产保护地。该地气候属于高寒山区型，年均降水量 759mm，年均温 1.1℃，该沟长约 3.5km、宽 250m，巨厚的钙华形成于沟内。钙华南起流量达 50L/s 的断层泉组，北至横切该沟的涪江，其颜色呈黄色，形似蛟龙，黄龙沟由此得名。地质上，黄龙沟处于新构造运动活动区，周围出露地层由老至新为志留系硅质板岩夹砂岩、泥盆系板岩夹灰岩、石炭—二叠系灰岩、三叠系凝灰质砂岩、板岩和千枚岩、第四系冰碛砂及碎块石。钙华属第四纪产物。黄龙沟 9 号泉水的 pH 较低，P_{CO_2} 和 HCO_3^- 浓度最高，这些地球化学特征与该区气候、植被条件明显不相适应，反映泉水水化学的非气候成因。联系泉水所处的地质条件及泉水 CO_2 气体碳稳定同位素分析结果，黄龙沟泉水水化学特征与深源 CO_2 的断层导通有关，且因泉水的 P_{CO_2} 远高于大气的 CO_2，随着泉水的涌出和地表径流的形成，导致 CO_2 自水中大量逸出，水的 P_{CO_2} 下降，pH 显著升高，方解石饱和指数从负值迅速提高为很高的正值，为钙华的沉积提供了重要的化学基础。

照片 7-1　云南白水台钙华

照片 7-2　黄龙钙化沉积

（二）蒸发盐岩岩溶

我国可溶岩中的硫酸盐岩类包括石膏和硬石膏，产地遍布全国各地。自前寒武纪至第四纪都有产出，但主要产于古近纪—新近纪、三叠纪、白垩纪、石炭纪和奥陶纪。

中国可溶岩中的另一大类氯化物类包括岩盐、光卤石等。中国岩盐主要形成与中–新生代，其中新生代岩盐产地占3/4以上，主要分布于西北地区，中生代岩盐产地主要分布于西南地区，如图7-2。最大的盐湖为察尔汗盐湖，该湖位于青海省柴达木盆地最低洼之处的中部，海拔2677m，盐湖总面积5800km^2。它实际为一干涸的盐湖平原，现仅存有水湖泊九个，均为矿化度大于300g/L的高矿化卤水盐湖。这些湖不是察尔汗古湖的残留湖，而是察尔汗盐湖一度干涸之后（9000aBP），这些盐滩边缘发育起来的新生湖（陈克造，1985）。

关玉华等对盐湖岩溶形态进行了详细研究，指出盐岩岩溶形态主要有溶孔、溶坑、溶洞及盐岩岩溶泉等。

溶孔是普遍发育在盐壳表面或盐岩体中的孔状形态，孔径0.2～0.5cm，最大3cm。按其成因可分为淋滤溶蚀孔、颗粒晶间溶蚀孔两种，密度可达4～287个/m^2。

溶坑是盐壳在大气降水的溶蚀下，形成的直径1～5cm，深3～5cm的漏斗状小坑，在平坦的盐壳地段，可形成直径10～50cm，深5～20cm的碟状溶蚀坑。

盐岩溶洞是现代盐湖的主要岩溶形态，按其形态可分为筒状、漏斗状、裂隙状盐溶洞，多为竖向溶洞，深几米至十几米。盐岩溶洞主要是由侧面地下水和下部承压水越流上升溶解盐岩而形成。其溶化过程大致可分为溶解沉陷、溶蚀扩大、溶–析平衡、析盐填充四个阶段（图7-2）。

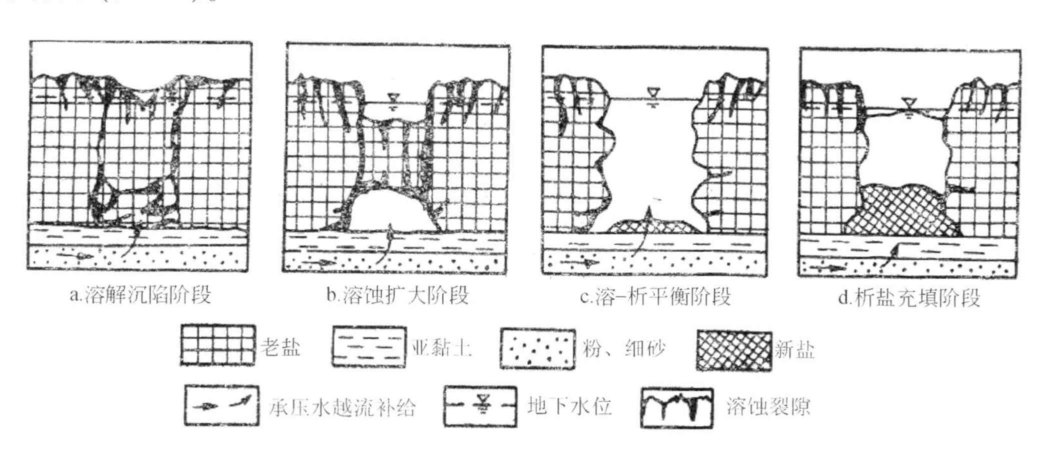

图7-2　盐溶化过程示意图

（三）滨海岩溶

滨海岩溶作用主要受两个因素影响：海平面升降和混合溶蚀作用。

咸水–淡水界面对滨海岩溶的发育深度有一定控制作用。在该面以上，地下水向海洋运动，在交界面上产生混合溶蚀作用。第四纪以来，由于海平面升降运动，对“界面”的位置产生影响，从而在海面以下形成多层溶洞（图7-3）。据探测，在海平面以下0～15m、

20～40m、50～80m、100～120m 存在数层溶洞带。

典型的滨海岩溶，其短促的河流起不到排水基准作用，而周围海平面成为排水基准面，海水是沿海岩溶作用的一种动力。沿海岸形成了海蚀岩溶形态，如海蚀洞、海蚀柱、海蚀阶地，在海平面以下形成溶蚀-海蚀洞。并有很多海底泉出现。这些海底泉多沿构造断裂发育，成为地下水的排泄通道。

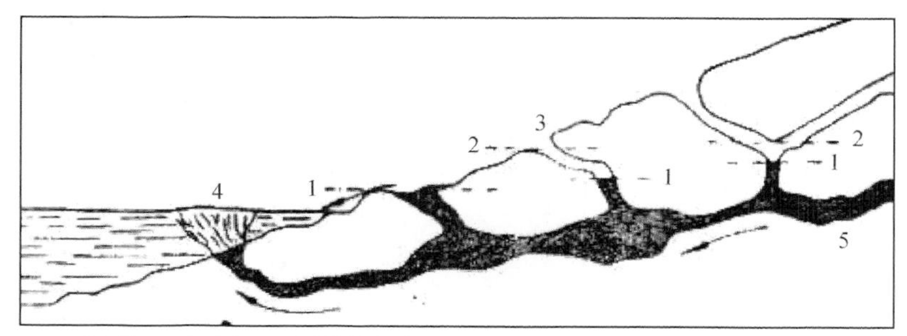

1.平水位；2.高水位；3.间歇性出水口；4.海底淡水泉；5.淡水地下河(黑色部分)

图 7-3　滨海岩溶

（四）古岩溶

中国岩溶发育史，受到大地构造演化和古地理环境的影响。中国大地构造的一系列地壳运动，留下了中国地质历史时期不同程度的古岩溶。

1. 元古代古岩溶

目前已知最早的古岩溶时期为元古代，主要发生于华北地块。这一时期中国北方曾发生三次地壳上升运动（图 7-4）。第一次是长城系高于庄组碳酸盐岩沉积后的滦县上升运动，在太行山中段和北段的长城系顶部硅质白云岩遭受溶蚀，形成起伏不平的古溶蚀面，具有漏斗及溶隙等；第二次是蓟县系雾迷山组碳酸盐岩沉积后的芹峪和铁岭上升运动，燕山及太行山北段造成雾迷山组和铁岭组顶部碳酸盐岩的古剥蚀面，其上常见被青白口系碎屑岩填充的洞穴和起伏不平的古溶蚀洼地；第三次是晚元古代末的蓟县上升运动，造成寒武系底部的区域性沉积间断面，在云南东部就有这个时期古岩溶的发育。

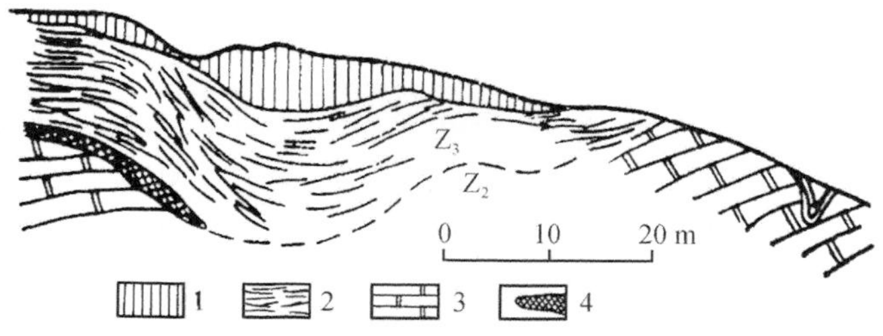

1.第四系；2.青白口系棕红色铁质板岩；3.蓟县系白云岩；4.铁矿层

图 7-4　元古代岩溶发育示意图

2. 早古生代古岩溶

早古生代是中国古岩溶发育的主要时期，波及整个古中国地块，尤以华北地块中奥陶统中的古岩溶最为典型。

华北地块自中奥陶世至中石炭世，受加里东运动影响而整体均衡抬升，开始了长达150Ma的剥蚀期。在此期间，华北地块四周被古海洋所包围，当时气候相当温暖潮湿，有利于岩溶发育。在古剥蚀面上形成正负岩溶地貌，如溶蚀残丘、溶蚀洼地、漏斗、落水洞及溶洞等，并在负地形中沉积了风化壳型红黏土、铝土矿、铁矿及洞穴角砾岩等。奥陶统和中石炭统的厚度变化可达上百米，在小范围内古地形高差可达60～70m。河南新安张窑院铝土矿床已被开采完毕，仅在0.7km^{2}范围内被揭露的溶蚀洼地、漏斗就达13个。从矿床产状和矿石化学成分空间分布的变化规律分析，当时在洼地和漏斗底部发育有落水洞和溶隙，存在着地下水排水系统，相当于亚热带岩溶发育环境。

扬子地块寒武系—奥陶系碳酸盐岩沉积以后，直到晚古生代中期，也经受了长期的剥蚀夷平作用，黔中地区寒武系—奥陶系碳酸盐岩顶面上形成了起伏不平的准平原，并沉积了风化壳型铝土矿和铁矿。

在塔里木地块北缘，中奥陶统200余米厚的石灰岩在一些地方全部被剥蚀掉，剥蚀面呈波状起伏形态。

3. 晚古生代岩溶

晚古生代时期的古岩溶主要发育于扬子地块及华南准地块的西南部，由于受海西运动的影响，使中二叠统与上二叠统之间出现沉积间断及间断面之下岩层厚度的变化和缺失，有古漏斗及堆积于其中的高岭土矿。间断面之上分布的玄武岩厚度反映出古地形高差在100m以上。

广西凌云背斜轴部，在中-上泥盆统灰岩中发现许多属于中二叠世茅口期沉积灰岩脉和角砾灰岩体。仅数平方公里范围内即存在沉积灰岩脉2000余条和角砾灰岩体20多个。沉积灰岩脉中所含化石全部是中二叠世茅口期的标准化石——䗴类，而围岩中仅含晚泥盆世的化石——石燕。沉积角砾灰岩体中的灰岩角砾分别属于石炭系及中二叠世茅口期的生物灰岩，均含有标准化石，唯独未发现中二叠世栖霞期化石，而沉积角砾灰岩的胶结物均属茅口期灰岩，上述现象说明，华南准地块西南部在泥盆系—石炭系沉积之后，曾有一沉积间断，中二叠统栖霞阶沉积缺失，泥盆系—石炭系碳酸盐岩曾一度出露水面，遭受岩溶化作用，海水再次入侵，在这些古岩溶负地形和溶隙中沉积了角砾灰岩体和沉积灰岩体。

4. 中生代岩溶

中生代印支运动和燕山运动在中国大地构造发展史上具有重要意义，造成了广大地区三叠纪末和白垩纪末的二次沉积间断。

晚三叠世以后，除西南地区仍处于特提斯海域外，中国大部地区均已上升为陆地，加上晚三叠世至早侏罗世时中国大部地区处于潮湿热带亚热带或温带气候的控制下，对岩溶发育非常有利。许多地方留下了这一时期的岩溶痕迹，湘南和桂北中生代至少发生了两次岩溶作用，普遍发育溶蚀洼地和洞穴，分别堆积了灰色和红色岩溶角砾岩，并伴随铅、

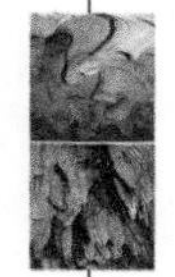

锌、铜及铀矿等矿化作用。

四川东部三叠系碳酸盐岩顶部为一明显的古岩溶剥蚀面，剥蚀面上三叠统碳酸盐岩残留厚度大的地方形成了良好的油气储集层，剥蚀面以下40～80m深度尚可见到被上覆碎屑岩填充的岩溶洞穴，局部可见由于膏溶作用形成的角砾状碳酸盐岩。

晚白垩世末是中国北方地质历史上岩溶化最强烈的一个阶段，不仅有大量暗河、溶洞发育，而且还塑造了类似于目前中国长江流域的溶丘—溶洼等岩溶地貌景观。华北平原下古近系—新近系下的“古潜山”即为该期岩溶作用形成的地貌。当时，强烈的褶皱和断裂作用，使中上元古界和下古生界碳酸盐岩在隆起部位裸露地表，遭受剥蚀夷平，造成群山林立，峰峦起伏，丘陵延绵，洼地镶嵌的岩溶地貌景观。在“古潜山”内尚存在三个不同高程的水平溶洞层。

5. 新生代古岩溶

中生代末的燕山运动奠定了中国广大地区的地质构造轮廓，也大致构成了现在的地形轮廓。第四纪以后，特别是中更新世以后，我国现代气候的基本格局也已形成。根据前述溶蚀速率观测成果和各种岩溶形态形成的时间尺度推算，我国主要岩溶类型及其相应形态组合，在这个时期已经形成（图7-5）。

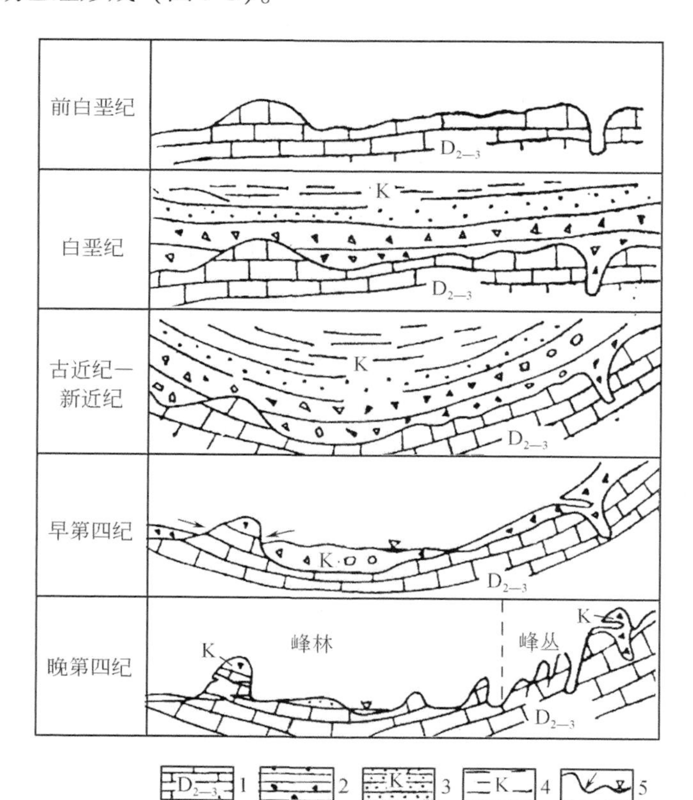

1.中—上泥盆统碳酸盐岩；2.晚白垩世红色石灰角砾岩；3.晚白垩世红色砂岩；4.晚白垩世红色泥岩；5.脚洞及水流方向

图7-5 新生代古岩溶示意图

在南方白垩纪以后的岩溶，都是叠加在各级高原面（地文期）及其与第四纪以来形成的峡谷相配套的地貌格局上。由于各地区抬升幅度不同，其代表性高程也不同。一些小形态，如溶痕、溶盘，可在全新世形成。一些大形态，如峰林、深洼地，厚度较大的红壤土，其形成时间可能要长些，但根据潮湿条件下的溶蚀速率，是否可追溯到古近纪，还是个问题。总之，叠加在某个地文期面上的某种岩溶形态，不一定就是那个地文期的产物。

广泛散布在不同高程上的红色角砾岩是古环境再现的信息。桂林附近的红色角砾岩含有大量轮藻化石，经鉴定属晚白垩世沉积，其角砾成分大部分为碳酸盐岩，说明晚白垩世以干旱气候为主，而后来又在其中发育了长达1km多的大溶洞（如桂林芦笛岩附近的大岩洞）。这些重要的发现，为恢复桂林甚至整个华南古近纪以来的岩溶发育过程及古环境提供了重要线索。

第三节　中国主要岩溶区的资源环境问题

一、热带亚热带岩溶区

我国热带亚热带岩溶区主要位于我国西南部，是我国乃至世界的主要岩溶集中分布区，岩溶分布面积约有54万km^2，分布有1亿多人，是我国西部开发的重点地区。但由于该区地质构造复杂，地形差异大，人口众多，在社会经济发展中遇到（或产生）一系列资源环境问题。

（一）矿产资源

热带亚热带岩溶区矿产资源丰富，除可溶岩本身（碳酸盐岩、石膏、岩盐、芒硝等）可作为矿产资源开发利用外，还有与岩溶作用有关的一些金属、非金属矿床。它们有以岩溶作用为主导成矿的，也有的与岩溶作用并无直接的成因关系，只是由岩溶作用提供储矿空间。主要矿产种类有铅、锌、锑、汞、铁、铝、锡、锰、金、铀、铜、雄黄、高岭石、耐火黏土、磷、水晶、重晶石、萤石、冰洲石、滑石及石油天然气等。从大地构造位置上看，主要分布在华南准地块和扬子地块上，矿床产出的层位以古生代的碳酸盐岩为主，其次是产出于元古代及中生代的碳酸盐岩地层中。

根据岩溶区矿床特征，赋存于可溶岩中的矿床，可以划分为岩溶矿床及与岩溶有关的矿床两大类，进而又可按矿物质富集方式和产出部位划分出亚类。

如湖南界牌峪热液岩溶充填雄黄矿床。矿区位于东西向褶皱断裂带的磺厂背斜西段，主要容矿层位为上寒武统娄山关群及下奥陶统南津关组底部的灰岩、白云岩。南津关组下部页岩起着隔水与盖层的作用。区内无火成岩出露，但发育热液硅质岩体。矿体沿断裂和筒状岩溶角砾岩呈脉状、囊状、瓜藤状或藕节状产生（图7-6，照片5-4）。主要矿物有雄黄、雌黄。矿石类型有块状、角砾状、浸染状或薄膜状矿石。又如以广西平果堆积铝土矿为代表的岩溶堆积矿床。平果地区原生铝土矿产于上二叠统合山组灰岩的底部、下二叠统茅口阶灰岩凹凸不平的岩溶侵蚀面上，厚0～10m，上覆黏土岩、炭质页岩及煤层。第四纪期间，由于岩溶作用，导致矿层受风化剥蚀破碎，原地或近地堆积于洼地、洞穴中形成次生堆积铝土矿。按堆积的不同环境及堆积方式，有坡积、冲积和洞积等类型。矿体的分

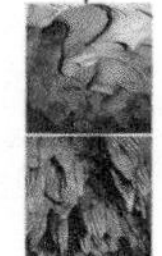

布和形态严格受地形地貌控制，剖面形态呈缓倾角似层状、扁豆状、透镜状。规模长320～4575m，宽60～805m，厚1.4～4.4m。矿石分选性差，大小不一，呈不规则块状。主要矿物为一水硬铝石（78%～80%），主要化学成分 Al_2O_3 的平均含量为59.26%。胶结物为粉砂和黏土，主要成分为三水铝石。以云南个旧砂锡矿床为代表的岩溶砂矿床。整个矿床出露的地层为厚达3000～5000m的中三叠统碳酸盐岩层。由于多期活动的断裂，燕山中晚期大规模的酸性岩浆侵入，在碳酸盐岩中形成的一些原生含锡地质体（含锡矿脉及含锡火成岩等），在后期漫长的岩溶作用下，可溶性围岩大量溶蚀流失，分散的有用矿物则富集形成砂矿。其中有发育在地表径流很少的全封闭式或半封闭式的洼地内，砂矿厚达15～80m，其主要物质来源于周围山地碳酸盐岩中的原生含锡地质体。此外，还有发育在碳酸盐岩所在处的构造阶地、缓坡和洪积扇中的砂锡矿。所见砂矿床一般距原生含锡地质体露头小于1km，故大部分为短距离搬运的残坡积砂矿，长距离搬运的河流冲积砂矿极少见。故成砂（矿）作用很不完全，大部分仍是一些不稳定和尚未完全氧化的矿物，砂矿的含泥率高达70%～90%。矿物集合体多，破碎程度低，矿石分选性差，这些特征说明矿石搬运不远，砂矿的形成以化学溶蚀作用为主。

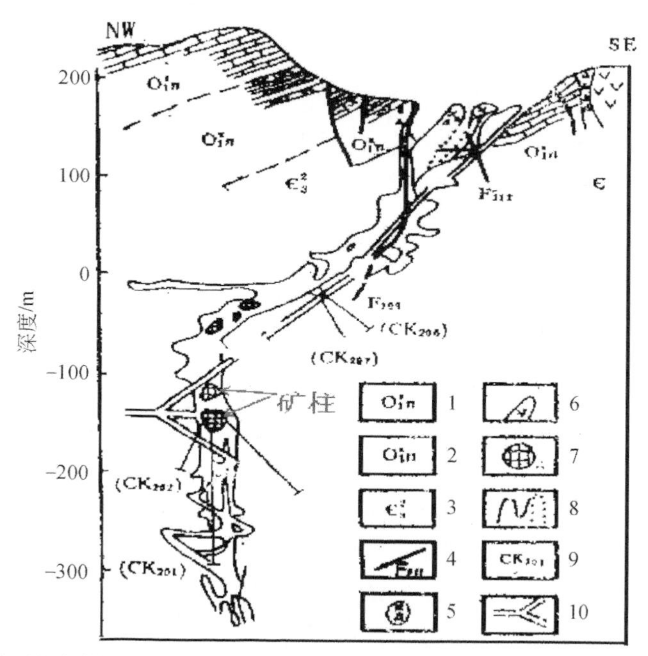

1.奥陶系上南津关组；2.奥陶系下南津关组；3.寒武系娄山关群上部；4.性质不明断层；5.矿化角砾岩；6.热液硅质岩；7.矿柱；8.老窿采空区投影；9.窿道钻孔及其编号；10.窿道

图7-6　湖南界牌峪雄黄矿床复合地质剖面图（据周志权，1986）

（二）水资源

我国南方岩溶水资源极为丰富，岩溶水在城市供水和工业基地供水中占有重要地位。据初步统计，中国南方岩溶水天然资源量为1847亿 m^3/a，占我国岩溶水总资源量的91%。我国南方岩溶水文系统最显著特征是地下河或岩溶洞穴、管道系统发育。据杨立铮等统计研究，仅在广西、贵州、云南、四川、湖南五省（区），枯季流量大于50L/s的地下河或伏流有 2386 条，总长度达 13919km，流量 1480m³/s。

南方地下河流域常构成独立完整的岩溶水系统。由于地表、地下岩溶不均匀发育，虽然岩溶水资源总量丰富，但岩溶水系统本身的调蓄功能差。在雨季，快速径流的岩溶水常成为弃水而排泄，旱季时候，可利用的岩溶水资源量却十分有限。这种岩溶水资源的时空分配极不均匀，致使在总水资源量丰沛的裸露岩溶区常成为人畜供水困难，农田旱涝灾害频繁交替的贫困地区。

发育在广西中西部都安县的地苏地下河系地区，就是一个“九分石头、一分土”人均年有粮 125.1kg（1986 年）的严重缺水贫困区。地苏地下河系发育于强岩溶化质纯的中泥盆统东岗岭组、上泥盆统、石炭系及二叠系石灰岩中。区内年平均气温 21.3℃，年降水量 1738.7mm。地苏地下河系汇水面积 1004km²。通过综合地面调查、洞穴探险、测量、示踪试验、钻探、水文地质试验、航空红外遥感、地面电法、超低频电磁法、重力法、声频大地电流法、地震法、放射性法、电测井、钻孔电磁波透视等方法系统地研究了地苏地下河系的位置及空间结构，如图 7-7。地苏地下河系有 12 条支流，总长度 241.1km，其中主河道长 57.2km，系目前中国研究最详细，规模最大的地下河系。地苏地下河系上游埋深近百米，为较简单的裂隙状岩溶管道，一般宽数米至 20～30m，高 10 余米，平均坡降 11‰～13‰。中下游埋深较浅，一般在谷底地面以下 30～50m。中游多为脉状水系，河道宽和高 10 余米至数十米。下游常为宽数十米，高 10 余米至数十米，平均过水断面面积 145～184m²的大型拱状或圆形的复杂岩溶管道网。地下河系剖面上多为多层结构，最多为

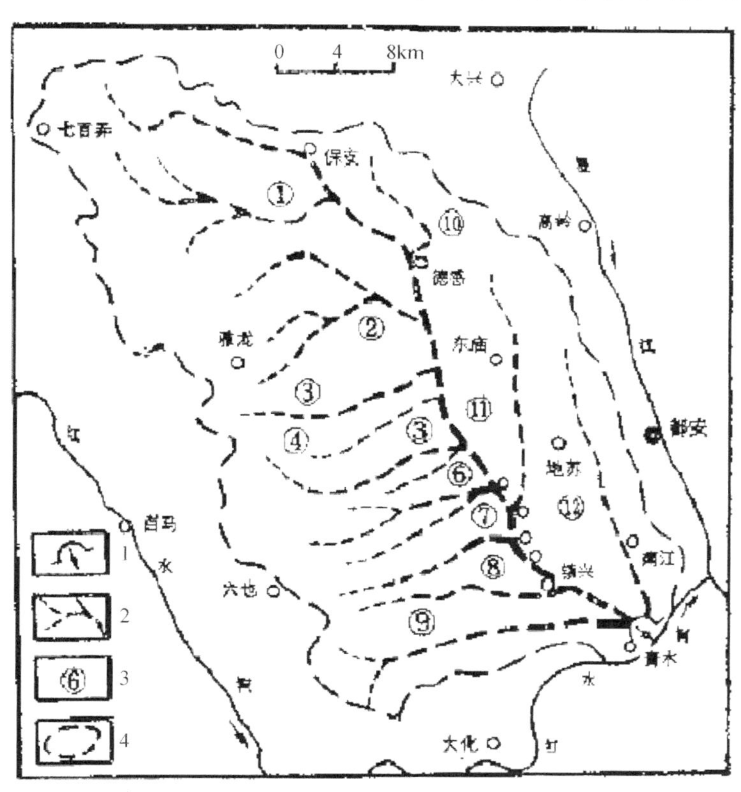

1.地下河出口；2.地下河；3.地下河编号；4.地下河系的汇水区界限

图 7-7　地苏地下河系略图（据陈文俊，1988）

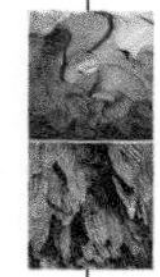

四层，常见为两层结构。支流常以跌水或瀑布形式汇入主流地下河管道。

地苏地下河最大流量544.9 m^3/s，枯季最小流量4.03m^3/s，变化系数为136。水流速度一般为4～10km/d。岩溶水位及流量动态均与单次降雨量关系密切。当单次雨量达50mm时，一天内岩溶水位可上涨60～70m；单次雨量达90mm时，水位可上涨80m。丰水期常充水成为有压流；枯水时多为紊流、层流、层流与有压、无压流交替出现的岩溶水流。水化学类型为$Ca-HCO_3$。总溶解固形物与主要离子含量有明显的季节性变化和暴雨效应。总溶解固形物普遍150～200mg/L，pH 7.5～7.85，总硬度7.5～12.5德国度。

应用回归分析法、水文地质相关比拟法、径流模数法及水均衡法印证对比计算成果，地苏地下河天然资源量为11亿～14.6亿m^3/a（41.15m^3/s），而区内年降水量为18.3亿m^3，说明地苏地下河系内岩溶水资源储存量是有限的。

（三）主要环境问题及近年来的治理经验

西南岩溶地区由于新生代以来的大幅度抬升，以及水热配套的气候条件，岩溶强烈发育，形成“土在楼上，水在楼下”的基本国土资源格局（图7-8），带来诸如缺水干旱、洪涝灾害、水土流失、石漠化、地下水污染等一系列环境地质问题。

1. 主要环境问题

（1）旱涝问题：该区虽然分布在热带亚热带地区，受季风气候影响，年降水量在1000mm以上，但是由于岩溶强烈发育，降水入渗速度快，除分布在深切峡谷中的大江大河以外，无完整的地表水系网，地表水缺乏，岩溶水以地下水为主要形式，但埋藏深，时空分布又极不均匀，开采难度大。而适合人类生产、生活的土地资源多分布在海拔1000～2000m的各级高原面上。水土资源的空间分布格局不配套，形成一种“湿润条件下干旱”的特殊类型的严重干旱缺水地区。至今还有1700万人的饮水问题没有解决，仅滇、黔、桂三省（区）就有2531万亩耕地受旱，许多地方在旱季主要靠消防车为群众送水。

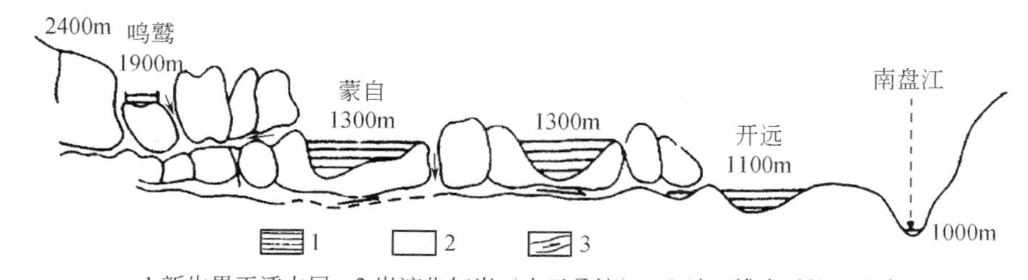

1.新生界不透水层；2.岩溶化灰岩（中三叠统）；3.地下排水系统及流向

图7-8 西南岩溶区“土在楼上，水在楼下”的基本国土资源格局（以云南蒙自开远地区为例）

在面临缺水干旱问题的同时，洪涝灾害也是该区面临的重要问题。受季风气候影响该区降水时空分布不均匀，地表排水系统缺乏，在地下水埋深较浅的地区，降雨时地下河洪峰流量特别大，但地下管道排水能力有限，地下水就顺着洼地或谷地边的落水洞、溶隙等涌出，形成洪水，淹没农田。如广西风山县金牙乡石马坡立谷在2008年6月8日至16日，三场暴雨降水量达400多毫米，形成了库容约8000万m^3的内涝湖，淹没农田1万多亩。又如广西大新县城在2008年9月26日“黑格比”台风期间，整个县城发生内涝，进出县城的4条主要公路被淹，县城街道积水最深处达1m。以广西为例，据20世纪90年代调查

统计，广西岩溶内涝面积占6.12万hm^2。

（2）地下水污染：西南岩溶地区由于碳酸盐岩成土速率慢，土层薄，地表常缺少天然防渗或过滤层，地表水和一切污染物很容易通过溶洞等岩溶形态直接进入含水层或地下河，污染地下水。目前在该区地下水污染问题存在污染源多样化，污染由点向面发展，有机无机污染并存等特点。

该区部分矿山开发产生大量的污水，在未经处理的情况下随意排放，引起地表和地下水的污染。如广西龙江矿山开采导致地下水中NH_4、NO_2、ArOH、As、Hg、Pb、Cd等超标。贵州的六盘水盛产煤和铁矿，开采形成的废渣、废水流经响水河，使城区遭受严重污染后，又进入地下污染地下水，最后流入乌江水系。同时钢铁厂排放的烟尘导致酸雨发生，也污染地下河。重庆涪陵一流经化工厂的地下河，由于受到化工厂的污染，地下河水中Mn超标80倍。当有农田分布在地下河的入口或补给区的洼地中时，农田中过量使用的化肥和农药，会随着降雨渗入地下，引起地下河水中N、P元素超标及有机污染物质的累积。如重庆青木关地下河，在施肥季节地下河出口中的$N-NO_3$浓度可高达到35mg/L左右。一些岩溶区的城镇，工矿企业和居民生活大量污水的无序排放，引起严重的地下水污染问题。如重庆南山老龙洞地下河由于上游黄桷垭镇污水通过落水洞排放，造成地下河严重污染，地下水中的TP严重超标，无法饮用。地下水的有机污染是目前岩溶地下水污染面临的一些新问题。如重庆地区地下河地下河沉积物内DDTs为0.33～181.78ng/g，平均26.74 ng/g；HCHs为0～23.53 ng/g，平均8.70 ng/g。对于一些流经岩溶区的大江大河的水质，也因其地下河支流的污染而恶化。

（3）石漠化问题：石漠化问题是西南岩溶区生态环境面临的又一个重大问题。据调查显示，该区岩溶石漠化的面积从1987年的9.09万km^2，到1999年的11.34万km^2，到2005年的12.96万km^2，呈现明显增加的趋势。若以县域范围内石漠化面积≥300 km^2的县作为石漠化严重县，则该区共有173个石漠化严重县，其中滇、黔、桂3省（区）石漠化严重县119个，占68.79％。土地石漠化造成耕地资源减少，森林资源减少，生物多样性丧失，生态系统退化，水土流失加剧，旱涝灾害频发等一系列环境问题（照片6-6）。

（4）岩溶地面塌陷问题：也是西南岩溶区严重的环境问题，由于发育于可溶岩中的裂隙和洞穴、上覆土层的性质、厚度和水动力条件的不同，造成不同强度和范围的地面塌陷的发生。抽（排）地下水，机械震动或爆破震动，水利工程的修建，地表荷载的增加，都是诱发岩溶塌陷的因素。岩溶塌陷常发生在人类活动比较频繁的地区，岩溶塌陷的产生，破坏了土地资源，破坏了土体稳定性，对人类生命及建筑物和工程设施造成巨大威胁。同时岩溶塌陷的存在可以改变水文地质结构，改变区域岩溶水循环过程，对岩溶区用水供水安全造成巨大威胁。规模较大的塌陷还能诱发地震，如我国的水口山矿区、恩口矿区都曾产生过这样的问题，尽管地震的烈度不高。

2. 近年来的治理经验

西南岩溶地区由于地质构造不同，岩溶地质环境和水文生态特征具有区域相似性和差异性。按照岩溶地质生态特征的不同，我国西南岩溶区划分为裸露型岩溶、覆盖型岩溶、埋藏型岩溶和非可溶溶岩4个大区（图7-9）。根据各地的主要环境地质问题，要采取因地制宜，区别对待的方针予以解决。

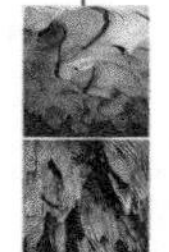

1）裸露型岩溶 I（新华夏系一级隆起区）

分布在云贵高原及高原向东、向东北降低的斜坡地带。按照碳酸盐岩沉积和构造特征，可以细分为 2 个区。

黔南桂西纯碳酸盐岩区（I_1）：碳酸盐岩沉积厚度大，岩溶层组类型属均匀状碳酸盐岩类型，开阔的及过渡型褶皱为主要构造类型，分布大面积的峰丛洼地。无隔水层，岩溶水以地下河为主要类型。主要环境问题是地表水源漏失，造成人畜饮水困难；岩溶环境特别脆弱，人类活动引起的石漠化问题严重。

（1）开发地下河。主要有两种做法：一是在地下河中修建地下坝、隧道，在洼地中储蓄洪水，通过隧道引水，供旱季使用。但堵漏蓄水后，容易加剧地下河上游的洪涝灾害。另一种是抽取地下河水。

（2）生态效益和经济效益相结合的石漠化治理。采取退耕还林、还草，调整产业结构，因地制宜发展经济的可持续发展方式。岩溶区本身拥有独特的中草药资源，比如金银花、青天葵、任豆树等植物品种，特别适合在干旱、土壤贫瘠的环境下生长，并且具有很高的经济价值，如能规模种植，不失为一种岩溶区脱贫致富的好路子。开展岩溶土壤中元素有效态迁移的研究，保护生物多样性，兼顾植被恢复和经济发展，立体布置名优特产品。

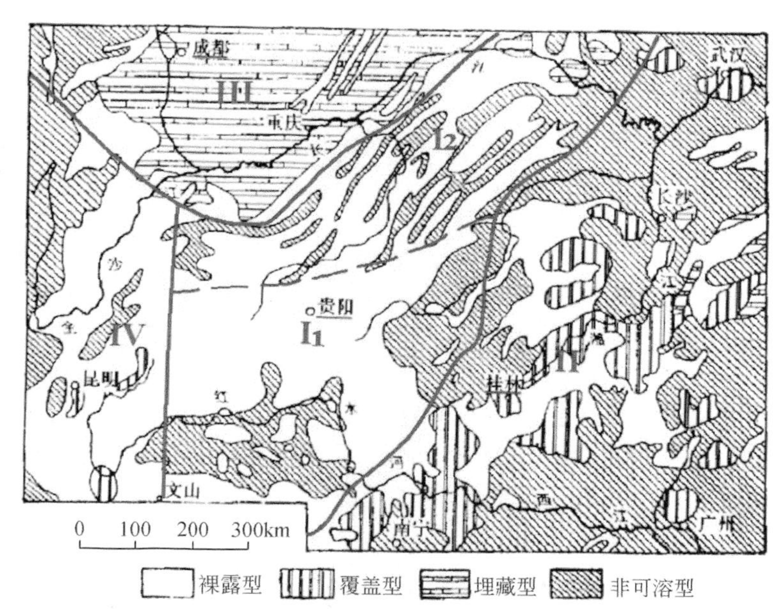

Ⅰ. 隆起带裸露型岩溶（I_1. 纯碳酸盐岩区，I_2. 碳酸盐岩区夹众多非可溶岩区）；
Ⅱ. 覆盖型岩溶；Ⅲ. 埋藏型岩溶；Ⅳ. 断陷盆地及山地岩溶

图 7-9 中国西南岩溶及类型分布图

（3）解决山区人畜饮水的主要途径。由于开采深层地下水技术复杂，成本太高，不适于在本区推广。相比之下，表层岩溶带水可能成为解决人畜饮水的重要水源。这是因为表层岩溶带在岩溶区普遍存在，并且由于其对降雨具有一定的调蓄功能，许多泉水可以满足生活用水需求，且其开发利用较容易，关键是保护水源地。表层岩溶带的发育及其调蓄降水的能力与地表植被有直接的关系。例如通过广西弄拉表层岩溶泉的观测发现，植被恢复可以增加泉流量，缓和大起大落的水文动态过程（图 7-10）。

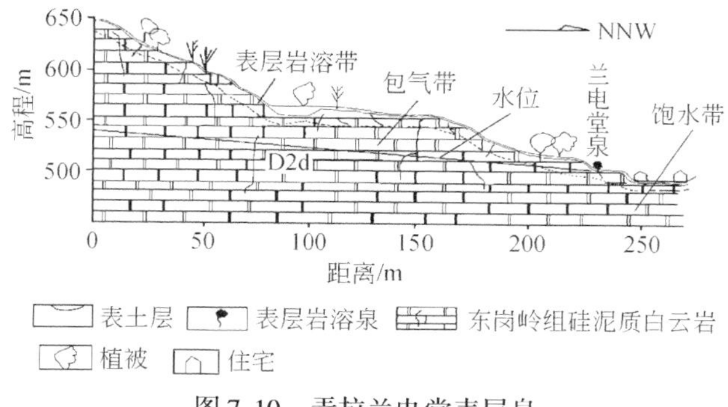

图 7-10　弄拉兰电堂表层泉

黔、渝、湘西碳酸盐岩与非可溶岩交互成层区（I_2）：碳酸盐岩与非可溶岩相对隔水层交替出现，岩溶层组类型为间互状纯碳酸盐岩。以箱状褶皱束为特征，岩溶水也是多层状，向斜及背斜褶皱型水文地质结构。该区主要环境问题是：岩溶化地层分布区的漏水及石漠化。本区地下空间仍比较发育，泉水比较丰富，但存在地表缺水的问题，主要是缺灌溉用水。自然条件比 I_1 区好，但人口压力更大，石漠化也较普遍。主要治理经验有：①依托高位隔水层溶洼成库，灌溉下部山坡农田。本区土地资源比较丰富，有大片的梯田，加上岩组呈间互状分布，有利于堵漏，这是本区溶洼成库比较成功的原因（图 7-11）。②山坡上部封山育林。因为有碎屑岩相间，石漠化地区比较分散，且本区多溶蚀侵蚀地貌，山坡比较缓，土壤积累多，即使是溶蚀地貌也多为溶丘洼地，所以总体上土壤资源优于峰丛洼地地区，采用封山育林措施，改善生态环境的难度相对要小。③寒武系、奥陶系白云岩不但成土条件较好，而且有较好成井率，可找寻此类蓄水构造解决城镇生活用水及部分农田灌溉用水。

2）湘桂沉降带覆盖型岩溶区（Ⅱ）

本区的特点是：土地分布较广，地下水一般埋藏较浅，但分布不均。解决峰林平原区用水问题，有时需抽取地下水。例如南宁地区金光农场，本来靠抽取江水灌溉，但一个取水点要覆盖整个农场范围，不仅工程量大，维护也困难，而采用打井分散取水，加上采用喷灌等节水措施，有效解决了该农场的灌溉问题（图 7-12）。但峰林平原下发育地下河，地下水主要集中在地下河中，这给打井取水带来一定的困难。例如来宾小平阳地区，地下水主要赋存在平原下 30～95m 深度溶洞发育带范围内，致使打井难度大、成井率低。且抽水易引起地面塌陷，塌陷可以发生在农田、道路、建筑物下，带来巨大的人员和经济损失。

3）川南、重庆沉降带埋藏型岩溶区（Ⅲ）

该区岩溶化地层出露在一系列 NE 向背斜轴部，岩溶水出露成“天池”，常有温泉。出现问题有：①岩溶水污染；② 煤矿开采、交通建设引起岩溶泉干枯。二叠纪含水层岩溶发育，含水丰富，尤其是阳新统含水层，矿坑涌水量的 90% 以上来自这一含水层。重庆是西部大开发的重点地区，道路修建工程量巨大，重庆向北、向东、向南修路都要穿过碳酸盐岩含水层，修建隧道疏干地下水，会引起大范围的岩溶泉干枯。解决埋藏型岩溶区缺水问题的经验有：①打井取水。四川盆地是一个多含水层的自流盆地，震旦系、二叠系和三叠系是主要含水层，机井出水量大。②修建地下水库。通过堵地下河，利用洞穴、管道和溶蚀裂隙作为贮水空间修建水库，再通过隧道引水（图 7-13）。

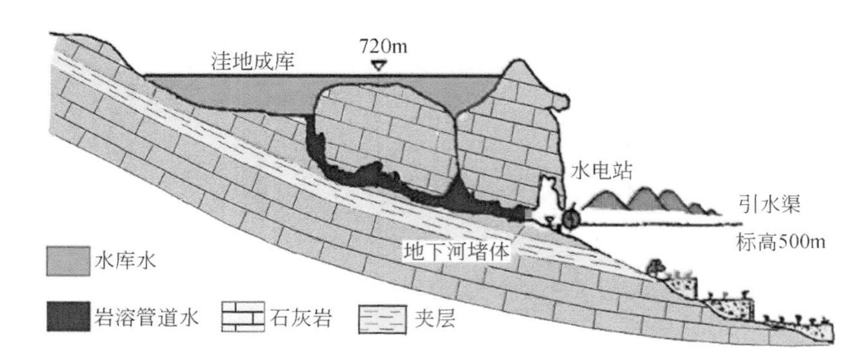

图 7-11 贵州普定修筑地下水坝开发利用地下河

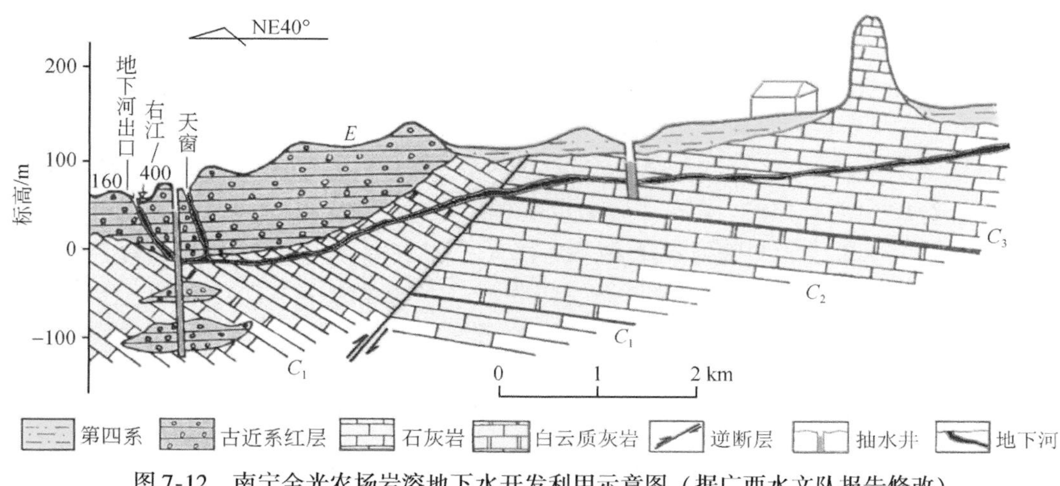

图 7-12 南宁金光农场岩溶地下水开发利用示意图（据广西水文队报告修改）

4）滇东断陷盆地及山地非可溶岩（Ⅳ）

断陷盆地有巨厚新生代沉积，大片土地集中分布在各级高原面上，但周边山地岩溶发育，地下河深埋，水源漏失，加上盆地降水比山区少1/3，形成“干坝”，制约了当地社会、经济发展。主要问题有：①水源漏失，地下水深埋，勘查开发难度大。②由于盆地中城镇工农业的发展，影响地下河水质水量。③地下河排水不畅，引起盆地中洪涝灾害。④由于使用单一植物品种造林，往往使生态系统脆弱，容易导致病虫害或者生物入侵。要注意石漠化治理与生物多样性问题。治理经验有：开发盆地含水层；跨流域引水，溶洼成库；建设盆地排涝工程（图 7-14）。

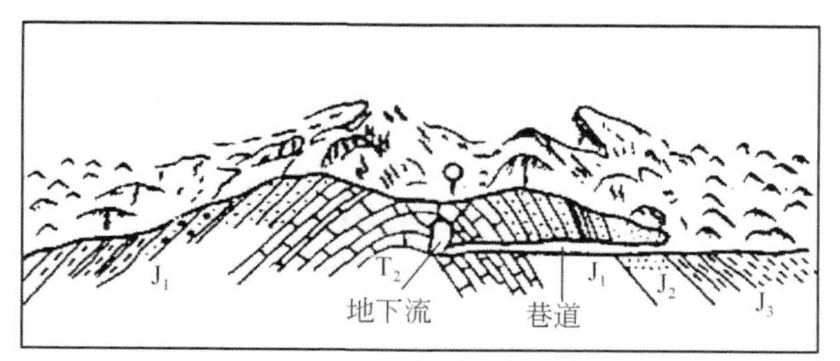

图 7-13 重庆北碚龙王洞地下水库（据南江水文队报告修改）

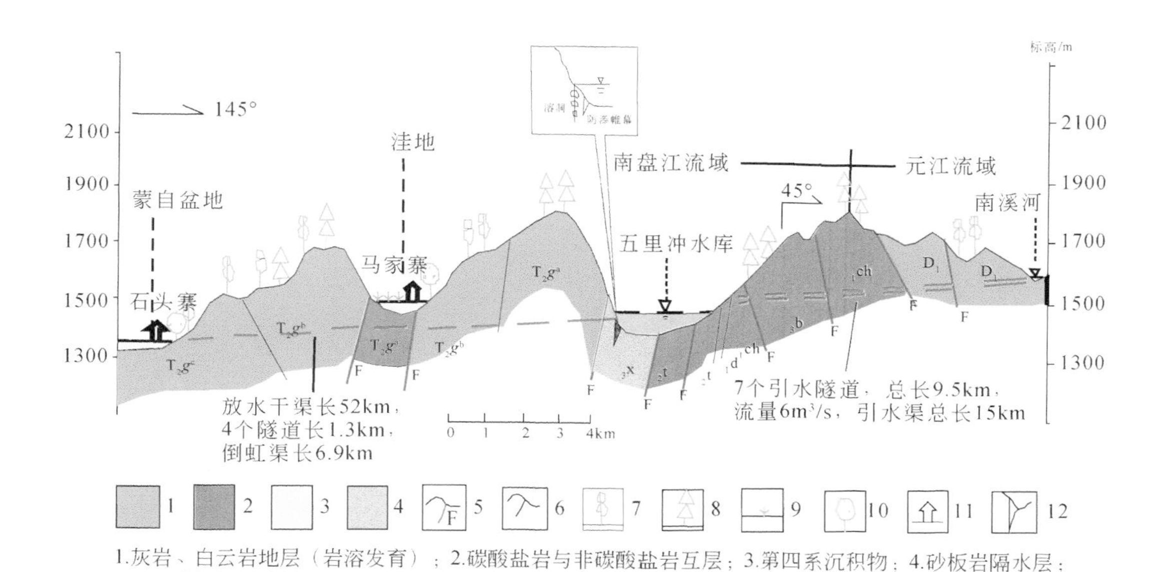

1.灰岩、白云岩地层（岩溶发育）；2.碳酸盐岩与非碳酸盐岩互层；3.第四系沉积物；4.砂板岩隔水层；5.断层；6.地层界线；7.阔叶落叶林；8.针叶林；9.耕作地；10.经济林；11.村庄；12.防渗帷幕

图 7-14 云南蒙自五里冲水库岩溶水开发利用示意图（据云南省水文地质调查队资料修改）

二、北方干旱半干旱岩溶区

我国北方干旱半干旱岩溶区面积辽阔，是我国重要的能源基地，在我国社会经济发展中占有十分重要的地位。

（一）资源条件

该区蕴藏有丰富的煤、石油、天然气、岩盐以及岩溶泉资源。山西高原蕴藏着我国大部分煤炭资源。华北平原任丘古潜山油田是中国岩溶储集层“新生古储”的代表，是我国高产油井最多的一个油田，不少油井多年日产量稳定在4t以上，日产大于1000t的有23口油井，最高可达4600t。鄂尔多斯油田深部奥陶系马家沟组碳酸盐岩储集层探明天然气储量3793亿m^3。塔里木盆地以寒武系—奥陶系裂缝-溶洞为储集特征的埋藏古岩溶储集层，含油面积达204.4km^2，探明石油地质储量1.8亿t，溶解气137.37亿m^3。青海柴达木盆地察尔汗盐湖，面积达5800km^2，是中国最大的盐湖，也是世界上最著名的内陆盐湖，储量达20多亿t。

丰富的岩溶大泉是该区独特的岩溶水文特征（图7-15）。据统计流量在0.1m^3/s以上的大泉有150多个，这些岩溶大泉的天然流量总计可达200m^3/s。其总体特征是分布广泛，流量稳定，成为北方城市和能源基地的重要水源。

（二）主要环境问题

该区面临的主要环境问题是地下水污染、地面沉降以及矿产开采和蒸发岩岩溶引发的环境地质工程地质问题。该区含煤地层下通常都是岩溶含水层，形成了“煤在楼上，水在楼下”的国土资源分布格局（图7-16），同时很多采矿活动都在岩溶水的补给区进行。

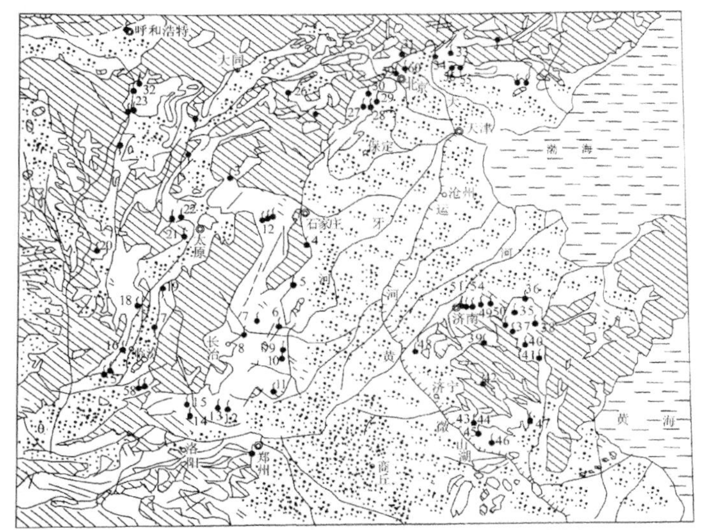

1.娘子关泉；2.威州泉；3.坪上泉；4.石鼓泉；5.邢台百泉；6.黑龙洞泉；7.东风湖泉；8.辛安村泉；9.珍珠泉(安阳)；10.小南海泉；11.辉县百泉；12.九里山泉；13.济源泉；14.三姑泉；15.马山泉；16.龙子祠泉；17.广胜寺泉；18.郭庄泉；19.洪山泉；20.柳林泉；21.晋祠泉；22.兰村泉；23.天桥泉；24.下马圈泉；25.神头泉；26.水神堂泉；27.高庄泉；28.甘池泉；29.黑井水泉；30.河北泉；31.怀柔珍珠泉；32.老牛湾泉；33.黄草凌泉；34.博山神头泉；35.渭头河泉；36.沣水泉；37.龙湾泉；38.东龙湾泉；39.郭娘泉；40.南峪泉；41.铜井泉；42.泉林泉；43.渊源泉；44.荆泉；45.羊庄泉；46.十里泉；47.临沂大泉；48.书院泉；49.东麻湾泉；50.西麻湾泉；51.趵突泉；52.黑虎泉；53.珍珠泉；54.五龙潭泉；55.公乐亭泉；56.蓟县东泉；57.古堆温泉；58.海头温泉；59.黑龙潭泉；60.玉泉山泉

图 7-15 北方岩溶大泉分布图

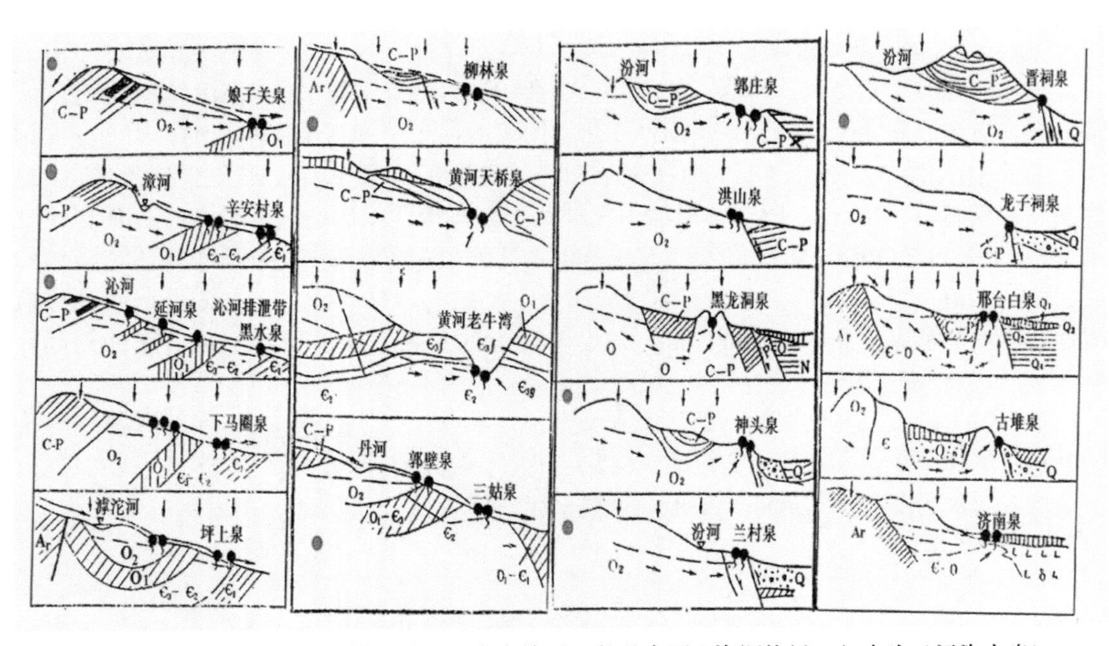

图 7-16 北方煤炭基地“煤在楼上，水在楼下”的基本国土资源格局（红点为已污染大泉）

这样开采煤矿时经常发生矿井突水，同时又容易污染岩溶含水层。该区 1956～1998 年共发生矿井突水 1220 次，淹井 200 多次。开滦范各庄矿井 1984 年 6 月 2 日 313 坑道突水，突水量为 43.21m^3/s，造成淹井，直接损失 5 亿元以上（图 7-17）。地表煤炭及有关重工业污染岩溶含水层。地表煤炭、电力、化工、冶金等重工业发展造成下伏寒武、奥陶系岩溶含水层 Fe、COD、SO_4^{2-}、Pb、CN^-和总硬度超标。以山西为例，近年岩溶泉域水质状况与 20 世纪 80 年代中期相比，岩溶水污染的范围与程度均有明显发展，山西 18 个主要大泉已有 8 个被污染（图 7-18），尤其在煤炭开采影响较强和“三废”排放量较大的岩溶泉域，水质恶化更为显著。以三姑泉泉域为例，1986 年岩溶水的溶解性总固体和总硬度最高为 492.36mg/L 和 411.91mg/L，1990 年分别达 620mg/L 和 485mg/L，至 1995 年则高达 1024mg/L 和 740mg/L。超标污染岩溶水的分布，1986 年仅出现在晋城市区和白水河渗漏带及个别矿区的局部地段，1990 年扩大成连片分布，污染面积约 40～50km^2；1995 年污染区进一步扩展约达 100km^2，以致下游排泄区郭壁泉水检出 Fe、Mn 超标污染。超标污染物由早期的 2 项（Fe、Mn）增多到 4 项（NH_3-N、Fe、COD、总硬度），至 1995 年增到 7 项（总硬度、溶解性总固体、硫酸盐、NO_3-N、锰、铁、氟化物）。

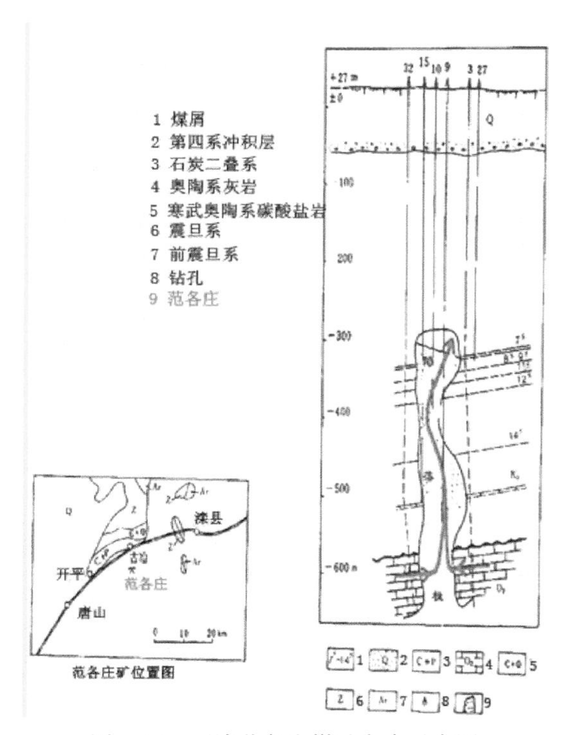

图 7-17 开滦范各庄煤矿突水示意图

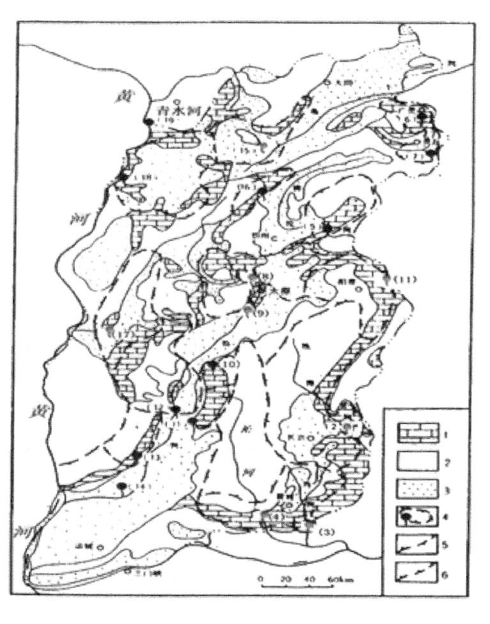

图 7-18 山西岩溶大泉受污染分布图

该区的另一个突出的环境问题便是岩溶陷落柱。岩溶陷落柱系上覆坚硬的非可溶性岩层的古老基岩塌陷，常见于中奥陶统地层裸露区及其上覆石炭系—二叠系地层中。在华北地区，这种问题最为突出，主要分布在山西高原附近（图 7-19）。如太原西山矿区陷落柱总数达 1300 个，密度达 70 个/km^2。陷落柱在华北的分布主要集中在三个地区：①汾河沿岸：从山西霍县、汾西至太原西山；②太行山西坡、东麓和东南麓地区，从山西晋城、高

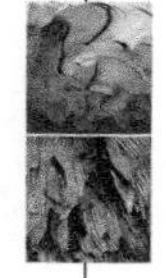

平、长治、平顺、襄垣、武乡至昔阳、平定、阳泉、盂县一带以及河北井陉、峰峰、磁县至河南安阳、鹤壁、焦作等地；③华北东北部及西部一些地区，如唐山开滦、山东新汶、陕西澄城，内蒙古鄂尔多斯及青海唐古拉山一些地区。陷落柱对煤炭生产影响很大，主要是影响煤炭资源的开采利用，使矿坑水文工程地质环境恶化，造成矿坑突水淹井。如河南安阳矿务局铜冶煤矿在井下超前钻孔，遇到富水陷落柱，涌水量以24—80—860—1500t/h递增，最终淹没整个矿井，造成巨大经济损失。

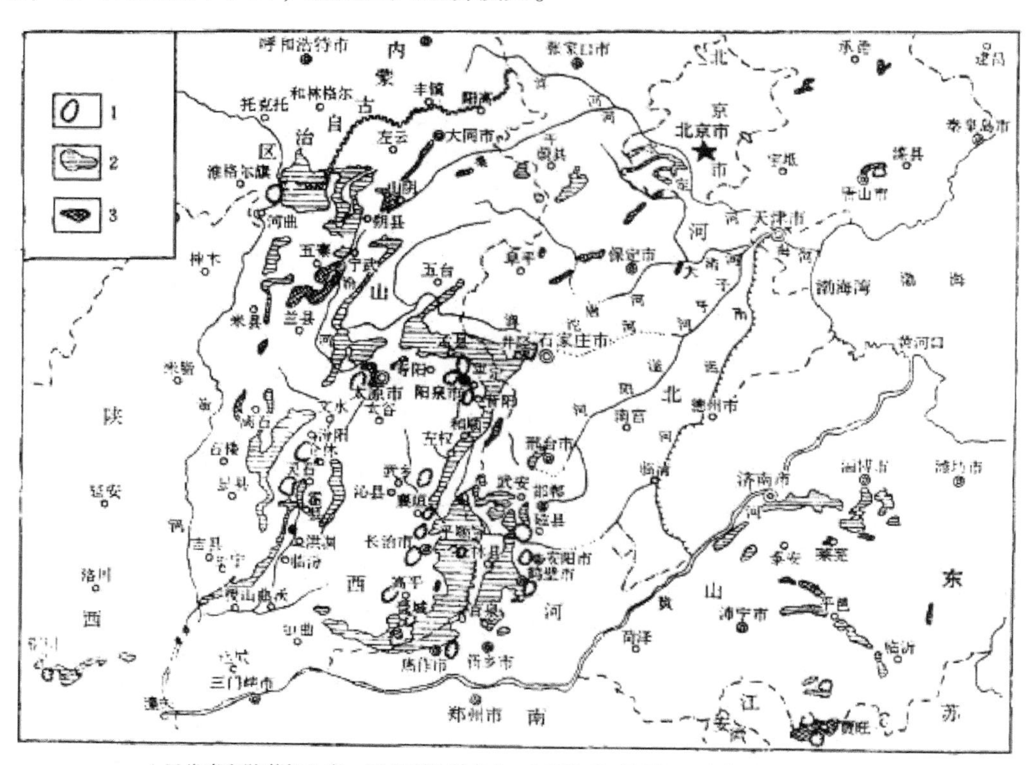

1.只代表有陷落柱分布；不代表数量多少；2.奥陶系石灰岩；3.奥陶系—寒武系石灰岩

图7-19　华北地区岩溶陷落柱分布图（王锐，1982）

（三）该区近年来研究新进展

1. 鄂尔多斯盆地岩溶地下水

近年来在鄂尔多斯盆地的勘探表明，它是一个由不同含水系统在空间上上下叠置，平面上侧向对接，局部地段被地表水系切割而相互发生水力联系所构成的一个巨大的地下水盆地，也是世界上大型地下水盆地之一。在盆地周边的寒武系—奥陶系碳酸盐岩分布区赋存有岩溶水，中西部地区埋藏有白垩系裂隙孔隙水，而在盆地东部的石炭系—侏罗系碎屑岩之上断续地分布有第四系孔隙水（图7-20，图7-21）。鄂尔多斯盆地岩溶水系统主要呈“U”形分布在盆地东、南、西周边的吕梁山、渭北北山和六盘山—桌子山地区，在盆地内深陷于数千米以下，勘探表明，现代岩溶地下水主要在碳酸盐岩埋深1000m以上地区进行循环，深部处于滞流状态。受构造控制，含水系统空间结构模式在各地区不尽相同，按地质及水文地质结构，将盆地东缘、南缘和西缘归纳为三种结构模式：①盆地东缘单斜顺层模式：分布在盆地东缘的吕梁山西麓，包括天桥、柳林和禹门口三个泉域。碳酸盐岩总体为向西缓倾的单斜构造，深部可越过黄河深入到陕西境内，埋深超过1000m。含水层为层状或似层状，透水性较均，每个泉域具有大体统一的水动力场和水化学场，可以划分出3个岩溶水系统（表7-3）。天然条件下以降水入渗补给为主（占70%以上），地下水沿地层倾向由东向西径流，在黄河及其支流切割含水层地段以全排型大泉排泄，富水地段主要集中在泉域的下游地区，多数可自流，单井出水量1000～1万m^3/d，最大可达5万m^3/d，水质一般较好，矿化度一般小于1g/L，是目前重要的供水水源；②南缘阶梯状断裂模式：受构造控制，碳酸盐岩呈阶梯状断落或以地堑与地垒相间出现，除北部山区裸露地表外，向南埋深800～1200m或更深，可以划分出2个岩溶水子系统。含水层为网状或脉状，透水性不均匀，在渭北东部有大致统一的水动力场（380m水位）和水化学场。地下水以地表水渗漏补给为主（约占60%），地下水总体上逆地层倾向向汾渭盆地方向运移，部分地段受构造阻水后溢流成泉，在黄河及主要支流洛河、泾河切割含水层地段以大泉排泄。地下水主要在河谷附近和山前断裂带富集，单井涌水量一般1000～5000m^3/d，最大可达1万m^3/d，多数水质良好，是当地重要的供水水源；③西缘带状断裂模式：从北部的桌子山到南部的千阳—陇县盆地，受西缘断裂推覆作用的影响，碳酸盐岩呈不连续的南北向带状展布，形成一系列小面积的岩溶泉域，可以划分出4个岩溶水子系统。含水层为脉状，透水性极不均匀，没有统一的水动力场和水化学场。在补给和富集条件较地区，如内蒙古的桌子山、宁夏的彭阳和甘肃的平凉等地，单井出水量1000～5000m^3/d，水质良好，有较大的供水意义。其他地区岩溶含水层产水较弱，水质较差，供水意义不大。从盆地边缘到中心，根据岩溶地下水的埋藏条件和地下水循环规律，可划分为三个循环带：①积极交替带：分布在盆地周边碳酸盐岩裸露区和浅覆盖地区，岩溶水与现代大气降水、地表水联系密切，地下水循环交替速度较快，循环深度可达当地侵蚀基准面以下800m左右。在这个

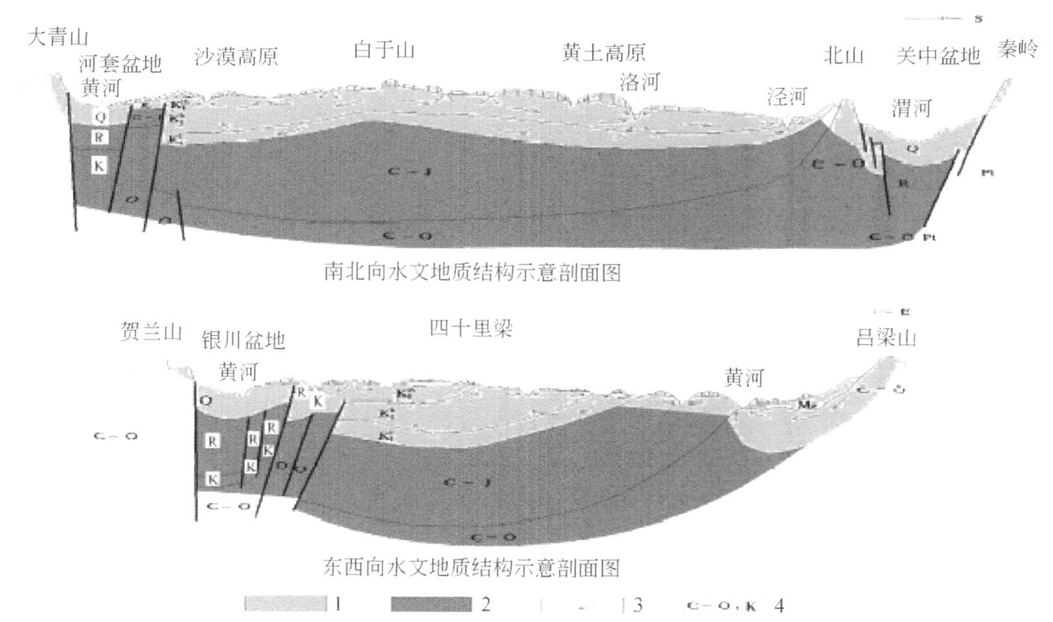

1.周边岩溶地下水大系统；2.白垩系自流盆地地下水大系统；3.东部黄土区地下系统；4.大系统代号及界线

图7-20　鄂尔多斯盆地地下水系统划分示意图（王德潜等，2005）

循环深度内，地下水温为10～45℃，水化学类型以Ca-HCO_3型为主，矿化度多小于1.5g/L，地下水年龄小于1万年，是目前岩溶地下水开发利用的主要地段。②缓慢交替带：一般在当地侵蚀基准面以下800～1800m，地下水循环交替速度极为缓慢。地下水温度为45～70℃，矿化度1～5g/L，水化学类型以Ca-Cl-SO_4型为主，地下水年龄在1万年以上。目前除局部地段以地下热水的形式开采外，大部分地区尚未开发利用。③滞流带：在现代侵蚀基准面以下1800～2500m左右，该带地下水为油气田古封存水，水温90～105℃，矿化度为10～50g/L，水化学类型以Ca-Cl型为主。

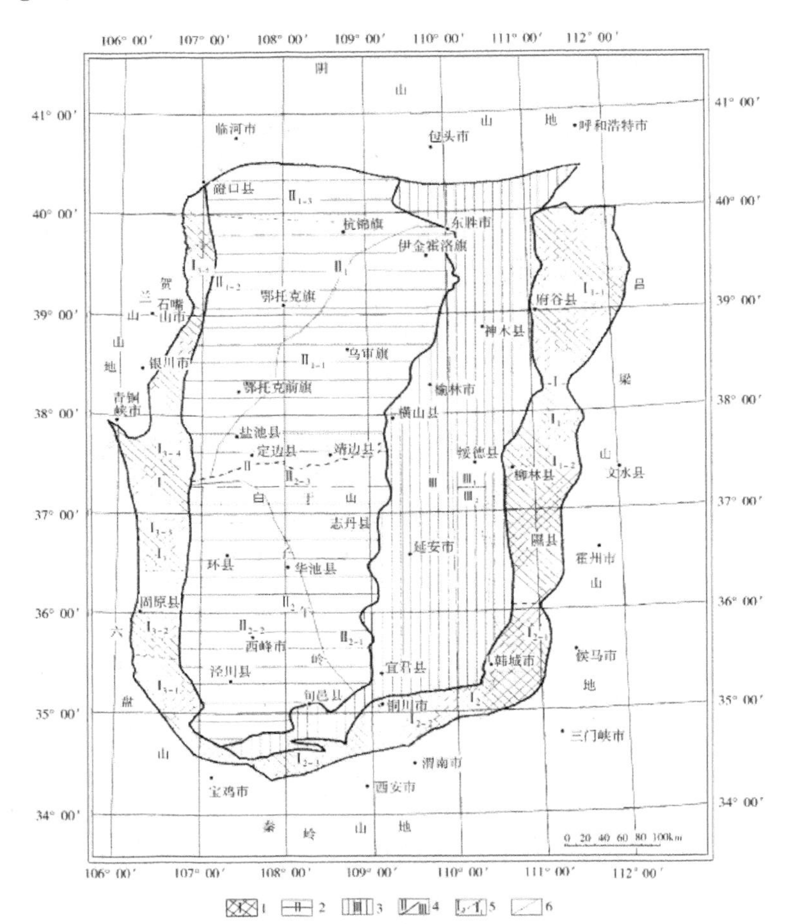

1.径流开启带；2.滞流封闭带；3.地下水流向；4.含水地层代号；5.系统代号及界线；6.亚系统代号及界线

图7-21 鄂尔多斯盆地水文地质结构示意剖面图（王德潜等，2005）

据勘探表明，鄂尔多斯盆地岩溶地下水补给资源总量为13.46亿m^3/a，其中矿化度小于1g/L的淡水补给资源量为10.99亿m^3/a，占补给总量的82%；可采资源总量为10.87亿m^3/a，其中淡水可采资源量为9.22亿m^3/a，占可采资源总量的85%；地下水现状开采量为2.01亿m^3/a，尚有8.86亿m^3/a的开采潜力。开采潜力较大的地区主要分布在天桥、柳林和渭北东部岩溶地下水系统，成为干旱缺水地区的重要水源保障。

2. 塔里木盆地古岩溶油气资源

1984年以来，继续在塔里木盆地发现了一系列受控于寒武系—奥陶系碳酸盐岩古岩溶的10多个大、中型油气田，油气资源量达140亿t，分布广泛，图7-22为6个有代表性的实例。从全盆地来看，碳酸盐岩储集层自上而下主要分布于上奥陶统良里塔格组灰岩，中奥陶统一间房组灰岩，中、下奥陶统鹰山组白云岩，下奥陶统蓬莱坝组白云岩及上寒武统丘里塔格下亚群白云岩（表7-4）。但目前仍以奥陶系发现大、中型油气田为主塔里木盆地古生代发生了多次构造运动，造就了多个大型古隆起、古斜坡、断裂带及区域性不整合，寒武系—奥陶系油气分布主要受古隆起和古斜坡及以上的不整合、断裂带所控制。古隆起如沙雅隆起、巴楚隆起、卡塔克隆起、古城墟隆起及麦盖提斜坡上和田凸起等。古斜坡如麦盖提斜坡、孔雀河斜坡等。塔里木盆地台盆区发育多时代、多组断裂带，这些断裂带是油气运移的主要通道，亦是形成古岩溶的重要因素。实践证明，各断裂带及其附近寒武系—奥陶系古岩溶发育易形成缝、洞发育带。所以，油气田分布离不开断裂，如雅克拉油气田、和田河气田、塔中油气田、轮南油气田等。区域性不整合是油气运移和聚集的重要因素。如上奥陶统与中奥陶统之间、奥陶系与其上覆地层之间不整合。特别是加里东运动中晚期、海西运动和海相晚期几个不整合是形成古岩溶的重要阶段，亦是寒武系—奥陶系成藏的主要因素之一。如雅克拉油气田、英买力油气田、塔河油田、和田河气田等均富集于寒武系—奥陶系风化面附近。

表7-3 鄂尔多斯盆地周边岩溶水系统划分一览表（王德潜等，2002）

位置	岩溶水系统	岩溶水子系统
盆地东缘	天桥岩溶水系统	天桥子系统
		老牛湾子系统
	柳林泉域岩溶水系统	柳林泉子系统
		吴城泉子系统
		枝柯泉子系统
		关口泉子系统
		车鸣峪泉子系统
	河津—韩城岩溶水系统	禹门口泉子系统
		古堆泉子系统
		韩城子系统
		龙子祠泉域子系统
盆地南缘	富平—万荣岩溶水系统	万临子系统
		铜蒲合子系统
	岐山—泾阳岩溶水系统	周公庙子系统
		龙岩寺子系统
		筛珠洞子系统
		烟霞洞子系统

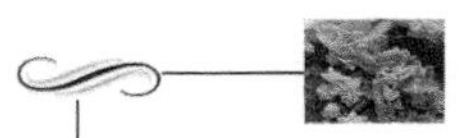

续表

位置	岩溶水系统	岩溶水子系统
盆地西缘	千阳—华亭岩溶水系统	景福山子系统
		太统山子系统
		山口子子系统
		大岔河子系统
	平凉—彭阳岩溶水系统	—
	太阳山岩溶水系统	—
	桌子山岩溶水系统	岗德尔山子系统
		桌子山南段子系统
		桌子山北段子系统
		千里山子系统

塔里木盆地寒武系—奥陶系碳酸盐岩的储集层类型主要有裂缝型、孔隙-裂缝型、孔洞-裂缝型、裂缝-孔洞型及裂缝-溶洞型等。裂缝型是奥陶系灰岩的主要储集类型之一，其特征是岩块基质孔隙度和渗透率极低，但裂缝发育，裂缝既是主要的渗滤通道，又是主要的储集空间。储集层的储、渗性能主要受裂缝发育程度的控制。例如位于阿克库勒凸起中部的沙 14 井下奥陶统灰岩，是典型的裂缝型储集层。裂缝型储集层油气产出特点是初产量一般较高，但产量递减快，在较短时间内甚至可能停喷。孔隙-裂缝型在本地区储集层所见较少，主要分布于溶蚀洞不发育即岩溶不发育地区。雅克拉断凸上的沙 7 井中寒武统储集层是此类储集层的典型实例。该储集层类型油气产出的特点是初产量一般中等较高，产量递减仍较快，生产时间一般较裂缝型储集层稍长。孔洞-裂缝型的孔洞和裂缝均较发育，两者对油气的储集和渗滤都起相当贡献。该类储集层以塔河油田佗 302 井中、下奥陶统较为典型，另外阿克库勒地区下奥陶统岩溶斜坡的部分地区（塔河 3 号油田及邻近地区）及岩溶高地的部分地区（特别是岩溶高地的边缘，如轮南 8 井区等），裂缝和溶孔洞均较发育，也是该类储集层的分布区。该类储集层油气产出的特点是初产量较高，产量相对较稳定，除上述佗 302 井外，佗 301 井、轮南 8 井等均属此类储集层。裂缝-孔洞型储集空间既有孔洞，又有裂缝，两者对油气的储集和渗滤均有相当贡献，但孔洞的作用更重要。其中孔洞主要由孔和中小洞组成，无大型溶洞，此类储集层储集性能较好，产量较高且较稳定，如塔河油田奥陶系油气藏 4 号区块的沙 47 井。裂缝-孔洞型白云岩储集层以雅克拉地区的沙 15 井较为典型，该井下奥陶统白云岩主要有结晶白云岩、残余砂屑白云岩及藻白云岩等。由于此类储集层起主要作用的是溶蚀孔洞，因此，其分布与古岩溶发育带密切有关。如阿克库勒发育区白云岩型等是该类储集层的分布区。裂缝-溶洞型是本区寒武系—奥陶系碳酸盐岩中又一类重要的储集层类型，主要发育于灰岩储集层中，其储集空间主要为次生的溶蚀孔洞，以大型洞穴为特征，是油气储集的良好空间，裂缝在这类储集层中主要起渗滤通道和连通孔洞的作用。裂缝-溶洞型储集层以塔河油田 4 号区块上的佗 402 井较为典型。此类储集层起主要作用的也是溶蚀孔洞，因此其分布也与古岩溶发育带密切有关。如阿克库勒地区中奥陶统岩溶斜坡的部分地区，特别是岩溶缓坡及其上的岩溶残丘，该区大型溶洞发育，且保留几率相对较高，因此是裂缝-溶洞型储集层的有利发育区。该类储集层油气产出的特点是初产量最高且产量稳定或较稳定、稳产期长，因此，

该类储集层是塔北地区寒武系—奥陶系碳酸盐岩最重要的一种储集层类型。

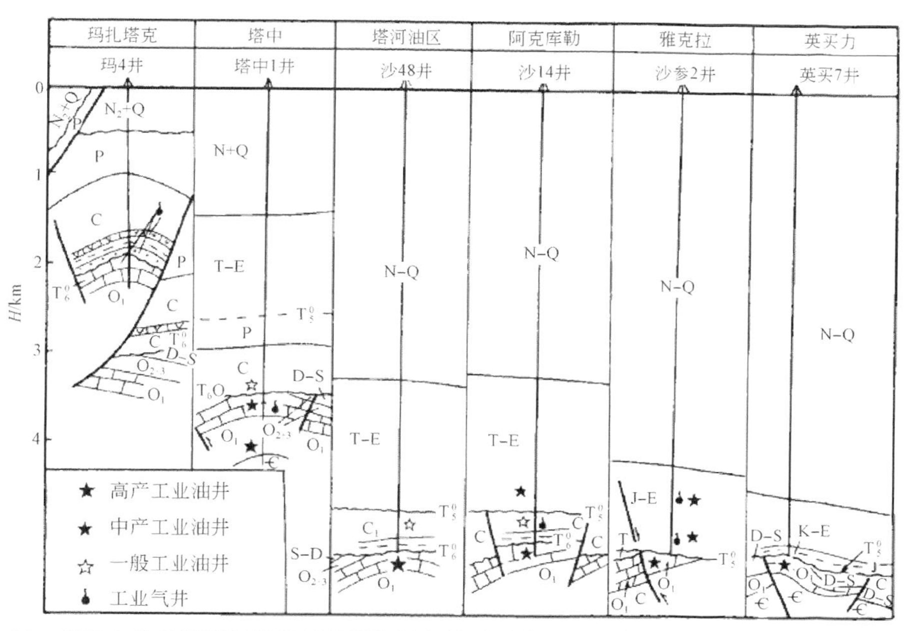

图 7-22　塔里木盆地下奥陶统及风化面与油气关系示意图（垂直比例尺加大）（王金琪，1999）

表 7-4　塔里木盆地寒武系—奥陶系油气分布（康玉柱，2005）

构造单元		油气田	代表井	产层	岩性	日产油/m³	日产气/万 m³
沙雅隆起	雅克拉断凸	雅克拉	沙参 2	O_1	白云岩	1000	200
			沙 7		白云岩	69	13
		牙哈	牙 5	O_1	白云岩		37. 9
		塔河	沙 46	O_2	灰岩	212	14. 5
			沙 48	O_2	灰岩	570	15. 0
	阿克库勒凸起	轮南	轮南 8	O_2	灰岩	376	9. 0
			轮古 2	O_2	灰岩	493	5. 2
			沙 14	O_2	灰岩	190	1. 1
	沙西凸起	英买 7	英买 7	O_1	灰岩	221	0. 1
		英买 2	英买 2	O_1	灰岩	196	0. 83
		英买 32	英买 32		白云岩	118	
卡塔克隆起	塔中凸起	塔中 1	塔中 1	O_2	白云岩	576	36
		塔 45	塔 45	O_2	灰岩	125	
		中 1	中 1	O_{1-2}	灰岩		6. 41
		塔中 16		O_2	灰岩		20. 0
巴楚隆起		和田河	玛 4	O_2	白云岩		727
		乌山	山 1		白云岩		12. 34

三、高山高原岩溶区

高山高原岩溶的独特之处在于其丰富的旅游资源，如九寨沟和黄龙沟景区，是我国乃至世界上著名的自然风景区。九寨沟总面积620km²，其中42.6%为森林所覆盖，游览面积50km²，海拔为2100～3100m，年均温7.3℃，降水量600mm，四周的地层主要是泥盆系—三叠系的碳酸盐岩，以纯灰岩为主。整个风景区由118个山地湖泊，5个滩地和许多瀑布组成，除少数湖泊有滑坡和泥石流等阻塞形成以外，大多数湖泊有特殊的天然生物灰华坝壅水所形成（照片7-3），滩地和瀑布也是有灰华组成。在九寨沟中有若干洞穴和泉，洞穴的直径从1～3m，最大泉的平均流量为200～300L/s，最大流量725L/s。总矿化度一般超过0.25g/L。这些泉不仅为很多湖泊的水源，而且还提供建造灰华坝的物质。黄龙沟属于四川松潘县，沟道自南而北逐渐降低，海拔3600～3100m，主要由泉华沉积形成，顺沟绵延5km，该处年降水量758.9mm，降水集中在5～9月，黄龙后寺（高程3500m）年平均温度1.1℃。黄龙的泉华沉积景观出现于古代的冰川“U”形谷中，主要形态为：泉华流石坝和彩池群、泉华滩、泉华瀑布、泉华洞穴和泉华扇。泉华流石坝和彩池群是黄龙景观中最为美丽引人入胜的沉积形态，它们类似于洞穴内的流石坝和流石塘，但它们出露在地表，规模大而且数量多，色彩艳丽，池内生物繁茂，为洞内流石坝所不能比拟（照片7-4）。黄龙沟彩池呈群体出露，主要有8处，总数约3000个，大者面积超过100m²，小者仅几平方米。

照片7-3　九寨沟灰华坝

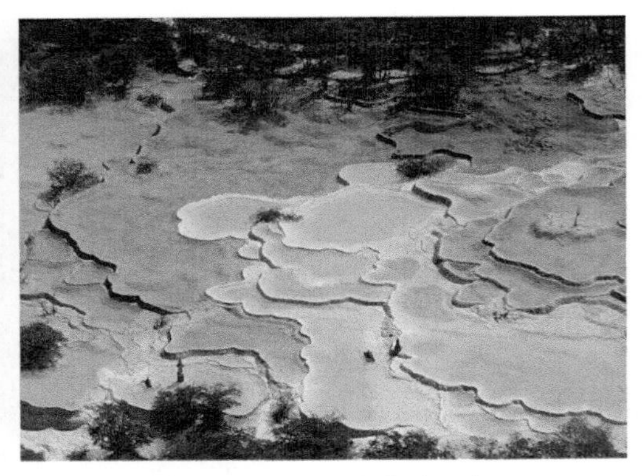

照片7-4　黄龙泉华流石坝

高山高原岩溶区的另一个丰富的资源条件便是分布有大量的盐湖。其中碳酸盐型盐湖主要分布在班公错—尼玛—怒江断裂带以南的藏西北、藏北地区，具有代表性的盐湖是西藏的扎布耶盐湖（照片7-5）。它位于冈底斯山脉北坡，分为南北两个湖。北湖为有表面卤水的盐湖，南湖为干盐湖，该湖中丰富的钾、硼、锂、铯及铷资源在世界上实属罕见。

高山高原岩溶区虽然人类活动强度较其他岩溶区低，但是也有其环境问题。如滑坡、泥石流、崩塌、冻胀地裂及旅游景观资源的保护等问题。高山高原岩溶区主要分布在我国西部及西南部，由于构造活动强烈、岩层破碎、峡谷深切、海拔高差大，加之受到季风气候影响、降水集中、暴雨频发，经常发生泥石流、滑坡、崩塌等自然灾害。如2008年11月2日云南楚雄彝族州发生特大泥石流灾害造成全州81个乡镇8.7万户36.7万人受灾，

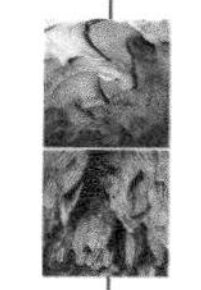

照片 7-5　西藏扎布耶盐湖

20 人死亡，倒塌房屋 2192 间，损坏 4570，农作物绝收 1.41 万亩，毁坏公路共 130 条 1733km，直接经济损失为 3.8 亿元；2009 年 7 月 23 日，四川康定县发生泥石流，造成 4 人死亡，53 人失踪，并堵塞大渡河，形成库容 300 万 m^3 的堰塞湖，造成国道 211 线中断，3000 多米道路被淹。冻胀地裂是另一个高山高原岩溶区面临的环境问题。冻土区的冻融变化对建筑物、输油管道、交通设施等带来严重的破坏。如新藏公路西昆仑甜水海湖盆区。由于路面以下多年冻土层上部潜水在冻结过程中发生聚冰作用，导致路基产生不均匀冻胀；在融化季节又产生热融下沉，反复的冻融循环最终造成路面起伏和破损。1990 年 6 月 7 日路面突然隆起而发生"爆裂"，形成直径 6 m，深 3 m 的水坑，严重威胁行车安全。如青藏公路 K3395 + 000 处，2003 年 9 月 3 日调查时发现，K570 + 000 ~ K575 +500 间公路两侧有数 10 个高 0.5 ~ 1.5 m ，直径数米至 10m 多的冻胀丘，其表面布满了冻胀裂缝。部分爆炸性冻胀丘"爆裂"后，其中厚层的地下冰融化，形成热融湖塘及洼地，即热喀斯特现象。高山高原岩溶区的旅游资源开发过程中，对于旅游资源的保护是一个十分值得重视的问题，特别要考虑旅游区的环境容量。

四、温带半湿润岩溶区

温带半湿润岩溶区是我国的工业能源基地，其主要的资源条件是旅游资源，海底淡水资源。黑龙江伊春附近的岩溶区，以草原生态环境为主，同时兼有森林生态系统，各种地表地下岩溶形态相当发育，构成独特的旅游资源。如前已述及的辽宁太子河流域，其谢家崴子地下河，长达 2.3 km，水深 2 ~ 3.5m，已经开辟为旅游点。辽东半岛南端旅大地区（图 7-23），发育有大量的海底泉，成为地下水的排泄通道。如金州东南侧 5km 的杨屯南崴子的海底泉从距岸 200m，海面以下 11.5m 的震旦系碳酸盐岩层内直径为 1.5m 的岩溶管道中涌出，低潮时，泉眼露出海面，流量达 1 万 ~ 3 万 m^3/d，成为重要的淡水资源。

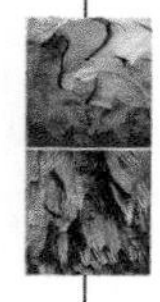

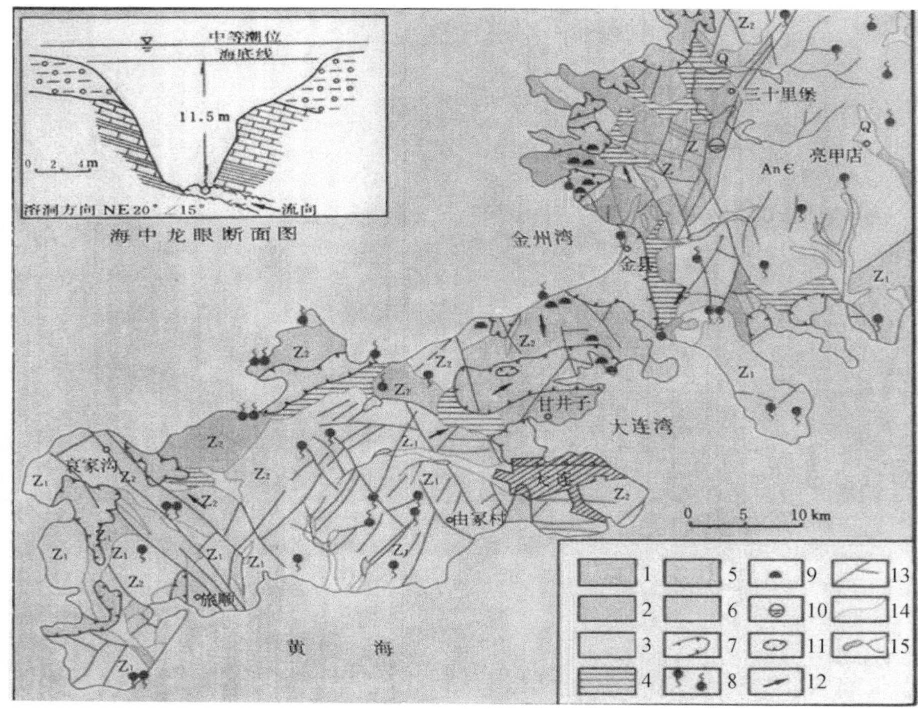

1.碳酸盐岩；2.碳酸盐岩玉非碳酸盐岩间层或互层；3.第四系；4.埋藏型岩溶；5.微咸水、淡水；6.主要非岩溶层；7.咸水与淡水的界线；8.下降泉河上升泉；9.小干洞；10.大型充水洞穴；11.岩溶洼地；12.岩溶地下水流；13.断层；14.水文地质界线；15.河流和水库

图7-23 辽东半岛大连—金县一带岩溶水文地质图（据辽宁第二水文地质大队）

该区面临的环境问题主要有海水入侵、矿区涌水、水污染和地面塌陷等。如大连滨海岩溶水分布区，是地下水的主要开采区，也是海水入侵最为严重的地区。2006 年大连地区海水入侵面积为 856. 1 km^2，占大连行政区域面积 12573. 85km^2的 6. 81%。其中黄海岸海水入侵面积为 171. 1km^2，渤海岸海水入侵面积为 685. 0 km^2。地面塌陷数量成为该区一个重要的统计数据，到 2004 年，辽宁省共出现岩溶塌陷 13 处，256 个成为该区的一种主要地质灾害。

复习思考题

1. 中国岩溶有哪些基本类型？其划分依据是什么？各区有哪些主要资源和环境问题？

2. 与全球岩溶相比，我国岩溶有哪些特色？

3. 试论述我国一个地区岩溶的特色（例如北碚附近，或你的家乡，如果是岩溶地区的话），并与其他岩溶区做一对比。

4. 解决岩溶地区资源环境问题对我国全面建设小康社会有什么意义？

5. 阐述岩溶动力系统对岩溶区矿产形成的关系。

6. 中国岩溶区是如何分布的？各岩溶地区形成的独特条件是什么？各有什么特点？

7. 岩溶区的主要环境问题形成的原因是什么？应如何治理？

第三篇

全球变化岩溶学

现代岩溶学在全球变化研究中具有两方面的意义：一是岩溶作用在大气温室气体CO_2源汇关系中的效应，它既可以是汇（碳酸盐溶蚀），又可以是源（碳酸盐沉积中的CO_2脱气作用）；二是岩溶记录可提供高分辨率环境变化信息。1995年年初，由中国提出的国际对比计划IGCP379“岩溶作用与碳循环”获得批准并于1995～1999年实施。它有两个科学目标：一是评价岩溶作用（含表层及深部岩溶作用）对大气CO_2源汇的影响；二是从岩溶沉积物提取高分辨率的古环境变化信息，着重于那些缺乏其他古环境变化替代指标的地区。这个项目的实施，标志着现代岩溶学的进一步发展完善，并在全球变化研究中发挥其应有的作用。

第八章 岩溶作用的大气温室气体源汇

第一节 全球碳循环概述

一、全球碳循环定义

地球系统的碳循环，是指的碳在岩石圈、水圈、大气圈和生物圈之间以 CO_3^{2-}（以 $CaCO_3$、$MgCO_3$为主）、HCO_3^-、CO_2、CH_4、$(CH_2O)_n$（有机碳）等形式相互转换和运移过程。在大气圈中主要以 CO_2、CH_4、CO 等气态形式同其他圈层进行物质交换。在水圈中主要以 HCO_3^-的形式与其他圈层进行物质交换。生物圈中主要以有机碳（$CH_2O)_n$的形式与其他圈层进行物质交换。在岩石圈中主要以 CO_3^{2-}（$CaCO_3$、$MgCO_3$等）形式与其他圈层进行物质交换。碳在各个圈层之间的转化和运移可以用图 8-1 表示。

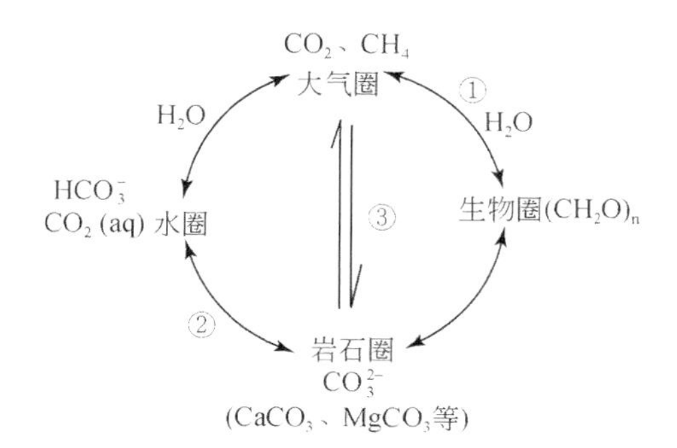

图 8-1　碳在各个圈层之间的转化和运移示意图

二、研究意义

碳是地球上储量最丰富的元素之一。它广泛分布于大气、海洋、地壳沉积岩和生物体中，并随地球的运动循环不止。全球碳循环的重要意义主要表现为：

（1）碳是组成生命体的主要物质之一。克拉克值不高（84 种元素加起来仅 1.28%），但占生命物质的 18%（氧 70%）。

（2）碳是植物光合作用的重要物质，植物通过光合作用为生命体提供基本食物；同时也起着调节能源的作用。

（3）CO_2的保温作用调节地表温度，有效的控制昼夜温差，使其适合人类生存。

（4）调节酸度，使岩石中的酸易溶物质加速溶解：驱动元素迁移，加快元素地球化学循环；对酸度的调节影响生命活动过程和成矿作用过程，形成不同结构和构造的碳酸盐岩。

（5）CO_2在工农业生产中有重要的应用价值：作为保护气体用于焊接；抑止有氧呼吸对食物进行保鲜处理；利用固体 CO_2进行人工降雨等。

三、全球碳循环模型

20 世纪 80 年代以来发表了许多全球碳循环模型，可分为两类：第一类可称“地质模型”，着重于地球历史上碳循环的变化，以及各种地质作用对大气 CO_2浓度的影响，如 Sundquist（1995）和 Berner（1991，1992）的模型；第二类模型着眼于现代碳循环，可称为“现代碳循环平衡模型”（Mackenzie，1995；Berner，1987）。第一类实际上是 Chamberlin 在 20 世纪初所作碳循环与地球环境变化相关性假说的发展。它假定地球表层的碳的总量大致不变，然后在大气 CO_2，岩石风化回收大气 CO_2，有机质氧化释放 CO_2，岩石及有机质变质释放 CO_2，碳酸盐岩沉积及植物光合作用，化石燃料沉积回收大气 CO_2，陆地面积等各种参数间建立许多等式，以及相应的计算机模型。然后根据显生宙不同地质时期的地质资料，参考古沉积物同位素资料（如$^{87}Sr/^{86}Sr$，高值为陆地上升，硅酸盐岩风化；中值为碳酸盐岩溶蚀；低值为玄武岩与海水作用），变换等式中各种参数，模拟各地质时期大气 CO_2 浓度，并用由古土壤中的针铁矿提取碳同位素资料（$\delta^{13}C$）作校核（Yapp，1992）。这些模型都肯定了大气 CO_2浓度上升不仅是人类使用化石燃料的结果，相反它具有很大幅度的自然变化。与现代大气 CO_2浓度相比，古生代中期大气 CO_2浓度为现在的 16～17 倍，在中生代也可达 4～5 倍，而晚古生代与现代相当，甚至低于现代。说明在地球历史上大气 CO_2浓度就是不断变化的。通过模型的调参，论证了各种地质作用对大气 CO_2浓度的影响程度。20 世纪 80 年代从南极冰芯的气泡中实测得 0.16MaBP 以来大气 CO_2浓度：末次冰期最盛时 17000～18000aBP 为 200ppm，到 10000～11000aBP 上升为 280ppm（Neftel，1982；Chappellaz，1990），这样就使 Chamberlin 关于大气 CO_2浓度自然升降会导致地球表面温度升降的假说，获得了最直接的证据。第二类模型着重于现代碳循环的平衡，但其不确定性更大。它们大致都由 5 个主要碳库，2 个平衡自然碳通量，1 个自然碳通量，3 个不平衡人工碳通量组成（Berner，1987）。5 个碳库是：碳酸盐岩（最大的碳库 10^{16}t，占全球碳总量的 99.55%）；海洋碳库（深海无机碳 340000 亿 t，深海有机碳 9750 亿 t，海洋表面水深 75m 内的无机碳 9000 亿 t，海洋表面有机碳 300 亿 t）；化石燃料库 60000 亿 t；陆地生态库：森林 5000 亿～8000 亿 t，土壤 1500 亿 t；大气库 7200 亿 t。2 个平衡自然碳通量是：陆地生态库与大气间碳通量（植物生长由大气回收，及呼吸放回大气的通量都是 1200 亿 t/a）；海洋生物库与大气间碳通量（光合作用由大气吸收及死亡变质后放回大气的通量都是 10000 亿 t/a）。还有 1 个自然通量是陆地通过河流向海洋的碳通量为：5 亿～20 亿 t。3 个不平衡人工碳通量是：化石燃料使用向大气释放的 CO_2为（54 亿±0.5 亿）t/a；森林退化向大气释放的 CO_2为（16 亿±10 亿）t/a，两个源项相加共计

(70 亿±12 亿) t/a；由于大气 CO_2浓度上升导致海洋回收 CO_2量增加 (20 亿±8 亿) t/a，以及由 1958 年以来大气 CO_2年平均增加值换算得大气中存放量增加值 (32 亿±1 亿) t /a，两个汇项相加得 (52 亿±8 亿) t/a。不平衡总源和总汇相抵后，还有一个很大的差值为(18 亿±14 亿)t/a，称为遗漏汇 (missing sink)。产生这么大的遗漏汇的原因，固然与模型中各个通量的估算值的可靠性有关，但不容否认，也同这些模型的基本思路有关，即它们都存在着忽视地质作用的倾向。这类模型的设计者都把全球碳循环分为 3 种时间尺度：长时间尺度 (万年至亿年级，由构造运动、火山、风化、沉积等地质作用产生)；中等时间尺度 (千年级，化石燃料的形成等地质作用)；短时间尺度 (百年级，植物光合作用、呼吸等)。因此，在这类模型中，各种地质作用所驱动的碳循环都被忽略，或只给予低 1 ~ 2 个数量级的值。近年来已有学者提出了要把碳循环的地质模型和现代碳平衡模型相互结合的见解 (Berner，1994)。

碳以二氧化碳 (CO_2)、碳酸盐及有机化合物等形式在不同的库——大气、海洋、陆地生物界和海洋生物界之间循环。在地质时间尺度碳循环还包括沉积物和岩石之间的循环(图 3-7)。人类从食物中摄取的碳水化合物被吸入的 O_2氧化后，以 CO_2的形式通过呼吸作用排出；矿物燃料燃烧、木材腐烂和土壤及其他有机物的分解亦向大气释放 CO_2。抵消这种将碳转化为 CO_2的过程则是植物的光合作用。植物通过光合作用从大气圈中吸收 CO_2合成有机物质，并向大气中释放 O_2。最大的自然碳交换通量发生在大气与地球生物界，以及大气与海洋表层之间。相比之下，矿物燃料的燃烧向大气的净输入以及森林消耗的影响就非常小，但仍大得足以缓解碳的自然平衡。大气中 CO_2含量与其通量之比作为 CO_2在大气中的流通时间大约为 4 年，也就是说，大气中 CO_2分子平均每过几年时间就会被植物吸收或海洋溶解。但是，不要把这个短时间尺度与大气中 CO_2水平因源和汇的变化而适应到一个新的平衡所需要的时间混为一谈，这个适应时间尺度大约为 50 ~ 100 年的数量级，相当于 CO_2在大气中的存留时间。CO_2在大气中的流通时间主要取决于大洋表层与深层之间缓慢的碳变换，对于全球变暖趋势十分重要。这是因为地球上的气候依赖于大气的辐射平衡，而大气的辐射平衡又依赖于入射的太阳辐射以及大气中辐射性活跃的微量气体，如温室气体、云和气溶胶的多少。CO_2作为一种受人类活动影响的温室气体有着最大的增温效应，据估计，大气 CO_2在整个温室气体中的作用占一半以上。

全球碳循环发生于大气、海洋和陆地之间。大气圈的碳贮量约750GtC；陆地生物圈的总碳贮量约 1750GtC，其中植被碳贮量约 550GtC；土壤碳贮量约 1200GtC；海洋圈中生物群的碳贮量约 3GtC，溶解态有机碳约 1000 GtC，溶解态无机碳 3400 GtC。这表明陆地与海洋中储存的碳远远多于大气。据估计，全球陆地生态系统的碳贮量有 46% 在森林中，23% 在热带及温带草原中，其余的碳贮存在耕地、湿池、冻原、高山草地和沙漠半沙漠中。可见，森林和草原生态系统的碳贮量占全球陆地生态系统碳贮量的 69%，在陆地生态系统碳循环中起着十分重要的作用，对 CO_2浓度造成很大的影响。例如，贮存在海洋中的这些大碳库只要释放 2% 就将导致大气中的 CO_2浓度增加 1 倍。

以 CO_2形式进出大气的碳输送量是很大的，约占大气中总碳贮量的 1/4，其中的一半与陆地生物群落交换 (图 8-2)。陆地植物群落通过光合作用从大气中固定的 CO_2约 110 GtC/a，其中 50 GtC/a 以呼吸作用的形式释放到大气中，余下的 60 GtC/a 以凋落物的形式进入土壤，并最终以土壤呼吸的形式释放到大气中。矿物燃料燃烧向大气中释放的 CO_2约

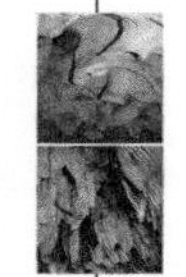

6 GtC/a，毁林引起的 CO_2 释放约 1～2 GtC/a。

不同碳库之间的碳交换时间尺度相差很大，从数百万年的地壳运动过程至一天甚至分秒时间尺度的大气—海洋之间的气体交换过程和植物的光合作用过程。一般来说，这些时间尺度远大于单个 CO_2 分子在大气中度过大约 4 年的平均时间。这意味着大气 CO_2 浓度发生波动后，其恢复到平衡状态时所需要的时间将不相同，从而将导致整个大气的 CO_2 浓度发生变化。

在人类活动成为一种重要的扰动之前，各个碳库之间的交换是相当稳定的。在 1750 年前后工业化开始之前的几千年内，一直维持着一个稳定的平衡。冰芯结果表明，当时大气中 CO_2 浓度的平均值约为 280 ppmv ［part per million in volume（体积的百万分之一）］，变化幅度约在 10 ppmv 以内。

工业革命打乱了这一平衡，造成了地球大气中的 CO_2 增加了 30% 左右。即从 1750 年前后的 280 ppmv 增加到目前的 310 ppmv 以上。美国夏威夷冒纳罗亚（Mauna Loa）山顶附近的观测表明，自 1959 年以来，虽然不同年份 CO_2 增加量变化很大，但平均而言每年增加约 1.5ppmv。据估计，近百年来由于各种人类活动而注入地球大气中的 CO_2 每年约为 30 亿 t，而且其排放速度还在逐年增长。

海洋生物作用碳通量为 450 亿 t/a；陆地生态系统碳通量为 600 亿 t/a；地质作用的通量比生物作用通量小 2～3 个数量级，风化作用碳通量为 2 亿 t/a；火山作用碳通量为 0.6 亿 t/a，碳酸盐岩沉积碳通量为 1.6 亿 t/a。

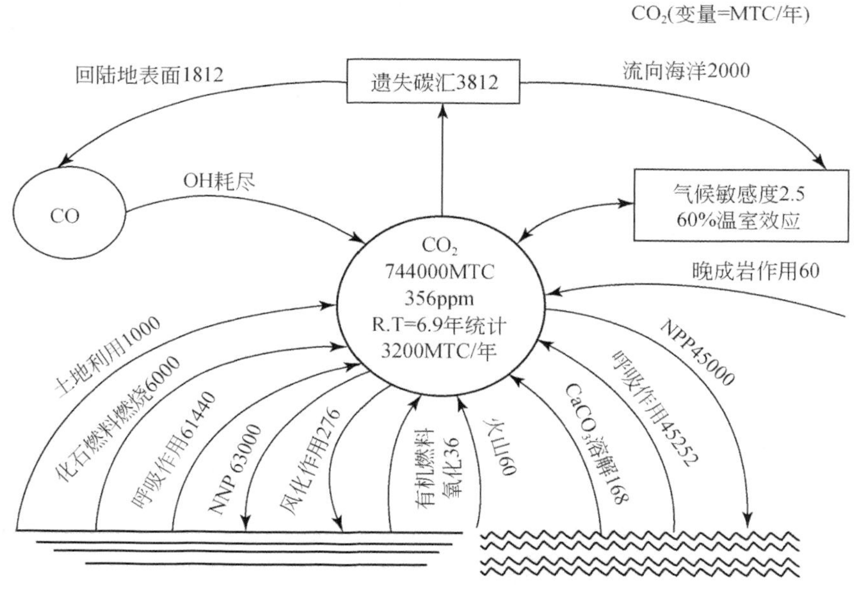

图 8-2　全球碳通量图（据 Mackengie，1995）

冰芯记录表明，工业革命前地球大气的 CO_2 浓度约为 280ppmv，相当于 594GtC 或 2184Gt CO_2（全球大气中的 1ppmv 的 CO_2 相当于 2.12 GtC 或 7.8Gt CO_2）。自 1958 年开始在夏威夷的冒纳罗亚火山观测站的大气 CO_2 观测表明，大气中 CO_2 浓度呈增加趋势（图 8-3）。而在 300 年内大气 CO_2 含量增加了近 110ppmv，年均增长率约 0.4%。由南极冰核及夏威夷的冒纳罗亚火山观测站给出的 250 年来大气 CO_2 浓度的变化可见，大气 CO_2 浓度从 1800 年

开始明显增加，而且增加速度越来越快（图8-3）。1958年大气CO_2浓度315ppmv。1998年升至367ppmv；年增长速率由20世纪60年代的0.8ppmv增加到80年代的1.6ppmv。

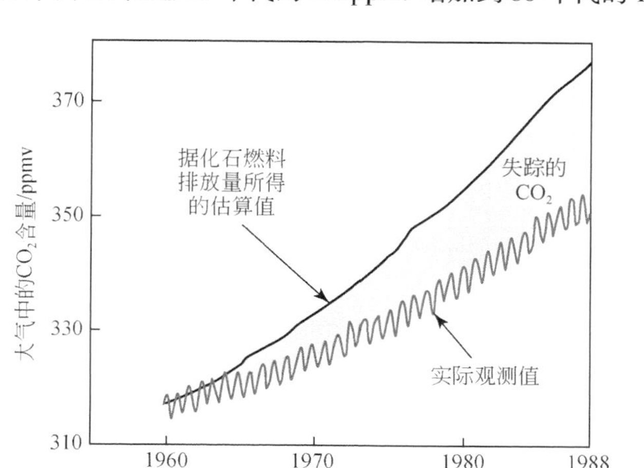

图8-3　“失踪的”CO_2，在大气中CO_2增量远远小于化石燃料排放量

（Keeling et al.，1989；Watson et al.，1990）

四、存在的问题

（一）对碳循环各环节的运移规律掌握不够

到目前为止学者们对于全球碳循环已经做了很大的努力，现有的全球碳循环模型主要包含3种时间尺度：长时间尺度（万年到亿年级，由构造运动、火山、风化、沉积等地质作用产生）；中等时间尺度（千年级，化石燃料的形成等地质作用）；短时间尺度（百年级，植物光合作用、呼吸作用等），但主要突出的是人类活动和生物过程，基本上不考虑自然（地质）过程（含岩溶作用），认为这是长时间尺度过程因而对大气CO_2沉降（汇）贡献不大，因此在这些模型中，各种地质作用所驱动的碳循环过程都被忽略，或者只给予低1～2个数量级的通量。比如从地球系统科学和岩溶动力学理论出发，岩溶作用是全球碳循环的重要部分（图8-1），碳在大气圈、地表和地下水以及碳酸盐岩矿物之间进行积极的交换作用，所以岩溶作用可以成为CO_2的源和汇，即水溶液中碳酸的存在促进了碳酸盐岩的溶解，它固定着来自岩石和以HCO_3^-形式存在水中的溶解CO_2中的碳，碳酸盐矿物的沉积又伴随部分碳以CO_2形式逸出，后者常常是碳酸盐沉积的驱动力。在这一岩溶动力系统运行过程中，岩溶作用快速而敏感的响应着外界环境的变化。已有的表层岩溶动力系统中与岩溶作用密切相关的土壤CO_2和地下水HCO_3^-动态监测表明，两者均存在明显的季节变化和多年变化，有一定的对应关系。即土壤空气中CO_2的增加会导致碳酸盐岩溶蚀作用的加强，地下水中HCO_3^-的含量相应增加。同时，通过监测发现，地下水中的HCO_3^-含量还与气温、降雨等环境密切相关。

（二）对地质作用在全球碳循环中的意义估计不足

一直以来大多数学者认为地质作用在碳汇过程中起着重要作用的是硅酸盐，称其溶蚀过程是“净碳汇”，而碳酸盐岩的溶蚀过程不稳定，存在一个源与汇的相互转化过程。但德国科学家Adamczyk在2009年12月8日326卷《科学》杂志上一篇研究论文中显示水中的CO_2比原有认识的要稳定得多，其平衡常数并不是原来认为的6.35，而是3.45。如果碳酸盐岩溶蚀后水中的CO_2稳定性增强，对岩溶地区的碳汇作用将产生极大影响，但这一研究仅限于实验室内，对野外实际情况中岩溶动力系统中CO_2稳定性极其变化缺少实际的研究。

1958年起美国海洋和大气管理局（NOAA）开始在夏威夷的Mauna Loa观测站对大气CO_2浓度进行连续采样测试，说明大气CO_2浓度确实在不断上升，其年平均值由1958年的315ppm上升到2005年的379ppm，即平均每年上升约1.4ppm；另据卡内基研究所全球生态部主任Chris Field所在的研究小组报告称在2000～2006年，大气中的碳浓度正以1.93ppm/a的速度增长——这是从1958年开始监测大气活动以来的最快速度，明显高于以往。而每上升1ppm，就相当于在大气中多贮存了21.2亿t碳。但这个值与人类活动每年向大气排放的CO_2（70亿t）相差甚远。因此，人类活动不是导致大气CO_2浓度上升的唯一原因，自然原因（尤其是地质作用）发挥着不可忽视的影响。1991年菲律宾Pinatubo火山爆发后，导致1993年夏威夷观测站的大气CO_2浓度年增加率明显减缓，更增加了人们对自然原因的关注。

现代火山喷出气体或岩浆岩加热脱气，或在大洋中脊新洋壳形成处的水热流体中，将形成大量脱气点，对全球气候和环境变化产生重要影响。除与岩浆活动有关的脱气点外，在构造活动带尤其是深大断裂带（如板块构造结合带），也存在大量与火山作用没有联系的深源脱气点，同时近年来的调查观测证实地壳深部有很大的CO_2。其中深大断裂的CO_2脱气作用，是碳循环中碳源的一个重要组成部分。值得注意的是从2000年至今，全球已经进入又一个地震频发的构造运动活跃期，构造运动的加剧与近年来大气CO_2浓度的加速上升是否存在某种联系？

（三）遗漏汇

由于化石燃料的使用及森林破坏，导致大气中温室气体浓度以平均1.5ppm/a的速率逐年增加，及其对全球一系列重要环境问题的影响，全球碳循环正式成为国际科学界关注的热点。从20世纪90年代开始IGBP以及IGAC、GCTE、JGOFS、LOICZ等核心计划，从大气化学、陆地生态系统、海气系统、海岸系统等不同角度研究全球碳循环。其共同的目的是阐明大气CO_2的源和汇。至今这个源和汇是不平衡的（源大于汇），或称存在一个“遗漏汇”（missing sink）。在人类活动释放出的CO_2中，仅有不到一半是贮存在大气中造成其浓度以平均1.5ppm/a的变幅上升，而另一大半（40亿～50亿t/a）是被陆地或海洋系统吸收，但它们在何处以何种强度，被何种作用吸收，至今尚不清楚。

第二节　碳循环中的地质作用

一、概念

碳循环中的地质作用有以下5个方面。

1. 光合作用

绿色植物利用太阳能作动力，把 CO_2 和 H_2O 等无机物合成有机物，放出 O_2，形成总初级生产力（NPP）。CO_2在此过程中起着非常重要的作用，控制着有机质的合成，其方程式可表示为：

$$6CO_2 + 6H_2O \rightarrow C_6H_{12}O_6 + 6O_2 \uparrow$$

2. 风化作用

地表岩石在温度、大气、水溶液、生物的作用下发生破坏的作用谓之风化作用。在此过程中 CO_2起着非常重要的作用，尤其在化学风化作用过程中 CO_2对岩石的溶解作用、水化作用、水解作用、碳酸化作用等有着重大的影响。以钠长石为例，CO_2参与风化作用的反应可表示为：

$$2NaAlSi_3O_8 + 2CO_2 + 11H_2O \rightarrow Al_2Si_2O5(OH)_4 + 2Na^+ + 2HCO_3^- + 4H_4SiO_4$$

3. 变质作用

原岩在温度、压力、化学活动性流体等的作用下，其化学成分、矿物成分、结构构造等方面发生改变。如沉积岩在一定的温度压力条件下吸收 CO_2 和 H_2O 等物质发生变质，CO_2影响着此过程的进行。

$$CaCO_3 + SiO_2 + CO_2 + H_2O \rightarrow CaSiO_3 + 2CO_2 \uparrow + H_2O$$

4. 岩溶作用

地表水与地下水对可溶性岩石进行溶蚀与侵蚀，CO_2对水的溶解性、碳酸盐岩的溶解平衡等有着重要的作用，进而影响岩溶作用的进行，方程式可表示为：

$$CaCO_3 + CO_2 + H_2O \rightleftharpoons Ca^{2+} + 2HCO_3^-$$

5. 沉积作用

地质历史上的动植物残体深埋于地下在一定的地质条件下经过一系列复杂的物理和化学过程形成可燃性有机岩。因此 CO_2对化石燃料、干酪根的形成有重要作用。

二、碳循环中地质作用时间尺度

碳循环中不同的地质作用，时间尺度存在很大差异。生物作用是短时间尺度；化石燃料沉积是中等时间尺度；碳酸盐岩沉积、变质作用、风化作用（含岩溶作用）是长时间尺度。从地球历史上说，地质作用对全球碳循环和全球气候变化的影响是肯定的，早在 100 多年前 Chamberlin 就论述过地质历史上大气 CO_2浓度变化。但一般认为在人类历史上并不重要，因此，在国内外有关全球变化的研究计划中，与地质作用有关的碳循环还没有被重视。如 IGBP 的 IGAC（大气化学），GCTE（陆地生态系统），JGOFS（海气系统），LOICZ（海岸系统）。

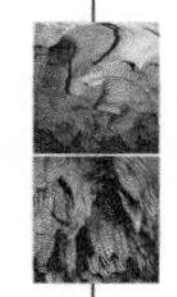

三、各国近年对与地质作用有关碳循环的研究

由于把碳循环中的地质作用看做一种中长时间尺度的作用，在现有碳循环模型中只给予很低的通量比，在国内外有关全球变化的研究计划中，与地质作用有关的碳循环还没有被重视。但如前所述，这个问题已受到越来越多的学者和国家重视。第32届国际地质大会（IGC），156分组“陆地碳循环与水文”有31篇论文，335分组“钙华与新构造”有24篇论文。尤其是与岩溶作用有关的碳循环，在IGCP299“地质、气候、水文与岩溶形成”（1990～1994年），IGCP379“岩溶作用与碳循环”（1995～1999年）、IGCP448“全球岩溶生态系统对比”（2000～2004年）和IGCP513“岩溶含水层与水资源”（2005～2009年）项目推动下，做了较多研究。

这4个项目在全球碳循环方面的重要进展是揭示了$CO_2-H_2O-CaCO_3$系统（岩溶动力系统）对环境变化反应很敏感，占全球碳库总量99.55%的碳酸盐岩体（10^{16}t碳）仍积极参与全球碳循环（Yuan，1997）。它一方面通过变质作用而由活动断裂带源源不断地默默地向大气释放CO_2，并由其伴生的大量钙华而得以显示，因此，仅考虑全球火山释放的CO_2为4000万～5000万t/a（Sundquist，1993）是很不够的。另一方面，通过对全球不同条件下的岩溶动力系统的定位观测，揭示碳酸盐岩的溶蚀正在不断地把大气CO_2通过生物圈的作用向水圈回收。说明大气CO_2浓度的上升，不但会加快植物的生长，也会加强碳酸盐岩的溶蚀作用而从大气回收更多的CO_2。由大气CO_2浓度上升，到溶蚀加强的滞后时间不会超过1个月（受观测时间频率和手段限制尚未能揭示更快过程）。在IGCP 379项目的工作思路和方法指导下，俄罗斯科学家编制了西伯利亚伊尔库茨克地区40万km^2范围的石灰岩溶蚀速率分区图，为研究寒带岩溶系统的碳循环提供了最基本的资料（Elena，1997）。挪威在斯匹次卑尔根岛（Spitsbergen）通过18年的定位观测发现在极地的不同条件下，岩溶作用回收大气CO_2强度的差别（Krawczyk，1998），冰川地区为550.9万gC/（km^2·a），多年冻土区为204万～235万gC/（km^2·a），而一个小型岩溶流域可高达944.3万～1090万gC/（km^2·a）。IGCP 379项目分别用石灰岩溶蚀试片法、水化学法和扩散边界层（DBL）理论对我国和全球岩溶作用回收大气CO_2的量进行了初步估算。中国为1770万tC/a（Jiang，1999），而全球年回收2.2亿～6.08亿tC/a（Yuan，1997），如按6.08亿tC/a计，占当前碳循环模型中的遗漏汇（missing sink）的约1/3。通过物理模拟实验，揭示$CO_2-H_2O-CaCO_3$系统的作用速度，受到自然界的水动力条件（通过扩散边界层作用）和生物酶催化作用的控制（Liu，1995，1997），如通过室内模拟研究表明在自然界普遍存在的碳酸酐酶（CA）催化CO_2向H^+和HCO_3^-的转换反应，结果发现对石灰岩而言，加入CA后，其溶解速率在高CO_2分压时可增加10倍，而对于白云岩，其溶解速率增加主要在低CO_2分压时，可达3倍左右（刘再华，2001）。因此，不能从常规的物理化学原理把它简单地列为长时间尺度的碳循环。另外，灰岩面地衣繁殖产生微孔隙，使溶蚀作用表面积由28.26%增加到75.36%，溶蚀强度上升1.2～1.6倍，加强了岩溶动力系统的碳循环，增加了由大气回收CO_2的量（Cao，1998）。据碳同位素示踪资料，在岩溶动力系统中土壤CO_2气体$\delta^{13}C$为-2.17‰，表明生物作用在该系统的运行中有重要作用，而且，虽然大气与岩溶系统间的碳循环经过了植被的中介，但直接由大气进入岩溶系统CO_2仍有

40%。土壤箱的模型试验不但重现了气温升高时微生物作用加强，土壤 CO_2 升高的过程，还揭示了降雨后土壤 CO_2 高浓度层随之向深部转移的过程，以及由灰岩下垫面排出的水中 HCO_3^- 浓度远较砂岩下垫面排出者为高；砂岩下垫面排出的水暂时硬度为 0.5～3.9 德国度，pH 为 5.54～6.51，灰岩下垫面排出的水暂时硬度为 7.3～10 德国度，pH 为 7.1～7.39，说明灰岩下垫面吸收的土壤 CO_2 的量远较砂岩下垫面所吸收的土壤 CO_2 为高（袁道先，1999）。在全球水循环过程中，由水对 CO_2 的溶解吸收形成的，并随着碳酸盐的溶解及水生植物光合作用对 CO_2 的消耗的增加而显著增加的全球 CO_2 汇（以溶解无机碳–DIC 的形式）达到 0.8013 Pg C/a（约占人类活动排放 CO_2 总量的 10.1%，或占所谓的遗漏 CO_2 汇的 28.6%）（刘再华，2007）。从这个意义上说，在全球碳循环的大系统中，分布面积达 2200 万 km^2 CO_2–H_2O–$CaCO_3$ 系统，颇类似生物圈的作用，可能这是 IGBP 计划所未意识到的。这些发现表明，化学风化（包括碳酸盐岩溶解和硅酸盐风化）作用在大气以 CO_2 沉降和全球碳循环里的所谓遗漏汇中的重要性需要重新评价。

第三节　碳循环中的岩溶作用

一、碳循环中的岩溶作用类型

碳循环中的岩溶作用包括两种类型：①表层岩溶作用的碳循环对大气 CO_2 主要是汇；②深部岩溶作用的碳循环对大气 CO_2 主要是源。

由于岩溶动力系统是一个开放系统，其边界既受制于已有的地表地下岩溶形态系统，又与地球四圈层有密切的联系。在其下的固相部分，不但通过碳酸盐岩及其中的裂隙网络而与整个岩石圈联系，而且还通过深大断裂与地幔联系，使幔源 CO_2 得以积极参与岩溶动力系统的运行并向大气释放。其中间的液相部分，实际上是全球水圈的一部分，它不但是岩溶动力系统的枢纽，而且通过它与生物圈，人类活动及大气圈相互联系，使它们积极参与岩溶作用。上部的气相部分属于大气圈的组成部分，也通过气体，特别是 CO_2 交换而和生物圈及人类活动密切联系，使它们积极参与岩溶动力系统的运行。

岩溶动力系统的基本功能是驱动岩溶作用的进行。其基本运行机制可用图 1-1 表示。简单地说，每当有较多的 CO_2 由大气进入该动力系统时，就发生溶蚀作用，产生各种地表地下岩溶形态，进入的 CO_2 越多岩溶作用越强。反之，每当有较多的 CO_2 由该系统逸出时，就可能发生沉淀作用，CO_2 由该系统逸出越快，沉积作用也越快。具体地说，岩溶动力系统的四大功能中的通过岩溶作用由大气回收或释放 CO_2，调节大气温室气体浓度，缓解环境酸化和记录全球变化过程两个功能敏感的响应着外界环境的变化并记录包括降水量、温度、植被、地下水位、海平面升降和酸碱度变化等环境因子，为全球变化研究提供依据。

二、表层岩溶作用的碳循环

（一）表层岩溶作用碳循环概念

表层岩溶作用碳循环是由大气降水带动的岩溶作用所包含的碳循环。包括 3 个方面

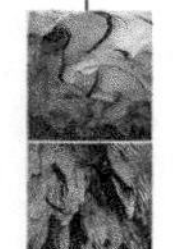

（由浅向深）。

1. 表层岩溶带（含土壤圈）

在地壳表层，大气圈、岩石圈、水圈、生物圈构成了地球表层系统。在上述圈层相互作用下，岩石圈的风化疏松层形成土壤。在碳酸盐岩环境中，地表包气带范围内岩石、水、植物、土壤及其上的大气则构成了表层带岩溶生态系统，它通过大气降水、表层泉、岩溶裂隙、洞穴滴水及化学沉积的相互作用关系而影响岩溶的发育和演进。势必通过水分吸持、土壤有机质保持、以 Ca 为代表的元素生物地球化学循环的生态系统过程而影响到岩溶作用的进行。表层岩溶作用受到土壤中 CO_2 气体、水分及土壤中 Ca^{2+}、HCO_3^-、H^+ 浓度的制约。表层岩溶带的碳循环过程是通过大气降水推动岩溶作用来进行的，降水吸收大气和土壤中的 CO_2 通过土壤孔隙和岩石裂隙溶隙进入到可溶岩推动岩溶作用进行，随着岩溶动力系统的运行驱动碳在不同圈层之间运移。

2. 岩溶水文系统

岩溶水文系统既是地球水圈的一部分，又是岩溶环境的一部分。岩溶水文系统受到可溶岩分布范围的制约，只占整个水圈的一小段，并构成一个小的系统。这个小的系统不但有水，而且还有大气、可溶岩、生物及岩溶形态，它们共同构成了一个岩溶环境系统。因此，岩溶水文系统实际上是水循环在岩溶地区的一个子系统。

来自非岩溶区的外源水进入岩溶水文系统之后，同岩溶系统中 3 种不同形式的水源汇合，即通过裸露可溶岩表面直接进入岩溶系统中的水，通过土壤层进入到岩溶系统中的水，以及洞穴凝结水。这 3 部分水汇合后经岩溶水文系统调节后又以不同的方式流出岩溶系统。岩溶水文系统运动时，通过化学溶蚀和机械侵蚀驱动岩溶作用发生，推动碳以不同形式在各圈层之间运移。

3. 海洋岩溶系统

海洋是一巨大生态系统，固态岩石中的碳酸盐岩在风化、侵蚀、溶蚀等作用下以溶液或胶体的形式进入到海洋系统中，再通过生物作用和化学作用伴随生物碎屑一起沉积。在一定深度范围内以沉积作用为主，海水中 CO_2 浓度随深度增加而升高以致在某一深度处溶蚀量和沉积量相等即碳酸盐补偿面（CCD），在这一深度以下以溶蚀作用为主。

（二）表层岩溶作用碳循环特征及科学问题

1. 特征

（1）复杂系统：涉及气候（降水、气温等），生物作用（光合作用、呼吸作用、降解作用等），地质条件，水动力条件等。

（2）开放系统：各种作用相互影响、制约，导致碳循环的强度、方向敏感地发生变化。

2. 科学问题

（1）表层岩溶作用碳循环的运动规律。表层岩溶作用的碳循环主要发生在表层岩溶动

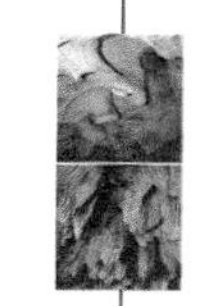

力系统中。在不同地质、气候、水文和生态等各种因素的差异中，表层岩溶作用碳循环有其独特性。也就是说，表层岩溶作用的碳循环运动规律除了受本身的运行机制等内部因素的制约外，还受外部环境因素的影响。因此，对表层岩溶作用碳循环的运动规律的研究不仅是为了了解和把握其发生和发展的规律，而且与各种环境和资源问题密切相关。

（2）对大气 CO_2 源汇的评估。从地球系统科学和岩溶动力学理论出发，岩溶作用是全球碳循环的重要部分，碳在大气圈、地表和地下水以及碳酸盐岩矿物之间进行积极的交换作用，所以岩溶作用可以成为 CO_2 的源和汇，即水溶液中碳酸的存在促进了碳酸盐岩的溶解，它固定着来自岩石和以 HCO_3^- 形式存在水中的溶解 CO_2 中的碳，碳酸盐矿物的沉积又伴随部分碳以 CO_2 形式逸出，后者常常是碳酸盐沉积的驱动力。在这一岩溶动力系统运行过程中，岩溶作用快速而敏感的响应着外界环境的变化，因此合理的评价岩溶作用对大气 CO_2 的源汇效应成为科学研究的前沿和热点问题。

（三）表层岩溶作用碳循环运动规律的观测研究

在全国各地不同环境与气候条件下布置监测网来研究表层岩溶作用碳循环运动规律对研究岩溶碳循环过程、影响因素及区域差异具有重要意义。在国家相关部委的支持下，以岩溶动力学为科学指导思想，在全国建立了定位观测站来监测岩溶水系统的 CO_2 变化。观测工作目前还在继续进行，并将进一步增加观测站，有的观测站已有 20 多年的观测资料，获得了很多重要发现。

（1）大气 CO_2 受地表形态的影响。研究结果如图 8-4 表明：大气 CO_2 浓度受地形影响大，在距地面 2m 高度内，逐步降低；洼地底 CO_2 浓度高（600～700ppm），洼地顶部垭口低（300ppm）。

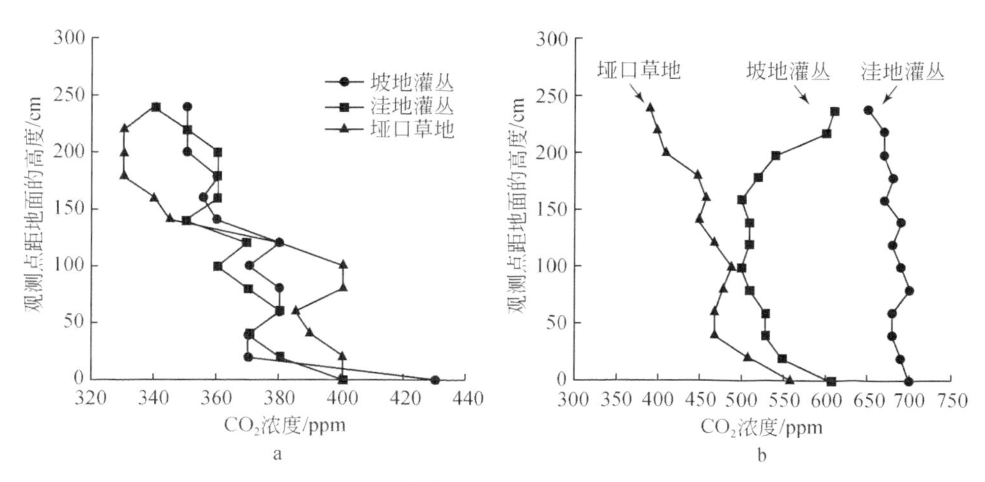

图 8-4　大气 CO_2 浓度受地形影响

（2）岩溶作用和岩溶速率都比较快。对不同地区的石灰岩溶蚀率结果及当年的降雨量的研究表明（表 8-1），溶蚀速率最快的马来西亚地区有 180mm/ka，溶蚀速率小的中国山西地区也有 10.7mm/ka，且研究中发现降雨量的大小与溶蚀速率直接相关，降雨量越大溶蚀速率也越快。同样的研究结果在对陕西鱼洞地下河的观测中也有所体现，夏季降雨量大，溶蚀速率快，冬季降雨量小，溶蚀速率慢（图 8-5）。

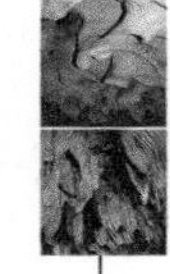

表 8-1　不同地区的石灰岩溶蚀率结果及当地年降水量

地点	降水/(mm/a)	溶蚀量/(mm/ka)
马来西亚	5000	180
马达加斯加	1800	130
南斯拉夫	3400	31
法国 ALPAS	850	20
南斯拉夫	3400	31
山西	400	10.7
宜昌	1200	84.9
桂林	1900	40（空中）
		80（土下）

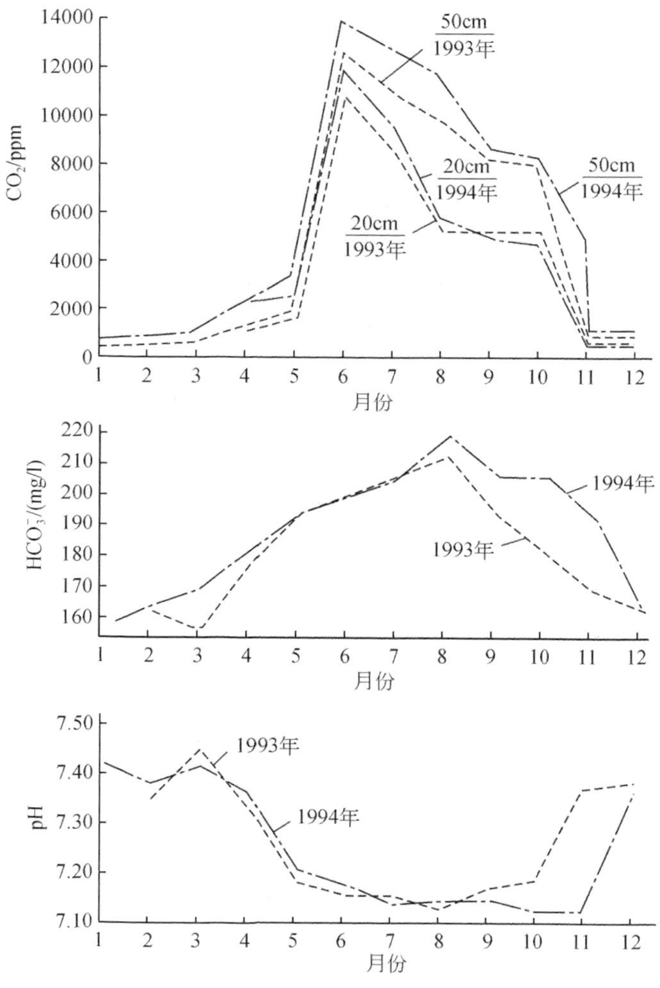

图 8-5　陕西渔洞地下河的水文动态季节性变化观测

（3）土下 CO_2 浓度与溶蚀率观测。图 8-6 为土下 CO_2 分层浓度变化曲线，土下 CO_2 浓度先增高后降低，在土下 100cm 左右达到最大值。通过溶蚀实验研究（图 8-7）发现，土

下 CO_2浓度增加一个数量级，溶蚀速率也增加一倍。

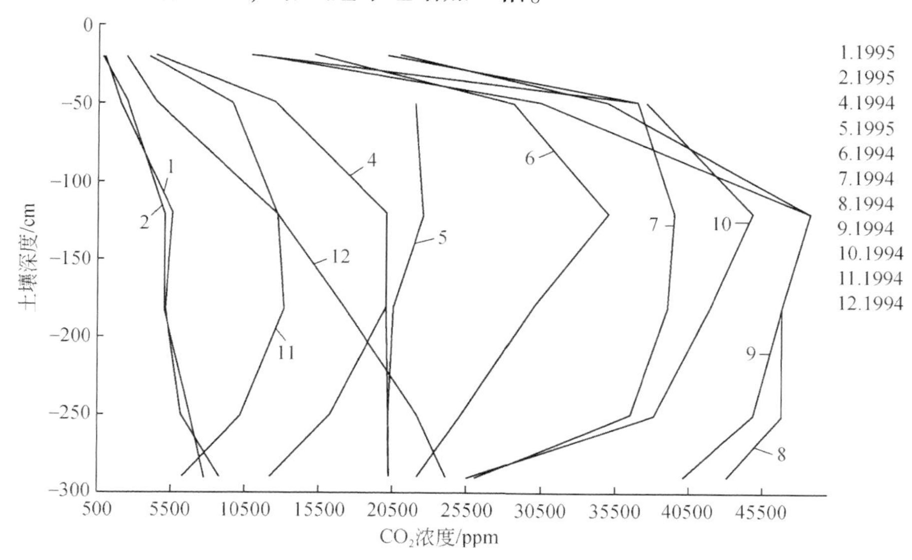

图 8-6　土下 CO_2 分层浓度变化曲线图

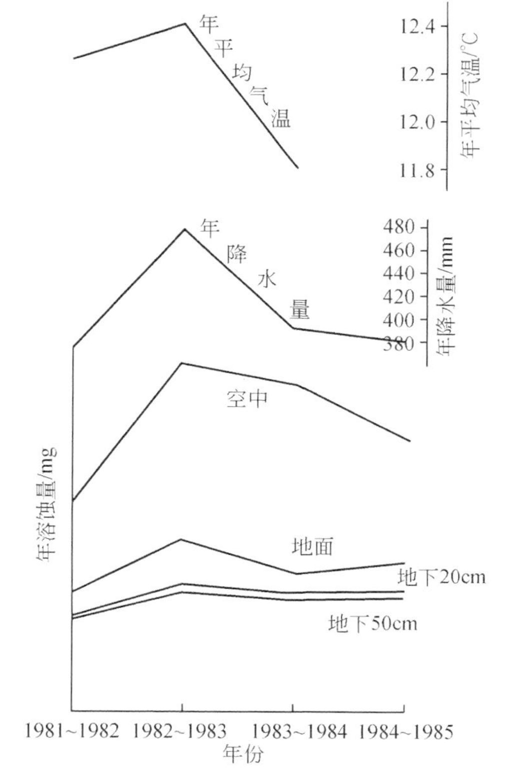

图 8-7　土下 CO_2 分层浓度变化与溶蚀率变化曲线图

（4）CO_2浓度对环境变化（降水）反应灵敏而且复杂，通过对 2002 年 8 月 6 日和 8 月 7 日对桂林试验场降雨后钻孔水中水化学变化可以看出（图 8-8），降雨对钻孔中水文信

息影响比较大。一场强降雨会直接导致 pH 下降，电导率增大。水中 CO_2分压（P_{CO_2}），方解石饱和指数（SIc）却下降。待停雨后，各水化学指标又恢复到以往的水平。

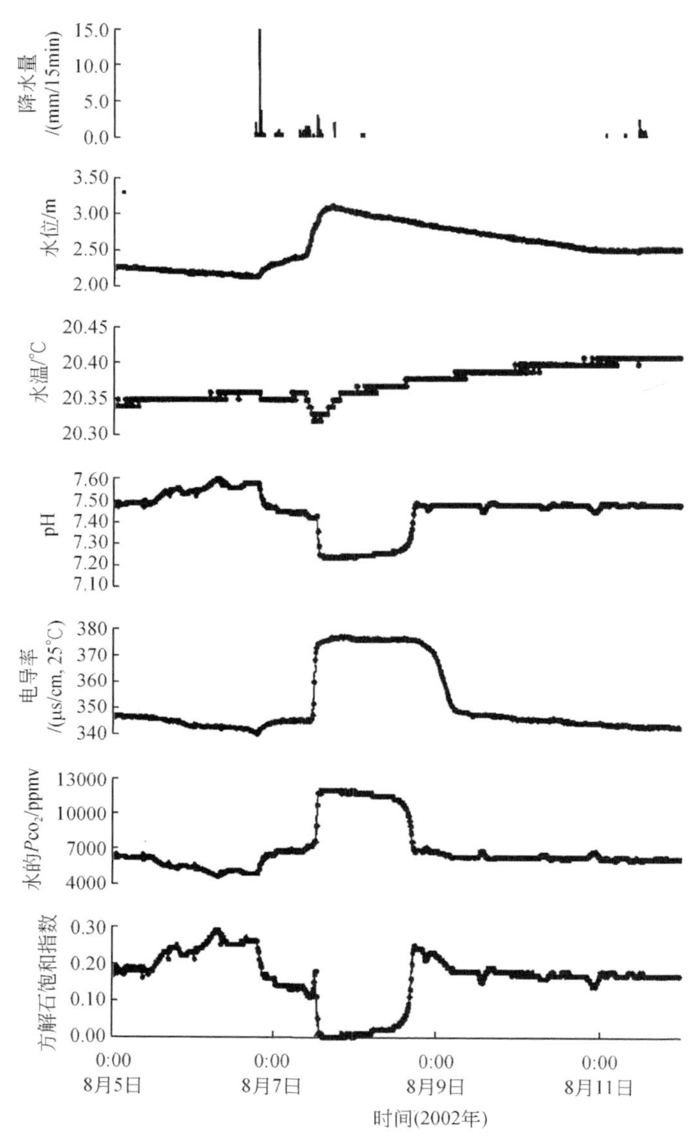

图 8-8　2002 年 8 月 6 ~ 7 日桂林试验场一场 60mm 降雨后 1 号钻孔水化学变化曲线图

CO_2浓度对环境变化的敏感性和复杂性还体现在对水动力和光合作用的敏感度上。如图 8-9 所示，水从坡顶到坡底水动力条件改变导致 CO_2的逸出，pH 升高，形成钙华沉积。水生植物的生理作用也影响到岩溶水的 CO_2浓度变化，如云南白水台的观测发现 10 号钙华水池在白天温度较高时水中的 CO_2大量逸出并通过水下水生植物的光合作用加速了水中碳酸钙的沉积，6 号钙华水池水生植物生长茂盛，其叶片和部分枝干露出水面，因而光合作用吸收 CO_2主要发生在空中，所以此处水化学表现为白天 pH 降低和电导率升高的反常现象，即由温度主导的根呼吸作用，在白天释放更多的 CO_2进入水体而使沉积下来的碳酸钙重新溶解（图 8-10）。

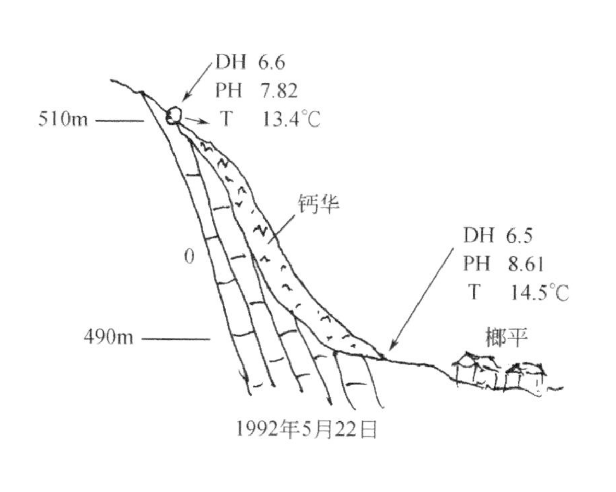

图 8-9　湖北长阳榔平钙华及水化学变化

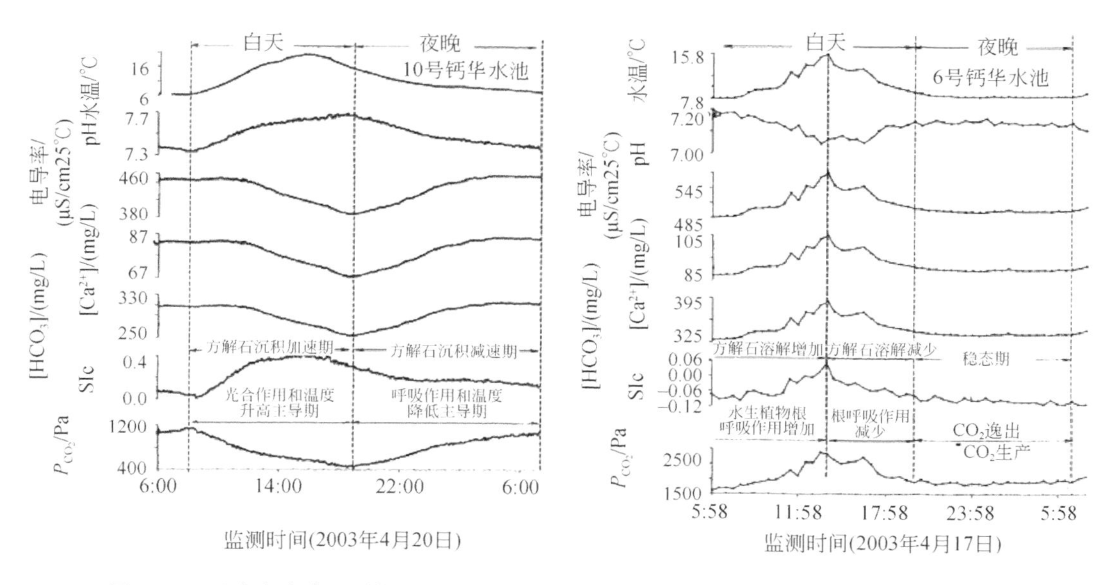

图 8-10　云南白水台 10 号（左）和 6 号（右）钙华水池水化学变化（刘再华，2005）

（5）水化学变化对于降雨的响应在一个岩溶水文系统的不同部位存在着时间差和不同的反应特征。如图 8-11 所示，桂林试验场 S31 泉（岩溶管道水）和 CF1 钻孔（岩溶裂隙水）对一场降雨的响应不同。CF1 钻孔在洪水期间 pH 呈降低趋势，而电导率呈升高的不寻常变化，P_{CO_2}高于正常情况，而它的 SIc 值比正常情况低。与此相反，对于 S31 泉，同样是在洪水期间，它的 pH 是升高的，而电导率呈正常的降低，其 SIc 降低，但 P_{CO_2}也降低。

岩溶动力系统对环境变化的敏感性使得我们不管是进行野外观测实验，还是进行适当的室内实验模拟和相关地球化学指标的测定，都离不开高分辨率实验仪器在表层岩溶动力系统碳循环运动规律观测研究中的应用。如桂林岩溶实验场的自动监测装置包括多参数水质自动记录仪（照片 8-1）、小型野外气象站、土壤 CO_2监测装置（照片 8-2）等，并建立完善的水文监测站。在常规的野外调查中，需要利用便携式仪器现场测量 pH、电导率、温度、HCO_3^-、Ca^{2+}等指标，这对于认识岩溶动力系统的运行过程相当重要。

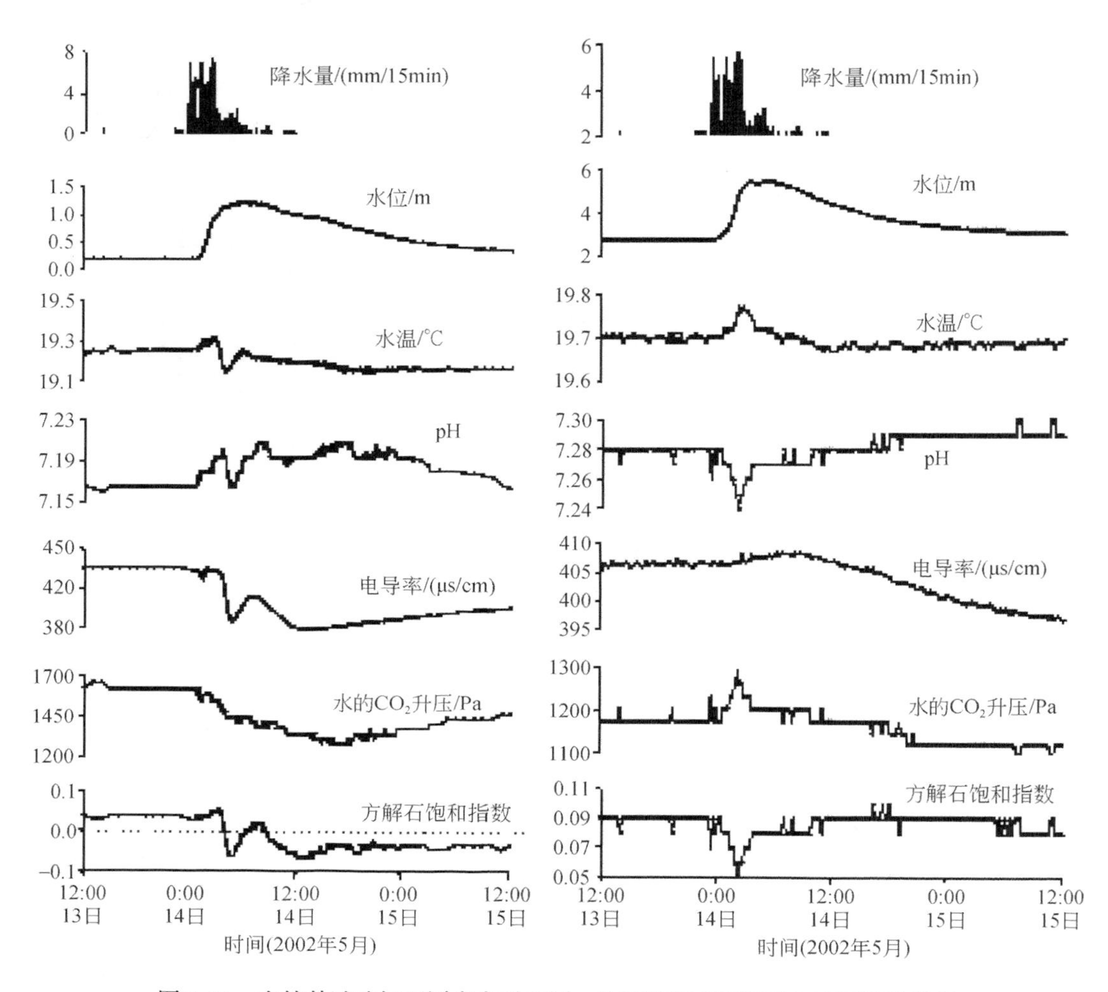

图 8-11　在桂林试验场不同泉点对于同一次降雨存在时间差和不同反映特征

左：S31 号泉；右为 CF1 钻孔（刘再华，2003）

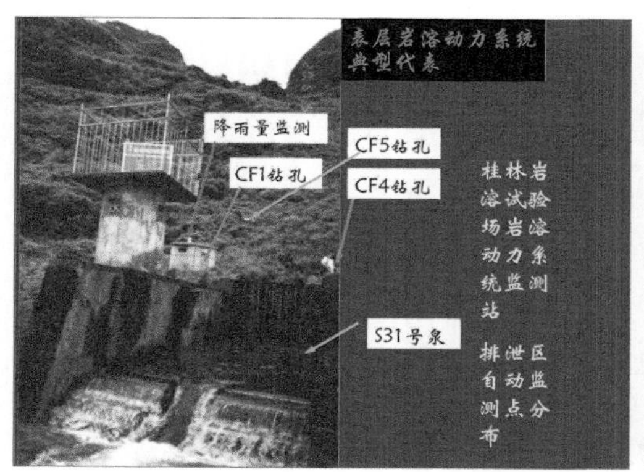

照片 8-1　自动监测仪器野外安装情况

照片 8-2　土壤 CO_2 监测

（四）表层岩溶作用回收大气 CO_2（汇）的计算

1. 石灰岩溶蚀试片法

$$A = F \times S \times C \times M_{CO_2}/M_{CaCO_3} \tag{8-1}$$

式中，F—试片单位面积溶蚀量（$g/cm^2 \cdot a$）；S—碳酸盐岩出露面积（km^2）；C—岩石试片中碳酸盐岩的纯度（%，标准试片为0.97）；M_{CO_2}、M_{CaCO_3}—分别为 CO_2 和 $CaCO_3$ 的摩尔质量。

2. 水化学方法

$$F = 1/2[HCO_3^-] \times Q \times M_{CO_2}/M_{HCO_3^-} \tag{8-2}$$

式中，Q 为岩溶地下水径流量（L/s）；$[HCO_3^-]$ 为岩溶水中 HCO_3^- 离子含量（mg/L）；M_{CO_2}、$M^-_{HCO_3}$ 为摩尔质量。

3. 扩散边界层理论计算方法

$$R = \alpha(C_{eg} - C) \tag{8-3}$$

式中，C_{eg} 为方解石溶解到达平衡的 Ca 浓度；C 为溶液中的 Ca 浓度；α 为速率系数，与温度 T、CO_2 分压（Pco_2）、DBL 厚度 ε 和矿物表面水层厚度 δ 有关。

4. 监测点上的溶蚀率（CO_2汇）向面上的转换

监测点上的溶蚀率（CO_2汇）向面上的转换一般按照如下程序进行：

（1）提出影响溶蚀率的最关键的面上因子：岩性（地质）、降水（气候）、植被（生物）；选择全国可溶岩分布图；降水量分布图以及植被分布图；

（2）运用 GIS 技术，根据以上因子对全国岩溶地区进行溶蚀率分区；

（3）计算各点的溶蚀量和碳汇（表 8-2）；

（4）计算各区的溶蚀量和碳汇（表 8-3）；

（5）计算全国、全球的溶蚀量和碳汇量（表 8-3）。

表 8-2　各点大气 CO_2 汇的计算结果

监测点	代表面积 / km^2	岩溶面积 / km^2	溶蚀速率 / （$Mg/cm^2 \cdot a$）	CO_2汇 / （$10^{10}g/a$）	单位面积汇 / （$10^5 g/a \cdot km^2$）
格尔木	4211951.5	1449547.79	0.018938	11.71632	0.808274
伊春	556023.08	11519.309	5.530867	27.19218	236.0574
长春	380320.32	4715.093	2.631131	5.294892	112.2967
沈阳	100498.48	31794.626	0.1833	2.487371	7.823244
北京	361422.5	160662.739	0.447254	30.66859	19.0888
彬县	431587.08	291499.289	0.614856	76.4954	26.24205
济南	231763.68	179980.888	0.642317	49.34012	27.41409
镇安	611106.03	433451.474	0.14009	25.91624	5.979041

监测点	代表面积 / km^2	岩溶面积 / km^2	溶蚀速率 / ($Mg/cm^2 \cdot a$)	CO_2汇 / ($10^{10}g/a$)	单位面积汇 / ($10^5 g/a \cdot km^2$)
黄龙	811437.14	316061.054	3.399343	458.5539	145.084
杭州	447704.96	182186.536	1.1168	86.83926	47.66502
贵阳	185898.68	142085.356	1.682333	102.0201	71.80197
广州	458674.93	62278.348	2.110965	56.11029	90.09599
柳州	183588.99	21969.088	1.022972	9.591802	43.66044
弄拉	89416.14	52248.891	2.016603	44.9699	86.06862
昆明	450401.67	225396.431	3.058185	294.1949	130.5233
桂林	71042.68	45040.999	6.41733	123.3635	273.8916
荔波	9796.41	9430.186	2.473193	9.954116	105.5559
环江	9192.98	8885.017	2.233747	8.470648	95.33632
合计	9601827.2	3628753.12		1423.18	

表 8-3 表层岩溶作用的大气 CO_2 碳汇（t/a）

地区	溶蚀法	水化学法
南方岩溶区	948.9 万	1400 万
全国岩溶区	1176 万	1774 万
全球	6.08 亿	

（五）存在问题

各国同行对全球表层岩溶系统碳循环 CO_2 汇的估算结果为：6.08 亿 t/a（Yuan，1997）；2.2 亿 t/a（Kazuhisa，1996）；3.02 亿 t/a（Gombert，1999）。这些结果约占遗漏汇的“missing sink”的 20%~40%。不同学者之间计算结果虽然存在较大的差异，但都在一个数量级，表明表层岩溶作用对全球循环的影响不可忽略。这些差异的存在可能是由于对表层系统碳循环的规律掌握不够、观测数据不足、碳汇估算较粗略等原因导致的。下一步需要改善监测的技术手段，提高监测密度和精度。以便更好地掌握其规律，并在此基础上作新的估算。

三、深部 CO_2 脱气（钙华沉淀）相关的碳源

（一）深部 CO_2 脱气现象的发现

通过对与活动断裂有关的岩溶作用的研究，发现一些物质（特别是 CO_2）的来源具有与上述表层岩溶作用不同的特点，主要差别在于：释放的其他组分及其同位素特征差别大；分布的形式主要表现为点（带）状集中释放；气体和化学组分浓度大，通常为表层岩溶作用的数倍到数十倍。这些差别一方面反映了物质来源途径的不同；另一方面说明驱动岩溶作用的动力系统也不同。因此，我们在研究表层岩溶动力系统碳循环的基础上也研究了深部岩溶动力系统碳循环。

1. 四川黄龙

黄龙沟的基本情况在第六章已有介绍，这里不再重复。黄龙地热泉（转花池）由深部封闭系统溢出后，随CO_2脱气过程的进行沿沟产生钙华沉积（图8-12）。刘再华等的研究指出钙华沉积的地表溪流水化学特征基本上受到两种水混合的制约，即断层泉水和山区的融雪（冰）水。泉水中含有高浓度的经由断层提供的CO_2，结果高浓度的溶解CO_2使得其溶解的碳酸盐岩比普通的岩溶泉溶解的碳酸盐岩高得多，同时也导致硅酸盐岩的溶解。黄龙沟中上游的泉水相对于方解石接近于饱和。溶解无机碳（DIC）的浓度和它们的$\delta^{13}C$值可能是由$C=0.02$ mol/L，$\delta^{13}C=-3‰$的CO_2（aq）与含有$\delta^{13}C=+3‰$的碳酸盐岩在封闭系统条件下反应的结果。估计这些CO_2中约有70 %来自上地幔。所有泉水的水化学数据均落在高岭石稳定域内，但对钠长石和钙长石具有侵蚀性。由于这些长石矿物的溶解速率太慢，所以水中的化学成分远离长石稳定域。地表溪流的DIC种类之间达到同位素平衡，在不同观测点发现的$\delta^{13}C_{DIC}$变化主要是由于从水中释放出的CO_2浓度不同引起的。水样的$\delta^{18}O$值与其采集点的海拔高度之间存在线性关系；研究区的地表溪流的氧同位素组成受到蒸发的制约。在流经钙华沉积物的地表溪流中白天和夜晚的水化学及pH的日变化表明生物作用促进了碳酸盐的沉积，尽管作用不显著。据估计研究区碳酸钙的日沉积速率是4778 kg/km^2，即约1mm/a。

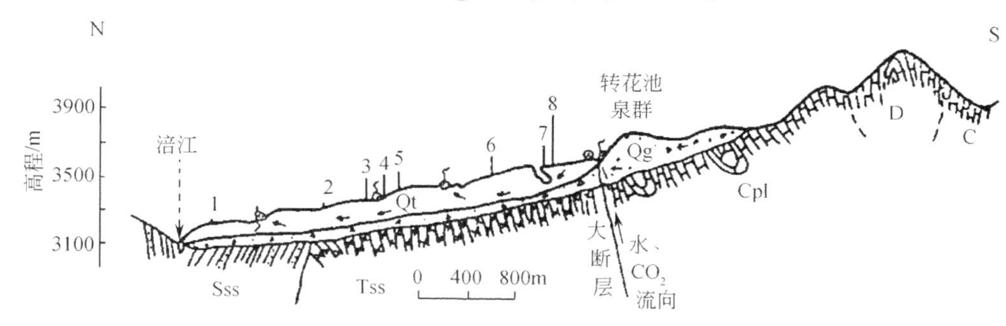

1.钙华景观边界；2.边石坝和钙华池；3.滩华；4.泉；5.钙华洞；6.断层；
7.游览路线；8.试验观测点及编号
Qt/Qg 第四系钙华/冰碛砂及砾石；Tss 三叠系凝灰质砂岩、板岩和千枚岩；Cpl 石炭—二叠系灰岩；
D 泥盆系板岩夹灰岩；Sss 志留系硅质板岩夹砂岩

图8-12　黄龙沟地质剖面图及采用分析点平面图（含野外试验观测点1～9）

2. 西藏那曲—亚东裂谷带

那曲—亚东裂谷带是属于拉萨地体内的断裂裂谷，该裂谷带由南至北跨越了喜马拉雅、藏南拆离系、特提斯喜马拉雅、印度河—雅鲁藏布缝合带、南冈底斯、噶尔—隆格尔—扎日南木错—措麦断裂带、沙莫勒—麦拉—洛巴堆—米拉山断裂、中冈底斯、狮泉河—拉果错—永珠—纳木错—嘉黎断裂带、北冈底斯、班公错—怒江缝合带（BNS）。根据赵文津及INDEPTH工作组（2004，2001）、肖序常（2000）等对西藏进行的综合地质地球物理调查结果表明：在青藏高原以东西向展布的各大缝合带活动的同时，在统一构造应力场作用下，使地壳增厚并同时上拱造成SN向的板内断裂或裂谷带的活动。因此形成了类似那曲—亚东裂谷带内的水热活动强烈区域（侯增谦，2004；李振清，2005）。

那曲—亚东裂谷带的水热显示类型多样，包括水热爆炸、间歇喷泉、高温沸泉、热泉、温泉、冒汽地面等，以及热水活动的产物——泉华（照片8-3）和水热蚀变岩等。例如岗巴的水热爆炸，谷露的间歇喷泉，高温沸泉如羊八井（图8-13，照片8-4），宁中喷泉等。

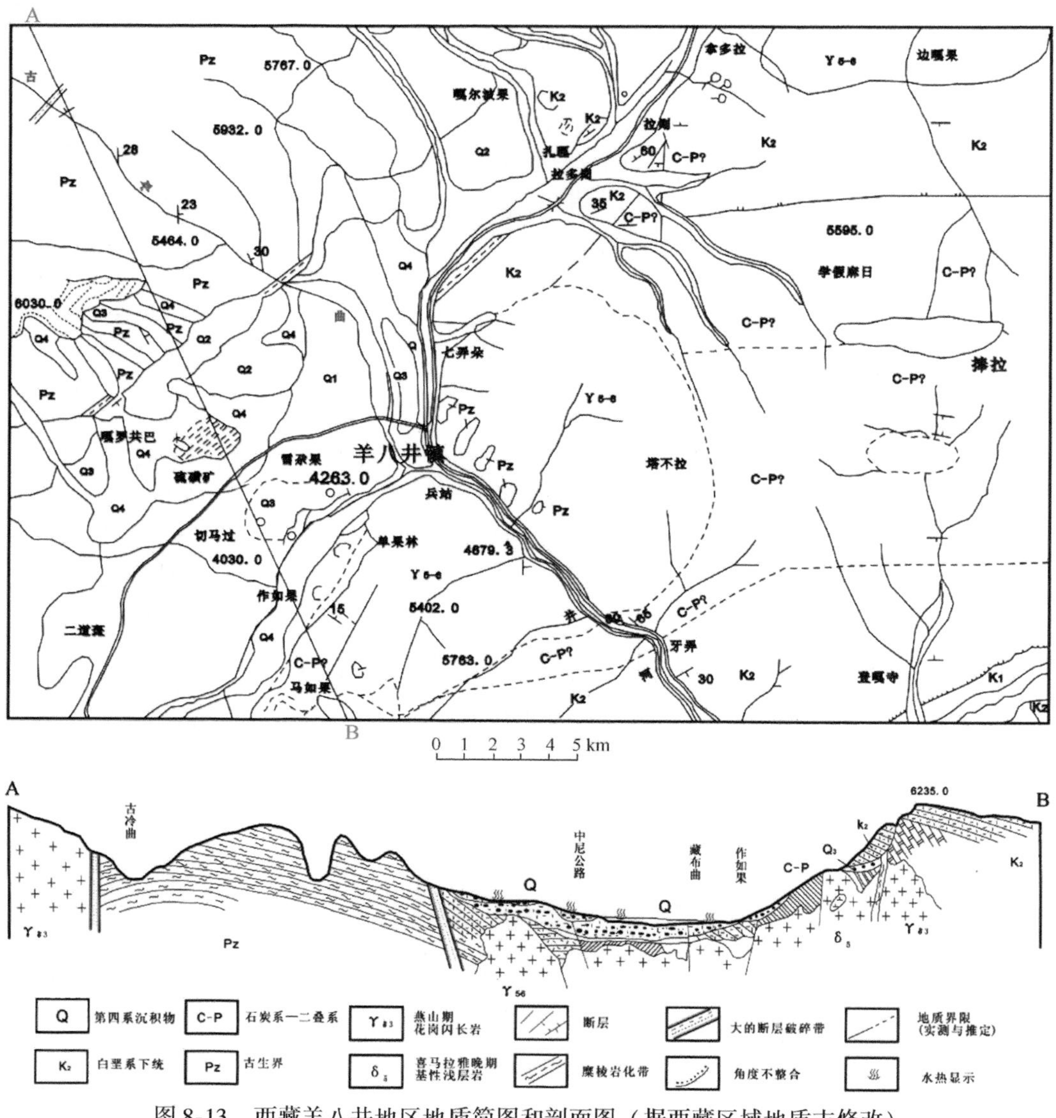

图8-13　西藏羊八井地区地质简图和剖面图（据西藏区域地质志修改）

那曲—亚东断裂带是指藏中及藏北的那曲部分，并包含藏南东的部分温泉，沿该断裂带分布的温泉 CO_2 的碳稳定同位素组成分析：$\delta^{13}C_{CO_2}$ PDB 值集中在−9.8‰～0.35‰，虽然在羊八井区域范围内有的钻孔样品 CO_2 的 $\delta^{13}C<-15‰$，但主要碳同位素组成仍然在幔源范围内（$\delta^{13}C_{CO_2}$ PDB 平均值为−5.06‰），并由此计算出在该断裂带上幔源 CO_2 约占75.59%。

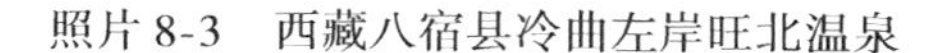

照片 8-3　西藏八宿县冷曲左岸旺北温泉

照片 8-4　西藏羊八井 CO_2 释放

（二）深部 CO_2 脱气的释放类型及分布

1. 中国主要活动断裂带与 CO_2 释放

我国共有 28 条主要活动断裂带，存在大量 CO_2 释放点，主要分布在我国西南碳酸盐岩地区，CO_2 释放的同时往往伴有大量钙华沉积，如黄龙、九寨等地。通过同位素示踪等分析方法归纳得到，深部 CO_2 释放有三种形式。一是断裂位于碳酸盐岩地区，CO_2 释放后留下大量沉积物，如钙华等，主要有云南中甸地热活动区、四川黄龙九寨区等，这些区域为现代地震活动区域；第二种是断裂带位于以硅酸盐矿物为主的地区，有大量的气体释放，伴随着地热（热气、热水）及其他化学物质释放，但没有或很少有沉积物在地表沉积，如云南腾冲地热；第三种是断裂带上有很厚的覆盖层，释放的 CO_2 又被储藏在气田中。

2. 全球板块构造与 CO_2 释放

在板块构造中，板块间相互作用并围绕着一个旋转扩张轴活动，且以水平运动占主导地位，可以发生几千公里的大规模水平位移；在漂移过程中，板块或拉张裂开，或碰撞压缩焊接，或平移错位，促使深部 CO_2 得以释放，伴随着大量钙华的沉积，所以钙华沉积点的分布主要位于板块分界线上。例如处于特提斯构造带的意大利就有 43 处大型钙化沉积点，土耳其有 25 处，其中帕木克钙华梯田还是世界自然遗产。

（三）深部 CO_2 来源研究

深部 CO_2 的来源的同位素指标：泉水中 $\delta^{13}C > -8‰$（PDB）表明其 CO_2 幔源；泉水的 $R\ (^3He/^4He) < Ra$（大气 $^3He/^4He$）时，表明碳酸盐岩变质产生；泉水的 $\delta^{13}C$（‰）

（PDB）在-4‰～-11‰说明其 CO_2 来源于地幔（Craig，1953）。

目前，对不同地热系统的 CO_2 来源已经有了较多的研究（刘再华等，1997；Wang et al.，1996；上官志冠等，1993，1997；Craig，1953；Faure，1977），主要是用碳稳定同位素方法。已有研究表明（Craig，1953；Faure，1977），土壤生物成因的 CO_2 的 $\delta^{13}C$ =-25‰（变化范围-22‰～-27‰），大气 CO_2 的 $\delta^{13}C$=-7‰，地幔成因 CO_2 的 $\delta^{13}C$ =-4‰～-11‰，石灰岩变质成因 CO_2 的 $\delta^{13}C$ =±25‰。根据表 8-4 和表 8-5 中黄龙沟、康定和云南白水台系统的 P_{CO_2} 及其碳稳定同位素特征分析，并联系系统出露的地质构造条件可知，系统的 CO_2 主要为地幔成因 CO_2 与石灰岩变质成因 CO_2 的混合物。业已测得三地区灰岩的 $\delta^{13}C$ 平均为 3.0‰，假定其高温分解完全，则形成的 CO_2 的 $\delta^{13}C$ 应为 3.0‰左右（Faure，1977）。此外，云南腾冲火山地区没有灰岩的影响，因此，其产出的 CO_2 可认为是深部纯岩浆起源的（刘再华等，1997），此种 CO_2 的 $\delta^{13}C_{岩浆}$=-9.78‰。又设各地区释放 CO_2 中灰岩分解起源的 CO_2 占 x%，则岩浆起源的 CO_2 占（100-x）%，由同位素质量守恒可得：

$$x \cdot \delta^{13}C_{灰岩} + (100 - x)\,\delta^{13}C_{岩浆} = 100 \cdot \delta^{13}C_{CO_2气} \quad (8\text{-}4)$$

据此由黄龙、康定和中甸下给三系统 CO_2 气体的碳同位素值（表 8-4）可对各泉 CO_2 气体的来源作出定量评价，结果如表 8-5 所示。

表 8-4　黄龙沟、康定和中甸下给地热系统的碳稳定同位素特征（‰，PDB）

区域		$\delta^{13}C_{(CO_2气)}$	$\delta^{13}C_{(溶解碳)}$	$\delta^{13}C_{(钙华)}$
四川黄龙沟	转花池泉	-6.8	2.7	*
	8 号观测点		2.7	4.1
四川康定	灌顶泉	-4.2	-1.6	0.9
	龙头沟泉	-4.6	-2.1	2
	折多塘泉	未取样	-4.9	未取样
	游泳池泉	未取样	未取样	6.9
	二道桥泉	-2.8	-0.3	未取样
云南中甸下给	3 号泉	-1.4	0.9	4.8
	6 号泉	-1.4	0.3	*

*泉口无钙华沉积

表 8-5　黄龙、康定和中甸下给三系统 CO_2 来源评价表

泉名	黄龙转花池泉	康定灌顶泉	龙头沟泉	二道桥泉	中甸下给 3 号泉	中甸下给 6 号泉
变质 CO_2 百分比/%	23	44	41	55	66	66
幔源 CO_2 百分比/%	77	56	59	45	34	34

由表 8-5 可知，云南中甸下给地热系统和康定第一类地热系统的 CO_2 主要来源于地层中石灰岩变质产生的 CO_2，而黄龙系统和康定第二类地热系统的 CO_2 主要来源于地幔成因的 CO_2。

综合上面的分析可以得出以下结论：

（1）地热 CO_2-H_2O-$CaCO_3$ 系统的水文地球化学特征表现为高 P_{CO_2}、富含 HCO_3^- 和 Ca^{2+}，水化学类型以 HCO_3（Cl）-Ca（Na）为主。地表钙华沉积丰富。

（2）地热 $CO_2-H_2O-CaCO_3$ 系统的碳稳定同位素特征表现为富集 ^{13}C。

（3）地热 $CO_2-H_2O-CaCO_3$ 系统的 CO_2 来源于石灰岩变质 CO_2 与幔源 CO_2 的混合。

（四）深部 CO_2 释放量的估算

1. 点上 CO_2 释放量估算过程

深部热水出露地表后，从封闭系统转为开放系统，由于压力的降低，一部分游离 CO_2 将直接排向大气，这部分 CO_2 量的估算主要是运用红外 CO_2 仪直接测定释放点 CO_2 浓度；另外，已经达到 $CaCO_3$ 过饱和状态的热水，将产生脱碳酸作用，使得 $CaCO_3$ 沉淀，并释放出 CO_2 气体。

$$Ca^{2+} + 2HCO_3^- \rightarrow CaCO_3 \downarrow + H_2O + CO_2 \uparrow$$

在达到溶解平衡的条件下，2mol 的 HCO_3^- 既有 1mol 的 CO_2 气体释放出来。这部分 CO_2 的量可以通过从泉口开始，按照一定间距分别现场测试 HCO_3^-、CO_3^{2-} 和游离 CO_2 含量的变化，直到达到相对稳定状态。累计 HCO_3^-、CO_3^{2-} 和游离 CO_2 减少总量并根据上述方程式计算释放的 CO_2 气体含量。或者也可以根据泉口附近钙华 U-系测年结果来推算伴生钙华沉积速率，并运用上述方程式进行相关计算，例如罗马附近通过钙华厚度/年龄估算深部 CO_2 释放量（图 8-14），估算结果为：240 亿/20 万 = 12 万 t/a。

由此可见，热水中 CO_2 的释放一部分从水溶态变为气态直接进入大气圈，而另一部分来不及释放仍然呈水溶状态随着热水进入水圈，而释放量的多少与周围的环境息息相关。

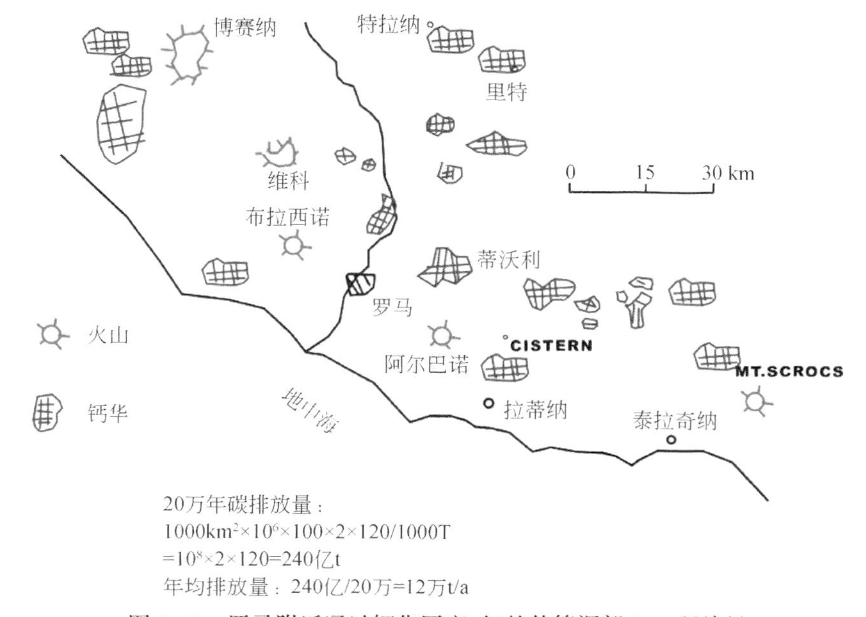

图 8-14　罗马附近通过钙华厚度/年龄估算深部 CO_2 释放量

2. 面上 CO_2 释放量

面上 CO_2 释放量的计算主要采取构造分析同 CO_2 释放量对比的办法。由于人力物力以

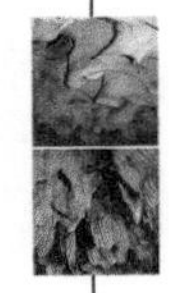

及条件的局限性，无法对所有泉点进行系统的分析，根据地质构造以及 CO_2 来源等选择具有代表性的泉点进行分析，进而反映整个构造带或者区域的 CO_2 释放量。为了更好的研究面上 CO_2 的释放量，本书采用《碳循环与岩溶地质环境》一书中提到的网格浓度法，结合伴生石英的液包体的 CO_2 浓度作为推算释放量的基础，用水化学方法估算我国西南部分地区 CO_2 释放量总计：36.72 万 t/a，其中西藏 26.8 万 t/a，滇西 6.17 万 t/a，川西 3.75 万 t/a。而 Kerrick（1994）估算结果为 1000 亿 ~ 10000 亿 mol/a（相当于 120 万 ~ 1200 万 t/a）。

复习思考题

1. 什么是碳循环？它对人类的生存和发展有什么重要意义？
2. 当前碳循环的研究有哪些主要科学问题？什么是“碳源”？什么是“碳汇”？
3. 岩溶地区碳循环有何特征？它的复杂性表现在哪些方面？
4. 如何掌握岩溶地区碳循环不同环节的转换，作出定量评估？
5. 在全球碳循环研究的过程中还存在什么问题？什么是“遗失的碳汇”？形成“遗失碳汇”的原因是什么？
6. 伴随碳循环发生的地质作用有哪些？近年来各国对与地质作用有关碳循环的研究热点是什么？
7. 什么是表层岩溶作用？各有什么特征？

第九章 过去全球变化的岩溶记录

由于人类活动对地球系统的影响迅速扩大，经济发展和人口膨胀带来的需求空前增长，造成臭氧层破坏、大气 CO_2浓度上升、全球变暖、土地退化、物种灭绝和资源匮乏等一系列重大全球性环境问题，人类与其赖以生存发展的自然环境之间的矛盾日趋尖锐，构成了生产力发展的障碍。地球环境的日趋恶化是科学界面临的严峻挑战，针对这些全球性的环境问题国内外学者提出了全球变化研究这一重大科学课题。通过预测全球变化及其对人类生存环境的影响，提高对全球变化规律的了解和未来变化趋向的认识，回答全球变化的成因、现在是如何运行的、未来会出现怎样的变化等问题，为解决人类社会面临的巨大环境压力和挑战提供科学与技术支持（NSFC，2009）。

人类很早就注意到气候–环境的变化（张兰生，2000），齐诺弗尼斯早在公元前614 年就提出海陆变迁的思想。对全球变化的研究可以追溯到 19 世纪初，受科学发展水平、研究方法和技术手段的制约，早期的全球变化研究主要是依据地质历史时期所形成的残余信息推断过去环境变化的历史，但对导致全球变化的过程很少涉及，有关成因机制的解释多带有假说性质。随着地质学的发展，先后建立了一系列研究原理和方法论为使用地质记录研究古环境奠定了理论基础：莱尔发展和完善的均变论，为地质学及过去全球变化研究提供了最基本的原则；格雷斯利提出相关的概念在环境状态与状态产物之间建立起联系。在这一时期，阿加西斯用大冰期理论首次把冰川的进退与全球性的气候变化及生物变化有机地联系起来，并说明了地球上气候变化的程度；彭克等提出的四次冰期模式，证明全球性气候变化的发生具有多期次性。

在全球变化的成因方面，米兰科维奇从天文因素的角度出发对冰期的形成予以解释（张兰生，2000）。第二次世界大战以后，随着放射性同位素、稳定同位素以及钻探技术应用于全球变化研究，解决了绝对年代测定、连续沉积序列的获取等一系列问题，全球变化研究取得了一系列革命性的重大发现（黄春长，2000）。

第一节 地球系统

一、地球系统

地球系统及其各圈层都是复杂系统（图 9-1），全球变化研究采用以系统论为指导的整体研究方法（任振球，2002），对地球环境系统进行多学科综合研究，是国际多学科综合研究的前沿领域。研究对象为作用于地球环境系统内部的物理的、化学的和生物的过程及其环境效应（安芷生，2001）。

全球变化研究由以下4个国际科学研究计划组成：世界气候研究计划（World Climate Research Programmer，WCRP）、国际地圈生物圈计划（International Geosphere and Biosphere Programme，IGBP）、全球环境变化人文因素计划（International Human Dimension of Global Environmental Change Programme，IHDP）和生物多样性计划（DIVERSITAS）（黄秉维，2000）。世界气候研究计划（WCRP）于1979年启动，它取代了原来的全球大气研究计划。WRCP的主要研究内容为探索气候变化的原因、机制，预测气候变化及其环境效应、人类活动对气候变化的影响，包括对全球大气、海洋、海冰与陆冰及陆面的研究。国际地圈生物圈计划是1986年国际科学联合会（ICSU）在国际人与生物圈计划（MAB）基础上开始组织的，共包括7个核心计划和2个技术支撑计划：国际全球大气化学计划（IGAC），全球海洋通量联合研究计划（JGOFS），过去的全球变化计划（PAGES），全球变化与陆地生态系统（GCTE），水循环的生物圈方面（BAHCS），海岸带陆-海相互作用（LOICZ），全球分析、解释和建模（GAIM），以及数据信息系统（DIS）和全球变化的分析、研究和培训系统（START）。

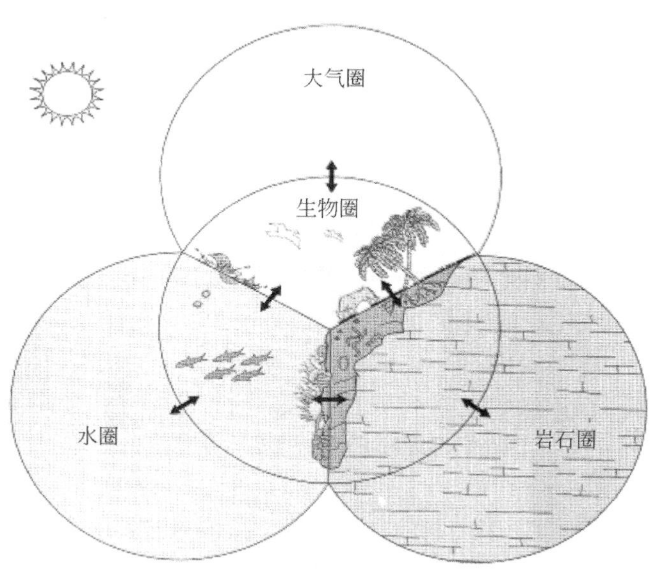

图9-1　岩石圈、水圈、大气圈、生物圈相互作用的系统（Christensen，1991）

二、地球系统中影响气候（大气运动）的边界

1. 太阳活动

在研究气候与太阳关系的国际文献中，所谓“太阳活动”（solar activity）是指用太阳黑子数、太阳黑子周期长度等指标表征的太阳活动总体水平状况。所谓“太阳变化”（solar variability）主要是指太阳总辐射量的变化、不同波段辐射的变化、太阳风磁场的变化等。“太阳活动”也常与“太阳变化”通用，指那些表征太阳是一个变化的星球的地球

物理过程及其影响（洪业汤，2000）。

Eddy（1977）在过去7500年中识别出18次明显的太阳活动强弱变化，通过与全球冰川进退的比较，指出每当较长期太阳活动减弱，地表气温就下降，全球冰川就扩展；反之，每当较长期的太阳活动增强，气温就上升，全球冰川就退缩，他推测这种明显的相关性可能是由于太阳辐射变化的结果。有关太阳变化与气候变化关系的认识，目前大致分为三类：①一些研究似乎认为太阳变化能解释自1860年以来几乎所有的气候变化；②一些研究则完全忽视太阳变化的贡献；③也有一些研究认为，在不同时间尺度上，太阳变化的影响可能有不同（洪业汤，2000）。图9-2所示为贵州董歌洞石笋氧同位素与树轮^{14}C浓度的变化对比记录了全新世太阳活动变化（Wang et al.，2005）。

太阳变化及其对地球环境的影响，是一个重大基础科学问题，是一个真正多学科交叉的重大科学问题，中国科学界应当在这一重大科学前沿领域作出自己的贡献（洪业汤，2000）。

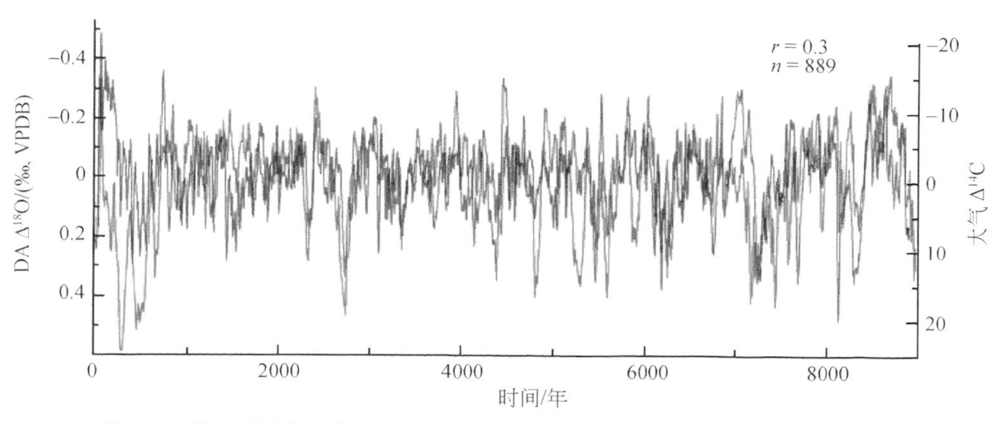

图9-2　贵州董歌洞石笋记录的全新世太阳活动变化（据Wang et al.，2005）

2. 温室气体和气溶胶

在过去300年中，世界人口从6亿增长到60多亿，超过了10倍，城市人口也增加了10多倍；大气中CO_2浓度增加了30%（图9-3），CH_4增加了1倍以上，硫化物的排放量达到16万t/a，超过了自然排放总和的2倍；人为生成的氟利昂类制冷剂导致了臭氧洞的生成；陆地表面有30%～50%已经被人类所改变，热带雨林中物种消失的速度增长达几千倍之多，沿海的海洋生物也已经被掠夺了25%～35%，人类正在改变地球面貌已经成为不争的事实（安芷生，2001）。据估计，近百年来由于各种人类活动而注入大气中的CO_2约30亿t/a，而且排放速度在逐年增长。除CO_2外，大气中增长最快的温室气体还有CH_4和N_2O等。还有一些气体，如俗称氟利昂一类的气体，本来在大气中是不存在的，是最近几十年人类制造出来的新的温室气体。这些温室气体含量的增加可以明显地改变地球大气的能量收支。根据最粗略的估计，假如将大气中的CO_2浓度增加2倍，在其他条件不变的情况下，将使每平方米的地面放出的热量减少4W。这部分多余热量可以使地表增温1.2℃。如果加上大气中许多其他过程的影响，它的最佳估计是地面增温2.5℃，这就是温室气体含量变化所引起的增温效果，称为“增强温室效应”（安芷生，2001）。

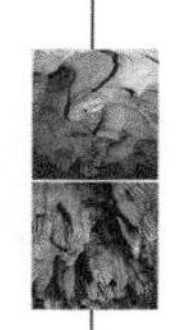

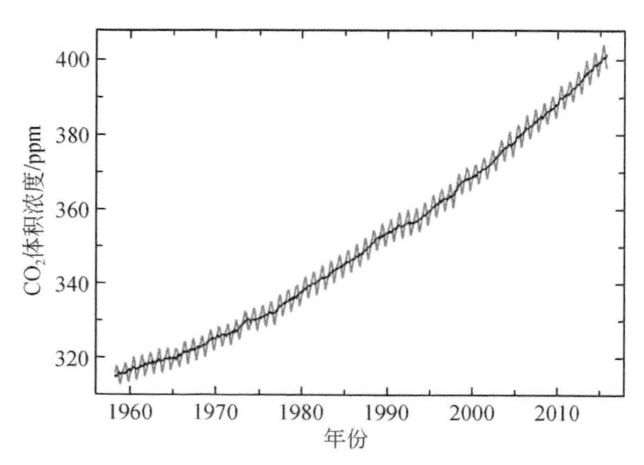

图 9-3 大气 CO_2 浓度上升曲线（据 Halpert and Ropelewski，1993）

CO_2等温室气体的继续增高所增强的辐射效应对全球变化起着决定性的作用。政府间气候变化委员会（IPCC）第一工作组于 1990 年提出的报告预测：到 2030 年左右，大气中的温室气体，包括 CO_2、CH_4、N_2O、氯氟烃（CFCs）等的总效果，可能相当于大气 CO_2 浓度加倍，即由 20 世纪末工业化前 280ppmv 增至 560ppmv 时的效果。如对温室气体的排放不加限制，全球平均升温率将达 0.3℃/10a（不确定范围为 0.2～0.5℃/10a），2100 年全球平均温度将比 1980 年时升高 3℃。但如果国际间通力合作，限制温室气体的排放，升温率可降至 0.2℃/10a，2100 年比 1990 年高 2℃左右。1990 年 IPCC 发表补充报告，指出矿物燃料燃烧时排放的硫化物对大气有冷却作用，将部分抵消 CO_2 等温室气体增加所带来的温室效应。据此 Hulme 等（1992）预测全球平均升温的最佳估计值到 2050 年为 1.2℃（低限与高限范围为 0.8℃和 1.8℃），而到 2100 年最佳估计值为 2.5℃左右，变化范围为 1.6～3.8℃。这个最佳估计表明未来变暖率大约是过去百余年变暖率的 4 倍，在全球变暖中起决定性作用。

大气中的气溶胶对气温的影响也很显著，人为排入的硫酸气溶胶以及火山喷发的硫酸气溶胶云可在相当大范围内停留于平流层中 1～3 年，产生阳伞效应，导致气温下降。气溶胶包括煤不完全燃烧所产生的炭黑，煤燃烧产生的 SO_2，通过化学作用形成的硫酸盐粒子，还有由于风吹起的沙尘粒子和海水的风浪产生的海盐粒子等。这些粒子能够把太阳辐射散射回太空中去，它的数量大约是 0.4W/m^2。过去一个世纪内有 5 次大的火山喷发使全球平均温度在 1～2 年内下降 0.1～0.2℃，通过对大的火山喷发辐射影响的直接计算认为其年代辐射强迫可达到 0.2～0.4 W/m^2，但缺乏关于长时间尺度影响气温变化的证据（施雅风，1996）。

3. 冰量和海平面变化

在过去全球变化研究中极地冰量和大洋海平面变化对于地球系统大气运动的边界起着决定性的作用。例如，对于发生于 1.1 万年前的全球气候突变的新仙女木事件（Younger Dryas——YD）的驱动因素和机制，目前从冰量和海平面变化出发进行解释的主要有两大学说流派（黄春长，1998）。其一是以 Broecker 等（1989）为代表的冰盖驱动学说。他们根据 YD 记录集中分布在北大西洋水域和周围地带的特征，例如浮冰筏运送的陆源碎屑和火山碎屑的分布、极地和亚极地浮游有孔虫种群分布和海水盐度变化等证据，依据冰盖—海洋—大气—陆地—生物相互作用关系，认为在晚冰期由于劳伦泰德冰盖通过哈德逊海峡排出大量浮冰，浮冰通过拉布拉多海进入北大西洋，使得北大西洋浅层海水和大气骤然降温，影响了环北大西洋地带的陆地。更有人进一步提出北大西洋洋流的热流量格局变化作用于冰盖消融速度是晚冰期气候变化的驱动力，是气候冷暖旋回的“开关”。认为在Bølling/Allerød期间，北上的暖洋流加速了环北大西洋冰盖的消融速度，大量冰融水进入北大西洋，海水盐度和密度减小，深、浅层水的循环减弱甚至停止，改变了洋流格局，阻断了低纬度洋流的热量传输，导致北大西洋海域降温，影响到环北大西洋的陆地，出现YD冰期回返，冰川停止消融。此后由于入海淡水大大减少，海水蒸发浓缩，盐度增加，促使北大西洋深浅层水循环恢复，北上的暖洋流恢复运行，将热量传输到北大西洋海域，使环北大西洋地带突然增温，进入温暖的冰后期。

其二是以Fairbanks（1989）为代表的气候—海平面变化说。它认为由于全球气候变冷，进入海洋的冰川融水减少，引起海平面上升速率减小。由于海洋与大气之间相互作用的变化，YD时期$^{14}C/^{12}C$比率曾经减少15%。同时格陵兰冰芯记录YD时大气CO_2浓度减少了50×10^{-6}，CH_4体积浓度下降到530×10^{-9}，后来又恢复到全新世初期的750×10^{-9}。南极Vostock冰芯研究表明，YD时CH_4体积浓度由670×10^{-9}降低到570×10^{-9}，其后又恢复到原来的水平，CO_2含量也有一定降低。随着世界各地对晚冰期的积极探索，越来越多的证据表明YD是一个全球性事件。这使得YD的成因问题更为复杂。有人认为大气—海洋—陆地之间的碳循环也可能是YD的驱动力（Genthon，1987）。但是，在太阳辐射—大气—冰盖—陆地—生物相互作用、多层次反馈的复杂系统中，大气中CO_2和CH_4等温室气体究竟是变化的原因还是变化的结果，目前还无法作出肯定的回答。

4. 海面温度

近年来出现另一种观点，即产生El Niño-La Niña的赤道地区海洋和大气体系才是气候突变的触发、放大和快速传播的主要驱动力。这一观点认为，在一定的轨道条件下，与厄尔尼诺/南方涛动（El Niño-Southern Oscillation，ENSO）有关的赤道变化可以引起气候突变，并直接影响海水的温度和盐度，而且这种影响可能持续数个世纪。即所谓的“超级ENSO”（类似于更强和更频繁的现代ENSO）对应高纬度的亚冰期；而相应的La Niña条件则对应于高纬度的间冰期。总的来看，前一种观点尚需考虑产生广泛气候突变的相互作用机制；而后一种观点则缺少证据来说明赤道海洋和大气系统存在两个截然不同的运作模式、并且可能长期（数个世纪）锁定于其中的一种。最近的研究表明，高纬和低纬的气候突变几乎是同时发生的（可能在数十年以内）。而一旦触发气候突变的因素产生，使得一些气候的物理过程越过了某种阈值（threshold），各种气候条件（无论是高纬和低纬）的相互作用、反馈和放大很可能迅速地导致整个海洋和大气系统的重组，产生气候模式的突变。在不远的未来，更加切合实际的气候突变的物理模拟与广泛而高分辨率气候记录及观察结果的紧密结合，无疑将会给我们呈现一幅越来越清晰的气候突变过程（程海，2004）。

5. 洋流

进一步的问题是触发气候突变的物理机制究竟是什么？现行占据主导地位的是大西洋

温盐环流变化的解释（程海，2004）。还在20年前，美国哥伦比亚大学Broecker等和瑞士波恩大学Oeschger就基于北大西洋的热量传输和北大西洋深水生产量的关系，指出了深海环流是造成北极冰芯记录中的千年尺度气温振荡的原因。这一解释及其物理模拟计算虽经不断完善（图9-4），但总的观念变化不大。这一观点认为高盐度的大西洋浅层水携带大量的热量向北流动，而在到达北大西洋后由于变冷而沉入深海返回暖洋流源地，新浅层暖流再向北补充，形成大西洋温盐环流，从而由低纬向高纬给北大西洋周边地区持续传送大量的热量（即目前或间冰期/段的气候模式，图9-4a）。在一定条件下，由于快速的冰消雪融和更多的降雨，以及河流和湖水的排放，使更大量的淡水注入北大西洋，从而使北大西洋表层水变淡和密度下降，这将阻滞或切断上述大西洋温盐环流，使得北大西洋周边地区温度骤降（即冰期/段的气候模式，图9-4b）（Ganopolski，2002）。

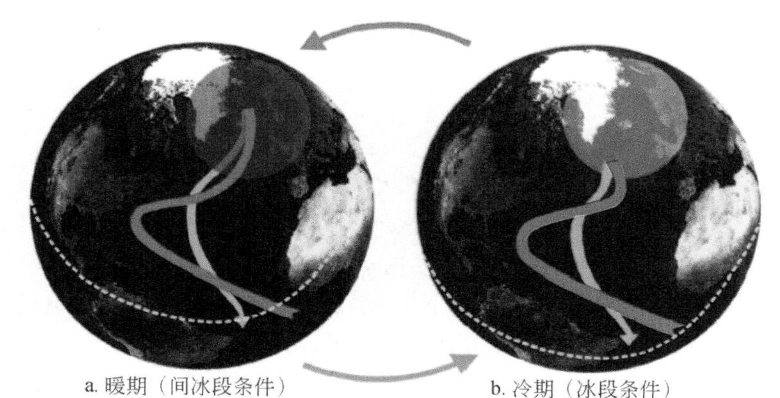

a. 暖期（间冰段条件）　　b. 冷期（冰段条件）

条带代表大西洋温盐环流，红色为表面洋流，浅蓝色为深洋流。黄色虚线示意热带辐合带（ITCZ）。当暖期时大西洋温盐环流上达北大西洋，给高纬度地区输送大量热能（由紫色圆圈示意），此时热带辐合带的年平均位置也偏向北部。当大西洋温，使北大西洋及周边地区降温（由白色圆圈示意）；同时热带辐合带年平均位置也向南位移，导致冷期来临，温盐环流在北大西洋受滞

图9-4　两种气候状态示意图（据Ganopolski，2002）

第二节　全球变化研究的核心科学问题

IGBP设立之初便开辟了多学科性的地球表层作用研究，发展了地球表层动力观；继而将地球表层作为一个系统即地球系统来研究，发展了自然环境的全球观；此后又将人视作地质成因营力（anthropogenic process），发展了人地关系观，地学理念的这些发展与其他自然科学和社会科学共同为可持续发展科学提供了基础（刘东生，2002）。

一、全球变化IGBP第一阶段（1993～2003年）六大问题（六个核心计划）

1. 生物在产生和消耗大气微量成分中的作用

从地球出现的那一天起，大气成分一直处于变化之中。然而，只有近代大气成分的变化才引起我们的关注。这主要是因为近100年多来，大气中的一些温室气体（greenhouse gases）或稀有气体（trace gases），如CO_2、CH_4、N_2O等，正以前所未有的速度增长。在人类工业革命前，这些气体一直处于较低水平；从1850年起，由于人类活动的增加、工业

化程度的提高和农业的进一步发展，CO_2、CH_4、N_2O 的浓度分别增长了 26%、100%、8%，而氟氯烷-11（CFC-11）的体积分数由 1950 年的零增加到 1990 年的 2.9×10^{-10}。现在对化石燃烧产生的 CO_2 量比较清楚，但对因森林砍伐造成的 CO_2 释放量还不能确定。另外，只有部分人为释放的 CO_2 留存在大气中，我们还不清楚其余的有多少被海洋吸收，有多少为陆地植被利用。对于 CH_4 和 N_2O 的来源，我们还了解得很不够，只知道 CH_4 的增加与水稻生产、天然湿地、畜牧业、生物质燃烧、煤矿开采和天然气挥发有关，N_2O 的增加很可能与海洋和农业有关。虽然如此，我们可以很肯定地说这些温室气体的增加一定会引起全球气候的变化。大气成分变化的另一方面是臭氧的变化，由于氧氮化合物、碳氢化合物、一氧化碳的排放增加，大气对流层中臭氧浓度不断增加，而在平流层却因 CFC-11 的影响而降低。20 世纪 70 年代以来，南极上空平流层的臭氧急剧减少，形成了大家熟知的臭氧洞，南极臭氧洞的面积约为 900 万 km^2。其他地区有关臭氧减少的报道也屡见不鲜。大气层的臭氧减少后更多的紫外光辐射到地球上，破坏地球的生态环境，这些变化也会影响到全球气候的变化（邓军文等，2002）。

2. 全球变化对陆地生态系统的影响

从长远来看，生物多样性的丧失将是全球变化的重要组成部分。这是因为随着人口的增长，人类活动的加剧，作为人类生存最重要基础的生物多样性受到了严重的威胁。现在物种灭绝的速度是人类出现之前的 1000 倍以上，例如，在总共 11500 种鸟类中已有 2000 多种在存在了几千万年之后由于人类的影响而在地球上消失了。中国既是生物多样性最丰富的国家之一，也是生物多样性受到最严重威胁的国家之一。据统计中国濒危野生动植物占全世界的 1/4 左右。尤其严重的是，生物多样性的丧失是不可逆转的（邓军文等，2002）。

土地覆盖（landcover）变化是指某一土地物理或生物特性的改变，如把森林改变为草原；而土地利用（landuse）变化是指人为改变土地利用方式，如把低产田改良为高产田或相反。土地利用变化是最能影响生态系统的全球变化内容。森林有着良好的生态效应。一方面，它有巨大的生物量；另一方面，它为众多生物提供了极其多样的生境。此外，它对环境有着巨大的改造作用，它能涵养水源，调节气候，净化空气（吸尘、降音、解毒、杀菌、吸碳造氧），提供旅游休息场所。由于土地利用变化常发生在地球的每个角落，且不可能像 CO_2 那样均匀分布，因而土地利用变化一直未被认为是全球现象。地球上有近一半的非水陆地已受到人类活动的影响。近 40% 的地球陆地总净生产力是被人类利用或通过土地利用改变而消费掉；其中 4% 的地球陆地净生产力是被人类或家养动物直接利用，26.7% 发生在人类控制的系统内（如农作物），还有近 12% 因人类活动消费掉。可见，土地利用改变是全球变化的重要组成部分（邓军文等，2002）。

3. 植被与水循环的相互作用

森林生态系统由于其复杂的物质循环与能量转化通道，直接参与地圈—生物圈间的生物地球化学循环。因此，对森林生态系统结构与功能的研究一直是研究全球生态环境问题的核心。目前在这个研究领域的共识是：对生态系统功能的了解首先是基于对系统组分过程结构和动态的理解，而生态系统多功能的持续性机制在于确保组成系统的各组分过程结

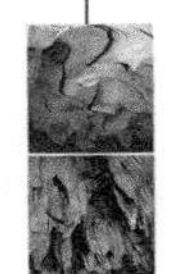

构的维持和良好的协调。在森林群落生态系统中，最基本的植物、生态学过程是能流传输（transfer）和分配（partitioning）过程，碳、养分和水循环过程，生态位的相对稳定和分化过程以及植物的生长，死亡和更新过程（王开运等，2003）。

在群落生态系统中的水循环过程的研究主要涉及蒸发、蒸腾以及对植物水吸收和传输过程的研究（图9-5）。蒸发过程主要包括从植物、土壤和雪表面的水流失，而蒸腾主要指植物内部水流失的过程。在森林生态系统研究中，通常把降雨划分为林冠截留、穿透雨和径流三部分。森林枯枝落叶层持水量的动态变化对林冠下大气和土壤之间的水分和能量传输有重要影响。森林枯枝落叶层具有较大的水分截持能力从而影响到穿透雨对土壤水分的补充和植物的水分供应。此外，林地土壤水分入渗和水分贮存对森林流域径流形成机制具有十分重要的意义。植物的蒸腾过程是一个受植物、土壤和它周围环境调控的动态复合过程（王开运等，2003）。

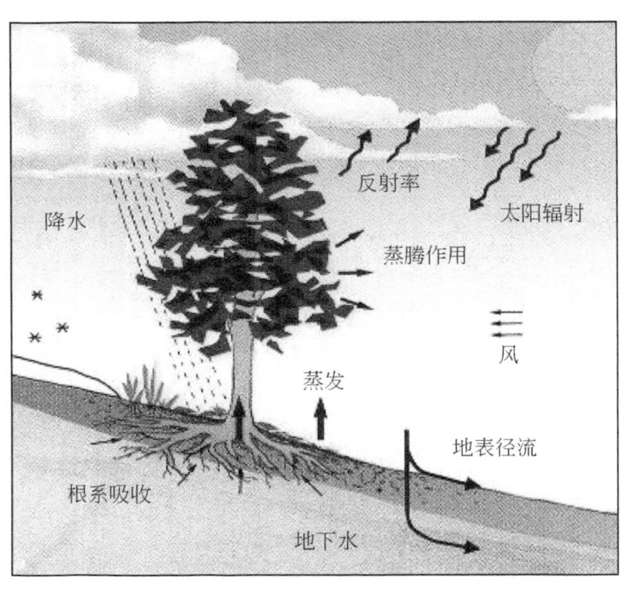

图9-5　生物与水圈的相互作用

4. 土地利用，海平面和气候变化对海岸生态系统的影响

海岸海洋是陆地与大洋相互过渡的地带，它是既区别于陆地，又有别于深海大洋的独立环境体系，受人类活动影响密切，是研究水、岩、气、生圈层交互作用的最佳切入点。研究陆海过渡带的表层系统作用过程、环境资源特性及发展变化规律，以获求人类生存活动与之和谐相关等。海岸海洋仅占地球表面积的18%，其水体部分占全球海洋面积的8%，占整个海洋水体的0.5%，却拥有全球初级生产量的1/4，提供90%的世界渔获量，为60%的世界人口的栖息地，目前全世界人口超过160万的大城市中约有2/3分布于这一地区。海岸海洋与人类生存关系密切。气候变化、海平面变化与人类活动是与海岸海洋密切相关的全球变化研究课题。大气与海平面环境监测及趋势性分析已取得重要进展。近200年的验潮资料反映，海平面上升趋势与大气温度及海水温度增高趋势呈良好相关。长时期的地质记录反映出海平面、大气温度和海水温度三者间存在正相关。百年来水动型的

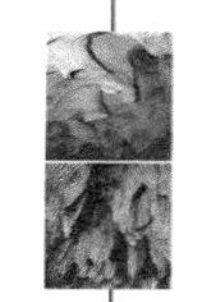

海平面上升值为1~2mm/a，随气温升高、海平面持续上升，至2100年，海平面可能上升1m（IPCC，1990）。2000年以来，中高纬度地区气温增高明显，南极洲2001年融冰期增长3个星期，为近20年之最。随着海平面持续上升，平原海岸与大河三角洲区面临着土地淹没与风暴潮频袭城市的状况（王颖等，2004）。

海陆交互作用影响的另一例证是气温增升，内陆沙漠干热，沙尘暴活动频频侵袭东部沿海城市，甚至在长江以南的南京春季形成昏霾的白昼。海水增温使北美太平洋沿岸鲑鱼减产，但是，中国大陆沙尘被漂移的西风带输送至北太平洋东岸降落，又为鲑鱼带来富含Fe的营养盐，使鲑鱼丰收。如追索求源，进行中国、加拿大两岸海陆对比研究，不仅加深对北半球西风盛行带迁移规律与效应之认识，而且是研究地球表层系统岩、气、水、生相互作用的最好切入点（王颖等，2004）。

5. 气候变化与海洋生物地球化学作用的相互影响

过去100多年来，一些养分氮、磷、硫等的生物地球化学循环（biogeochemical cycle）由于人类的干扰和气候变化产生显著变化。以氮为例，全球陆地自然固氮量约为100Tg①，海洋固氮量为5~20Tg，而闪电引起的固氮量只有10Tg或更少。与此形成鲜明对比的是：工业为制造化肥每年的固氮量大于80Tg，大豆等农作物每年固氮达30Tg。可见，现在每年人为固氮量已达到和自然固氮量相当的水平。而且，人类的活动，特别是生物质的燃烧、土地利用和湿地排水等，已加快了一些长期氮库的游离。人工固定的氮和被人类游离的氮进入水体或返回大气，改变了局部的氮循环。有时，过多氮素进入水体造成富营养化等严重后果。同样的，人类活动巨大地改变了磷、硫等的生物地球化学循环，如由于化石燃烧所释放SO_2已造成严重的酸雨问题。人类活动也加快了一些矿物质特别是磷的矿化作用（邓军文等，2002）。

6. 过去气候和环境发生的变化及原因

过去全球变化（PAGES）是IGBP的核心计划之一，它的目的是通过过去地球表面环境变化规律和机制的研究，弥补现代环境、气候变化观察记录的不足，获得现代地球环境和气候变化规律和机制的理解，寻找与今天状况接近或相似的“历史相似形”，从而为未来环境和气候变化预测服务。PAGES充分运用了第四纪地质学的研究成果，并推动第四纪地质学向综合性的学科间的科学快速发展，主要涉及地质学、地球化学、地球物理学、天文学、地理学、生物学和计算数学等学科。PAGES着重于最近25万年和最近2000年的研究，但是国际上许多的科学家认为，仅仅这样的时间尺度是不能满足PAGES研究的目的，长时间尺度地球环境历史的研究既是可行的，也是必要的。当然，较短时间尺度的环境研究应该是更为重要，因为它是过去和现在的“接口”（安芷生等，2001）。

7. 全球变化区域网络系统

为了促进全球变化研究领域的区域合作，特别是加大发展中国家在全球变化研究中的贡献，IGBP、WCRP和IHDP联合于1992年建立全球变化区域网络系统，即全球变化分

① Tg=terrogram=百万吨，常用于描述气体的重量

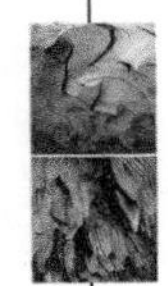

析、研究和培训系统（Global Change System for Analysis，Research and Training，简称START）。中国科学院东亚中心START在全球变化的区域研究领域，做出了出色的工作，其中关于季风驱动生态系统的动力学和土地利用对区域环境变化的影响这两个概念模型发展成为东亚区域的两个区域合作研究项目，取得了重要进展，受到多个国际组织的称赞（叶笃正等，2003）。

二、IGBP第二阶段（2004~2014年）三大主题

1. 全球水循环

水圈循环过程的研究在IGBP研究计划中占有重要的地位，水是一个重要的载体促使地球环境元素在各个圈层中的运移（图9-6）。世界上许多地区已出现水资源量不足或水质变坏的现象。如果要解决复杂的水资源问题，必须综合自然科学和社会经济等方面的研究：①全球变化对局部和区域水系统的影响；②水循环变化对全球水循环和地球系统的反馈、特别是局部和区域的积累作用和关键的阈值及变化的热点；③形成水系统的可持续发展的重要措施。以水资源研究为例：我国的黄河断流问题，是一个局部或区域的重大环境问题，与4大国际组织所提出的“通过综合管理来解决复杂的水资源问题”类似。我国的黄河断流问题已通过综合管理而解决。若能从全球变化对这一区域水系统的影响和局部水循环变化对全球水循环与地球系统的反馈的角度作出科学的总结，必将会对世界环境研究的巨大贡献。我国的西部大开发将要面临的根本问题其实也正是区域水循环变化与全球水循环之间的关系问题（刘东生，2002）。

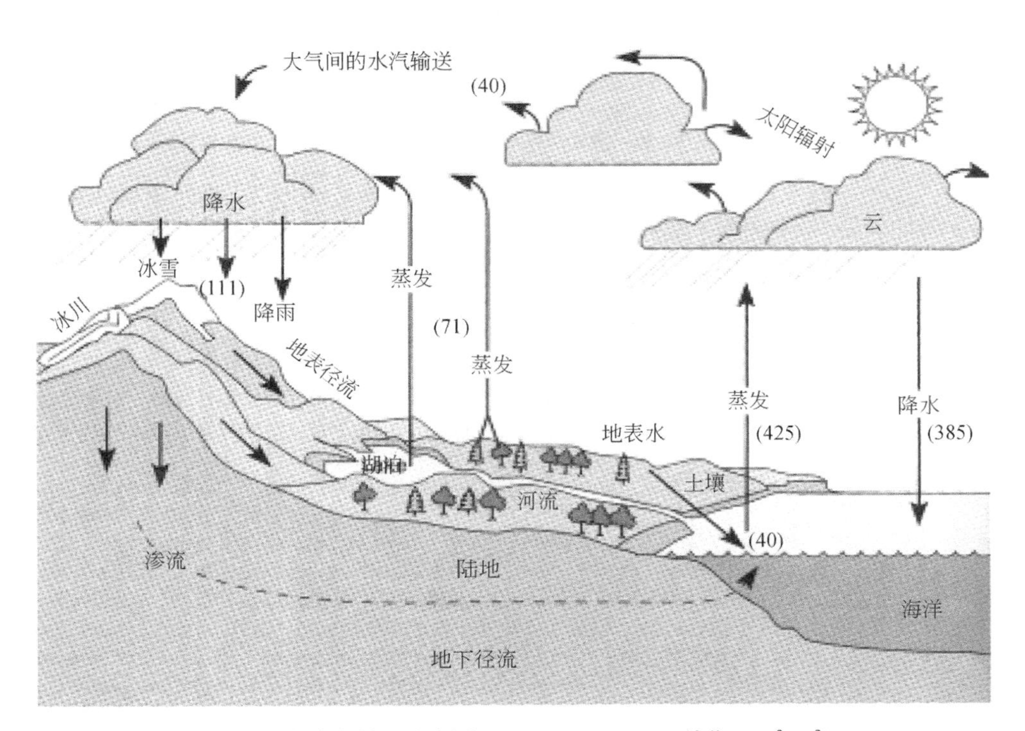

图9-6　全球水循环示意图（Riviere，1990）（单位：10^3km^3）

2. 全球碳循环

碳循环是碳元素在地球各圈层的流动过程，是一个“二氧化碳—有机碳—碳酸盐”系统，它主要包括生物地球化学过程，是维系生命不可或缺者。生物体所含有的碳元素来自于空气或水中的 CO_2。藻类和绿色植物通过光合作用将碳固定，形成碳水化合物，除一部分用于新陈代谢，其余以脂肪和多糖的形式贮藏起来，供消费者利用，再转化为其他形态。呼吸作用则是生物将 CO_2 作为代谢产物排出体外。生物体及其残余物等物质最终会被分解，释放 CO_2 和 CH_4。但有一部分生物体在适当的外界条件下会形成化石燃料、石灰石和珊瑚礁等物质而将碳固定下来，使该部分碳暂时退出碳循环，在全球各大碳库中，以碳酸盐岩固定碳碳库所占比例最大（表 9-1）。严格地说，碳循环还包括甲烷等有机物。甲烷在大气中的含量约为 $1.73cm^3/m^3$，每年的增长率为 0.4%，相对而言，CH_4 在大气中的含量较少，并且 CH_4 作为天然的 CO_2 源，它可在平流层中被羟基（OH）氧化而形成 CO_2。因此，碳循环是以 CO_2 为中心，其全球的循环主要是在大气圈，陆地生态系统和海洋中进行的（王凯雄等，2001）。

当前的气候变化研究多集中于对大气中温室气体尤其是 CO_2 的研究。CO_2 排放量等实际问题（如京都议定书）已引起国际上的较大争议，这要从许多方面去解决。其中环境科学需要研究：①碳的源和汇的时间和空间分布模式；②年际到千年尺度碳循环的动力控制与反馈；③未来全球碳循环的动力学。在碳循环的课题下，化石燃料的开发利用更是与地球科学中资源的开发和利用密切相关（刘东生，2002）。

表 9-1　全球碳库碳储量（据 Falkowski，2000）

碳库	数量/Gt	碳库	数量/Gt
大气	720	陆地生物圈	2000
海洋	38400	活生物量	600 ~ 1000
总无机碳	37400	死生物量	1200
总有机碳	1000	水生物圈	1 ~ 2
表层水	670	化石燃料	4130
深层水	36730	煤炭	3510
岩石圈	—	石油	230
沉积碳酸盐	>60000000	天然气	140
油母质	15000000	其他（泥炭）	250

3. 全球食物链

出于人口、土地、农业、供求关系等方面的考虑，“全球环境变化与食物系统”国际计划被启动，其中有 3 个问题与科研、社会和政策制定有关：①当食物需求改变时食物的供应方式及其易变性在不同地区和不同社会人群中如何受全球变化的影响；②不同社会和不同食物生产者如何使其食物系统与全球环境和需求变化相适应；③对上述变化的适应产生的环境和社会经济影响。在食物系统研究中，我国的退耕还林还草政策，实际上是属于食物需求改变的地球环境问题。食物供应方式在不同地区和不同人群中如何受全球变化的影响？大面积土地利用改变和生态环境的改变导致的人口迁移、道路、交通、教育等都是退耕还林还草之外的自然或社会经济变化，这些方面的全球变化研究将是很有价值的（刘东生，2002）。

第三节　过去全球变化研究

要提高对全球变化的预测能力，必须对过去全球变化有充分的认识和了解，因而在全球变化研究中，过去全球变化是全球变化研究中的一项重要研究内容。过去全球变化的研究重点在于地球过去发生的气候突发事件上，尤其第四纪时期的气候和环境突变是一个重要的科学问题，这些气候事件最接近于现今的地球系统，它对预测未来环境变化有着极其重要的意义。

一、PAGES 的科学目标

过去几十年，在全球各地不同程度地取得了气候和环境变化的信息。然而，区域的气候变化总是和全球的变化联系在一起。清楚地了解过去全球气候变化的过程及驱动机制，需要充分认识不同半球、不同区域的气候变化历史，将它们纳入全球大气、海洋、陆地和冰雪子系统的变化过程进行分析。为此，过去全球变化委员会（PAGES）提出了南北半球古气候的对比研究计划（PANASH），旨在通过两个半球气候的耦合和相互作用机制的研究，形成完整、确切的行星地球的气候与环境变化历史，南北半球对比研究计划的开展，使得我们对地球过去历史的认识更加清楚（安芷生等，2001）。

PAGES 着重于最近 25 万年和最近 2000 年的研究，PAGES 在 2000 年尺度的主要科学问题有 10 个，着重揭示变化事实和原因：①20 世纪在过去 2000 年中是否异常？南大洋的作用？②小冰期在南北半球是否同时？③在公元 1000 年±200 年是否全球偏暖？④印度洋季风 Hadley Cell Circulation 在南北半球的联系；⑤过去 2000 年的水文变化；⑥ENSO 在过去 2000 年的记录及遥相关；⑦过去 2000 年火山爆发与气候的关系；⑧过去 2000 年太阳幅射对气候变化的影响；⑨过去 2000 年海平面变化与两极冰盖量的关系；⑩人类对气候变化的影响有多大？

PAGES 在 25 万年尺度的主要科学问题有 8 个：①南北半球气候演变的“相”（phase）关系；②洋流传送带及大气微量气体在传递两半球太阳辐射能方面的作用；③气溶胶（aerosol，火山、扬尘、山火、海浪溅盐等产生的微粒）在两半球的长期记录，它对气候变化的影响；④格陵兰冰芯 O–18 突变事件在南极冰盖及大西洋以外的其他地区有无反应？⑤过去 25 万年来的气候突变，及气候系统变化在两半球是否同步？⑥热带水文变化与高纬度冰盖变化有无联系？⑦高低纬度区生物量变化如何影响大气温室气体？⑧过去季风如何变化？世界不同地区季风环流变化是否同步？

PAGES 争取的科技目标有 9 个：①高分辨率的连续记录：2000 年的记录（达 1 年、10 年分辨率），25 万年的记录（达 10 年、100 年分辨率）；②注意年代学：力求精确，详

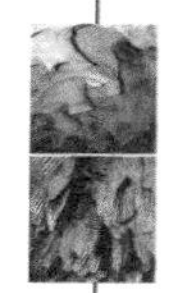

细定年；③替代指标需经标定，能提供清楚的古气候信息；④多种指标相互印证；⑤注意海、陆记录的相互比较；⑥尽量争取获得可供大尺度气候系统诊断的点上的信息；⑦注意人类活动影响；⑧注意数据模型间比较及时标模拟的需要；⑨资料共享。

二、第四纪气候事件的地质记录

20 世纪晚期古气候研究的最大突破，在于证实了地球轨道参数变动造成的第四纪冰期旋回即“米兰科维奇周期”。然而，古气候学在近年来发现晚第四纪的气候其实极不稳定，易于发生大的快速变化，特别是那些几十年或更短时间内的气候变暖（翦知湣等，2003）。

早在 19 世纪，人们已经认识到第四纪 100 万 ~ 1 万年的气候变化，也就是冰期和间冰期交替的历史。天文学家最先把这些气候变化归结为地球轨道的偏心率，可是后来他们发现偏心率引起的入射太阳辐射变化很小，不足以产生冰期和间冰期的巨大变化。1930 年南斯拉夫天文学家米兰科维奇指出，虽然偏心率引起的入射太阳辐射变化很小，可是它和春分点岁差一起改变着地球位于近日点的季节，在地球位于近日点的季节里入射太阳辐射最多，随着近日点季节的变换，入射太阳辐射的季节分布以大约 2 万年的周期变化着。同时地球轨道所在的黄道面与赤道面的夹角也以 4. 1 万年的周期在 22. 0° ~ 24. 5°之间变化，使得入射太阳辐射的纬度分布也逐年不同。米兰科维奇详细计算了过去 6 万年中北半球入射太阳辐射的季节分布和纬度分布，发现在 65°N 处入射太阳辐射的季节反差最大，而那里也是大陆冰川（冰盖）作用显著的区域。当北半球高纬度（65°N）的夏季入射太阳辐射低于“正常值”的时候，大部分冰雪能够保持到下个冬季，于是冰雪覆盖增加，雪线下降，冰雪反照率反馈又进一步加剧冰川的发展，年复一年，终于孕育了新的冰期。当夏季入射太阳辐射高于“正常值”的时候情况正好相反，这时候将出现间冰期。米兰科维奇把他建立于入射太阳辐射季节分布和纬度分布的冰期理论称为“气候变化的天文理论”。他指出冰期和间冰期的交替将遵循相应轨道数摄动的周期，并且他还计算了冰期变化的周期（苏旸，2000）。

（一）冰期-间冰期

第四纪气候的主要特征是冰期与间冰期交替发生，该时期包含有多个冰期-间冰期旋回，它们在地质记录中都有很好地反映（图 9-7）；Imbrie 等（1984）根据深海沉积物记录建立了一个综合性的布容期时间标尺和一条综合的氧同位素曲线，将布容期即 0. 73MaBP 划分为 19 个阶段，9 个气候旋回。

中国黄土高原中南部洛川、宝鸡等剖面的离石黄土、午城黄土各有 18 层古土壤，加上全新世形成的土壤 S_0，共有 37 层古土壤，与此相对应的是 37 层黄土，每一层黄土-古土壤代表一个冰期-间冰期旋回，这样，中国黄土-古土壤序列 2. 5Ma 以来记录了 37 个冰期间冰期旋回（图 9-8）（刘嘉麒等，2001；丁仲礼等，1989）。

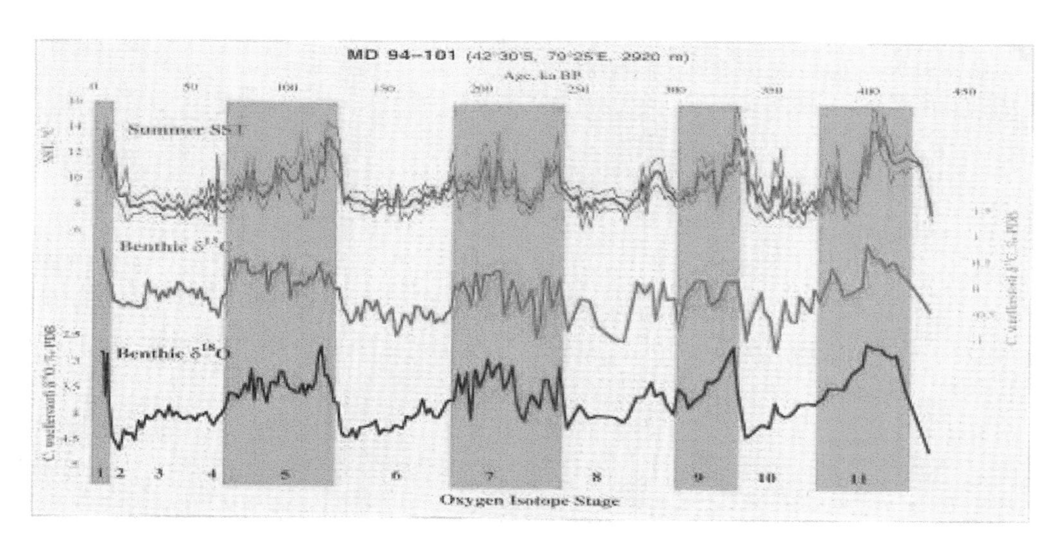

图 9-7　海洋钻探：印度洋 MD-94-101 孔 40 万年记录曲线（Imbrie，1984）

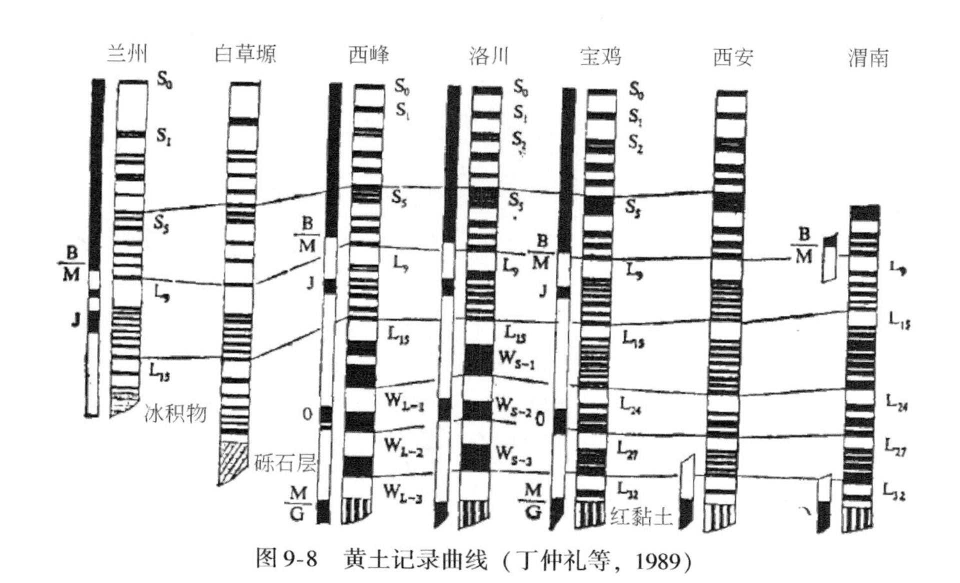

图 9-8　黄土记录曲线（丁仲礼等，1989）

1. 末次间冰期

末次间冰期是近 0.15Ma 来全球最暖的时期，整体的气候状况与全新世间冰期相似，表现为海洋表层水温相近，海面稍高。由于两次暖期具有相似性，可以通过类比末次间冰期来预测当前间冰期的持续时间，研究在以后数百年或千年尺度可能发生的气候突变，因此对这一时期气候状况的研究一直是古气候研究的热点（刘嘉麒等，2001）。

关于末次间冰期的定义存在两种意见，一种是只相当于海洋氧同位素曲线 5e 期（MIS5e：marine isotope stages 5e），持续时间约 11ka（约为 0.127MaBP～0.116MaBP），相当于欧洲大陆的 Eemian 期；另一种是指整个氧同位素曲线 5 期，持续时间约 56ka（约为 0.13MaBP～7.4kaBP）。如果结合被广泛接受的近 900ka 来地球冰期–间冰期旋回是以

100ka 为周期的观点，MIS5e 的划分更趋合理（秦蕴珊等，2000）。关于 MIS5e 开始的年代，最具代表性的是 Imbrie 等（1984）和 Martinson 等（1987）根据氧同位素值所估算的最大冰川体积的时限所建立的时间表，即 SPECMAP（spectral mapping project）曲线，Imbrie 等和 Martinson 等所标定的 MIS5e 开始的年代分别为 128kaBP 和 130kaBP。据 Yuan 等（2004）对贵州董歌洞两根石笋精确 TIMS 铀系测年数据，MIS5e 开始的年龄是（129.3±0.9）kaBP（图 9-9），进一步证实了 Imbrie 等的 SPECMAP 可靠性。

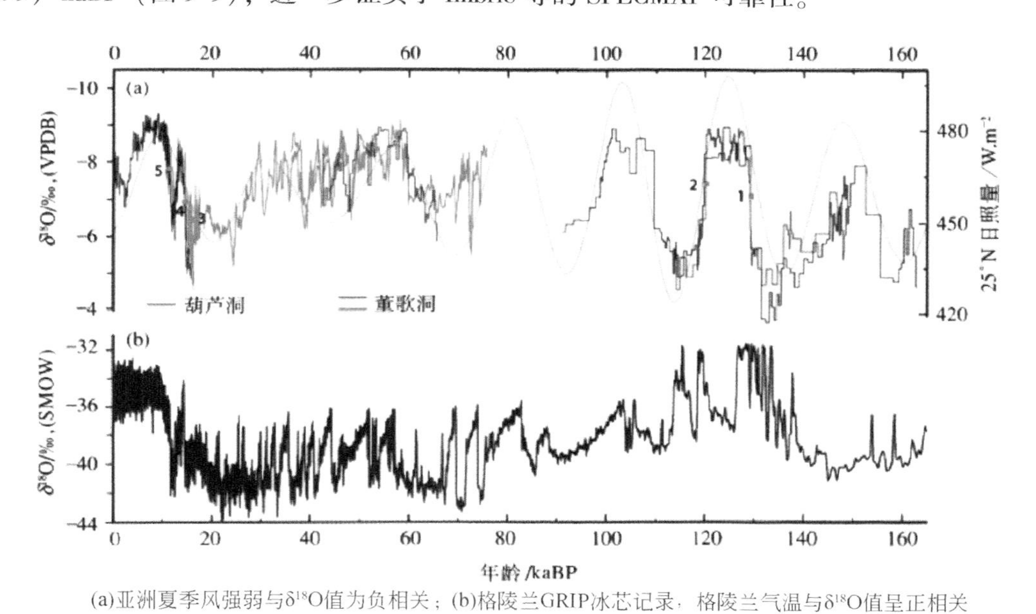

(a)亚洲夏季风强弱与$\delta^{18}O$值为负相关；(b)格陵兰GRIP冰芯记录，格陵兰气温与$\delta^{18}O$值呈正相关

图 9-9　南京葫芦洞、贵州董歌洞石笋过去 160 ka 以来的亚洲季风记录（Yuan，2004）

在轨道尺度上亚洲季风变化与北半球夏季日照强度相关；而变化形式则以突变为主。在千年尺度上，亚洲季风变化与格陵兰冰芯记录相似，表现为周期性的突变。红点表示亚洲季风气候记录的一些突变点：1（第 2 终止点）、2（间冰段 5e 结束）、3（Heinrich 事件 1 起点）、4（第 1 终止点）和 5（Younger Dryas 冷事件结束）的主要变化的时间尺度分别小于 200 年、300 年、10 年、200 年和 20 年（Yuan et al.，2004）。

2. 末次冰期

末次间冰期结束，末次冰期的开始时间应是 MIS5d/5e 的界限，在欧洲末次冰期通常被划分为 2 个亚期：早期对应于 MIS5a ~ 5d 段，约 0.117Ma BP ~ 74kaBP；晚期对应于 MIS2 ~ 4 段，约 74 ~ 10kaBP。也有人将末次冰期划分为 3 个亚期：早期对应于 MIS5a ~ 5d 段，约 0.117Ma BP ~ 74kaBP；中期对应于 MIS3 ~ 4 段，约 74kaBP ~ 24kaBP；晚期对应于 MIS2 段，约 24kaBP ~ 10kaBP（Williams et al.，1997）。

对位于季风区的亚洲古冰川发育特征深入研究表明，末次冰期的冰川规模早期大于晚期，与欧洲北美不同（崔之久等，2003）。一般认为，末次冰期最盛时（LGM：last glacial maximum）发生在 25kaBP ~ 15kaBP 左右，依据是南极 Vostok、格陵兰 GRIP 为代表的冰芯记录以及 SPECMAP 为代表的海洋同位素记录 MIS2 期，在此期间，冰盖推进最远，世界洋面下降最低，气候最冷，全球冰量达到最大。目前，国内外已经注意到 MIS3b（54kaBP ~

44kaBP)，即相当于深海氧同位素曲线中3阶段的间冰阶时期有降温时段，并由于低温和多降水两大条件相结合而引起冰川前进，前进的规模大于末次冰盛期（LGM）（施雅风等，2002)。MIS 3b冷期在古里雅冰芯记录表现为54kaBP～44kaBP比现代温度低5℃的冷期，与MIS3c（早期）和MIS3a（晚期）温度高出现代3℃和4℃情况迥然相反，而和以23ka的岁差周期（precessional cycle）所导致的日射变化一致，在65°N～60°S间有重大作用。初步查阅现代有测年资料的末次冰期冰川前进文献，发现MIS3b冷期导致的山地冰川前进分布在亚洲、欧洲、北美洲、南美洲、大洋洲12个地区23个地点。当时降水较多与冷期降温抑制消融相结合，使冰川伸展范围都超过气候严寒而干燥的MIS2期内通常所说25kaBP～15kaBP末次冰盛期（LGM）的冰川规模（施雅风等，2002)。

随着末次间冰期的结束，在持续近100ka的末次冰期内发生了一系列全球或区域性的气候突变事件和短期的冷暖交替过程。在这些波动中最为强烈的是千年尺度的Dansgaard-Oeschger暖事件和Heinrich冷事件及末次冰消期的Younger Dryas事件。这些事件最突出的反映在格陵兰冰芯、北大西洋的深海岩芯和欧洲及北美的孢粉记录里，说明它们在北大西洋区域尤为强烈（刘嘉麒等，2001)。

（二）Heinrich事件和Dansgaard-Oeschger旋回

Heinrich（1988）在研究北大西洋深海沉积物时发现，在深海沉积物中保存着若干陆源浮冰碎屑（IRD）层，一般为6层陆源冰漂砾含量增多的沉积物，这表明在末次冰期内曾发生过多次向大洋中倾泻IRD的事件。后来Bond等（1993）在北大西洋其他钻孔中也发现类似沉积，并揭示出这时伴有海面温度和盐度的降低，并命名为Heinrich事件或Heinrich层（HL)。Heinrich事件以北大西洋发生大规模冰川漂移事件为标志，代表大规模冰山涌进的气候效应而产生的快速变冷事件，在末次冰期总的冰期气候背景下，北大西洋共发生了6次强烈的冰川漂移事件，即代表发生6次大的Heinrich事件，其时代依次分别为16.8kaBP、24.1kaBP、30.1kaBP、35.9kaBP、50kaBP和66kaBP（Bond et al.，1997)。根据格陵兰的冰芯记录，几次大的Heinrich事件使大气温度在冰期气候条件下又降低3～6℃（Mayewski et al.，1997)，这些事件基本上以5000～1万年为周期，持续的时间为200～2000年。

Dansgaard等（1993）在研究格陵兰冰芯$\delta^{18}O$数据中发现其所反映出来的亚米兰科维奇尺度冷暖交替，这些冷、暖期被称作冰阶、间冰阶。冰阶-间冰阶交替循环则被称为Dansgaard-Oeschger旋回，简称为D-O旋回。根据格陵兰冰芯$\delta^{18}O$记录推算的大气温度的变化表明，在115～14kaBP之间，共出现了24个快速的变暖的D-O事件。其年平均变化幅度为5～8℃，每一个暖期之后紧接着一个冷期，并以1000～3000年为周期。每个旋回开始只需数十年甚至更少的时间，持续数百年至2000年，平均持续约1500年（Dansgaard et al.，1993)。

Heinrich事件是在信号上与Dansgaard-Oeschger事件截然相反，Heinrich事件发生在Dansgaard-Oeschger旋回中的最冷期，代表上一次旋回的结束，随后的变暖又代表新的旋回的开始，可见Heinrich事件与Dansgaard-Oeschger旋回并不是两个孤立的气候演变过程（图9-10)。

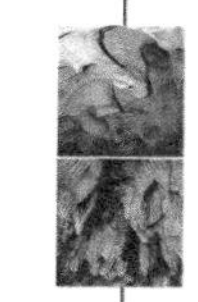

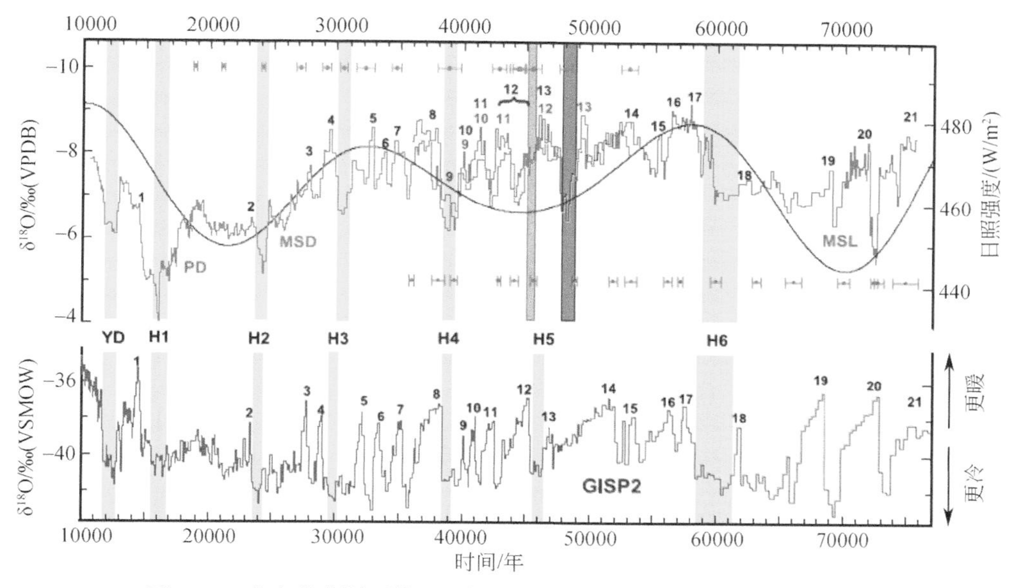

图 9-10　南京葫芦洞石笋记录的末次冰期的气候事件（Wang，2001）

（三）新仙女木事件

新仙女木事件（Younger Dryas）是根据欧洲丹麦哥本哈根北部阿尔露德（Allerød）剖面黏土层中所发现的八瓣仙女木花粉（Octopertala Dryas）而命名（张兰生，2000）。YD 事件是一次气温骤降的短暂事件，系末次冰消过程中气候非线性反馈的结果，用以表述在西北欧地区末次冰期向冰后期过渡（或称“冰期–全新世过渡期”，约 15kaBP～8kaBP）。在北半球地区末次冰期向冰后期过渡经历了主要 3 个阶段，Bølling/Allerød 暖期（约 14.7kaBP～12.9kaBP），YD 冷期（约 12.9kaBP～11.6kaBP）和冰后暖期（1.6kaBP 后）。YD 降温事件作为一个全球性事件，其主要的特征包括表层水温的降低，海平面、湖水面迅速上升过程中短暂的海面上升减缓，表层海水盐度的变化等。海洋沉积物的沉积特征、生物组合等都保留着对气候变化的反馈记录，陆地植被以及生物种群特征发生变化进而影响到古人类的生存环境（黄春长，2000）。按照轨道驱动理论，北半球高纬度地带会在 11kaBP～10kaBP 出现辐射量最大值，按道理应当出现大幅度增温，但是却发生了 YD 气候恶化和环境灾变。这就是说 YD 的发生并非受地球轨道要素驱动。

（四）全新世

全新世又称冰后期，开始于 10kaBP 左右，是末次冰期以后比较温暖的最新地质时期。全新世也是科学研究最为详细的一个时期，特别是全新世期间发生的若干气候变化事件，与人类演化和发展密切相关，对未来气候变化的预测也具有重要意义（何元庆等，2003）。全新世一直被认为是一个气候比较稳定的时期，但越来越多的证据证明全新世以来的全球气候同样存在着突变，高精度古气候记录表明，持续了 1 万多年的全新世环境演化并不是一个单一稳定演化的过程（图 9-11）（Wang et al.，2005），事实上，全球范围内的环境记录均表明，称为“最适宜期”的全新世大暖期（约 8.5kaBP）也曾多次被趋向干旱化的突变冷气候事件所干扰（秦蕴珊等，2000）。冰川深海和冰芯等大量沉积记录提供了全新世发生过多次寒冷气候的证据。例如欧洲在8.25kaBP、5.35kaBP和2.78kaBP发生冰川扩张最早被称为全新世的新冰期。格陵兰冰芯揭示了在9.3kaBP～8.7kaBP、7.7kaBP～6.6kaBP、5.2kaBP～4.2kaBP、3.0kaBP～1.7kaBP四个时期的降温期。取自北大西洋的海洋记录显示，冰后期共出现8次冰川漂移碎屑事件，它们的峰值分别出现在1.4kaBP、2.8kaBP、4.2kaBP、5.9kaBP、8.1kaBP、9.4kaBP、10.3kaBP和11.1kaBP，表层海水温度的变化幅度可达2℃，说明气候曾发生了实质性的变化，其中发生在8.2kaBP的事件是全新世影响最大的突然降温事件（Bond et al.，1997）。王绍武（2002）总结地质记录和考古史料并综合分析表明我国在11.0kaBP～1.0kaBP出现过多次气候冷期主要集中在10.9kaBP～10.5kaBP、9.7kaBP～9.0kaBP、8.5kaBP～7.0kaBP、5.8kaBP～5.0kaBP、4.0kaBP～3.5kaBP、3.0kaBP～2.4kaBP和2.0kaBP～1.4kaBP。方修琦（2004）在统计10kaBP以来我国每100年中寒冷事件记录的频率的基础上，分析了寒冷事件的时间分布特点和频率序列的功率谱。结果表明，1万年以来的冷暖变化在500年、1000年和1300年的周期是明显的，过去1万年中每百年寒冷事件记录频率中可以识别出22个寒冷事件。全新世气候变化研究中8.2kaBP冷事件、中世纪暖期、小冰期及ENSO事件的变化规律对各国学者来说是一个热点。

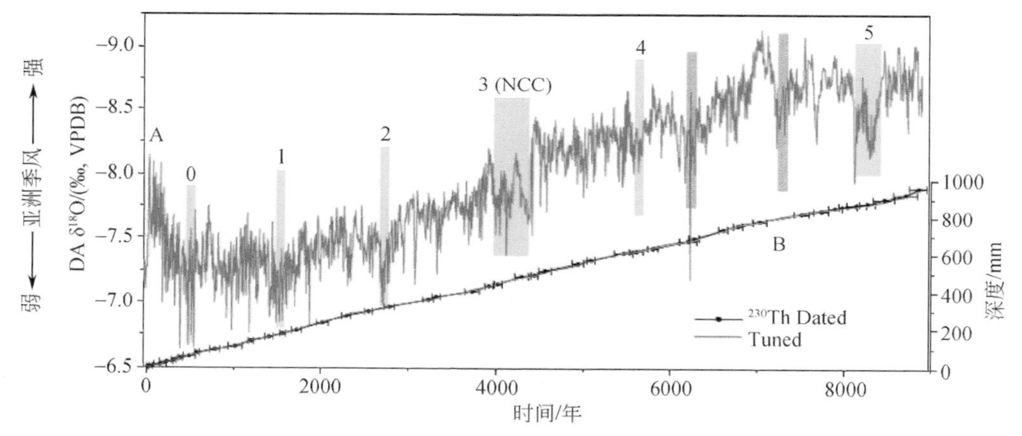

图9-11 贵州董歌洞石笋记录的全新世亚洲季风变化（Wang et al.，2005）

第四节 古环境的岩溶沉积记录

一、岩溶记录研究古气候变化的意义

重建古环境的研究方法有多种，如历史文献或者观测记录都可以作为研究古环境的信息源，但由于受人类历史的限制，这类信息源的时间尺度较短。对于长时间尺度的环境变化研究就必须借助地质记录。过去古环境的记录包含了地球过去环境和气候自然变化的信息，这些数据为评估气候变化预测的有效性以及理解过去和现在气候变化的机制是极有价值的。国内外学者利用海洋沉积、冰芯、黄土、湖泊沉积、泥炭、孢粉、树轮、钙华等地

质记录在古气候重建领域取得卓越的成果，另外不少学者利用古人类古生物化石群及地貌学古冰川遗迹等也进行了比较成功的区域性古气候重建（袁道先等，1999，2002，2003；杨琰，2006）。在各种古环境信息体中，珊瑚的气候分辨率可以达到月，记录的古气候信息可以达到数百年，但它仅分布在热带海洋。冰芯记录的古环境信息较长，但只分布在南北极和高寒地区。另外，冰芯年代会因为冰体的压实作用引起冰层滑动或融化，导致记年发生偏差。树木年轮只适用于温带干旱半干旱地区气候的研究，有时还可能出现“假年轮”的现象。湖泊沉积物覆盖面广，沉积连续，但其测年技术相对滞后。黄土记录虽有较长的时间序列，但古环境重建的分辨率难以提高。

洞穴沉积物的形成过程与大气圈、水圈、生物圈、岩石圈有着密切的联系（图 9-12）（Fairchild et al.，2006）来自于海洋的大气降水在生物圈和岩石圈中的运移过程不断有岩溶作用发生，即：在开放的 $CaCO_3$(固)-CO_2(气)-H_2O(液）三相不平衡的碳酸盐岩系统中不断发生的溶解作用和沉积作用（袁道先等，2003）。在岩溶作用发生过程中形成的洞穴石笋对外部环境变化反应非常敏感，可以记录几十万年以来气候、生态的变化规律以及人类活动对环境改造的信息。

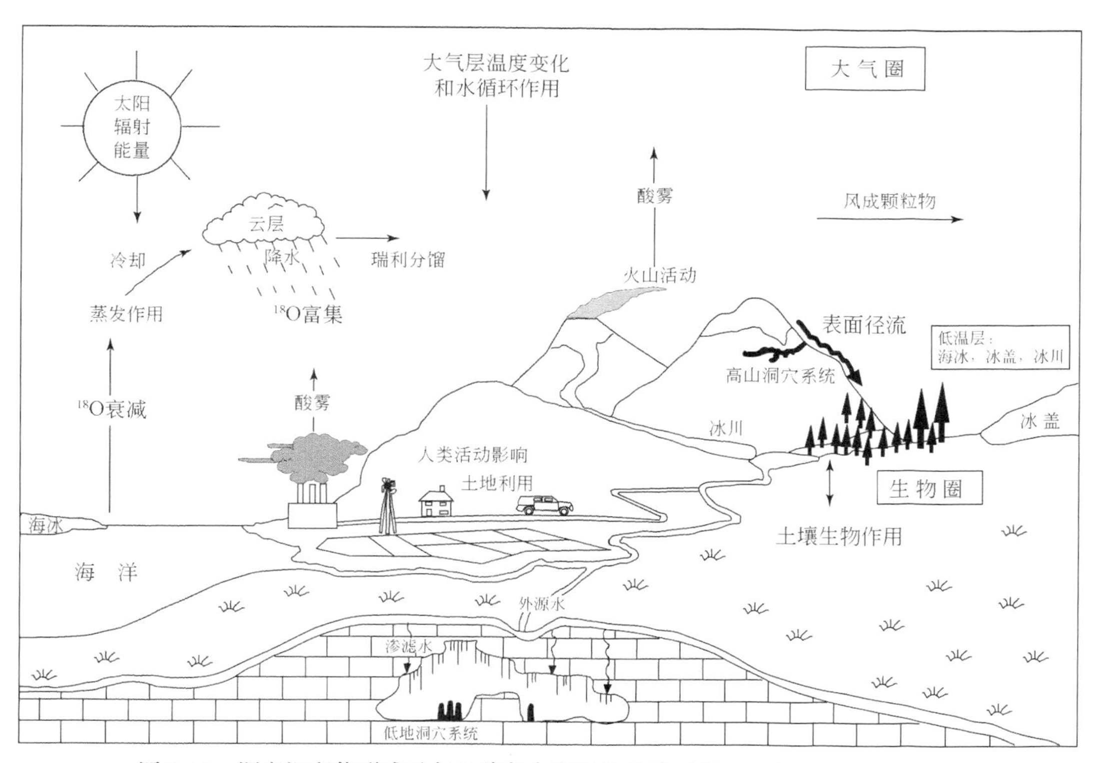

图 9-12 洞穴沉积物形成及与地球各个圈层的关系（据 Fairchild et al.，2006）

洞穴岩溶沉积与这些信息载体相比，具有明显的优势：①分布广泛：全球岩溶面积约 2000 万 km^2，从滨海到内陆，从热带到寒带都可以找到石笋。②时间跨度大：岩溶石笋的古气候记录，从现代可以追溯到数千乃至几十万年甚至更长。③受外界干扰小：石笋一般发育在洞穴中，风化侵蚀等外动力地质作用一般不会对其产生影响，保存的信息完整。④生长机制对外部气候环境敏感：石笋中的稳定同位素、微量元素等，都可以敏感地反映

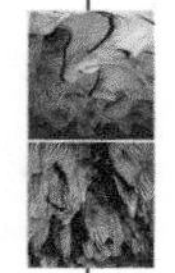

地表环境的变化及人类活动的影响。⑤代用指标丰富：洞穴化学沉积物古气候重建常用的古环境指标有生长率、微层厚度、灰度、稳定同位素、微量元素等10余种，多指标的综合解译体系，增加了古环境重建的正确性。⑥可建立精确的时标：石笋的U/Th比值一般都较大，适合于铀系定年，而TIMS和MC-ICP-MS铀系测年技术的引入，进一步提高了石笋年代测试精度、分辨率和测试速度。⑦有较低的采样成本。正是洞穴石笋的这些优点，使其成为一种不可多得的陆地古环境信息源（袁道先等，2002，2003；杨琰，2006）。

我国在过去全球变化的研究中处于较重要的地位，一方面我国的气候受全球大气物理系统的影响而具有全球性一般特点；另一方面由于我国特殊地理位置而使其气候变化又有着自身的一些特点，如季风气候特征明显，大陆性气候强，且气候类型多样。因此，对我国古气候变化的研究无疑会对全球变化模型的建立和对我国区域气候变化的预测均具有很重要的意义，获得低纬度、低海拔地区的古气候信息，为解决PAGES关键科学问题做出贡献。我国南方分布着面积为54万km^2的岩溶区，岩溶洞穴极其发育，洞穴石笋生长机制对外部气候环境敏感，因此在其生长过程中可以记录季风及赤道复合带交互作用的变化特点，以及与青藏高原抬升的关系。通过对岩溶记录的研究无疑可以恢复或重建该地区的古气候和古环境的变化模式，回答自然因素和人类活动对我国西南岩溶地区石漠化形成的影响权重，为岩溶地区人与自然可持续协调发展提供科学依据（袁道先等，2002，2003；杨琰，2006）。

二、岩溶记录古气候变化的基本机理研究

岩溶动力系统理论指出：岩溶作用发生于开放的$CaCO_3$（固）-CO_2（气）-H_2O（液）三相不平衡系统，包括碳酸盐岩的溶解作用和沉积作用（袁道先等，2003）。CO_2气体在岩溶作动力系统中起着重要的驱动作用，如下述反应所示。

$$CO_2(g) \Leftrightarrow CO_2(aq)$$

$$H_2O + CO_2(aq) \Leftrightarrow HCO_3^- + H^+$$

$$CO_3^{2-} + Ca^{2+} \Leftrightarrow CaCO_3$$

当较多CO_2进入岩溶动力系统时，就发生碳酸盐的溶蚀作用，表现为水中Ca^{2+}和HCO_3^-浓度增加。反之，若CO_2由该系统中逸出，将发生碳酸盐的沉积作用，水中Ca^{2+}和HCO_3^-浓度降低，洞穴化学沉积物的形成与此有关，是岩溶沉积作用在洞穴环境中的表现。

用岩溶沉积重建古气候的思想源于同位素地质温度计这一特性，Urey（1947）最早注意到同位素交换平衡时分馏系数与温度的依赖关系，并提出通过测量海洋沉积的碳酸钙与海水的同位素组成来确定古海水的温度。O'Neil等（1969）通过实验提出在同位素沉积平衡条件下，碳酸钙与水的$\delta^{18}O$之间的分馏系数与温度存在一个较好的相关关系，即：

$$1000\ln\alpha_{cw} = \delta^{18}O_C - \delta^{18}O_W = 2.78 \times 10^6/T^2 - 2.89$$

式中，α为分馏系数；T为介质水的绝对温度；δ为样品的同位素比率相对于标准物质的同位素比率的千分偏差，例如氧同位素：

$$\delta^{18}O(‰)_{样品} = \frac{(^{18}O/^{16}O)_{样品} - (^{18}O/^{16}O)_{标准}}{(^{18}O/^{16}O)_{标准}} \times 1000$$

式中，$\delta^{18}O_C$为碳酸钙与100%的磷酸在25℃反应生成的CO_2的$\delta^{18}O$值；$\delta^{18}O_W$为在25℃时

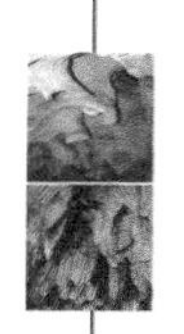

与介质水平衡的 CO_2 的 $\delta^{18}O$ 值。

这一经典方程至今仍被广泛引用。Hendy（1971）发表了其经典论文，从理论上对利用洞穴次生化学沉积物的同位素组成来作为古气候指标进行了一系列模型研究，并提出了经典的判定洞穴次生化学沉积物形成时同位素是否处于沉积平衡的 Hendy 准则，碳酸钙与母液达到同位素平衡分馏的判别依据：①同一生长纹层，洞穴碳酸盐的 $\delta^{18}O$ 应基本一致，且向外侧无富集现象；②同一纹层，洞穴碳酸盐的 $\delta^{18}O$ 和 $\delta^{13}C$ 值之间无相关关系。由于测年技术和同位素测试技术上的一些问题，这一研究未能深入和广泛开展，但也相继有一些研究，Schwarcz 等（1976）为了克服初始水的 $\delta^{18}O$ 值变化而给利用 O′Neil 方程计算温度带来的困难，提出了通过测试洞穴沉积物中包体水 δD 值，进而换算成 $\delta^{18}O$ 值来代替原始水的 $\delta^{18}O$ 值的方法，但这种方法的前提仍是想通过 O′Neil 方程来定量计算古气温。最近，国内外研究者对 Hendy 检验提出了质疑，认为由于石笋生长缓慢在实际操作过程中很难采集到同一生长纹层上的样品，同一洞穴以及邻近洞穴中同时段沉积生长的石笋在千年至百年尺度环境记录信息的平行重复对比检验被认为是更有效的方法。

洞穴石笋古气候重建的基本原理基于其平衡沉积过程中可以反映温度变化这一特性，但石笋形成过程中和地球各个圈层关系密切，地球表层在太阳辐射变化过程中出现能量的迁移从而造成南、北半球以及海陆水热循环配置的差异，因此石笋沉积记录的环境解译具有一定的复杂性，除了温度影响外大气降水也是一个主要因素，另外还有生态等因素的影响。各因素的影响如何定量化是石笋机理研究的一个难点也是现今研究的一个热点。所以，在实际应用中应该结合本地区的环境特征，进行系统的野外洞穴监测，找出影响本地区石笋形成的关键因素，而不应该完全“照搬”其他地区的解译。

根据以上岩溶记录古气候机理及实践经验，在洞穴岩溶沉积记录研究时要注意：①洞内采样处相对恒温，以免季节温差干扰同位素信息；洞顶岩层有一定厚度，采样点距洞口有一定距离；②避免石笋根部被水泡过，可能会影响铀系法定年；③根据研究目标选择石笋新老；④要有较高的铀含量，避免矿物重结晶，U-238>50ppb 为好，铀系测年可获较准确结果；一般近岩浆岩、上覆页岩、靠近煤系地层铀含量较高，纯灰岩地区较低（如桂林附近）金佛山地区可达 9000 ~ 20000ppb；⑤要有平行样，用以重现性检验。

国内在洞穴石笋古气候重建机理研究方面也取得了不少成果，覃嘉铭等（2000），李彬等（2000）对桂林地区降水及盘龙洞滴水和现代碳酸盐的氧碳同位素研究表明，$\delta^{18}O$ 值与地面年均气温之间呈反向相关，$\delta^{18}O$ 值与年夏季风降水量以及与年夏季风降水和年总降水量的比值之间呈显著的负相关。桂林地区石笋碳酸盐 $\delta^{18}O$ 值与降水及全球气候变化的响应关系，可以归纳为：①全球变暖→夏季风增强→夏季风降水与年降水比值增大→年降水 $\delta^{18}O$ 值偏轻→石笋 $\delta^{18}O$ 值偏轻；②全球变冷→夏季风减弱→夏季风降水与年降水比值减小→年降水 $\delta^{18}O$ 值偏重→石笋 $\delta^{18}O$ 值偏重。谭明（2005）在石笋微层重建古气候机理研究方面取得开创性的成果，2004 年获得国家自然科学基金（No：40472091）支持研究“石笋微层气候学基本问题：信号与沉积简单关联条件”，指出大量的微层样品并不能作为记录使用，即（气候）信号与沉积之间存在复杂关联，致使在很多情况下噪音掩盖了信号。然而，现在毕竟有几个可信的序列做了出来，说明（气候）信号与沉积之间在某些条件下肯定存在简单关联，而信号强于噪音可在简单关联中实现，石笋微层气候学目前急需解决的一个重要而基本的问题就是要认识信号与沉积在何种条件下存在简单关联（谭明，2005）。

我国在用洞穴石笋进行古气候重建过程中一直较偏重石笋记录的对比而较轻机理研究，不过近年来越来越多的国内学者开始重视机理的研究，这也是势在必行。国土资源部岩溶动力学重点实验室张美良研究员等在桂林盘龙洞和贵州荔波董歌洞进行洞穴滴水及现代沉积物的水化学和同位素特征研究；中国科学院地质与地球物理研究所谭明研究员等在北京石花洞进行监测；中国地质大学（武汉）胡超涌教授等在湖北清江和尚洞开展洞穴监测工作；南京师范大学汪永进教授的研究团队在湖北神农架和贵州开展洞穴监测工作；西南大学李红春教授、李廷勇博士、沈立成博士等在贵州及重庆芙蓉洞和雪玉洞开展洞穴及大气降水的监测工作。在现代岩溶学理论指导下，各研究团队应充分利用其学科优势并结合地表岩溶系统长期连续观测的成果，将大气水热循环、地表生态系统和洞穴监测有机的结合，通过不同区域石笋沉积的现代短尺度记录和岩溶动力系统监测工作的对比研究，并找出它们之间的相关性和差异性，将有利于古气候对比的中国基准的建立。

三、石笋记录在过去全球变化研究中取得的成果

高分辨率的地质古气候记录主要集中在深海氧同位素 MIS5e（约 129kaBP）阶段以后，也就是终止点 II 以后，其中发生在末次冰期以来千年变率的气候冷暖旋回事件是一个研究的热点，格陵兰冰芯在此段研究 D－O 暖事件旋回取得了卓越的成果，并据此提出了 Greenland Interstadial 事件，中国洞穴沉积物重建古气候的工作得到世界第四纪科学界的重视，缘由于 Wang 等（2001）研究末次冰期南京葫芦洞数根石笋重建古气候的经典论文的发表，利用位于东亚季风区的高精度测年的石笋记录成果揭示了冰阶/间冰阶尺度（D-O 旋回）低纬季风与高纬极地气候之间的响应，并指出格陵兰 GISP2 和 GRIP 冰芯记录年代学的不足，需要对其时间标尺进行修正。由于葫芦洞记录部分时段定年及分辨率的不足，2007 年陈仕涛等获得国家自然科学基金资助（No：40702026），拟对湖北省保康县永兴洞（与葫芦洞同一纬度）6 支石笋高分辨率铀系定年及同位素研究，揭示末次冰期东亚季风 D-O 事件的转型及亚旋回特征。Spötl 等（2002）研究奥地利 Kleegruben 洞穴石笋记录，发现在 57kaBP～46kaBP，即在 MIS3 阶段 D-O 旋回事件的存在。Holmgrena 等（2003）研究南非洞穴石笋，发现 YD 事件和 H 事件在该地区石笋中都有记录存在，并指出这些气候变化与南半球极地附近西风环流有关。Denniston 等（2001）在美国，Niggemanna 等（2003）在德国洞穴石笋都有对 YD 冷事件的记录。Williams 等（2005）在新西兰的洞穴石笋记录的研究发现对 YD 冷事件的记录不明显，并类似于南极冰芯记录，说明南、北半球的地质记录的古气候变化存在一定的反相位关系。Baldini 等（2002）利用洞穴沉积物中微量元素（Mg/Ca、Sr/Ca、P、H 和 Si）和氧同位素的变化成功指示了 8.2kaBP 冷事件，P 的含量是随着温度和降水减少而减少的，所以在 8.2kaBP 冷事件时 Sr/P 的比率突然升高，而在冷事件前后此比率基本是一致的，所以 Sr/P 可以作为一个较好的气候指标进行古气候重建。Smith 等（2002）通过研究南非全新世石笋中氧、碳同位素变化，也发现石笋记录中 8200 冷事件的存在。McDermott 等（2001）通过研究爱尔兰洞穴石笋氧、碳同位素高分辨率记录，可以发现对中世纪暖期（MWP）和小冰期（LIA）的清晰记录。Lingea 等（2001）在挪威石笋记录中发现 MWP 和 LIA 事件。

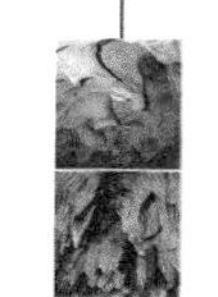

终止点II以前倒数第二次冰期时段过去全球变化研究也取得许多成果，早期海洋沉积SPECMAP曲线和黄土记录对古气候和古亚洲季风演化的研究做出巨大贡献，由于定年技术和分辨率的不足影响到这两种地质记录向前发展。Hendy（1968）等首次利用^{14}C定年对新西兰北岛的洞穴碳酸钙所做的氧同位素序列及其温度转换分析，标志着从洞穴碳酸钙检索古气候信息工作的开始。随着测年技术的发展，特别是TIMS测年技术的出现，直到20世纪80年代末到90年代初，洞穴沉积物重建古气候的工作得到第四纪科学界的重视，缘由于Winograd等（1988，1992）研究美国内华达州Devils洞方解石脉重建古气候等经典论文的发表，该方解石脉的氧同位素变化曲线与深海及南极冰心的氧同位素变化曲线进行对比发现，末次间冰期在方解石脉记录中起始于（147±3）kaBP，比海洋记录至少提前1.7万年，而比南极冰芯提前7000年，由此提出海洋氧同位素年代学需要修正、天文轨道动力并非更新世冰期产生的主要原因。Yuan（2004）等通过对贵州董歌洞D3、D4石笋精确TIMS和ICP-MS铀系定年以及碳、氧同位素的分析，重建了该地区16万年以来亚洲季风和低纬度降水的变化特征，并确定末次间冰期季风活动开始年龄为（129.3±0.9）kaBP，此时氧同位素比值下降，季风活动增强；结束的年龄为（119.6±0.6）kaBP，并伴随氧同位素比值升高，季风活动减弱，此研究结果支持全球变化的北半球高纬度天文轨道动力驱动理论。南北极高寒地区的冰芯记录在倒数第二次冰期研究取得一定成果，但由于样品保存及定年手段落后限制其发展速度，洞穴沉积物与其他地质记录相比在倒数第二次冰期时段具有较强优势，近几年取得不少成果。Berstad等（2002）研究挪威北部接近北极圈的一洞穴石笋，通过TIMS铀系法测年发现其最老年龄达到了630kaBP+73kaBP/-47kaBP，几乎达到了TIMS铀系法测年极限，虽然这个年龄的分辨率不是很高，但可以说此石笋记录可能已经达到了MIS15阶段，这是到目前为止世界上有报道的记录年限最长的一根石笋；在MIS9阶段石笋记录的结果类似于全新世的气候特征；石笋记录MIS11阶段有大量的降雨并且也比现在间冰期温暖，在MIS11早期降雨具有较重的$\delta^{18}O$值主要因为北大西洋洋流向北运移加强的缘故。Serefiddin（2002）的博士论文研究美国南达科他州Reed洞三根石笋沉积记录，记录年限从550kaBP～150kaBP，石笋记录表明MIS13阶段要比MIS11时期温暖，与理论上认为的MIS11是第四纪最温暖的间冰期相反。Fleitmann等（2003）利用阿曼北部Hoti洞8根石笋及一个流石样品，年限从330kaBP～6kaBP，通过研究石笋和流石的碳、氧同位素以及包裹体中的氢氧元素，表明在MIS5a、MZS5e、MZS7a和MIS9时期，阿曼北部地区ITCZ（intertropical convergence zone）的位置比现在要偏北，季风降雨是该地区水汽的主要补给来源，而来自北部地中海水汽的降水减弱或者停止。Kelly等（2006）研究董歌洞D3、D4石笋146kaBP～99kaBP终止点II转换时段前后的亚洲季风的变化及H11冷事件。Cheng等（2006）研究南京葫芦洞180kaBP～128kaBP石笋记录，并结合董歌洞及葫芦洞在末次冰期的研究成果提出终止点I，II前后亚洲季风具有双阶段的变化的特征，并提出了亚洲季风区的CIS（Chinese Interstadial）事件，但遗憾的是这些洞穴石笋记录没有完整的记录距今最近两次冰期的CIS事件。

2008年2月Wang等（2008）在*Nature*上的论文的发表引起了第四纪学术界的轰动，该论文研究位于东亚季风区的神农架洞穴石笋记录，其结果完整的揭示了距今两次冰期的气候旋回，提出了东亚季风区的完整的CIS事件，进一步支持了全球变化的北半球高纬度天文轨道动力驱动理论。Wang等（2008）同时指出神农架石笋记录的季风活动在MIS5.5

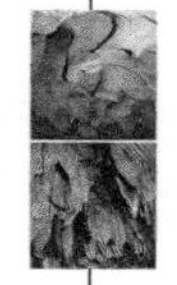

和 MIS7.3 时段偏弱，而在 MIS6.5 阶段季风活动又偏强与太阳辐射强度变化不一致，文章解释其原因主要是道尔效应。在受东亚季风和西南季风双重影响的黔南董歌洞石笋是否也具有此种特征，以及季风 CIS 事件的转型及亚旋回特征如何？这是一个值得研究的科学问题。

2007 年张美良等获得国家自然科学基金资助（No：40772216），研究中国西南 50 万～15 万年来石笋记录的气候事件及全球意义，该项目的关键科学问题是终止点Ⅲ、Ⅳ、Ⅴ的准确定年以及宏观把握 35 万年跨度的气候事件，但对于气候事件转型及亚旋回研究不是其项目的主要科学问题。2007 年孔兴功等获得国家自然科学基金资助（No：40771009），研究神农架洞穴石笋氧同位素对山地气候的响应机理，因为洞穴石笋氧同位素的古气候指代意义仍未明确，此项目选择湖北神农架地区不同海拔高度 12 个洞穴发育的石笋，得出石笋氧同位素的海拔效应；并结合现代观测结果得到的洞穴沉积碳酸盐的温度和降雨量海拔效应以及当地湖泊沉积物孢粉资料给出的典型气候事件的温度和降雨量波动幅度，定量解析温度和降水量对石笋氧同位素的贡献。其项目获批准说明地域差异对石笋同位素比值形成影响的研究日益受到重视，区域差异对比是石笋重建研究的重点，2007 年张平中等获得国家自然科学基金资助（No：40772110）研究西风带地区石笋 MIS5 与 11 期间的气候事件，同年蔡演军等获基金资助（No：40773009）研究西南印度季风区末次间冰期石笋高分辨率记录。最后，还要指出海外华人学者对我国洞穴石笋重建古气候研究的贡献，例如李红春和程海等，他们为我国洞穴石笋精确定年提供了大量的帮助，也在我国广大岩溶地区进行古气候重建工作研究。

四、洞穴岩溶记录研究存在的不足及今后的工作方向

1. 地质年代学研究

精确年代学的建立是洞穴石笋古气候重建研究的首要条件，也是石笋记录领先于其他地质记录的优势所在。但到目前为止，国内还没有建立起来适合洞穴石笋定年技术的高精度年代学实验室（如 MC-ICP-MS ^{230}Th 铀系法定年技术），国内洞穴石笋精确时标的建立主要依靠和国外铀系年代学实验室合作来获得，这是限制国内洞穴石笋古气候重建领域快速发展的主要问题。其次，对于洞穴石笋定年过程中出现的年代倒序问题研究不够，尤其是对文石—方解石石笋在重结晶过程中出现的表观年龄问题研究不够深入。另外，对于较年轻石笋（<100 年）和较老石笋（>35 万年）采用^{230}Th 铀系法定年技术精度提高的研究是每个铀系实验室必须面对的问题，在全世界范围内新的适合于洞穴石笋的定年方法的研究还没有取得突破。

2. 环境记录指标的机理研究

多环境记录指标的相互印证研究是古气候重建的有效手段，除了经典 $\delta^{18}O$ 记录外，随着 MC-ICP-MS 等质谱技术的发展，石笋中越来越多的环境元素及其同位素被用作古气候替代指标，但对于这些老的以及新的环境记录指标深入的机理研究还不够详细；洞穴监测中短尺度区域相关性及差异性对比，温度、湿度、生态以及人类活动对石笋环境替代指标影响的定量划分还不是很清晰。在实际应用中应该结合本地区的环境特征，进行系统的

野外洞穴监测，找出影响本地区石笋环境记录指标形成的关键因素，而不应该完全“照搬”其他地区的解译。

3. 更老古气候重建记录研究

终止点Ⅲ约25万年以前的洞穴石笋古气候重建记录不多，高分辨率（达10年；100年分辨率）的记录更少。重点研究由广西到青藏高原的剖面上更长时间序列（如50万年）的石笋高分辨率的气候地层学和年代地层学；揭示东亚季风和印度季风的相互作用及其变化。限制更老洞穴石笋古气候重建记录研究主要有两个因素：①样品难获得，大于25万年以前的老样品更容易受到洞穴发育过程中崩塌作用以及地震等地质作用的影响，造成样品被破坏；②定年精度较差，这是^{230}Th 铀系法自身方法特征所造成的限制，^{230}Th 半衰期为7.5万年左右，越老的样品 U/Th 测试精度相对较差，所以要找铀含量较高以及生长速率较快的样品来保证定年精度的提高。

4. 短尺度高分辨率记录研究

洞穴石笋样品定年准确，易获得短尺度高分辨率的记录，通过多根同地区的石笋记录的相互印证有助于本地区标准气候剖面的建立，高分辨率记录也是体现洞穴石笋记录优于其他地质记录的关键所在。当前洞穴石笋记录研究应当以高分辨率为主要研究方向，研究气候事件内部的亚旋回为主，并进行区域对比。PAGES 的主要科学问题的研究强调高分辨率的连续记录，2000年的记录（达年，10年分辨率），25万年的记录（达10年，100年分辨率）。全新世以来的达10年分辨率的洞穴石笋记录相对较多，而全新世以前到25万年达10年分辨率的洞穴石笋记录较少，这应当是今后高分辨率研究的方向，尤其是终止点前后强烈的气候突变事件的内部旋回应当是研究的重点，有助于更完善的中国基准（CIS）的建立。

5. 气候预测模型的建立

研究过去是为了预测未来的气候，发生在过去的强烈的气候突变事件在未来会不会发生，以及影响程度如何？这是古气候研究学者必须面对的现实问题。已有的洞穴石笋古气候记录研究主要强调气候变化的驱动机制，而缺少气候预测模型的建立，洞穴石笋记录时标准确更有助于区域对比，全球中、低纬度广泛分布的洞穴石笋记录结果最终应当归结为一个较系统的气候预测模型；对国内洞穴石笋记录研究者而言，提高过去石笋记录的时空分辨率并结合现代洞穴监测及气候变化规律建立起合理的季风演化的预测模型应当是今后的目标。

复习思考题

1. 什么是全球变化研究最中心的问题？
2. 在全球变化研究中如何运用地球系统科学的认识论和方法论？
3. 过去全球变化研究（PAGES）有哪些重要的科学问题？
4. 用岩溶记录研究过去全球变化有哪些优势？要注意哪些问题？
5. 什么是地球系统？地球系统哪些变化将影响大气边界？
6. 洞穴岩溶记录研究存在哪些不足？应如何改进？

第四篇

专门岩溶学

岩溶地区蕴藏有丰富的农林、矿产、水、旅游资源，一直以来都是开发利用的重点，但环境容量比较低，是一种脆弱的环境。由于对岩溶资源的形成分布特征、规律的研究比较薄弱，开发利用又不合理，因此在经济社会发展中面临一系列的诸如矿坑突水、水污染、生态退化、地面塌陷等资源环境问题。有些问题虽然具有普遍性，但由于发生在岩溶地区而更显特殊和复杂。人类要开发利用岩溶资源，改造岩溶环境，就必然要面临岩溶地区各种复杂问题的挑战，利用岩溶动力学的理论方法解决岩溶地区当前面临的一系列资源环境问题，为岩溶区可持续发展做出贡献，是现代岩溶学研究的一个重要任务。

第十章 岩溶地区的矿产资源

第一节 概　　述

中国岩溶地区的矿产资源丰富，除可溶岩本身（碳酸盐岩、石膏、岩盐、芒硝等）可作为矿产资源开发利用外，还有与岩溶作用有关的一些金属、非金属矿床。它们有的是以岩溶作用为主导成矿的，有的只是由岩溶作用提供储矿空间，与岩溶作用并无直接的成因关系。我国已探明岩溶型矿有22种，主要矿产种类有铅、锌、锑、汞、铁、铝、锡、锰、金、铀、铜、雄黄、高岭石、耐火黏土、磷、水晶、重晶石、萤石、冰洲石、滑石及石油、天然气等。中国岩溶矿产分布广泛，主要分布在岩溶发育地区，如广西、云南、贵州、四川、湖南、湖北、河南、山东、广东、山西、陕西、安徽、江苏等13个省（区）。大地构造部位主要分布在相对稳定的地块，如华南准地块、扬子地块、华北地块。矿床产出的层位以古生代的碳酸盐岩为主，其次是产出于元古代及中生代的碳酸盐岩中。

一、岩溶矿床的定义和特征

岩溶矿床是指以岩溶成矿作用为主导形成的矿床，以及矿体分布和形态受岩溶空间控制的矿床。即可溶岩在水的溶蚀、侵蚀作用下，有用组分被溶解、分离并搬运到各种岩溶空间中沉淀、堆积或与可溶岩交代而成的矿床。

通过中国岩溶矿床形成条件的综合研究，该类矿床一般具备如下特征：

（1）成矿物质主要来自可溶岩系（包括岩系中的矿源体）和岩溶水中本身携带的物质；

（2）容矿空间与岩溶作用有关；

（3）矿床必须是在岩溶作用过程中（包括与岩浆无关的热液岩溶作用过程）形成的。

这些特征反映岩溶矿床的成矿物质、容矿空间、成矿过程等都是与岩溶作用紧密联系的。

二、岩溶矿床形成条件

岩溶矿床形成条件主要包括矿床成因、成矿系统、地质要素、成矿床动力过程。

矿床成因（metallogeny）是指研究矿物沉积机理，重点强调地壳矿物的区域地层和构

造特征沉积在空间、时间上的联系（AGI，1972）。

成矿系统是指在一定的时空区域中，控制矿床形成、变化和保存的全部地质要素和成矿作用动力过程，以及所形成的矿床系列，矿化异常系列构成的整体，是具有成矿功能的一个自然系统（翟裕生，1999）。

地质要素包括影响矿物质来源、储集空间的岩性、地球化学背景、构造、地形（含古地形）等。

成矿床动力过程包括水（热液，降水，地下水等）、气（CO_2等）、生物（含微生物），酶等因素的作用过程。

第二节　中国岩溶矿床分类

根据中国岩溶地区矿床的特征，赋存于可溶岩中的矿床，可以划分为岩溶型矿床及与岩溶有关的矿床两大类，其中又按矿物质富集的方式和产出部位划分出亚类。

一、岩溶型矿床

根据形成矿床的矿物质富集方式，岩溶型矿床可划分如下几种类型：①岩溶沉积矿床；②岩溶淋积矿床；③岩溶堆积矿床；④热液岩溶充填、交代矿床；⑤岩溶砂矿床。

（一）岩溶沉积矿床

岩溶沉积矿床是指可溶岩中的矿源层（体）经岩溶水溶滤出有用组分，再被搬运至有利岩溶空间，沉积形成的矿床。其矿体形态一般较复杂，多为囊状及分叉脉状等，矿体及矿石一般具层理构造，与围岩接触面起伏不平，界线清楚。典型矿床主要有山东朱崖褐铁矿床、山东淄博黑旺褐铁矿床、湖南安化青冲山褐铁矿。

山东朱崖褐铁矿：该矿为岩溶洞穴沉积矿床，产于富含菱铁矿、铁白云石、富铁海绿石的寒武系、奥陶系碳酸盐岩中。地史上经历了加里东以来多次地质构造运动，岩溶发育，沿断裂、裂隙构造形成复杂的洞穴系统。矿体形态受洞穴和管道形态的控制，有脉管状、树枝状、漏斗状、舌状、囊状、串珠状、条带状和层状等。一般长 10 余米，宽 7 ~ 10m，深 30 ~ 80m。条带状矿体规模较大，一般长 0. 5 ~ 4 km，最长可达数十公里。矿体与围岩界线清楚，储矿溶洞顶板一般凹凸不平，底板则较规则平整，底面常见有数厘米厚略具层理的可溶岩碎屑及黏土沉积物，与围岩之间也有数厘米厚的钙质砂泥和铁质黏土。

矿体中常见石笋、石钟乳等次生化学沉积物。矿石矿物成分主要有褐铁矿、针铁矿、纤铁矿、赤铁矿等。矿石具块状、蜂窝状、土状、条带状等构造及钟乳状、石笋状、肾状、残晶、球状、鲕粒状等结构。从上述特征来看，该地区在岩溶地下水的长期强烈作用下，一方面形成了地下洞穴管道系统，另一方面因从围岩中溶滤出铁质，经地下水搬运、迁移于洞道空间沉积形成铁矿。只要条件合适，即可成矿，属典型的岩溶沉积矿床。

山东淄博黑旺溶洞褐铁矿：该矿区包括围子山、平顶山两大矿床，由中、下奥陶统灰岩（O_2）、下奥陶统灰岩（O_1）所夹的菱铁矿，经一系列风化作用形成褐铁矿（见下述方程式）。褐铁矿呈层间状（图10-1）、树枝状（图10-2）、囊状（图10-3，图10-4）、储存于奥陶统灰岩发育在的空隙中。

$$2FeCO_3 + (n+2)H_2O + 1/2O_2 \rightarrow Fe_2O_3 \cdot nH_2O + 2CO_2 + 2H_2O$$

湖南安化青山冲溶洞褐铁矿：本褐铁矿储存在发育于中泥盆统棋梓桥组 D_{2q} 灰岩的溶洞中（图10-5）。铁质来源于 D_{2q} 灰岩的黄铁矿 FeS_2，含矿层厚数米，经一系列风化脱水作用而成（见下述方程式）。

$$2FeS_2 + 7O_2 + 2H_2O \rightarrow 2FeSO_4 + 2H_2SO_4$$

$$4FeSO_4 + O_2 + 10H_2O \rightarrow 4Fe(OH)_3 + 4H_2SO_4$$

$$4Fe(OH)_3 \rightarrow 4FeO(OH) + 4H_2O \rightarrow 2Fe_2O_3 + 6H_2O$$

中国碳酸盐岩地区类似成因的矿床较多，如广西全州小乐坪褐铁矿、广西环江北山溶沟褐铁矿、山东莱芜龙湾沟褐铁矿等。

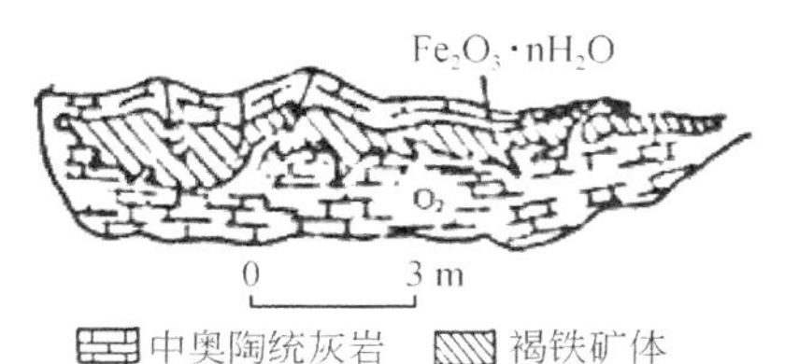

图10-1　山东黑旺平顶山奥陶系灰岩层间岩溶褐铁矿矿体素描图（据谢窦克等，1979）

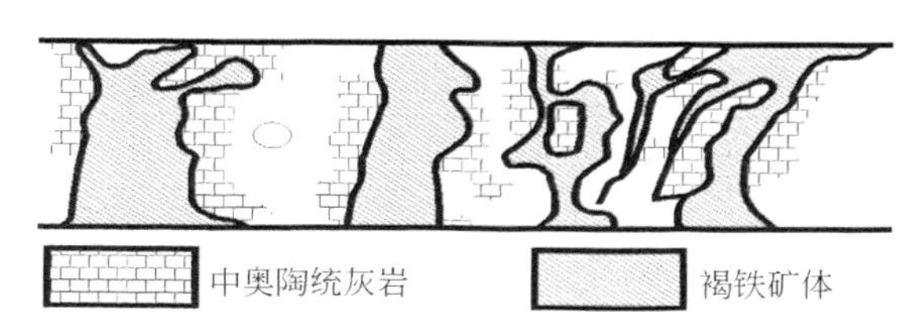

图10-2　山东黑旺矿坑树枝状铁矿矿体素描图（据谢窦克等，1979）

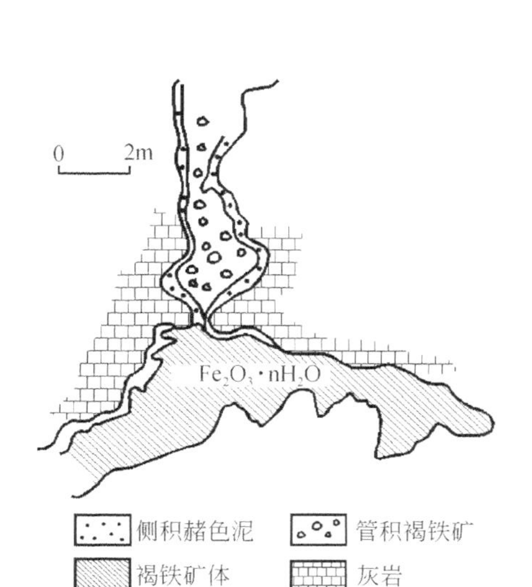

图10-3　山东黑旺平顶山岩溶囊状铁矿矿体素描图（据谢窦克等，1979）

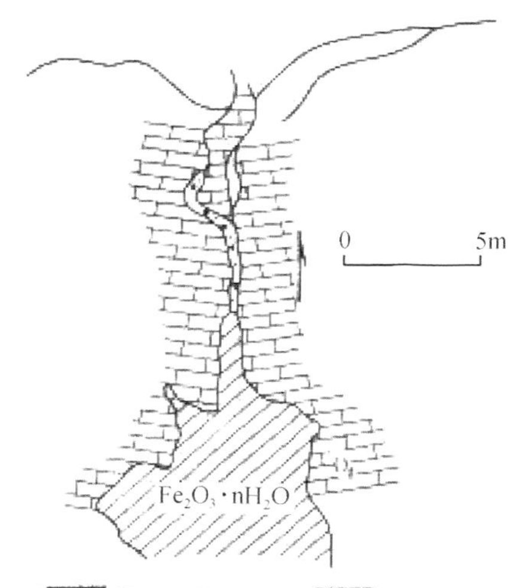

图10-4　山东黑旺围子山岩溶漏斗之下的囊状铁矿矿体素描图（据谢窦克等，1979）

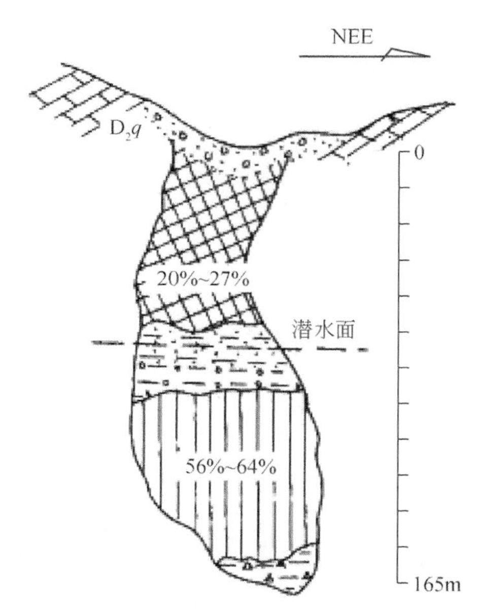

图 10-5 湖南青山冲褐铁矿剖面图（据陈懋猷等，1958）

（二）岩溶淋积矿床

可溶岩中的矿源层（体）经岩溶水溶滤，使其中有用矿物成分发生不同程度的变化和元素的迁移，富集形成的淋积矿床。其矿体形状多为不规则的层状、囊状、透镜状等。矿石多具土状、胶状、钟乳状、石笋状、角砾状等构造。如广西桂平木圭淋积锰矿、江苏凤凰山洞穴淋积磷矿。

广西桂平木圭淋积锰矿：产于向斜中的上泥盆统榴江组扁豆状灰岩及硅质岩盘中部及底部，均系原生含锰灰岩经岩溶作用次生氧化、破碎堆积生成。按成因可划分为淋积（锰帽）和堆积锰矿两种类型。其中淋积矿又可按矿石形态分为松软锰矿床及烟灰状锰矿床、夹层锰矿床。①松软锰矿床：由于向斜汇水条件良好，榴江组中上部原生沉积的含锰灰岩埋藏较浅，有利于岩溶水的次生氧化作用，利于氧化淋滤带富集成矿（图 10-6）。矿石具泥质、土状、粒状结构，薄层状、块状构造，主要锰矿物为偏锰酸矿。②烟灰状锰：矿床（图 10-7）产于向斜两翼梧江组底部或下伏中泥盆统东岗岭组灰岩的侵蚀面上。矿体呈似层状、透镜状、囊状及不规则状、厚度变化大，为 0.3 ~ 23.93 m。主要锰矿物为软锰矿。矿石构造以粉末状为主，其次为土状、葡萄状，肾状及皮壳状。烟灰状锰矿床锰矿中局部仍保存层理清晰的硅泥质页岩呈互层产出，属含锰碳酸盐岩在岩溶作用的同时淋积形成的锰矿床。③夹层锰矿：产于榴江组中下部含锰岩层内，与硅质页岩互层产出，层位不稳定，形态变化大，有似层状、透镜状、扁豆状等，厚度一般 3 ~ 8m。矿石主要为硬锰矿、软锰矿，胶状结构，块状、肾状、角砾状、薄层状构造。是在长期岩溶作用下，经风化淋滤形成产状比较复杂的锰矿床。

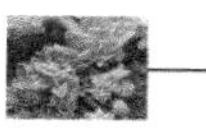

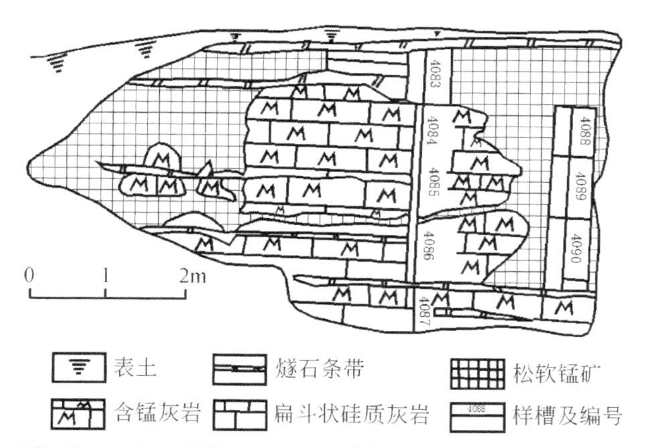

图 10-6　广西桂平木圭锰矿阿婆坟 5954 观测点露头素描图（据茹廷铸等，1983）

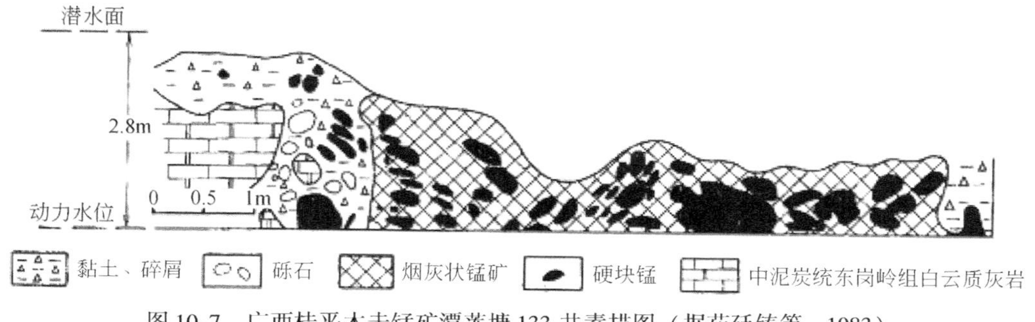

图 10-7　广西桂平木圭锰矿潭连塘 133 井素描图（据茹廷铸等，1983）

属于此种类型的锰矿见于广西的下雷、东平及广东连县小带、云南宣威阿都及西畴石峨等地。

江苏张圩凤凰山洞穴淋积磷矿：产于震旦系绵山组灰岩中，矿体受洞穴形态控制，一般为椭圆状或肾状，向下延伸不大，深部似漏斗状、葫芦状（图 10-8），有的呈不规则的囊状、筒状。填充物主要有亚黏土、含磷黏土，灰岩碎屑碎块，具向中心倾斜的层理构

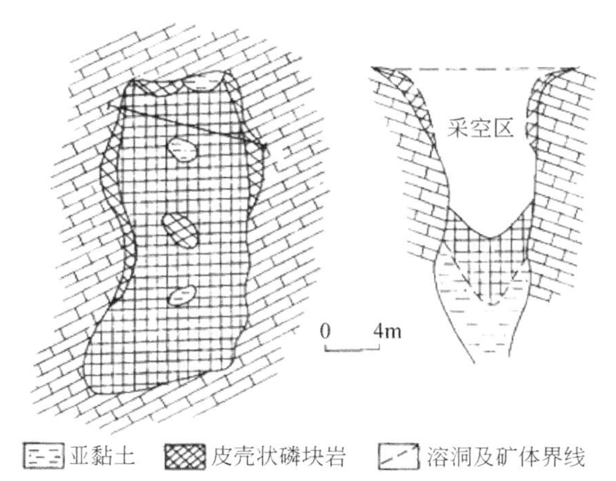

图 10-8　江苏张圩凤凰山岩溶洞穴磷块岩矿体（据江苏省第五地质大队，1980）

造。洞壁常见钟乳状、石笋状、皮壳状构造及方解石晶簇等。矿物以胶磷矿为主，次为黏土和碳酸盐。矿石类型可划分为皮壳状磷块岩、块状磷块岩、土状磷块岩和角砾状磷块岩等。磷酸盐的富集是在湿热气候和有大量有机质参与的情况下，碳酸水对 P_2O_5 的溶解能力大为增加，当地下水大量溶解碳酸盐岩，在洞穴中适宜的物理化学条件下钙镁流失，而磷酸盐产生沉淀，形成洞穴淋积磷矿床。

（三）岩溶堆积矿床

可溶岩中的矿源体（层）经岩溶作用，剥蚀崩塌就近堆积于岩溶洼地、洞穴中形成的矿床。其特点是：①随原生矿体（层）的展布而断续出露；②矿体形态受岩溶地貌的控制；③矿床规模取决于原生矿体（层）的规模、岩溶发育的程度和岩溶作用时间的长短。典型例子如广西平果堆积铝土矿。

平果地区原生铝土矿产于上二叠统合山组灰岩的底部、下二叠统茅口阶灰岩凹凸不平的岩溶侵蚀面上，厚0～10m，上覆黏土岩、炭质页岩及煤层。第四纪期间，由于岩溶作用，导致矿层受风化剥蚀破碎，原地或近地堆积于洼地、洞穴中形成次生堆积铝土矿。按堆积的不同环境及堆积方式，有坡积、冲积和洞积等类型。矿体的分布和形态严格受地形地貌控制（图10-9）。剖面形态呈缓倾角似层状、扁豆状、透镜状，规模长320～4575m，宽60～805m，厚1.4～4.4m。矿石分选性差，大小不一，呈不规则块状。主要矿物为水硬铝石（78%～80%），主要化学成分 Al_2O_3 的平均值为59.26%。胶结物为粉砂和黏土，主要成分为三水铝石。

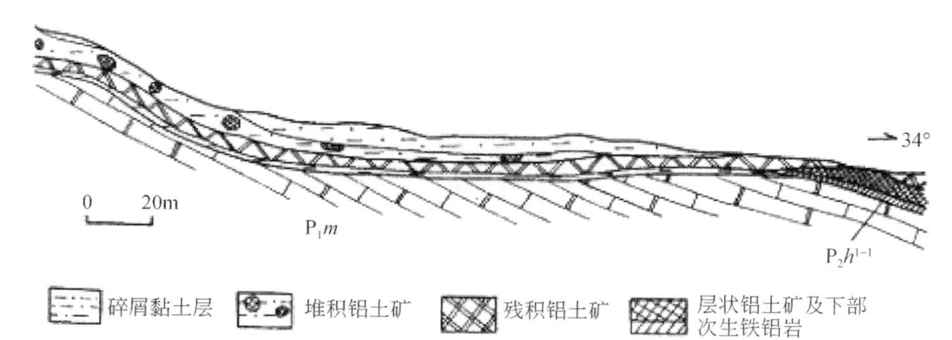

图10-9 广西平果那斗矿区25号矿体剖面图（据广西冶金工队，1978）

类似的堆积矿，如广东英德井冲角堆积褐铁矿等，多是由岩溶淋积矿床破坏后就地或近地堆积而成。一般堆积于缓坡上的第四纪残积层中，矿体呈似层状、透镜状，不同形状、大小的矿石混杂堆积。

牙买加铝土矿床是一个成矿作用现在仍在进行的钙红土型铝土矿床（图10-10）。虽然牙买加石灰岩十分纯净，含铝量甚低（$A1_2O_3$为0.03%），但Si、Fe的含量亦低（SiO_2为0.03%，$A1_2O_3$为0.04%）。但在含有重碳酸镁的水溶液作用下，石灰岩被层复一层的溶解，并可使 SiO_2 从残余的黏土物质中淋滤出来，原生矿石发生 SiO_2 的流失和 $A1_2O_3$ 的集中。即可以出现与碱性硅酸盐岩石风化的类似情况。

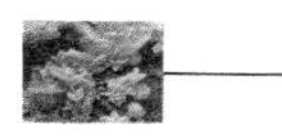

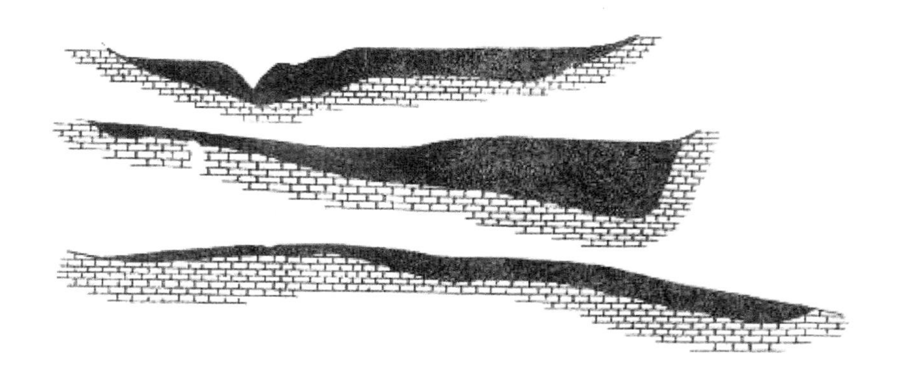

图 10-10　牙买加铝土矿床示意图

（四）热液岩溶充填、交代矿床

是可溶岩在热液岩溶作用过程中以溶蚀、充填或交代作用为主形成的矿床。目前对热水溶液的来源、温度、赋存状态和运动方式等，还存在不同的认识。对岩溶作用而言，一般认为热水主要是由地下水深循环产生的，其温度范围在 40～200℃，处于承压状态，运动方向朝上或由高压向低压处运移。由于水力压裂和热液爆发而常伴有热液爆发角砾岩的产生。其溶蚀形态常见为等轴状溶蚀房，剖面上直立洞穴上接水平洞穴，与一般由地表水下渗形成的洞穴系统相反。形成的矿体形态多呈椭圆或等轴的囊状、不规则管状。矿化层多处于可溶岩与隔水层的接触带附近。矿石以硫化物为主，多呈角砾状、皮壳状构造。

湖南界牌峪热液岩溶充填雄黄矿床，矿区位于东西向褶皱断裂带的磺厂背斜西段，主要容矿层位为上寒武统娄山关群及下奥陶统南津关组底部的灰岩、白云岩。南津关组下部页岩起着隔水与盖层的作用。区内无火成岩出露，但发育热液硅质岩体。矿体沿断裂和筒状岩溶角砾岩呈脉状、囊状、瓜藤状或藕节状产生（图 10-11）。主要矿物有雄黄、雌黄。矿石类型有块状、角砾状、浸染状或薄膜状矿石，岩溶角砾岩主要矿物为雄黄 As_4S_4；雌黄 As_2S_3。矿体与围岩界线一般是过渡的，自中心向边部由块状矿石—角砾岩状矿石—浸染状或薄膜状矿石—矿化碎裂白云岩—完整围岩。但管状矿体下部在 -266m 以下，则界线清楚、并具凹凸不平的溶蚀面。筒状角砾岩中块状富矿体的采空区形态，与热液岩溶形成的截面为椭圆状或等轴状的溶蚀房极相似。据雄黄、雌黄、方解石的均一法包裹体测温，成矿温度为 130～160℃；雄黄的硫同位素测定 $\delta^{34}S$ 为 16.26‰～18.87‰，属“重硫型”。从以上所述，说明成矿溶液是经地热加温后富含砷元素的酸性热水溶液并具有较高的蒸气压，其硫源来自海相地层中的硫酸盐，硫来自海相地层中的石膏。当热液沿断裂上升时，镁质碳酸盐岩被热水含矿溶液溶蚀，在 pH 与 Eh 值发生变化的合适条件下，砷的硫化矿物大量析出沉淀，形成洞穴充填的块状富矿石。成矿过程表明热液作用与热液成矿作用是在以垂向为主的承压循环带中同步进行的。竖井状矿体产于上寒武统娄山关群及下奥陶统南津关组灰岩、白云岩中。

广西上林马鞍山热液岩溶交代滑石矿矿床赋存于古登向斜西翼下石炭统岩关阶含燧石条带或结核的白云岩中（图 10-12）。矿层底板为碳质页岩或碳质板岩，其上下部地层均为巨厚的灰岩、白云岩，岩溶发育。矿体呈似层状、透镜状，内部含白云岩夹石，共生矿

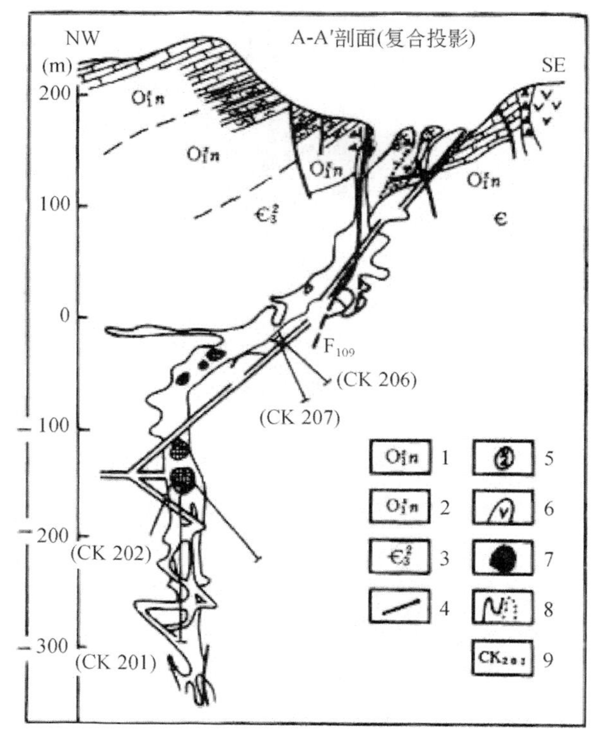

1.奥陶系上南津关组；2.奥陶系下南津关组；3.寒武系娄山关组上部；4.性质不明断层；5.矿化角砾岩；6.热液硅质岩；7.矿柱；8.老窿采空区投影；9.窿道钻孔及编号

图 10-11　湖南界牌峪雄黄矿床复合地质剖面图

（据周志权，1986）

物多为方解石，石英极少，围岩蚀变及硅化均不明显。矿石化学成分为 SiO_2：58%~61%、MgO：28%~31%。矿床成因与岩浆作用及变质作用无成因联系。据共生矿物方解石与石英液相包体测得 $\delta^{18}O$ 16.8‰~17.42‰；$\delta^{13}C$ 5.5‰；pH 7.97~8.0；包体爆裂法测温为 168~196℃。据此认为成矿热液是大气降水转入地下后，随岩溶作用的进行，经构造作用或地热、深部热源加温、形成弱碱性岩溶热水。该热水在溶解含燧石条带的白云岩后，被

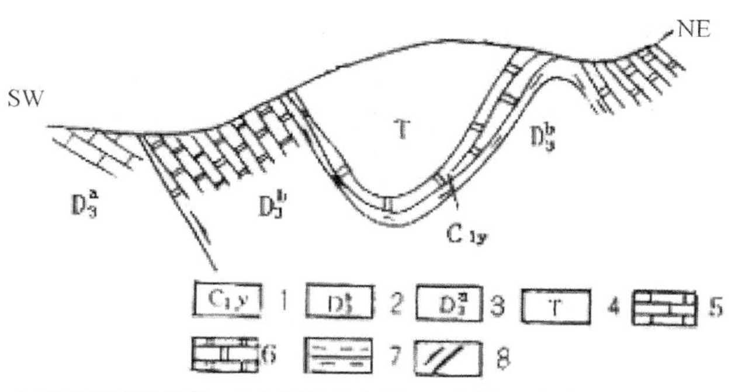

1.下石炭统岩关组；2.上泥盆统上部；3.上泥盆统下部；4.滑石矿体 5.灰岩；6.白云岩；7.炭质页岩；8.断层

图 10-12　广西上林马鞍山滑石矿地质剖面图（据李驭亚，1985）

溶解的石英生成可溶性的 $HSiO_4{}^{3-}$ 及 $H_2SiO_4^{2-}$，由此形成的含 $HSiO_4{}^{3-}$ 及 $H_2SiO_4^{2-}$ 的热水，当 pH 和温度降低时，SiO_2 从溶液中析出，然后交代白云岩，生成滑石矿床。故从成矿过程分析，应属热液岩溶交代矿床类型。

类似矿床，还见于其他一些地方的石炭系富镁质碳酸盐岩中。如湖南隆回、洞口、花垣、攸县、广东阳山等地赋存于中上石炭统含硅质条带白云岩中的滑石矿床；广西环江水源上石炭统含燧石结核白云岩中的滑石矿床；广西武宣下石炭统含燧石白云岩中的滑石矿床，它们均具有相似的成矿地质条件和成因模式。

（五）岩溶砂矿床

可溶岩中的矿源体或某些相对稳定矿物，经岩溶作用分离后，于附近堆积形成的砂矿床。严格地说，这类矿床应属堆积矿床类型，但是因共有独特的成因特征，受控于岩溶水文地质条件，并常有很大的经济价值，故另立一类，以便于研究和开发利用。此类砂矿床在岩溶地区常见的有锡、金、水晶矿等。

砂锡矿如云南个旧砂锡矿床。原生含锡矿脉产于厚达 3000～5000m 的中三叠统碳酸盐岩层。由于多期活动的断裂，燕山中晚期大规模的酸性岩浆侵入，在碳酸盐岩中形成一些原生的含锡地质体（含锡矿脉及含锡火成岩等）。在后期漫长的岩溶作用下，可溶性围岩大量溶蚀流失，分散的有用矿物则富集形成砂矿。其中有发育在地表径流很少的全封闭式或半封闭式的洼地、溶沟、溶槽中内，砂矿厚可达 15～80m，其物质主要来源于周围山地碳酸盐岩中的原生含锡地质体（图 10-13）。此外，还有发育在碳酸盐岩所在处的构造阶地、缓坡和洪积扇中的砂锡矿。所见砂矿床一般距原生含锡地质体露头小于 1 km，故大部

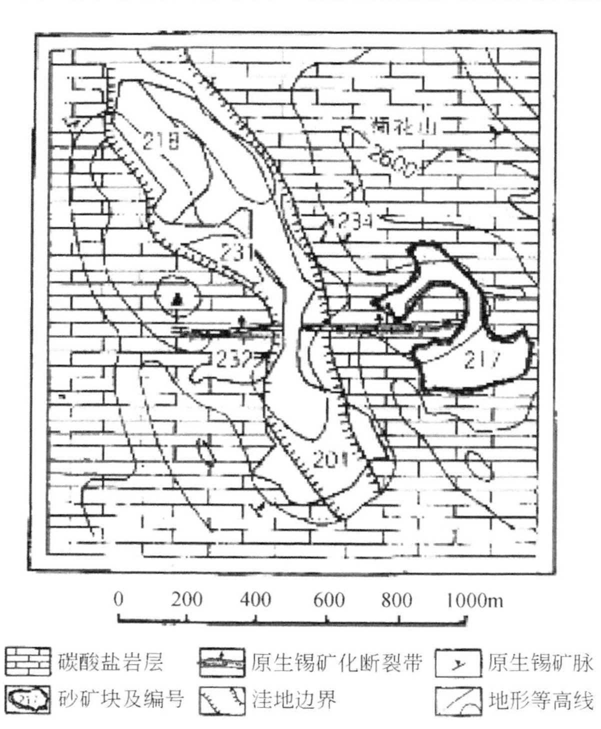

图 10-13 云南个旧伊家硐槽形洼地矿砂分布图（据黄廷燃，1983）

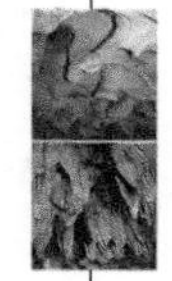

分为短距离搬运的残坡积砂矿，长距离搬运的河流冲积砂矿极少见。故成砂（矿）作用很不完全，大部分仍是一些不稳定和尚未完全氧化的矿物，砂矿的含泥率高达70%~90%。矿物集合体多，破碎程度低，矿石分选性差。这些特征说明矿石搬运不远，砂矿的形成以化学溶蚀作用为主。

此外，广西富川—贺县—钟山的砂锡矿，其成因类型较多，常见砂锡矿以残坡积及冲积砂矿产于非可溶岩地貌区，或沿岩体接触带的溪流携带注入地下溶洞堆积而成。这些均不属于岩溶成因类型，而只有那些产于碳酸盐岩中的原生锡矿经风化溶蚀析出锡石后，近地堆积于岩溶洼地中形成的砂矿床才属于岩溶砂矿类型，如新路的金窝肚砂锡矿。

砂金矿如广西上林镇圩内浪砂金矿床。位于镇圩穹窿构造核部中泥盆统东岗岭组白云岩中。由于白云岩中含金并由充填有含金方解石-石英-辉锑矿脉的裂隙所切割，岩溶作用使砂金富集于封闭洼地内的第四系溶余沉积物中。其分布范围仅局限于白云岩中。矿体平面形态基本与洼地形状一致，剖面形态为似层状。

水晶砂矿如贵州开阳小茅坡水晶砂矿床。矿源层为上震旦统灯影组白云岩，其中普遍水晶矿化，白云石脉中晶洞分布密集。经后期岩溶作用，水晶砂赋存于岩溶残丘及缓坡台地上的第四系沉积物中，形成残、坡积水晶砂矿。其他还有汞、铅锌砂矿。如贵州关岭花江汞砂矿，为下、中三叠统灰岩中的汞、铀矿床，经岩溶作用，汞砂堆积于三叠统灰岩侵蚀面上，主要矿物为辰砂。贵州赫章榨子厂铅锌砂矿（图10-14），矿体长1000m，宽约400m，厚3~10m。为下、中石炭统的矿源层（体）溶蚀残余于低洼处堆积形成矿床，含铅、锌黏土层矿物有水锌矿 $Zn_5(OH)_6(CO_3)_2$、菱锌矿 $ZnCO_3$、白铅矿 $PbCO_3$。

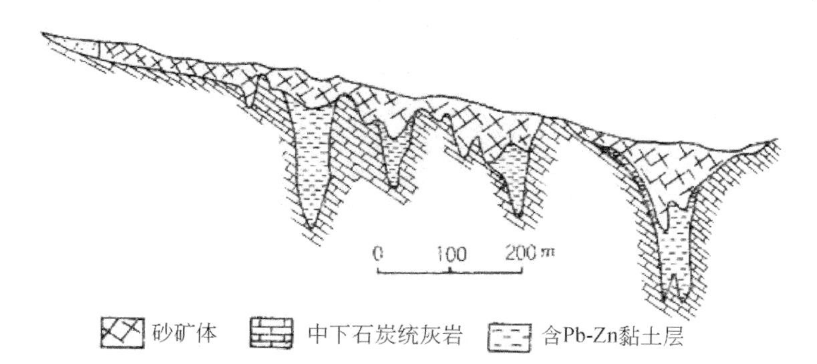

图10-14　贵州赫章榨子厂铅锌砂矿勘探剖面示意图（据周德忠等，1980）

辽宁省关门山铅锌矿床位于铁岭东面的泛河凹陷带中，其总面积1800km²，共有15个矿点。基岩为泛河凹陷带由中—上元古界碳酸盐岩、碎屑岩、火山岩、侏罗系煤系地层及白垩系红层及火山岩构成。主要容矿层位是中—上元古界下部长城系的关门山组的灰白色块状粉晶泥晶白云岩，条带状泥晶藻白云岩及板岩，厚1336m。富矿层夹白云岩碎屑，矿物主要有方铅矿（PbS）、闪锌矿（ZnS）、黄铁矿（FeS_2）。矿石铅模式年龄为19亿~20亿年，成矿温度75~155℃。成矿过程为围岩→岩溶→角砾→含矿角砾。其上的蓟县系也有一些矿化点。关门山铅锌矿床区域地质背景图（图10-15）、坑道矿层素描图（图10-16）。

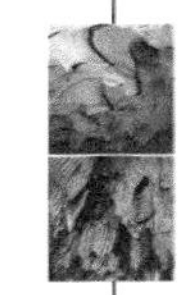

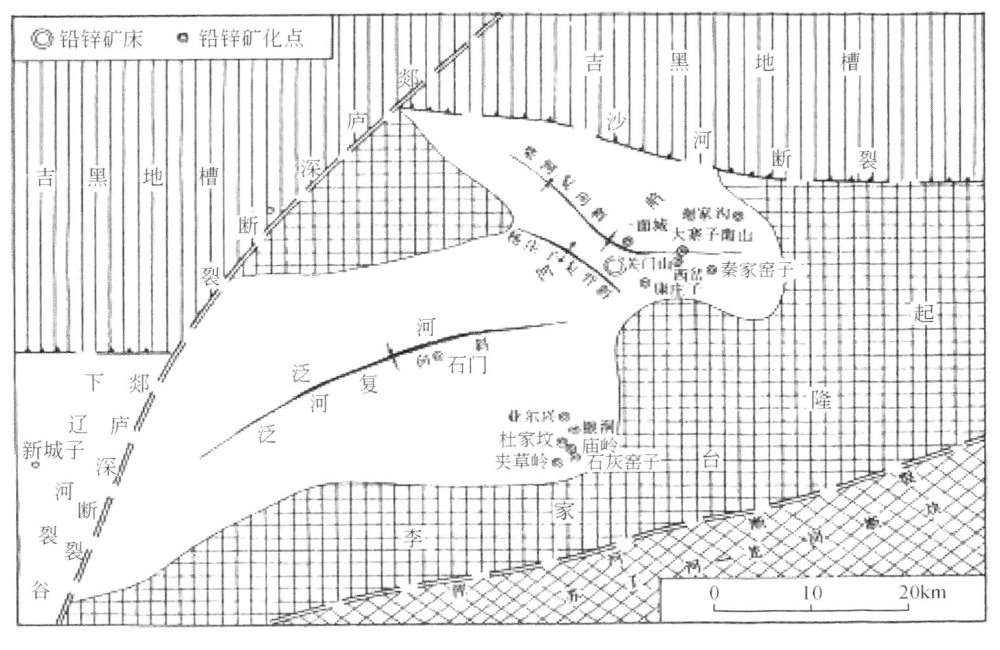

图 10-15　关门山铅锌矿床区域地质背景图（据张贻侠等，1978）

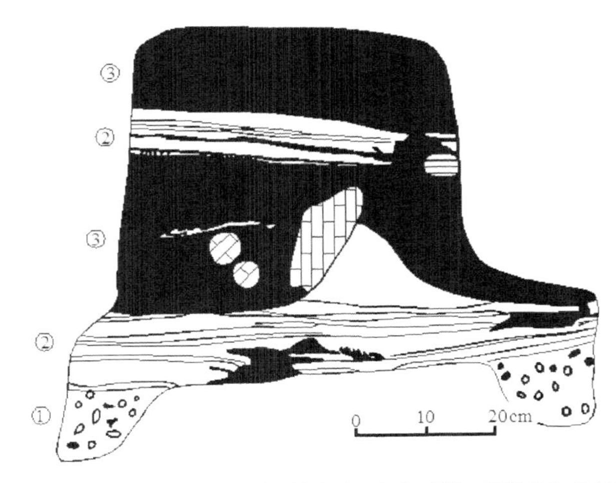

①含矿岩溶角砾岩；②具水平层理的岩溶沉积角砾岩，沿层理发育有矿化；
③富矿层（内含白云岩残块，并保留有岩溶沉积岩的层理痕迹）

图 10-16　关门山铅锌矿 2103 上水平贯穿坑道素描图（据张贻侠等，1978）

二、与岩溶有关的矿床

还有一些与岩溶形态有关，但成矿作用不以岩溶成矿作用为主导的矿床。对于这些矿床，岩溶作用不是主要的成矿作用，但矿体的分布和形态受岩溶空间控制，是外源物质充填在岩溶空间中形成的矿床。岩溶形态如洞穴、洼地、漏斗提供了贮集空间，成矿物质主

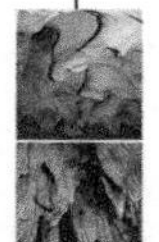

要来自外源的非可溶岩体（层），这样形成的矿床，为区别于上一典型的岩溶矿床，称之为“与岩溶有关的矿床”。对这类矿床，由于争议较大，须从时空关系上进一步阐明其含义。由于地壳运动的多旋回性，地史上常出现岩溶期与非岩溶期的交替，使岩溶成矿作用变得复杂。有时会出现这样的过程，早期岩溶期形成的矿物质是在以后的其他地质作用下富集成矿的，或由外源物质迁移于早期或同期形成的岩溶空间聚积成矿。由此形成的矿床，均不是或不是直接以岩溶成矿作用为主导形成的，但考虑其在成矿阶段和矿体空间分布与岩溶作用存在一些关系，可认为是与岩溶有关的矿床。这样的认识，有助于对岩溶区矿床。成矿机理过程进行全面分析。根据容矿空间的形态和成矿物质聚集的方式，与岩溶有关的矿床又可分为几种类型：①洼地、洞穴沉积矿床；②洼地、洞穴淋积矿床；③洼地、洞穴堆积矿床；④洞穴储集的油气矿床。

（一）洼地、洞穴沉积矿床

此类矿床为外源物质或岩溶蚀余物，在岩溶期后由于其他地质作用沉积于洼地、洞穴中形成的矿床，此类矿床常产出于岩溶面上。如贵州早石炭世、河南山西中晚石炭世、四川早二叠世、广西晚二叠世等在古岩溶面上沉积形成的铁、铝土矿床，其成矿过程有两个阶段，首先是在早期岩溶作用后形成含 Fe_2O_3 及 Al_2O_3 较高的古风化壳，但未能形成矿床。而在岩溶期后，由于海侵，在浅海或滨海湖泊、沼泽环境下，风化壳物质才产生沉积分异，在洼地中形成先铁后铝的沉积矿床。成矿物质来源和聚矿空间虽与早期岩溶作用有关，但主要成矿期和成矿作用是发生在岩溶期后，因此应视为与岩溶有关的洼地、洞穴沉积矿床。该类典型矿床为河南新安张窑院铝土矿床（图 10-17）。

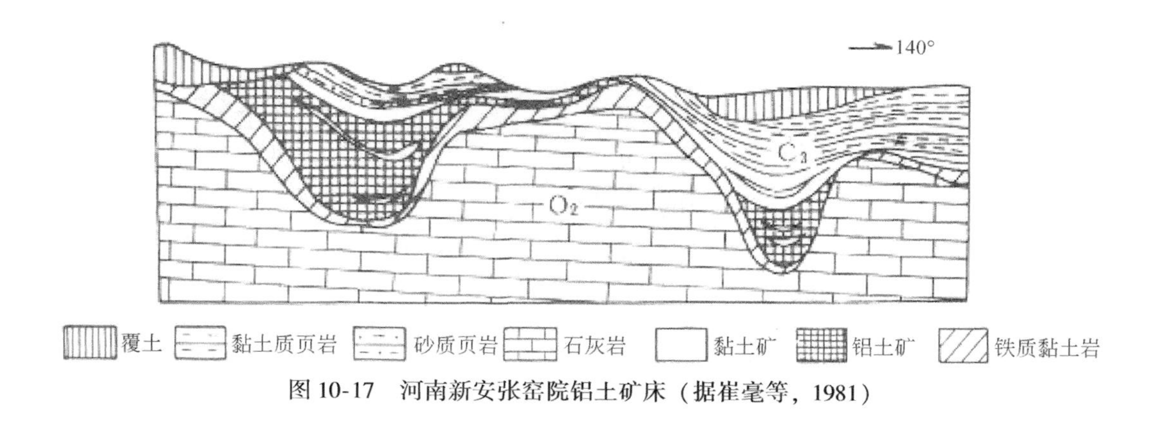

图 10-17　河南新安张窑院铝土矿床（据崔毫等，1981）

（二）洼地、洞穴淋积矿床

来自非可溶岩系的外源矿体或矿源层淋积形成的矿物质迁移聚积于岩溶洼地、洞穴中形成的矿床，如广东阳春石绿孔雀石矿床、贵州普安的淋积磷矿等。

广东阳春石录孔雀石矿床（图 10-18）。原生黄铜矿产于燕山期石英闪长玢岩与大理岩接触带的夕卡岩中。区内中石炭统碳酸盐岩岩溶洼地、洞穴的发育是在火成岩侵入和夕卡岩形成以后至晚更新世以前。在伴随岩溶作用过程中，接触带上风化壳也相应形成，黄铜矿在充分的氧化作用下生成硫酸盐，经地下水带入岩溶洼地、洞穴的沉积物

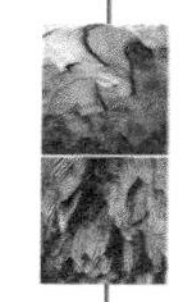

中，与含 CO_2 的地下水作用生成孔雀石。其后，一些先成的孔雀石又经破坏原地堆积。故孔雀石是外源水携带的夕卡岩风化淋滤物质与岩溶水作用生成的，赋存空间是岩溶洼地、洞穴。

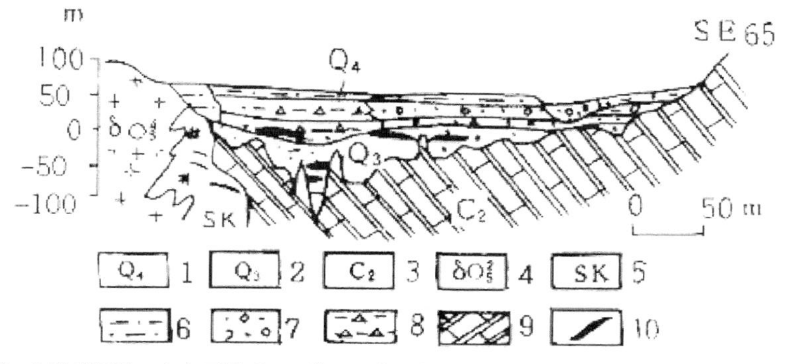

1.全新统；2.晚更新统；3.中石炭系；4.燕山石英闪长玢岩；5.夕卡岩；6.含砂黏土层；7.砂砾层；8.含孔雀石黏土砂砾混杂层；9.大理岩；10.铜矿体

图 10-18　广东阳春石录孔雀石矿区地质剖面图（据阮汀，1984）

贵州安龙图戈寨岩溶型金矿为红土型金矿。矿床分布于晚中二叠统灰岩，古纬度为4°S，近赤道，岩溶作用强烈，卡林型金矿风化，崩塌堆积于各种岩溶形态中。卡林型金矿系当时大规模火山喷发（峨眉山玄武岩）形成，矿体含黄铁矿、雄黄、辉锑矿，金 940 ~ 4670μg。硫同位素：矿石为+1.9‰ ~ +2.75‰，围岩：-13.29‰ ~ +21.2‰。其矿床剖面见图 10-19。

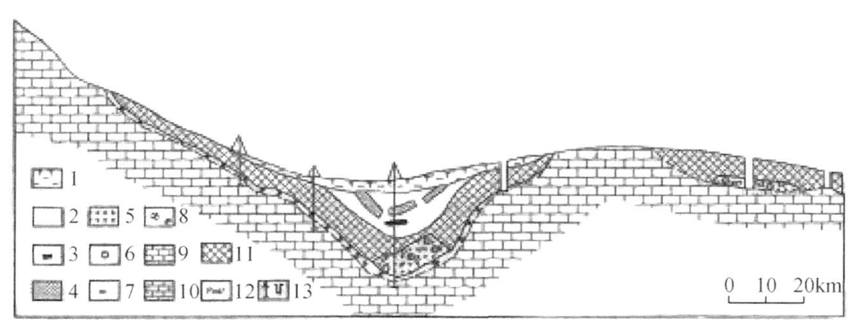

1.腐质土；2.砂质黏土；3.煤；4.粉砂岩；5.角砾岩；6.硅化；7.黄铁矿化；8.高岭石；9.石灰岩；10.燧石灰岩；11.矿体；12.茅口组第三段；13.钻孔、浅井

图 10-19　贵州安龙图戈塘冉家屋基勘探线剖面图

贵州普安的淋积磷矿也属类似上述孔雀石矿床，晚二叠统玄武岩及其下伏的含磷凝灰质砂岩、砂岩等，因近代风化淋滤，于中二叠统茅口阶灰岩侵蚀面上的岩溶洼地中聚积成矿。

（三）洼地、洞穴堆积砂矿床

外源矿体或矿源层经风化剥蚀、矿物质又经水流搬运至附近岩溶洼地、洞穴中形成的矿床。

如湖南隆回白竹坪砂金矿（图10-20），原生含金石英脉产于震旦系江口组、南沱组和中泥盆统跳马涧组砂页岩中。由于新生代期间，地壳发生多次间歇性升降运动，地层遭受风化剥蚀，含金石英岩屑汇聚小河，转而注入邻近的中、上泥盆统棋子桥组和余田桥组碳酸盐岩的洼地及溶洞暗河中，形成洪积砂金矿床。

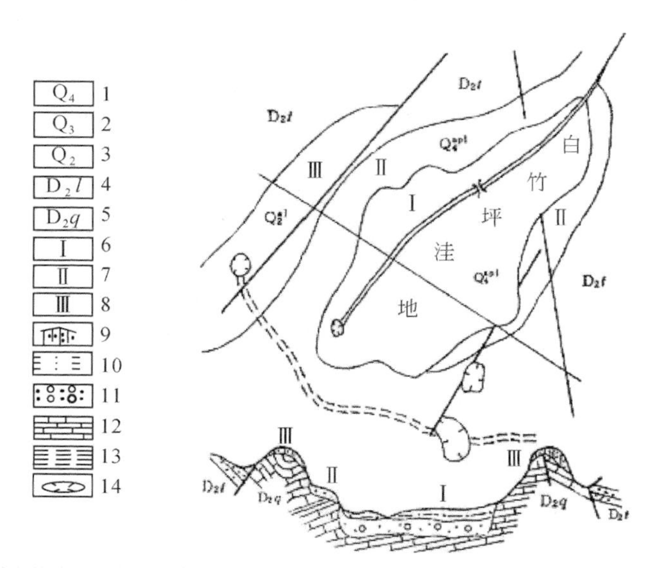

1.全新统冲积洪积砂金层；2.上更新统冲洪积砂金；3.中更新统冲洪积砂金层；4.棋梓桥组灰岩；5.跳巴涧组灰岩；6.一级阶地；7.二级阶地；8.三级阶地；9.含金黏土砂砾层；10.砂质黏土；11.含金砂砾层；12.灰岩；13.砂岩；14.落水洞及暗河

图10-20　湖南隆回白竹坪砂金矿地质剖面图（据刘家亭，1985）

广西富川—贺县—钟山地区的一些砂锡矿，系源自含矿的燕山期花岗岩体接触带的溪流，遇岩溶峰丛时受阻，外源成矿物质即随溪流由地表注入地下溶洞、暗河中堆积而成。由于洞穴千姿百态，常形成规模小、形态及品位变化大的砂矿床。

（四）岩溶区的油、气及热矿水

1. 与岩溶有关的油气储集层

此类矿床是指源自非可溶岩的油气运移至岩溶洞穴中储集形成的矿床。如埋藏于华北平原下的一些古潜山油气矿床。油气的主要来源是上覆厚达数公里的古近系—新近系湖相生油岩层。油气因受上覆岩层静压力的作用而向下运移，储集于下伏的下古生界碳酸盐岩层中的古潜山岩溶洞穴形成“新生古储”与岩溶有关的洞穴储集矿床（图10-21）。在中国已知的海相油气田和重要油气井中，多数属碳酸盐岩储集层。

中国是世界上最早在碳酸盐岩地区开采油气的国家之一。根据《自流井记》一书的记载，四川自流井气田自汉代（公元前206年至公元220年）就已开采天然气，距今已有2000多年的历史。新中国成立后，除了在四川盆地碳酸盐岩中发现大量气田外，在中国其他地区也陆续发现了一些碳酸盐岩油气田。尤其是20世纪70年代华北古潜山油

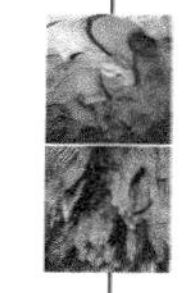

田的发现，为中国岩溶油气储集层展现了新的前景。随后又在广西百色盆地、新疆塔里木盆地和横跨陕西、甘肃、宁夏、山西、内蒙古五省（区）的鄂尔多斯盆地等碳酸盐岩中发现了高产油气流。

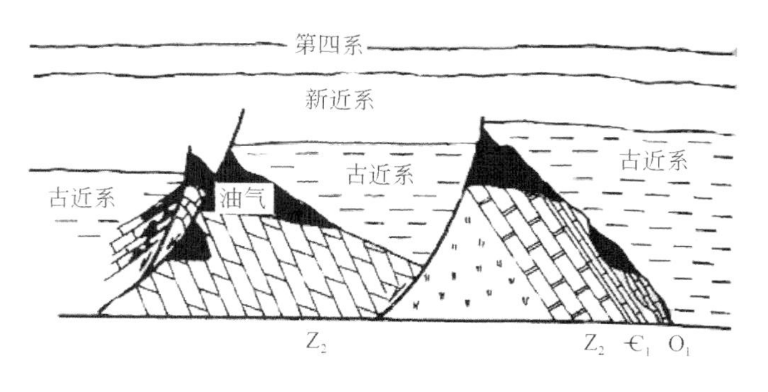

图 10-21　渤海湾盆地古潜山油气田剖面示意图（据崔豪等，1981）

从上元古界—三叠系碳酸盐岩中，已知的油气储集岩有白云岩和粒屑灰岩类。已知的油气藏及重要的油气资源显示其茂盛环境多属半闭塞台地相带中的潮坪、藻坪白云岩高能相体和开阔台地相区的高能礁滩相体。

属于半闭塞台地相潮坪、藻坪白云岩类的有：华北油田蓟县系雾迷山组燧石条带白云岩、藻叠层石白云岩和粒屑白云岩；四川威远气田震旦系灯影组亮晶红藻白云岩、亮晶藻团块白云岩；华北地区寒武系—奥陶系白云岩；川东石炭系黄龙组微晶白云岩、砂屑白云岩、藻屑白云岩；川西北三叠系雷口坡组白云岩等。

属于开阔台地相礁滩相体的有：湘中中上泥盆统层孔虫骨架灰岩、隐藻黏结的层孔虫—珊瑚灰岩，枝状层孔虫灰岩、砂屑或藻屑灰岩、核形石灰岩，鲕粒灰岩；湘中石炭系孟公坳组生物屑灰岩、砂屑灰岩；四川二叠系茅口组及栖霞组的红藻灰岩、鲕粒灰岩及砂屑灰岩；川东三叠系飞仙关组鲕粒灰岩；川东南三叠系嘉陵江组亮晶负鲕灰岩、亮晶砂屑负鲕灰岩、亮晶鲕粒介屑灰岩及砂砾屑灰岩等。

此外，台地相区内部的礁滩相体和台地边缘相区中礁滩相带及凹槽台地相带两侧高能相体和槽盆相区礁相体中的生物灰岩和粒屑灰岩，也可成为油气储集岩。如四川大巴山下寒武统生物结晶灰岩、贵州南部中泥盆统块状层孔虫灰岩、云南—贵州—广西二叠系亮晶生物粒屑灰岩、贵州下中三叠统藻灰岩及粒屑灰岩等。

中国碳酸盐岩油气储集空间以古岩溶洞穴、孔洞、溶缝和成岩晚期至后生期形成的粒间、粒内溶孔为主，成岩期白云岩化形成的晶间孔和原生粒间、粒内孔等占次要地位。古岩溶作用所形成的孔、缝、洞往往是大型油气藏储集油气的场所。由于古岩溶作用都沿着古构造运动所形成的假整合面或不整合面发育，因此古岩溶孔、缝、洞发育带都具有一定的层位和深度。中国地质历史时期的古岩溶发育期见第二章所述；而古岩溶孔、缝、洞发育带的深度则各地差异很大，在四川其上界距侵蚀面最小仅 1～5m，在任丘其下界距侵蚀面最大可达 600m。古岩溶孔、缝、洞发育带的深度，反映了古构造运动期地下水潜流带的深度。在不同岩性、岩相区，孔、缝、洞发育带的深度范围和展布，是评价与岩溶有关的油气储集层的重要依据之一。

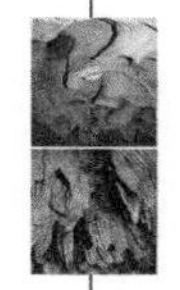

根据油气储集空间与油气生成的关系，中国岩溶油气储集层主要分为两大类型：“新生古储”储集层和以自生自储为主的储集层。前者包括渤海湾盆地的任丘油田、雁翎油田、龙虎庄油田、薛庄油田、济阳油田、义和庄油田、下辽河曙光油田及广西百色盆地盼田阳油田等；后者有四川盆地的卧龙河气田、阳高寺气田、威远气田等。现以河北任丘古潜山油田、四川南部的气田和新疆塔里木油田为例分述于后。

1）河北任丘油田

河北任丘油田是中国高产油井最多的一个油田，不少油井多年日产量稳定在4 t以上，日产大于1000 t的有23口油井，最高可达1600 t。任丘油田位于华北地块东部渤海湾盆地冀中拗陷中部。潜山带呈N25°E方向展布，呈西陡东缓的不对称型，属典型的构造-侵蚀成因。西侧被一条断距为1000～2600m的大断层切割，中间有四条近东西向断层横切，形成大小不等的五个山头。各山头自北而南埋藏深度逐渐加大，而潜山高度则逐渐降低，潜山最大含油高度北部为880m，南部为400～500m。潜山内部为一背斜构造。由两大套沉积建造组成。上部为新生界陆相碎屑岩建造，厚约3000m。下部为中上元古界及下古生界海相碳酸盐围岩建造，厚3000余米。两者呈角度不整合接触（图10-22）。

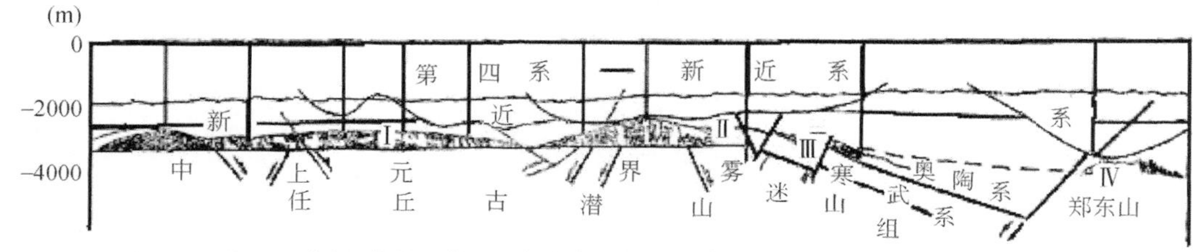

图10-22 任丘油田纵剖面图（据华北石油勘探开发设计研究院，1985）

蓟县群雾迷山组白云岩和寒武系—奥陶系石灰岩，早在晚元古代（芹峪运动和蓟县运动）或早古生代（加里东运动）就已开始经历了长期的古岩溶作用，形成了岩溶不整合面。至中生代，逐渐发展成溶丘-洼地地貌景观。新生代以来，随着地壳的下降，一方面在下部的碳酸盐岩中形成了多层岩溶发育带，另一方面逐渐被碎屑岩沉积所埋藏，直至深埋于3000多米以下，成为古潜山。

根据钻孔揭露，潜山内部岩溶孔、缝、洞相当发育，最深的古落水洞达30多米，最大的古溶洞长15～20m，高7～8m。某钻孔长仅13.26m的岩心段上，可见溶缝6589条，溶孔达10168个，有的岩心已成蜂窝状。钻具放空和井液漏失非常严重，最大放空量达6.46m，最大泥浆漏失量达7051m^3。根据潜山内部岩溶发育的垂向分带情况看，溶蚀孔洞主要形成于始新世和渐新世（图10-23）。

油气是在渐新世后期开始生成的，生油岩是暗色泥岩。通过不整合面和断裂向下运移，经过长期持续的捕集，被储存于下部的古岩溶孔洞中，形成了“潜山型圈闭”，故被称为“新生古储型”油田。

按照形态、大小及成因，与岩溶作用有关的储集空间可分为孔、缝、洞三大类（表10-1）。

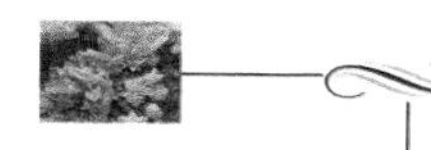

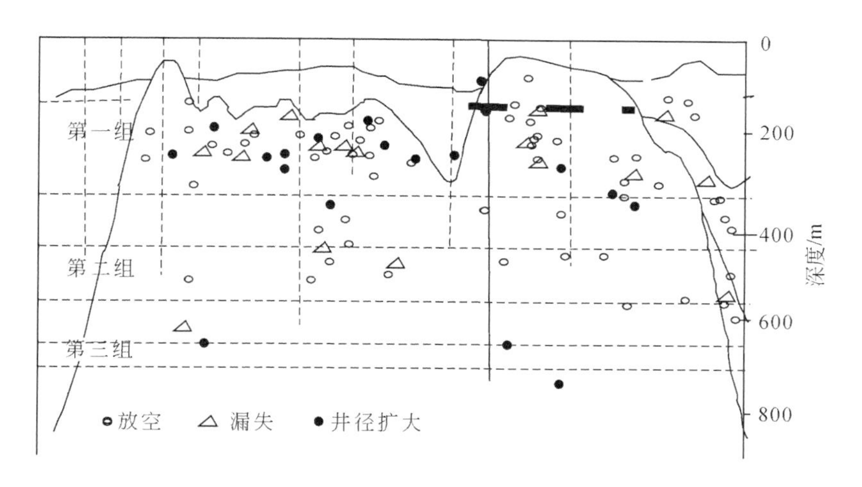

图 10-23　任丘油田砂二万期潜山岩溶垂向分带图（据华北石油勘探开发设计研究院，1985）

表 10-1　任丘油田储集空间分类表

储集类型		空间大小	成因
孔	粒间、晶间溶孔粒内、晶内溶孔膏模溶孔	小于 2mm	溶解作用
缝	溶蚀扩大缝	宽 0.2 至数微米，长数厘米至数十厘米	在原裂隙的基础上溶蚀扩大而长
洞	孔洞	2mm 至数厘米	溶蚀作用
	溶穴	数厘米至 50cm	差异溶蚀作用
	溶洞（洞穴）	大于 50cm	溶蚀与崩塌作用

连接各储集空间的狭窄小通道称为喉道。根据成因和形态，喉道可分为四种类型（图 10-24）。储集空间与喉道的组合关系称为储集空间几何结构，其主要类型如表 10-2 和图 10-25。

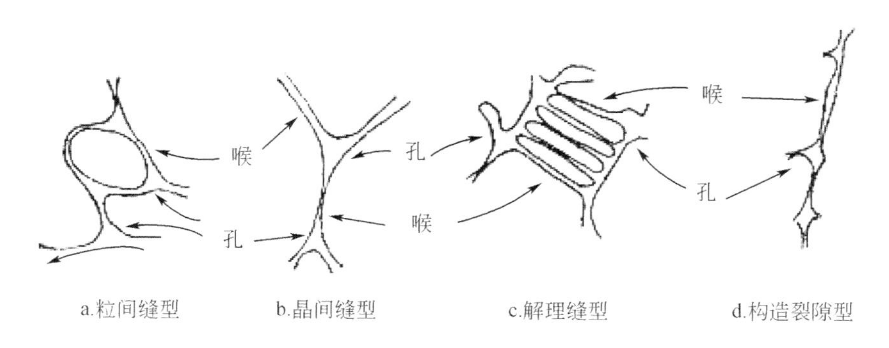

图 10-24　喉道类型示意图

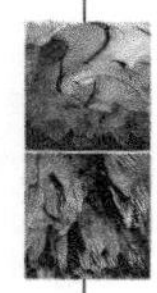

表 10-2　任丘油田储集空间几何结构类型

几何结构类型	主要储集空间	喉 道
a. 无喉型	粒内、晶内溶孔及晶间孔	无
b. 狭长喉型	粒间、晶间溶孔	粒间、晶间缝
c. 短宽喉型	晶间溶孔、晶间孔	晶间缝
d. 网格型	砾间、晶间溶孔、藻窗孔	裂隙缝、解理缝
e. 裂隙贯通型	粒间、晶间、砾间	裂隙缝
f. 复合型	孔、缝、洞	孔隙缝、晶间缝

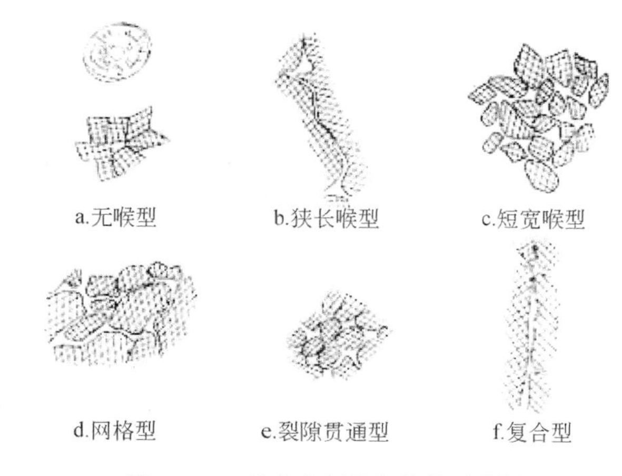

图 10-25　储集空间几何结构示意图

（1）无喉型：粒内和晶内溶孔及部分晶间孔孤立存在，没有喉道连通，都是死孔。

（2）狭长喉型：孔隙数量少，喉道狭窄而长，孔与孔之间往往间隔多个颗粒或晶粒，通过曲折而细长的喉道连通起来，连通性不好，储渗性能差。

（3）短宽喉型：晶间孔隙发育，孔间喉道短而宽，多而平直，孔喉比值小（2～4），连通性好，储渗性能优良。

（4）网格型：孔隙发育，但喉道狭窄而弯曲，连通性尚好，储渗性能中等。

（5）裂隙贯通型：一条或一组微裂隙贯通各种孔隙空间，裂隙一般较宽、较平直、延伸性好，因而大大提高了储渗性能。

（6）复合型：由裂隙连通各种孔、缝、洞，储集空间大，连通性好。其储渗性能经模拟试验又可区分如下四种情况（图 10-26）：①宽喉均质洞穴型，洞周围被宽度大致相等的裂缝连通，有进有出，喉道宽，连通好，水驱油效率高；②下洞上喉型，洞上面有裂缝连通，下面无喉道，靠重力分异作用由水将油替出；③上洞下喉型，洞上部无连通喉道，下面有裂缝连通，洞中的油不易被采出，只能靠水慢慢带出一部分油；④复合型，大缝洞与微储集空间以各种不同形式和不同数量组合，微储集空间一般沿大缝洞周周发育，洞通过微裂缝与大裂缝连通，油不易排出，水驱油效率很低。

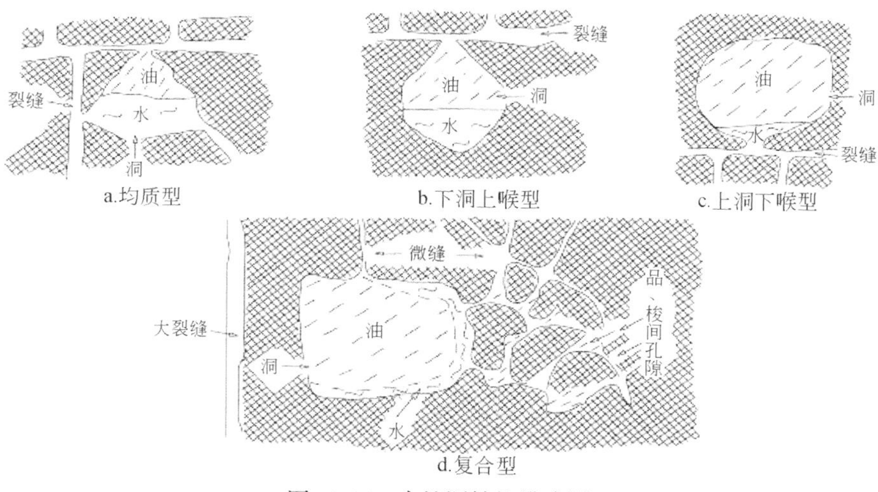

图 10-26　大缝洞结构模式图

综合物理性质、形态及产量等特征，岩溶油气储集层可划分为如下三类（表 10-3）。

表 10-3　任丘油田储集层分类及划分标准

储层类别	储集类型	自然伽马/（μR/h）	中子伽马/（自然单位）	电阻/Ω	声波时差	录井显示	孔隙度/%	生产测试产量/（t/d）
Ⅰ	孔、缝、洞复合型	<1.5	<4.5	<1500	高值或跳跃	尖峰扩路径或高值	>3	>10
Ⅱ	裂缝型	<3.0	<5.1	1500≤R<4000	较高值或跳跃	扩径或高值	≥2	1~10
	孔洞型			1500~4000	稍高	近于钻头		
	缝洞型	>3.0	<4.5	≈0	高值	扩径		
Ⅲ	致密白云岩型	>3.0	>5.1	>4000	中低值	近于或等于钻头	<2	<1
	泥质白云岩型	>3.0	低值	低值	高值	大于或等于钻头		

Ⅰ类（好储层）：主要由锥状叠层石白云岩、凝块石白云岩、构造角砾岩等储集岩组成。晶孔及溶蚀孔洞发育，由裂缝或短宽喉道串通。此外，还发育大缝大洞，具有良好的储渗条件。这类储层在油田中占 18.9%。

Ⅱ类（差储层）：主要由层纹石白云岩、微层状凝块石白云岩等储集岩组成。孔隙及溶蚀孔洞不及Ⅰ类发育。据统计，这类储层在油田中占 46.3%。

Ⅲ类（非储层）：由含硅质白云岩或致密的泥晶白云岩或泥质白云岩组成。孔隙不发育，裂缝少见，储渗性能极差。该类非储层在油田中占 34.8%。

任丘雾迷山组白云岩储集层的主要特点是具有统一的油水界面、同一压力系统、低饱和的底水块状油藏；而奥陶系灰岩储集层则不存在统一的油水界面，往往是分层的。这可能表明两者岩溶发育的不均匀程度有明显差异。

2）川南含油气区

四川的东南部是四川盆地的主要产气区，已知的气田有70%位于该区。其中川东已发现气田11个，川南已发现气田30个。

（1）川南含油气区地质和深部岩溶。本区位于扬子地块西部四川盆地的南部，包括川南低褶带、自流井凹陷和赤水凹陷。前者由一系列呈帚状撒开的雁行式低背斜构造带组成，后两者主要由一系列东西向构造带组成（图10-27）。

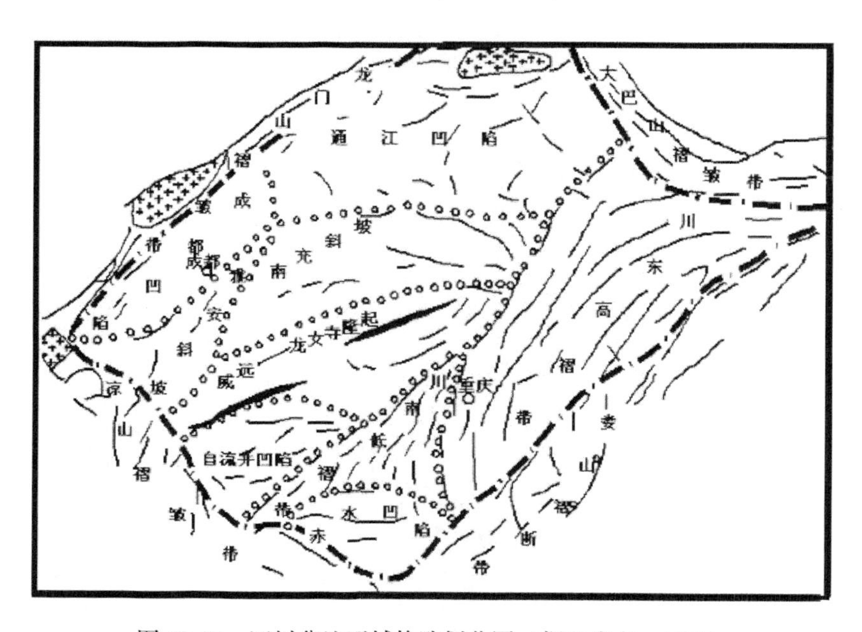

图10-27　四川盆地区域构造划分图（据王尚文，1983）

基底埋深7000～8000m。基底由前震旦系变质岩和侵入岩组成，其上为震旦系至白垩系地层，除缺失泥盆系外，地层出露较齐全。其中、下二叠统和中三叠统是气藏的主要储集层。

由于早二叠世末的东吴运动和中三叠世末的印支运动，造成了两次沉积间断及间断面上、下之岩层厚度的变化和两个主要古岩溶化时期。其中尤以东吴运动造成的古岩溶作用最为明显，根据下二叠统地层残厚法和上二叠统地层补偿法所恢复的古地貌看，泸州地区周围有两种岩溶地貌，即岩溶平原和溶丘，后者当时高差约100m，可能为古峰林地形（图10-28）。

川南下二叠统茅口组灰岩，在天然气勘探和开发中，遇到的岩溶现象相当普遍。据492口井统计，有86口钻井放空101次，占统计井数的17.5%。放空量大者可达4.45～4.88m。钻进过程中，井漏现象屡见不鲜，最大的井漏量可达6000m^{3}泥浆。取心率很低，但在取出的岩心中，溶孔、溶洞发育明显。有的岩心溶蚀成蜂窝状，并有方解石晶粒和铝土矿充填。

凡是出现钻具放空、井液漏失时，都曾出现过油气显示。而且岩溶现象越强烈，这种显示也越明显，直至发生井喷。在发生规模较大的放空或井漏的层段上。约有62%获得具有工业开采价值的气流，个别可成为日产100万m^{3}的大气井。

（2）气藏生-储-盖层基本特征。本区二叠系和三叠系碳酸盐岩都属于广海陆棚相、局

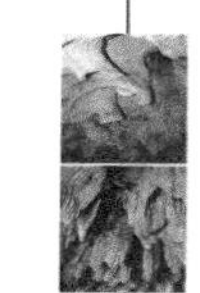

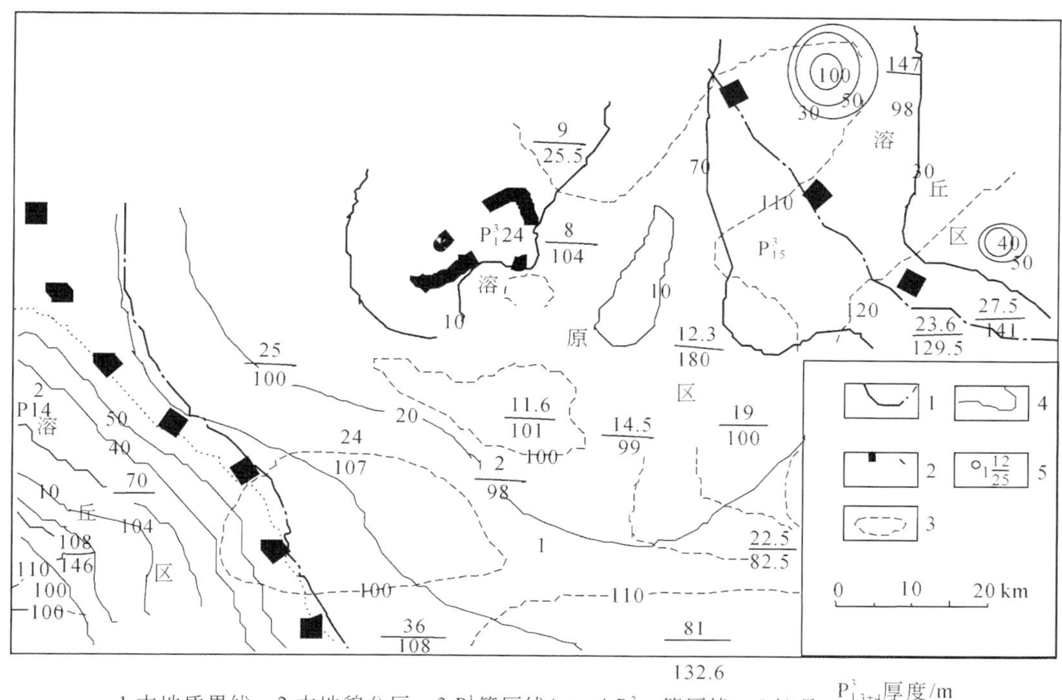

1.古地质界线；2.古地貌分区；3.P_2^1等厚线/m；4.P_{13+4}^3等厚线；5.编号 $\frac{P_{13+4}^3厚度/m}{P_2^1厚度/m}$

图 10-28 川南东吴期末古岩溶地貌图（据黄华梁等，1985）

限海或浅海–潟湖相沉积，水体平静，能量低，泥质含量高，生物门类多，藻类发育，有机矿丰富。据热演化模拟实验，认为下二叠统灰岩属于Ⅰ型（腐殖型）和Ⅱ型（混合型）干酪根，而中三叠统灰岩属于Ⅲ型（腐泥型）干酪根。多处于过成熟期，在一定温度下开始热解成气，最终烃类全部演化为甲烷和氢。据 He/Ar 法测定，天然气年龄为 201MaBP～290MaBP，与储集岩年龄相当。因此认为，川南二叠系—三叠系灰岩本身就是气源岩。

本区碳酸盐岩储集层属低孔隙度、低渗透率储集层。但对储气层而言，由于气态分子直径远较液态烃小，故所要求的孔渗空间也低。实践证明，孔隙度大于3%即为较好的储集层；孔隙度1%～3%，当有裂缝连通的条件下，仍可成为有效储集层，本区二叠系—三叠系灰岩储集层大部属于这种类型，孔隙度小于1%，结构细、裂缝少的岩层，很少成为产层。本区碳酸盐岩具有孔、缝、洞三重储集空间，储层分类参考如表10-4。

表 10-4 川南碳酸岩储层分类表

储层类型	孔洞–孔隙型	孔隙型	孔隙–裂缝型	裂缝型
孔隙度/%	>10	10～3	3～1	<1
渗透率/$10^{-3}\mu m^2$	>200	200～10	10～0.1	<0.1

在侏罗系红色泥岩作为区域盖层的条件下，膏盐层厚度在4 m以上的即可成为有效盖层，10m以上的泥页岩也可成为有效盖层。本区不但广泛分布有巨厚的侏罗系红色泥岩，而且在上二叠统和下三叠统中普遍发育膏盐层和泥质层，构成了良好的多组合盖层。

在上述生、储、盖条件下，热解形成的气体，就近分散储存在下二叠统及中三叠统本

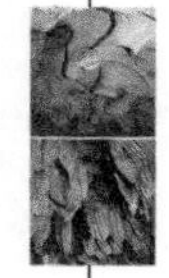

身的碳酸盐岩中，构成了自生自储储集层。

（3）气藏深岩溶形成机理探讨。川南下二叠统气藏中的岩溶，位于地下1000～4500m深处。从分布和形成规律看，可分两种类型：一种是受东吴期末古岩溶侵蚀面地貌控制，一般分布于下二叠统顶部侵蚀面以下数十米以内，显然是地质历史时期形成的古岩溶；另一种则受喜山期断裂发育部位控制，位于很深处。其垂向分布与距离下二叠统顶面远近无关，这可能是喜山期以后发育，至今仍在进行着的深岩溶。

喜山期多幕运动，使碳酸盐岩形成多组断裂和裂缝网络，为气水活动提供了近道；据原油热解成气模拟试验，在热解气形成的同时约有1%的CO_2产生，据川南37个下二叠统气藏天然气组分分析统计，天然气中CO_2含量为1.53～43.16 g/m^3；川南下二叠统为有水气藏，由于温度和压力变化，将导致水的气–液态转换，使之长期不断产生气藏凝析水。这种气藏凝析水在三重储集空间中，由小空间向大空间运动时，一方面由于这种新生水溶有CO_2将对碳酸盐岩产生溶蚀作用；另一方面这种矿化度特别低（小于0.5 g/L）的新生水与矿化度较高的地层水混合又将产生混合溶蚀作用。因此研究气藏深岩溶的形成时，深部CO_2和凝析水的聚积效应值得进一步研究。

3）新疆塔里木油田

塔里木油田发现大中型油田8个；大中型气田18个，三级储量，石油9.3亿t，天然气1.74万亿m^3（图10-29）。岩溶斜坡部位储层发育，风化面之下200m范围内储层最发育（图10-30），主要沿大型断裂带、古水系储层发育（图10-31）。高能相带埋藏岩溶型储层也大量存在，如塔中I号断裂带（图10-32）。有机质热演化伴生的有机酸、CO_2等酸性地层水沿基岩断裂和裂缝发生溶蚀，形成埋藏型岩溶，为油气提供了储集空间。

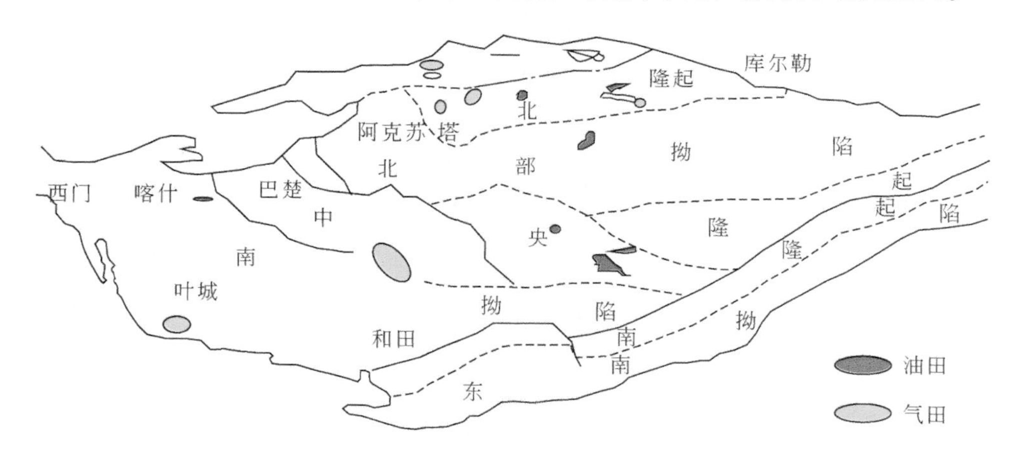

图10-29　塔里木油气田分布图（据新疆塔里木油田指挥部，1988）

2. 与岩溶有关的卤水储集层

早在2000余年前秦代（公元前221年至公元前207年），就已在四川盆地凿井提卤。因此，中国是世界上最早开发利用深层卤水的国家。新中国成立后，曾就四川深层卤水的形成、化学成分、水温、同位素特征、储集条件、分布规律等开展了模拟实验和多方面的研究，取得了许多成果。

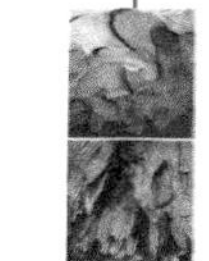

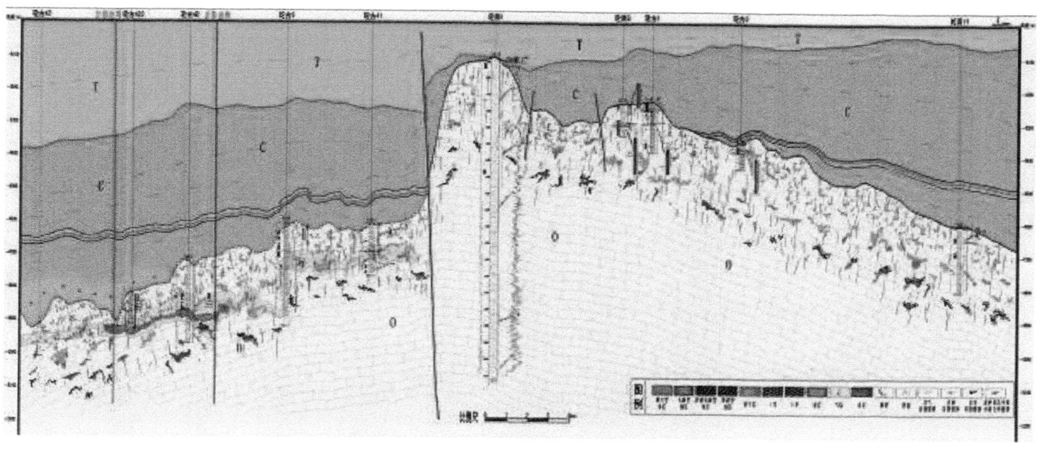

图 10-30　轮南–塔河油田东西向区域油藏剖面图（据新疆塔里木油田指挥部，1995）

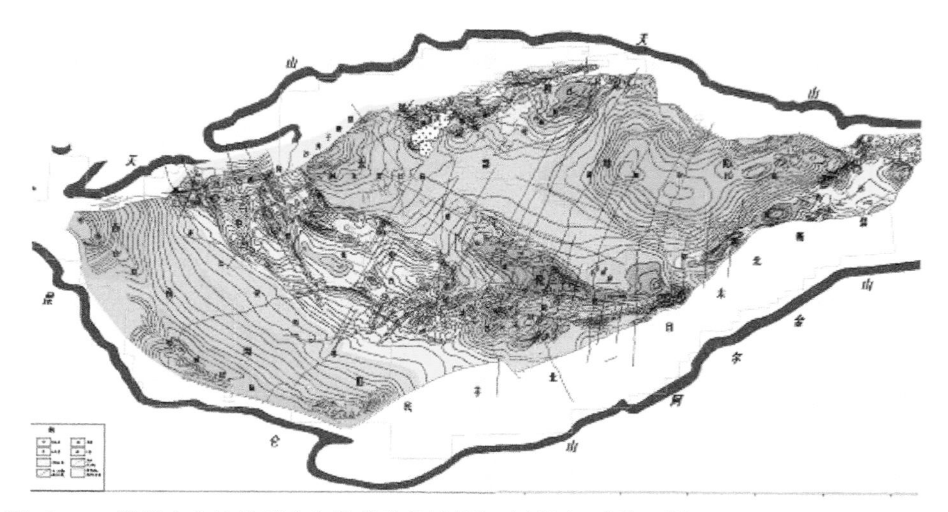

图 10-31　塔里木盆地地下古生界碳酸盐岩勘探成果图（据新疆塔里木油田指挥部，1995）

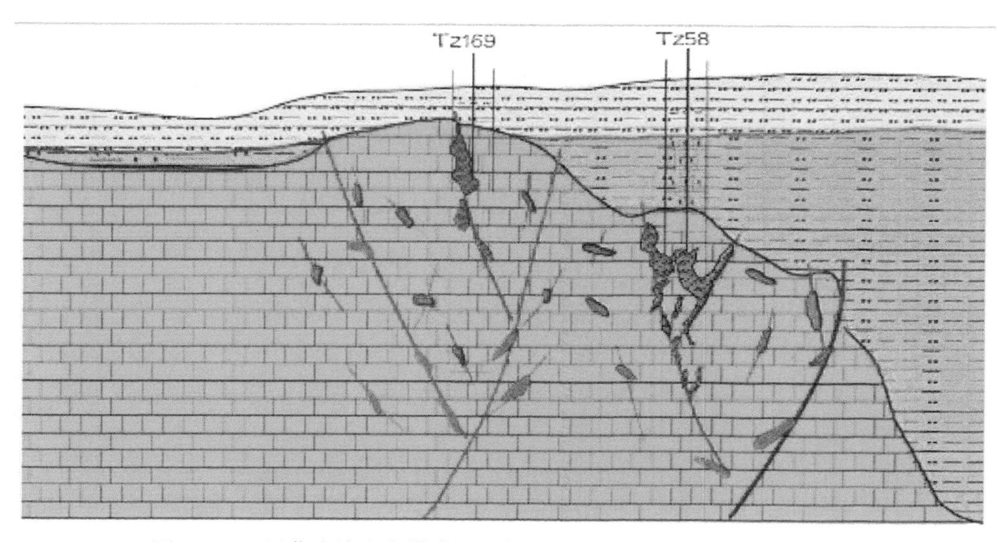

图 10-32　埋藏岩溶发育模式图（据新疆塔里木油田指挥部，1995）

四川盆地的卤水分为两种：一种为无臭、透明、黄色，称为黄卤，赋存于上三叠统砂岩中，本书不予讨论；另一种呈半透明、黑色、具 H_2S 臭味，称为黑卤，赋存于下三叠统和中三叠统碳酸盐岩中，是本书的主要论述对象。黑卤的化学成分如表 10-5。

表 10-5　黑卤化学成分特征表

化学成分＼层位		$T_2l^1+T_1j^5$	T_1j^3	现代海水
阳离子/(g/L)	K^+	1.7～2.8	0.1～0.2	0.337
	Na^+	59～87	11～31	10.707
	Ca^+	2～7	1.0～5.6	0.420
	Mg^{2+}	0.5～1.3	0.2～1.6	1.317
	Li^+	0.055～0.09	0.01～0.024	0.00017
	Sr^{2+}	0.040～0.16	0.035～0.049	0.008
	Ba^{2+}	0	0	
	$NH_4{}^+$	0.02～0.15	0.02～0.025	
阴离子/(g/L)	Cl^-	105～145	15～55	19.324
	SO_4^{2-}	0.8～3.0		2.688
	HCO_3^-	0.20～0.82	0.092～0.096	0.150
	Br^-	0.52～0.76	0.12～0.26	0.065
	I^-	0.014～0.018	0.010～0.018	
	B_2O_3	0.15～2.25	0.10～0.25	
	H_3BO_3	2.2～4.2	0.07～0.45	
溶解气体成分/%	N_2	60～95	55	
	CH_4	0.1	36	
	CO_2		1.5	
	H_2S	8	3	
	Ar	2	1.7	
矿化度/（g/L）		160～250	30～100	
重水含量（r）		11.20～48.87	4.69～5.87	35
Eh		−190～200	−90～10	
pH		6.5～7.5	7.5～8.0	
温度/℃		31～43	22～25	0.87
离子比值	r/NaRCl	0.87～0.05	0.80～0.98	293
	Cl/Br	170～220	100～150	10.20
	$SO_4.10^2/Cl$	1～4	4～24	4.29
	Ca/Mg	3.2～4.4	1.9～5	

由表 10-5 可知，下三叠统上部和中三叠统卤水中的重水含量、矿化度和各种组分的含量均高于下三叠统下部卤水（仅 CH_4 相反），后者更接近于现代海洋水的平均值；氧化还原电位（Eh）和 pH 则是后者大于前者；温度为前者高于后者；各种离子比值两者接近。

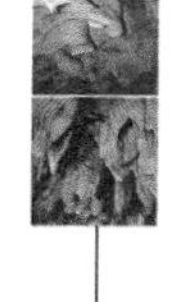

从下三叠统上部和中三叠统地层中所夹的白云岩及石膏和石盐矿层来看，当时的原生沉积水矿化度就已达到了 40～270g/L，富含溴、碘、锂、硼等微量元素和生物成因的氮、硫化氢气体等，为一个原生沉积卤水矿床；而下三叠统下部的原生沉积水矿化度较低，与现代海水含盐量相似，富含溴、碘等微量元素及生物成因的氮、甲烷气体等，为一个原生沉积盐水矿床。各层盐水氦-氩年龄与围岩同位素年龄的一致性也同样说明其沉积成因。

中三叠世末发生的印支运动，使本区全部上升为陆地，经历了一次古岩溶化时期。原生沉积卤水、盐水矿床经受淋滤水的侵入，使其发生一定的淡化。同时又从中三叠世后形成的古隆起上的蒸发岩中携入一部分盐分，在一定程度上阻滞了淡化的进程。淋滤水进入储集层后，将改变储集层的空间形态，扩大储集空间。

晚三叠世开始，盆地又开始下降，直至白垩纪沉积了上千米厚的碎屑岩，使含卤岩层深埋于地下并被封存。卤水发生正向变质，向盐化方向发展。并因新生代的构造运动，在热地球化学作用下演化为高浓度的卤水矿床，因此认为属沉积变质型。

本区三叠系共有五个含卤岩系，并有相对隔卤岩系分隔，兹将它们的岩性、储集类型、产量及开采情况总结列表如下（表 10-6）。

表 10-6　川南三叠系含卤岩系一览表

岩系＼特征	岩性	结构特征	储集类型	产量 /(m^3/d)	开采情况
T_3x^6 次要含卤岩系	砂岩	细-中粒厚层状	孔隙裂隙型		不开采
T_3x^5 相对隔卤岩系	页岩夹薄层砂岩				
T_3x^4 次要含卤岩系	中细粒砂岩	中细粒、块状 水平裂隙发育	孔隙裂隙型	10～100	次要开采层
T_3x^3 相对隔卤岩系	页岩夹薄层砂岩				
T_3x^2 主要含卤岩系	中粗-中细粒砂岩	中粗细粒层状	孔隙裂隙型 孔隙度 15%～20%	>100	主要开采层，产量大、寿命长
T_3x^1 相对隔卤岩系	页岩夹薄层砂岩				
T_2l^{2-5} 相对隔卤岩系	灰岩、白云岩、硬石膏、盐岩			>100	注水法采盐，产黑卤
$T_2l^1+T_1j^5$ 主要含卤岩系	灰岩、白云岩、硬石膏	针孔状、鲕状层间有间断层连通	岩溶裂隙型 孔隙度 14%～19%		主要开采层
T_1j^4 相对隔卤岩系	硬岩膏岩、局部有盐岩				注水法采盐
T_1j^3 次要含卤岩系	灰岩夹白云岩	针孔状、鲕状	岩溶裂隙型	<50	不开采，产气层

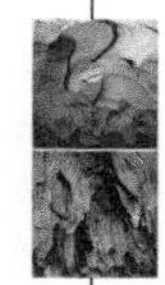

3. 与岩溶有关的热矿水

中国蕴藏着丰富的地热资源，目前已发现水温在25℃以上的热水点（包括温泉、钻孔、矿坑热水）有2600处以上，分布广泛。从热水分布与大地构造的关系看，可分为两大类：一类分布于板块边缘，如西藏滇西地热带即位于印度和欧亚两大板块的边界，台湾地热带位于太平洋板块与欧亚板块的边界，属于高温地热能资源；另一类分布于板块内部，一般属于低温地热能资源。又可分为两种情况：位于板内地壳隆起区的如东南沿海地热带和纵贯川滇南北的地热带；位于板内地壳沉降区的如华北平原、四川盆地、江汉盆地等。

碳酸盐岩中的溶蚀孔洞和裂隙，是中国具有区域意义的规模巨大的热水储集层。其特点是分布广（300多万 km^2），层位多（中上元古界、寒武系—奥陶系、泥盆系、石炭系—二叠系、三叠系及侏罗系—白垩系等），岩溶极为发育，为中国目前地热勘探的主要目的层。

中国岩溶热矿水的主要特点是：热储层位较老（主要为三叠纪以前）、热水温度较低（30～90℃）、水质类型较简单（以重碳酸钙型水为主）、有时与油气田或卤盐水伴生。从这些特点看，与岩溶有关的热矿水大多属于板内地热带的低温地热能资源。

中国广泛发育的中-新生代沉降盆地内，在断陷盆地的基底相对突起处，构造断裂发育，深循环的地下水经正常的地温梯度加温后沿断裂通道上涌并富集于基岩顶面，当有厚层中新生界沉积覆盖时，常常形成热水的隐伏排泄源，或称隐伏热储体。在这些部位钻井，几乎处处可见热水。华北中新生代沉积盆地就是其典型例子，目前已在该地区揭露热水井几百口。热储层主要是中上元古界雾迷山组白云岩及寒武系—奥陶系碳酸盐岩，岩溶发育。埋深一般在1000m以上；地温梯度一般为3.5℃/100m，个别地区可达6.0～13.7℃/100m；单井产水量一般都在500m^3/d以上，个别可达4300m^3/d，且自喷能力强；井口水温一般为80～100℃；矿化度1～5 g/L；估算储水容积为180 km^3，可采热水资源约45 km^3。

在地壳活动相对稳定，无重大构造破坏的拗陷盆地内，在正常地温梯度下加热的地下水，沿透水岩层运移上升，常常在不同深度上形成具有区域意义的呈大面积分布的含热水层，水温多接近岩温，水源一般为古沉积水，矿化度较高。如四川盆地，在2000～3000m深处，由油气钻井获得热水及热卤水，水温80～90℃，前面曾提到它的矿化度达180～330g/L。四川盆地二叠系—三叠系碳酸盐岩储集层集油气、卤水和热矿水三者为一身。

广西象州县热水村温泉出露于中泥盆统中厚层灰岩和白云岩中，钻孔中揭露的岩溶洞穴分上下两层，上层发育于10～40m深度内，多数被充填或半充填，下层发育于80～300m深度以下，基本未充填，是热水运移的良好通道和储集空间。由于岩溶发育的极不均匀性和各向异性，有些钻孔相距很近，但水温、水量、水位却相差很大。由于溶洞发育的成层性，地下热水运动也有分层的特点：浅层热水主要运动于25～30m深度的岩溶通道内，最高水温78～79℃，向下至80m的深度内，水温反而逐渐下降；较深层热水主要运动于100～120m深度范围内，在此深度内，当热水沿断裂运移时，水温最高达79.5℃。当热水沿岩溶通道运动时，水温高达80～82℃；距地面120m以下的热水，主要沿断层硅化带及其两侧破碎带内形成的溶洞和裂隙中运移，水温高达82～85℃。该地热矿水属低矿化度硫酸钙型硅酸矿水，总矿化度0.6～0.75 g/L，pH 7.2～7.8，逸出的气体以氮为主。

单孔最大涌水量7 L/s，补给来源为大气降水。

此外，在中国许多地方都有岩溶热泉出露，如西藏、云南、贵州、四川、北京等地。

第三节　岩溶矿床的矿物学种类

岩溶矿床的矿物学种类主要包括：自然元素矿物、氧化物、硫化物、碳酸盐、卤素盐、硫酸盐、硝酸盐、磷酸盐、硅酸盐等9类。

1. 自然元素矿物

岩溶矿床的自然元素矿物有金、硫等，如产于意大利Grotta di Santa Cesarea的硫磺矿（照片10-1）。

2. 氧化物

岩溶矿床的氧化物矿物有锡石（Cassiterite，SnO_2），方铀矿（Uraninite，UO_2），石英（Quartz，SiO_2），赤铁矿（Hematite，Fe_2O_3），针铁矿（Goethite，$FeO(OH)$）、洞冰（H_2O）等，如产于美国亚利桑那州Chiricahua洞的石英矿（照片10-2）、如产自奥地利Eiskogel洞的洞冰（照片10-3），塞尔维亚岩溶区农民也常取洞冰作水源（照片10-4）、产于意大利Castellana洞针铁矿（照片10-5）。

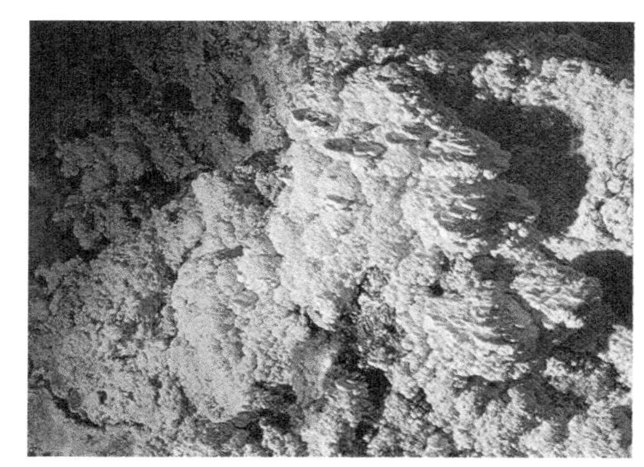

照片10-1　意大利Grotta di Santa Cesarea的硫黄矿

照片10-2　美国亚利桑那州Chiricahua洞的石英矿

照片10-3　奥地利Eiskogel洞的洞冰

照片10-4　塞尔维亚岩溶区农民取洞冰作水源

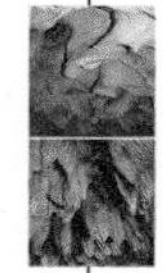

3. 硫化物

岩溶矿床的硫化物矿物是岩溶矿床中最常见的矿物，主要有黄铁矿、闪锌矿、方铅矿、黄铜矿、雄黄等。如湖南慈利界碑峪雄黄矿（照片 10-6）。

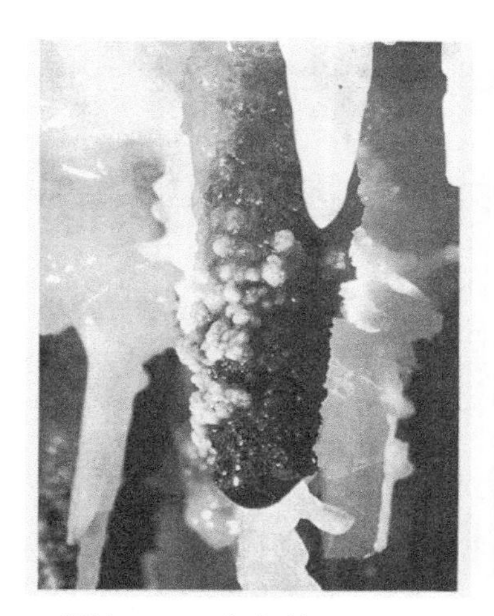

照片 10-5　意大利 Castellana 洞的针铁矿

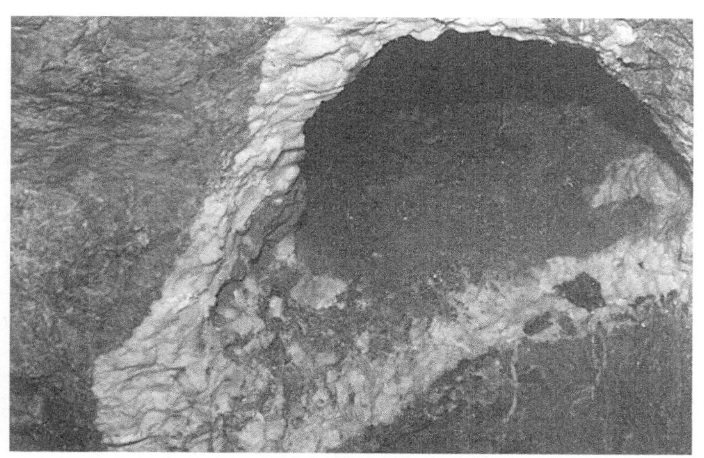

照片 10-6　湖南慈利界牌峪雄黄矿

4. 碳酸盐矿物

岩溶矿床的碳酸盐矿物除了最常见的方解石外，还有孔雀石（$Cu_2CO_3(OH)_2$），如广东阳春石录铜矿的孔雀石（照片 10-7），奥地利 Carinthia 洞中的螺纹状孔雀石；蓝铜矿（$Cu_3(CO_3)_2(OH)_2$），如产于意大利 Toscana 洞中蓝铜矿（照片 10-8）；白铅矿（$PbCO_3$），如产于意大利 Sardinia 岛的 Monteponi 矿区白铅矿（照片 10-9）；菱锰矿（$MnCO_3$）等，如产于阿根廷 Catamarca 省 Andes 山区的菱锰矿（照片 10-10）；碳酸锶矿（$SrCO_3$），如产于中国湖南的碳酸锶矿（照片 10-11）；菱锌矿（$ZnCO_3$），如产于中国辽宁的菱锌矿（照片 10-12）；水锌矿（$Zn_5[(OH)_3CO_3]_2$），如产于中国广西钟乳状水锌矿（照片 10-13）。

照片 10-7　广东阳春石录铜矿的孔雀石

照片 10-8　意大利 Toscana 洞的蓝铜矿

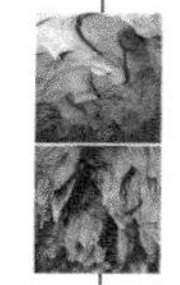

照片 10-9 意大利 Sardinia 岛的 Monteponi 矿区白铅矿

照片 10-10 阿根廷 Catamarca 省 Andes 山区的菱锰矿

5. 卤素盐矿物

岩溶矿床的卤素盐矿物主要有岩盐（NaCl）、萤石（CaF_2）等。如产于澳大利亚西南 Nullarbor 沙漠 Mullamullang 洞的岩盐花（NaCl），最长 60cm（照片 10-14）。产于英国 Derbyshire 岩溶铅锌矿区的萤石，当地称为 Blue John（照片 10-15）。

照片 10-11 湖南的碳酸锶矿

照片 10-12 辽宁的菱锌矿

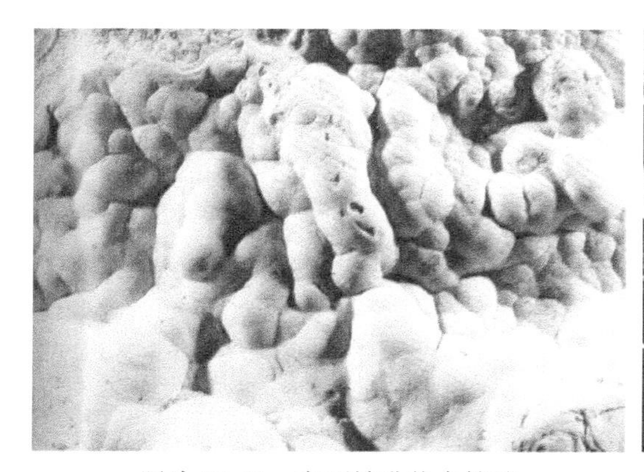

照片 10-13 广西钟乳状水锌矿

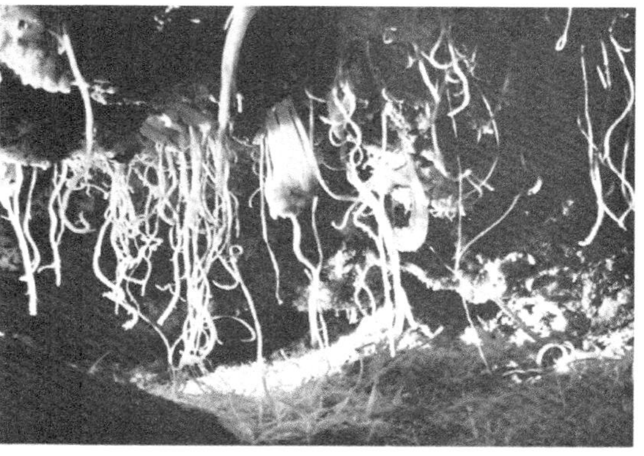

照片 10-14 澳大利亚 Nullarbor 沙漠 Mullamullang 洞的岩盐花

6. 硫酸盐矿物

岩溶矿床的最常见的硫酸盐矿物有石膏（$CaSO_4$）、天青石（$SrSO_4$）、重晶石（$BaSO_4$）、水胆矾［$Cu_4(SO_4)(OH)_6$］、芒硝等。如产于希腊 Attiki 地区的 Larrion 洞的髯状石膏，髯长 40～50cm（照片 10-16）；产于美国蒙大拿州 Big Horn 的洞石膏花 Cave Flower；产于美国科罗拉多州 Groaning 洞的天青石，长于白色方解石石花上的灰色晶体（照片 10-17）；产于意大利 S. Barbara 洞的重晶石，左侧被白色方解石覆盖（照片 10-18）；产于美国新墨西哥州 Bingham 洞的水胆矾（照片 10-19）。

照片 10-15　英国 Derbyshire 岩溶铅锌矿区的萤石

照片 10-16　希腊 Attiki 地区的 Larrion 洞的髯状石膏

照片 10-17　美国科罗拉多州 Groaning 洞的天青石，长于白色方解石石花上的灰色晶体

照片 10-18　意大利 S. Barbara 洞的重晶石，左侧被白色方解石覆盖

7. 磷酸盐矿物

岩溶矿床的磷酸盐矿物主要有碳羟磷灰石、羟磷钾铁矿、磷钾铝石、杂铝英磷铝石；如产于罗马尼亚 Muierii 洞碳羟磷灰石钟乳石（照片 10-20）；产于南非 Transvaal 的 Etienne 洞的紫色羟磷钾铁矿与磷钾铝石（照片 10-21）；产于南非 Transvaal 的 Mbobo Mkulu 洞杂铝英磷铝石（照片 10-22）。

照片 10-19　美国新墨西哥州 Bingham 洞的水胆矾

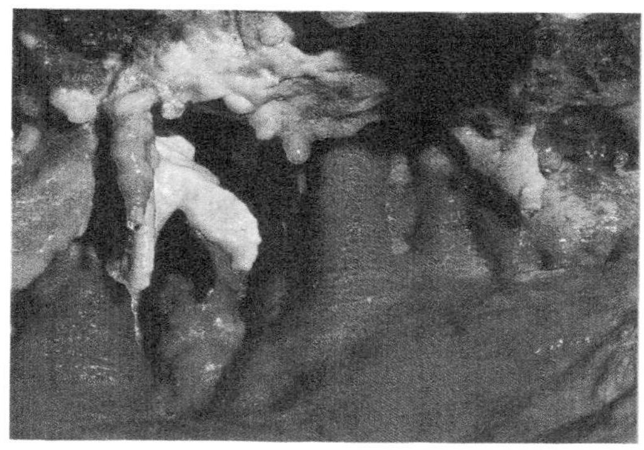

照片 10-20　罗马尼亚 Muierii 洞碳羟磷灰石钟乳石

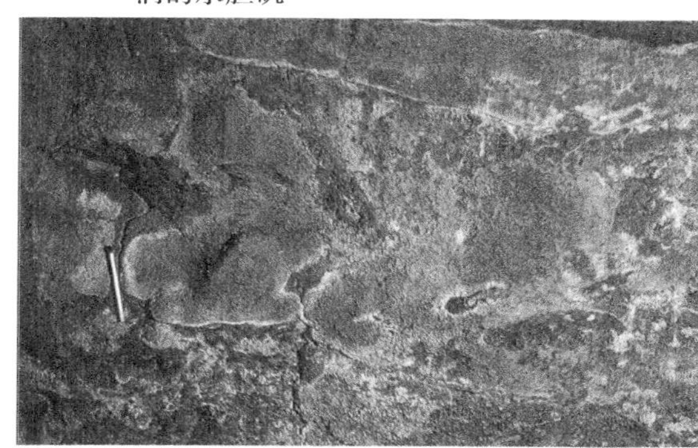

照片 10-21　南非 Transvaal 的 Etienne 洞的紫色羟磷钾铁矿与磷钾铝石（边缘白色者）

照片 10-22　南非 Transvaal 的 Mbobo Mkulu 洞杂铝英磷铝石

8. 硝酸盐矿物

岩溶矿床的硝酸盐矿物有水镁硝石，如产于博茨瓦纳 Independence 洞的水镁硝石（照片 10-23）。在一些洞内也有长期开采、炼制硝酸盐矿物的历史，如美国猛犸洞（Mammoth）洞内就有古人炼硝遗留下来的器具（照片 10-24）。

照片 10-23　博茨瓦纳 Independence 洞的水镁硝石

照片 10-24　美国猛犸洞（Mammoth）洞内炼硝器具

第四节 研究岩溶矿床的几个科学问题

通过上述中国的岩溶矿床情况分类介绍，可以看出：岩溶的成矿作用不仅局限于外生和表生成因，而且还涉及内生成因方面，因此关于热液岩溶、混合溶蚀岩溶、深部岩溶、古岩溶及岩溶沉积建造等方面的研究，已引起人们的重视，这无疑会加强了这方面的研究，并将促进岩岩溶成矿作用的了解和岩溶学的发展。岩溶矿床的研究可围绕如下几个科学问题展开。

1. 热液岩溶成矿问题

热液岩溶成矿与岩浆活动无关，由地下水深循环形成。可从矿体形态、矿石成分、包体温度（可达250~400℃）、角砾成分等方面进行研究。

2. 微生物成矿问题

微生物成矿问题特别是干旱环境的洞穴微生物成矿作用应开展大力研究，如澳大利亚Odyssey洞的纤发菌（Leptothrix Sp.），披毛菌（Gallionella Sp.）和铁氧化菌的成矿作用非常显著，其在干燥条件下生存，其生成物可指示过去干旱环境。

3. 水动力条件与岩溶成矿作用

水动力条件与岩溶成矿作用存在密切关系，需要进一步研究。如在致密坚硬碳酸岩中岩溶矿床沿各种岩溶形态形成；在垂直循环带，岩溶矿体呈竖井状，矿石在角砾中产出；在水平循环带，岩溶矿体呈水平产出，常见层理；在孔隙度大的岩石中岩溶矿体呈星散状矿石。

4. 岩溶形态与岩溶矿产的形成时间关系

岩溶形态与岩溶矿产的形成时间也存在密切关系，如泥盆系地层中的金，经风化富集于砂砾石层，而堆积在早先已形成的岩溶洼地、地下河中，如湖南隆回白竹坪砂金矿床；菱铁矿风化成褐铁矿，堆于洞穴中，但其副产的碳酸，也会导致新的岩溶形成，如山东黑旺围子岩溶漏斗之下的囊状褐铁矿体；黄铁矿风化产生褐铁矿，堆于洞穴中，但其副产的硫酸，更会产生强烈的溶蚀，如湖南青山冲褐铁矿体；海底喷流产生的卡林型金矿，因下伏灰岩岩溶发育，产于岩溶洼地中，又经后期岩溶作用而产于红土中，如贵州图戈塘金矿冉家屋基矿体。

岩溶成矿作用不是单一的或孤立的，它往往与其他地质作用交叉或复合，因此在研究中必须运用系统论的方法，提倡学科之间的相互渗透，只有渗透才能创新，才能加深对岩溶成矿作用的理解，准确鉴别其成因类型。据目前所知，同一矿种常有不同成因类型的矿床，同一矿床中的不同矿体也常有不同的成因类型。因此在研究中从实际出发，总结成矿作用的特征，进而探索其成矿规律，以利于岩溶地区矿产资源的预测和找矿工作。总之，岩溶学应用于矿床学的研究是过去几十年来这一领域的一项重要成果，它无疑将产生新的思路，并有利于矿产资源的勘探。

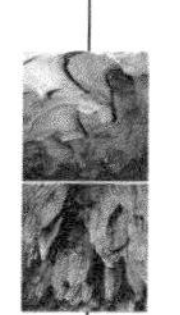

复习思考题

1. 岩溶型矿床在成因和形态上有哪些特征？研究岩溶型矿产资源有什么重要意义？

2. 各种岩溶矿物在岩溶系统中的分布有什么规律？

3. 在当前岩溶矿床的研究中，有哪些重要的科学问题？试着深入讨论其中的一个问题。

4. 中国岩溶热矿水的主要特点是什么？对你所在区域的岩溶热矿水做简要概述。

第十一章 岩溶水文学与水资源

第一节 岩溶水资源的重要意义

一、重要资源

岩溶水作为一种重要的资源，与人类的生产和生活环境密切相关，是农业灌溉、工业生产及人类生活的重要水源。全球人口的25%依靠岩溶水作为主要饮用水源（Ford，Williams，1989），包括一些重要城市，如罗马、维也纳、伦敦等。美国佛罗里达州，著名的岩溶大泉银泉（Sliver Spring）最枯流量为15.3 m^3/s，全州淡水用量的51%来自岩溶水。此外，世界上许多著名的大泉是岩溶泉，如法国著名的伏克留斯泉，最大流量为150 m^3/s，最枯流量为4 m^3/s；南斯拉夫的欧姆勃拉泉，最大流量150 m^3/s以上，最枯流量为4 m^3/s。我国北方著名的岩溶大泉如娘子关泉、郭庄泉（山西）及云南的南洞地下河、六郎洞地下河，广西的地苏地下河、坡心地下河等都是重要的水资源。

岩溶水除可作为重要的资源加以利用之外，还有一些具有旅游价值。在岩溶大泉或地下河的出口处，由于水源充沛，植被茂密，常形成一些景色秀丽的自然风景区。如我国山东济南因有较多岩溶大泉出露，成为著名的泉城；山西的晋祠泉、云南昆明的黑龙潭、辽宁的谢家崴子地下河等都开辟为风景旅游区。

二、储存运移的特殊性

（一）岩溶水资源的时空分布不均

岩溶环境系统中，物质迁移的结果使碳酸盐岩中发育大量的溶蚀裂隙、溶洞，因而具有比较强的渗透性能和较大的储水空间，成为良好的含水介质。但由于岩溶发育不均匀，各向异性明显，从而给勘探、评价、开发利用和管理带来困难。

1. 时间分布

岩溶水文系统的调蓄能力在时间上表现为动态变化大，尤其在裸露型岩溶区。在不同的季节，岩溶水的水位、流量、水质都有巨大变化。有的地下河水位年变化幅度可达40～50m，甚至100m以上。在雨季时涌出地表，淹没农田、房屋；干季则深埋地下，给农业

生产和居民饮水造成困难。岩溶水文系统动态变化虽然复杂多样，但仍可概括为三种基本类型：①气象水文型，也可称为巨变型，水文动态变化与降水联系密切，水位高峰出现在降水后12小时内，有的在两小时内就有反应。由于急剧的涨落，动态曲线呈尖峰型，水文变化过程很接近地表河，故又称为水文型。②滞后型，流量随时间变化比较和缓，水文过程线没有锯齿状尖峰，流量对降水变化不灵敏，有明显的滞后现象，这种类型以溶隙水为主，调蓄能力较强。③间歇周期型，为岩溶水特有的一种水文动态类型。泉、河水位具有明显地周期变化，且其变化频率与降水无关，是由于岩溶地区地下水的虹吸管道和储水空间联合产生虹吸循环作用而形成。

2. 空间分布

岩溶水在空间分布上的不均匀性主要归因于含水介质内部空间结构在三维空间上的非均质性和水力联系的各向异性。不均匀性主要表现为三种类型：①极不均匀。在一定地区，以单管道和单个溶洞存在时，富水性差异很大，各点最大最小值相差20倍，有时降深达到100m时仍未表现出水力联系。②不均匀。富水性最大最小值相差5～20倍，各点之间虽有水力联系，但仍有明显的各向异性，当管道有一定程度的外延、支管道发育、水力联系有所加强时，则有明显的方向性。③相对均匀。流场一定范围内的大多数控制水点，富水性最大最小值相差小于5倍，各方向上的水力联系加强，各向异性减弱，通常地下溶管成网，主支管交叉更迭，形成一种似海绵结构，故有统一的地下水位。

（二）岩溶水对环境变化反应明显

岩溶地区的许多环境问题都与岩溶水文系统的功能变化有关，这些变化有许多是自然因素造成的，如由降水变化引起的地下水量、水位变化而引发的环境问题。而更多的是人类活动引起的，如人类在岩溶区过度垦殖、毁林开荒，破坏植被而引起的植被退化、水土流失等；开发岩溶区的资源，如矿产资源、水资源、旅游资源、森林资源等而引发的环境问题。

受制于自然条件的改变和人类活动的影响，岩溶水文系统表现出对环境变化的响应迅速。例如在我国南方裸露型岩溶环境区，岩溶系统的结构以管道为主，岩溶水的输入方式以汇聚于落水洞的坡面流为主，补给面积小，降水强度较高时，往往出现快涨快落的洪水过程，洪峰滞后于降水的时间很短，水文系统对降水反应敏感，雨季易涝而在干季易旱。又如，人类在岩溶区进行工农业生产、旅游活动等产生的生活垃圾、工业废水、化肥农药，直接通过落水洞、岩溶管道而注入地下，超过了岩溶水的自净能力，改变了岩溶水文系统的功能，从而导致水质的下降。

三、国际关注

岩溶水资源的重要性带来了对岩溶含水层的认识与研究的迫切需要。目前国际上已对岩溶水问题广泛关注，一些国际组织或科研计划对岩溶水进行了深入研究，如：国际水文地质学家协会（IAH）1960年建立岩溶水文地质委员会（Karst Commission）；第12届IAH大会（美国，1975）和21届IAH大会（桂林，1988）均以岩溶水为主题；欧盟十多个国

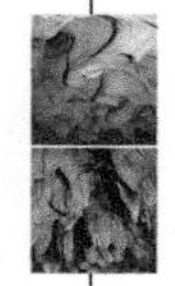

家1990～2004年实施COST65、COST620项目研究岩溶含水层的脆弱性评价和编图；UNESCO/IUGS国际地质对比计划IGCP513项目（2005～2009）"Global Study of Karst Aquifers and Water Resources"，主要研究全球岩溶含水层与水资源，包括：①水文学与岩溶生态系统健康和功能的关系（Relation of hydrology to the function and health of karst ecosystems）；②岩溶地区的水资源供给（Water supply in karst regions）；③岩溶与水相关的环境问题（Water-related environmental problems in karst regions）；④岩溶含水层或景观系统的水文地球化学（Aqueous geochemistry of karst aquifer/landscape systems）；⑤岩溶地区土地利用变化对地下水质的影响（Effect of land use change on underground water quality in karst area）五个方面的主题。

第二节　岩溶水的基本特征

赋存并运行于岩溶化岩层中的地下水称岩溶水，岩溶水出露（流出）地表可形成岩溶泉或地下河。岩溶水赋存环境的特殊性带来勘察、评价、开发的困难或特殊要求，如强调地质基础、达西理论的适用性受限、需要特别的开发方式等。

一、地质构造对岩溶水的控制

地质构造对岩溶发育有重要的控制作用。一般认为，张性断裂透水，岩溶发育；压性或压扭性断裂的透水性弱，构造岩也比较密实，常形成阻水带。但断层两盘的碎屑岩带，由于岩体破碎松弛，又常成为地下水活动带，岩溶发育。

层面和层间裂隙对岩溶发育也有重要作用。特别是不纯的碳酸盐岩或碳酸盐岩与非可溶性岩互层组合中，溶洞和岩溶管道沿层面和层间裂隙发育的现象十分普遍。

当向斜褶皱的核部形成承压区时，一般情况下，岩溶发育可能相对均一。但是，如有显著的张裂隙时，也可能发育横穿向斜的倒虹吸状的岩溶管道。沿背斜轴部上层的纵张和横张裂隙，也可能发育岩溶管道。

岩溶水的分布首先取决于可溶性岩石的地层分布。图2-3为我国各地可溶岩和非可溶岩相隔的地层分布状况，由于可溶岩常与非可溶岩成间互状分布，因此岩溶水常成层分布。

岩石的孔隙、裂隙、管道是岩溶水的储水空间。这些储水空间的分布常常受构造因素的控制而呈一定的规律性。如图2-4所示褶皱的发育与岩溶水文系统的关系，紧密褶皱地层倾角较大，地表地貌形态多以高山峡谷为主，对岩溶水常呈单斜构造控制；而平缓褶皱地表多为高差起伏不大的峰丛洼地形态组合，褶皱发育的走向及其受形变应力控制的裂隙分布常常决定地下河的分布及流向。

岩浆岩常常是很好的隔水边界，从而控制岩溶水的运移，如图11-1所示自流井的形成。

地下水有两种不同的埋藏类型，即埋藏在第一个稳定隔水层之上的潜水和埋藏在上下两个稳定隔水层之间的承压水。潜水和承压水除了埋藏条件不同外，还有一定的区别：①潜水的补给主要是当地的大气降水和部分河湖水。承压水则是依靠大气降水与河湖水通

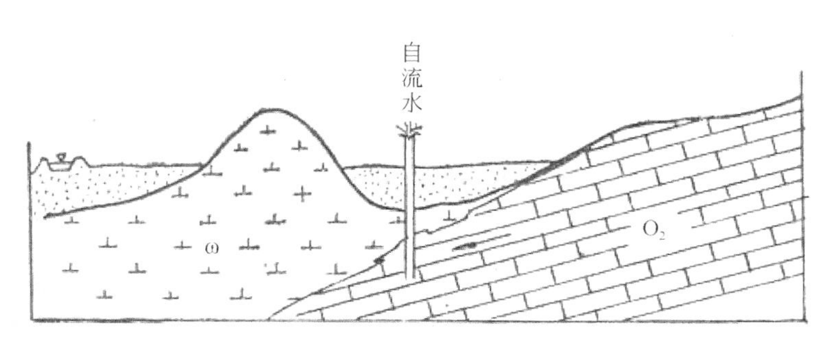

图 11-1　济南市中奥陶统灰岩岩溶自流水地质剖面示意图

过潜水补给的。②潜水受重力影响，具有一个自由水面（即随潜水量的多少上下浮动），一般由高处向低处渗流。承压水受隔水顶板的限制，承受静水压力，有一个受隔水层顶板限制的承压水面和一个高于隔水层顶板的承压水位（即补给区和排泄区水位的连线）。承压水是由静水压力大的地方流向静水压力小的地方。③潜水埋藏较浅，受气候特别是降水的影响较大，流量不稳定，容易受污染，水质较差；承压水埋藏较深，直接受气候的影响较小，流量稳定，不易受污染，水质比较好。④潜水以地面蒸发或出露为地表水和泉水的方式排泄；承压水则转化为潜水，主要以泉水的形式排泄。

钻到潜水层中的井是潜水井。潜水井的水位一般应该是和当地的潜水位一致的，如过量抽取，潜水井的水位就会逐渐低于当地的潜水位，形成地下水漏斗区。打穿隔水层顶板，钻到承压水中的井叫承压井，承压井中的水因受到静水压力的影响，可以沿钻孔上涌至相当于当地承压水位的高度。在有利的地形条件下，即地面低于承压水位时，承压水会涌出地表，形成自流井。虽有上涌，但不能喷出地面者叫半自流井。

二、岩溶水分布的不均匀性

岩溶水以各种分布不均匀的岩溶形态（溶蚀裂隙、竖井、溶洞、地下河、溶潭、地下湖等）为其贮存和运移的空间，从而使岩溶水文系统的内部结构表现出不均匀性。图 2-5 为岩溶水不均匀性的空间表现形式，这种不均匀性带来了岩溶含水层内部水力联系的各向异性和勘探成井率的差异。如通过抽水试验后形成的地下水位降落漏斗的长短轴之比可反映其各向异性的程度。此外，由于各地岩溶发育方式的不同，不均匀性在程度上也是有差别的。

岩溶发育程度的差异会造成降水对岩溶含水层入渗补给的很大差异。入渗率低的岩石，含水层不发育；当地下岩溶空间相当发育而导致入渗率过高时，又造成地下水位线过低。如我国云南南部个旧、蒙自、开远一带，其高原面下发育着巨大的岩溶水文网，使地表水大量渗漏，地下水位深达 100 余米，地表十分缺水。

岩溶发育和岩溶水的赋存除在不同区域有差异外，在同一地区的垂向剖面也存在不均一性。根据岩溶地下形态特征及水动力条件的变化规律，将厚层缓倾灰岩地区划分为四个水动力带（图 11-2）：①包气带（垂直入渗带）位于最高地下水位以上，主要是垂直下渗的重力水，岩溶形态以垂直形态（如溶隙、落水洞等）为主。本带厚度由高山峡谷处厚达数百米到平原地区有时仅几米至十几米。如局部有渗透性很低的相对隔水层存在，其上可

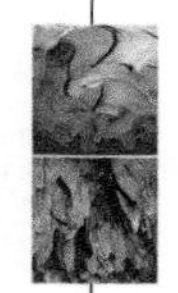

赋存上层滞水并以季节性泉出露。②水位季节变动带（垂直水平交替带）即地下水高水位与低水位之间的地段。地下水流动方向随季节变化，枯水季节时成包气带，水流以垂直下渗为主；丰水季节成饱水带，水流呈水平运动。因此本带的主要特征为既有垂直水流又有水平水流，既有垂直岩溶形态，又有水平的岩溶形态。本带厚度取决于岩溶水的变化幅度，由几米到几十米。③水平渗流带（潜流带或饱水带）地下水受当地侵蚀基准面控制，作水平运动，岩溶以水平形态为主。大部分水平的溶洞都在这一带中。在近河岸处，可溶岩中卸荷裂隙发育；地下水流集中，水量大；又有与河水交替的混合岩溶作用，故岩溶发育最强烈。在我国南方的湿热气候条件下，常发育暗河系统，成为水平循环带中的集中径流区。通过岩溶管道流排泄的水量占含水层总流量的比例很大，有时可达50%以上。④深部循环带（虹吸渗流带）位于当地侵蚀基准面以下，因而地下水运动已不受当地侵蚀基准面的控制，主要受地质构造条件影响，在一定水头压力下向远处区域性基准面缓慢流动，参与区域性水循环，交替作用缓慢，岩溶形态以细小的溶隙和溶孔为主，并且越向深部岩溶发育越差，直至消失。

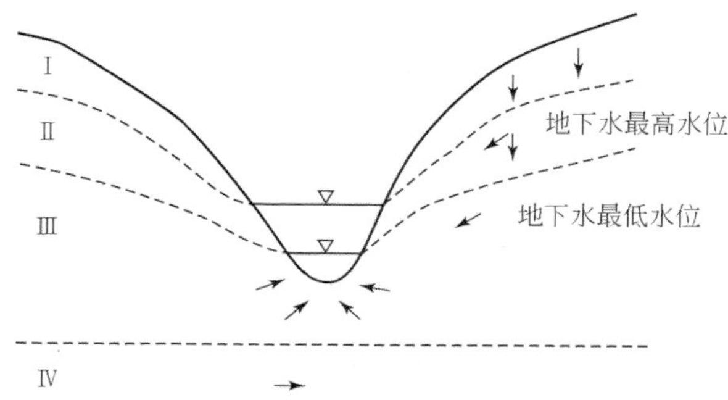

图11-2　岩溶水在剖面上的水动力分带（据王大纯等，1980）

不均匀性问题给岩溶水资源的勘探和评价带来困难，是岩溶水文地质勘探中的严重挑战，常常造成大量无效工程。如过量抽水引起的地面塌陷常常沿着抽水降落漏斗的长轴方向延伸；污染物在岩溶含水层中的扩散也常常表现出明显的各向异性，甚至呈线状分布。因此，岩溶水文系统内部结构的不均匀性，是在研究岩溶地区的环境问题时必须掌握的基础条件。

岩溶水分布的不均匀性有如下表现形式。

1. 岩溶形态组合交织程度（迷宫式洞穴或溶蚀裂隙网络化程度）

不同组织结构的岩溶水文系统的调节功能差异较大。其中，以管道为主的结构，其调节功能很差；而管道网与洞穴组合结构则具有较好的调节功能；平行管道与裂隙组合结构介于两者之间（图11-3）。

大气降水经过岩溶水文系统后，由于系统的输入方式和内部结构不同，其输出方式也有很大差别。当岩溶系统的结构是以管道为主，输入方式又以汇集于落水洞的坡面流为主，补给面积较小，而降雨强度又较高时，往往出现快涨快落的洪水过程，洪峰滞后于降雨的时间很短，而洪峰流量比基流高数倍至数千倍。我国南方裸露型岩溶区的许多岩溶泉

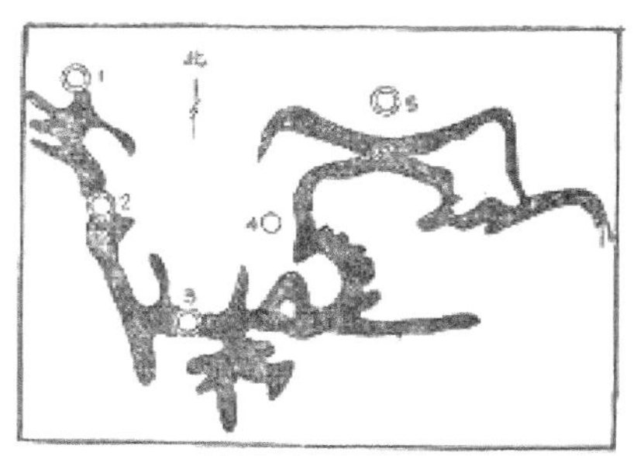

以管道为主的结构

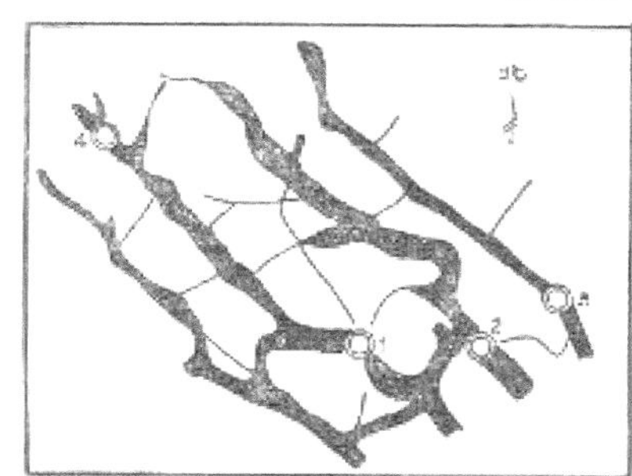

管道网与洞穴组合结构

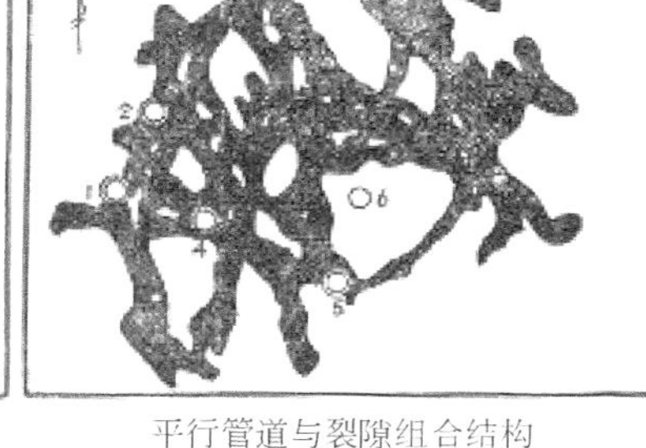

平行管道与裂隙组合结构

富水孔　贫水孔

图 11-3　岩溶通道在水平面上的展布情况与钻孔富水不均匀程度和水力联系各向异性的关系

及管道状地下河属此种类型。当岩溶水文系统的结构以裂隙为主时，洪峰流量常不明显，比基流高不超过 1 倍，峰现时间比降雨滞后的时间较长；当补给面积很大时，滞后时间可达数月至数年。我国北方许多岩溶大泉属此种类型。如山西临汾的龙子祠泉，补给面积 2199.3 km^2，据 1955 ~ 1984 年的观测资料，最枯流量 4.36 m^3/s，最高流量 6.7 m^3/s，多年变幅仅 1.12 ~ 1.36 倍，峰值流量滞后于降雨 6 个月。我国南方许多岩溶水文系统的内部结构属管道与裂隙的组合，它既有坡面流、竖井水流和管道流的迅速输入和输出，也有表层岩溶带、土层、深部溶隙、裂隙、网状管道和洞穴的调节作用。因此，雨后的洪水过程，虽然也有流量陡涨、峰值滞后降雨时间较短的特点，但退峰过程则因受到岩溶系统的调节而比较缓慢。此外，降雨的前期条件对系统的水文响应有很大的影响。如之前有较长的干旱期，峰现比降雨的滞后时间会长一些。有时峰值被削平，甚至不出现洪峰。

2. 成井率（富水不均匀性）

岩溶地下水不均匀性的表现之一就是其富水的不均匀性。可以通过钻井，以勘探孔的富水状况来表现岩溶不均匀性的程度。富水性强的地段，成井率高。如广西武鸣盆地的造庆地区，约 10km^2范围内，8 个勘探孔中，7 个有开采价值，成井率高达 87%（图 11-4），为相对均匀类型。又如桂林市区西部五里圩，在一个 11km^2的地区，钻了 41 个勘探孔，但仅 14 个孔获得了有开采价值的水量，成井率仅 34%，为不均匀类型。

3. 群孔抽水降落漏斗的长短轴之比（水力联系各向异性）

研究岩溶水富水性的差异性，在没涉及分析补给条件，一般只是从个别点之间的水量

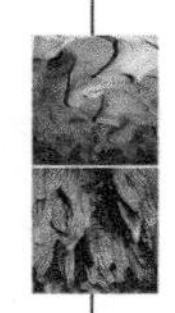

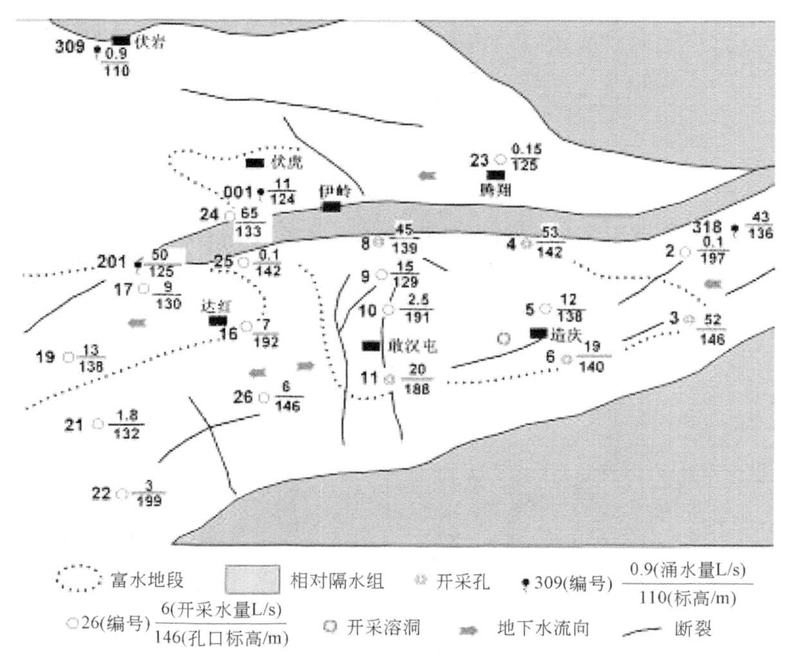

图 11-4　武鸣造庆地区钻孔开采涌水量分布图（据广西水文队报告）

对比上来说明问题，只有水力联系的各向异性才能把点上的差异连成线上的差异，再进而把线上的差异连成面、体上的差异，以解决三维空间研究岩溶水不均匀性的问题。通过群孔抽水降落漏斗长短轴之比，可以有效地判断岩溶水不均匀性问题。如广西合山煤矿的里兰斜井 1965 年 1 月 6 日至 3 月 29 日疏干上二叠统合山层四煤底板岩溶水时，中心降深 97.5m，虽然各个方向都有水力联系，但是却具有明显的各向异性，其形成的疏干漏斗为北东—南西长，北西—南东短的椭圆形，长短轴之差达 3 倍（图 11-5），为不均匀型；如云南通海地区，在对石炭二叠系灰岩岩溶地下水作群孔抽水时，形成的降落漏斗长短轴之差不到 2 倍（图 11-6），为相对均匀型；又如柳州一个地段，群孔抽水形成的降落漏斗长短轴之差可达 7 倍（图 11-7），为极不均匀型。

4. 岩溶含水介质不均匀性差别的水文学反应

岩溶地下河及岩溶泉的水位、流量动态变化可以反映岩溶含水介质的不均匀程度。我国北方岩溶大泉，其含水介质较均一，泉水全年的水文动态变化幅度较小。而南方致密坚硬的灰岩，裂隙、管道等岩溶空间的发育不均一，水文变化为陡涨陡落，对降雨响应迅速，暴雨效应明显。如广西地苏地下河，在降雨后地下河水文立刻上升，而降雨结束以后，水位有快速下降，表现为明显的暴雨效应（图 11-8）。岩溶地下水的水化学特征也表现出明显的暴雨效应。

5. 水文地球化学指标解译

岩溶水的不均性的物理属性也影响了岩溶水的水文地球化学特征。如桂林岩溶试验场，S31 号泉在暴雨后的 pH、电导率（Ec）、水温（T）、CO_2分压（P_{CO_2}）、SIc 等化学指标都快速下降，流量快速增加，显示出极不均匀性（图 8-12）。

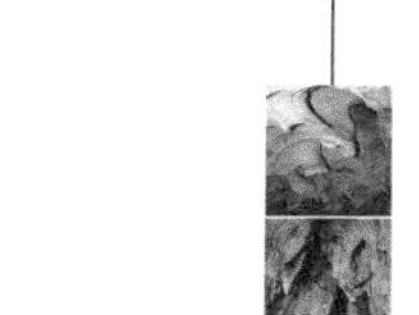

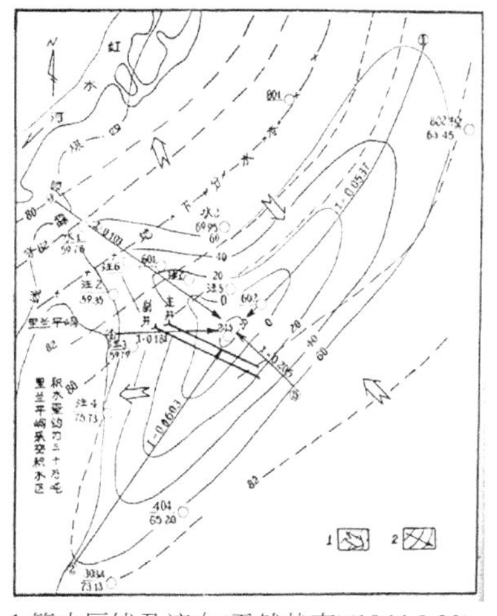

1.等水压线及流向(天然状态)(1964.9.22)；
2.降压力线及流向(排水疏下状态)

图 11-5　广西合山里兰煤矿排水疏干漏斗形态（不均匀）

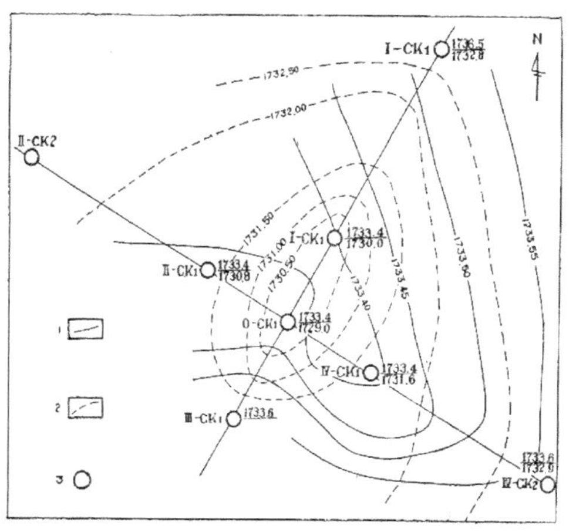

1.抽水前等水位线；2.抽水后等水位线；
3.钻孔编号(抽水前水位高程/稳定水位高程)

图 11-6　云南通海地区石炭二叠系岩溶含水层群孔抽水等水位图（相对均匀）

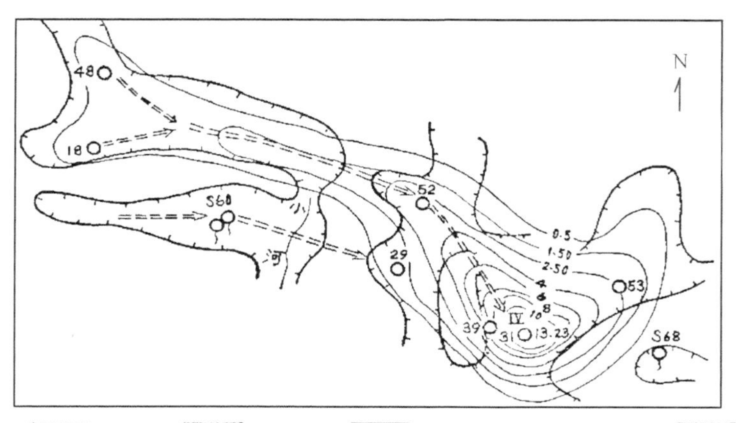

钻孔　岩溶泉　洼地边界　31号孔抽水时降深等值线　推测地下水通道

图 11-7　广西柳州某地区 31 号孔抽水影响范围图——更强烈的各向异性

6. 岩溶水分布不均匀性的成因

岩溶水分布不均匀性的成因主要包括岩性（孔隙性）；裂隙发育模式；溶蚀方式（差异溶蚀，均匀溶蚀）三方面。

研究岩溶水分布的不均匀性这个问题，首先要考虑岩性。对于成岩程度不同的碳酸盐岩，岩溶水的不均匀性有很大不同。美国东南各州，东南亚，伦敦地区，巴黎盆地，澳大利亚南部沿海等地的古近系—新近系、第四系碳酸盐岩，孔隙度可达 16%~44%，不均匀性问题不很突出；我国大陆的碳酸盐岩则以三叠系前（西藏为白垩系前）的致密坚硬碳酸盐岩为主，孔隙度小于 2%，岩溶水多在各种岩溶形态中储存、运动，不均匀性突出。

岩溶裂隙发育模式是控制不均匀性的另一个重要因素。在岩溶岩体被溶蚀的漫长地质年代里面，个体溶洞、单一管道、平行管道及网络状管道代表着岩溶作用逐步扩展的不同

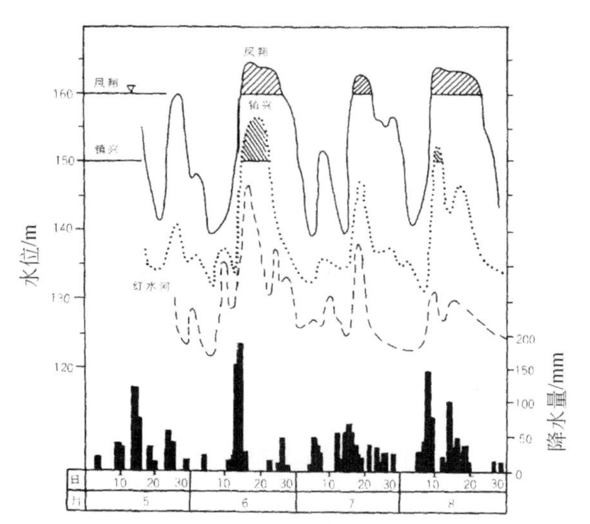

图 11-8　广西都安地苏地区地下河系凤翔、镇兴两个天窗，雨季水位动态变化图（据广西水文队报告）

阶段，也是岩溶作用对岩体结构面有适应到改造的过程。在溶蚀开始时，一般都沿岩体中最薄弱的环节进行，一些导水裂隙或层面裂隙等都是溶蚀作用最容易发展的部位。最初的单一岩溶通道延伸方向受主导结构面的控制，富水性具有强烈的不均匀性，水力联系也具有很强的各向异性。以后溶蚀作用进一步的发展，与主导结构面相通的次要结构面也逐渐遭受溶蚀，使岩体的构造各向异性特征逐渐被改造，岩溶管道的组合形式由平行管道组过渡到网络状管道，岩溶水的不均匀性也逐步地转化为相对均匀。图 11-9 就是以与压力相平行的追踪张裂隙及相应的两组扭裂隙被溶蚀的过程为例，说明岩溶作用对地质构造有适应到改造，由单一管道（左）发展到平行管道（中）、网络状管道（右）及岩溶水由不均匀到相对均匀的过程。那么是否溶蚀作用越强烈，岩溶水就越趋向均匀呢？这是不一定的。事实上，在雨量充沛、溶蚀作用很强烈的南方岩溶山区，有的钻孔可揭露几十米高的大洞，但岩溶水仍然是不均匀甚至极不均匀的；而在北方一些隐伏岩溶区，虽然钻孔揭露的溶洞规模一般不大，但却孔孔有水，各个方向的水力联系也较好。岩溶水不均性的不同程度受到溶蚀作用强度的影响，尤其与溶蚀作用的方式有密切关系。如图 11-10，面积都是 1200m^2的两个块段，其岩溶率都是 64%，亦即溶蚀强度相同，但溶蚀方式不一样，第一种是循着初次形成的单一管道继续扩大延伸所致，溶蚀作用的方式并不能改变岩溶水不均性的特征，我们称之为“分异溶蚀”；第二种是最初沿着一个方向溶蚀，产生单一方向管道，以后又顺着与其垂直的方向发展，逐步形成之网络状管道，只有这种溶蚀方式才能是岩溶水由极不均匀性逐步转变为相对均匀，我们称之为“均匀溶蚀”。

7. 岩溶水不均匀性的分类

为深入研究岩溶水的不均性问题，有必要对岩溶水的不均匀性按其不同程度进行分类，并提出区别各个岩溶类型的大致数值界线。根据已掌握的资料，我们初步意见是可将岩溶含水层分为四类。其中除 I 类外，均系按照勘探孔成井率（出水量在 40t/h 以上，有成井价值的钻孔数与钻孔总数之比），并结合水力联系的各向异性（长短轴之比）划分的，划分的四种类型见图 11-11。

图 11-9　岩体结构面与岩溶通道发展的关系图

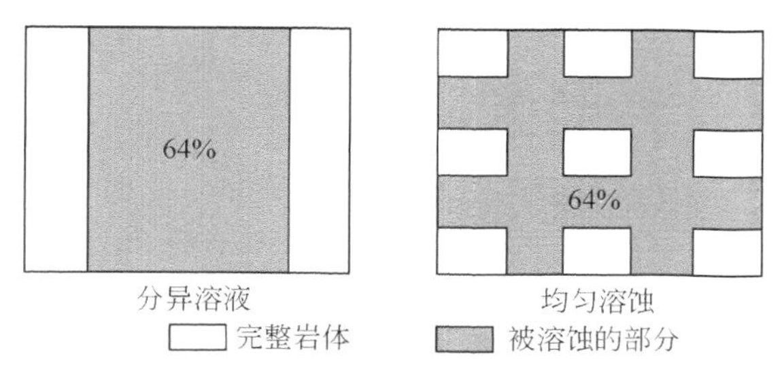

图 11-10　溶蚀方式与岩溶水不均匀程度的关系

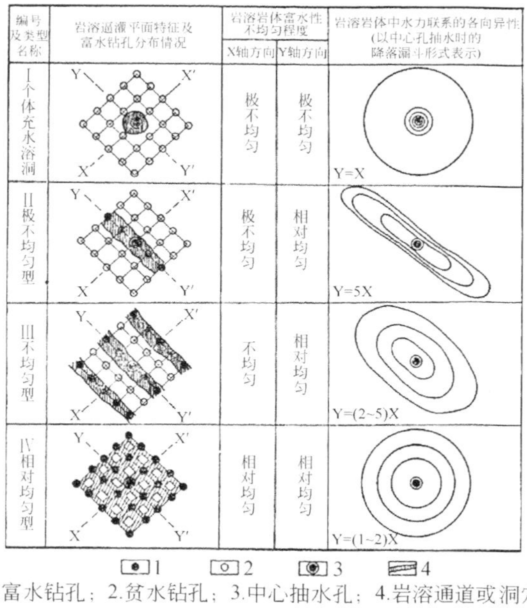

编号及类型名称	岩溶通道平面特征及富水钻孔分布情况	岩溶岩体富水性不均匀程度		岩溶岩体中水力联系的各向异性（以中心孔抽水时的降落漏斗形式表示）
		X轴方向	Y轴方向	
Ⅰ个体充水溶洞	Y X′ X Y′	极不均匀	极不均匀	Y=X
Ⅱ极不均匀型	Y X′ X Y′	极不均匀	相对均匀	Y=5X
Ⅲ不均匀型	Y X′ X Y′	不均匀	相对均匀	Y=(2~5)X
Ⅳ相对均匀型	Y X′ X Y′	相对均匀	相对均匀	Y=(1~2)X

1.富水钻孔；2.贫水钻孔；3.中心抽水孔；4.岩溶通道或洞穴

图 11-11　岩溶水不均匀性分类的理想图

8. 岩溶水不均匀性的预测

对没有勘探实验资料的新工作区，为了合理的部署水文地质勘探工作，应预测其岩溶水的不均匀性类型。通过岩溶地区水文地质勘探实践，可以得出这样的认识：岩溶水分布的极不均匀型见于畅排水的岩溶岩体；不均匀型见于缓排水的岩溶岩体（图 11-12）。畅排水型、缓排水型及汇水型的形成，取决于地貌条件及岩溶岩体的边界条件。后者指的是岩溶岩体与非可溶基岩及覆盖层的分布情况，它受地质构造条件控制。在分析问题时，必须把这几方面的条件综合起来考虑。

从地貌条件考虑，一般来说，畅排水型见于裸露的高原峡谷边缘和分水岭地区；缓排水型见于低山丘陵近河的浅覆盖地区；而汇水型见于深覆盖的平原地区。但必须和构造条件结合起来分析，例如当分水岭地区不受非可溶岩间隔层制约时为畅排水型（图 11-12 中 3 的地质结构）；而当受到间隔层制约时就构成了汇水型（图 11-12 中 8、9、10 的地质结构位于分水岭地区时）。又如高原峡谷附近几公里到几十公里范围常常是畅排水型的（图 11-12 中 1、2 的地质结构），但是在高原上的断陷盆地中，在有利的构造条件下仍可构成汇水型（图 11-12 中的 12 地质结构）。相反，有时构造条件有利于汇水，但受到地貌条件破坏，仍成为排水型。如云南以礼河的情况，虽然是向斜构造，岩溶地层上覆盖有巨厚的非可溶岩间隔层，但因金沙江的深切，向斜两翼的岩溶层仍为排水型（图 11-13）。此外，还应当考虑古岩溶的发育条件。有的地方虽然现在属于排水型，但在地貌或地史发展的某

序号	综合剖面	代表性实例	地质构造条件	地貌条件	覆盖条件	地下水运动条件	岩溶地下水分布不均匀程度类型
1	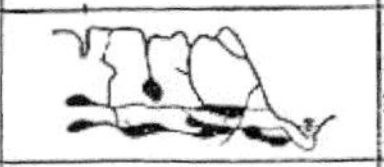	云贵高原乌江、金沙江、红河、南盘江沿岸	平缓褶皱的岩溶层，无间隔层	高原峡谷边缘	裸露	畅排水型	极不均匀
2		云南（林口）	单斜岩溶层底板有间隔层				
3	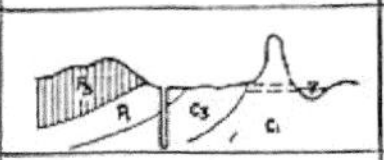	广西桐岭	断裂单斜，顶板有间隔层	分水岭；低山丘陵			
4	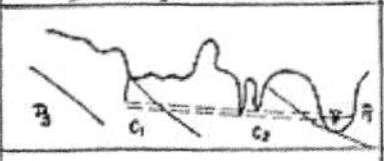	广西地苏暗河	单斜岩溶层，无间隔层	近河			
5	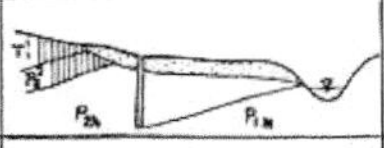	广西红水河边某矿区	单斜岩溶层，顶板有间隔层		浅覆盖（10~15m）	缓排水型	不均匀
6	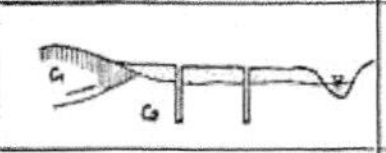	广西柳州	断裂岩溶层，顶板有间隔层				
7	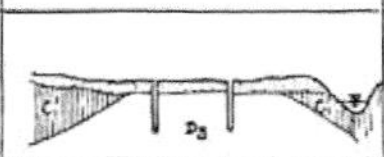	广西太阳村	背斜轴即岩溶层，顶板为间隔层				
8	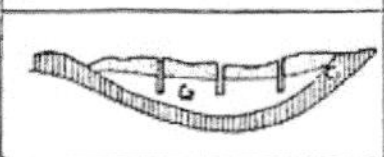	广西武鸣	向斜轴的岩溶层底板为间隔层	盆地	浅覆盖至深覆盖（50m以上）	汇水型	相对均匀
9	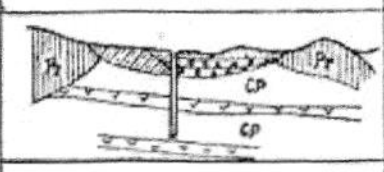	福建龙岩	断裂岩溶层，顶底板都有间隔层				
10	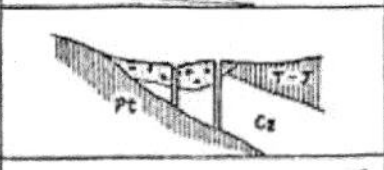	广西枕亭	向斜盆地边缘岩溶层，顶底板都有间隔层				
11	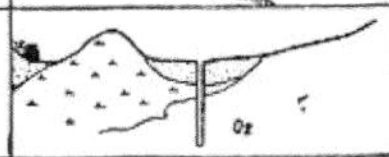	山东济南	单斜岩溶层，顶板有火成岩岩床为河隔层	平原			
12	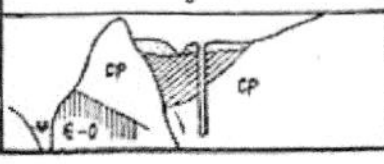	云南昆明	断陷盆地，顶板有新生界间	高原盆地			

1 2 3 4

1.岩溶岩层；2.非岩溶岩层；3.火成岩；4.覆盖层

图 11-12 岩溶地下水不均匀程度与地质地貌条件的关系

个阶段，曾经有过汇水条件，也会有岩溶水相对均匀的情况出现。

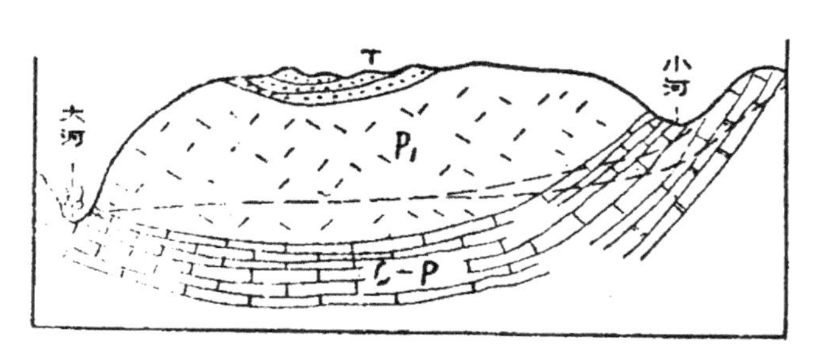

图 11-13　云南以礼河与金沙江之间水文地质剖面图

以上只是从地下水对可溶岩的溶蚀过程讨论了岩溶地下水的不均匀性程度问题。然而岩溶地下水的不均匀程度还受到一些其他因素的影响，而在有的地方这些因素却是起决定作用的。例如黏性土对岩溶通道的充填程度，在覆盖较厚的地区对浅层岩溶水的分布就很重要。如在桂林市郊的一个地段，曾选择了 $11km^2$ 的范围作典型勘探试验，共计钻了 41 个钻孔，其中有 32 个钻孔打到了较大的溶洞，说明岩溶的发育还是比较强烈的。但在这 32 个钻孔中仅有 11 个钻孔的地下水有开采价值，而另外的 18 个钻孔中的溶洞全部被黏土充填，抽出的水既少又浑浊。在这里，由于黏土的充填，岩溶地下水分布上的“相对均匀”，又让位给“不均匀”了。

三、动态变化较大

动态变化大是岩溶水文系统调节功能弱的一个表现特征。它广泛分布在我国南方裸露型岩溶区，并由于季风气候地区降雨在时间上分配的不均匀性而更加突出，主要表现在不同季节岩溶水的水量、水位、水质的巨大变化。如有的地下河水位年变幅可达 40 ~50m，甚至 100m 以上，在雨季涌出地表，淹没农田、房屋，而干季则深埋在地下，造成当地居民用水困难。有的地下河系统流量年变幅达几十倍至 1000 倍以上，在干季每秒只有几十升，远远不能满足当地各方面用水的需要，而到雨季其洪峰流量可达每秒几十立方米，白白流走，甚至造成水灾。因此，为满足人类生产生活的需要，必须修建水库蓄水进行人工调节。世界上有许多岩溶水文系统，由于可溶岩厚度大、分布广泛，常常成为人类生活的主要水源。如我国南方一些地下河和北方的岩溶大泉，对当地社会经济的发展具有重要意义。它们的水量、水位、水质的变化也就成了评价这些地区环境质量的重要方面。

我国一般把秦岭—淮河以北的岩溶称为北方岩溶，以南的称南方岩溶。由于北方和南方岩溶的发育状况不同，因此岩溶水的分布、径流、补给、动态等方面的特点也有所差异。

南方岩溶水流量动态的特点是变幅大，变化迅速。如果以年最大流量和最小流量之比作为不稳定系数，则不稳定系数小者有数十，大者有数百或数千。其次是滞后时间短，流量峰值出现的时间滞后于降水时间一般只有数天或数十天，流量的大小一般只跟当月和前几个月的降水有关。

北方岩溶水的动态特点则不同，其特点是不稳定系数小，年变幅小，流量变化缓慢，

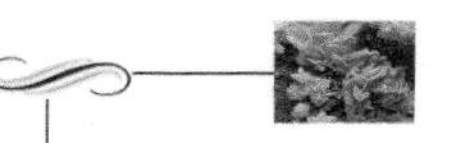

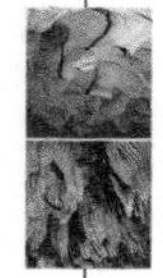

最大流量滞后于最大降水达3～5个月，泉水流量甚至和之前数年的降水有关，如山西神头泉的流量和当年以及之前9年的降水量有关。

四、与地表水的互相转化

岩溶水文系统虽然以地下水文网为其特色，但它只是地球表层整个水循环系统的一部分。它的补给来自大气降水、地表河流、湖泊，甚至海洋（海岸带岩溶），因而与地表的关系密切。地表水常常通过竖井、落水洞与地下直接联系，于是在地表形成盲谷，在地下形成暗河，最后通过岩溶泉的形式出露地表。在这个过程中，地表水体在地下与可溶性的灰岩发生水岩作用，从而造成其水质的变化，如岩溶区泉水 Ca^{2+} 和 HCO_3^- 的含量较非岩溶区明显偏高。

岩溶地下洞穴的发育，会导致入渗率的增加，从而造成地下水位线远远低于地表河而形成盲谷。地表水的短缺对区域水资源供应造成困难，同时，地下废水更不易处理。岩溶区的石灰岩一般质地较纯，易受水的溶蚀作用而流走，因而土壤发育较薄或根本不发育，这不利于地表水的保持。

大气降水在岩溶区的入渗会因气候、地质条件、土壤发育状况、岩溶发育程度而异。国内外有很多关于岩溶区有效入渗量的观测研究，其结果变化在16%～90%，多数在30%～70%。对岩溶地下水流速的研究，结果差异很大，在15～14400m/d，较多的是1000m/d。这主要取决于地下水流的运动状态，是层流还是紊流，对于大多数以管道发育为主要排水系统的岩溶含水层，大都呈紊流状态，地下水排泄速度很快，往往造成岩溶泉水流量的暴涨暴落。但随着水力坡度的减小，之后回落的速度也随之减小。这种水文的动态变化主要通过实测的流量过程曲线图进行定量分析。这也是现代岩溶学发展的体现和必然，同时也是难点，因为它对地下径流的水文预报显得尤为重要。

我国南方岩溶介质相对于北方具有更强烈的非均质性和各向异性。在南方岩溶区，地下水流以管道流为主，岩溶管道或地下河构成地下径流的主干。在两个管道流之间，地下水在层理、节理、裂隙和溶孔中运动，运动状况和一般的渗流相似，即南方岩溶地区同时存在两种地下水运动形式：管道流（管流）和裂隙流（渗流）。管道流流动阻力小，流速大，导水性好，据湖北、广西、云南、贵州等地研究资料（朱学愚等，1987），南方地下河发育区岩溶水流速一般枯水期为8.64～17.28km/d，平水期17.28～43.2km/d，洪水期43.2～129.6km/d，极端流速可达172.8km/d。可见在管道流或地下河发育区地下水运动已不服从达西定律。管道流和其周围的裂隙流存在着水量交换关系。管道流系统中，补给期水位的上涨和消退都比较快，水位上涨期间，其中的地下水补充周围的裂隙，但雨后水位很快消退，低于周围裂隙流的水位，裂隙和溶孔中的地下水源源不断地补给管道，维持枯季地下河或泉水流量。乌江水系乌江渡电站以上流域就具有我国南方岩溶流域的特点。

北方岩溶地区，由于岩溶发育相对较弱，多属裂隙岩溶水。含水层富水区的地下水往往具有统一的地下水面，像南方岩溶区那种孤立的管道水流较少发现，透水性相对比南方岩溶较均匀，具有宏观渗流性质。

岩溶水的补给来源是大气降水，按其补给方式大致分为三种。

（1）灌入型：大气降水到达地表以后，形成坡面径流，然后通过漏斗、落水洞、竖井等

岩溶通道直接灌入地下，转变成岩溶水。它常常是地下河或管道流的主要补给水源。这种补给方式多出现在裸露型岩溶区，特别是南方裸露型岩溶地区。其特点是入渗快，一般雨后数小时或数天即可转变为地下水。例如乌江水系乌江渡电站以上流域的岩溶多属此类型。

（2）渗入型：大气降水沿着细小裂隙或透过植被、土壤缓慢地渗入地下，水流由细小裂隙汇入大裂隙，最后汇到管道和大的溶隙中，雨水转变为地下水的时间滞后于降水。

（3）间接补给型：在隐伏岩溶地区，降水先补给可溶岩上面的第四系透水层，通过第四系补给岩溶水。入渗的水在第四系透水层中有一个流动过程，使得补给平均化，亦即把降雨的脉冲型补给转化为一段时间内的连续补给，这种补给方式滞后的时间最长。如山东淄河地区。

岩溶地区有时可看到这样一种现象：一方面泉流量（或矿山排水量）对降水很敏感；另一方面，如对比降水和排水量的动态曲线又发现明显的滞后，如湖南斗笠山矿区，疏干巷道距最近的补给区不到1km，降雨后5～10h，矿井涌水量明显增加，但最大流量出现的时间比最大降水出现的时间要晚1个月左右。这种现象说明了除该区补给区范围大，水流到排泄区的时间不同以外，还因为岩溶山区同时存在快速流（管道流）和慢速流（裂隙流）两种地下水流。快速流导水性好而贮水量小，慢速流导水性差而贮水量大，因而造成上述地下水排泄量对降水量既敏感又滞后的现象。

岩溶地区常具有地下水和地表水反复转化的特点。河流时明时暗，时而地上时而地下，不仅南方岩溶区有这种现象，北方岩溶区某些地段也有此特点。

综上所述，岩溶地下水运动特点可归纳为：岩溶含水介质具有多重性，并具有裂隙流与管道流并存、层流与紊流并存、线性流与非线性流并存、连续水流与孤立水体并存等特殊的水流规律。岩溶地区水资源概化模型如图11-14所示。

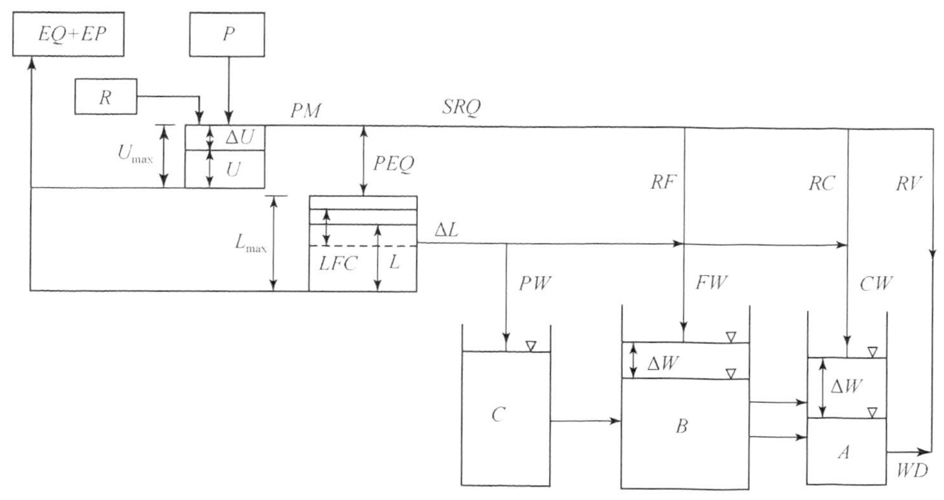

P.直接降落在补给区的降水量；*R*.虽未直接降落在补给区，但由坡面径流流到补给区的降水量；U_{max}.洼地和植物拦蓄的最大水量；*U*.雨前的洼地和植物的拦蓄量，$\Delta U=U_{max}-U$；*PM*.产流量；*SRQ*.地表径流；*PEQ*.进入松散覆盖层的入渗量；*RF*.渗入微小裂隙的补给量；*RC*.灌入大管道的补给量；L_{max}.包气带最大蓄水量；*LFC*.包气带最大持水量；*L*.雨前包气带的含水量；ΔL.雨后包气带的水分增量；*EP*.地面蒸散发；*EQ*.土壤蒸发；*RV*.地表水流；ΔW.含水层中地下水储存量的增量；*C*.松散的孔隙含水层；*B*.裂隙含水层；*A*.管道及大溶洞；*PW*.孔隙地下水；*FW*.裂隙地下水；*CW*.管道地下水；*WD*.地下水排泄量

图11-14 岩溶地区水资源概化模型

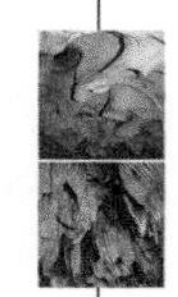

第三节　岩溶水资源的勘察、评价和开发

岩溶水资源作为主要的地下水资源之一，与人类生活、生产实践密切相关。据统计世界陆地（不计冰川覆盖面积）7%～12%为岩溶发育的碳酸盐岩所覆盖，岩溶水供养了世界约25%的人口（Ford，Williams，1989）。因而对其勘察、有效的评价和合理的开发利用及保护意义十分重大。

一、岩溶水资源的勘察

为了搞清岩溶水文系统的流域范围，需要查明岩溶地下水资源的储量、分布及动态变化状况以指导实践。主要通过野外调查、连通试验、地球物理勘探、钻探、抽水试验、实验室测试、地下水动态监测等方法勘察。

（一）野外调查

野外调查包括区域地表、地下水文地质两方面的调查。

1. 岩层的调查

（1）岩性：可概略划分为石灰岩类（包括白云质灰岩）、白云岩类（包括灰质白云岩）、泥灰岩类和砂质灰岩（白云岩）等四个类型。

（2）结晶程度：按碳酸盐类矿物结晶大小，可分为粗晶质（以直径大于1mm晶粒为主）、中晶质（以直径为0.5～1mm晶粒为主）、细晶粒（以直径为0.1～0.5mm晶粒为主）和隐晶质或致密质（晶粒小于0.1mm）。

（3）层厚：按地层单层厚度可分块状（层次不明显）、厚层状（单层厚度1m以上）、中厚层状（单层厚度0.5～1m）、薄层状（单层厚度0.1～0.5m）和板状（单层厚度小于0.1m）五种。

（4）杂质：注意对碳酸盐类岩石中所含黄铁矿、沥青质和石膏等的描述。

（5）夹层：碳酸盐类岩层常夹有非碳酸盐类岩层，根据其组合关系可分纯碳酸盐类岩石（非碳酸盐类的夹层<5%），夹层类型（非碳酸盐类夹层占5%～40%）和互层类型（非碳酸盐类岩层占40%～60%，并与碳酸盐类岩层呈互层状分布）。

（6）结构：石灰岩按结构组分分类，是石灰岩分类的一种重要分类方法，可以反映出石灰岩的不同形成条件和生成方式（表11-1）。

（7）碳酸盐类岩层时代划分：我国初步划分为前古生代、下古生代、上古生代、中生代和新生代五个阶段。

表 11-1　石灰岩的结构组分分类表

颗粒组分/%	内碎屑灰岩					生物骨架灰岩	化学泥晶灰岩
	石质	生物碎屑	鲕粒	团粒	团块		
>90	内碎屑灰岩	介屑灰岩	鲕粒灰岩	团粒灰岩	团块灰岩	生物礁灰岩 介壳灰岩	石灰华
90~50	泥屑内碎屑灰岩	泥屑介屑灰岩	泥屑鲕粒灰岩	泥屑团粒灰岩	泥屑团块灰岩	泥晶介壳灰岩	钟乳石
50~10	内碎屑泥屑灰岩	介屑泥屑灰岩	鲕粒泥屑灰岩	团粒泥屑灰岩	团块泥屑灰岩	介壳泥晶灰岩	泥晶灰岩
<10	泥屑灰岩、微晶灰岩					微晶灰岩泥晶灰岩	微晶灰岩

2. 地面岩溶现象的调查

由岩溶作用形成的地貌现象，称为岩溶地貌。岩溶作用的结果，产生了各种形态的岩溶地貌及堆积物。按照形成岩溶形态的位置及生成条件，一般岩溶形态分类，见表 11-2 所示。

表 11-2　岩溶形态分类表

地表岩溶形态	溶沟、石牙、石林、峰林、峰丛、干谷与半干谷、溶蚀洼地与坡立谷、地表岩溶湖	
地下岩溶形态	垂直岩溶形态	落水洞 漏斗及地面裂隙 裂隙状溶洞
	水平岩溶形态	溶洞 地下河、岩溶径流带
	过渡型的倾斜溶洞溶孔	
岩溶堆积形态	泉华 石钟乳、石笋、石柱 残余堆积物、地下湖积、冲击物	

3. 溶洞内的调查

溶洞内的调查是在溶洞内直观地获得深部岩溶水分布情况的一种手段，所获得资料较其他方法（如钻探、爆破开挖）更为完整和可靠。当地下暗河流量甚大时，洞内测流是取得地下暗河定量评价资料的唯一切实可行的办法。洞内地质调查包括查明各部位的岩石性质、成分、层位、产状，各种结构面（节理、裂隙、断层、破碎带、脉石等）的产状与分布特征，鉴定结构面的力学性质及其与洞穴发育的关系，搞清各种第四纪沉积物的成因类型、沉积顺序、厚度、结构及分布特征。还包括有关化石及其遗迹的采掘和描述以及洞内有用矿产的调查。洞内形态的调查包括主洞、支洞的延伸分布情况，各段的宽度、高度、长度及底板坡度的测量。天窗的位置，石钟乳、石笋、石柱的规模和分布情况。洞内基座阶地和堆积阶地的形态测量及分布情况。洞内水文调查包括暗河延伸方向、长度，测量各

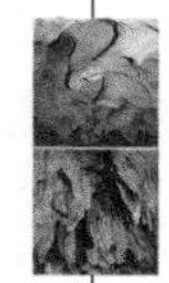

段水深、水面宽度、流向、坡降及水温、洞温，并按要求采取水样。查明洞内零星水点的分布及出露层位和构造的关系，必要时测流量和水温。无暗河的洞穴需测洞底埋深，并观察描述洞壁、洞底土层湿度及滴水情况。洞内遇到流速极缓慢的水体时，可以进行浮标试验，观察搅浑水是否很快变清，水面是否有漩涡及水中有无鱼及其物种等，鉴别水下砂砾石成分，进行水质、水温的对比及流速的测定等。还要鉴别水体是“活水”还是“死水”。

4. 岩溶水文地质调查

不同岩溶类型地区的水文地质调查的要求不同，应各有侧重。在裸露型地区，要概略地查明地下河的分布、补给面积、流量及水质；在覆盖型地区，要调查主要地下通道的位置及其埋藏情况，或查明岩溶强烈发育带，勾绘出富水地段，估算其水量，并作出水质的初步评价；在埋藏型地区，要获得各岩溶含水层组的埋深、厚度、水量、水质等初步资料。在半裸露型地区，对被覆盖的谷地、槽地、盆地进行水文地质调查时，可参照覆盖型地区的要求；其他地区则按裸露型要求加以调查。

岩溶地区地下水分水岭与地表分水岭经常是不一致的。地下水分水岭的变迁，主要是受地面主要排水系统的侵蚀切割深度控制，即所谓袭夺地下分水岭。地下水分水岭的位置及变迁，是研究工程地质、矿区排水疏干、岩溶地区供水水文地质条件不可忽视的课题。有时甚至要打一些长期观测孔来监视地下水分水岭的变化情况。

（二）连通试验

连通试验的目的是查明地下水运动方向、流速、流量和补给范围、补给量；查明与地表水的转化、补给关系，配合抽水试验方法确定水文地质参数，为合理布置开采井提供设计依据；查明充水溶洞及地下暗河的连通延展分布情况。试验必须在地面测绘基础上选有代表性的地段进行。为确定岩溶地下水系的状况，对管道状暗河应把试点布置在暗河沿线上；对树枝状暗河应布置在干流与各支流上。试验方法的选择，除取决于研究目的外，还决定于岩溶通道的形态特征、发育规模、贯通程度、流量大小、流速快慢、试验长度等条件。目前常用的试验方法如下。

（1）水位传递法。闸水试验、放水试验、堵水试验、抽水试验，目的是了解地下水系的连通情况及流域特征。方法是利用天然通道或钻孔进行闸水、放水、堵水或抽水、注水，观测上下游水位、水量、水的颜色变化，以判断其连通情况。

（2）指示剂法。浮标法、比色法、化学试剂示踪法、放射性同位素示踪法，目的是了解地下水连通情况，流域特征，实测地下水流向、流速、流量，查明地下水与地表水的转化、补排关系等。方法是根据地下水流速、流态、流途长短等因素，利用各种指示剂观测其连通情况。

（3）示踪试验。目前，国际上多用荧光染料进行示踪试验。荧光染料是目前最佳的水溶性示踪剂。其中，最常见的是荧光素，固体粉末呈铁锈红色，溶液呈黄绿色，发明于1871 年。1877 年，它首次被用于示踪多瑙河流域上游伏流。数年以后，人们合成了一种更溶于水的被称为荧光素二钠的荧光染料，其商品名为“Uranine”。直到现在，不断出现新的荧光染料，但其中只有 10 种被认为是绝对安全无毒的。120 多年后的今天，Uranine

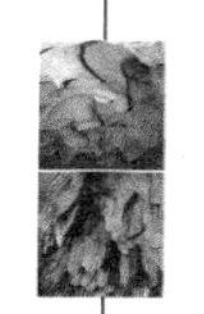

仍被公认为作示踪试验的首选示踪剂。于投放点投入示踪剂之后，在被推断为可能的出口处放上活性炭。活性炭的吸附作用强，用于吸附染料，其结果需在室内实验室用酒精溶解，利用荧光分光光度计分析才能得到投放点与出口的连通关系。但得到的只是定性结果，如要得到浓度的定量变化，需在出口安置荧光计，对浓度过程曲线加以分析，以推断地下连通的具体情况，如管道、地下河及有无分支汇合等。在没有发明荧光分光光度计以前，人们只有守在出口处观察。

（三）地球物理勘探

物探方法是根据物理学的基本理论，利用岩石的地球物理特性，如岩石的电性、磁性、弹性、放射性以及岩石的密度和古地磁、地应力等进行地质研究。利用物探方法可以解释含水层的岩性、厚度及其分布；了解基岩的埋藏深度和岩性，确定隐伏构造的位置及岩溶发育地段；寻找地下淡水、热水；测定地下水的流速、流向；分析地下水的补给、径流和排泄条件等。地面物探包括电法勘探、地震勘探、重力勘探、磁法勘探和放射性勘探等多种方法。

1. 电法勘探

自然界的岩石（包括松散沉积物）由于类型、成分、结构、湿度和温度等不同，而具有不同的电学性质。根据岩石电学性质不同，利用天然的和人工建立的直流或交流电场，对地质条件进行勘测调查并解决某些地质问题的勘探方法，称为电法勘探。

在电法勘探中电阻率法的应用最为广泛。电阻率是物质导电性的基本参数。岩石或松散沉积物的电阻率值是在一个很大的范围内变化的，即使是同一种岩石或松散沉积物，由于其含盐量、含铁量、含水量以及结构的不同，电阻率值的变动也很大。干的砂砾石电阻率值高达每米几百至几千欧姆，而饱水的砂砾石含水层则显著降低。在同样的饱水情况下，粗颗粒砂砾石的电阻率比细颗粒的细粉砂要高，饱水的黏性土地区由于径流条件较差，多出现低阻。根据孔隙度、含水性和咸淡水的电阻率值的不同，可利用电阻率法测定含水层与隔水层、咸水含水层与淡水含水层的空间分布，并把它们区分开来。

在岩溶地区，强烈电位差的正异常可能是地下水补给地表水形成的地下水涌出带；而强烈的负异常可能是地表水补给地下水形成的强烈吸水地带。根据河南省地质矿产勘查开发局的资料，在石灰岩地区，地下水的存在与富集使电阻率ρ_s值降低，而总纵向电导值S则显著增高，在极值大于2s的钻孔中，实际涌水量可达1500m^3/h，如果灰岩不含水或含水微弱，ρ_s曲线便呈相对高阻，S值呈相对低值；极值小于2s的地区，钻孔涌水量小于200 m^3/h。因而，S值的相对变化是鉴别富水性的重要标志。

用充电法探测岩溶地区暗河位置是在露头上接通供电电极A，置供电电极B于无穷远处（消除电场影响）横穿暗河，测其电位或电位梯度曲线，由电位曲线的极大值或电位梯度曲线极大、极小值之间的零值，即为地下暗河在地面投影的位置，这种方法一般适用于探测高电阻率基岩（灰岩）中充水地下暗河的位置，也可以探测富水的断裂带位置。

2. 地震勘探

地震勘探是根据岩土的弹性性质，测定人工激发所产生的弹性波在地壳内的传播速

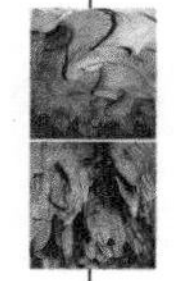

度，来探测地质构造情况的一种物探方法。由敲击或爆破引起的弹性波，从激发点向各方向传播，在不同地层的分界面上发生反射和折射产生了可以返回地面的反射波和折射波。在地面上利用专门的地震仪器把它接收并记录下来，这就是地震记录。测定波传播到地面各接受点的时间，并研究地面振动的特性，就可以确定引起波的反射或折射的地质界面的埋藏深度和倾角等产状要素，了解地层及构造形态。在某些情况下，还可以判断组成地震界面层位的岩石成分。

3. 重力勘探

重力勘探是以各种岩土间的密度差别为基础来进行测定并解决某些地质问题的。在水文地质勘察中常用来探测与地下热水有关的构造断裂、侵入岩体分布及基底隆起等。重力异常往往和地表下一定的地质情况有关。因此，研究重力异常大小变化的规律，编制重力异常图，就可以推断地下的地质情况。

4. 磁法勘探

磁力勘探是测量岩石间磁性差别的一种物理方法。由于矿物岩石地磁场磁化作用不同，而带有强弱不同的磁性，从而使这些矿物岩石也成了一些强弱不同的磁性体。由于这些地方磁场的影响，地球磁场的正常分布就受到破坏出现偏差，即磁异常。如磁铁矿区的磁场强度要超过正常值的好几倍。

（四）钻探

钻探是水文地质勘察的一个主要手段，也是开采地下水的重要方法。岩溶地区钻孔布置应根据岩溶发育规律，勘探点线应沿着岩溶地下水主要通道布置；岩溶洼地多呈串珠状分布，钻孔最好在下游洼地的岩溶通道上，如钻探结果被岩溶堵塞，则在其上方的岩溶洼地应另行布孔；同时，在已沼泽化的封闭岩溶洼地的落水洞或泉群中心点进行布孔。观测孔布置在推测地下水流的上下游，孔距按抽水试验影响范围而定，两侧观测孔按岩溶发育宽度进行布置。在具有厚层覆盖的岩溶构造盆地承压水区，勘探线应分别垂直于平行构造盆地轴部的走向。应当有两个以上钻孔揭穿覆盖层下伏的岩溶含水层，并在上部富水覆盖层地段布置钻孔，以了解松散含水层与岩溶水的关系。在岩溶含水层的排泄区应布置钻孔，特别是大泉附近。勘探线方向应垂直或平行于地下水的流向（或补给区）。深度应在侵蚀基准面以下 100～150m。岩溶地区地下分水岭与地表分水岭往往不一致，因而有必要在分水岭地段布孔，以了解泉域分布的边界条件。有较多岩溶现象分布、尤其是地下暗河发育的河谷地区，应在暗河边缘地区布置 1～2 个钻孔。大型断裂的边缘有较多巨大的泉水出露时，可以布置钻孔，勘探线的方向一是平行断裂带的延长方向，寻找富水带宽度，另一是垂直断裂带，了解断裂带附近岩溶发育程度及其富水性和补给关系。灰岩与变质岩接触处，有泉水涌出或有间歇泉水，以及岩溶发育程度较剧烈者，均可考虑布置钻探工作。在覆盖型岩溶地区，汇水条件不好，岩溶发育不均匀，一般不布置勘探线，而根据地貌标志，结合物探异常点布孔，在汇水条件有利（如向斜盆地）及岩溶相对发育均匀的地区，可沿垂直构造线或沿现代河流及平行地下水流方向布置勘探剖面线。

岩溶地区钻孔深度，以揭露具有供水意义的主要含水层及岩溶发育带或断裂破碎程度、裂隙发育深度为原则。根据实践经验，主要考虑岩溶发育深度，此外，还应考虑岩溶含水层的埋深以及隐伏溶洞的充填情况。在岩溶地区，为查明地下水分布规律和富水带深度，钻孔必须分层进行水文地质工作。

在岩溶地区进行水文地质钻探是有一定局限性的，由于岩溶通道在平面和剖面上都呈弯曲状态，因而一般钻孔很难布置在岩溶通道上。在缺水岩溶地区水位往往埋藏较深；在富水岩溶地区（泉口附近或地下暗河）水位埋藏较浅，涌水量较大。在岩溶地区布置水文地质钻探工作以前，应区别不同岩溶类型，即区别覆盖型、裸露型，岩溶发育不均匀性的程度，地下暗河埋藏的不同深度，天然水点分布的不同情况等因素，采用不同的布孔方法。对覆盖相对均匀型而言，可按一定的勘探线布置钻孔。勘探线的方向一般与构造线垂直，可根据覆盖区外围基岩的构造或物探资料判断。对覆盖不均匀型则不宜按一定的勘探线布置，而是根据微地貌找水标志点、物探异常点或富水构造分布的具体情况布孔。在非岩溶基岩下埋藏有岩溶水的地区，主要是根据地面水文地质调查资料把钻孔布置在预计能在一定深度上揭露出岩溶含水层的地方。

（五）地下水动态监测

对地下水动态进行长期观测的目的在于查明在各种天然因素与人为因素影响下地下水动态的形成规律，为评价地下水资源取得有关的水文地质参数，预测地下水动态均衡变化趋势，正确进行人工调节地下水动态，合理开发利用地下水提供科学依据。其主要任务可概括为：①研究地下水动态总的变化规律；②研究地下水资源以算清水账；③研究地下水动态变化趋势并进行预报；④研究如何最有效地合理开发利用地下水资源，调节控制适于农作物生长的地下水位。

地下水动态长期观测井网的设置是地下水观测研究工作的基础。岩溶地区观测井网的布设应遵循以下原则：基准观测线应按着岩溶地块，特别是岩溶泉水补给区域作为观测单元，并垂直于主河道来布置，最好延伸到地下水分水岭；观测点除井、孔外，还包括一些揭露岩溶水的垂直溶洞；在流域中的不同地形部位上建立一些单个观测点；具有代表性的大泉应作为长期观测点。

地下水质的观测目的是掌握地下水化学成分在水平和垂直方向上的动态变化规律和演变趋势。观测网建立后应对全部观测点取一次水样，进行全分析，以后在主要观测线上，通过不同地貌单元选有代表性的观测井，每年于丰、枯水期各取水样一次，进行分析。

分析项目包括简分析、全分析和污染分析三种。简分析进行主要离子的分析：阳离子包括钾（K^+）、钠（Na^+）、钙（Ca^{2+}）、镁（Mg^{2+}）；阴离子为碳酸根（CO_3^{2-}）、重碳酸根（HCO_3^-）、氯离子（Cl^-）、硫酸根（SO_4^{2-}）。全分析除上述项目的分析外，还包括侵蚀性二氧化碳（CO_2）、硫化氢（H_2S）、溶解氧（O_2）、亚硝酸根（NO_2^-）、硝酸根（NO_3^-）、铁离子（Fe^{2+}和Fe^{3+}）、铵根离子（NH_4^+）、硅（Si）、总硬度、总碱度、矿化度等。污染分析包括酚、汞、砷、铬（六价）、氰化物、镉、铅、锌、氟等。

二、岩溶水资源的评价

岩溶水资源的利用价值包括水质和水量两个方面，其能够成为资源首先是由其自身的利用价值决定的，而资源量多少是由量来体现的。所谓水资源的评价主要指在水质评价的前提下对水量的评价。最终目的是要查清可供开采的，并符合水质标准的地下水量。

1983年国家机械工业部各勘察单位在《供水水文地质手册》中提出的地下水资源分类方案，将地下水资源划分为补给量、储存量和消耗量。

补给量指单位时间进入含水层（或含水系统）的水量。补给量根据其形成阶段的不同，又可分为天然补给量、开采补给量和径流补给量。

储存量指储存在含水层中的重力水体积。按埋藏条件可分为容积储存量和弹性储存量。容积储存量指含水层空隙中所容纳的重力水体积，亦即含水层疏干时能得到的重力水体积。潜水含水层的储存量主要是容积储存量。而弹性储存量是指将承压含水层的水头降至隔水底板时，由含水层的弹性压缩和水的弹性膨胀所释放出的水量。由于地下水位受补给条件和排泄条件的制约，所以地下水储存量与其补给量和消耗量是密切相关的。若地下水的补给量大于消耗量，则多余的水量便在含水层中储存起来。相反，如补给量小于消耗量，则动用储存量来满足地下水的消耗。所以，地下水资源的调蓄性是通过储存量来体现的。

消耗量指单位时间流出含水层的地下水量。包括天然消耗量和允许开采量两部分。天然消耗量包括潜水蒸发、泉和排入河流的基流量、越流排泄量及侧向径流排泄量等。允许开采量是指通过技术经济合理地取水建筑物，在整个开采期内水量不会明显减少，动水位不超过设计要求，水质、水量变化在允许范围内，不影响已建水源地的开采，不发生危害性的工程地质现象的前提下，单位时间从水文地质单元（或取水地段）中能够取出的水量，也称为可开采量。

地下水资源的评价方法很多，在实际应用中，应根据地下水资源评价区的水文地质条件、研究程度等条件选择合适的评价方法。地下水资源评价方法按其所依据的理论可分为：①基于水量均衡原理的方法——水量均衡法；②基于数理统计原理的方法——相关分析法；③基于实际试验的方法——开采试验法；④基于地下水动力学原理的方法——解析法和数值法。

（一）水量均衡法

对于一个均衡区（或水文地质单元）的含水层组来说，地下水在补给和消耗的动态平衡发展过程中，任一时段补给量和消耗量之差，永远等于该时段内单元含水层储存水量的变化量。若把地下水的开采量作为消耗量考虑，便可建立开采条件下的水均衡方程：

$$(Q_k - Q_C) + (W - Q_w) = \pm \mu F \frac{\Delta H}{\Delta t}$$

$$W = P_r + Q_{cf} + Q_e - E_g$$

式中，(Q_k-Q_c) 为侧向补给量与排泄量之差（m^3/a）；$(W-Q_w)$ 为垂向补给量与消耗量之差（m^3/a）。P_r为降水入渗补给量（m^3/a）；Q_{cf}为渠系及田间灌溉入渗补给量（m^3/a）；Q_e为越流补给量（m^3/a）；E_g为潜水蒸发量（m^3/a）；Q_w为地下水开采量（m^3/a）；$F \cdot \Delta H/\Delta t$为单位时间内单元含水层（均衡区）中储存量的变化量（m^3/a）；μ 为含水层的给水度；F 为均衡区的面积（m^2）；Δt 为均衡时段（a）；ΔH 为 Δt 时段内的水位变幅（m）。

地下水均衡计算是根据水量均衡原理，分析均衡区在一定时段内地下水的补、排量及

地下水位升降等要素，在此基础上评价地下水资源的盈亏。均衡时段最短应选一个水文年，为了使地下水资源评价结果更加具有代表性，力争选用包括丰水年、平水年和枯水年在内的一个多年均衡期。水量均衡法的原理明确、计算公式简单，但计算项目有时较多，有些均衡要素难于准确测定，甚至要花费较大的勘探试验工作量。该方法的计算结果能够反映大面积的平均情况，而不能反映出评价区内由于水文地质条件的变化或开采强度的不均所产生的局部水位变化。但其适应性较强，可粗可细，许多情况下都能应用。对于开采强度均匀、地下水补排条件简单、水均衡要素容易确定且开采后变化不大的地区，利用水均衡法评价地下水资源效果良好。尤其在进行多年水均衡分析计算时，由于充分考虑了地下水资源的调蓄性特点，不仅可以分析枯水年所借用的储存量能否在丰水年补偿回来，而且还可确定枯水年的最大水位降深，看其是否超过最大允许降深，从而为地下水资源的合理开发利用提供依据。

（二）相关分析法

相关分析法也称回归分析法。它是根据开采地下水的历史资料或不同降深的抽水试验资料，用数理统计的方法找出开采量与降深或其他自变量之间的相关关系，并根据这种相关关系外推，预报开采量的一种方法。在统计相关中，如果自变量只有一个，称为简单相关；如果自变量在两个以上，称为复杂相关。自变量为一次式，称为线性相关，是高次式则称为非线性相关。

用简相关法评价地下水资源的方法步骤：整理统计评价区历年所有井的开采量和水位资料，并绘出相应的等水位线图，确定漏斗中心部位的水位降深，再把历年的开采量和水位降深绘成Q—S坐标的散点图，分析其分布趋势，建立相应的直线或曲线回归方程，求出回归系数，进行显著性检验。当相关系数合乎要求时，可根据回归方程外推设计降深时的开采量。按《水文地质手册》中介绍的方法计算评价区的各项补给量，按开采量不超过多年平均补给量的原则，评价外推开采资源的保证程度。

实际上影响开采量的因素不只是水位降深，还有降水量、灌溉入渗补给量等。因此，需要进行复相关分析，用多元回归方程外推开采量。对于多元非线性相关，可用变量代换的方法将非线性关系变成线性关系，再进行多元线性相关分析。

相关分析法适用于有多年开采历史资料的旧水源扩大开采时开采量的评价。它是根据现状条件下得出的统计规律来外推开采量的，在此基础上适当外推是可以的，但外推范围不能太大，否则资料的一致性遭到破坏，改变了原有的规律性。所以，相关分析适用于稳定开采动态或调节型开采动态且补给充沛的水源地扩大开采的地下水资源评价。

（三）开采试验法

开采试验法是模拟水源地开采条件（包括开采方案、设计开采降深、开采量及提水设备）进行抽水试验来评价地下水资源的一种方法。这种方法适用于水文地质条件复杂，地下水补给条件难以查明或水文地质参数难以测定的中、小型水源地的地下水资源评价。为了揭露水源地地下水的补给能力，应根据水文地质条件，选择合适的布井方案，打勘察开采孔，在枯水季节按开采条件进行试验性开采抽水。一般抽水延续一至数月，地下水动态从抽水开始到水位恢复进行全面观测，结果可能出现如下两种情况：稳定状态，按设计开

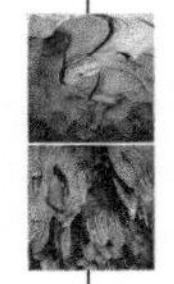

采量长时间抽水，若水位降深达到设计降深后一直能保持稳定，抽水量大于或等于设计开采量，停止抽水后水位能很快恢复到原来的水平，说明抽水量小于或等于开采条件下的补给量。这样的抽水开采是有保障的，此时的实际抽水量就是所要求的开采量。非稳定状态，按设计开采量长时间抽水时，若水位降深达到设计降深后并不稳定，有继续下降的趋势，停止抽水后，水位虽有所恢复，但始终达不到起始水位。这种情况说明抽水量已超过开采条件下的补给量，已消耗了储存量，按这样的抽水量开采是没有保障的。此时，可通过分析抽水试验过程线，求出开采条件下的补给量作为允许开采量，或者也可以同时考虑暂时动用部分储存量（一定要论证丰水季节能得以偿还）作为允许开采量。

（四）开采强度法

开采强度法属于地下水动力学解析法的范畴。它是在开采区范围内，把井位分布比较均匀、各井开采量基本相同、水文地质条件相似的区域概化成一个或几个形状规则的开采区（矩形或圆形），再将该区分散井群的总开采量量化成开采强度（单位时间单位面积的开采量），通过建立和求解地下水运动的微分方程，得到水位降深与开采强度关系的解析表达式，由此可推求设计降深时的开采量或一定开采量时的水位降深，进而进行地下水资源评价的一种方法。

（五）数值法

数值法是随着计算机的出现而发展起来的，应用十分广泛。在地下水资源评价中常用的数值法有两种，即有限差分法和有限单元法。这两种方法都是把刻画地下水运动的数学模型离散化，将定解化成代数方程，解出区域内有限个节点上的数值解。数值法与解析法（如开采强度法）及水均衡法相比，有其独特的优点。解析法只有评价区的几何形状比较简单、均质各向同性的含水层才能获得解析解；对于一个复杂的地下水盆地来说，大均衡有利于弄清地下水资源的总量，但不能够计算出评价区内的流场分布，更不能反映出集中开采或超采情况下形成的降落漏斗。而数值法既能摆脱解析法对水文地质条件概化的种种要求，又能灵活地适应各种复杂地地质结构和边界条件，可以比较真实地解决各类地区开采量的评价问题。

有限差分法就是把描述地下水运动的微分方程用差分方程代替，边界条件、初始条件也相应地进行代替，最后把定解问题转化为一组代数方程的求解问题。有限差分方程的建立既可以根据水量均衡原理和渗流的基本定律直接推导，也可以把描述地下水运动的微分方程通过数学的方法转化成差分方程。

数值法是对渗流方程的一种近似解，但它既能适用于复杂的水文地质条件，又可以方便地解决地下水资源评价中的许多问题，所以，它是一种很有发展前途的地下水资源评价方法。然而，该方法要求的资料较多，且计算精度取决于参数和条件的精度，因此，数值法适用于要求较高、条件复杂的大中型水源地的地下水资源评价或区域水资源的优化配置的研究。

对于不同的岩溶类型的水资源评价采用不同的方法。覆盖型岩溶水的分布相对均匀，可用基于达西渗透理论的各种方法估算流量。

$$Q = KAI$$

式中，Q 为流量（m^3/s）；A 为过水断面面积（m^2）；K 为渗透系数（m/s）；I 为水力坡度（无量纲）。

此外，也可用利用抽水试验计算的单位涌水量（降深与流量的关系）进行评价。

相反，裸露型岩溶水的分布极不均匀，常常具有地表河流的特点，地下河发育（表11-3），与降水关系密切，需对地下河水文动态进行观测，设堰观测水位、计算流量、分析其降雨流量过程线，以了解含水层的调蓄功能。主要指标包括径流模数，即单位面积所产的流量［$L/(s \cdot km^2)$］。

表 11-3　西南五省岩溶地下河的水资源（杨立铮，1985）

地区	碳酸盐岩分布面积/km^2	地下河数	所占百分比/%	地下河长/km	所占百分比/%	地下河流量/(m/s)	所占百分比/%
广西	96397	430	15.3	2051	14.8	230	15.5
贵州	92534	1076	38.0	6640	47.7	572	38.5
云南	57300	189	6.4	1473	10.7	138	9.3
四川	39257	566	20.1	2448	17.4	200	13.4
湖南	18650	572	20.2	1312	9.4	346	23.8
合计	303138	2836	100	13919	100	1482	100

岩溶水资源作为岩溶区的重要的自然资源，具备“量”和“质”两方面的属性。社会经济的发展，不但在数量上、同时在质量上对水的要求越来越高。特别是随着工业化发展，在水资源日益短缺、水污染日益严重的形势下，水质评价显得尤为重要。

水中大量的溶解物质，主要是在降水以后的循环过程中形成的。由于降水中溶解物质少，O_2和CO_2丰富，具有一定酸性，从而具有较强的氧化和溶解能力。降水到达地表产生径流，或渗入岩土层的空隙中，将岩土中的可溶解物质和风化产物冲刷溶滤并带走，这一过程既有简单的物理作用，又有较为复杂的化学作用，岩土中的成分则不断的成为水中物质，从而使水的物质成分和含量不断改变和增加，并不断地改变着水的物理和化学特性。从而可见，水的物理和化学特点，主要和降水后所遇到介质的成分、结构、物理化学性质和溶解度、胶体性质及水循环的途径和强度有密切关系。同时，溶解物质随水迁移的过程，受水热条件和物理化学环境制约，不断产生溶解和沉淀、胶溶和凝聚、氧化和还原及离子交换等一系列过程和作用，这一过程中，生物的吸收、代谢、分解等生物化学作用也在不断进行，从而使水形成可标志其形成环境和循环过程的物质成分和水质特征。

岩溶地区地下水中的离子成分主要有Ca^{2+}、Mg^{2+}、Na^+、K^+、HCO_3^-、${CO_3}^{2-}$、SO_4^{2-}、Cl^-，此外还有NO_3^-、${NH_4}^+$和有机质等。Ca^{2+}和HCO_3^-主要来源于碳酸盐类的分解，在纯水中$CaCO_3$一般是很难溶的，但在CO_2的影响下，碳酸盐矿物的溶解度可大大增加，其含量与碳酸的动态平衡体系密切相关。在岩溶泉口及洞穴中，当地下水向地表水转变时，温度突然升高，水压力突然降低，水中CO_2气体大量析出产生沉淀从而形成泉华及钟乳石等。Mg^{2+}则主要来源于白云岩。Na^+的来源是各种海相沉积及干旱气候条件下形成的钠盐类矿床和阳离子的交换吸附作用。K^+含量相对较少，一般占Na^+含量的4%~10%，只有在高矿化度水中其含量较大，其原因在于，一方面K^+能较好的为土壤和岩石吸附，另一方面它又是植物必需的营养物，这也是黏性土中的地下水K^+含量较小的原因。SO_4^{2-}主要来源于基

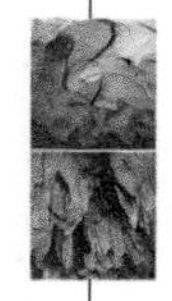

岩中石膏的溶解及自然硫的氧化作用，在居民点附近的水中，特别是浅层地下水中，SO_4^{2-}的出现标志着工业及生活排污的污染。Cl^-是海水或盐湖水的主要离子，在淡水中很少，主要来源于沉积岩中氯盐的溶解，也可以是岩浆岩的风化产物。NO_3^-、NH_4^+和有机质的来源与动植物生命过程及人类活动关系密切，有机质进入水体有两种途径，一是水体中的水生生物排泄产物及遗体等，另一种则是水经由地表、土壤、泥炭及森林腐殖土和其他含有动植物遗体的介质时溶滤产生。此外，现代工业“三废”及生活垃圾造成水污染也是水中有机质的来源之一。

不同供水目的有不同的水质评价标准，如生活饮用水水质标准、工业水质标准及农田灌溉用水标准。我国根据地下水水质现状、人体健康基准值及地下水质量保护目标，将地下水质量划分为5类。岩溶地区的地下水常因Ca^{2+}、Mg^{2+}含量使硬度过高，长期饮用后易生结石等病。在许多情况下，应对水体环境质量给予综合评价，以便了解其综合质量状况，故必须选定合适的水质评价方法，这样才能对水体质量做出有效评判，从而为防治水体污染及水资源的合理利用与保护提供科学依据。

三、岩溶水的开发利用

岩溶水资源的开发利用是指通过对自然界地表水和地下水进行控制和调配，以达兴利除害的目的，服务于人类的生活生产实践。主要开发方式包括引水、蓄水、扬水等水利工程，对于地下水则多通过管井、渗渠等取水构筑物加以开发利用。一般在大的地下河出口、泉口修坝建库来蓄水利用，如农业灌溉、发电及工业用水等。

此外，岩溶区的地下水多含矿物质，符合饮水标准的地下水可加以开采为矿泉水等。但对于水的利用历来都是两面性的，一方面，人类在认识自然变化规律之后，加以改造利用服务于自身；另一方面，总不免带来一些环境问题，如人为改变水体的时空变化、大型水库的建立导致区域气候的变化及对下游流量动态变化的影响；建库淹没对洞穴生境进而对物种的影响；过度的开采导致地面塌陷等。

第四节　与岩溶水有关的环境问题

由于岩溶区特殊的地质环境背景，在自然状态或人类活动的影响下常遇到各种环境问题。如由于岩溶水文系统调节能力差引起的干旱、洪涝问题；过量开采岩溶水资源，或是矿山开采和地下工程中疏干排水工程，形成区域性地下水位下降，以致井泉干涸断流，地面塌陷；由于人类在岩溶区进行工农业生产活动，任意排放污水导致岩溶地下水污染等。

一、人类活动（土地利用）对岩溶水系统的影响

岩溶区面积广大，人口密集，土地资源匮乏。土地资源大都分布在峰丛洼地、峰林平原或各级高原面上，河流深切，岩溶水从深切的峡谷中流出来。由于特殊的土地利用格局，人类的生活生产活动都在地下水面之上。各种活动所产生的废弃物通过各种岩溶裂隙和管道排入地下。由于脆弱的岩溶水文系统对环境变化非常敏感，导致地下水受到污染。

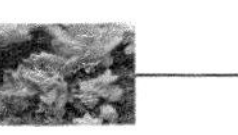

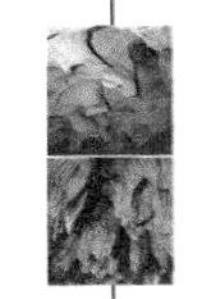

给利用岩溶地下水进行工农业生产和生活饮用的地区造成极大的威胁。如贵州遵义市，其18%的城市污水都被排入落水洞中，从而使沙坝水厂地下河沿线受到污染，导致其中Cl^-、SO_4^{2-}总硬度等均超标而最终废弃。

岩溶区的矿产开采也对环境产生严重影响。露天开采时会破坏土地资源和地表植被，造成水土流失、生态环境恶化。废渣、尾渣的随地堆放造成环境污染以及矿山疏干排水改变了地表地下水循环，降低了地下水位，使水文地质情况发生很大的改变，地表井泉干涸或流量减小。如广西环江北山褐铁矿的开采，为降低开采成本和减少开采的工程量，采用高压水枪直接开采，矿山废水储存在岩溶洼地中，污染物质渗透到岩溶含水层，导致岩溶泉泉水变浑浊而不能利用。再如，河北峰峰一矿山突水后，6km外的娘娘庙泉干涸；湖南恩口矿区Ⅱ竖井大量抽水时，其西南5400m的西坪泉干涸；淄博北大井突水时，远达12km的丰水泉干涸。

二、旱涝灾害

旱涝问题是裸露型和浅覆盖型岩溶环境区常见的环境问题。也是制约该地区经济社会发展的重要问题。一些地势高的分水岭地段、丘陵地区，干旱缺水现象较普遍。这些地区不仅缺少农业灌溉用水，甚至连人畜饮水也难以解决；地势较低的岩溶洼地盆地，除了发生干旱以外，雨季还由于排水不畅发生内涝。有些只是季节性周期性的受淹，有些只是在雨季雨量丰沛的年份才受淹。内涝问题只发生在湿润气候的热带、亚热带岩溶环境区，同时也是这类岩溶环境区的一个特点。

旱涝问题的出现，与岩溶环境系统的各种环境因素有关，其中气候因素最为重要。我国华北、西北干旱半干旱气候的岩溶环境区，其年降水量少，蒸发量大，气候干燥。裸露型岩溶区的入渗系数约0.2～0.3，大的地区可以达到0.4。降水的其余部分主要用于蒸发。即使是雨季也存在干旱情况，干季则更加严重。在南方湿润气候地区虽然降水比较丰沛，径流系数大多在50%以上，但是降水分配不均，降水量的65%集中于夏季数月，裸露型岩溶区岩溶区的入渗系数一般在0.3～0.4，高的可达0.5～0.6，降水大部分转化为地下径流。土层较薄，植被稀疏，保水性差，所以雨后不久，这些地区就出现干旱。

岩溶区的涝害也与非岩溶区不同。非岩溶区为雨后地形低洼处积聚地表水而成。岩溶区除了地表水积聚洼地内，因地下排水系统不畅、滞水而产生的内涝外，还因地下水位上升，淹没洼地，甚至地下水大量涌出地表，淹没田地、房屋。此外，由于盆地边缘山麓的洞穴在雨后大量地排出水流，蓄积于洼地易形成内涝。后一种情况在云南高原面上分布的岩溶断陷盆地内较多。如蒙自草坝的黑水洞，曾测得其雨后最大流量为42.4m^3/s，该两处洞穴每昼夜都可泄水300万～400万m^3。此类地区如无蓄水工程控制，或者地表排水不畅，就会造成洪涝灾害。个旧市雨季被淹，除了大落水洞涌水外，其周边洞穴出水，无处排泄，也是被淹的原因之一。岩溶区涝灾的发生，具有周期性的特点，有的一年内可发生数次，雨后即由地下通道排出，滞水时间不长；有的地区被淹后持续时间很长，须待雨季过后，地下水位下降，涝情才能解除；有的地区只是在降雨量较多的年份，或者地下泄水通道被堵塞时，才会发生。此外，岩溶区修建水利工程也能引起内涝问题。因水库水位上升，其周围的水文地质条件亦将发生变化。最明显的岩溶水位上升，导致一些岩溶洼地被

淹。如红水河上的岩滩水电站建成后，地下水位抬高，地下水沿落水洞倒涌而出，三石坡立谷形成内涝。

三、地面塌陷

我国岩溶区的地面塌陷是主要地质灾害之一。岩溶地面塌陷的产生与岩溶的发育、覆盖情况、水动力条件以及地形地貌因素有关。自然界中岩溶塌陷这种物质迁移和能量转换，需要经过漫长的地质历史时期。

从物质和能量迁移转换的角度来考虑，需要有一定的通道才能完成物质的迁移。所以，可溶岩中裂隙和洞穴的发育至关重要。覆盖层的厚度和土层的性质，也是塌陷产生的一项重要环境因素。一般情况下，覆盖的土层厚，坍塌发生的程度较弱；相反，土层薄，坍塌发生的程度较强。自然因素形成的塌陷都与地下水、地表水在此系统中产生的动能有关，它是潜蚀及物质迁移的动能。自然或人为产生的水位波动，在波动的最高水位与常水位之间，由于潜蚀作用将首先产生土洞，当土洞发育到一定程度时即发生岩溶塌陷。

除自然条件能产生岩溶塌陷外，人类活动的影响也能诱发岩溶塌陷。在人类活动频繁的地区，改变了环境因素，加速了物质的迁移，破坏其原有的平衡状态。抽排地下水、修建水利工程、机械振动等都能诱发岩溶塌陷。

人类在开发利用地下水资源或进行各项地下工程活动时，如供水水源地抽水、修建地下铁道和隧洞、开采矿产资源等的疏干排水，可剧烈地改变地下水动力条件，导致水文动力场的改变，造成土体潜蚀作用的增强。水作用于土体的浮托力减弱或消失，甚至一些岩溶管道产生巨大的气体压力或使管道内产生负压，这种情况下都可能导致产生地面塌陷。

由于人类活动产生的机械震动也可以诱发地面塌陷。这种情况大多是地面的稳定性已处于极限平衡状态，外界的震动造成地面的颤动，增加其动力负荷，破坏其平衡状态，促使塌陷发生。震动产生的地面塌陷，都是土体中已有空洞存在，上覆土层因震动使其结构受到破坏，动力负荷加上自身土体重量超过土拱的强度时，即发生塌陷。有时土层震动后出现液化现象，失去稳定性。单纯因机械震动而出现的塌陷很少见，大多数情况下还与其他因素有关。爆破震动而产生的塌陷，是一种很特殊的塌陷现象。如广西贵港市良吴村一处岩溶裂隙水，1963 年因大旱开挖地下水，进行了 2kg 的开挖爆破引起了一系列的塌陷，几个月内塌陷的最远距离达到 1800m 的地方。其原因可能是爆破形成的强大冲击波作用于洞穴上覆的土层，破坏其稳定性，以致地面产生塌陷。

复习思考题

1. 岩溶水资源在国际上和我国有什么重要意义？
2. 岩溶水有哪些最基本的特征？这些特征对其勘察、评价和开发带来哪些影响？
3. 在天然条件或人类活动影响下，岩溶水和环境如何相互作用？
4. 地质结构如何对岩溶水进行控制？

第十二章 岩溶地区的土地利用及石漠化防治

第一节 概　　述

一、石漠化的概念

岩溶石漠化指在热带、亚热带湿润、半湿润气候条件和岩溶极其发育的自然背景下，受人类活动干扰，使地表植被遭受破坏，造成土壤严重侵蚀，基岩大面积裸露，土地退化的极端表现形式（照片 12-1，照片 6-6）。其含义如下。

照片 12-1　石漠化景观（左：云南省富源县；右：广西平果县）

（1）地带性：岩溶石漠化是在热带、亚热带湿润半湿润气候条件下形成的，因此具有一定的地带性。

（2）岩溶强烈发育：岩溶强烈发育意味着溶蚀强烈，地表物质破碎，易被流水带走，从而导致地层土壤很薄。而且岩溶地区地下形态发育，形成地表、地下双层空间结构。

（3）人类活动干扰：岩溶地区的石漠化现象主要是人类活动干扰导致的，特别是不适当的土地利用、大气污染等对石漠化影响很大。如贵州紫云为了种植玉米，砍伐山坡树林，导致石漠化出现。不仅破坏了生态，而且经济效益不高。云南开远南盘江坡耕地没有采取任何挡土措施，种植庄稼，导致水土流失。广西某电厂排出的 SO_2 使该厂 28km 半径范围内的土地遭到污染，污染面积 6.2 万 hm^2，形成的石漠化面积超过 2 万 hm^2（照片 12-2）。

（4）作用过程：植被破坏，土壤侵蚀。岩溶地区山高坡陡、土层浅薄，植被本来就稀

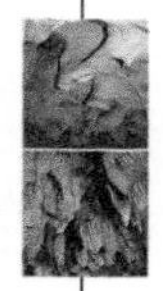

照片 12-2　人类活动导致的石漠化（左：南川大铺子开垦引起的水土流失；
右：广西某电厂大气污染导致的石漠化）

少。如果人为活动不合理利用，就会导致植被破坏，土壤结构破坏，土壤流失，加剧石漠化的形成和发展。

（5）表现形式：基岩裸露，土地退化。石漠化形成之后表现为基岩大量裸露，土地退化等形式。石漠化景观在西南山区很容易见到。亚热带湿润地区岩溶受人为活动干扰，造成植被和森林被严重破坏，在雨水侵蚀下，土壤流失殆尽，只剩下母岩及石块，导致寸草不生。这就是岩溶地区土壤流失后的荒漠景观，也称石漠化。

二、石漠化治理的重要性

（1）面积广阔。据西南 8 省（市区）调查，岩溶面积 51.97 万 km^2，其中石漠化面积达 13.64 万 km^2，涉及 478 个县（图 12-1）。

（2）经济欠发达，贫困面大，影响社会稳定。西南岩溶地区经济相对落后，在以碳酸盐岩出露面积大于 30% 为标准，西南岩溶地区岩溶县有 292 个。在“八七扶贫攻坚计划”（1994 ~ 2000 年）中确定的国定贫困县全国共 592 个，其中分布于整个西南地区的有 224 个，分布于碳酸盐岩地区的贫困县有 127 个（图 12-2），占 56.7%，人口约 2000 万。到目前仍有 1030 万贫困人口。严重影响了党的十六届三中全会提出的“五统筹”，即统筹城乡发展、统筹区域发展、统筹经济社会发展、统筹人与自然和谐发展、统筹国内发展和对外开放，同时也影响社会稳定。

（3）石漠化综合治理已列为国家目标。2001 年 3 月，朱镕基总理在《中华人民共和国国民经济和社会发展第十个五年计划纲要》中明确提出“加快小流域治理，减少水土流失，推进黔桂滇岩溶地区石漠化综合治理”；2004 年 3 月温家宝总理在十届人大二次会议的政府工作报告中再次强调“要扎实搞好退耕还林、退牧还草、天然林保护、风沙源和石漠化治理等重点生态工程”；同年 8 月，国家发展和改革委员会报请国务院批准，国家发展和改革委员会以“[2004] 1529 号文”下发了“关于进一步做好西南石山地区石漠化综合治理工作指导意见的通知”，通知指出“西南石漠化的治理，不仅为改善当地生态环境、实现可持续发展创造条件，也是消除农村贫困、发展区域经济、促进民族团结的迫切需要”。2006 年 3 月《中华人民共和国国民经济和社会发展第十一个五年规划纲要》中将

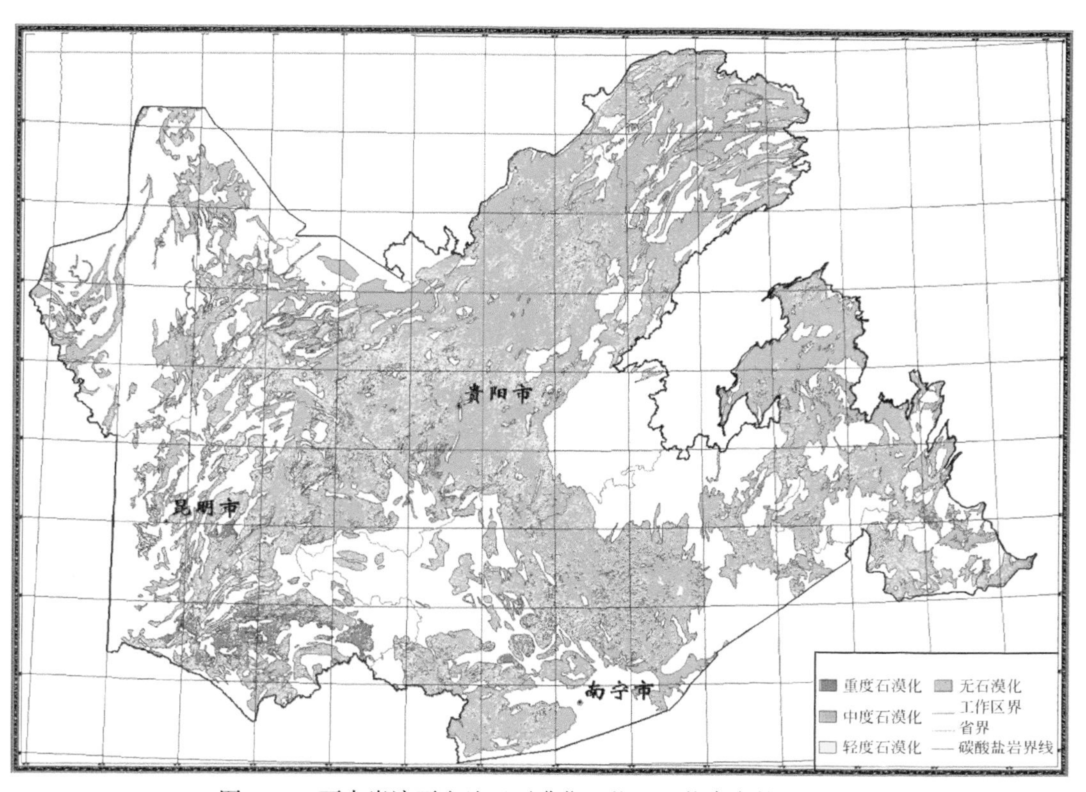

图 12-1　西南岩溶石山地区石漠化现状图（熊康宁等，2002）

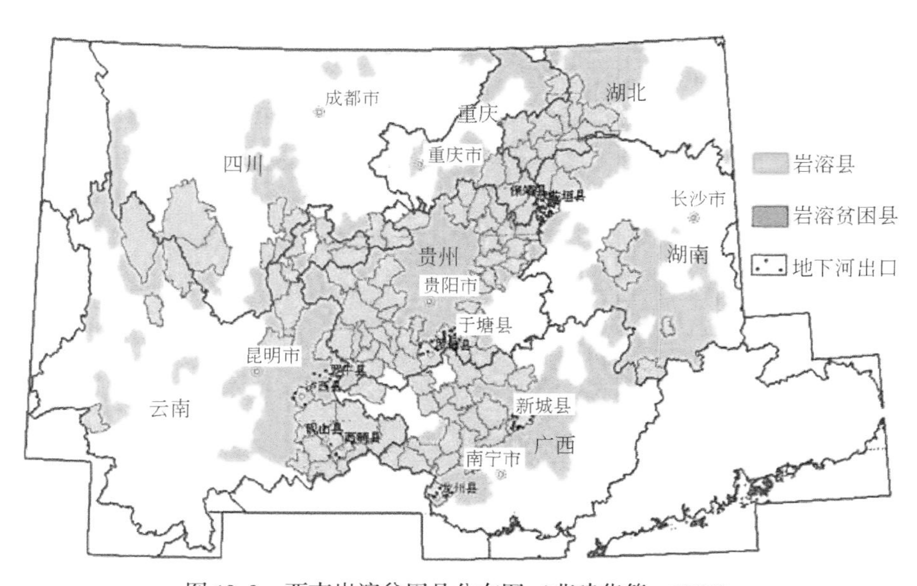

图 12-2　西南岩溶贫困县分布图（曹建华等，2005）

桂、黔、滇等岩溶石漠化防治区划分为限制开发区，同时将“石漠化地区综合治理”列入国家“十一五”期间的 11 个“生态保护重点工程”中。国家发展和改革委员会又以“［2006］1050 号文”下发了“关于做好岩溶地区石漠化综合治理规划大纲编制工作通

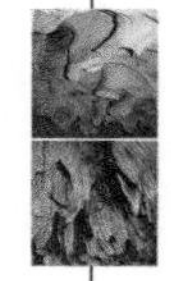

知”。2006年8月~2007年4月，国家发展和改革委员会委托中国国际工程咨询公司组织专家编写了《岩溶地区石漠化综合治理规划大纲（2006~2015）》。2007年10月，胡锦涛总书记在党的十七大上的报告指出“加强水利、林业、草原建设，加强荒漠化石漠化治理，促进生态修复。加强应对气候变化能力建设，为保护全球气候作出新贡献”。2008年中央六部委正式发布《岩溶地区石漠化综合治理规划大纲》，计划用将近10年的时间，对295个岩溶县分期治理，计划投入每县平均约1亿~3亿元，总计900亿元，恢复改善岩溶石漠化地区生态环境。

（4）国际岩溶学术研究的需要。中国是一个岩溶大国，裸露型、埋藏型、覆盖型岩溶的面积总和达344万km^2，西南裸露型岩溶区是全球三大碳酸盐岩连续分布区之一，该区域岩溶类型齐全。我国岩溶工作者利用我国岩溶的地域优势，先后申请获准执行国际地质对比计划IGCP299“地质、气候、水文与岩溶形成”、IGCP379“岩溶作用与碳循环”、IGCP448“全球岩溶生态系统对比”和IGCP513“岩溶含水层与水资源全球研究”。“国际岩溶研究中心”也于2008年2月11日落户中国桂林。同时，我国西南区也是石漠化最为严重的区域，不同的岩溶类型区引发石漠化的自然、人为因素也各不相同，该区域岩溶石漠化的研究成果及综合治理对策、技术措施，对其他国家岩溶区石漠化问题的研究和综合治理有很好的示范作用。

三、认识过程

虽然岩溶（karst）一词来源于克罗地亚西北部伊斯特利亚半岛石灰岩高原，但对岩溶石漠化问题的认识起源于中国。早在300年前，明代地理学家徐霞客对中国西南岩溶地貌、岩溶石漠化就有描述。在《徐霞客游记·黔游日记》中记载“1638年3月29日，……四里，逾土山西度之脊，其西石峰特兀，至此北尽。逾脊西北行一里半，岭头石脊，复夹成隘门，两旁石骨嶙峋。……，4月15日，……从西入山峡，两山密树深箐，与贵阳四面童山迥异。自入贵省，山皆童然无木，而贵阳尤甚。……”。可见在徐霞客时代不仅对地貌有“土山”、“石山”之分，而且对石漠化“童山”也有认识，并将生态良好的“密树深箐”与生态恶劣的“童山”相对照。

随着岩溶学科的发展和对岩溶环境脆弱性认识的不断深入，近30年来，对岩溶石漠化概念有了较清晰的认识。1983年5月，美国科学促进会第149届年会有1个专门讨论岩溶环境的分会——脆弱环境的退化和重建：岩溶和沙漠边缘（Degradation and Rehabilitation of Fragile Environment：Karst and Desert Margin，Det roit，Michigan）。这个提法把岩溶地区比作沙漠边缘一样的脆弱环境。同年9月，贵州环境学会组织了“贵州喀斯特环境问题学术会议”，讨论了贵州省的“石山化”问题。1988年5月，袁道先和蔡桂鸿编著的《岩溶环境学》由重庆出版社出版，第1次将地球系统科学引入岩溶学研究，从地球系统科学考察岩溶的形成演化，及其资源环境问题，并专门讨论了贵州赫章、清镇等地区的石山化问题，提出石山化的主要原因是：碳酸盐岩成壤能力弱和水土流失严重。1991年*Karst of China*出版，在第155页有一段专门讨论了“石漠化”（rock desertification）问题，列出在1974~1979年，贵州全省石漠化面积增加了3212 km^2。1991~1997年，“石漠化”的英译“Rock Desertification”一词使用并推向国际岩溶学术界。

20世纪90年代后期以来，岩溶石漠化问题引起国内学术界和国家政府的高度重视，相关的学术问题除了地质、地貌领域，更有林业、水利、农业及生物学领域的相关专家共同参与。如1994年5月，中国科学院地学部组织院士对西南岩溶区科学考察后，曾向国务院呈送《关于西南岩溶石山地区持续发展与科技脱贫咨询建议的报告》，报告中对“石漠化”的解释是：由于对土地的不适当利用，一些地区生态已面临崩溃边缘，成为一片岩石裸露的石海，称为石漠化地区。2002年3月4日~10日，中国科学院地学部组织了近40位院士与专家在广西平果、马山、桂林地区，考察了石漠化、水文生态以及山区人畜饮水等问题。2002年4月24~30日，又组织12位院士和专家对贵州普定、独山，广西河池、都安等县进行了考察。在此基础上完成了“关于推进西南岩溶地区石漠化综合治理的若干建议”的咨询报告。在报告中认为，石漠化是一种岩石裸露的土地退化过程。2007年4月，国家发展和改革委员会组织编制了“岩溶地区石漠化综合治理规划大纲（2006~2015）”，对石漠化的定义是：岩溶石漠化指在热带、亚热带湿润、半湿润气候条件和岩溶极其发育的自然背景下，受人为活动干扰，使地表植被遭受破坏，造成土壤侵蚀程度严重，基岩大面积裸露，土地退化的极端表现形式。该定义较全面地论述了岩溶石漠化的区域性、岩溶石漠化与自然因素（地质、植被、土壤）和人类因素之间的关系、岩溶石漠化的表现形式和特征。

第二节　我国西南石漠化问题的全球视野

一、石漠化是岩溶生态系统在特定条件下运行的产物

岩溶生态系统的运行受到两个系统联合作用的驱动，即无机环境方面的“岩溶动力系统”和生命方面的“遗传信息传递系统”（图12-3）。岩溶动力系统是在大气圈、水圈、岩石圈和生物圈之间，以碳、水、钙及其他金属元素循环为主要形式的物质能量传输系统，并受到已有岩溶形态的影响。它制约岩溶生态系统中的无机环境方面两个特点（即易溶的碳酸盐岩和偏碱性、贫瘠的土壤，以及双层水文地质结构和地下空间）的形成，并影响生命。

遗传信息传递系统通过遗传信息按照中心法则由DNA到RNA到蛋白质的传递，制约着无土、缺水、富钙的地表环境和无光、潮湿、相对恒温的地下环境的特殊生产者、消费者和分解者群落的形成和演化，从而构成岩溶生态系统。遗传信息传递系统的重要功能是把岩溶地区的各种环境信息（如富钙、缺土、双层结构、缺水、无光、潮湿、恒温等）传递到生命体中，从而进行物种选择，或改造生物习性，形成岩溶地区特有的生产者、消费者和分解者群落。这种功能为人类利用基因工程实现环境恶劣的岩溶地区的可持续发展提供了可能。

岩溶生态系统结构的各个部分，都具有其特定的功能。科学地掌握这些功能，进行科学技术创新，将为我们解决岩溶地区可持续发展问题，尤其是我国西南岩溶石山地区良性生态建设提供新思路，研制新技术。

一切能促使岩溶生态系统发生运动、变化的作用都可成为其驱动力。在岩溶生态系统中碳、水、钙在有机、无机环境中的循环是阐述其运行规律的关键环节。

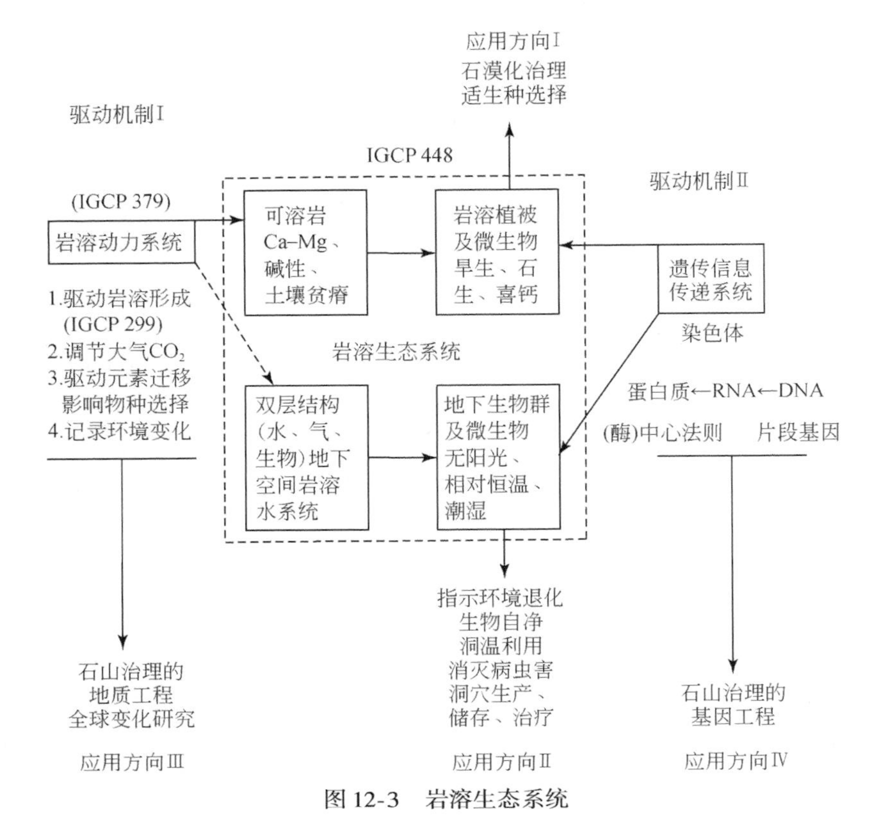

图 12-3 岩溶生态系统

(一) 岩溶生态系统的含义

根据生态学的定义，生态系统是指在无机和有机之间，由生产者（植物）、消费者（动物）和分解者（微生物）构成的系统。但根据美国地质学会编写的 *Glossary of Geology*，生态学被定义为“研究生物与其环境之间关系的科学”，而生态系统被定义为“生态学的单元”。据此，我们可以把“岩溶生态系统”定义为“受岩溶环境制约的生态系统”。其内涵既包括岩溶环境如何影响生命，也包括生命对岩溶环境的反作用。岩溶环境中的可溶岩富钙、偏碱性、土壤贫瘠、双层结构、水源漏失以及地下空间无光，相对恒温、潮湿等特殊条件造成地表石生、旱生、喜钙的生态特征和以色素、视觉退化、长触角以及以硫循环为基础的非光合作用的生态系统。岩溶生态系统也对人类健康有特殊影响。

生命也对岩溶环境有重大的反作用，首先是产生或吸收大量 CO_2，并通过生物酶的作用促进岩溶作用。地衣、藻类、苔藓植物的繁衍可在坚硬碳酸盐岩表面钻孔，增加其孔隙度和持水性，有利于植被的恢复和石漠化治理，需对其加以认真保护。

(二) 并不是所有具有双层结构偏碱性的岩溶生态系统都会产生石漠化

根据岩溶生态系统的定义可知并不是所有的具有双层结构，偏碱性的岩溶生态系统都会产生石漠化。例如在俄罗斯的西伯利亚针叶林（照片 6-7），森林生长很好，但是有很多沼泽，沼泽水分 pH 小于 5，呈酸性并不利于农作物的生长，而地下岩溶系统的发育，排走和中和了过多的酸性水从而有利于农业发展。所以在西伯利亚地区，岩溶越发育，越

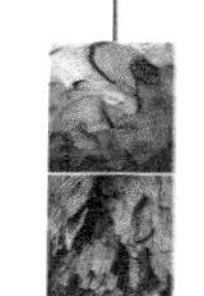

利于农业生产。在加拿大、美国北部、波兰也有这种情况。

因此，世界上岩溶地区的石漠化，只发生在以下特定的条件下：①溶蚀作用强烈，（主要是热带，亚热带）的岩溶地区；②没有冰缘沉积物；③碳酸盐岩坚硬。所以，石漠化问题也具有一定的地带性。

二、全球石漠化的分布及我国石漠化的特点

石漠化发育主要出现在图6-2的蓝色圈内，其中最严重的地方主要集中在西班牙、法国、英国、地中海地区到中东再向东一直延伸到东南亚。这些地区的石漠化同我国的石漠化的形成分布，具有一些不同特点。英国北部、爱尔兰北部的石漠化主要是由于冰川刨蚀地表岩溶形态造成的，刨蚀后剩下光秃秃的石灰岩冰溜面（照片6-1），形成石漠。地中海周边地区的石漠化主要是在地中海干热气候条件下，水热条件不配套，造成地表植被缺乏造成的。而在一些高山地区，由于常年积雪，林线海拔低，使得一些山区成为荒山，诱发石漠化，如土耳其地区（照片6-49）。而我国西南石漠化的形成、演化具有以下5个特点：①碳酸盐岩古老坚硬。这个特点不是指的全国（例如西沙群岛和台湾碳酸盐岩是第四系的），而是我国大陆特别是西南地区碳酸盐岩大多数形成于三叠纪以前。中美洲波多黎各加勒比海碳酸盐岩的孔隙度可以达到16%～44%，此处稍有风化就会在松软碳酸盐岩上出现较厚的土层，而不像我国古老坚硬的岩石要经过若干年才会形成土壤。②季风气候水热配套。中国岩溶发育主要受到太平洋季风气候的影响，水热配套，有利于岩溶碳酸盐岩的溶蚀、沉积，有利于岩溶的发育，更有利于岩溶水文地表、地下双层结构的形成。③新生代强烈抬升。碳酸盐岩的可溶性与新构造运动的不断抬升，使岩溶发育的形态充分和完整，不存在长期的夷平和堆积作用；有别于冈瓦纳大陆长期侵蚀、搬运、夷平、堆积过程的岩溶。抬升之后使得水动力作用比较强烈，特别容易诱发水土流失问题。④没有末次冰期的大陆冰盖。冰盖对于成土有好处。随着南北两极气温的升高，冰川退缩，许多的沉积物、冰川沉积物可以成土。而在中国未受到末次冰期的大陆冰盖的影响，岩溶形态得以完整保存，中国成为一个天然的岩溶博物馆，有别于冰川岩溶区的冰川刨蚀形成的石漠化，如英国中部 Yorkshire 石灰岩存在冰川刨蚀后形成的冰溜面石漠化。⑤更大的人口压力（约300人/km^2）。如我国岩溶石漠化分布中心贵州省，平均人口密度达200～300人/km^2，且大都为贫困人口，因此我国西南石漠化问题是面临生态环境恶劣、经济落后的双重危机。因此，我国要面临承受更严重的石漠化问题。

第二节　我国西南石漠化问题的现状

一、分布特征

岩溶分布面积占土地面积的比例≥30%的县，称之为岩溶县。岩溶县是为了服务政策的需要，人为量化的指标。从图12-4可以看出，岩溶县大致分布在北东向条带内，即云南东面经过贵州一直到重庆的东南部，以及广西、四川等地。西南8省区市分别有岩溶县

297 个，滇黔桂三省分布有 185 个，占 62.29%。

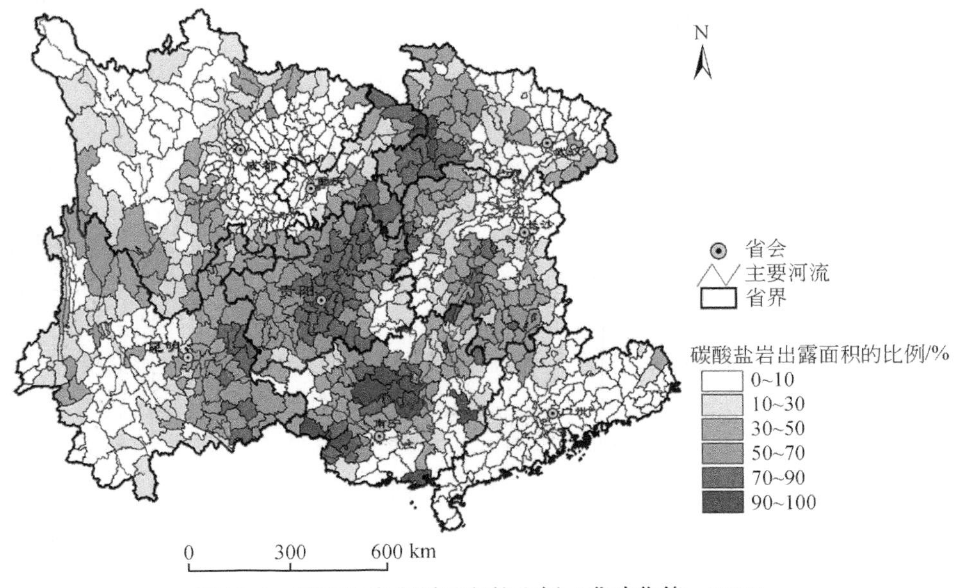

图 12-4　碳酸盐岩出露面积的比例（曹建华等，2005）

若以县域范围内石漠化面积≥300 km^2的县作为石漠化严重县，则西南岩溶区共有 173 个石漠化严重，其中滇、黔、桂 3 省（区）石漠化严重县 119 个，占 68.79%（图 12-5），石漠化面积>1000km^2的县也主要分布在这三省（区）。西南岩溶区石漠化综合治理规划区内石漠化分布呈现如下特征：从表 12-1 可以看出，在我国南方八省石漠化面积≥300km^2

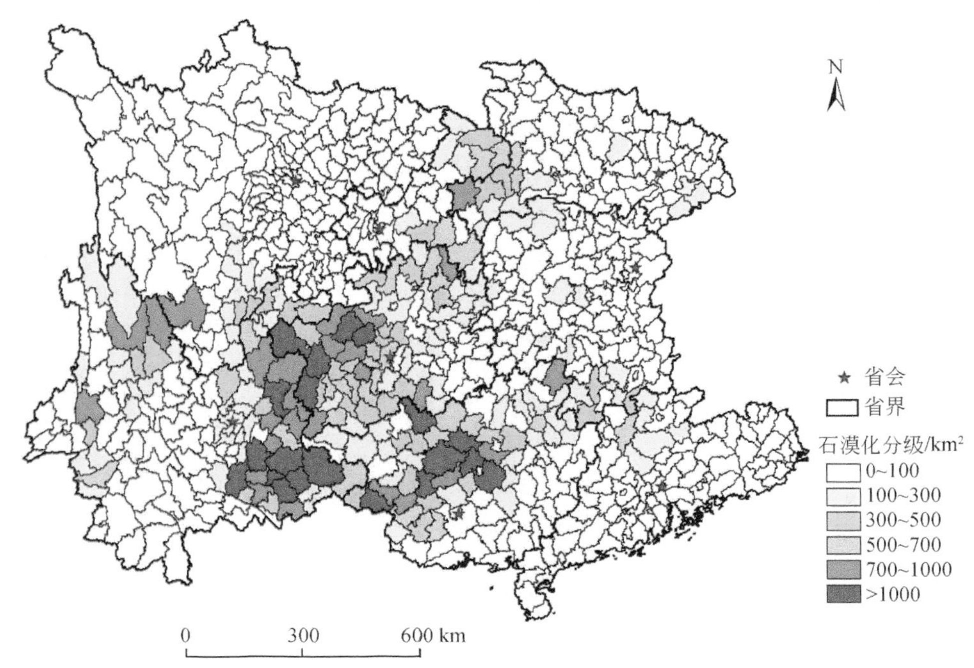

图 12-5　西南八省石漠化分级图（曹建华等，2005）

的县数有173个，这也是政府第一期治理目标，在该目标中，贵州占52个，云南占37个，广西占30个，湖南占18个，湖北占20个，重庆占10个，四川占6个，广东没有。石漠化涉及的县总共有458个，贵州78个，云南68个，广西75个，湖南80个，湖北53个，重庆37个，四川50个，广东17个。从石漠化面积来看，贵州最严重，为3.75万km^2；云南第二，为3.48万km^2；广西为2.38万km^2；湖南1.48万km^2；湖北1.12万km^2；重庆0.93万km^2；四川0.80万km^2；广东0.08万km^2。

表12-1　我国南方各省石漠化分布表

地区		贵州	云南	广西	湖南	湖北	重庆	四川	广东	合计
土地面积/万km^2		15.41	18.65	17.74	16.57	13.52	8.19	14.55	4.57	109.20
岩溶面积/万km^2		10.84	9.50	8.33	5.43	5.03	3.27	2.67	1.03	46.10
石漠化面积/万km^2	轻度	2.20	0.91	0.24	0.46	0.5	0.27	0.15	0.01	4.75
	中度	1.09	1.23	0.66	0.64	0.48	0.53	0.49	0.03	5.15
	重度	0.46	1.37	1.48	0.38	0.15	0.13	0.16	0.04	4.17
	合计	3.75	3.48	2.38	1.48	1.12	0.93	0.80	0.08	14.02
石漠化涉及县数		78	68	75	80	53	37	50	17	458
≥100km^2		72	55	45	47	27	17	16	2	281
≥200km^2		63	45	35	30	22	11	11	1	218
≥300km^2		52	37	30	18	20	10	6	0	173
≥400km^2		40	30	24	8	13	7	5	0	127
≥500km^2		32	28	16	5	6	5	3	0	95

二、发展趋势

在岩溶石漠化调查方面，国土资源部、国家林业局和水利部均做出了很大的努力，但针对西南8省（区、市）全面调查只有3次。1987年和1999年国土资源部、中国地质调查局的调查，2005年国家林业局的调查，从三期调查的结果显示：①从1987～1999年，西南岩溶区石漠化的面积从9.09万km^2增加到11.34万km^2，石漠化面积净增2.25万km^2，平均每年增长1875km^2，相当于每年消失一个中等大小的自然县，石漠化面积年均增长率1.86%；②从1999～2005年，岩溶石漠化面积由11.34万km^2增加到13.64万km^2，6年增加2.30万km^2，年平均增加3833km^2，石漠化面积呈现不断加速增加的趋势，石漠化面积年均增长率3.13%（图12-6）。

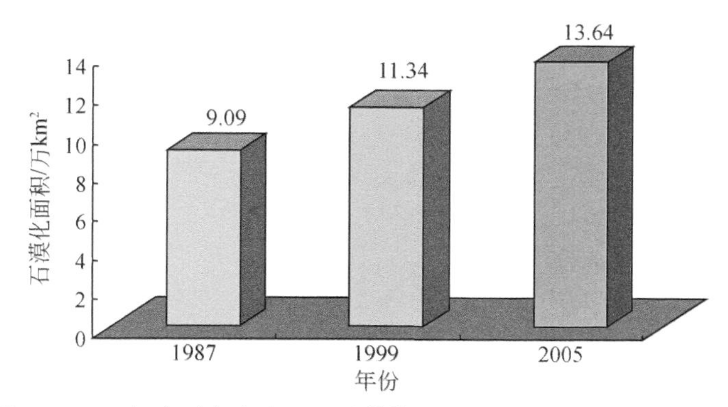

图12-6　20年来西南岩溶地区石漠化发展趋势（曹建华等，2005）

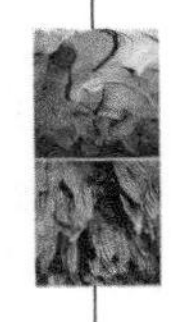

三、后果严重

（1）耕地资源减少，生态退化环境恶化。对贵州山区19条地表河流的悬移质输沙模数与自然、社会等多因素进行回归分析，结果显示，影响贵州山区水土流失的因素最为显著的是旱地开垦，其次是森林覆盖率、人口密度、土壤类型。贵州关岭县1987年、1999年石漠化遥感调查结果对比显示，植被覆盖率上升5.93%，裸露土壤面积下降12.15%，裸露基岩面积上升4.08%。这表明尽管植被在恢复，水土流失总量在减少，但石漠化面积仍在明显上升，生态形势依旧严峻（图12-7）。

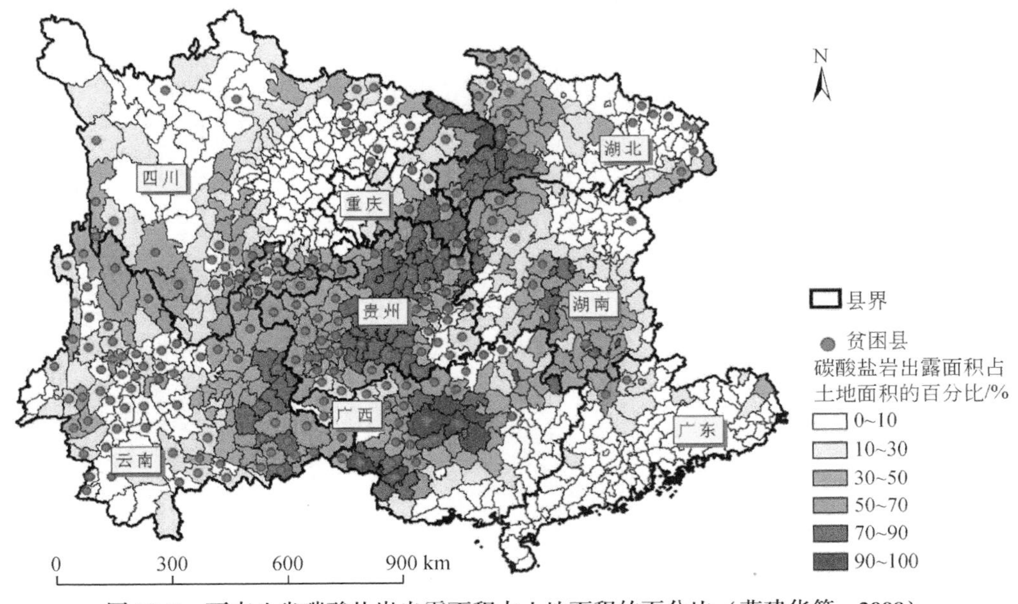

图12-7 西南八省碳酸盐岩出露面积占土地面积的百分比（曹建华等，2008）

（2）加剧岩溶区的干旱、内涝灾害。地下河系统是峰丛洼地、谷地的主要泄水通道，有的地下河洞穴高大且宽阔，输水能力强，有的矮小且狭窄或某一部位为瓶颈状洞道，输水能力较差。因此在降雨量较小时，雨水通过岩溶地下管道系统迅速漏失到地下，导致地表干旱；当连续降雨时，地下河过水断面狭小，或者被地表携带的枯枝落叶和泥沙淤积，雨水排泄不及时，岩溶洼地、谷地形成内涝。据调查统计，广西岩溶区经常性旱片67个，受干旱影响的耕地总面积18万hm^2。

（3）水土流失造成水库、河道淤积，影响水利水电设施运行，危及珠江、长江流域的生态安全。虽然岩溶地区水土流失的强度总体偏低，但其造成的水库、河流淤积，缩短水利工程使用寿命的影响不可忽视。如广西郁江西津大型水库电站建成后，1961～1979年共淤积泥沙1.2亿t，平均每年淤积689万t，相当于建库前横县以上平均年输沙量的51%。

（4）森林生态系统严重受损、生物多样性逐渐丧失。西南岩溶区由于地势崎岖不平，生境空间分异大，生境的异质性可影响植物多样性的形成，甚至成为植物多样性维持的主导因子。小生境的多样性导致植被群落组成物种的复杂性。广西西南岩溶区是我国14个具有国际意义的生物多样性地区之一。因此，岩溶区植被被破坏就意味着生态系统受损，

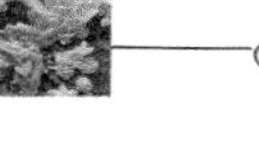

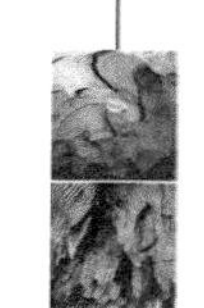

生物多样性的丧失。

(5) 区域贫困加剧。在西南岩溶石漠化区，贫困县与岩溶县、石漠化严重县具有很大的一致性。1993 年国家级贫困县 592 个，其中 224 个分布在西南 8 省（区、市），131 个县与岩溶县相一致；在滇东、黔桂岩溶石漠化集中分布区，国家级贫困县 102 个，其中贫困县与岩溶县吻合的有 85 个县；广西贫困县 28 个，21 个为岩溶县；贵州贫困县 50 个，48 个为岩溶县。最近国务院扶贫办公布的国家扶贫工作重点县 592 个，其中 246 个县分布在西南 8 省（区、市），这意味着与其他地区相比，西南岩溶石漠化区的扶贫攻坚难度更大。

第四节　治理对策和经验

一、基本原则

(一) 综合治理

石漠化治理并不只是退耕还林，而是要综合治理，在石漠化治理过程中，解决当地农民的生产生活问题和治理生态环境一样重要。石漠化治理不单是个科技问题，更要变成群众的自发行为才有希望。2004 年，国家发展和改革委员会在《关于进一步做好西南石山地区石漠化综合治理工作指导意见的通知》中就已经明确强调，对石漠化要采取综合治理，既要生态恢复，即水土流失和水的问题要解决，又要经济发展，群众要脱贫致富。石漠化治理始终要坚持综合治理的方向，坚持国家发改委的思路，实施 5 大工程，即生态修复工程、基本农田建设工程、岩溶水开发利用工程、农村能源工程和易地扶贫搬迁（生态移民）试点工程。要把生态、脱贫、解决基本生活条件（水、土、路、电等）结合起来；要把水土保持措施、开发利用岩溶水，解决群众生活、生产用水作为重要内容。

例如，在贵州普定马官水库通过开发地下河解决当地居民的吃水问题。平时岩溶洼地不容易蓄水，通过在地下河出口处修建了一个小坝，使洼地蓄水，水位上升，如果水源不够，又通过在邻近地区开通一条引水渠通往岩溶洼地，解决几万人民的吃水问题（图 12-8）。

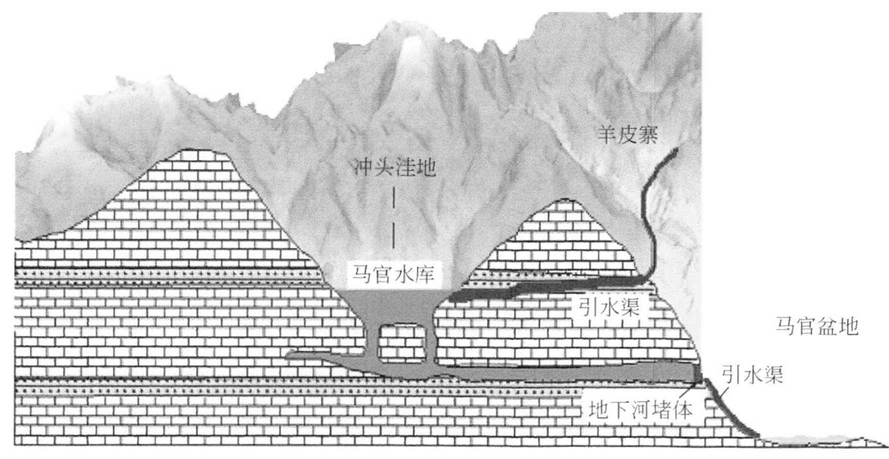

图 12-8　贵州普定马官水库引水工程

（二）生态效益和经济效益结合

鉴于我国岩溶石漠化形成演化的特殊性，影响岩溶石漠化自然与人为因素的因果关系，需要强调以人为本，将生态效益与经济效益有机结合。

例如，在岩溶地区栽种福芳藤。它既可以附着在石头上生长，其干枝叶也可用来作“百年乐”原料，可卖到40元/kg。在广西七百弄岩溶洼地，通过引种日本福芳藤，为该地区带来良好的经济收益，既解决了当地的生态环境问题，又解决了老百姓的收入问题。

另一个例子是在岩溶地区栽种金银花（中药材）。它存在以下三大优点，一是根系发达、涵养水分高、适应性强；二是枝叶发达、覆盖率强、生态保护效果好；三是抗旱耐涝、耐贫瘠、生命旺盛、抗逆性强。故可在岩溶地区栽种。同时金银花是国家确定的常用名贵中药材之一，具有较好的医疗保健作用，其生物活性能够促进人体新陈代谢、调节人体各部功能平衡，起到内在保健的作用；金银花还具有广泛的利用价值，目前已经由单纯的药用转变到食品、饮料、日用化工等方面，经济价值高。因此在岩溶地区栽种金银花可以把生态和经济效益很好地结合起来。

再一个例子是在岩溶区种植任豆树。任豆树别名砍头树。具有萌发再生力强、生长迅速、枝叶繁茂、根系发达等优点。任豆树根部发达，有强劲的穿透力，可在石缝生长，根附生有根瘤菌固氮。对土壤质地要求不高，除在土质黏重排水不良的地方生长较差外，不论冲积壤土、坡积壤土或石灰岩和花岗岩风化发育而成的各类土壤都能正常生长，特别是在微酸至微碱的肥沃土壤生长最好，抗水土流失。任豆树的叶子蛋白质含量达15%，是很好的饲料，可以饲养牲畜。可见栽种任豆树也可将生态效益和经济效益很好地结合起来。

在岩溶地区治理石漠化是可以将生态效益和经济效益很好地结合。也只有这样，才能调动老百姓参与石漠化治理的积极性，才能深入贯彻落实治理石漠化的政策措施。

（三）因地制宜

石漠化治理过程中，因地制宜尤为关键。因为在西南石漠化地区，地形、海拔、地质和气候等条件千差万别。南方褶皱强烈，海拔差异很大。从四川盆地经贵州到广西以及云南高原经高原斜坡山地到广西峰林平原，由于海拔差异大，褶皱强烈，导致碳酸盐岩分布成弯曲状，在非岩溶地区土层很厚，在岩溶地区土层很薄，在进行石漠化治理时就要区别对待，因地制宜地采取对策。目前，国家许多部委在石漠化治理上都进行一些示范工程，取得了良好效果，但总体来看，试点的数量还远远不够，需要针对不同特点的小单元，实施更多的治理示范工程。

应该看到，石漠化是可以治理的，但要坚定信心。在选点示范的时候，特别需要注意的一个问题就是试点经验的推广性。目前进行的示范工程都是比较具有代表性的，可以推广到较大的范围。例如，贵州花江峡谷地区石漠化治理基地代表的是峡谷类型，能够将治理经验推广到较多同类型的地区。

因此，因地制宜地治理石漠化，应做好宏观的划分。根据实际情况，目前西南岩溶地区分为8个不同的治理类型。有西部高原、盆地、峡谷、峰丛、中高山、槽谷、溶丘、峰林等8个石漠化综合治理分区（图12-9）。

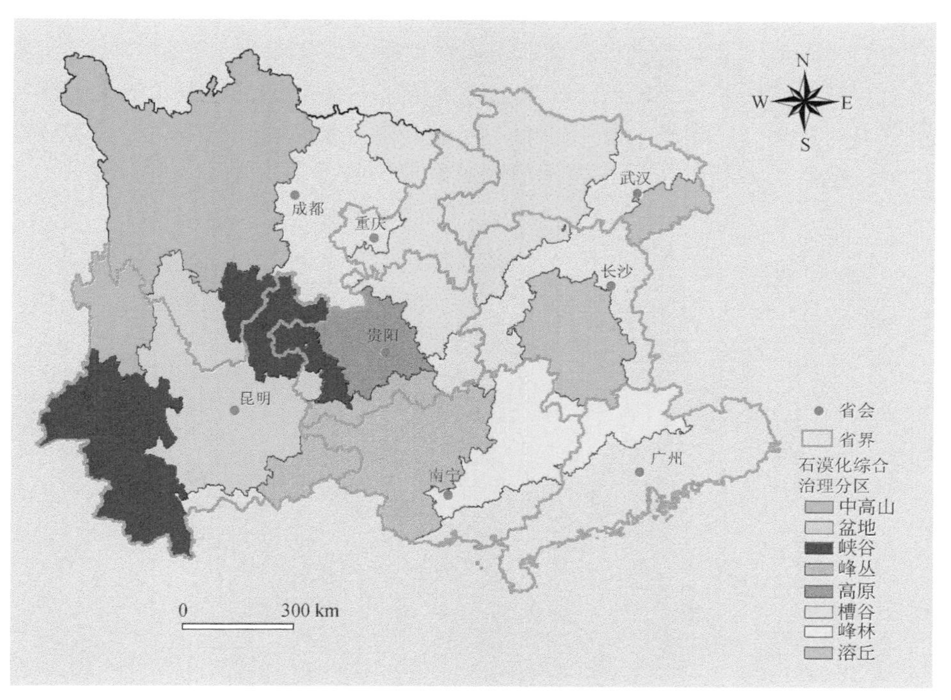

图 12-9　西南八省石漠化综合治理分区（曹建华等，2008）

（四）长远打算，全面规划，分步实施

国家发展和改革委员会编制的《岩溶地区石漠化综合治理规划大纲（2006～2015）》中，充分体现了长远打算、全面规划、分步实施的思想。考虑到岩溶石漠化的复杂性和科学技术研究相对滞后，石漠化综合治理是一个长期的过程，因此规划也具有阶段性，工程规划分两期执行：①2006～2010 年，在进一步整合现有各渠道有关生态建设资金进行石漠化综合治理的基础上，选择 100 个左右县（市、区）进行石漠化综合治理试点示范，遏制示范区石漠化面积不断扩大、生态环境继续恶化的势头。治理石漠化面积 3 万 km^2，占工程区石漠化总面积 23 %；②2011～2015 年，石漠化治理综合治理工程全面辅开，完成治理面积 5.46 万 km^2，占总石漠化面积的 39%；到 2015 年，完成石漠化治理面积 7 万 km^2，占石漠化总面积的 54 %。

二、治理典型示范

在近 30 年间，科技部、国家发展和改革委员会、国土资源部、水利部、农业部和国家林业局从各自的专业特色出发开展了石漠化治理的试点、示范工程。这些示范工程经验的归纳总结，将对此次岩溶石漠化综合治理工程大有裨益。

（一）治水为龙头

石漠化治理水是龙头，因此充分利用岩溶地区丰富的地下水资源开展治理工程，是一

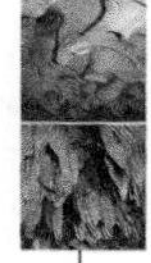

个重要的步骤。图12-10是广西上林县大龙洞地下河的开发，该地区以前是一个大的岩溶盆地，盆地中地表水经常漏失，引发干旱，而在雨季又发生洪涝，造成严重经济损失。通过一个小的工程，堵住地下河以后，岩溶盆地形成了一个1亿多立方米的大水库，既防治了旱、涝灾害的发生，又灌溉下游一带十几万亩土地，取得较好的生态、经济效益。这是一个通过“以治水为龙头”带动石漠化地区脱贫致富的例子。

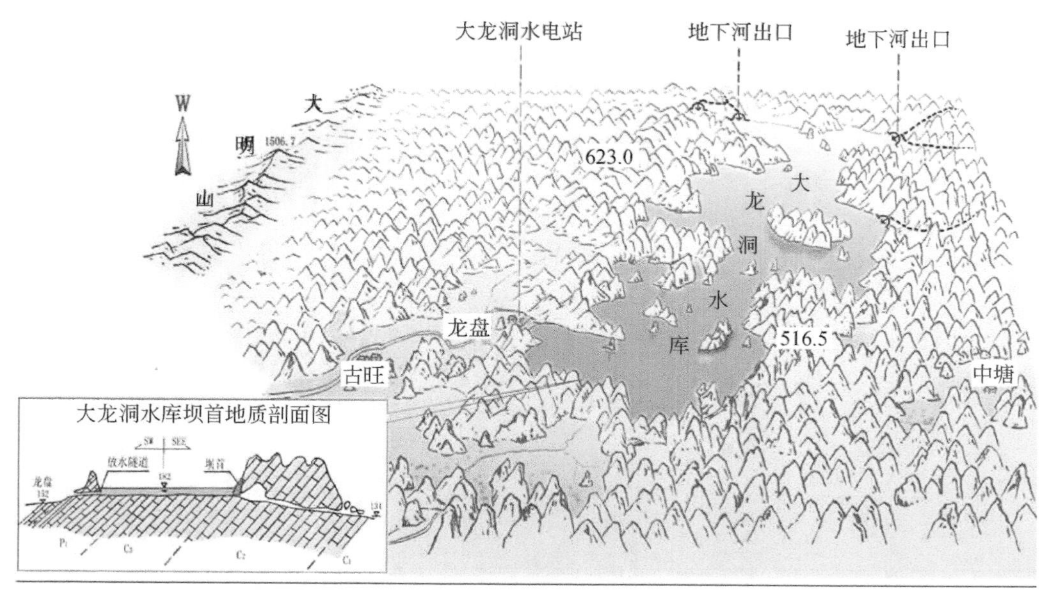

图12-10　上林县大龙洞水库景观（雷恒新，姚星辉，1979）

重庆北碚龙王洞地下水库，上覆背斜槽谷，有煤层出露，20世纪80年代，由于煤矿开采，引发地下河突水，不仅造成严重的经济损失，而且山区周围导致泉点干枯。后来利用采煤通道，在揭露地下河管道的地方修建了一个水坝，形成一个库容达1700多立方米的中型水库。平时有利于地下水的蓄积，需水时把闸门打开，灌溉下游两岸的农田。这是一个把坏事变好事的事例，工程优点是不占地表土地，蒸发量比较小，安全，效益高。

（二）生态地质治理

1. 云南蒙自盆地五里冲盲谷成库

五里冲水库位于云南省蒙自县南部，距蒙自县城22km。蒙自县为滇东南干旱缺水严重的地区之一。五里冲水库，位于珠江水系南盘江流域，由于水库流域面积较小，仅有集水面积25.4km^2，来水量远远满足不了设计库容要求，故该水库修建了长达20多公里的引水渠道，从元江水系一级支流的南溪河跨流域引水入库。同时利用天然岩溶盲谷堵洞、帷幕高压灌浆处理岩溶地层渗漏建成了无坝中型水库，库容7949万m^3（照片12-3）。从1997年开始向蒙自供水，大大地改善蒙自县的供水状况，振兴了蒙自经济。五里冲水库采取了上游高原区引水和蓄水—基岩山区建立生态经济林—盆地内建立高效农业基地三方面有机结合的水资源开发利用与生态建设模式；水资源开发方面，以五里冲水库为枢纽，将

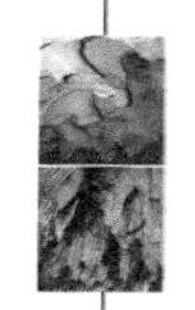

响水河水库、小新寨水库、菲白水库等山区分散小水库联合形成供水系统，统一调度，利用工程群体优势，使有限的水资源发挥出最大灌溉效益；工程建设方面，五里冲水库是我国在强岩溶地区利用天然溶蚀洼地，采用一系列高新技术防渗堵漏，首次建成水深超过百米（106m）无大坝的中型水利工程。其开发建设的模式和经验，在同类地区（特别是西南岩溶区）水资源开发利用和生态建设中具有十分重要的推广价值。

照片 12-3　云南五里冲水库

2. 开发表层岩溶水

峰丛石山岩溶生态系统的地上部分一般由石峰和洼地组成。峰丛石山岩溶生态系统的地下部分包括表层岩溶带和地下河两部分。在地面以下某个深度内有一个裂隙发育带，称之为表层岩溶带。部分降水经过表层岩溶带流出后，可形成表层岩溶泉。泉水流量的大小既取决于表层岩溶带的厚度，也与地表植被覆盖率及其类型有关。在地面以下更深处，通常发育地下河。

弄拉位于广西马山县东南部。其环境为典型的岩溶石山环境，主要由两个峰丛洼地构成，其地质背景为泥盆系东岗岭组中段。岩性以含泥硅质的白云岩为主，局部有纯的灰岩或纯白云岩出露，西北部夹钙质页岩，裂隙中充填有红色角砾等。岩溶带有一个很明显的特点就是地下管道发育，导致地表水的漏失。峰丛石山由于岩层坚硬，开发地下水比较困难，但是它的表层岩溶泉比较丰富，对水有一定的调蓄功能。马山弄拉为了解决山区人民用水的问题，利用表层岩溶带和水柜相结合的方法，有效地解决了该区的缺水问题，取得了良好的效益。

（三）综合开发治理

1. 贵州花江峡谷示范区

花江示范区位于贵州省关岭县南部，贞丰县北部的北盘江花江河段的南北两岸，海拔高程 500～1000m，山高坡陡，河谷深切，喀斯特广泛发育，光热资源丰富，生境干旱，林冠覆盖率低；耕地少，土质差，非耕地资源丰富，水土资源严重不协调。区内生境脆弱，社会经济发展水平低。治理过程中采用“花椒—猪—沼气”生态农业和绿色产业模式（照片 12-4），达到了生态、经济系统的良性循环，资源的多层次、多功能利用，既保护了环境，又发展了经济，从而实现了系统的能流、物流和信息流的良性循环。“果木（砂仁)—猪—沼气”生态农业和绿色产业模式的实施可在增加农民收入的同时，提高粮食产量，增加林草覆盖率，具有明显的经济效益、社会效益和生态效益。

照片 12-4　贵州花江峡谷示范区种植的花椒

2. 因地制宜，发展草地畜牧业

有些地方特别是白云岩地区，土壤厚度相对比较厚，但由于区域土壤黏性比较重，不适宜种植庄稼，但比较适合种草，可以发展高山畜牧业（照片 6-9）。畜牧业的产值比发展种植业高得多，同时也调整了产业结构。因此治理工作的主要任务是选择草场和选择合适的灌木饲料。建立完善的养—产—销模式，改善环境，脱贫致富。

第五节　石漠化综合治理中的科技问题

一、岩溶水文地质及生态类型划分

中国西南岩溶生态系统类型已有初步的划分，国家发展和改革委员会在《岩溶区石漠化综合治理规划大纲（2006 ~ 2015）》中也将石漠化综合治理分为八大区，但针对流域尺度、县域范围的治理实施方案，仍需要根据实际的岩溶地质、石漠化状况、气候、水文条件进行进一步的划分，以便具有更好的代表性和推广意义。生态环境是人类生存和发展的基础条件，是经济、社会发展的基础。岩溶生态环境建设作为一项综合性的保护、治理项目，应综合考虑地形条件、地质条件、气候条件、土壤条件、植被、生物的多样性、当地居民的习惯、市场的情况，来对小区进行因地制宜地划分。这样，就为石漠化综合治理提供了基础依据。

二、岩溶水开发有关科技问题

与岩溶有关的科技问题主要涉及以下 7 个方面：①岩溶发育的条件、机理、空间分布（平面的、深度的）规律，这涉及岩溶水开发时地下坝位的选择，探采井位的布置等；

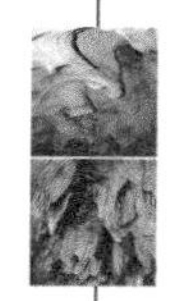

②岩溶水资源评价的方法、模型选择和技术手段的运用；③高分辨率示踪技术的开发，这涉及岩溶水系网的准确确定和分布图的编制；④地球物理勘探技术的开发，其难点在于克服地形干扰和区分充水，充泥溶洞；⑤钻井技术；⑥岩溶含水层脆弱性评价和编图，这涉及岩溶水流域的分区分级问题，以及溶质（含污染质）在碳酸盐含水层中的地球化学行为；⑦已被污染的岩溶含水层的修复技术。

三、石漠化治理有关的科技问题

石漠化治理有关的科技问题主要有以下3个方面：①石漠化的趋势及成因，这需要涉及3S、同位素的等技术手段的应用，也是治理规划所必须的资料；②不同碳酸盐岩（白云岩、石灰岩）成土作用的差异与成土条件、分布，形成的土壤特征，以及对农业、畜牧业的发展的影响；③不同碳酸盐岩、土壤地球化学特征及小气候，地形条件下既有经济效益又有生态效益的适生物种的选择和培育。比如运用生物工程技术，由诸葛菜（照片12-5）提取一种植物的基因转移到油菜中，使油菜（照片12-6）适合在石山上生长的试验已取得成功。

照片12-5　诸葛菜

照片12-6　油菜

复习思考题

1. 作为一种受地质条件控制的现象，为什么石漠化仍具一定的地带性？
2. 我国西南岩溶地区的石漠化问题同国外类似现象比较，有哪些共同点和特点？
3. 哪些土地利用方式更容易加剧我国西南岩溶地区的石漠化？
4. 为什么对石漠化的治理必须坚持综合治理？为什么必须“因地制宜”？如何做到生态效益和经济效益的结合？
5. 我国西南石漠化的综合治理有哪些主要的科学技术问题？
6. 你认为最有效的石漠化治理的方法是什么？为什么？论述其中一种典型案例。

第十三章 岩溶地区的地质灾害与防治

岩溶地区常有的地质灾害有以下几种类型，即岩溶地面塌陷、洪涝灾害和危岩崩塌，以下分别论述这三种地质灾害。

第一节 岩溶地区的地面塌陷

一、岩溶塌陷的分布和危害性

对比“中国岩溶塌陷分布图”（图13-1）和“中国岩溶分布图”（图4-3），中国西南地区岩溶分布广泛，而且雨热同期，溶洞、暗河等大型地下岩溶形态广布，大部分岩溶塌陷都分布于这些地区。如湖南、湖北、四川、云南、贵州、重庆、广西以及广东北部等这些岩溶广泛分布而且岩溶地貌更加发育的地区，岩溶塌陷的发生相对更加频繁。

根据雷明堂（2004）的岩溶塌陷分布图，全国共发生过岩溶塌陷1400余例，含1.4万余个塌陷坑。它们分布在23个省、市、自治区，420个县。武汉、深圳、唐山、杭州、桂林等重要城市都发生过岩溶塌陷，对人民生产生活造成很大损失。贵州水城（属六盘山市）因水钢水源地中16口水井的大量抽采地下水，约5km^{2}的范围内，产生塌陷坑1023个，导致89座房屋开裂或倒塌，道路开裂坍塌，423亩农田毁坏，电杆倒塌，一度引起全城停电，直接赔偿和经济损失达260余万元，局部地段因污水灌入造成地下水水质污染和生态环境恶化。

此外，全国共有1.4万余km公路和9000余km铁路受到岩溶塌陷灾害威胁，严重威胁交通运输安全。在我国的主要干线铁路中，岩溶地面塌陷灾害较为严重的有：京广线、贵昆线、浙赣线、津浦线、沈大线、渝达线等。塌陷造成车站建筑物毁坏、路基沉降、道路悬空、桥涵开裂倒塌、隧道施工受阻等。铁路断道停车事故时有发生，甚至造成火车脱轨。有些路段列车长期限速慢行，损失巨大。如京广线南岭隧道和大瑶山隧道的地面塌陷，造成已建铁路下沉、运输中断、隧道施工受阻；贵昆线K413—K606路段的三次重大塌陷，先后造成两列货车颠覆，中断行车71小时，已投入的治理费用达1700万元；津浦线上泰安车站的地面塌陷造成路基下沉，路轨架空、行车一度中断，整治费用达2000万元以上；沈大线瓦房店市路段的地面塌陷造成列车停运8小时。2004年9月，广西桂林临桂县会仙镇马面村以南约2km处，正在施工的高速公路路基发生岩溶塌陷85处，进入工地驾车施工的司机时常遭遇沉陷，严重影响公路的施工进度。

二、岩溶地面塌陷的类型

地面塌陷是岩溶地区特殊的一种地质灾害。岩溶地面塌陷分为基岩塌陷和上覆松散沉积层塌陷两类。其中岩溶上覆松散沉积层的塌陷造成的危害比较大，因为这种塌陷发生突然且造成的损失比较大，基岩塌陷则发生时间比较长，危害相对较小。

1. 基岩塌陷

基岩塌陷分为地下河塌顶、矿产开采塌陷、蒸发岩溶蚀塌陷三种。

地下河塌顶一般是地下河发育的洞穴中，顶板受到长时间溶蚀，顶板越来越薄，最后不能承受上覆压力导致塌陷，如广西乐业大石围天坑（照片13-1），重庆奉节小寨天坑等均是如此。这种塌陷一般发展的过程慢，发生时间很难追踪，在人类的历程上发生较少。最近一次发生在20世纪70年代后期，贵阳惠水县发生地下河塌顶。

矿产开采塌陷是一些地下采矿活动，改变区域地质状况，常常诱发塌陷。如一些盐矿开采过程中，水对盐矿的溶解造成岩层变薄，不能承重，最终造成基岩塌陷。1986年发生在俄罗斯别列兹尼基地区的盐矿开采塌陷事件，产生的塌坑面积很大，直径达到几百米。在盐矿开采过程中，水渗入盐矿开采的矿坑中，盐矿中的芒硝、石膏等盐岩很快被溶蚀，造成塌陷。

蒸发岩溶蚀塌陷，出露的地层中夹有的石膏、芒硝等蒸发岩，受到地下水溶蚀，上覆基岩不堪承重，形成塌陷，又称陷落柱。如俄罗斯安加拉河蒸发岩塌陷，水库周围基岩由蒸发岩与砂页岩构成，水库蓄水后对蒸发岩溶蚀造成塌陷（照片13-2）。这一类型在我国北方岩溶地区也较为常见，塌陷的规模都较大，大的塌陷直径可达百米以上，深度可在200m以上，而且多埋在地下，更具有危险性。1982年3月5日上午，山西蒲县克城乡张公村发生一次蒸发岩塌陷现象，整个塌坑成圆形，直径60m。山西阳泉等地的岩溶塌陷也较为典型。

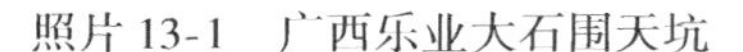

照片13-1　广西乐业大石围天坑

照片13-2　俄罗斯安加拉河蒸发岩塌陷

2. 岩溶上覆松散沉积层的塌陷

岩溶上覆松散沉积层的塌陷按其引发的原因分为地下水位波动和振动引起塌陷两种。地下水位波动引起土中潜蚀，产生土洞，土洞不断扩大最后导致上覆松散沉积物难以支撑，形成塌陷。

中美洲美属波多黎各岛上北部为古近纪—新近纪松散海相沉积石灰岩，但孔隙度比较大，容易形成大的溶洞，在热带大量降雨的促发下，往往在其上覆热带红土中发生大的塌陷（照片6-52）。广西玉林分水地地区，20世纪70年代经常发生表层岩溶塌陷，毁坏农田，造成严重经济损失（照片13-3）。2010年6月广西来宾地区，由于先前遭受特大干旱，随后又遭遇连续强降雨过程，诱发地表岩溶塌陷（照片13-4），塌坑直径可达200m，有些塌陷还发生在水库大坝附近，严重影响水库安全。

照片13-3　广西玉林分水地地表农田的塌陷　　照片13-4　广西来宾地区的岩溶塌陷

三、岩溶地面塌陷的发生原因

基岩塌陷的原因多是岩溶地带下伏基岩被侵蚀，造成上覆岩层无力支撑，形成塌陷。地下河塌顶原因为起支撑作用的碳酸盐岩被地下水溶蚀；盐矿开采塌陷为地下盐矿被水渗透侵蚀，造成盐岩溶蚀；蒸发岩溶蚀塌陷发生原因为地下蒸发岩夹层为地下水侵蚀，上覆岩层不能支撑，最终导致岩溶塌陷发生。

上覆松散沉积物塌陷的地下水波动和震动两种诱因，其发生原因和过程都不同。地下水位状态的改变将加速水对土层的作用，破坏上覆土层。首先，地下水位大幅度降低，甚至承压水变成无压水，静水压力的浮托力降低，使土层发生垂直向下的位移；其次，局部地下水位升降，动水压力增加，土层有可能沿灰岩交界面发生位移，影响上覆土层的稳定性；再次，地下水流速急剧增加，产生土层破坏，并带走大量土粒，促使土洞、塌陷的发展；最后，地下水位反复升降，使以上三方面的影响加剧。由于地下水位在不同时间内发生的变化很大，因此自然条件下也会发生土洞和塌陷。如图13-1为广西桂林大型工程基坑揭露的土洞规模与水位波动及下伏岩溶带的统计关系图，大部分土洞都发生在常水位与最高水位之间。

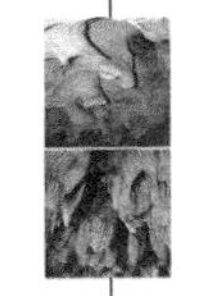

一般自然状态下，地下水对岩溶填充物和上覆土层的潜蚀是缓慢的，而人类活动如大型工程、矿山开采或人类利用地下水而进行的大规模抽、排水以及频繁的旱涝交替发生，都能在短时间内造成地下水位大幅度升降，使土洞的形成和发展大大加速，促进了塌陷的发生和发展。

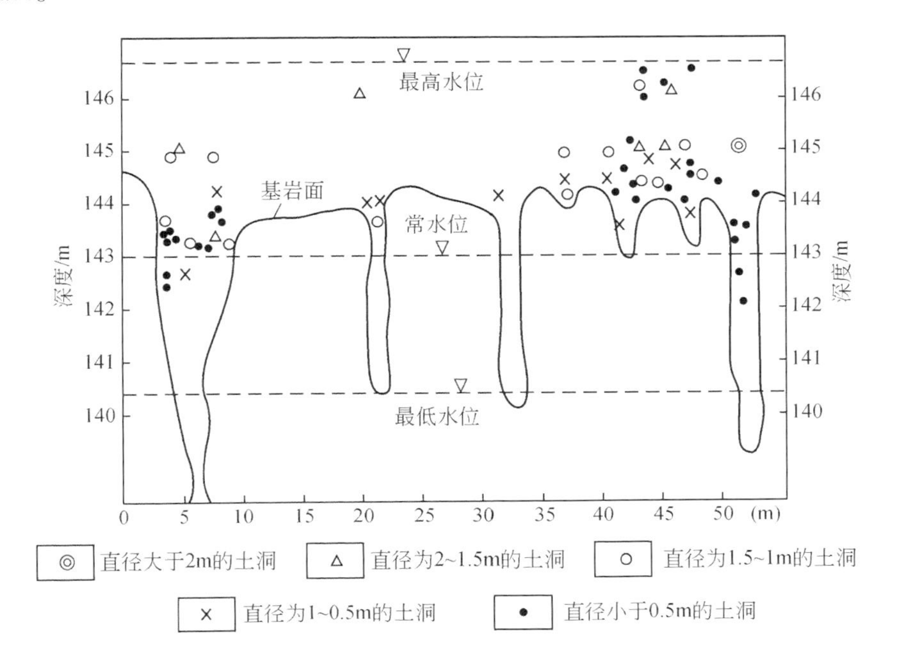

图 13-1 桂林大型工程基坑揭露的土洞规模与水位波动及下伏岩溶发育带的统计关系

震动引起的岩溶塌陷，则是由于爆破产生的纵、横震波在地下水、岩溶空间和土石中迅速传播，引起地下水和土石的强烈震动。地下水强烈震动，不仅导致地下水对岩溶填充物和上覆土层的潜蚀加剧，也直接导致上覆土层在强烈的冲击力下失去平衡而产生塌陷。1963 年 7 月，由于干旱引起人畜饮水困难，广西贵港市樟木镇良吴村村民为找寻饮用水，对村东已干水源泉点进行了爆破开挖，仅用了 2kg 炸药，却引发了严重的塌陷灾害。爆破后不久，村前就出现 2 米多高的黄泥水柱，随即围绕村庄发生大量塌坑，摧毁大部房屋。12 小时后园村水井水位上升 0. 5m，周围池塘出现冒水。当时即有 40 多处塌陷点。7 月以后，降雨间断出现，塌陷相继增多，并向东北方向发展。3 个月后共形成 100 余个塌坑，最远的塌坑距原爆破点约 1200m。因这次爆破导致的地面塌陷，迫使吴良村村民不得不迁居他处（图 13-2）。类似的例子还有广西桂林柘木村（图 13-3）。1997 年 11 月 11 日，在桂林漓江边的柘木村，因漓江清理航道放炮而引发大规模塌陷。开始使用 2 ~ 3kg 炸药清理礁石，未出现塌陷。后来仅用 12. 8kg 炸药，首先在漓江边出现黄泥水柱，随后在柘木村及其周边 0. 2km^2 范围内发生了 60 余处塌坑，使得鱼塘漏干、农田毁坏、房屋摧毁，直接经济损失 200 万元。

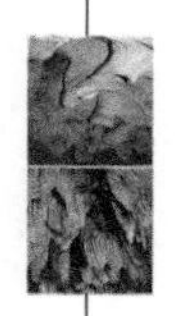

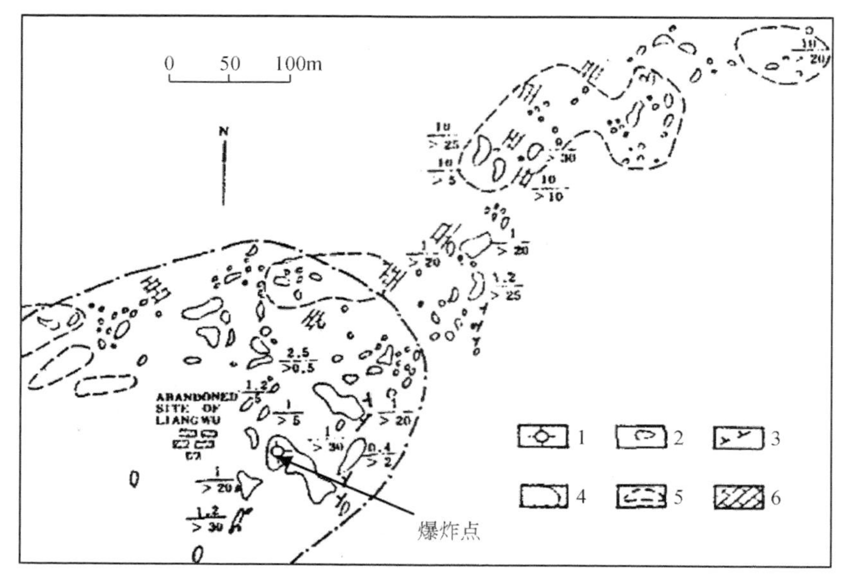

1. 爆破的干枯泉点；2. 岩溶塌陷坑；3. 土层中的裂隙；4. 初期塌陷区；
5. 2~3个月后继续塌陷区；6. 石灰岩露头

图 13-2 广西贵港市樟木镇良吴村塌陷分布图

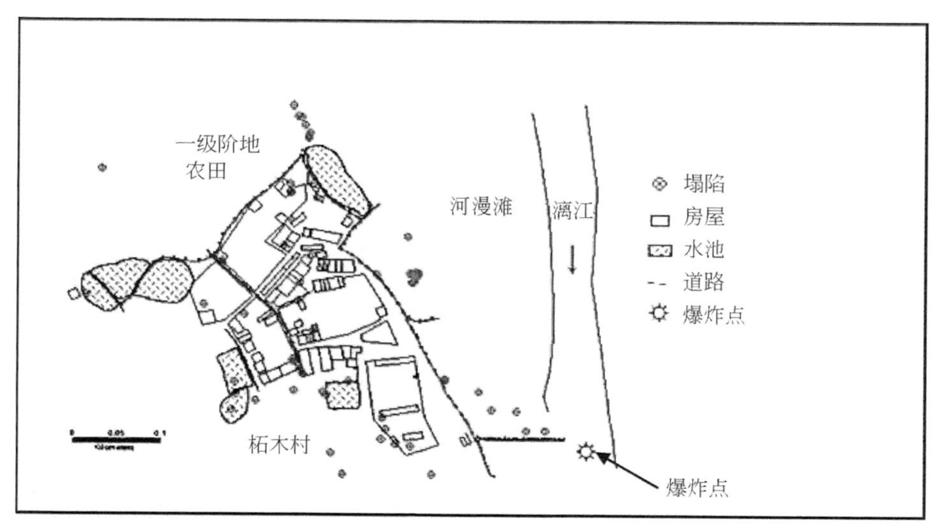

图 13-3 广西桂林柘木村塌陷分布图

四、岩溶塌陷的防治方法

由于岩溶塌陷存在巨大的危害性，需要针对岩溶塌陷的分布状况和发生原因，采取必要的措施进行预防和治理。应用岩溶塌陷风险性分布图对岩溶塌陷的可能高发区进行圈定，然后针对可能高发区或重点保护区域进行日常监测，预报可能发生的岩溶塌陷预防，进而针对可能发生岩溶塌陷的地区进行必要的地基加固处理，以避免可以预见的岩溶塌陷

的发生。

（一）风险评价编图

塌陷风险评价与岩溶地下水脆弱性评价类似，将容易造成岩溶塌陷的人为和自然原因综合起来，分为宏观和微观两种风险性编图。

进行岩溶塌陷的风险评价编图首先要根据编图的目的，确定风险评价的类型。针对区域性的风险评价属于宏观岩溶塌陷风险性编图，而针对某个具体的施工区域的风险评价属于微观岩溶塌陷风险性编图。宏观性编图由政府或主管部门主导针对全国或者某一省市地区岩溶塌陷发生风险的全面评价。微观性编图可由施工部门或施工监管部门针对正在施工的某一水利、交通以及建设工程的全部区域或其中地质背景脆弱的某一区域岩溶塌陷发生的可能性进行评价。

对某一区域进行岩溶塌陷的风险评价进而形成风险评价图，需要对该区域的地质背景以及水文地质背景、塌陷历史、气候条件、地下水利用情况等因素进行考察、打分。需要考虑的指标包括基岩的岩溶化程度、地下水位埋深、地下水位波动幅度，覆盖层厚度及其物理力学性质（易发生潜蚀的容易发生塌陷）、过去塌陷历史（有过塌陷历史不一定塌陷，没有塌陷过也不一定不塌陷，但必须作为指标考虑）、气候条件（突然的暴雨引起地下水位很大波动，容易造成塌陷）、由下伏岩溶含水层开采地下水的强度、抽水井的位置（抽水井离建筑近容易造成塌陷）等。

（二）监测

从前文对松散沉积层塌陷发生过程的分析可知，地下水位的波动能导致土洞发育进而诱发地面塌陷，因此通过自动监测系统，对岩溶管道裂隙系统中的水（气）压力变化这一岩溶塌陷触发因素进行实时监测，及时发现可能导致土洞发育的地下水位波动，采取必要的措施减少地下水位波动或回填土洞，能有效预防地面塌陷的发生。

此外，采用各种方法监测地基变形，发生塌陷之前可能发生轻微的地基变形，从而采取必要的地基处理措施也是一种常用的岩溶地面塌陷预防手段。现在常用的地基监测方法有埋设地基变形传感装置和地质雷达（GPR）监测。埋设地基变形传感装置，原理为引用电缆的损伤来检测地基的轻微变形，在需要监测地基容易发生岩溶塌陷的地区如通过地下河上方的高速公路，预先埋设电缆，监测地基预报岩溶塌陷。地质雷达（GPR）监测，用GPR监测建筑场地下可能致塌的土洞发育情况。1987年美国学者Benson将地质雷达运用到北卡罗来纳州Wilmington西南部的一条军用铁路的塌陷监测中，方法是用地质雷达沿固定测线定期（半年一次）扫描，并进行结果比对，直接圈定异常区为地质雷达监测所得的图形。结果表明，地质雷达定期探测可以发现异常区，实现对土洞（塌陷）的监测预警工作（照片13-5）。进而催生了美国的新型保险业务——地基保险，保险公司用GRS定期监测土洞的发生，若有土洞产生则提前处理，防止塌陷的发生。

（三）地基处理

现阶段，针对岩溶塌陷所进行的预处理主要是对岩溶塌陷危险性较大的地区进行地基加固处理。常用的方法有：①混凝土回填对岩溶塌陷发生地或地下空间进行加固；②钢筋

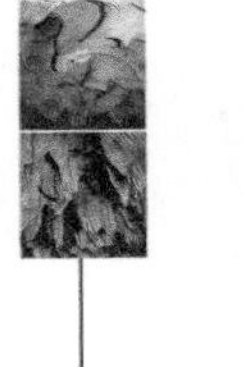

照片 13-5　地质雷达装置（左：埋设导管，右：自动监测仪）

混凝土桩基，在塌陷坑中增加混凝土桩基；③钢筋混凝土桥，架设混凝土桥直接通过塌陷地区上方；④灌浆，高压灌浆，封闭岩溶塌陷可能发生的地区。

第二节　岩溶地区的洪涝灾害

旱涝问题是裸露型和浅覆盖型岩溶环境区常见的环境问题，也是制约这些地区工农业生产和经济发展，影响人民生活和和谐社会的重要原因。

在一些地势较高的分水岭地段、丘陵山区，干旱缺水的现象普遍存在，不仅工农业生产用水，连人畜饮水问题都难以解决。而地势较低的岩溶盆地、溶蚀洼地，除存在干旱问题外，雨季还经常发生内涝。岩溶内涝的发生给当地人民和社会经济带来极大的损失，有些甚至是毁灭性的打击。

一、岩溶地区洪涝灾害的分布

岩溶洪涝灾害在我国西南岩溶地区普遍存在，其分布遍布于黔、滇、桂、湘、鄂、川、渝、粤各省市区。以广西岩溶区为例，共有洪涝面积6万余hm^2，约占岩溶区耕地面积的6.2%。发生内涝地区面积小的几千亩，大的到几万亩（图13-4）。据1986年对广西27个岩溶县统计，干旱缺水的耕地面积达736万亩，占耕地面积的65.7%。其中连片分布面积超过1000亩以上的干旱片，部分还兼有洪涝灾害共有270片，222万亩，占耕地总面积的19.74%。据20世纪90年代调查统计，广西岩溶内涝面积达6.12万hm^2，其在各地区的分布情况见表13-1，以峰丛洼地为主的桂北、桂东北、桂西北地区的内涝问题更为严重。

二、岩溶地区洪涝灾害的危害性

岩溶洪涝灾害造成岩溶地区农田、村庄淹没，交通受阻，人民生产生活蒙受巨大损失。

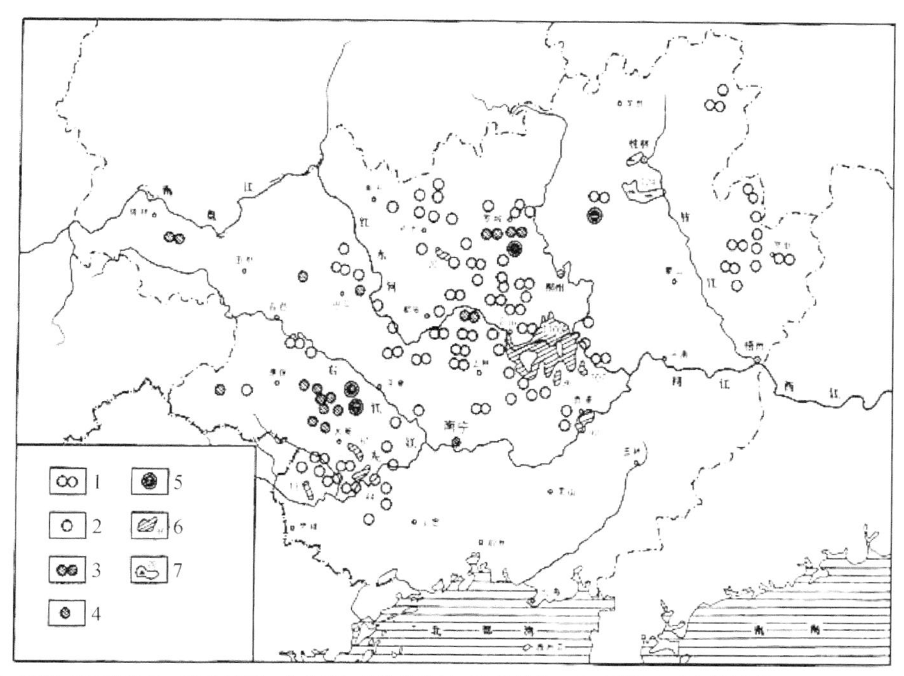

1. 3000~1万亩干旱–半干旱群；2. 3000~1万亩干旱–半干旱片；3. 3000~1万亩旱涝群；4. 3000~1万亩旱涝片；5. 1万~5万亩旱涝片；6. 1万亩以上旱片，数字示千亩(下同)；7. 1万亩以上涝片

图 13-4　广西主要旱片、涝片分布图（袁道先等，2014）

表 13-1　广西各地岩溶内涝面积及其占耕地面积的百分比

地区	喀斯特区耕地面积/hm^2	内涝面积/hm^2	比例/%
桂西北	124366	8825	7.1
桂北	116317	10888	9.4
桂西南	277497	15769	5.7
桂中	353649	15254	4.3
桂东北	123756	9607	7.8
总计	995585	61143	6.2

（一）淹没村庄，造成人民生命财产损失

以广西凤山金牙为例，石马坡立谷 2008 年 6 月 8 日至 16 日，三场暴雨总降水 300 ~ 470mm，形成长 7km、宽 1km、深 39m（落水洞处 70m）、库容约 8000 万 m^3的内涝湖，淹没农田 1 万亩，伴随塌陷地震（0.9 ~ 3.1 级）20 余次，造成的直接经济损失以亿计（照片 13-6）。

（二）中断交通，淹没城市

广西大新县城 2008 年 9 月，由于“黑格比”台风登陆带来暴雨，造成整个县城中心城区被淹，最深处淹水达 1m 多，整个城区与外界中断交通 2 天以上，城区多处居民房屋、店铺被淹，城市断水断电 2 天以上（照片 13-7）。

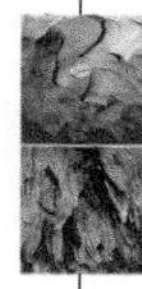

照片 13-6 凤山县金牙乡石马湖

照片 13-7 广西大新县城内涝

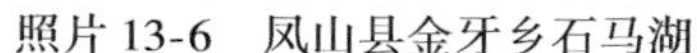

（三）影响农业生产

云南省西畴县有370个岩溶洼地，总共有3.8万亩耕地。该地区旱季干裂，水稻等需水量大的作物无法种植；而雨季积涝成湖，颗粒无收，老百姓只好种点早熟玉米，雨季之前采收，当地人民生活极度贫困。

三、岩溶地区洪涝灾害的成因和分布

又旱又涝是南方岩溶地区，特别是洼地、溶蚀盆地等负地形中普遍存在的水文生态环境问题。在岩溶负地形中，地下河是岩溶洼地、谷地或盆地的主要泄水通道，其过水断面基本稳定。而洼地等与地下河联系的管道矮小狭窄或者某一段洞道为瓶颈状洞道时，输水能力较差。在适宜的降水条件下，岩溶洼地的汇水量大；而落水洞或地下河蓄水能力弱而排泄不及时，岩溶洼地、谷地就容易形成内涝。此外，在一定情况下，岩溶内涝还会因为自然或者人为的因素而加剧。引起内涝加剧的主要原因有季风区降水在时间上分布不均匀；岩溶地下水系的发育；水土流失，泥沙淤塞地下河咽喉部位；大江大河上建水库，地表水沿地下河倒灌，以致内涝问题加剧等。

（一）季风区降水时间分布不均匀

以广西都安喀斯特地区为例，地苏谷地5万亩地中2万～3万亩经常内涝。多年来平均降水量为1550mm，但5～9月的雨季降水量占全年的75%～85%，引起雨季地下河水位的暴涨暴落。降水与地下河水位关系密切，地下水位的上升基本与降雨同步。而且红水河的水位的上升也与降雨同步，因此旱季地下河水可以通过红水河排泄，而在雨季红水河水位也大大上升，水位落差从20多米减少到不足10m，造成地下河排泄不畅，地苏谷地年年内涝（图11-8）。

（二）岩溶地下水系的发育

如云南蒙自—开远盆地（图13-5），旱季占全年降水15%～25%的水迅速由地下排走

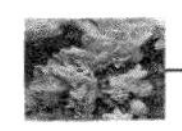

而导致地表干旱缺水，雨季又因地下水系网排泄不畅而导致水位暴起暴落，形成内涝。地表水与地下水迅速转换也是内涝发生的原因。

（三）水土流失，泥沙淤塞地下河咽喉部位

如图 13-6 所示，广西巴马县所略镇因为地下河堵塞，地下水排泄不畅，造成所略农田和村庄被淹没，为解决内涝问题必须进行地下河道疏通。在距地下河入口约 4km 处，存在一个深 60m 的地下湖，由潜水员进行重潜探测，通过水下爆破作业疏通堵塞的地下河。但是由于对地下河水文地质结构不清楚，潜水不能达到底部，加之堵塞物实在太多，虽然爆破清理出大量夹杂许多大木头的堵塞物，还是未能将地下河全部疏通，岩溶洼地内涝问题也不能解决。

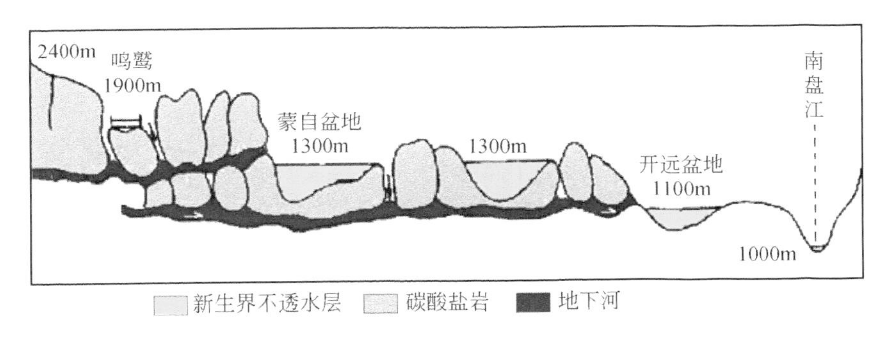

图 13-5　云南蒙自—开远盆地地下河系剖面简图

图 13-6　广西巴马县所略镇因地下河被堵塞而发生洪涝的示意剖面

（四）大江大河上建水库、电站导致地表水沿地下河倒灌，使得上游内涝问题加剧

近年来，在大江大河上修建水库和水电站是一些岩溶地区解决水资源利用与开发能源的常见方式。大江大河一般是上游地下河的排泄基准面，虽然修建的水库和电站蓄水渠水位并不会高于上游水位，但是由于排泄水力坡度的改变，一定程度上将加剧上游内涝的频率和危害性。以广西龙江修建拉弄水库（图 13-7），使地下水倒灌，增加地下河上游水位

和水量，供应农田用水。但现在龙江水被严重污染，有机物和重金属超标，已成为五类水，不能作为水源地使用，此外由于地下河排泄不畅，也加剧了上游的内涝问题。

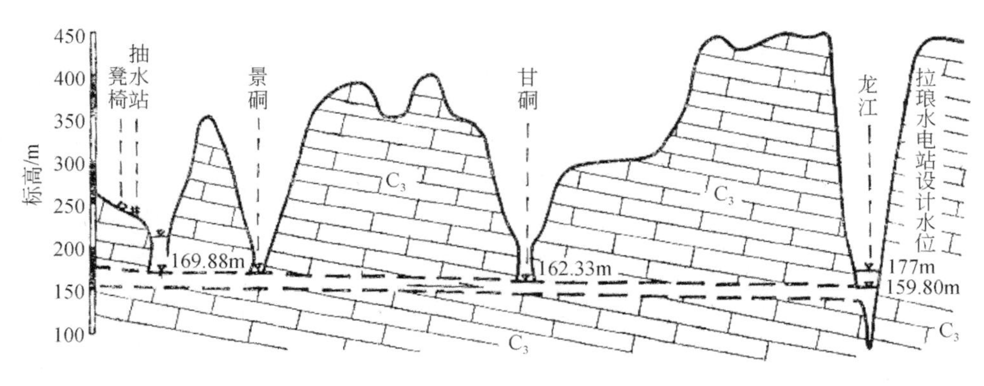

图 13-7　广西白土甘硐暗河窗与龙江关系剖面

另外还有广西东兰三石坡立谷（图 13-8），红河水广西大化县段修建岩滩水电站后，虽然与最高水位相比还存在 50～60m 的落差，但由于改变了水力条件，也加剧了内涝。红水河上的岩滩电站于 1992 年 5 月开始初期蓄水，1993 年 3 月大坝下闸抬高水位，库水从 177m 迅速上升，至 7 月初坝前水位上升至 220m，接近水库正常蓄水位 223m。位于库区东兰县境内的板文地下河系出口淹没于库水位以下 46m，由自由出流变为淹没承压出流。库水循环地下河发生倒灌顶托。与此同时，东兰县境连降暴雨，5～8 月降雨量 1726.3mm，山洪暴发，板文地下河系中游的拉平、巴纳两个封闭的喀斯特谷地因消水不畅使水位猛涨，从 7 月 8 日开始涨水内涝，水深一般为 3～7m，最深达 16m，最高水位 300.84m（拉平）和 306.87m（巴纳），积蓄总库容 4580 万 m^3，直到 10 月 3 日积水才退完，延时达 85 天，被淹面积 12.35km^2；淹没耕地 456hm^2，其中水田 265hm^2。受灾农户 1300 户，人口 6671 人，倒塌房屋 8 间，还有部分公路、电灌站、输电线路被毁，直接经济损失人民币 700 余万元。当年早稻无收，晚稻未种，这是该地区罕见的大涝灾。1994 年汛期提前于 5 月中旬开始，拉平—巴纳片又重复 1993 年的内涝过程。岩滩水库水位在 219～221m 范围内波动。拉平—巴纳片 5～8 月降雨 1555.1mm，5 月 24 日开始涨水，8 月下旬才逐渐退水，直到 9 月 25 日才退完，内涝延续达 124 天。最高淹没高程分别为 301.07m（拉平）和 307.17m（巴纳），比 1993 年最高水位还高 0.3m。积蓄库容达 4940 万 m^3，被淹农田 545hm^2，颗粒无收，农民连续两年受灾，生活更加困难（图 13-9，图 13-10）。

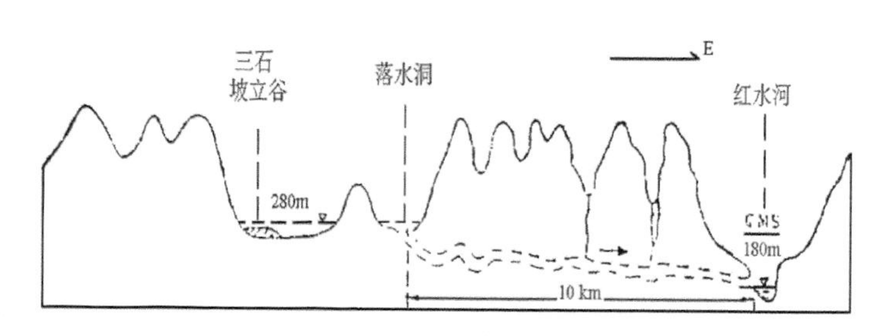

图 13-8　广西东兰三石坡立谷地下河剖面简图

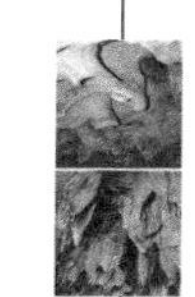

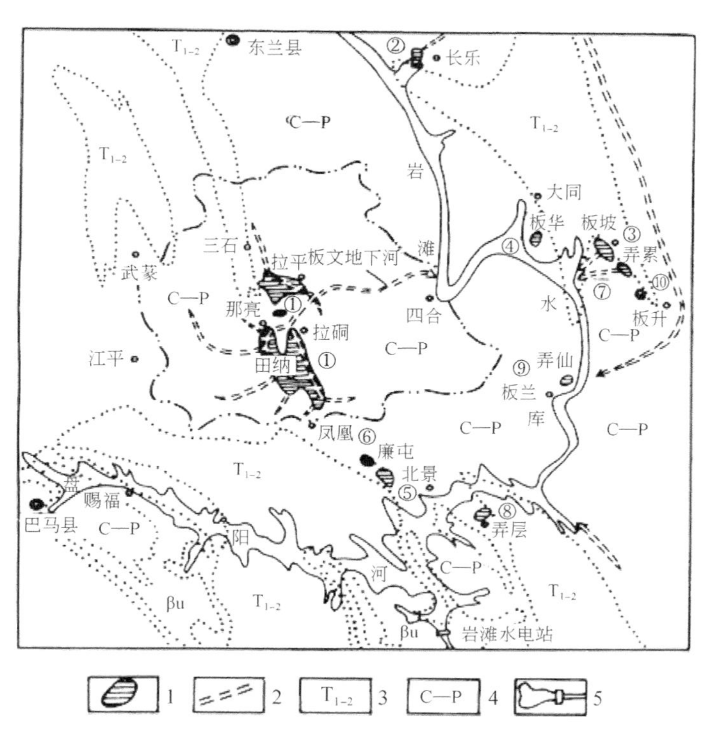

1.浸没性内涝区；2.地下河、伏流；3.碎屑岩区；4.碳酸盐岩区；5.坝址

图 13-9　广西大化县岩滩水库板文地下河内涝区分布示意图

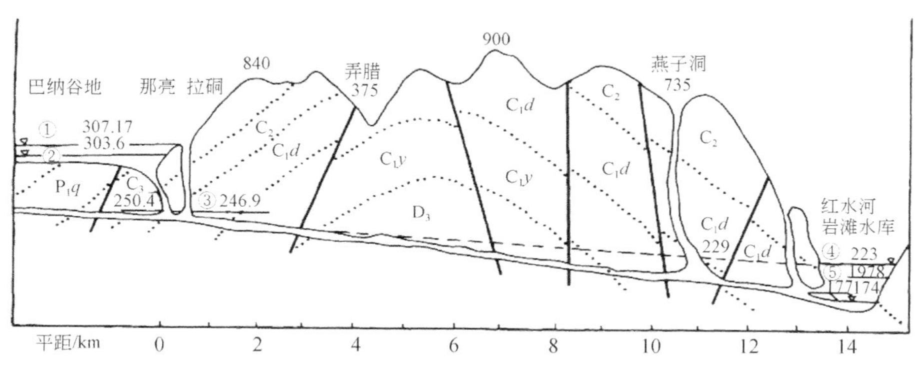

①蓄水后汛期内涝水位(1994-08-21)；②蓄水前汛期内涝水位(1983-06-25)；③枯水期地下水位(1994-03-13)；④水库正常蓄水位；⑤蓄水前汛期水位

图 13-10　广西板文地下河与红水河上的岩滩水库水力关系示意剖面图

四、防治对策

岩溶地区洪涝灾害的发生具有极其复杂的有原因，有岩溶区本身存在的气候和地质背景原因，也有历史长期存在的人类活动影响，还包括了现代水利工程建设不当造成的灾害加剧，因此岩溶洪涝灾害的预防和治理也相当复杂，而且需要科学系统的研究和规划。

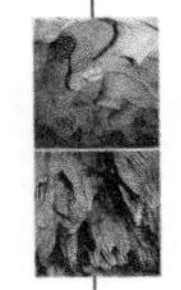

（1）针对不同地区的具体情况，查明岩溶洪涝发生原因，寻找可能造成当地洪涝灾害的气候、地质背景原因。首先调查访问该岩溶流域的洪涝史，根据过去发生的情况进行参考，如广西凤山等地历史就有洪涝灾害发生，那么对现代可能来临的洪涝灾害就要尤其警惕。而后，根据当地地质背景情况，查明地下通道的排洪能力（必要时作水下探测，查明堵塞情况），对当地地下水系统的排洪泄洪能力进行预估。调查汇水区的水土流失情况，查明堆积物的来源，解决上游可能造成地下河堵塞的环境问题。最后，根据气象资料，对比历次洪涝发生时的降水过程、强度、历时与洪涝过程的对应关系，寻找气候对洪涝灾害的影响。根据以上调查结果，总结不同地区引起洪涝灾害发生的主要和次要原因以及发生规律。

（2）评估可能的最高洪峰流量。根据该岩溶流域的汇水范围调查（常需作示踪试验），结合暴雨情况，计算最大的洪峰流量，进行洪水概率分析。根据洪水概率和最大洪峰，与水文设计一样，根据保证率设计防洪标准。

（3）排洪方案的选择与评价。可能采用的排洪方案有疏通地下河通道、另开排洪隧洞、综合治理措施等几种，在不同地区需要根据当地情况设计排洪方案。如广西凤山下旧坡立谷，在对当地水文地质状况了解的情况下，对地下河咽喉要道进行疏通；云南通海县为防杞麓湖落水洞无法排泄的过多洪水淹没蔬菜基地，另开隧洞。而在上游存在砂页岩补给区的情况下，应用水土保持方案，减少进入地下河的沉积物，如水土保持以防地下河堵塞。

第三节　岩溶地区的危岩崩塌

岩溶地区的危岩崩塌是历史上长期存在，对交通、生产和人民生活都有很大危害的一种岩溶地质灾害。根据危岩崩塌发生的原因可以将危岩崩塌分为以下几种，分别举例说明。

一、断层崖上的危岩崩塌

断层崖上的危岩崩塌其中的典型是昆明滇池西岸“西山倒石头”。该地区是二叠系灰岩陡崖，底层向北西方向倾斜（图 13-11），其下为城市与工业区之间的交通要道，年年有危岩崩落，造成人员伤亡。现在采取了一定的危岩防护措施，情况有所好转，但还是存在危险。

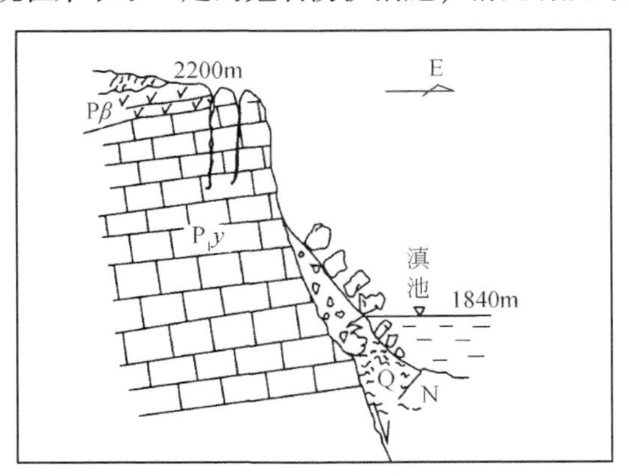

图 13-11　昆明滇池西岸“西山倒石头”地质剖面简图

二、冰川刨蚀陡崖上的危岩崩塌

冰川刨蚀陡崖上的危岩崩塌主要存在于高寒岩溶地区。冰川消亡以后，岩石发生反弹产生剥离，如岩壳一样一片片剥离，极容易发生崩塌，规模大。如挪威 Fauske 前寒武系大理岩陡崖，1 万年以前存在 2000 多米厚的冰层，现代冰川消亡以后就长期存在岩层剥离(图 13-12)。

图 13-12　挪威 Fauske 前寒武系冰川刨蚀大理岩陡崖上的危岩崩塌

三、峡谷地区的危岩崩塌

峡谷地区的危岩崩塌相当常见，在金沙江虎跳峡、长江三峡以及乌江峡谷等西南地区普遍存在的峡谷岩溶地区都时有发生。如图 13-13 为云南嵩明县喷水洞地下河口危岩崩塌地质剖面简图。岩层倾斜加上发生风化，孤立的岩石发生剥落、崩塌。

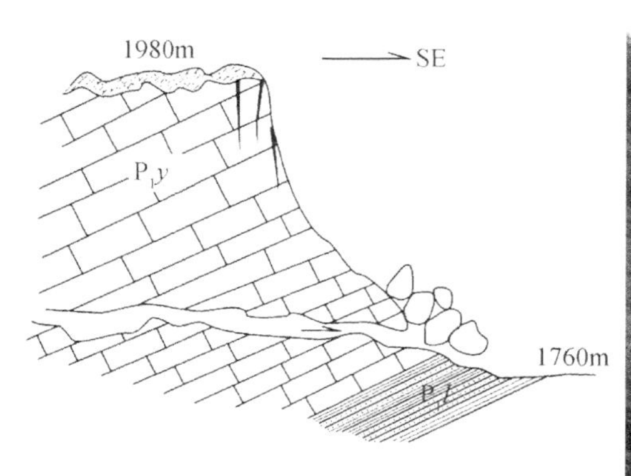

图 13-13　云南嵩明县喷水洞地下河口危岩崩塌地质剖面简图及照片

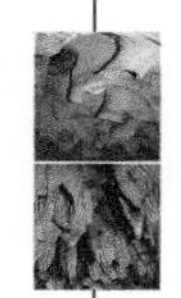

四、峰林平原区孤峰上的危岩崩塌

峰林平原区孤峰上的危岩崩塌由于层面顺坡上两组垂直节理，将岩层切成孤立岩石，而发育的裂隙中填充黄泥，如润滑剂一般有利于岩石活动，最后在暴雨、雷电、振动和降雨的作用下，引起岩石松动滑落。如图 13-14 桂林东郊轮胎厂一车间于 1972 年 5 月 9 日，被危岩崩落击毁。当时有 50 余块直径 4m，高 2m 的石块由 30m 高的孤峰上崩落，击毁车间的东西两墙，部分石块由东墙滚出。车间内机床全部损坏，幸因开会无人员伤亡。

此外，脚洞口上方也容易发生危岩崩塌（平行后退作用）。孤峰平原上侵蚀性外源水顺岩溶层面裂隙侵蚀基岩，发育脚洞，脚洞不断深入扩大，上层覆盖岩石不能支撑后发生崩塌，其地质剖面简图见图 13-15。

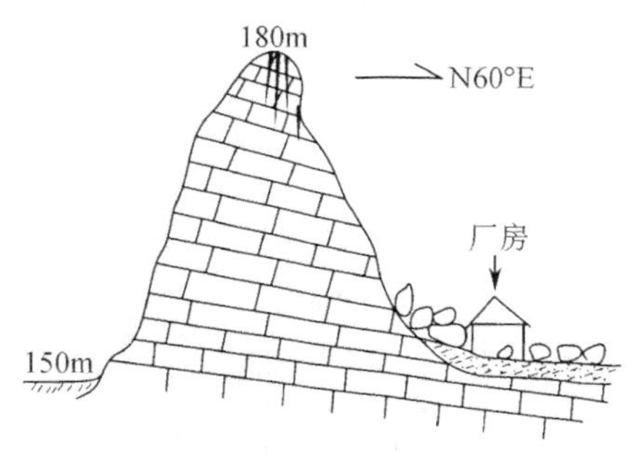

图 13-14　桂林东郊轮胎厂危岩崩塌地质剖面简图

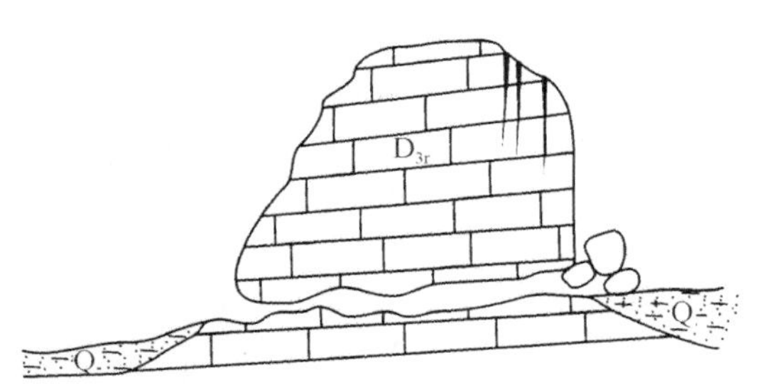

图 13-15　桂林脚洞危岩崩塌地质剖面简图

五、岩溶地区危岩崩塌的防治

岩溶地区危岩崩塌的防治工作需要长期复杂的努力，其防治方法还有很多地方需要完善。现在，一般认为岩溶地区危岩崩塌的防治首先要进行危岩调查，对岩溶危岩崩塌多发区的地形坡度、地层结构（有无泥质夹层）、溶蚀裂隙（产状与边坡及其他结构面的组合关系，充填物特征）、已有崩塌历史等都要进行全面调查；然后对有可能发生崩塌的不稳定岩体，进行微位移定位监测；最后针对不同大小的危岩进行清理或者支撑、铆固。

复习思考题

1. 在岩溶地区的各种地质灾害中，哪些人类活动会导致灾害的发生？哪些能成为触发因素？
2. 从产生原因、调查、评价、防治等方面，论述岩溶地区洪涝灾害的特点。
3. 危岩崩塌是峡谷地区常见的地质灾害，为什么在峰林平原区也常有危岩崩塌发生？
4. 如你亲身经历过一次岩溶地区的地质灾害，试讨论其形成原因和防治对策。
5. 你认为西南岩溶区最严重的灾害是什么？论述其特点、成因、影响、防治对策。

主要参考文献

安芷生，符淙斌．2001．全球变化科学的进展．地球科学进，16（5）：671-680.

曹安俊，伍法权，刘世凯等．2004．西部水利水电开发与岩溶水文地质论文选集．北京：中国地质大学出版社．

曹建华，袁道先等．2005．受地质条件制约的中国西南岩溶生态系统．北京：地质出版社．

曹建华，袁道先，章程．2006．脆弱的广西岩溶生态系统：地质地貌对资源、环境和社会经济的制约．中国人口·资源与环境，16（3）：383-387.

曹建华，袁道先，裴建国等．2005．受地质条件制约的中国西南岩溶生态系统．北京：地质出版社．

陈克造，Bowler J M. 1985．柴达木盆地察尔汗盐湖沉积特征及其古气候演化的初步研究．中国科学（B辑），5：463-472.

陈克造，杨绍修，郑喜玉．1981．青藏高原的盐湖．地理学报，36（1）：13-21.

程海．2004．全球气候突变研究：争论还是行动？科学通报，49（13）：1339-1344.

崔之久，张威．2003．末次冰期冰川规模与冰川“异时”、“同时”问题的讨论．冰川冻土，25（5）：510-516.

戴金星等，1995．中国东部无机成因气及其气藏形成条件．北京：科学出版社．

邓军文，聂呈荣，汪跃华等．2002．全球变化研究的新内容与方向．佛山科学技术学院学报（自然科学版），20（1）：55-59.

邓自强，刘功余，张美良．1993．中国岩溶型矿床初步研究．桂林：广西师范大学出版社．

丁仲礼，刘东生．1989．中国黄土研究新进展．第四纪研究，（1）：24-33.

方精云，郭兆迪，朴世龙等．2007．1981 ~2000 年中国陆地植被碳汇的估算．中国科学（D辑）．37（6）：804-812.

方修琦，葛全胜，郑景云．2004．全新世寒冷事件与气候变化的千年周期．自然科学进展，14（4）：456-461.

光耀华，郭纯青，李文兴等．2001．岩溶浸没内涝灾害研究．桂林：广西师范大学出版社．

广西水文地质工程地质大队．1979．岩溶地区供水水文地质工作方法．北京：地质出版社．

何师意，袁道先，Do Tuyet. 1999．越南北部岩溶特征及其相关环境问题．中国岩溶，18（1）：89-94.

何元庆，姚檀栋，沈永平．2003．冰芯与其他记录所揭示的中国全新世大暖期变化特征．冰川冻土，25（1）：11-18.

贺可强，王滨，杜汝霖．2005．中国北方岩溶塌陷．北京：地质出版社．

洪业汤．2000．太阳变化驱动气候变化研究进展．地球科学进展，15（4）：400-405.

侯光才，梁永平，尹立河等．2009．鄂尔多斯盆地地下水系统及水资源潜力．水文地质工程地质，1：18-23.

侯增谦，李振清．2004．印度大陆俯冲前缘的可能位置：来自藏南和藏东活动热泉气体 He 同位素约束．地质学报，78（4）：482-493.

华北石油勘探开发设计研究院．1985．华北碳酸盐岩潜山油藏开发．北京：石油工业出版社．

黄秉维，郑度，赵名茶等．2000．现代自然地理，北京：科学出版社．

黄春长．1998．晚冰期 Younger Dryas 环境突变．地球科学进展，13（4）：356-363

黄春长．2000．环境变迁．北京：科学出版社．

黄华梁等．1985．川南阳新统气藏岩溶成因与气藏分布．中国岩溶，4（4）：297-306.

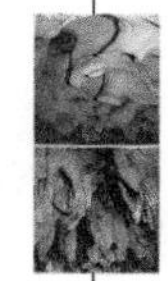

黄廷燃．1981. 试论个旧市砂锡矿床地质特征．地质论评，29（2）：140-148.
翦知湣，黄维．2003. 快速气候变化与高分辨率的深海沉积记录．地球科学进展，18（5）：673-680.
蒋小珍，雷明堂，陈渊等．2006. 岩溶塌陷的光纤传感监测试验研究．水文地质工程地质，6：75-79.
康玉柱．2005. 塔里木盆地寒武—奥陶系古岩溶特征与油气分布．新疆石油地质，26（5）：472-480.
李彬，袁道先，林玉石等．2000. 桂林地区降水、洞穴滴水及现代洞穴碳酸盐氧碳同位素研究及其环境意义．中国科学（D辑），30（1）：81-87.
李国玉，吕鸣岗等．2001. 中国含油气盆地图集．北京：石油工业出版社．
李文兴，郭纯．1999. 岩溶负地形的分类与浸没时间的初步分析．中国岩溶，18（2）：177-182.
李玉辉．2003. 意大利东北部喀斯特环境变化过程的分析．生态学杂志，22（1）：79-83.
李驭亚．1985. 我国的古岩溶热液交代型滑石矿床．中国非金属矿工业导刊，4：13-16.
李振清，侯增谦，聂风军等．2005. 藏南上地壳低速高导层的性质和分布：来自热水流体活动的证据．地质学报，79（1）：69-77.
梁永平，韩行瑞，时坚等．2005. 鄂尔多斯盆地周边岩溶地下水系统模式及特点．地球学报，25（4）：365-369.
林海．1988. 地球系统科学．地球科学信息，（14）：1-8.
刘丛强，蒋颖魁，陶发祥等．2008. 西南喀斯特流域碳酸盐岩的硫酸侵蚀与碳循环．地球化学，37（4）：404-414.
刘德生．1986. 世界自然地理（第二版）．北京：高等教育出版社．
刘东生．2002. 全球变化和可持续发展科学．地学前缘，9（1）：1-9.
刘嘉麒，倪云燕，储国强．2001. 第四纪的主要气候事件．第四纪研究，21（3）：239-248.
刘金荣．1995. 未雨绸缪——从阳朔县白沙堡内涝灾害得到的启示．广西地质，8（2）：49-53.
刘拓，周光辉，但新球等．2009. 中国岩溶石漠化——现状、成因与防治．北京：中国林业出版社．
刘再华．1992. 桂林岩溶水文地质试验场岩溶水文地球化学的研究．中国岩溶，11（3）：209-217.
刘再华．2001. 碳酸酐酶对碳酸盐岩溶解的催化作用及其在大气 CO_2 沉降中的意义．科学通报，22（5）：477-480.
刘再华，Chris G，袁道先等．2003. 水-岩-气相互作用引起的水化学动态变化研究——以桂林岩溶试验场为例．水文地质工程地质，4. 13-18.
刘再华，Dreybrodt W. 2007. 岩溶作用动力学与环境．北京：地质出版社．
刘再华，Wolfgang D，王海静．2007. 一种由全球水循环产生的可能重要的 CO_2 汇．科学通报．52（20）：2418-2422.
刘再华，Yoshimura K，Inokura Y 等．2005. 四川黄龙沟天然水中的深源 CO_2 与大规模的钙华沉积．地球与环境．33（2）：1-10.
刘再华，李强，孙海龙等．2005. 云南白水台钙华水池中水化学日变化及其生物控制的发现．水文地质工程地质，6：10-15.
刘再华，游省易，李强等．2002. 云南白水台钙华景区的水化学和碳氧同位素特征及其在古环境重建研究中的意义．第四纪研究，22（5）：460-467.
刘再华，袁道先，何师意．1997. 不同岩溶动力系统的碳稳定同位素和地球化学特征及其意义——以我国几个典型岩溶地区为例．地质学报，71（3）：281-288.
刘再华，袁道先，何师意等．2000. 地热 CO_2-水-碳酸盐岩系统的地球化学特征及其 CO_2 来源——以四川黄龙沟、康定和云南中甸下给为例．中国科学（D辑），30（2）：209-214.
刘再华，袁道先，何师意等．2003. 四川黄龙沟景区钙华的起源和形成机理研究．地球化学，32（1）：1-10.

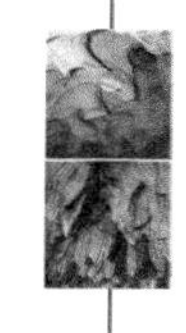

卢耀如．1986. 中国岩溶——景观、类型、规律．北京：地质出版社．

卢耀如．2007. 硫酸盐岩岩溶及硫酸盐岩与碳酸盐岩复合岩溶——发育机理与工程效应研究．北京：高等教育出版社．

马东涛，张金山，王蒙等．2004. 新藏公路新疆段多年冻土特征及其灾害初探．山地学报，22（5）：554-561.

秦蕴珊，李铁刚，苍树溪．2000. 末次间冰期以来地球气候系统的突变．地球科学进展，15（3）：243-250.

冉瑞德．2005. 黔西南岩溶构造容矿金矿床特征及成矿机理——以安龙戈塘金矿床为例．贵州地质，22（1）：14-21.

任美锷，刘振中，王飞燕等．1983. 岩溶学概论．北京：商务印书馆．

任振球．2002. 全球变化研究的新思维．地学前缘，9（1）：27-33.

茹廷铸等．1985. 广西桂平桂锰矿地质特征．中国锰矿地质文集．北京：地质出版社．

阮汀．1984. 石绿岩溶孔雀石矿床的年龄、成因及成矿意义．地质与勘探，18-22.

芮宗瑶，李宁，王龙生．1991. 关门山铅锌矿床．北京：地质出版社．

上官志冠．1991. 断层气体二氧化碳的物质来源及其在地震前后大的异常释放．见：汪成民，李宣瑚，魏柏林．断层气测量在地震科学中的应用．北京：地震出版社．

上官志冠．1995. 深源二氧化碳预报地震研究．地震地质，17（3）：214-217.

上官志冠．1997. 长白山白山天池火山地热区逸出气体的物质来源．中国科学（D 辑），27（4）：319-324.

上官志冠．2000. 腾冲热海地热田热储结构与岩浆热源的温度．岩石学报，16（01）：83-90.

上官志冠，张仲禄．1981. 滇西实验场区温泉的稳定同位素地球化学研究．见：马宗晋主编．现代地壳运动研究（5）．北京：地震出版社，87-95.

上官志冠，白春华，孙明良．2000. 腾冲热海地区现代幔源岩浆气体释放特征．中国科学（D 辑），30（4）：407-414.

上官志冠，都吉夔，臧伟等．1998. 郯庐断裂及胶辽断块区现代地热流体地球化学．中国科学（D 辑），28（2）：239.

上官志冠，高清武，赵慈平．2004. 腾冲热海地区 NW 向断裂活动性的地球化学证据．地震地质，26（1）：46-51.

上官志冠，霍卫国．2001. 腾冲热海地热区逸出 H_2 的 δD 值及其成因．科学通报，46（15）：1316-1320.

上官志冠，孔令昌，孙凤民等．1996. 长白山天池火山区深部流体成分及其稳定同位素组成．地质科学，31（1）：54-64.

上官志冠，刘桂芬，高松升．1993. 川滇块体边界断裂的 CO_2 释放及其来源．中国地震，9（2）：146-153.

上官志冠，孙明良，李恒忠．1999. 云南腾冲地区现代地热流体活动类型．地震地质，21（4）：436-442.

上官志冠，孙明良．1996. 长白山天池火山区幔源稀有气体释放特征．科学通报，41（17）：1695-1698.

上官志冠，张培仁．1990. 滇西北地区活动断裂．北京：地震出版社．

上官志冠，赵慈平，李恒忠等．2004. 腾冲热海火山地热区近期水热爆炸的阶段性演化特征．矿物岩石地球化学通报，23（2）：124-128.

上官志冠，郑雅琴，董继川．1997. 长白山天池火山地热区逸出气体的物质来源．中国科学（D 辑），27（4）：318-324.

沈立成．2007. 中国西南地区深部脱气地质作用与碳循环研究．西南大学博士学位论文．

施雅风．1996. 全球和中国变暖特征及未来趋势．自然灾害学报，5（2）：1-10.

施雅风，姚檀栋．2002. 中低纬度 MIS 3b（54-44 ka BP）冷期与冰川前进．冰川冻土，24（1）：1-9.

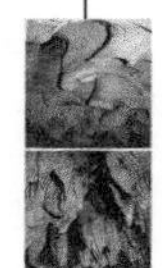

时坚，王晶，刘德深等 . 2004. 山西岩溶泉域水污染现状、趋势及防治对策研究 . 中国岩溶，24（3）：219-224.

苏旸 . 2000. 气候变化的天文理论 . 地球物理学进展，15（3）：102-111.

覃嘉铭，袁道先，林玉石等 . 2000. 桂林 44 ka BP 石笋同位素记录及其环境解译 . 地球学报，21（4）：407-416.

谭明 . 2005. 石笋微层气候学的几个重要问题 . 第四纪研究，25（2）：164-169.

童长江，吴青柏，刘永智等 . 1996. 青藏公路沿线冻土环境工程地质评价及冻土工程处理 . 第五届全国冰川冻土学大会论文集 . 兰州：甘肃文化出版社 .

汪训一 . 1999. 洞穴探险 . 郑州：河南科学技术出版社 .

王德潜，刘方，侯光才等 . 2002. 鄂尔多斯盆地地下水勘查 . 西北地质，35（4）：167-174.

王德潜，刘祖植，尹立河等 . 2005. 鄂尔多斯盆地水文地质特征及地下水系统分析 . 第四纪研究，25（1）：6-14.

王福星，曹建华等 . 1993. 生物岩溶 . 北京：地质出版社 .

王金琪 . 1999. 塔里木奥陶系岩溶储集的油气前景 . 石油与天然气地质，20（4）：305-310.

王开运，杨万勤，Seppo Kellomäki. 2003. 亚高山针叶林群落系统的生态学过程和持续性机制 . 世界科技研究与发展，25（5）：17-24.

王凯雄，姚铭，许利君 . 2001. 全球变化研究热点——碳循环 . 浙江大学学报（农业与生命科学版），27（5）：473-478.

王锐 . 1982. 论华北地区岩溶陷落柱的形成机理 . 水文地质工程地质，1：37-44.

王尚文等 . 1983. 中国石油地质学 . 北京：石油工业出版社 .

王绍武，董光荣 . 2002. 中国西部环境特征及其演变 . 见：秦大河 . 中国西部环境演变评估（第一卷）. 北京：科学出版社 .

王涛，周旭东，李晶 . 2008. 大连地区海水入侵成因分析及防治对策研究 . 东北水利水电，26（10）：59-62.

王颖，牛战胜 . 2004. 全球变化与海岸海洋科学发展 . 海洋地质与第四纪地质，24（1）：1-6.

肖序常，李廷栋，王军 . 2000. 青藏高原大陆动力学 . 见：肖序常，李廷栋 . 青藏高原的构造演化与历史机制 . 广州：广东科技出版社 .

谢运球，禹卿植，袁道先 . 2001. 浅谈韩国的溶洞保护与开发——三陟市新基面大耳里地区幻仙洞为例 . 中国岩溶，20（1）：69-72.

杨慧，曹建华，张连凯等 . 2006. 广西岩溶区发展营养体农业问题初探 . 云南农业大学学报，21（3A）：116-120.

杨景春 . 1985. 地貌学教程 . 北京：高等教育出版社 .

杨琰 . 2006. 洞穴石笋高精度 ICP-MS 铀系年代学与西南岩溶地区古气候变化研究 . 中国地质大学（武汉）博士学位论文 .

叶笃正，符淙斌，董文杰等 . 2003. 全球变化科学领域的若干研究进展 . 大气科学，27（4）：435-450.

袁丙华 . 2007. 中国西南岩溶石山地区地下水资源与生态环境地质研究 . 成都：电子科技大学出版社 .

袁道先 . 1978. 论岩溶水的不均匀性 . 岩溶地区水文地质及工程地质工作经验汇编 . 北京：地质出版社 .

袁道先 . 1988. 岩溶学词典 . 北京：地质出版社 .

袁道先 . 1990. 中国岩溶地球化学研究的进展 . 水文地质工程地质，（115）：41-42.

袁道先 . 1999a. 对地球系统科学的几点认识 . 高校地质学报，5（1）：1-6.

袁道先 . 1999b. “岩溶作用与碳循环”研究进展 . 地球科学进展，14（3）：425-432.

袁道先 . 2000. 对南方岩溶石山地区地下水资源及生态环境地质调查的一些意见 . 中国岩溶，19（2）：

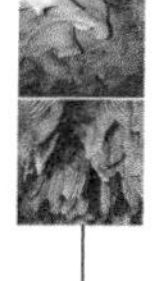

103-108.
袁道先 . 2001. 地球系统的碳循环和资源环境效应，第四纪研究，21（3）：223-232.
袁道先 . 2003. 岩溶区的地质环境与水文生态问题 . 南方国土资源，1：22-25.
袁道先 . 2006. 现代岩溶学在我国的发展 . 地质论评，52（6）：733-736.
袁道先 . 2008. 岩溶石漠化问题的全球视野和我国的治理对策与经验 . 草业科学，25（9）：19-25.
袁道先等 . 1993. 中国岩溶学 . 北京：地质出版社 .
袁道先，蔡桂鸿 . 1988. 岩溶环境学 . 重庆：重庆出版社 .
袁道先，蒋忠诚 . 2000. IGCP379 "岩溶作用与碳循环" 在中国的研究进展 . 水文地质工程地质，27（1）：49-51.
袁道先，刘再华，林玉石等 . 2002. 中国岩溶动力系统 . 北京：地质出版社 .
袁道先，刘再华等 . 2003. 碳循环与岩溶地质环境 . 北京：科学出版社 .
袁道先，覃嘉铭，林玉石等 . 1999. 桂林 20 万年石笋高分辨率古环境重建 . 桂林：广西师范大学出版社 .
张兰生，方修琦，任国玉 . 2000. 全球变化，北京：高等教育出版社 .
张美良，程海，林玉石等 . 2006. 贵州荔波地区 2000 年来石笋高分辨率的气候记录 . 沉积学报，24（3）：339-348.
张美良，袁道先，林玉石等 . 2003. 桂林响水洞 6.00kaBP 以来石笋高分辨率的气候记录 . 地球学报，24（5）：439-444.
张昀 . 1992. 新地球观 . 地球科学进展，7（1）：57-64.
赵文津，薛光琦，吴珍汉等 . 2004. 青藏高原上地幔的精细结构与构造——地震层析成像给出的启示 . 地球物理学报，47（3）：449-455.
赵逊，赵汀，冀显江等 . 2010. 中国房山岩溶地貌研究 . 北京：地质出版社 .
中国地质学会岩溶地质专业委员会 . 1993. 中国北方岩溶和岩溶水研究 . 桂林：广西师范大学出版社 .
中国地质学会岩溶地质专业委员会 . 1996. 岩溶与人类生存、环境、资源和灾害 . 桂林：广西师范大学出版社 .
中国科学院地质研究所岩溶研究组 . 1979. 中国岩溶研究 . 北京：科学出版社 .
周志权 . 1986. 湖南界牌峪雄黄矿区热液岩溶成矿作用初步探讨 . 中国岩溶，5（2）：71-77.
朱聘北，姜福庆 . 1997-9-6. 我国二氧化碳市场前景诱人 . 地质矿产报，第 3 版 .
朱学愚，钱孝星，刘新仁 . 1987. 地下水资源评价 . 南京：南京大学出版社 .
21 世纪初科学发展趋势课题组编 . 1996. 21 世纪初科学发展趋势 . 北京：科学出版社 .
《地球科学大辞典》编委会 . 2006. 地球科学大辞典，基础科学卷 . 北京：地质出版社 .
Adamczyk K, Mirabelle P-S, Pines D et al. 2009. Real-time observation of carbonic acid formation in aqueous solution. Science, 326: 1690-1694.
Andreichuk V N, Lavrov I A. Karst of Urals. 1998. In: Yuan D X, Liu Z. Global Karst Correlation. Beijing and Tokyo: Science Press & VSP.
Atkinson T C. 1977. Diffuse Flow and Conduit Flow in Limestone Terrain in the Mendip Hills, Somerset, England. IAH Memoirs VolumeXII, UAH Press.
Auler A, Farrant A R. 1996. Abrief introduction to karst and caves in Brazil. Proceeding of University Bristol Spelaean Society, 20 (3): 187-200.
Baldini J U L, McDermott F, Fairchild I J. Structure of the 8200-year cold event revealed by a speleothem trace element record. Science , 2002, 296: 2203-2206.
Beck B F, GayleHerring J. 2001. Geotechnical and Environmental Applications of Karst Geology and Hydrology. Abingdon : Balkema Publishers.

Bernardas P, Velo K. 1998. Karst in the Baltic Republics. In: Yuan D X, Liu Z. Global Karst Correlation. Beijing and Tokyo: Science Press & VSP.

Berner E K, Berner R A. 1987. The Global Water Cycle, Geochemistry and Environment. New Jersey: Prentice-Hall.

Berner R A. 1991. A model for atmospheric CO_2 over Phanerozoic time. American Journal of Science, 291: 339-376.

Berner R A. 1994. A revised model of atmospheric CO_2 over Phanerozoic time. American Journal of Science, 294: 56-91.

BernerE K, Schimel R A. 2000. The Carbon Cycle. London: Cambridge University Press.

Berstad I M, Lundberg J, Lauritzen S E, et al. 2002. Comparison of the climate during marine isotope stage 9 and 11 inferred from a speleothem isotope record from Northern Norway. Quaternary Research, 58: 361-371.

Bond G C, Showers W, Cheseby M, et al. 1997. A pervasive millennial-scale cycle in the North Atlantic Holocene and glacial climate. Science, 278: 1257-1265.

Brinkmann R, Parise M, Dye D. 2008. Sinkhole distribution in a rapidly developing urban environment: Hillsborough County, Tampa Bay area, Florida. Engineering Geology, 99: 169-184.

Broecker W, Kennett J, Flower B. 1989. Routing of melt water from the Laurentide ice sheet during the Younger Dryas cold episode. Nature, 341: 318-321.

Bögli A. 1980. Karst Hydrology and Physical Speleology (English Edition). Berlin: Springer-Verlag.

Bond G, Broecker W S, Johnson S, et al. 1993. Correlations between climate record from North Atlantic sediments and Greenland ice. Nature, 365: 143-147.

Cabrol P, Mangin A. 2008. Karst in France and UNESCO world heritage. Acta Carsologica, 37 (1): 87-93.

Cao J H, Wang F X. 1998. Reform of carbonate rock subsurface by Crustose Lichens and its environmental significance. Acta Geologica Sinica, 72 (1): 94-99.

Carol H. 1987. Geology of Carlsbad Cavern and other Caves in the Guadalupe Mts. New Mexico and Texas, Bulletin 117. New Mexico Bureau of Mines and Mineral Recourses.

Chappell J et al. 1990. Ice-core record of atmospheric methane over the past 160 000 years. Nature, 345: 127-131

Cheng H, Edwards R L, Wang Y J, et al. 2006. A penultimate glacial monsoon record from Hulu Cave and two-phase glacial terminations. Geology, 34 (3): 217-220.

Chough S K, Kwon S T, Ree J H, et al. 2000. Tectonic and sedimentary evolution of the Korean peninsula: a review and new view. Earth Science Reviews, 52: 175-235.

Craig H. The geochemistry of the stable carbon isotopes. Geochimical et Cosmochimica Acta, 1953, 3: 53-92.

Dansgaard W et al. Evidence for general instability of past climate from a 250 ka ice-core record. Nature, 1993, 364: 218-220.

David G. 1996. Caves, Devolopment, Management. Cambridge: Blackwell Publishers.

Davis J D, Amato P F, Kiefe R H. 1998. Snowmelt-initiated CO_2 cycle in a dry-summer subalpine landscape, Marble Mts, California. Abstract Book, Friends of Karst-IGCP379. WKU, USA.

Day M J, Urich P B. 2000. An assessment of protected karst landscapes in Southeast Asia. Cave and Karst. Science, 27 (2): 61-70.

Denniston R F, Gonzalez L A, Asmerom Y, et al. 2001. A high-resolution speleothem record of climatic variability at the Allerød—Younger Dryas transition in Missouri, central United States. Palaeogeography, Palaeoclimatology, Palaeoecology, 176: 147-155.

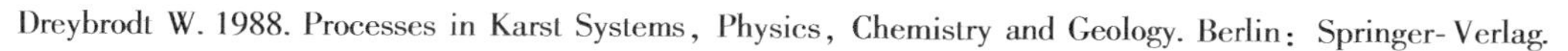

Dreybrodt W. 1988. Processes in Karst Systems, Physics, Chemistry and Geology. Berlin: Springer-Verlag.

Dreybrodt W, Gabrovsek F, Romanov D. 2005. Processes of Speleogenesis: A Modelling Approach. Karst Research Institute. Slovenia.

El Gmmal E A, Salem S M. 2008. Use of remote sensing techniques for geomorpho logical study of some sites ecotourism in Farafra area, western desert, Egypt. Egypt Journal of Remote & Space Science, 11: 155-172.

Ekmekci M. 2003. Review of Turkish karst with emphasis on tectonic and paleogeographic controls. Acta Carsologica, 32 (2): 205-218.

Elena T. 1997. Karst denudation in Irkutsk region. Proceedings of the 12th International Congress of Speleology, 11: 391-394.

Elhatip H. 1997. The influence of karst features on environmental studies in Turkey. Environmetal Geology, 31 (1-2): 27-33.

Fairbanks R G. 1989. A 17000-year glacioeustatic sea level record: influence of glacial melting rate on the Younger Dryas event and deep-ocean circulation. Nature, 342: 637-642.

Fairchild I J, Smith C L, Baker A, et al. 2006. Modification and preservation of environmental signals in speleothems. Earth-Science Reviews, 75: 105-153.

Faure G. 1977. Principles of Isotope Geology. New York: John Wiley & Sons Inc.

Fleitmann D, Burns S J, Neff U, et al. 2003. Changing moisture sources over the last 330000 years in Northern Oman from fluid-inclusion evidence in speleothems. Quaternary Research, 60: 223-232.

Ford D. 1997. Principal features of evaporate karst in Canada. Carbona Jes and Evaporites, 12 (1): 15-23.

Ford D, Griffiths P, Scheroeder J, et al. 2009. Caves and Karst of the USA. New York: National Speleological Society, Inc.

Ford D, Moiré D. 1985. Castleguard. Ottawa: Canadian Government Publishing Center.

Ford D, Williams P. 1989. Karst Geomorphology and Hydrology. Boston: Unwin Hyman.

Ford D, Williams P. 2007. Karst Hydrogeology and Geomorphology. Chicheste : John Wiley & Sons Ltd.

Ganopolski A , Rahmstorf S. 2002. Abrupt glacial climate changes due to stochastic resonance. Physical Review Letters, 88: 038501, 1-4.

Genthon C, Barnola J M, Raynaud D, et al. 1987. Vostok ice core: climatic response to CO_2 and orbital forcing changes over the last climatic cycle. Nature, 329: 414-418.

George W M , Nicholas G S. 1978. Speleology, the Study of Caves. Cave Books, St. Louis, USA.

Gillieson D. 1996. Caves, Devolopment, Management. Cambridge: Blackwell Publishers.

Gillieson D. 2006. Karst in Southeast Asia. In: Gupta A eds. The Physical Geography of Southeast Asia. Oxford: Oxford University Press.

Giménez E, Morell I. 1997. Hydrogeochemical analysis of salinization processes in the coastal aquifer of Oropesa (Castellón, Spain) . Environmental Geology, 29 (1-2): 118-131.

Gombert P. 2002. Role of karstic dissolution in global carbon cycle. Global and Planetary Change, 33: 177-184.

Gunn J. 2006. Encyclopedia of caves and karst science. New York: Taylor & Francis Group.

Guo F, Jiang G, Yuan D. 2007. Major ions in typical subterranean rivers and their anthropogenic impacts in southwest karst areas China. Environmental Geology, 53 (3): 533-541.

Heinrich H. 1988. Origin and consequences of cyclicicer afting in the northeast Atlantic Ocean during the past 130000 years. Quaternary Research, 29: 142-152.

Hendy C H. 1971. The isotopic geochemistry of speleothems-I. The calculation of the effects ofdifferent model of formation on the isotopic composition of speleothems and their applicability as paleoclimatic indicators.

Geochim. et Cosmochim Acta, 35: 801-824.

Hendy C H, Wilson A T. 1968. Palaeoclimatic data from speleothems. Nature, 219: 48-51.

Herak M, Stringfield V T. 1972. Karst: Important Karst Regions of the Northern Hemisphere. Amsterdam: Elservier Publishing Company.

Hill C A, Forti P. 1986. Cave Mineral of the World. New York: National Speleological Society, Inc.

Holmgrena K, Lee-Thorpb J A, Cooper G , et al. 2003. Persistent millennial-scale climatic variability over the past 25000 years in Southern Africa. Quaternary Science Reviews, 22: 2311-2326.

Imbrie J, Hays J D, Martinson D G. 1984. The Orbital Theory of Pleistocene Climate: Support from Arevised Chronology of Marine δ18O Record. In: Berger A, Imbrie J, Hays J D, et al. eds. Milankovich and Climate. New York : Reidel Pub. Company.

Jakuss L. 1977. Morphogenetics of Karst Regions. Bristol: Adam Hilger LTD.

James G, Coke I V. 2009. Yucatan Peninsula (Campeche, Yucatán, Quintana Roo) . In: Palmer A N, Palmer M. Caves and Karst of the USA. New York: National Speleological Society, Inc.

Jennings J N, Bik M J. Karst morphology in Australian New Guinea. Nature. 1962. 194: 1036-1038.

Kelly M J, Edwards R L, Cheng H, et al. 2006. High resolution characterization of the Asian monsoon between 146 000 and 99 000 years B. P. from Dongge Cave, China and global correlation of events surrounding Termination II. Palaeogeography, Palaeoclimatology, Palaeoecology, 236: 20-38.

Klimchouk A B, Ford D, Palmer A N, et al. 2000. Speleogenesis: Evolution of Karst Aquifers. Huntsville: National Speleological Society. Inc.

Krawczyk W E, Marian Pulina. 1998. Contribution of CO_2 to processes of chemical chenudation of carbonate rocks in Spitsbergen. Abstract Book, Friends of Karst-IGCP379. Western Kentucky University, 14.

Kueny J A, Day M J. 2002. Designation of protected karstlands in central America: a regional assessment. Journal of cave and karst studies, 4 (3): 165-174.

Kusumayudha S, Zen M, Notosiswoyo S, et al. 2000. Fractal analysis of the Oyo River, cave systems, and topography of the Gunungsewu karst area, central Java, Indonesia. Hydrogeology Journal, (3): 271-278.

Lingea H, Lauritzena S E, Lundberg J, et al. 2001. Table isotope stratigraphy of Holocene speleothems: examples from a cave system in Rana, northern Norway. Palaeogeography, Palaeoclimatology, Palaeoecology, 67: 209-224.

Liu Z et al. 1995. Hydrodynamic control of inorganic calcite precipitation in Huanglong Ravine, China: Field measurements and theoretical prediction of deposition rates. Geochimica et Cosmochimica Acta, 9 (15): 3087-3097.

Liu Z, Dreybrodt W. 1997. Dissolutional kinetics of calcium carbonate minerals in H_2O-CO_2 solutions in turbulent flow: The role of the diffusion boundary layer and the slow reaction H_2O+CO_2-H^++HCO_3^-. Geochemica et Cosmochimica Acta, 61 (14): 2879-2889.

Liu Z, Li Q, Sun H, et al. 2007. Seasonal, diurnal and storm-scale hydrochemical variations of typical epikarst springs in subtropical karst areas of SW China: soil CO_2 and dilution effects. Journal of Hydrology, 337: 207-223.

Liu Z, Li Q, Sun H, Liao C, et al. 2006. Diurnal Variations of Hydrochemistry in a travertine-depositing stream at Baishuitai, Yunnan SW China. Aquatic Geochemistry, 12 (2): 103-121.

Liu Z, Yuan D, Dreybrodt W. 2005. Comparative study of dissolution rate-determining mechanisms of limestone and dolomite. Environmental Geology, 49 (2): 274-279.

Liu Z, Yuan D, He S, et al. 1998. Contribution of carbonate rock weathering to the atmospheric CO_2 sink.

Proceedings of the 28th IAH Conference. Las Vegas, USA , 187-193.

Liu Z, Zhang M, Li Q, You S. 2003. Hydrochemical and isotope characteristics of spring water and travertine in the Baishuitai area (SW China) and their meaning for paleoenvironmental reconstruction. Environmental Geology, (6): 698-704.

Loffler E. 1977. Geomorphology of Paupa New Guinea. Canberra: CSIRO/ANU press.

Mackenzie F T, Mackenzie J A. 1995. Our Changing Planet, An Introduction to Earth System Science and Global Environment Change. New Jersey: Prentice Hall.

Marker M E, Gamble F M. 1987. Karst in Southern Africa. Ciutat de Mallorca, 13: 93-98.

Martini J, Kavalieris I. 1976. The karst of the Transvaal (South Africa) . International Journal of Speleology, 8: 229-251.

Martinson D G, Pisias N J, Hays J D, et al. 1987. Age dating and the orbital theory of icea ges: development of a high-resolution1 to 300000 years chronostratigraphy. Quaternary Research, 27 (1): 1-29.

Matsushi Y, Sasa K, Takahashi T, et al. 2010. Denudation rates of carbonate pinnacles in Japanese karst areas: Estimates from cosmogenic 36Cl in calcite. Nuclear Instruments and Methods in Physics Research, B268: 1205-1208.

Mayewski P A, Meeker L D, Twickler M S, et al. 1997. Major features and forcing of high-latitude Northern Hemisphere atmospheric circulation using a 110000 year long glaciochemical series. Journal of Geophysical Research, 102: 26345-26365.

McDermott F, Mattey D P, Hawkesworth C. 2001. Centennial-Scale Holocene Climate Variability Revealed by a High-Resolution Speleothem δ18O Record from SW Ireland. Science, 294: 1328-1331.

Milanovic P T. 1981. Karst Hydrogeology. Littleton: Water Resources Publications.

Milanovic P T. 2000. Geological Engineering in Karst. Belgrade: Zebra Publishing LTD.

NeftelA et al. 1982. Ice core sample measurements give atmospheric content during the past 40000 years. Nature, 295: 220-223.

Nguyet V T M. 2006. Hydrogeological characterisation and groundwater protection of tropical mountainous karst areas in NW Vietnam. Brussels: Dienst Uitgaven VUB.

Niggemanna S, Manginic A, Richter D K. , et al. 2003. A paleoclimate record of the last 17600 years in stalagmites from the B7 cave, Sauerland, Germany. Quaternary Science Reviews, 22: 555-567.

O'neil J R, Mayeda TK. 1969. Oxygen Isotope Fractionation in Divalent Metal Carbonates. Journal Chemistry Physical, 51: 5547-5558.

Obarti F J, Garay P, Morell I. 1988. An attempt to karst classification in Spain based on system analysis. In: Yuan D X ed. Karst hydrogeology and karst environment protection of the IAH 21st congress. 21 (2): 328-336.

Okay A I. 2009. Geology of Turkey: a synopsis. Anschnitt, 21: 19-42.

Osipov V I. 2006. Geological conditions of Moscow subsurface development. IAGE. The Geological Society of London.

Peixoto J P, Kettani M A. 1973. The Control of the Water Cycle. New York: Scientific American, Inc.

Penman H L. 1970. The Water Cycle. New York: Scientific American, Inc.

Pentecost A. 1995. The quaternary travertine deposits of Europe and Asia minor. Quaternary Science Review, 14: 1005-1028.

Pulina M. 1997. Karst areas in Poland and their changes by human impact. Land Analysis, 1: 55-71.

Qin J, Yuan D, Chen H, et al. 2005. The Younger Dryas and climate abrupt events in the Early and middle Holocene: stalagmite oxygen isotope record from Maolan, Guizhou, China. Science in China (Ser. D),

48 (4): 530-537.

Restificar S D, Day M J, Urich P B. 2006. Protection of karst in the Philippines. Acta Carsologica, 35 (1): 121-130.

Richard H, Voto D. 1988. Late Mississippian Paleokarst Related Mineral Seposits. Leadville Formation, Central Colorado. In: James N P, Choquette P W. Paleokarst. Berlin: Springer-Verlag.

Scarascia M, Dibattista F, Salvati L. 2006. Water resources in Italy: availability and agricultural uses. Irrigation and Drainage, 55: 115-127.

Schwarcz H P, Harmon R S. 1976. Stable isotope studies of fluid inclusions in speleothems and their paleoclimatic significance. Geochimica et Cosmochemica Acta, 40: 657-665.

Shen L C. et al. 2011. Carbon dioxide degassing flux from two geothermal fields in Tibet, China. Chinese Sci Bull. DOI: 10.1007/S11434-011-4352-2.

Smart P L, Beddow P A, Coke J, et al. 2006. Cave development on the Caribbean coast of the Yucatan Peninsula, Quintana Roo, Mexico, In: Harmon R, Wicks C. Perspectives in Karst Geomorphology, Hydrology and Geochemistry: Geological Society of America, Special Paper, 404: 105-128.

Smith J M, Lee-Thorp J A, Sealy J C. 2002. Stable carbon and oxygen isotopic evidence for late Pleistocene to middle Holocene climatic fluctuations in the interior of southern Africa. Journal of Quaternary Science, 17 (7): 683-695.

Spötl C, Mangini A. 2002. Stalagmite from the Austrian Alps reveals Dansgaard—Oeschger events during isotope stage 3: Implications for the absolute chronology of Greenland ice cores. Earth and Planetary Science Letters, 203: 507-518.

Tran T H, Dang V, Ngo C, et al. 2009. The structural control on the occurrence of karstic assemblages and their groundwater potential in Northeastern Vietnam: a regional perspective. Geokarst conference presentation, Hanoi, Vietnam.

Tran T V. 2009. Potential and progress of geopark development in Vietnam. Geokarst conference presentation, Hanoi, Vietnam.

Travassos L E P, Kohler H C. 2009. Historical and geomorphological characterization of a Brazilian karst region. Acta Carsologica, 38 (2-3): 277-291.

Trzhcinsky Y B, Tyc A. 2003. Guide Book for Field Excursions of IGCP448 in Irkutsk, Eastern Siberia, Russia.

Tyc A. 2006. Central Europe. In: Gunn J. (Ed.): Encyclopedia of Cave and Karst Science. London-New York: Fitzroy Dearborn, Taylor & Francis Group.

Uhlig H. 1980. Man and tropical karst in Southeast Asia. Geojournal, 4 (1): 31-44.

Urey. H C. 1947. The thermodynamic properties of isotopic substances. Journal Chemistry Sociaty, 562-581.

Urich P B. 1993. Stress on tropical karst cultivated with wet rice: Bohol, Philippines. Environmental Geology, 21: 129-136.

Viles H A. 1988. Biogeomorphology. Oxford: Basil Blackwell.

Wang Y J, Cheng H, Edwards R L, et al. 2001. A high-resolution absolute-dated late pleistocene monsoon record from Hulu Cave, China. Science, 294: 2345-2348.

Wang Y J, Cheng H, Edwards R L, et al. 2008. Millennial-and orbital-scale changes in the East Asian monsoon over the past 224000 years. Nature, 451: 1090-1093.

Wang Y J, Cheng H, Edwards R L, et al. 2005. The Holocene Asian monsoon: links to solar changes and North Atlantic climate. Science, 308: 854-857.

White W B. 1988. Geomorphology and Hydrology of Karst Terrains. London: Oxford University Press.

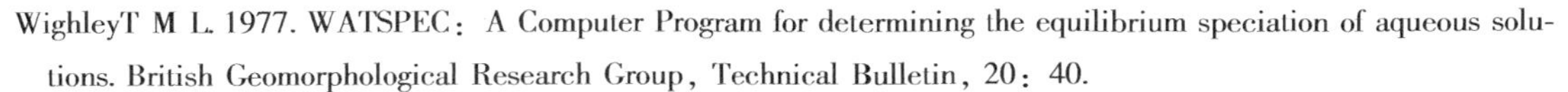
WighleyT M L. 1977. WATSPEC: A Computer Program for determining the equilibrium speciation of aqueous solutions. British Geomorphological Research Group, Technical Bulletin, 20: 40.

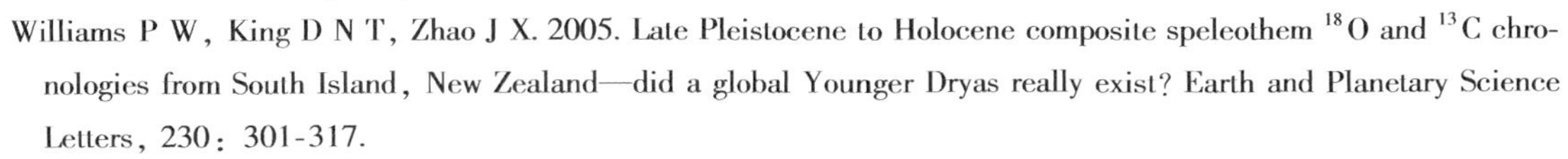
Williams P W, King D N T, Zhao J X. 2005. Late Pleistocene to Holocene composite speleothem ^{18}O and ^{13}C chronologies from South Island, New Zealand—did a global Younger Dryas really exist? Earth and Planetary Science Letters, 230: 301-317.

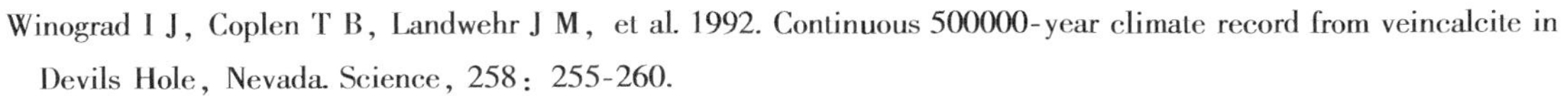
Winograd I J, Coplen T B, Landwehr J M, et al. 1992. Continuous 500000-year climate record from veincalcite in Devils Hole, Nevada. Science, 258: 255-260.

Winograd I J, Szabo B J, Coplen T B, et al. 1988. A 250000-year climatic record from Great Basinvein calcite: Implications for Milankovitch theory. Science, 242: 1275-1280.

Yapp C J, Poths H. 1992. Ancient atmospheric CO_2 pressures inferred from natural goethites. Nature, 355: 342-344.

Yilmaz Y. 1993. New evidence and model on the evolution of the southeast Anatolian orogen. Geological Society of America Bulletin, 105: 252-271.

Yuan D X. 1985. Karst Water Resources. New York: IAHS Publ.

Yuan D X. 1988. Environmental and engineering problems of karst geology in China.

Yuan D X. 1997. Rock desertication in the subtropical karst of South China. Z. Geomorph. N. F, 108: 81-90.

Yuan D X. 1998. Contribution of IGCP379 "Karst Processesand Carbon Cycle" to global change. Episodes. 21 (3): 198.

Yuan D X. 2000. IGCP448: World Correlation of Karst Ecosystem (2002-2004) . Episodes. 23 (4): 285-286.

Yuan D X. 2001. On the karst ecosystem. Acta Geologica Sinica, 75 (3): 336-338.

Yuan D X. 2002a. Geological environments and human health in China. In: Environmental Health Perspectives, USA. 110 (9) .

Yuan D X. 2002b. Geology and geohydrology of karst and its relevance to society, Invited Speech at the 30th Session of IGCP Scientific Board. February. NESCO/Paris: in Minutes 30th Session of IGCP Scientific Board. 13-15.

Yuan D X. et al. 1991. Karst of China. Beijing: Geological Publishing House.

Yuan D X, Cheng H, Edwards R L, et al. 2004. Timing, duration and translations of the last interglacial Asian Monsoon. Science, 304: 575-578.

Yuan D X, Liu Z. 1998. Global Karst Correlation, Final Report of IGCP299 "Geology, Climate, Hydrology and Karst Formation". Beijing: Science Press.

Yuan D X, Zhang C. 2002. Karst processes and the carbon cycle Final report of IGCP379. Beijing: Geological Publishing House.

Yuan D X. Liu Z. 1998. Global Karst Correlation, Beijing : Science Press.

Zhang C, Yuan D, Cao J. 2005. Analysis on the environmental sensitivities of typical dynamic epikarst system at the Nongla monitoring site, Guangxi, China. Environmental Geology, 47 (5): 615-619.

СоколовД. С. Основныеусловияразвитиякарста. М. : Госгеолтехиздат. 1962. 322.

Şimşek Ş. 1993. Karst hot water aquifers in turkey. In: Günay G, Johnson A I, Back W, et al. Hydrogeological Processes in karst Terranes. New York: IAHS Publish.